Bewusstsein – ein neurobiologisches Rätsel

Christof Koch

Bewusstsein – ein neurobiologisches Rätsel

Mit einem Vorwort von Francis Crick

Aus dem Amerikanischen übersetzt
von Monika Niehaus-Osterloh und Jorunn Wissmann

 Springer Spektrum

Christof Koch
Allen Institue for Brain Science
Seattle, USA

Aus dem Amerikanischen übersetzt von Monika Niehaus-Osterloh und Jorunn Wissmann

Übersetzung der amerikanischen Ausgabe: The Quest for Consciousness — A Neurobiological Approach von Christof Koch, erschienen bei Roberts & Company Publishers 2004, © 2004 Roberts & Company Publishers. Alle Rechte vorbehalten.

ISBN 978-3-8274-3122-6   ISBN 978-3-8274-3123-3 (eBook)
DOI 10.1007/978-3-8274-3123-3

Die Deutsche Nationalbibliothek verzeichnet diese Publikation in der Deutschen Nationalbibliografie; detaillierte bibliografische Daten sind im Internet über http://dnb.d-nb.de abrufbar.

Springer Spektrum

Planung und Lektorat: Merlet Behncke-Braunbeck, Martina Mechler
Titelbild: *Exotic Landscape*, 1910, Henri J.F. Rousseau / Norton Simon Collection, Pasadena / Bridgeman

Gedruckt auf säurefreiem und chlorfrei gebleichtem Papier

Springer Spektrum ist eine Marke von Springer DE. Springer DE ist Teil der Fachverlagsgruppe Springer Science+Business Media.
www.springer-spektrum .de

Inhaltsverzeichnis

Vorwort von Francis Crick

Wir wissen nicht im Vorhinein, was die richtigen Fragen sind, und wir können sie oft erst dann stellen, wenn wir der Antwort schon nahe sind.

Stephen Weinberg

Es ist mir ein Vergnügen, ein zwangloses Geleitwort für dieses ungewöhnliche und herausragende Buch zu schreiben. Die meisten Ideen, die darin vorgestellt werden, sind von Christof und mir in ständigem Austausch entwickelt worden, wie unsere gemeinsamen Veröffentlichungen zeigen, und Christof hat mich beim Schreiben häufig miteinbezogen. Die harte Arbeit jedoch und der flüssige, zwanglose und dennoch logisch gut durchdachte Stil sind allein sein Werk. Ich bin daher nicht ganz unvoreingenommen.

Ich empfehle dieses Buch nachdrücklich dem Publikum, für das es hauptsächlich bestimmt ist, und das sind nicht nur Neurowissenschaftler, sondern Wissenschaftler aller Fachrichtungen, die sich für das Thema Bewusstsein interessieren.

Bewusstsein ist das größte noch ungelöste Problem in der Biologie. Dass es gegenwärtig keinen Konsens über die allgemeine Natur der Lösung gibt, macht Christof in Kapitel 1 deutlich. Wie erwächst das, was die Philosophen „Qualia" nennen – die Röte von Rot und die Schmerzhaftigkeit von Schmerz – aus dem Zusammenwirken von Nervenzellen, Gliazellen und den dazugehörigen Molekülen? Lassen sich Qualia mit den Mitteln der modernen Wissenschaft erklären, oder brauchen wir eine ganz andere Art von Erklärung? Und wie nähert man sich diesem scheinbar unlösbaren Problem?

In den vergangenen zwölf Jahren hat es eine riesige Flut von Büchern und Artikeln über das Bewusstsein gegeben. Zuvor haben der behavioristische Ansatz und überraschenderweise auch vieles aus der Frühphase der Kognitionswissenschaften erfolgreich fast alle ernsthaften Diskussionen über dieses Thema im Keim erstickt.

Was ist anders an diesem Buch? Statt einer weiteren argumentativ engen und weitgehend unfruchtbaren Diskussionen über die Wurzeln des Leib-Seele-Problems machten wir uns zunächst einmal daran, die neuronalen Korrelate des Bewusstseins – oft als NCC bezeichnet – zu finden. Unser Schwerpunkt liegt dabei auf dem Verhalten von Neuronen. Daher haben wir uns vorwiegend mit Themen beschäftigt, die man an Rhesusaffen untersuchen kann, während wir gleichzeitig parallele Erkenntnisse an Menschen in unser Konzept miteinbezogen haben. Deshalb kommen Phänomene wie Sprache und Träume kaum vor. Wie sollte man auch die Träume eines Affen untersuchen?

Wir haben auch einige der schwierigeren Aspekte des Bewusstseins beiseite gelassen, etwa Selbstbewusstsein und Emotionen, und uns statt dessen auf Wahrnehmung, insbesondere die visuelle Wahrnehmung, konzentriert. Und wir haben versucht, uns der visuellen Wahrnehmung auf verschiedenen Ebenen zu nähern: von der Psychologie des Sehens, Gehirnscans, Neurophysiologie und Neuroanatomie bis hinab zu Neuronen, Synapsen und Molekülen.

Das heißt, eine riesige Menge experimenteller Ergebnisse zu verarbeiten, von denen sich manche zweifellos als falsch oder irreführend herausstellen werden, während wir gleichzeitig verschiedene Hypothesen ausprobieren. Diese Ideen sind selten völlig neuartig, wenn ihre Kombination auch möglicherweise neu ist.

Daher sind Teile des Buches zwangsläufig stark „faktenlastig". Das gilt besonders für die Kapitel mit Details über das visuelle System von Rhesusaffen, doch Christof liefert am Ende eines jeden Kapitels eine Zusammenfassung (mit Ausnahme von Kapitel 20, in dem ein Großteil des Buches rekapituliert wird), sodass der Leser zunächst einmal einige Details überspringen kann.

Ungewöhnlich an diesem Buch ist auch, dass es trotz der vielen Fakten wirklich Vergnügen bereitet, es zu lesen. Christofs lockerer Stil, der von den Redakteuren wissenschaftlicher Zeitschriften streng verboten würde, reißt den Leser mit. Er verrät auch eine ganze Menge über Christofs Hintergrund und seine Vorliebe, von seiner Liebe zu Hunden bis zu seiner umfassenden Liebe zur Musik, wobei die Zitate von Aristoteles bis Woody Allen und von Lewis Carroll bis Richard Feynman und Bertie Wooster reichen.

Während der Fließtext leicht zu lesen ist, liefert Christof in den Fußnoten und im Literaturverzeichnis Hinweise auf allgemeine Übersichtsartikel und wichtige Veröffentlichungen. So kann der interessierte Leser ohne Probleme beginnen, sich in die sehr umfangreiche Literatur über fast alle erwähnten relevanten Themen einzuarbeiten.

Das Problem des Bewusstseins zu lösen, wird gemeinsame Anstrengungen vieler Wissenschaftler aus ganz unterschiedlichen Gebieten erfordern, wenn es auch stets möglich ist, dass es ein paar entscheidende Einsichten und Erkenntnisse gibt. Dieses Buch ist als Einführung für Wissenschaftler, besonders für jüngere Wissenschaftler, angelegt und will sie dazu anregen, zu diesem Forschungsgebiet beizutragen. Noch vor wenigen Jahren konnte man den Begriff „Bewusstsein" in einem Artikel für *Nature* oder *Science* nicht benutzen, ebenso wenig wie in einem Antrag auf Fördermittel. Aber glücklicherweise ändern sich die Zeiten, und das Thema ist nun reif für eine intensive Erkundigung. Lesen Sie weiter!

Vorwort des Autors

Wir müssen wissen. Wir werden wissen.

Inschrift auf dem Grabstein des deutschen Mathematikers David Hilbert

Ich lag im Bett und hatte bereits eine Schmerztablette genommen, aber die Zahnschmerzen hielten an. Im Bett liegend, konnte ich wegen des Pochens in meinem unteren Backenzahn nicht einschlafen. Um mich von dieser schmerzhaften Empfindung abzulenken, überlegte ich mir, warum es schmerzte. Ich wusste, dass eine Entzündung der Zahnhöhle elektrische Aktivität einen der Äste des Trigeminusnervs hinaufschickte, der im Hirnstamm endet. Nach Passieren weiterer Umschaltstufen wurde durch die Aktivität von Nervenzellen tief im Inneren des Vorderhirns schließlich Schmerz erzeugt. Aber nichts von all dem erklärte, warum es sich wie etwas anfühlte! Wie kam es, dass Natrium, Kalium, Calcium und andere Ionen, die in meinem Gehirn umherwanderten, diese scheußlich unangenehme Gefühl hervorriefen? Diese banale Manifestation des berühmten Leib-Seele-Problems, damals im Sommer 1988, beschäftigt mich bis heute.

Das Leib-Seele-Dilemma lässt sich kurz und bündig durch die Frage ausdrücken: „Wie kann ein physikalisches System wie das Gehirn irgendetwas empfinden?" Wenn beispielsweise ein Temperaturfühler, der an einen Computer angeschlossen ist, zu heiß wird, stellt der Prozessor vielleicht ein rotes Warnlicht an. Niemand würde jedoch behaupten, der Fluss von Elektronen auf das Gate des Transistors, das den Lichtschalter schließt, bewirke, dass der Computer einen schlechten Tag habe. Wie ist es dann möglich, dass aus neuronaler Aktivität ein brennendes Schmerzgefühl erwächst? Ist etwas Magisches am Gehirn? Hat es etwas mit seiner Architektur, mit den beteiligten Neuronentypen oder mit den elektrochemischen Aktivitätsmustern zu tun, die damit einhergehen?

Die ganze Sache wird noch rätselhafter, wenn man erkennt, dass ein großer, wenn nicht der größte Teil dessen, was sich innerhalb meines Schädels abspielt, der Selbstbeobachtung nicht zugänglich ist. Tatsächlich funktioniert der größte Teil meiner tagtäglichen Handlungen – Schuhe zubinden, Auto fahren, Laufen, Klettern, einfache Unterhaltungen – mit Autopilot, während mein Verstand mit wichtigeren Dingen beschäftigt ist. Wie unterscheiden sich diese Verhaltensweisen neurologisch von denjenigen, die zu bewussten Sinnesempfindungen führen?

In diesem Buch suche ich innerhalb eines neurowissenschaftlichen Rahmens Antworten auf diese Fragen. Ich plädiere für ein Forschungsprogramm, dessen oberstes Ziel es ist, die neuronalen Korrelate des Bewusstseins (*neuronal correlates of consciousness*, NCC) zu identifizieren. Dabei handelt es sich um den kleinsten Satz von Hirnmechanismen und – ereignissen, die für eine bestimmte bewusste Sinnesempfindung hinreichen, die so elementar ist wie die Farbe Rot oder so komplex wie das sinnliche, geheimnisvolle und urzeitliche Gefühl, das sich beim Betrachten der Dschungelszene auf dem Cover einstellt. Die Charakterisierung der NCC ist eine der letzten wissenschaftlichen Herausforderungen unserer Zeit.

Um ins Herz der Dinge vorzustoßen, muss ich so dicht wie möglich an die Stelle heran, um die es geht: in den Zwischenraum zwischen phänomenalem Erleben und körperlicher Hirnmaterie. Diese Bereiche sind bei der visuellen Wahrnehmung am besten erforscht, und darum konzentriert sich dieses Buch auf das Sehen, wenn auch nicht ausschließlich. Ich gebe einen Überblick über die relevanten anatomischen, neurophysiologischen, psychologischen und klinischen Daten und verknüpfe diese zu einem größeren Ganzen, das einen neuartigen Rahmen für das Denken über die neuronale Basis des Bewusstseins bildet.

Dieses Buch ist für alle geschrieben, die sich für eine alte Debatte interessieren, welche heute wieder die Phantasie moderner Philosophen, Naturwissenschaftler, Ingenieure, Ärzte und denkenden Menschen im Allgemeinen beschäftigt. Was ist Bewusstsein? Wie fügt es sich in die natürliche Ordnung der Dinge ein? Wozu dient es? Ist es dem Menschen vorbehalten? Warum geschehen so viele unserer Handlungen unbewusst? Die Antworten auf diese Fragen werden ein neues Bild dessen schaffen, was es heißt, ein Mensch zu sein. Dieses Bild, das sich gerade herauszukristallisieren beginnt, widerspricht vielen der traditionellen Bilder, die uns lieb geworden sind. Wie Lord Dunsany schrieb: „Der Mensch ist ein kleines Etwas, und die Nacht ist groß und voller Wunder."

Die hier vorgestellten Ideen sind die Frucht einer intensiven Zusammenarbeit mit Francis Crick am Salk Institute in La Jolla, Kalifornien, etwas nördlich von San Diego. Wir trafen uns erstmals 1981 in Tübingen, wo wir mit Tomaso Poggio über die Funktion von dornenartigen Fortsätzen auf den Dendriten (*dendritic spines*) diskutierten. Als ich anschließend an das Massachusetts Institute of Technology in Cambridge ging und zusammen mit Shimon Ullman Möglichkeiten erarbeitete, visuelle Aufmerksamkeit auf der Basis von künstlichen neuronalen Netzwerken zu erklären, besuchten Shimon und ich Fancis zu einem wochenlangen, anregenden Ideenaustausch. Unser Dialog verstärkte sich, als ich Professor am California Institute of Technology in Pasadena wurde, nur zwei Autostunden von La Jolla entfernt.

Francis interessiert sich schon seit der Zeit nach dem 2. Weltkrieg für die biologische Basis des Bewusstseins, und ich begeistere mich dafür, visuelle Aufmerksamkeit und Bewusstsein als eine Art Datenverarbeitung zu betrachten und neurobiologische Schaltkreise darzustellen. Unsere gemeinsamen Spekulationen nahmen mit der Neuentdeckung der oszillatorischen und synchronisierten Spikeaktivität in der Sehrinde der Katze gegen Ende der 1980er Jahre konkrete Formen an. Francis und ich publizierten 1990 unseren ersten Artikel *Towards a neurobiological Theory of consciousness*. Während neue Daten verfügbar wurden und unser Standpunkt sich weiter entwickelte, sodass er mehr und mehr Bewusstseinsaspekte umfasste, veröffentlichten wir ständig weiter. Im Verlauf der letzten fünf Jahre habe ich jeden Monat zwei oder drei Tage bei Francis zuhause verbracht. Aus persönlichen Gründen beschloss Francis, nicht Coautor dieses Buches zu werden. Um dennoch die gemeinsame Urheberschaft der wichtigsten Ideen in diesem Buch zu betonen, schreibe ich häufig „wir" oder „uns", was soviel wie „Francis und ich" meint. Ich weiß, das ist ein wenig ungewöhnlich, doch unsere Zusammenarbeit *ist* ungewöhnlich.

Auch wenn ich meinen in der Jugend erworbenen Enthusiasmus für einige griechische und deutsche Philosophen – Platon, Schopenhauer, Nietzsche und den jungen Wittgenstein – bewahrt habe, bemühe ich mich, in meinem Schreibstil der angelsächsischen Tradition der Klarheit zu folgen. Der Schreibleitfaden des *Economist* fasst dies so zusammen: „Sag es so einfach wie möglich." Ich versuche, klar herauszuarbeiten, was bekannt und was reine Spekulation ist. Hinweise auf Literatur finden sich in ausführlichen Fußnoten. Diese verweisen auch auf komplexe Zusammenhänge, die für den normalen Leser vielleicht nicht von Interesse sind. Ein Fachbegriff erscheint bei Ersterwähnung kursiv und wird im Glossar näher erklärt.

Wenn Ihnen die hier angesprochenen Fragen neu sind, schlage ich vor, Sie beginnen mit dem Einleitungskapitel und dem Interview ganz am Ende, das auf zwanglose Weise meine Gedanken über eine Palette von Themen zusammenfasst. Das neue technische Material findet sich in den Kapiteln 2, 9, 11, 13 und 15, während die Kapitel 14 und 18 eher spekulativ sind.

Ich verwende dieses Buch im Rahmen meiner Einführungsvorlesung in die Neurobiologie des Bewusstseins. Lernmaterial, einschließlich Hausaufgaben und eine Medienversion all meiner Vorlesungen finden sich unter www.klab.-caltech.edu/cns120.

An dieser Stelle möchte ich all jenen danken, die dieses Buch möglich gemacht haben.

Vor allen anderen natürlich Francis Crick. Ohne seine ständige Beratung, sein Wissen und seine Kreativität wäre dieses Buch niemals entstanden. Alle Grundideen darin sind im Lauf der Jahre zusammen mit Francis veröffentlicht worden. Er hat zahlreiche Versionen des Manuskripts gelesen und kommentiert. Ich widme dieses Buch Francis und seiner unermüdlichen kompromisslosen Suche nach der Wahrheit, gleichgültig, wohin sie ihn führt, seiner Weisheit und seiner Gabe, mit Stil das Unvermeidliche zu akzeptieren. Er ist einfach einzigartig.

Im Lauf der Jahre habe ich immer wieder die unkomplizierte Gastfreundschaft und die wunderbaren Kochkünste von Francis' Frau, Odile Crick, genossen und hatte viel zu wenig Gelegenheit, mich zu revanchieren. Sie war es, die während eines unserer häufigen Mittagessen auf ihrer sonnigen Terrasse in La Jolla den Titel des Buches vorschlug.

Das Forschungsprogramm, das in meinem Labor durchgeführt wird, ist arbeitsintensiv, zeitaufwändig und höchst befriedigend. Es ist auch ziemlich teuer. Im Lauf der Jahre habe ich die großzügige Unterstützung einer Reihe von Institutionen erfahren. An erster Stelle gilt dies für das California Institute of Technology unter der Leitung von David Baltimore. Was für eine Oase – ein Elfenbeinturm –, perfekt geeignet für die Suche nach der Wahrheit. Externe Finanzmittel haben die National Science Foundation, das National Institute of Health, das National Institute of Mental Health, das Office of Naval Research, die Defense Advanced Research Project Agency, die W. M. Keck Foundation, die McDonnell-Pew Foundation, die Alfred Sloan Foundation, die Swartz Foundation und die Gordon and Betty Moore Foundation beigesteuert.

Dank auch an meine Studenten, Post-Docs und Kollegen, die zusammen mit meinem Sohn Alexander und meiner Tochter Gabriele Teile des Buches gelesen und wertvolle Anmerkungen gemacht haben: Larry Abbott, Alex Bäcker, Randolph Blake, Edward Callaway, Michael Herzog, Karen Heyman, Anya Hurlbert, Gabriel Kreiman, Gilles Laurent, David Leopold, Nikos Logothetis, Wei Ji Ma, John Maunsell, Earl Miller, David Milner, Anthony Movshon, William Newsome, Bruno Olshausen, Leslie Orgel, Carl Pabo, Javier Perez-Orive, Tomaso Poggio, John Reynolds, Robert Rodieck, David Sheinberg, Wolf Singer, Larry Squire, Nao Tsuchiya, Endel Tulving, Elizabeth Vlahos, Brian Wandell, Patrick Wilken und Semir Zeki.

Ich habe viel von Diskussionen über die konzeptuelle Basis meines Forschungsprogramms mit den Philosophen Tim Bayne, Ned Block, David Chalmers, Pat Churchland, Dan Dennett, Ilya Farber und Alva Noë profitiert.

Neun Enthusiasten haben dankenswerter Weise das gesamte Manuskript gelesen: John Murdzek, ein professioneller Developmental Editor, und acht Bewusstseins-Aficionados – Tim Bayne, Joseph Bogen, Constanze Hofstötter, Oliver Landolt, Ernst Niebur, Parashkev Nachev, Javier Perez-Orive, und Rufin Van Rullen. Drei Kollegen, Bruce Bridgeman, McKell Carter und Ilya Farber, nahmen sich die Zeit und machten sich die Mühe, das ganze Manuskript sorgfältig Korrektur zu lesen. Die Hartnäckigkeit und der nicht abbrechende Strom von Vorschlägen all dieser Leser eliminierten viele ungeschickt gewählte Ausdrücke und verbesserten die Lesbarkeit des Buches enorm. Vielen Dank! Mein Lektor, Ben Roberts, lenkte den ganzen Prozess vom Rohmanuskript bis zur Endfassung, die Sie in der Hand halten, wahrhaft meisterlich. Als wahrer Bücherfreund bestand er stets auf höchsten Standards in Form und Inhalt. Um die künstlerische Seite, von dem wunderbaren Titelbild bis zu den Deckelinnenseiten, den Abbildungen im Text, der Schriftart und dem Gesamt-Layout des Buches kümmerten sich Emiko-Rose Paul und ihr Team bei Echo Medical Media sowie Mark Stuart Ong. Leslie Galen von Integre Technical Publishing las jeden einzelnen Buchstaben zwischen den beiden Buchdeckeln Korrektur und überwachte den gesamten Herstellungsprozess. Ich hätte mir kein besseres Profiteam wünschen können.

Nachdem alles gesagt und getan ist, bleibt meine engste Familie, ohne die ich verloren bin: Edith, Alexander, Gabriele und unsere bellenden Hausgenossen Trixie, Nosy und Bella. Ich habe keine Ahnung, warum ich das Glück habe, mit euch allen zusammen zu sein.

Und nun, geschätzter Leser, wünsche ich Ihnen viel Spaß beim Lesen.

Pasadena, im August 2003

Kapitel 1

Einführung in die Erforschung des Bewusstseins

Das Bewusstsein macht das Leib-Seele-Problem erst zu einer wirklich schwierigen Sache...
Ohne Bewusstsein wäre das Leib-Seele-Problem weit weniger interessant.
Mit Bewusstsein erscheint es hoffnungslos.

Aus *What Is It Like to Be a Bat* von Thomas Nagel

In Thomas Manns unvollendetem Roman *Die Bekenntnisse des Hochstaplers Felix Krull* äußert sich Professor Kuckuck gegenüber dem Marquis de Venosta über die drei fundamentalen und geheimnisvollen Stadien der Schöpfung. Zuerst einmal ist da die Schaffung von etwas – namentlich des Universums – aus dem Nichts. Der zweite Akt der Schöpfung ist die Schaffung von Leben aus toter, anorganischer Materie. Der dritte mysteriöse Akt ist die Geburt des Bewusstseins und bewusster Lebewesen, Lebewesen, die aus organischer Materie bestehen und über sich selbst nachdenken können. Menschen und zumindest einige Tiere nehmen nicht nur Licht wahr, bewegen ihre Augen und führen andere Handlungen durch, sondern „fühlen" dabei auch etwas.[1] Diese erstaunliche Eigenschaft der Welt verlangt nach einer Erklärung. Bewusstsein bleibt eines der größten Rätsel, denen sich die Wissenschaft weltweit gegenübersieht.

1.1 Was muss erklärt werden?

Solange es schriftliche Aufzeichnungen gibt, haben sich Männer und Frauen gefragt, wie es kommt, dass wir sehen, riechen, über uns selbst nachdenken und uns erinnern können. Wie entstehen derartige Empfindungen? Die fundamentale Frage im Zentrum des Leib-Seele-Problems lautet: *Welche Beziehung besteht zwischen dem bewussten Geist und den elektrochemischen Wechselwirkungen im Körper, aus denen er erwächst?*[2]

---

[1] Im Englischen wird zwischen Sinnesempfindungen (*sensations*) und Gemütsbewegungen (*emotions*) unterschieden, im Deutschen spricht man bei beidem meist von Gefühl. In diesem Buch sind mit „Empfindung" und „Gefühl" im Allgemeinen Sinnesempfindungen gemeint (Anm. d. Übers.)

[2] Objektive und subjektive Termini werden je nach wissenschaftlicher Fachrichtung unterschiedlich gebraucht. Ich halte mich in diesem Buch an folgende Konvention: Registrieren (*detection*) und Verhalten (*behavior*) sind objektive Begriffe, die operationalisiert werden können (siehe Dennett, 1991), wie „die Netzhaut registriert den roten Blitz, und der Beobachter drückt mit dem Finger auf den Knopf". Erkennen und Verhalten können in Abwesenheit von Bewusstsein erfolgen. Ich benutze *Empfinden, Wahrnehmen,*

Wie erwachsen der salzige Geschmack und die knusprige Textur von Kartoffelchips, der unverwechselbare Geruch nach nassem Hund oder das Gefühl, mit den Fingerspitzen einige Meter über dem letzten sicheren Fußhalt an einer Felswand zu hängen, aus einem Netzwerk von Neuronen? Diese sensorischen Qualitäten, die Bausteine bewusster Erfahrung, werden traditionell als *Qualia* bezeichnet. Die Frage ist jedoch, wie kann ein physikalisches System Qualia haben?

Und weiter: Warum ist ein bestimmtes Quale so, wie es ist, und nicht anders? Warum sieht Rot so aus, wie es aussieht, ganz anders als das Empfinden, blau zu sehen? Diese Qualia sind keine abstrakten, willkürlichen Symbole; sie stellen für den Organismus etwas *Bedeutungsvolles* dar. Philosophen sprechen von der Fähigkeit des Verstands, Dinge zu repräsentieren oder sich mit Dingen auseinander zu setzen. Wie aus der elektrischen Aktivität in den riesigen neuronalen Netzwerken, die das Gehirn bilden, Bedeutung erwächst, ist bisher völlig rätselhaft. Die Struktur dieser Netzwerke, ihre Verschaltungen, spielt dabei sicherlich eine Rolle, aber welche?[3]

Wie kommt es, dass Menschen und Tiere etwas bewusst erleben können? Warum können Menschen nicht ganz ohne Bewusstsein leben, Kinder zeugen und aufziehen? Aus einem subjektiven Blickwinkel erschiene dies so, als sei man gar nicht am Leben, wie ein Durchs-Leben-Schlafwandeln. Warum existiert dann vom Standpunkt der Evolution aus Bewusstsein? Welcher Überlebenswert geht mit einem subjektiven, geistigen Leben einher?

Im haitianischen Volksglauben ist ein Zombie ein Untoter, der durch Magie gezwungen wird, demjenigen zu gehorchen, der ihn kontrolliert. In der Philosophie ist ein *Zombie* ein imaginäres Wesen, das sich genauso wie eine normale Person verhält und handelt, aber überhaupt kein bewusstes Erleben, keine Empfindungen oder Gefühle hat. Ein besonders hinterlistiger Zombie kann sogar lügen und behaupten, er empfinde etwas, wenn dies gar nicht der Fall ist.

Die Tatsache, dass es so schwierig ist, sich etwas Derartiges vorzustellen, ist der schlagende Beweis dafür, wie grundlegend wichtig Bewusstsein für das tägliche Leben ist. In Anlehnung an René Descartes' berühmten Satz, mit dem er seine Existenz feststellte, kann ich mit Bestimmtheit sagen: „Ich habe Bewusstsein." Nicht immer, nicht in einem traumlosen Schlaf oder in Nar-

---

Sehen, Erleben, Denken und *Fühlen* in ihrer subjektiven Bedeutung, wie in „bewusster Empfindung". Wenn ich schon beim Thema „Konvention" bin, hier ein weiteres Beispiel: Im ganzen Buch benutze ich *awareness* und *consciousness* – im Deutschen zu übersetzen mit dem Begriff „Bewusstsein" – synonym. Einige Gelehrte unterscheiden zwischen beiden aus ontologischen (Chalmers, 1996), konzeptuellen (Block, 1995) oder psychologischen (Tulving, 1995) Gründen. Gegenwärtig gibt es kaum empirische Befunde, die eine derartige Unterscheidung rechtfertigen (siehe jedoch Lamme, 2003). Ich muss diesen Standpunkt in Zukunft möglicherweise revidieren. Seltsamerweise rät die zeitgenössische wissenschaftliche Literatur vom Gebrauch des Begriffs Bewusstsein ab, während Bewusstheit akzeptabel ist. Das spiegelt eher soziologische Trends wider, als dass eine tiefe Einsicht dahinter stünde.
[3]Die genaue Beziehung zwischen Qualia und Bedeutung ist unklar (siehe Chalmers, 2002).

kose, aber häufig: wenn ich lese, rede, klettere, denke, diskutiere oder auch nur dasitze und die Schönheit der Welt betrachte.[4]

Das Rätsel vertieft sich mit der Erkenntnis, dass viel von dem, was im Gehirn vor sich geht, das Bewusstsein umgeht. Elektrophysiologische Experimente zeigen, dass auch heftige Aktivität in Legionen von Neuronen unter Umständen nicht in der Lage sind, eine bewusste Wahrnehmung oder Erinnerung hervorzurufen. Wenn Sie ein herumkrabbelndes Insekt auf Ihrem Fuß bemerken, werden Sie ihn sofort reflexartig heftig schütteln, selbst wenn Sie erst später realisieren, was eigentlich vor sich geht. Oder Ihr Körper reagiert auf einen Furcht erregenden Anblick, eine Spinne oder eine Pistole, bevor das Gesehene bewusst wahrgenommen wird. Ihre Hände werden feucht, Ihr Herz rast, der Blutdruck steigt, und Adrenalin wird ausgeschüttet. All das passiert, bevor Sie wissen, dass oder warum Sie sich fürchten. Viele relativ komplexe sensomotorische Verhalten erfolgen ähnlich rasch und unbewusst. Tatsächlich zielt jedes Training darauf ab, Ihren Körper zu lehren, rasch eine komplexe Folge von Bewegungen – einen Aufschlag zurückschlagen, einem Fausthieb ausweichen, sich die Schuhe zubinden – auszuführen, ohne darüber nachzudenken. Unbewusste Verarbeitung erstreckt sich bis in die höchsten Höhen des Gehirns. Sigmund Freud hat dargelegt, dass – insbesondere traumatische – Kindheitserlebnisse das Verhalten eines Menschen im Erwachsenenalter in einer Weise tief greifend beeinflussen können, die dem Bewusstsein nicht zugänglich ist. Ein beträchtlicher Teil von Entscheidungsfindungen und kreativem Verhalten auf hohem Niveau läuft ohne bewusstes Nachdenken ab, ein Thema, das in Kapitel 18 ausführlicher behandelt wird.

Viel von dem, was das Auf und Ab des täglichen Lebens ausmacht, findet außerhalb des Bewusstseins statt. Einige der besten Belege dafür stammen aus dem klinischen Bereich. Nehmen wir einmal den seltsamen Fall der Neurologiepatientin D. F. Sie ist nicht in der Lage, Formen oder Bilder von alltäglichen Objekten zu erkennen, kann aber einen Ball fangen. Obwohl sie nicht angeben kann, wie ein dünner, briefkastenartiger Schlitz orientiert ist (ist er waagerecht?), kann sie geschickt einen Brief in den Schlitz schieben (Abb. 13.2). Aufgrund des Studiums solcher Patienten haben Neuropsychologen auf die Existenz von *Zombiesysteme* im Gehirn geschlossen, die das Bewusstsein umgehen. Diese Zombies widmen sich stereotypen Aufgaben, wie die Augen bewegen oder eine Hand in Position bringen. Sie arbeiten gewöhnlich ziemlich

---

[4]Streng genommen weiß ich nicht, ob Sie Bewusstsein haben oder nicht. Sie könnten sogar ein Zombie sein! Da Sie jedoch genau so handeln und sprechen wie ich, und da Sie und ich dieselbe evolutive Herkunft aufweisen, nehme ich vernünftigerweise an, dass Sie Bewusstsein besitzen. Gegenwärtig reichen unsere wissenschaftlichen Kenntnisse vom Bewusstsein noch nicht aus, um dies zu beweisen, aber alles in der natürlichen Welt ist mit dieser Annahme vereinbar. Der *mentale Solipsismus* leugnet dies und argumentiert, nur das Subjekt selbst habe wahrhaft Bewusstsein, während alle anderen Zombies seien. Das erscheint unlogisch und zudem ziemlich willkürlich. Warum sollte ausgerechnet ich unter allen Menschen der Welt der einzige mit Bewusstsein sein?

rasch und haben keinen Zugang zum expliziten Gedächtnis; ich werde auf diese Themen in Kapitel 12 und 13 zurückkommen.

Warum ist das Gehirn dann nicht nur eine große Ansammlung spezialisierter Zombiesysteme? In diesem Fall wäre das Leben vielleicht langweilig, doch da derartige Systeme mühelos und rasch arbeiten, warum brauchen wir überhaupt Bewusstsein? Welche Funktion hat es? In Kapitel 14 argumentiere ich, dass Bewusstsein Zugang zu einem bewussten Allzweck-Verarbeitungsmodus erlaubt, der dem Planen und Durchdenken eines zukünftigen Handlungsablaufs dient. Ohne Bewusstsein stünden wir schlechter da.

Bewusstsein ist eine sehr private Angelegenheit. Eine Empfindung lässt sich einem anderen nicht direkt übermitteln, sondern wird gewöhnlich durch Vergleiche mit anderen Erfahrungen beschrieben. Versuchen Sie einmal, jemandem Ihre subjektive Erfahrung von „Rot" zu vermitteln. Sie werden schließlich auf andere Perzepte zurückgreifen, etwa „rot wie ein Sonnenuntergang" oder „rot wie die chinesische Flagge" (dies einer von Geburt an blinden Person zu vermitteln, ist praktisch unmöglich). Man kann sinnvoll über die Beziehungen zwischen verschiedenen Erfahrungen sprechen, aber nicht über eine einzelne Erfahrung. Auch das bedarf einer Erklärung.

So wollen wir uns dem „Rätsel Bewusstsein" nähern: Zu verstehen, wie und warum die neuronale Basis einer bestimmten bewussten Empfindung mit gerade dieser Empfindung anstatt mit einer anderen oder mit einem völlig unbewussten Zustand einhergeht, warum Empfindungen so strukturiert sind, wie sie es sind, wie sie Bedeutung erlangen, und warum sie privat sind − und schließlich, wie und warum so viele Verhalten unbewusst ablaufen.

1.2 Vielerlei Antworten

Seit der Veröffentlichung von René Descartes' *Traité de l'homme* Mitte des 17. Jahrhunderts haben Philosophen und Naturforscher über das Leib-Seele-Problem in seiner gegenwärtigen Form nachgegrübelt. Bis in die 1980er Jahre mieden die allermeisten Arbeiten auf dem Gebiet der Hirnforschung jedoch jeden Bezug zum Bewusstsein. In den letzten beiden Jahrzehnten haben Philosophen, Psychologen, Kognitionswissenschaftler, Kliniker, Neurowissenschaftler und selbst Ingenieure Dutzende von Artikeln und Büchern veröffentlicht, die darauf abzielten, Bewusstsein zu „identifizieren", zu „erklären" oder zu „neu zu überdenken". Die meisten dieser Schriften sind entweder rein spekulativ oder es mangelt ihnen an jedem detaillierten wissenschaftlichen Programm zur systematischen Identifizierung der neuronalen Basis des Bewusstseins; daher tragen sie nichts zu den Ideen bei, die in diesem Buch diskutiert werden.

Bevor ich den Ansatz vorstelle, den mein langjähriger Mitstreiter Francis Crick und ich entwickelt haben, um dieses Problem anzugehen, möchte ich einen Überblick über das philosophische Umfeld geben, um die Leser mit den bisher angedachten Antwortkategorien vertraut zu machen. Bedenken Sie aber, dass ich Ihnen an dieser Stelle nur Grobskizzen dieser Positionen liefern kann.[5]

Bewusstsein setzt eine immaterielle Seele voraus

Platon, der Patriarch der westlichen Philosophie, schuf das Konzept einer Person als unsterbliche Seele, gefangen in einem sterblichen Körper. Darüber hinaus vertrat er die Ansicht, Ideen hätten eine reale Existenz und seien ewig. Diese platonischen Ansichten flossen später ins Neue Testament ein und bilden die Basis der klassischen römisch-katholischen Doktrin der *Seele*. Der Glaube, dass im Zentrum des Bewusstseins eine transzendente und unsterbliche Seele steht, wird von vielen Religionen auf der ganzen Welt geteilt.[6]

Seinerzeit unterschied Descartes zwischen der *res extensa* – physikalischer Substanz mit einer räumlichen Ausdehnung einschließlich des Spiritus animalium, der durch Nerven wandert und die Muskeln füllt – und der *res cogitans*, der denkenden Substanz. Er argumentierte, dass die *res cogitans* nur dem Menschen eigen ist und aus ihr Bewusstsein erwächst. Descartes' ontologische Zweiteilung stellt die eigentliche Definition des *Dualismus* dar: zwei Formen von Substanzen, Materie und Seelenstoff. Schwächere Formen des Dualismus sind bereits früher von Aristoteles und Thomas von Aquin vorgeschlagen worden. Die berühmtesten modernen Vertreter dieser Richtung sind der Philosoph Karl Popper und der Neurophysiologe und Nobelpreisträger John Eccles.

Auch wenn starke dualistische Positionen logisch schlüssig sind, sind sie von einem wissenschaftlichen Standpunkt aus unbefriedigend. Besonders problematisch ist die Art der Wechselwirkung zwischen Seele und Gehirn. Wie und wo soll diese stattfinden? Vermutlich müsste diese Interaktion mit den Gesetzen der Physik kompatibel sein. Dies würde jedoch einen Austausch von Energie erfordern, der erklärt werden müsste. Und was passiert mit dieser spukhaften Substanz, der Seele, wenn ihr Träger, das Gehirn, stirbt? Schwebt sie dann wie ein Gespenst in irgendeinem Hyperraum?[7]

Das Konzept einer immateriellen Essenz lässt sich retten, wenn man postuliert, dass die Seele unsterblich und völlig unabhängig vom Gehirn ist. Damit

---

[5]Ich kann der komplexen Natur dieser Argumente unmöglich gerecht werden. Jeder, der sich für all die subtilen Drehungen und Wendungen interessiert, sollte die philosophischen Anthologien von Block, Flanagan und Güzeldere (1997) sowie Metzinger (1995) konsultieren. Die Philosophin Patricia Churchland (2002) gibt einen Überblick über verschiedene Aspekte des Leib-Seele-Problems mit Betonung der relevanten Neurowissenschaften. Ich empfehle auch die kompakte und gut lesbare Monographie von Searle (1997). Zum Widerhall dieser Diskussionen unter Theologen siehe Brown, Murphy und Malony (1998) sowie den besonnenen McMullin (2000).
[6]Aufgewachsen in einer gläubigen römisch-katholischen Familie hege ich viel Sympathie für diesen Standpunkt. Flanagan (2002) beschäftigt sich mit dem Zusammenprall zwischen dem Konzept einer Seele (und eines freien Willens) und dem modernen wissenschaftlichen Standpunkt, der dazu tendiert, beides zu verneinen (siehe auch Murphy, 1998).

wird sie allerdings etwas Unbeschreibliches, Unerkennbares, ein „Geist in der Maschine", um einen von Gilbert Ryle abseits der Naturwissenschaft geprägten Ausdruck zu benutzen.

Bewusstsein lässt sich nicht mit wissenschaftlichen Mitteln verstehen

Eine ganz andere philosophische Tradition ist die *mystische* Position[8], die behauptet, Menschen könnten Bewusstsein nicht verstehen, weil es einfach zu komplex ist. Diese Beschränkung ergibt sich entweder aus einer prinzipiellen, formalen (wie kann irgendein System sich vollständig selbst verstehen?) oder einer praktischen Haltung, in der sich der Pessimismus über die Unfähigkeit des menschlichen Geistes ausdrückt, die nötigen umfassenden konzeptuellen Umsetzungen durchzuführen (welche Chance hat ein Menschenaffe, die Allgemeine Relativitätstheorie zu verstehen?).

Andere Philosophen erklären, sie verstünden nicht, wie das Gehirn als Organ physisches Bewusstsein erzeugen könne; daher sei jedes wissenschaftliche Programm zur Erforschung der physischen Basis des Bewusstseins zum Scheitern verurteilt. Das ist ein Argument aus Unkenntnis: Das gegenwärtige Fehlen eines überzeugenden Arguments für ein Bindeglied zwischen Gehirn und bewusstem Verstand kann nicht als Beleg dafür herangezogen werden, dass ein derartiges Bindeglied nicht existiert. Um diesen Kritikern zu antworten, muss die Naturwissenschaft natürlich relevante Konzepte entwickeln und Belege für dieses Bindeglied vorlegen.

Auch wenn Wissenschaftler die Arbeitsweise des Gehirns und die Entwicklung des Bewusstseins vielleicht niemals ganz verstehen werden – nicht einmal im Prinzip, geschweige denn in der Praxis –, sollten wir diesen Gedanken zunächst beiseite schieben. Die Neurowissenschaften sind eine junge Disziplin, die dank immer raffinierterer Methoden mit atemberaubender Geschwindigkeit neues Wissen anhäuft. Bevor diese Entwicklung weitgehend ihren Lauf genommen hat, besteht kein Grund für defätistische Schlussfolgerungen. Nur weil ein bestimmter Gelehrter nicht in der Lage ist zu verstehen, wie Bewusstsein ent-

---

[7]Popper und Eccles (1977) argumentieren, das Wechselspiel zwischen Gehirn und Seele sei durch Heisenbergs Unschärfeprinzip getarnt, dem zufolge es unmöglich ist, gleichzeitig sowohl Position als auch Impuls eines mikroskopischen Systems, wie etwa eines Elektrons, genau zu kennen. Im Jahre 1986 stellte Eccles die These auf, der bewusste Geist beeinflusse die Freisetzungswahrscheinlichkeit von Vesikeln an der Synapse in einer Weise, die das Gesetz von der Erhaltung der Energie nicht verletzt, aber dennoch ausreicht, um das Verhalten des Gehirns zu beeinflussen. Diese Vorstellungen sind in der wissenschaftlichen Gemeinde nicht besonders begeistert aufgenommen worden. Erfrischend ist jedoch an Poppers and Eccles' Monographie (1977), dass beide das Bewusstsein ernst nehmen. Sie gehen davon aus, dass sensorische Empfindungen ein Produkt der Evolution sind, die nach einer Funktion verlangen (siehe insbesondere Eccles, 1991). Das war nach so vielen Jahrzehnten des Behaviorismus, in dem Bewusstsein völlig ignoriert wurde, wirklich bemerkenswert.

[8]Der Begriff *mystisch (mysterian)* stammt von Flanagan (1992), der ihn benutzte, um die Ansätze von Lucas (1961), Nagel (1974) und McGinn (1991) zu charakterisieren.

stehen könnte, kann man nicht den Schluss ziehen, dass es jenseits allen menschlichen Begreifens liegt!

Bewusstsein ist eine Illusion

Eine andere Form der philosophischen Reaktion auf das Leib-Seele-Dilemma besteht darin zu verneinen, dass überhaupt ein echtes Problem vorliegt. Der aktivste zeitgenössische Verfechter dieser wenig eingängigen Ansicht – die in der Tradition der Behavioristen wurzelt – ist der Philosoph Daniel Dennett von der Tufts University. In *Counciousness Explained* argumentiert er, das Bewusstsein, so wie es die meisten Menschen begreifen, sei eine komplexe Illusion, vermittelt von den Sinnen in geheimer Absprache mit dem motorischen Output und unterstützt von sozialen Konstrukten und Lernen. Auch wenn Dennett einräumt, dass Menschen behaupten, Bewusstsein zu haben, und dieser hartnäckige, aber irrige Glaube einer Erklärung bedarf, bestreitet er die innere Realität der nicht fassbaren Aspekte von Qualia. Seiner Meinung nach ist die übliche Art und Weise, über Bewusstsein nachzudenken, völlig falsch. Dennett versucht, Bewusstsein aus der *Perspektive der dritten Person* zu erklären, während er solche Aspekte aus der *Perspektive der ersten Person* zurückweist, die es resistent gegen Reduktion machen.[9]

Bei Zahnschmerzen geht es darum, gewisse Verhalten auszudrücken oder ausdrücken zu wollen: Aufhören, auf der schmerzenden Seite zu kauen, weglaufen und sich verstecken, bis der Schmerz nachgelassen hat, Grimassen schneiden und so fort. Diese „*reaktiven Dispositionen*" wie er sie nennt, sind real. Das flüchtige, nicht fassbare Gefühl existiert hingegen nicht.[10]

Da subjektive Gefühle im Alltagsleben eine zentrale Rolle spielen, bedarf es außerordentlicher faktischer Belege, bevor man zu dem Schluss kommt, dass Qualia und Gefühle nichts als Illusion sind. Philosophische, auf logische Ana-

---

[9]Eine Darstellung aus der Perspektive der dritten Person erkennt nur objektive Ereignisse an, wie Licht einer bestimmten Wellenlänge, das auf die Retina trifft und dazu führt, dass die Person ausruft „Ich sehe rot", während sich eine Darstellung aus der Perspektive der ersten Person mit subjektiven Ereignissen befasst, wie etwa der Sinnesempfindung von Rot. Der verstorbene Francisco Varela bezeichnete das Programm zur Abbildung von Erleben aus der Sicht der ersten Person auf dem Gehirn als *Neurophänomenologie* (Varela, 1996).

[10]Ich verweise den Leser auf Dennett (1991) sowie Dennett und Kinsbourne (1992). Als Vorläufer in der behavioristischen Tradition siehe Ryle (1949); eine moderne Version seiner Ansichten findet sich bei Dennett (2001). In seinem Buch von 1991 greift Dennett zu Recht die Vorstellung von einem *cartesianischen Theater* an, einem einzelnen Ort im Gehirn, wo bewusste Wahrnehmung entstehen muss (man beachte, dass dies die Möglichkeit eines verteilten Satzes neuronaler Prozesse nicht ausschließt, die zu jedem beliebigen Zeitpunkt Bewusstsein exprimieren). Er schlägt ein *Multiple-Drafts-Modell* (Modell der vielfältigen Entwürfe) vor, um verschiedene rätselhafte Aspekte von Bewusstsein zu erklären, wie die nicht intuitiv erfassbare Rolle der Zeit bei der Organisation von subjektiver Erfahrung. Typisch für Dennetts Art zu schreiben ist der geschickte Gebrauch von farbigen Metaphern und Analogien, die er allzu sehr schätzt. Es fällt schwer, sie mit bestimmten neuronalen Mechanismen zu verknüpfen.

lyse basierende Argumente sind nicht stark genug, um sich mit dem echten Gehirn samt all seiner Feinheiten in maßgeblicher Weise zu befassen – selbst dann nicht, wenn sie durch Ergebnisse gestützt werden. Die philosophische Methode ist dann am besten, wenn sie Fragen formuliert, aber sie kann keine große Erfolgsbilanz aufweisen, wenn es um deren Beantwortung geht. Der provisorische Ansatz, den ich in diesem Buch vertrete, besteht darin, die Erfahrungen aus der Perspektive der ersten Person als harte Tatsachen des Lebens anzusehen und zu versuchen, sie zu erklären.[11]

Bewusstsein erfordert ganz neue Gesetze

Manche haben statt nach mehr Fakten über das Gehirn und seine Arbeitsprinzipien nach neuen naturwissenschaftlichen Gesetzen gerufen, um das Rätsel des Bewusstseins zu lösen. Roger Penrose von der Oxford University argumentiert in seinem wunderbaren Buch *The Emperor's New Mind*, dass die Physik von heute nicht in der Lage ist, die intuitiven Fähigkeiten von Mathematikern – und Menschen im Allgemeinen – zu erklären. Nach Penroses Meinung wird eine noch zu formulierende Theorie der Quantengravitation erklären können, wie das menschliche Bewusstsein Prozesse ausführen kann, die keine denkbare Turing-Maschine ausführen könnte. In Zusammenarbeit mit dem Anästhesisten Stuart Hameroff von der University of Arizona in Tuscon hat Penrose die These aufgestellt, Mikrotubuli, sich selbst organisierende Eiweiße des Cytoskeletts, die man in allen Körperzellen findet, spielten eine entscheidende Rolle bei der Vermittlung kohärenter Quantenzustände über große Neuronenpopulationen hinweg.[12]

Penrose hat zwar eine heftige Debatte darüber angestoßen, in welchem Maße Mathematiker Zugang zu gewissen, nicht berechenbaren Wahrheiten haben und ob diese durch Computer realisiert werden können; dennoch bleibt es völlig im Dunkeln, wie die Quantengravitation erklären soll, auf welche Weise in gewissen Klassen höher organisierter Materie Bewusstsein entsteht. Sowohl Be-

---

[11]Dennett kontert, dass man sich mit dem Akzeptieren von subjektiven Gefühlen als Tatsachen, die einer Erklärung bedürfen, auf dünnes Eis begibt; von realen Qualia zu sprechen hat in seinen Augen etwas höchst Ideologisches – als würde man von „realer Zauberei" sprechen – und zieht zahlreiche epistemologische Implikationen nach sich.

[12]Penroses Bücher (1989, 1994) gehören zu den klarsten und am besten geschriebenen Darstellungen über Turing-Maschinen, Gödels Theoreme, Computer und moderne Physik, die ich je gelesen habe. Angesichts dessen, dass sich beide nominell mit dem menschlichen Geist und Gehirn beschäftigen, ist jedoch bemerkenswert, dass eine ernsthafte Diskussion über Psychologie und Neurowissenschaften praktisch völlig fehlt. Hameroff und Penrose (1996) skizzieren ihre These, der zufolge Mikrotubuli, ein wesentlicher Bestandteil des Zellgerüsts, für die dem Bewusstsein zugrunde liegenden Prozesse von entscheidender Bedeutung sind. Die Achillesferse dieser Idee ist das Fehlen eines biophysikalischen Mechanismus, der Neuronen – und nicht nur irgendwelchen Zellen im Körper – erlauben würde, auf der Basis von Quantenkohärenzeffekten rasch über weite Gehirnbereiche hoch spezifische Koalitionen zu bilden. All das soll natürlich bei Körpertemperatur stattfinden, nicht gerade förderlich für den Erhalt von Quantenkohärenz in makroskopischem Maßstab. Siehe Grush und Churchland (1995) hinsichtlich einer aufschlussreichen Kritik.

wusstsein als auch Quantengravitation haben rätselhafte Eigenschaften; daraus aber den Schluss zu ziehen, das eine sei die Ursache des anderen, scheint reichlich willkürlich. Angesichts des Fehlens jedweder Belege für makroskopische quantenmechanische Effekte im Gehirn werde ich diese Idee nicht weiter verfolgen.

Der Philosoph David Chalmers von der University of Arizona in Tuscon hat eine Alternative skizziert, in der Information zwei Aspekte hat: einen physikalisch realisierbaren Aspekt, der in Computern eingesetzt wird, und einen phänomenalen oder empirischen Aspekt, der von außen nicht zugänglich ist. Seiner Ansicht nach kann jedes informationsverarbeitende System, vom Thermostaten bis zum menschlichen Gehirn, zumindest in einem gewissen Sinne Bewusstsein haben (wenn Chalmers auch zugibt, dass es sich vielleicht nicht besonders anfühlt, „ein Thermostat zu sein"). Auch wenn die Kühnheit, alle Information repräsentierenden Systeme mit subjektivem Erleben auszustatten, einen gewissen Reiz und Eleganz hat, ist mir nicht klar, wie sich Chalmers' Hypothese wissenschaftlich prüfen ließe. Derzeit kann man diesen modernen *Panpsychismus* nur als provokante Hypothese akzeptieren. Im Lauf der Zeit kann es sich jedoch durchaus als nötig erweisen, eine Theorie in der Sprache der Wahrscheinlichkeitslehre und der Informationstheorie zu formulieren, um Bewusstsein zu verstehen. Selbst wenn man Chalmers' Entwurf akzeptiert, bedarf dieser einer stärker quantitativen Struktur. Erleichtern gewisse Formen der Verarbeitungsarchitektur, wie eine massive Parallel- oder Reihenstruktur, die Entwicklung von Bewusstsein? Ist die Reichhaltigkeit von subjektivem Erleben verknüpft mit dem Umfang oder der Organisation des Gedächtnisses (gemeinsames oder nicht gemeinsames, hierarchisches oder nicht hierarchisches, statisches oder dynamisches Gedächtnis und so fort)?[13]

Wenn ich auch nicht ausschließen kann, dass es zur Erklärung des Bewusstseins möglicherweise völlig neuer Gesetze bedarf, sehe ich gegenwärtig keine dringende Notwendigkeit für einen solchen Schritt.

Bewusstsein erfordert Verhalten

Die *enaktive* oder *sensomotorische* Erklärung des Bewusstseins betont die Tatsache, dass ein Nervensystem nicht isoliert betrachtet werden kann. Es ist Teil eines Körpers, der in einem Lebensraum lebt und durch unzählige sensomotorische Wechselbeziehungen im Lauf seines Lebens Wissen über die Welt (einschließlich seines eigenen Körpers) erworben hat. Dieses Wissen wird bei den laufend stattfindenden Begegnungen des Körpers mit der Welt geschickt ge-

---

[13]Ich empfehle sehr, Chalmers' Buch (1996) zumindest zu überfliegen, besonders Kapitel 8. Was einen theoretischen Zugang zum Bewusstsein auf der Basis von Komplexitätsmessungen und Informationstheorie angeht, siehe Tononi und Edelman (1998) sowie Edelman und Tononi (2000). Nagel (1988) untersucht den Panpsychismus.

nutzt. Vertreter dieser Sicht räumen ein, dass das Gehirn Träger der Wahrnehmung ist, behaupten aber, neuronale Aktivität sei nicht hinreichend für Bewusstsein und es sei aussichtslos, nach physikalischen Ursachen oder Bewusstseinskorrelaten zu suchen. Der sich verhaltende, in eine bestimmte Umwelt eingebettete Organismus ist es ihrer Meinung nach, der Empfindungen erzeugt.[14]

Auch wenn die Vertreter des enaktiven Standpunkts zu Recht betonen, dass Wahrnehmung gewöhnlich im Kontext einer Handlung stattfindet, habe ich kein Verständnis für ihre Vernachlässigung der neuronalen Grundlage der Wahrnehmung. Wenn es etwas gibt, dessen sich Naturwissenschaftler recht sicher sind, dann ist es die Tatsache, dass Gehirnaktivität sowohl notwendig als auch hinreichend für biologisches Empfinden ist. Empirischen Rückhalt dafür liefern viele Quellen. So ist beispielsweise beim Träumen, einen höchst bewussten Zustand, fast die gesamte Willkürmuskulatur gehemmt. Das heißt, jede Nacht erleben die meisten von uns Episoden von Empfindungsphänomenen, ohne sich zu bewegen.[15]

Ein weiteres Beispiel ist, dass eine direkte Hirnstimulation mit elektrischen oder magnetischen Pulsen einfache Perzepte (Wahrnehmungen), wie farbige Lichtblitze, auslösen kann; das ist die Basis der derzeitigen Forschung an neuroprothetischen Geräten für Blinde. Zudem kommt es vor, dass Menschen die Gewalt über ihr motorisches System – sei es kurzzeitig[16] oder auf Dauer[17] – verlieren, aber dennoch weiterhin die Welt erleben.

Daraus schließe ich, dass Bewegung für Bewusstsein nicht zwingend notwendig ist. Das heißt natürlich nicht, dass die Bewegung von Körper, Augen, Gliedmaßen und so fort für die Formung des Bewusstseins unwichtig wäre.

---

[14]Das Manifest dieser Bewegung ist O'Regan und Noë (2001). Siehe auch Noë (2004) sowie Järvilehto (2000). Historische Vorläufer der enaktiven Bewegung in der Philosophie und in der Psychologie sind Merleau-Ponty (1962) sowie Gibson (1966).

[15]Natürlich bewegen sich die Augen in Phasen erhöhter Traumaktivität. Revonsuo (2000) und Flanagan (2000) geben einen Überblick über Form und mögliche Funktionen von Trauminhalten.

[16]Eine vorübergehende Form der Lähmung ist eines der charakteristischen Merkmale der *Narkolepsie* (Schlaflähmung), einer neurologischen Störung. Ausgelöst durch eine starke Emotion – Lachen, Verlegenheit, Wut, Aufregung –, verliert der Betroffene plötzlich jede Spannung in der Skelettmuskulatur, ohne aber das Bewusstsein zu verlieren. Derartige *kataplektische* Anfälle können minutenlang anhalten und führen dazu, dass der Betroffene zusammengebrochen auf dem Boden liegt, unfähig, sich zu rühren oder Zeichen zu geben, während er sich seiner Umgebung aber völlig bewusst ist (Guilleminault, 1976; Siegel, 2000).

[17]Die am schlimmsten Betroffenen leiden unter einem so genannten *Locked-in-Syndrom* (Feldman, 1971; siehe auch Celesia, 1997). Ein Beispiel ist der Fall von Jean-Dominique Bauby, einem Redakteur der französischen Modezeitschrift *Elle,* dem nach einem schweren Schlaganfall allein die Fähigkeit blieb, seine Augen nach oben und nach unten zu bewegen. Er verfasste ein ganzes Buch über seine inneren Erlebnisse, indem er seine Augenbewegungen als eine Art Morsecode benutzte. Baubys 1997 erschienenes Buch *Schmetterling und Taucherglocke* ist ein seltsam erhebendes und inspirierendes Buch, das unter schrecklichen Umständen geschrieben wurde. Wenn auch sein letztes Bindeglied mit der Welt, seine

Ganz im Gegenteil! Aber Verhalten ist nicht unbedingt erforderlich, damit Qualia auftreten.

Bewusstsein ist eine emergente Eigenschaft gewisser biologischer Systeme

Arbeitshypothese dieses Buches ist, dass Bewusstsein aus neuronalen Merkmalen des Gehirns erwächst.[18] Um die materielle Grundlage des Bewusstseins zu verstehen, bedarf es wahrscheinlich keiner exotischen neuen Physik, sondern vielmehr eines viel tieferen Verständnisses der Art und Weise, wie dicht vernetzte, aus einer Vielzahl heterogener Neuronen bestehende Netzwerke arbeiten. Die Fähigkeit von Neuronenkoalitionen, aus dem Wechselspiel mit der Umwelt und aus ihren eigenen internen Aktivitäten zu lernen, werden häufig unterschätzt. Individuelle Neuronen sind selbst komplexe Entitäten mit einzigartiger Morphologie und tausenderlei Inputs und Outputs. Ihre Kontaktstellen, die *Synapsen*, sind molekulare Maschinen, ausgerüstet mit Lernalgorithmen, die ihre Stärke und Dynamik über einen weiten zeitlichen Bereich modifizieren. Menschen haben wenig Erfahrung mit einer derart weit reichenden, umfassenden Organisation. Daher fällt es selbst Biologen schwer, Eigenschaften und Leistungsfähigkeit des Nervensystems richtig einzuschätzen.

Eine vernünftige Analogie bietet die Debatte, die Ende des 19. und Anfang des 20. Jahrhunderts um das Konzept des Vitalismus und die Mechanismen tobte, die der Vererbung zugrunde liegen. Wie kann bloße Chemie all die Informationen speichern, die nötig sind, um ein einzigartiges Individuum zu bestimmen? Wie kann Chemie erklären, warum die Teilung eines einzigen Froschembryos im Zweizellstadium zwei Kaulquappen entstehen lässt? Erfordert das nicht irgendeine *vitalistische,* eine besondere Lebenskraft oder neue Gesetze der Physik, wie Erwin Schrödinger postulierte?

Die größte Schwierigkeit der Forscher jener Zeit bestand darin, dass sie sich die große Spezifität nicht vorstellen konnten, die individuellen Molekülen zu eigen ist. Das ist vielleicht am besten von William Bateson ausgedrückt worden, einem der führenden englischen Genetiker Anfang des 20. Jahrhunderts. In seiner 1916 erschienenen Rezension von *The Mechanism of Mendelian Here-*

---

senkrechten Augenbewegungen, geschädigt worden wären, wäre Bauby dazu verdammt gewesen, ein völlig bewusstes Leben zu leben, während er praktisch tot erschien! Er und andere derartige Patienten nehmen die Welt bewusst wahr, auch wenn dies niemals systematisch untersucht worden ist. Die *erstarrten Süchtigen*, Drogenabhängige, auf die Fußnote 24 in Kapitel 7 Bezug nimmt, sind ein weiterer lebender Beweis dafür, dass völlige Bewegungslosigkeit und Bewusstsein koexistieren können.

[18]Ein System hat emergente (neu auftauchende) Eigenschaften, wenn diese bei seinen Teilen nicht vorkommen. Darin liegt kein mystischer oder esoterischer Beiklang. In diesem Sinne ergeben sich die Gesetze der Vererbung aus den molekularen Eigenschaften der DNA und anderer Makromoleküle, oder das Entstehen und die Weiterleitung von Aktionspotenzialen in Axonen gehen aus den Eigenschaften spannungsabhängiger Ionenkanäle in der Nervenmembran hervor. Zu einer allgemeinen Einführung in die Problematik der Emergenz siehe Beckermann, Flohr und Kim (1992).

dity, einem Buch des Nobelpreisträgers Thomas Hunt Morgan und seiner Mitarbeiter, schreibt er:

> Die Eigenschaften lebender Organismen sind auf irgendeine Weise mit einer materiellen Basis verknüpft, in gewissem Maße möglicherweise mit dem Kernchromatin. Dennoch ist es kaum vorstellbar, dass Partikel aus Chromatin oder irgendeiner anderen Substanz – sei sie auch noch so komplex –, Kräfte besitzen, die man unseren Erbfaktoren oder Genen zuschreiben muss. Die Annahme, dass Chromatinpartikel, die voneinander nicht zu unterscheiden sind und bei allen uns bekannten Tests tatsächlich fast homogen erscheinen, allein durch ihre materielle Beschaffenheit alle Eigenschaften des Lebens vermitteln, übersteigt selbst die Vorstellungskaft des überzeugtesten Materialismus.

Was Bateson und andere damals nicht wussten und angesichts der verfügbaren Technologie nicht wissen konnten, war, dass Chromatin (also ein Chromosom) nur im statistischen Sinne homogen ist, da es aus annähernd gleichen Mengen der vier Nucleinsäurebasen besteht, und dass die exakte lineare Sequenz von Nucleotiden das Geheimnis der Vererbung codiert. Genetiker haben die Fähigkeit dieser Nucleotide unterschätzt, erstaunlich große Mengen an Information zu speichern. Sie haben auch die erstaunliche Spezifität von Proteinmolekülen unterschätzt, die aus dem Wirken der natürlichen Selektion über einige Milliarden Jahre Evolution resultiert. Diese Irrtümer dürfen wir bei dem Versuch, die Grundlage des Bewusstseins zu verstehen, nicht wiederholen.

Noch einmal: Ich nehme an, dass die physische Grundlage des Bewusstseins eine emergente Eigenschaft ist, die aus spezifischen Wechselbeziehungen zwischen Neuronen und ihren Elementen resultiert. Obwohl Bewusstsein mit den Gesetzen der Physik vollständig vereinbar ist, können wir aus diesen Gesetzen Bewusstsein weder ableiten noch verstehen.

1.3 Mein Ansatz ist praktischer, empirischer Natur

Um mit diesen schwierigen Fragen voranzukommen, ohne sich zu verzetteln, muss ich einige Annahmen vorausschicken, ohne sie aber allzu detailliert zu begründen. Es ist durchaus möglich, dass diese provisorischen Arbeitshypothesen später einmal revidiert oder sogar verworfen werden müssen. Der Physiker und spätere Molekularbiologe Max Delbrück plädierte bei Experimenten für das „Prinzip der begrenzten Nachlässigkeit". Er empfahl, Dinge erst einmal provisorisch auszuprobieren, um zu sehen, ob sie im Prinzip funktionieren können. Ich wende dieses Prinzip auf das Gebiet der Vorstellungen über das Gehirn an.

Eine Arbeitsdefinition

Fast jeder hat eine ungefähre Vorstellung davon, was es bedeutet, Bewusstsein zu haben. Der Philosoph John Searle meint dazu: „Bewusstsein besteht aus jenen Gefühlszuständen, die morgens, wenn wir aus einem traumlosen Schlaf erwachen, beginnen und sich den ganzen Tag hindurch fortsetzen, bis wir in ein Koma fallen oder sterben oder wieder einschlafen oder auf andere Weise das Bewusstsein verlieren."[19] Wenn ich Sie frage, was Sie sehen, und Sie antworten in angemessener Weise, nehme ich zunächst einmal an, dass Sie Bewusstsein haben. Dazu ist eine gewisse Form von Aufmerksamkeit erforderlich, doch das allein reicht nicht aus. Operativ ist Bewusstsein für Nicht-Routineaufgaben erforderlich, die einen Informationsrückhalt über Sekunden hinweg verlangen.

Obwohl recht vage, reicht diese vorläufige Definition für den Anfang aus. Mit dem Fortschreiten der Wissenschaft über das Bewusstsein wird sie verfeinert und in fundamentaleren neuronalen Begriffen ausgedrückt werden müssen. Bis wir allerdings das Problem besser verstehen, führt eine formalere Definition von Bewusstsein wahrscheinlich in die Irre oder ist zu restriktiv oder beides. Wenn Ihnen das ausweichend erscheint, versuchen Sie einmal, *Gen* zu definieren. Ist es eine stabile Einheit der Vererbung? Muss ein Gen für ein einzelnes Enzym codieren? Was ist mit Struktur- und Regulatorgenen? Entspricht ein Gen einem einzigen durchgehenden Nucleinsäureabschnitt? Was ist mit Introns? Und wäre es nicht sinnvoller, ein Gen als das reife mRNA-Transkript zu definieren, nachdem die ganze Aufbereitung und das Spleißen stattgefunden hat? Wir wissen inzwischen so viel über Gene, dass jede einfache Definition zu kurz greift. Warum sollte es einfacher sein, etwas so schwer Fassbares wie Bewusstsein zu definieren?[20]

Historisch gesehen sind bedeutende wissenschaftliche Fortschritte im Allgemeinen ohne formale Definitionen erreicht worden. So wurden die phänomenologischen Gesetze des elektrischen Stromflusses beispielsweise von Ohm, Ampère und Volta schon lange vor der Entdeckung des Elektrons durch

---

[19]Die Definition, die von Searle (1997) stammt, lässt eine ganze Domäne bewussten Erlebens aus, an die man sich gewöhnlich nicht erinnert: lebhafte Träume, die sich nicht vom realen Leben unterscheiden lassen. Ausgefeiltere Definitionen für Bewusstsein helfen auch nicht weiter. So stellen die beiden Neurologen Schiff und Plum (2000), die neurologisch schwer geschädigte Patienten behandeln, fest: „Das normale menschliche Bewusstsein besteht zumindest aus einer zeitlich seriell geordneten, organisierten, beschränkten und reflektierenden Bewusstheit seiner selbst und seiner Umgebung. Darüber hinaus ist es eine Erfahrung von abgestufter Komplexität und Quantität." Auch wenn diese Definition klinisch nützlich ist, setzt sie doch Dinge wie Bewusstheit (*awareness*), Selbst und dergleichen voraus. Das *Oxford English Dictionary* hilft in diesem Falle auch nicht weiter; dort findet man acht Einträge unter „Bewusstsein" (*consciousness*) und zwölf unter „bewusst" (*conscious*).
[20]Siehe Keller (2000) und Ridley (2003) zur wechselhaften Geschichte des Begriffes „Gen" sowie Churchland (1986, 2002) und insbesondere den Aufsatz von Farber und Churchland (1995) zur Bedeutung von Definitionen in der Wissenschaft.

Thompson im Jahre 1892 formuliert. Für den Augenblick bediene ich mich daher der obigen Arbeitsdefinition von Bewusstsein und werde sehen, wie weit ich damit komme.

Bewusstsein ist nicht allein dem Menschen vorbehalten

Es ist plausibel, dass bestimmte Tierarten – insbesondere Säuger – einige, aber nicht unbedingt alle Merkmale von Bewusstsein aufweisen, dass sie sehen, hören, riechen und auf andere Weise die Welt erfahren. Natürlich hat jede Art ihr ganz eigenes Sensorium, ihren Wahrnehmungsbereich, der ihrer ökologischen Nische angepasst ist. Doch ich nehme an, dass diese Tiere Gefühle haben, subjektive Zustände. Etwas anderes zu glauben, ist vermessen und setzt sich über alle experimentellen Belege für die Kontinuität von Verhaltensweisen zwischen Mensch und Tier hinweg. Wir alle sind Kinder der Natur.

Das gilt besonders für Tier- und Menschenaffen, die Menschen in ihrem Verhalten, ihrer Entwicklung und Gehirnstruktur bemerkenswert ähnlich sind (nur ein Experte kann einen Kubikmillimeter Hirngewebe eines Tieraffen von dem entsprechenden Stück menschlichen Hirngewebes unterscheiden). Die beste Möglichkeit, Phänomene wie *stimulus awareness* (bewusste Reizwahrnehmung) zu untersuchen, basiert darauf, neuronale Antworten trainierter Affen zu ihrem Verhalten in Beziehung zu setzen. Angesichts dieser Ähnlichkeit sind geeignete Experimente an nicht menschlichen Primaten – auf ethische und humane Weise durchgeführt – eine ergiebige Quelle, um die Mechanismen aufzuspüren, die dem Bewusstsein zugrunde liegen.[21]

Natürlich unterscheiden sich Menschen durch ihre Sprachfähigkeit grundlegend von allen anderen Organismen. Sprache ermöglicht es *Homo sapiens*, beliebig komplexe Konzepte zu repräsentieren und zu verbreiten. Ohne Sprache keine Schrift, repräsentative Demokratie, Allgemeine Relativitätstheorie und kein Macintosh-Computer – alles Aktivitäten und Erfindungen, die jenseits der Fähigkeiten unserer tierischen Freunde liegen. Das Primat der Sprache für die meisten Aspekte zivilisierten Lebens hat bei Philosophen, Linguisten und anderen zu der Überzeugung geführt, dass Bewusstsein ohne Sprache unmöglich ist und daher nur Menschen fühlen können und zur Selbstbeobachtung (Intro-

---

[21]Ein paar Worte zu einigen der annähernd 200 Primatenarten, von denen der Mensch nur eine einzige darstellt. Die Ordnung der Primaten (Herrentiere) ist in zwei Unterordnungen unterteilt, Prosimiae (Halbaffen) und Simiae (Eigentliche Affen), zu denen Hundsaffen, Menschenaffen und Menschen gehören. Die Simiae lassen sich wiederum in zwei Teilordnungen mit unterschiedlicher geographischer Verbreitung unterteilen, die *Neuwelt-* und die *Altweltaffen*. Altweltaffen, wie *Paviane* und *Makaken* (beispielsweise Rhesusaffen), haben größere und stärker gefurchte Gehirne als Neuweltaffen; insbesondere Vertreter der Gattung *Macaca* sind leicht in Gefangenschaft zu halten. Sie sind beliebte Modelle für die menschliche Gehirnorganisation. *Gorillas, Orang-Utans* und die beiden *Schimpansenarten* bilden die Gruppe der großen *Menschenaffen*. Angesichts ihrer hoch entwickelten kognitiven Fähigkeiten und ihrer engen Verwandtschaft mit dem Menschen wird mit Menschenaffen kaum invasive Forschung betrieben. Das meiste, was wir über ihr Gehirn wissen, stammt aus Autopsien.

spektion) fähig sind. Auch wenn das in begrenztem Ausmaß für Selbstbewusstsein gelten mag (wie bei „Ich weiß, dass ich rot sehe"), sind alle Befunde von Split-Brain-Patienten und autistischen Kindern, aus Evolutions- und Verhaltensstudien völlig vereinbar mit der Position, dass zumindest Säuger das, was sie sehen und hören, auch „erleben".[22]

Gegenwärtig wissen wir nicht, inwieweit bewusste Wahrnehmung *allen* Tieren gemein ist. Wahrscheinlich ist Bewusstsein in gewissem Maße mit der Komplexität des Nervensystems eines Organismus korreliert. Tintenfische, Bienen, Taufliegen und sogar Rundwürmer sind alle zu recht komplexen Verhalten fähig. Vielleicht besitzen auch sie ein gewisses Maß an Bewusstsein, vielleicht können auch sie Lust und Schmerz empfinden und sehen.

Wie kann man sich dem Bewusstsein auf wissenschaftliche Weise nähern?

Bewusstsein kann viele Formen annehmen, doch am besten beginnt man wohl mit der Form, die am einfachsten zu untersuchen ist. Das Studium des Sehens hat gegenüber dem Studium anderer Sinne mehrere Vorteile, zumindest wenn es um das Verständnis von Bewusstsein geht.

Erstens sind Menschen Augenwesen. Das spiegelt sich in der großen Masse der Bildanalyse dienenden Hirngewebes und in der Bedeutung des Sehens im Alltag wider. Wenn Sie beispielsweise eine Erkältung haben, ist Ihre Nase verstopft und Sie verlieren vielleicht Ihren Geruchssinn, aber das behindert Sie kaum. Ein vorübergehender Verlust des Sehvermögens, wie bei Schneeblindheit, hat hingegen verheerende Folgen.

Zweitens sind visuelle Wahrnehmungen lebhaft und reich an Informationen. Bilder und Filme sind stark strukturiert, mithilfe von computergenerierter Grafik jedoch leicht zu manipulieren.

Drittens lässt sich das Sehvermögen, wie bereits der junge Arthur Schopenhauer 1813 bemerkte, leichter täuschen als einer der anderen Sinne. Dies manifestiert sich in einer schier endlosen Zahl von optischen Täuschungen. Nehmen wir beispielsweise die *bewegungsinduzierte Blindheit*: Über drei deutlich erkennbare, unbewegliche gelbe Scheiben wird ein Bündel sich nach dem Zufallsprinzip bewegender blauer Lichtpunkte gelegt. Fixieren Sie irgendeine Stelle auf dem Bildschirm, und nach einer Weile verschwinden eine, zwei oder alle drei Flecken. Einfach weg![23] Es ist ein erstaunlicher Anblick: Die umherschwirrende blaue Wolke radiert die gelben Flecken einfach aus, obwohl diese die Netzhaut auch weiterhin reizen. Nach einer kurzen Augenbewegung

---

[22]Die Überzeugung, dass nur Menschen über Bewusstsein verfügen und Tiere bloße Automaten sind – ihr berühmtester Vertreter war Descartes – war früher weit verbreitet. Nach Darwin und dem Aufstieg seiner Evolutionstheorie änderte sich dies mehr und mehr. Doch noch heute argumentieren manche, dass Sprache eine *conditio sine qua non* für Bewusstsein ist (Macphail, 1998). Griffin (2001) ist die klassische Referenz für einen Überblick über Bewusstsein im Tierreich.

[23]Bewegungsinduzierte Blindheit wurde von Bonneh, Cooperman und Sagi (2001) entdeckt.

tauchen die gelben Flecken wieder auf. Wenn solche sensorischen Phänomene auch kaum etwas mit „Absichtlichkeit", dem „Worum-es-beim-Bewusstsein-geht", „freiem Willen" oder anderen Konzepten zu tun haben, die Philosophen so lieb und teuer sind, kann uns das Verständnis der neuronalen Basis optischer Täuschungen viel über die physische Basis des Bewusstseins im Gehirn lehren. In der Frühzeit der Molekularbiologie konzentrierte sich Delbrück auf die Genetik von Phagen, einfachen Viren, die von Bakterien leben. Man hätte meinen können, die Art und Weise, wie Phagen Informationen an ihre Nachkommen weitergeben, sei für die menschliche Vererbung irrelevant. Aber das war nicht der Fall. Ebenso hat sich Eric Kandels Überzeugung, dass wir von der primitiven Meersschnecke *Aplysia* viel über die molekularen und zellularen Mechanismen lernen können, die dem Gedächtnis zugrunde liegen, als prophetisch erwiesen.[24]

Schließlich – und das ist am wichtigsten – ist die neuronale Basis vieler visueller Phänomene und Täuschungen im ganzen Tierreich gut untersucht. Die sich mit Wahrnehmung beschäftigenden Neurowissenschaften haben inzwischen Computermodelle von einiger Komplexität erstellt, die sich bereits bei der Planung von Experimenten und der Zusammenfassung von Daten bewährt haben.

Ich konzentriere mich daher auf visuelles Empfinden oder Bewusstsein. Der renommierte Neurologe Antonio Damasio von der Universität Iowa bezeichnet solche sensorischen Formen des Bewusstseins als *Kernbewusstsein* und unterscheidet sie vom *erweiterten Bewusstsein*.[25] Beim Kernbewusstsein geht es um das Hier und Jetzt, während das erweiterte Bewusstsein einen Sinn für das Selbst – den auf sich selbst Bezug nehmenden Aspekt, der für viele Menschen der Inbegriff für Bewusstsein ist – und für die Vergangenheit sowie die erwartete Zukunft erfordert.

Bei meinen Forschungen lasse ich zunächst diese und andere Aspekte, wie Sprache und Emotionen außer Acht. Das heißt nicht, dass sie für Menschen nicht von entscheidender Bedeutung sind – im Gegenteil. Aphasiker, Kinder mit schwerem Autismus oder Patienten, die das Bewusstsein ihrer selbst verloren haben, sind schwer behindert und Pflegefälle. In den meisten Fällen können sie jedoch weiterhin sehen und Schmerz empfinden. Erweitertes Bewusstsein teilt mit sensorischem Bewusstsein dieselbe geheimnisvolle Eigenschaft,

---

[24]Kandel (2001).

[25]Siehe Damasio (1999). Eine prägnante Formulierung seiner Ideen findet sich in Damasio (2000). Der Kognitionspsychologe Endel Tulving von der Universität Toronto ist der Ansicht, Perzepte benötigten *noetisches* (wissensbezogenes) Bewusstsein, im Gegensatz zum *autonoetischen* (selbstbezogenen) Bewusstsein, wie es für das episodische Gedächtnis typisch ist (Tulving, 1985). Edelman und Tononi (2000) sprechen von *primärem* Bewusstsein und Bewusstsein *höherer Ordnung*, und Block (1995) spricht von phänomenalem Bewusstsein auf der einen und reflektierenden Bewusstsein sowie Selbstbewusstsein auf der anderen Seite.

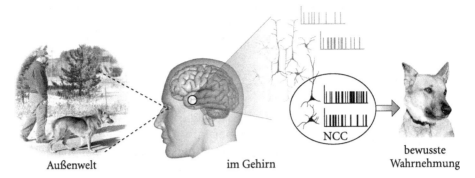

1.1 *Die neuronalen Korrelate des Bewusstseins.* Die NCC sind der kleinste Satz neuronaler Ereignisse – hier synchronisierte Aktionspotenziale in neocorticalen Pyramidenzellen –, der für eine bestimmte bewusste Wahrnehmung (Perzept) hinreichend ist.

doch es lässt sich viel schlechter experimentell erforschen, weil man diese Fähigkeiten nicht so einfach bei Labortieren untersuchen kann und den zugrunde liegenden Neuronen deshalb nur schwer auf die Spur kommt.

Ein Grund für meine Entscheidung ist auch die vorläufige Annahme, dass all die verschiedenen Aspekte von Bewusstsein (Geruchs- und Sehvermögen, Schmerzempfinden, Selbstbewusstsein, das Gefühl, eine Handlung ausführen zu wollen, Wütend-Sein und so fort) auf einem oder wenigen gemeinsamen Mechanismen basieren. Wenn es gelingt, die neuronale Basis *einer* Modalität zu klären, sollte dies daher helfen, alle zu verstehen. Was ist das Gemeinsame zwischen einem Ton, einem Anblick und einem Geruch? Ihr Inhalt fühlt sich jeweils ganz anders an, aber alle drei haben dieses magische Etwas an sich. Angesichts der Art und Weise, wie die natürliche Selektion wirkt, ist es wahrscheinlich, dass die subjektiven Empfindungen, die mit jedem einzelnen dieser Reize einhergehen, von ähnlichen neuronalen Elementen und Schaltkreisen hervorgerufen werden.

Ich verweise auch auf nicht visuelle Arbeitsgebiete, wie Geruchsforschung oder Pawlowsche Konditionierung, besonders dann, wenn sie Eigenschaften aufweisen, die im Labor experimentell leicht zugänglich sind. Um Bewusstsein mit der Spikeaktivität einzelner Neuronen und ihrer Anordnung zu verknüpfen, ist es zwingend notwendig, relevante Experimente an Mäusen durchzuführen, die bestimmte Verhalten zeigen. Die erstaunliche Entwicklung immer raffinierterer molekularbiologischer Werkzeuge erlaubt es inzwischen, das Gehirn von Mäusen gezielt, subtil und reversibel zu manipulieren, etwas, das derzeit bei Primaten nicht möglich ist.

Veränderte Bewusstseinszustände – Hypnose, Out-of-Body-Erfahrungen, Wachträume, Halluzinationen, Meditation und dergleichen – werden in diesem Buch nicht behandelt. Auch wenn dies alles faszinierende Fallstudien menschlichen Befindens sind, ist es schwierig, Zugang zu den ihnen zugrunde liegenden neuronalen Repräsentationen zu gewinnen (kann man einen Rhesusaffen hypnotisieren?). Eine umfassende Theorie des Bewusstseins wird letztlich auch diesen ungewöhnlichen Phänomenen Rechnung tragen.[26]

1.4 Die neuronalen Korrelate des Bewusstseins

Francis und ich sind wild entschlossen , die *neuronalen Korrelate des Bewusstseins* (NCC) zu finden. Wann immer Informationen in den NCC repräsentiert werden, sind Sie sich dessen bewusst. Ziel ist es, *den kleinsten Satz neuronaler Ereignisse und Mechanismen* zu finden, *der gemeinsam für ein bestimmtes bewusstes Perzept hinreichend ist* (Abb. 1.1). Die NCC sind mit Feueraktivität im Vorderhirn verknüpft.[27] Wie im nächsten Kapitel näher ausgeführt, meine ich mit Feueraktivität die Folge von Impulsen mit einer Amplitude von rund 0,1 Volt und einer Dauer von 0,5 – 1 Millisekunden (ms), die Neuronen bei Erregung aussenden. Diese binären Spikes oder Aktionspotenziale stellen den prinzipiellen Output der Vorderhirnneuronen dar. Eine Reizung der maßgeblichen Zellen mit einer noch zu erfindenden Technik, die deren exaktes Spikemuster repliziert, müsste dasselbe Perzept wie die natürlichen Bilder, Töne oder Gerüche auslösen. Wie ich schon sagte: Ich nehme an, dass Bewusstsein davon abhängt, was im Inneren des Schädels passiert, nicht unbedingt vom Verhalten des Organismus.

Das Konzept der NCC ist sehr viel differenzierter als in der Abbildung dargestellt, es muss auch genauer angegeben werden, für welchen Bereich von Gegebenheiten und Daten die Korrelation zwischen neuronalen Ereignissen und bewusstem Perzept gilt. Gilt diese Beziehung nur, wenn das Subjekt wach ist? Wie sieht es bei Träumen oder verschiedenen pathologischen Zuständen aus? Gilt die gleiche Beziehung für alle Tiere? Darüber mehr in Kapitel 5.

Gebraucht man die NCC in dieser Weise, so heißt das implizit: Wenn ich mir eines Ereignisses bewusst bin, müssen die NCC in meinem Kopf dies unmittelbar zum Ausdruck bringen. *Es muss eine explizite Übereinstimmung zwischen einem mentalen Ereignis und seinen neuronalen Korrelaten geben.* Anders gesagt, jede subjektive Zustandsänderung muss mit einer neuronalen Zustands-

---

[26]Blackmore (1982), Grüsser und Landis (1991) sowie Blanke et al. (2002) beschreiben die Psychologie und Neurologie von Out-of-body-Erfahrungen, ein faszinierendes Phänomen, das bis vor kurzem fast vollständig von New-Age-Mystikern vereinnahmt wurde. Halluzinationen, intern erzeugte Wahrnehmungen in wachem Zustand, die sich nicht von extern generierten Wahrnehmungen unterscheiden lassen, sind eines der Hauptmerkmale von Schizophrenie und anderen psychischen Störungen. Ihre neuronale Basis wird mithilfe von bildgebenden Verfahren am Gehirn untersucht (Frith, 1996; Flytche et al., 1998; Manford und Andermann, 1998; Vogeley, 1999).

[27]Ich folge einer Dreiteilung der Wirbeltiergehirns in *Vorderhirn, Mittelhirn* und *Rautenhirn*. Das Vorderhirn besteht im Großen und Ganzen aus Neocortex, Basalganglien, Hippocampus, Amygdala, Bulbus olfactorius und Thalamus samt dessen assoziierten Strukturen. Das Rautenhirn umfasst Pons, Medulla und Kleinhirn (Cerebellum).

veränderung einhergehen.[28] Man beachte, dass das Umgekehrte nicht unbedingt zutreffen muss; zwei unterschiedliche neuronale Zustände des Gehirns sind unter Umständen mental nicht unterscheidbar.

Möglicherweise drücken sich die NCC nicht in der Spikeaktivität gewisser Neuronen aus, sondern vielleicht in der Konzentration freier intrazellulärer Calciumionen in den postsynaptischen Dendriten ihrer Zielzellen.[29] Vielleicht sind auch die unsichtbaren Partner der Neuronen, die *Gliazellen*, welche die Nervenzellen und ihre Umgebung im Gehirn stützen, nähren und erhalten, direkt beteiligt (wenn dies auch unwahrscheinlich ist).[30] Aber was auch immer diese Korrelate sind, sie müssen sich direkt statt indirekt auf die bewusste Wahrnehmung abbilden, denn die NCC sind für diese bestimmte subjektive Erfahrung hinreichend.

Die NCC sind vielleicht mit einer speziellen Form von Aktivität in einer oder mehreren Neuronengruppen mit speziellen pharmakologischen, anatomischen und biophysikalischen Eigenschaften verknüpft, die eine Schwelle überschreiten und für eine minimale Zeitspanne andauern muss.

Wie ich in Kapitel 14 noch darlegen werde, ist es recht unwahrscheinlich, dass Bewusstsein nur ein „Epiphänomen" ist. Vielmehr fördert Bewusstsein das Überleben seines Trägers. Das bedeutet, dass die NCC-Aktivität irgendwie auf andere Neuronen einwirken muss. Diese Post-NCC-Aktivität wiederum beeinflusst ihrerseits andere Neuronen, die schließlich ein Verhalten auslösen. Diese Aktivität kann auch in die NCC-Neuronen und in frühere Stadien der Hierarchie zurückfließen (Rückkopplung), was die Sache sehr kompliziert macht.

---

[28]Diese Aussage impliziert, dass Bewusstsein nicht ohne einen physischen Träger existieren kann. Kurz gesagt: Ohne Materie kein Geist.

[29]Die These, dass die NCC in enger Verbindung zu subzellulären Prozessen stehen, ist nicht so weit hergeholt, wie es scheinen mag. Zellbiophysiker haben im Lauf der letzten Jahre erkannt, dass die Verteilung von Calciumionen in den Neuronen eine entscheidende Variable für die Verarbeitung und Speicherung von Informationen darstellt (Koch, 1999). Calciumionen wandern durch spannungsgesteuerte Kanäle in Dendritendornen ein. Dies führt zusammen mit ihrer Diffusion, Pufferung und Freisetzung aus intrazellulären Speichern zu raschen lokalen Modulationen der Calciumkonzentration. Die Calciumkonzentration kann wiederum (durch calcium-abhänige Membranleitfähigkeiten) das Membranpotenzial beeinflussen und – durch Bindung an Puffer oder Enzyme – intrazelluläre Signalbahnen an- oder abstellen, welche die Plastizität des Gehirns bewirken und die Basis des Lernens bilden. Die Dynamik von Calcium in dicken Dendriten und Zellkörpern beansprucht den passenden Zeitraum (in der Größenordnung von einigen Hundert Millisekunden) für die Wahrnehmung. Es ist tatsächlich bei Grillen experimentell gezeigt worden, dass die Konzentration von freiem, intrazellulärem Calcium im Omega-Interneuron gut mit dem Grad der auditorischen Maskierung korreliert ist, einer zeitabhängigen Modulation der Hörempfindlichkeit bei diesen Tieren (Sobel und Tank, 1994).

[30]*Gliazellen* sind ebenso zahlreich wie Neuronen, aber weniger glamourös. Ihr Verhalten ist träge, und sie zeigen bei weitem nicht jene ausgeprägte Sensitivität (Empfindlichkeit), die Neuronen auszeichnet (Laming et al., 1998). Deshalb ist es unwahrscheinlich, dass sie eine direkte Rolle bei der Wahrnehmung spielen. Einige Gliazellen zeigen im Zusammenhang mit der Calciumfortleitung Alles-oder-Nichts-Ereignisse, ähnlich wie Aktionspotenziale; allerdings erstrecken sich diese Ereignisse über Sekunden (Cornell-Bell et al., 1990; Sanderson, 1996).).

Die Entdeckung der NCC wäre ein enorm wichtiger Schritt vorwärts auf dem Weg zum endgültigen Verständnis des Bewusstseins. Eine Identifizierung der NCC würde Neurowissenschaftler in die Lage versetzen, deren zelluläres Substrat pharmakologisch und gentechnisch zu manipulieren. Vielleicht könnte man transgene Mäuse erzeugen, deren NCC sich rasch und sicher an- und abstellen lassen. Zu welchen Verhalten wären diese Zombiemäuse fähig? Diese Entdeckung wäre auch klinisch von Nutzen, etwa für ein besseres Verständnis psychischer Erkrankungen und die Entwicklung neuer, leistungsstarker Narkosemittel mit geringeren Nebenwirkungen.

Und nicht zuletzt brauchen wir eine Theorie, welche die Erklärungslücke schließt und darlegt, warum Aktivität in einer Untergruppe von Neuronen die Grundlage eines bestimmten Gefühls (oder vielleicht sogar identisch damit) ist. Diese Theorie muss verständlich machen, warum diese Aktivität für den Organismus etwas bedeutet (warum schmerzt es?) und warum sich Qualia so anfühlen, wie sie es tun (warum sieht Rot gerade so aus, ganz anders als Blau?).[31]

Neben alledem muss die heiß diskutierte Frage um die genaue Beziehung zwischen neuronalen und mentalen Ereignissen beantwortet werden. Der *Physikalismus* nimmt an, dass beide identisch sind, dass also das NCC für das Perzept von Purpurrot *selbst* das Perzept *ist*. Mehr ist nicht nötig. Während ersteres mit Mikroelektroden registriert wird, wird letzteres im Gehirn erlebt. Gerne wird hier der Vergleich zur Temperatur eines Gases und der mittleren kinetischen Energie der Gasmoleküle gezogen. Temperatur ist eine makroskopische Variable, die mit einem Thermometer gemessen wird, während die kinetische Energie eine mikroskopische Variable ist, für deren Untersuchung ein ganz anderer Werkzeugsatz erforderlich ist. Dennoch sind beide Variablen identisch. Obwohl sie, oberflächlich gesehen, ganz unterschiedlich erscheinen, ist die Temperatur der mittleren kinetischen Energie der Moleküle äquivalent. Je schneller sich die Moleküle bewegen, desto höher ist die Temperatur. Es ergibt keinen Sinn, über rasche Molekülbewegungen und Temperatur so zu reden, als sei das eine die Ursache und das andere die Wirkung. Eines ist hinreichend und notwendig für das andere.[32]

---

[31]Der Ausdruck „Erklärungslücke" wurde von Levine (1983) eingeführt. Es ist fraglich, ob die Wissenschaft jemals eine endgültige, objektive Theorie des Bewusstseins entwickeln wird. Wie Chalmers (1996) und andere argumentiert haben, muss man sich vielleicht mit einer Art von nicht reduktiver, physikalistischer Beschreibung von Bewusstsein oder mit einem ontologischen Dualismus mit strikten quantitativen Brückenprinzipien zufrieden geben, die Domänen subjektiver Erfahrungen mit der objektiven Realität verknüpfen. Das kann nur die Zeit zeigen.

[32]Es gibt eine Fülle von philosophischer Literatur zu diesem Thema mit vielen, vielen Varianten. Ich empfehle dem interessierten Leser Patricia Churchlands Bücher, die sich intensiv mit diesem Thema beschäftigen (1986, 2002).

An diesem Punkt bin ich nicht sicher, ob auch das NCC und das damit verknüpfte Perzept in diesem Maße identisch sind. Sind sie wirklich ein und dasselbe, aus unterschiedlichen Blickwinkeln gesehen? Das Wesen von Hirnzuständen und phänomenalen Zuständen scheint zu unterschiedlich, um sich aufeinander reduzieren zu lassen. Ich vermute, ihre Beziehung ist komplexer als bislang allgemein angenommen. Momentan ist es wohl am besten, sich nicht festzulegen und sich darauf zu konzentrieren, die Korrelate des Bewusstseins im Gehirn zu identifizieren.

1.5 Wiederholung

Das Bewusstsein steht im Mittelpunkt des Leib-Seele-Problems. Es erscheint den Wissenschaftlern des 21. Jahrhunderts ebenso rätselhaft wie vor einigen Jahrtausenden, als sich Menschen erstmals deshalb Fragen zu stellen begannen. Dennoch sind die Wissenschaftler heute besser als je zuvor gerüstet, die physische Basis des Problems zu erforschen.

Ich habe einen direkten Ansatz gewählt, den viele meiner Kollegen für naiv oder nicht ratsam halten. Ich sehe subjektives Erleben als Tatsache an und gehe davon aus, dass Hirnaktivität sowohl notwendig als auch hinreichend ist, damit biologische Wesen etwas empfinden. Nur das ist nötig. Ich suche die physikalische Grundlage von phänomenalen Zuständen in Gehirnzellen, ihrer Anordnung und Aktivität. Mein Ziel ist es, die spezifische Natur dieser Aktivität, die neuronalen Korrelate des Bewusstseins, zu identifizieren, und herauszufinden, in welchem Grad sich die NCC von Aktivität unterscheiden, die Verhalten beeinflusst, ohne das Bewusstsein einzubeziehen.

Dieses Buch konzentriert sich auf die sensorischen Formen des Bewusstseins – insbesondere auf das Sehen. Mehr als andere Aspekte von Sinnesempfindungen ist visuelles Bewusstsein der empirischen Untersuchung zugänglich. Emotionen, Sprache und ein Gefühl für sich selbst sowie für andere sind im Alltagsleben entscheidend, aber diese Facetten des Bewusstseins werden zurückgestellt, bis ihre neuronale Basis besser verstanden ist. Ähnlich wie der Versuch, das Leben zu verstehen, wird die Entdeckung und Charakterisierung der molekularen, biophysikalischen und neurophysiologischen Operationen, welche die NCC bilden, vermutlich dazu beitragen, das zentrale Rätsel zu lösen: Wie können Ereignisse in gewissen privilegierten Systemen zur physischen Grundlage von Empfindungen – oder zu Empfindungen selbst – werden?

Es würde der evolutiven Kontinuität widersprechen anzunehmen, dass sich Bewusstsein allein auf den Menschen beschränkt. Ich nehme an, dass der menschliche Geist einige grundlegende Eigenschaften mit dem tierischen Geist teilt – insbesondere mit Säugern wie Affen und Mäusen. Ich ignoriere kleinliche Debatten über die exakte Definition von Bewusstsein und darüber, ob mein Rückenmark bewusst ist, es mir aber nicht verrät. Diese Fragen müssen irgendwann beantwortet werden, doch im Augenblick behindern sie lediglich das Vorwärtskommen. Man gewinnt keinen Krieg, indem man die schwerste Schlacht zuerst schlägt.

Im Lauf dieses empirischen Langzeitprojekts wird es Irrtümer und allzu starke Vereinfachungen geben, aber das wird sich erst im Lauf der Zeit zeigen. Hier und jetzt sollte die Wissenschaft die Herausforderung annehmen und die Grundlage des Bewusstseins im Gehirn erforschen. Wie die teilweise verhangene Sicht von einem schneebedeckten Berggipfel während einer Erstbesteigung ist die Verlockung, das Rätsel zu lösen, unwiderstehlich. Wie Laotse vor langer Zeit bemerkte: „Eine Reise von tausend Meilen beginnt mit einem einzigen Schritt."

Nun, da wir uns auf den Weg gemacht haben, möchte ich Sie mit einigen Schlüsselkonzepten bekannt machen, die unsere Suche nach dem Bewusstsein leiten sollen. Insbesondere muss ich Begriffe wie explizite und implizite neuronale Repräsentation, essenzielle Knoten und die verschiedenen Formen von neuronaler Aktivität erläutern.

Kapitel 2

Neuronen, die Atome der Wahrnehmung

Der Gedanke erschien mir so nahe liegend und elegant, dass ich ihm sofort verfiel.
Ganz ähnlich ist es, sich in eine Frau zu verlieben: Es ist nur dann möglich,
wenn man nicht viel von ihr weiß und darum ihre Fehler nicht sehen kann.
Diese Fehler zeigen sich dann später, aber nur wenn die Liebe so stark ist, dass Sie bei ihr bleiben.

Richard P. Feynman

Wissenschaftler betrachten die Welt auf völlig emotionslose und objektive Weise. Jede Tatsache wird registriert, in ihrer Bedeutung abgewogen, und wenn sie sich als fundiert erweist, in eines der theoretischen Gebäude eingebaut, das den Kosmos und alles darin beschreibt, sei es Quantenmechanik, Allgemeine Relativitätstheorie oder natürliche Selektion.

Dieses Klischee ist weit entfernt von den tatsächlichen Arbeitsgewohnheiten in der Forschung. Besonders unangemessen ist diese idealisierte Sicht für die Neurowissenschaften, ein junges Unterfangen, dessen Forschungsobjekt für seine Größe die komplexeste Entität im bekannten Universum ist. Um den Beobachtungen, die aus biologischen und psychologischen Labors in aller Welt einströmen, einen gewissen Sinn zu geben, müssen die Forscher eine vorläufige Vorstellung davon haben, wonach sie suchen. Es ist unmöglich, all die Fakten über das Gehirn ohne einen Filter aufzunehmen, der die Spreu vom Weizen trennt. Es gibt einfach zu viele – oft widersprüchliche – Daten, als dass eine andere Strategie Erfolg haben könnte.[1] Wissenschaftler müssen trotzdem immer unvoreingenommen bleiben und ihre Prämissen im Lichte neuer Befunde oder Erkenntnisse ständig neu auf den Prüfstand stellen.

Dieses Buch widmet sich der Frage, wie es möglich ist, dass ein physikalisches Organ wie das Gehirn Empfindungen, bestimmte bewusste Perzepte, erzeugen kann. Ein Großteil der neuronalen Aktivität zu einem gegebenen Zeitpunkt ist nicht mit subjektiven Zuständen korreliert, kann aber dennoch das

---

[1]Zu diesen Widersprüchen kommt es, weil sich Versuchsbedingungen nur schwer genau replizieren lassen, wenn man mit komplexen Organismen arbeitet. Selbst scheinbar winzige Unterschiede in „identischen" Versuchsanordnungen, wie Hintergrundbeleuchtung, ob das Versuchstier ein Ziel fixiert oder frei umherschaut, ob es jung oder alt ist, unter welchen Bedingungen es aufwuchs und dergleichen, können das Ergebnis eines Experiments deutlich beeinflussen. Zweifellos geht ein Teil der beobachteten Variabilität auf die unterschiedlichen Erbanlagen von Versuchstieren zurück. Aber selbst genetisch identische Tiere – Klone, die gleich ernährt und im selben Tag-Nacht-Rhythmus gehalten wurden – weisen in ihrem Verhalten eine erstaunliche Variabilität auf. Ein Individuum zeigt vielleicht einen Effekt, das nächste jedoch nicht.

Verhalten beeinflussen. Was ist der Unterschied zwischen dieser Aktivität und derjenigen, die hinreichend für Bewusstsein ist?

Neuronen sind die Atome von Wahrnehmen, Erinnern, Denken und Handeln, und die synaptischen Verbindungen zwischen ihnen entscheiden formend und lenkend darüber, wie individuelle Nervenzellen vorübergehend zu den größeren Koalitionen verknüpft werden, die Wahrnehmung erzeugen. Jede Theorie, welche die neuronale Grundlage des Bewusstseins erklärt, muss daher spezifische Wechselbeziehungen zwischen Nervenzellen im Millisekundenbereich beschreiben.

Lassen Sie mich an dieser Stelle zwei Ideen formulieren: Erstens sind explizite neuronale Repräsentationen essenziell für die NCC. Zweitens gibt es zahlreiche Formen neuronaler Aktivität. Richtig angewandt, sind beide Ideen sehr hilfreich bei der Interpretation von neuronalem Verhalten.

Dieses Kapitel erfordert einige konzeptuelle Schwerstarbeit. Wenn Sie dieses Material jedoch einmal verinnerlicht haben, wird es Ihnen leicht fallen, die meisten übrigen Ideen im Buch nachzuvollziehen. Das Kapitel beginnt mit einer Präambel, einer knappen Beschreibung der Natur der Großhirnrinde (Cortex). Sie sollten sich zumindest mit einigen ihrer Eigenschaften vertraut machen, denn soweit wir bisher wissen, erwächst nur aus der Materie des Gehirns Bewusstsein.

2.1 Die Maschinerie der Großhirnrinde

Selbst wenn das Gehirn für den flüchtigen Betrachter wie ein weich gekochter Blumenkohl aussieht, ist es außerordentlich hoch differenziert. *Ein* allgemeines Merkmal seiner Arbeitsweise ist die schier unglaubliche Vielfalt und Spezifität der von ihm durchgeführten Aktivitäten. Sensorische Systeme handhaben eine fast unvorstellbar große Zahl von Bildern, Szenen, Tönen und dergleichen und reagieren dabei bemerkenswert präzise. Sie sind hoch entwickelt, recht spezialisiert und können eine Menge aus Erfahrung lernen.

Rasche Reaktionen bringen einen hohen Selektionsvorteil mit sich. Das Sprichwort „Das Bessere ist der Feind des Guten" trifft hier zu, denn es ist besser, ein rasches, wenn auch manchmal unvollkommenes Ergebnis zu erzielen, als später eine perfekte Lösung zu finden. Das Lebewesen, das sich Zeit lässt, die optimale Lösung zu suchen, wird unter Umständen von einem schnelleren Konkurrenten gefressen, der sich mit einem In-etwa-Ergebnis zufrieden gibt. Das ist umso wichtiger angesichts der langsamen Komponenten, mit denen das Gehirn klarkommen muss, denn es „schaltet" eine Million Mal langsamer als ein Transistor. Ein anderes allgemeines Prinzip ist es, mehrere provisorische Methoden parallel zu gebrauchen, um zu einer Schlussfolgerung zu gelangen, statt einen einzigen Weg exakt zu folgen.

Die Hauptaufgabe des sensorischen Cortex besteht darin, hoch spezifische Detektoren zu konstruieren und einzusetzen, beispielsweise solche für Orientierung, Bewegung und Gesichter.[2] In Tierexperimenten mit Mikroelektroden hat man abgegrenzte corticale Nachbarschaften gefunden, deren Neuronen darauf spezialisiert sind, diese unterschiedlichen Aufgaben zu erledigen. So reagieren Neuronen in einer bestimmten occipito-temporalen Region besonders empfindlich auf die Färbung oder Tönung von Reizen; Neuronen im Areal MT erkennen Bewegung, Neuronen in einem Teil des posterioren parietalen Cortex programmieren Augenbewegungen, und Neuronen im auditorischen Cortex codieren die Klangfarbe. Klinische Beobachtungen an neurologischen Patienten sprechen ebenfalls dafür, dass bestimmte Regionen des cerebralen Cortex spezifischen Funktionen dienen. Wenn ein Erwachsener ein solches Areal durch einen Schlaganfall, ein Geschoss oder ein anderes Trauma verliert, kann es zu sehr spezifischen und seltsamen Ausfällen kommen.[3]

Corticale Bereiche im hinteren Teil des Gehirns sind auf lockere Weise hierarchisch organisiert, mit wenigstens einem Dutzend Ebenen, von denen jede der über ihr liegenden untergeordnet ist. Wenn eine Gruppe Neuronen in einer dieser Regionen einen starken, treibenden Input aus einer untergeordneten Hierarchieebene empfängt, senden diese Neuronen ihren Output zu einer anderen Region oder Gruppe von Neuronen, die in der Hierarchie höher steht (in der Sprache der Neuroanatomen sagt man, die niedrigere Region „projiziert" in die höhere). Bei genauerer Betrachtung ist es jedoch nicht ganz so einfach, weil es zahllose Feedback-Verbindungen gibt; die Stellung mancher Areale in der Hierarchie ist daher nicht eindeutig, und es existieren Abkürzungen.

Die einlaufende sensorische Information reicht in der Regel für eine eindeutige Interpretation nicht aus.[4] In einem solchen Fall *füllen* die corticalen Netzwerke Lücken *aus* (*fill in*). Angesichts der unvollständigen Information stellen sie die beste Vermutung auf, die ihnen möglich ist. Dieses allgemeine Prinzip, das umgangsprachlich auch als *jumping to conclusions* – vorschnelle Schlüsse ziehen – bezeichnet wird, lenkt einen Großteil des menschlichen Verhaltens.[5]

---

[2]Wie werden Merkmalsdetektoren gebildet? Im weiteren Sinn tun Neuronen dies durch Erkennen häufiger Korrelationen in ihren Inputs und durch Veränderung ihrer Synapsen (vielleicht auch noch anderer Eigenschaften), sodass sie leichter reagieren können.

[3]Ich werde in Kapitel 13 auf das Thema Hirnschäden zurückkommen. Einige der Cortexregionen, die sich auf bestimmte Reizattribute spezialisiert haben, werden in Kapitel 8 behandelt.

[4]Diese Mehrdeutigkeit ist mathematisch als Perzeption eines Satzes schlecht gestellter Probleme formuliert worden (Poggio, Torre und Koch, 1985).

[5]*Filling-in* (ausfüllen, ergänzen) ist ein Sammelbegriff für bestimmte perzeptuelle Phänomene, darunter Konturenergänzung (wie beim Kanizsa-Dreick, Abb. 2.5), blinder Fleck (Abschnitt 3.3), die scheinbare Bewegung eines Punktes, der hinter einer verdeckenden Box verschwindet, die Form eines teilweise verdeckten Gegenstands und andere Erfahrungen, bei denen man etwas deutlich sieht, das gar nicht da ist (zur möglichen Taxonomie dieser Phänomene und ihrer Bedeutung für die Philosophie des Geistes, siehe Pessoa, Thompson und Noë, 1998). Durch Ergänzen und Deuten unvollständiger oder widersprüchlicher

Jedes visuelle Szenario führt im ganzen Gehirn zu weiträumiger Aktivität. *Koalitionen* von Neuronen, die unterschiedliche Objekte in der Welt codieren, konkurrieren miteinander; eine Koalition versucht also, die Aktivität von Neuronen, die andere Objekte in dieser Szene codieren, durch Hemmung (Inhibition) zu unterdrücken, und umgekehrt. Das gilt besonders für die höheren Regionen des Gehirns. Einem Ereignis oder Objekt Aufmerksamkeit zu schenken, beeinflusst diesen Wettbewerb zugunsten des betrachteten Ereignisses oder Objekts.[6]

Sie können diesen Wettbewerb erleben, wenn Sie versuchen, sich an den Namen eines Bekannten zu erinnern. Er liegt Ihnen vielleicht auf der Zunge, aber ärgerlicherweise fällt er Ihnen doch nicht ein; stattdessen kommen Ihnen Namen von ganz anderen Leuten in den Sinn. Eine halbe Stunde später taucht der richtige Name plötzlich auf. Ein wenig spekulativ könnte man sagen, dass die Gehirnaktivität, die mit den ablenkenden Namen einhergeht, diejenigen Neuronen unterdrückt hat, die für den richtigen Namen zuständig sind. Wenn die Langzeiteffekte (einschließlich synaptischer Modifikationen) dieser Unterdrückung abklingen, werden die richtigen Neuronen schließlich aktiv, und der Name materialisiert sich plötzlich und zu diesem Zeitpunkt unerwartet.

Die NCC sind eng mit dieser Unterdrückung konkurrierender Zellverbände verknüpft, die alternative Interpretationen der Szene darstellen. Gewöhnlich überdauert nur eine einzige Koalition – diejenige, deren Eigenschaften Sie sich dann bewusst sind. Unter bestimmten Umständen – wenn die neuronalen Repräsentation nicht überlappen – können jedoch auch zwei oder drei Koalitionen friedlich koexistieren, zumindest für eine gewisse Zeit. Solche *winner-take-all*-Tendenzen besagten jedoch nicht, dass Neuronen in anderen Gehirnbereichen nicht aktiv bleiben können, als Spuren des Unbewussten.

Daten wird menschliche Sprache erst verständlich. Als ich ein Videoband, auf dem Francis Crick über unsere Arbeit interviewt wurde, mit der exakten Wort-für-Wort-Abschrift verglich, war ich betroffen von der Diskrepanz zwischen dem, was ich gehört hatte, und dem, was Francis tatsächlich gesagt hatte. Ich hatte seine unvollständigen Sätze, ausgelassenen Wörter und Wiederholungen gar nicht bemerkt. Die mächtigen unbewussten Tendenzen, die das soziale Zusammenleben der Menschen durch Vorurteile hinsichtlich Alter, Geschlecht oder Rasse lenken, sind ein weiteres Beispiel für „Auffüllprozesse" auf kognitivem Niveau. Keiner dieser Effekte beruht auf logischer Ableitung, aus der auf die Existenz von etwas geschlossen wird, wie Sherlock Holmes' Kette logischer Schlüsse, die auf minutiöser Beobachtung beruhen. Vielmehr leitet das Gehirn automatisch fehlende Aspekte des Reizes ab und präsentiert sie als vollständiges Perzept.

[6]Die Idee, dass Perzepten eine Gruppe von Zellen, *neuronale Ensembles*, zugrunde liegt, hat Tradition. Ihr bekanntester Vertreter im 20. Jahrhundert war Hebb (1949). Siehe auch Freeman (1975), Palm (1982 und 1990), Flohr (2000), Varela et al. (2001) und Harris et al. (2003). Koalitionen erfordern neuronale Ensembles plus Wettbewerb zwischen ihnen. Desimone und Duncan (1995) brachten die Idee ins Spiel, dass Aufmerksamkeit den Kampf um die Vorherrschaft zwischen diesen Koalitionen beeinflusst (siehe Kapitel 10).

Wahlen als Metapher für neuronalen Wettbewerb

Demokratische Wahlen dienen als Metapher für diese hoch dynamischen Prozesse. Viele Kandidaten konkurrieren miteinander, und jeder wird von mächtigen Koalitionen – Umweltschützern, Gewerkschaften, dem militärisch-industriellen Komplex, Kirchen, Parteiorganisationen und so weiter – unterstützt oder bekämpft. Schließlich gewinnt eine einzige Koalition und ihr Kandidat. Die Aktivität, die mit der Siegerkoalition einhergeht, entspricht dem bewussten Zustand.

Verliererkoalitionen verschwinden nach der Wahl jedoch nicht, sondern bleiben aktiv und beeinflussen die Politik auch weiterhin. Und sie können durchaus die nächste Wahl gewinnen. Politik ist in einem demokratischen Staat ein konkurrenzbetontes Spiel, bei dem sich innerhalb von Tagen starke Veränderungen ergeben können, ähnlich den Interaktionen zwischen erregenden (exzitatorischen) und hemmenden (inhibitorischen) Neuronen, die sich in Sekundenbruchteilen abspielen. Wenn Ihre Aufmerksamkeit von einem Objekt zum nächsten wandert, gewinnt zuerst die eine Koalition – Sie werden sich des ersten Objekts bewusst –, bevor sie von einer zweiten Koalition unterdrückt wird und Sie das zweite Objekt bewusst wahrnehmen.

Die Metapher vom Bewusstsein als einem politischen Prozess darf nicht mit einem mechanistischen Modell gleichgesetzt werden.[7] Sie soll nur dazu dienen, Sie mit der Komplexität von Ereignissen vertraut zu machen, die unter Vorderhirnneuronen im Hinblick auf Bewusstsein stattfinden.

2.2 Explizite Repräsentation, Säulenorganisation und essenzielle Knoten

Unser erstes Leitprinzip ist, dass die NCC *explizite* neuronale Repräsentationen erfordern. Zellen, die Information implizit codieren, sind nicht hinreichend für ein bewusstes Perzept, auch wenn sie möglicherweise das Verhalten beeinflussen.

Die Verarbeitungstiefe

Bevor ich erkläre, was ich damit genau meine, lassen Sie mich das Konzept der logischen Verarbeitungstiefe (*logical depth of computation*) einführen. Es ist ein Maß aus der *Theory of Computation* (etwa: Theorie der berechenbaren Funktionen) für die Zahl von Schritten, die nötig ist, um zu einer Schlussfolgerung zu kommen.[8] Stellen Sie sich dies als die Menge an Rechenarbeit vor,

---

[7]Sie suggeriert auch fälschlicherweise, dass es im neuronalen Wettstreit um Dominanz nur einen einzigen Sieger geben kann.

[8]Bennett (1988) diskutiert die logische Verarbeitungstiefe. Norretranders (1998) beschreibt lebhaft und flüssig, wie sich dies auf Computer und Gehirne anwenden ließe.

die bereits in die Datenverarbeitung eingeflossen ist und die der Empfänger nicht noch einmal leisten muss. Die logische Verarbeitungstiefe von retinalen Ganglienzellen, die ihre Zielzellen außerhalb des Auges über lokale Kontraste in ihrem Sehfeld informieren, ist viel geringer als die logische Verarbeitungstiefe von corticalen Neuronen, deren Aktivität eindeutig die Präsenz eines Leoparden signalisiert.

Die Gezeitentabellen, die in den Zeitungen an der Küste veröffentlicht werden, sind ein Beispiel für eine Verringerung der logischen Verarbeitungstiefe, die der *Leser* zu leisten hat. Die Wasserstände von Ebbe und Flut lassen sich in erster Näherung mithilfe der Newtonschen Gesetze aus den orbitalen Positionen von Erde, Mond und Sonne berechnen (wenn man die örtliche Wassertiefe berücksichtigt). Alternativ lassen sie sich auch aus früheren Gezeitendaten extrapolieren. Beide Methoden verlangen jedoch eine Menge Daten und viele Berechnungen und sind daher aufwändig. Gezeitentabellen geben diese Informationen hingegen präzise und eindeutig wieder, daher können Seeleute, Badegäste und Surfer mit minimalem Aufwand direkt auf die Daten zugreifen.

Was bedeuten explizit und implizit?

Eine explizite Repräsentation hat eine größere logische Verarbeitungstiefe als eine implizite, weil sie im Grunde die Summe aller impliziten Information darstellt.

Fernsehnachrichten bieten eine Analogie. Das Muster farbiger Punkte auf dem Bildschirm enthält eine implizite Repräsentation des Gesichts des Nachrichtensprechers, aber nur die Helligkeit jedes einzelne Bildelements (Pixel) und seine Lage werden explizit auf dem Bildschirm dargestellt (siehe auch Abb. 2.3). Der Seh-Algorithmus einer Maschine müsste die Präsenz eines Gesichtes mühsam aus diesen Pixeln ableiten, eine keineswegs triviale Aufgabe. Würde der Algorithmus seine Berechnungen in Form einer Licht emittierenden Diode zusammenfassen, die jedes Mal blinkt, wenn ein Gesicht auf dem Bildschirm erscheint, ganz unabhängig von Größe, Kopfneigung oder Mimik, so entspräche dies einer expliziten Gesichtsrepräsentation. Inzwischen hat man Neuronen gefunden, die sich ähnlich verhalten (Abb. 2.2 und 2.4). Richtig definiert[9] ist die explizit/implizit-Unterscheidung absolut und unabhängig vom Beobachter.

---

[9]Unsere Definition von explizit und implizit lässt sich formalisieren, wenn man fordert, dass die Präsenz des Merkmals oder Objekts, das repräsentiert werden soll, aus einer geeignet gewichteten linearen oder nicht linearen Kombination von Zellen abgeleitet werden muss. Daher ist eine explizite Gesichtsrepräsentation eine Repräsentation, bei der ein einschichtiges neuronales Netzwerk erkennen kann, ob in der Feueraktivität eines Pools von Neuronen ein Gesicht präsent ist oder nicht. Auf diese Weise kann eine explizite Repräsentation unabhängig von einem Beobachter definiert werden. Im Allgemeinen muss jede explizite Repräsentation auf einem früheren, impliziten Stadium basieren.

Die gesamte visuelle Information, die das Gehirn abrufen kann, ist durch die Membranpotenziale von mehr als 200 Millionen Photorezeptoren in den beiden Augen implizit codiert. Dieses Datenmeer ist jedoch kaum von Nutzen, bis ihm höhere Verarbeitungsstationen bedeutungsvolle Merkmale entnommen haben. Die logische Verarbeitungstiefe der retinalen Aktivität ist ziemlich gering.

Eine explizite Codierung für kleine, gebogene Drahtstücke wurde von dem Elektrophysiologen Nikos Logothetis und seinen Kollegen am Baylor College in Texas entdeckt, die einem Vorschlag des MIT-Theoretikers Tomaso Poggio folgten. Sie trainierten Makaken so lange, bis die Tiere eine in einer bestimmten Weise gebogene Büroklammer mit großer Treffsicherheit erkennen und von ähnlich gebogenen unterscheiden konnten. Die Forscher leiteten dann Aktionspotenziale von Nervenzellen im inferotemporalen Cortex ab, einer hoch oben in der Hierarchie angesiedelten Cortexregion, die mit visuellen Objekten befasst ist (siehe Deckelinnenseiten vorne). Abbildung 2.1 illustriert die Spikeaktivität in einer derartigen Zelle.

Wenn die Büroklammer unter einem bestimmten Blickwinkel gesehen wurde, feuerte das Neuron heftig. Wurde die Büroklammer aus dem bevorzugten Winkel der Zelle gedreht, nahm die Zellantwort ab. Büroklammern, die anders gebogen waren, für das untrainierte Auge aber recht ähnlich aussahen, riefen nur eine geringfügige Reaktion der Zelle hervor, ebenso Bilder anderer Objekte. Rund eine von zehn Zellen, von denen Logothetis ableitete, feuerte in dieser höchst selektiven Weise. Gemeinsam repräsentierten diese Zellen Büroklammern auf explizite Weise.[10]

Eine explizite Repräsentation sollte gegenüber solchen Aspekten des Inputs, die keine spezifische Information über das symbolisierte Merkmal übermitteln, *invariant* sein. Das heißt, die Zelle sollte selektiv bleiben, ganz gleichgültig, ob es im Zimmer hell oder dämmrig ist, ob die Büroklammer nah oder weit entfernt ist, ob der Affe seinen Kopf auf die rechte oder linke Seite legt und so weiter. Dieses Invarianzniveau impliziert, dass Information unberücksichtigt bleibt (beispielsweise die Amplitude der Hintergrundbeleuchtung). Als allgemeine Regel gilt: Je tiefer man in den Cortex vordringt, desto weniger kümmern sich die Neuronen um die genaue Lage, Orientierung oder Größe des Reizes, desto mehr Information bleibt unberücksichtigt und desto größer die logische Verarbeitungstiefe.

---

[10]Natürlich wurden die Affen nicht mit Büroklammerzellen geboren. Vielmehr wurden die Tiere darauf trainiert, ein Drahtmodell von anderen (so genannten Distraktoren) zu unterscheiden, und während dieses Trainings ordneten sich corticale Synapsen neu an, um die Aufgabe zu bewältigen (Logothetis et al., 1994; Logothetis und Pauls, 1995). Die Forscher wählten Büroklammern, weil die Tiere damit vorher noch nie in Kontakt gekommen waren. Kobatake, Wang und Tanaka (1998) sowie Sheinberg und Logothetis (2001) diskutieren, wie Training die zellulären Antworten beeinflusst.

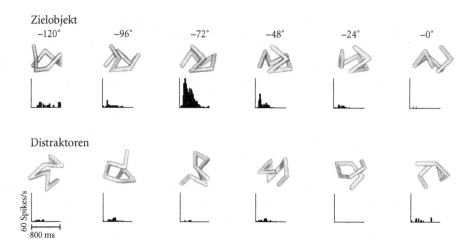

2.1 *Explizite Codierung auf der Ebene des einzelnen Neurons.* Feueraktivität eines Neurons im inferotemporalen Cortex eines Affen, der darauf trainiert ist, gebogene Drahtobjekte zu erkennen. Die gemittelte Antwort findet sich unter dem Bild, das der Affe sah. Die Zelle feuert heftig auf eine bestimmte Ansicht einer bestimmten Büroklammer. Wird dieses Zielobjekt um 24° oder mehr aus der bevorzugten Ansicht gedreht, nimmt die zelluläre Entladung stark ab. Anders gebogene Büroklammern erregen das Neuron nicht. Nach Logothetis und Pauls (1995), verändert.

Von all den Billionen Zellen im menschlichen Körper hat nur eine winzige Minderheit die erstaunliche Fähigkeit, wichtige Aspekte der äußeren Welt explizit zu codieren. Auch Leber-, Nieren-, Muskel- oder Hautzellen verändern sich in Antwort auf Veränderungen in ihrer Umgebung, doch diese Information wird niemals explizit gemacht.

Damit will ich *nicht* sagen, dass sämtliche expliziten Repräsentationen für die bewusste Wahrnehmung eine Rolle spielen. Vielmehr ist eine explizite Repräsentation eine notwendige, aber nicht hinreichende Bedingung für die NCC.

Die Säulenorganisation des Cortex

Der Schlüssel zur Unterscheidung von explizit und implizit ist die Säulenorganisation, ein einzigartiges Merkmal des sensorischen Cortex. Die meisten Neuronen innerhalb einer solchen Säule, die sich senkrecht zur Cortexschicht von oben nach unten erstreckt, haben ein oder mehrere Merkmale gemeinsam. Zellen, die in V1 einen Stapel bilden, codieren für die Orientierung visueller Reize (etwa für alles diagonal Orientierte) in einem bestimmten Bereich des visuellen Raumes, während eine Säule im Areal MT eine bestimme Bewegungsrichtung repräsentiert (beispielsweise alles sich nach rechts Bewegende). Neuronen sind nicht zufällig im Gehirn angeordnet, sondern nach Ordnungsprinzipien zusammengefügt, die Neurowissenschaftler gegenwärtig Stück für Stück entschlüsseln.[11]

Ich vermute, dass das in dieser säulenartigen Weise repräsentierte Merkmal dasjenige ist, das explizit gemacht wird. Demnach exprimieren V1-Zellen visuelle Orientierung und MT-Neuronen Richtung sowie Amplitude von Bewegungen auf explizite Weise. Explizite Codierung und Säulenorganisation sind unterschiedliche Konzepte. Es gibt keinen logischen Grund dafür, dass Neuronen, die etwa explizit für Bewegung codieren, säulenartig angeordnet sein müssten. Offenbar gehen diese beiden architektonischen Merkmale jedoch Hand in Hand – vielleicht, um die Länge der axonalen Verdrahtung zu minimieren[12].

Von Großmutterzellen zur Populationscodierung

Eine extreme Form der expliziten Repräsentation sind Neuronen, die ausschließlich auf ein ganz bestimmtes Objekt oder Konzept antworten. Derart hoch spezifische Zellen werden als *Großmutterneuronen* bezeichnet: Sie werden jedes Mal dann aktiv, wenn Sie Ihre Großmutter sehen, aber nicht, wenn Sie Ihren Großvater oder irgendeine andere ältere Frau erblicken. Die gemeinsame Aktivität einiger weniger solcher Neuronengruppen könnte durchaus jeden komplexen Inhalt, wie etwa eine lächelnde oder tanzende Großmutter oder die Brille der Großmutter, repräsentieren.[13]

Gegen die Vorstellung, dass Neuronen auf bestimmte Individuen reagieren, sind zahlreiche Einwände erhoben worden, doch solche Zellen existieren tatsächlich. Abbildung 2.2 zeigt die Spikeaktivität, die von einem Neuron im menschlichen Mandelkern (Amygdala) abgeleitet wurde, einem Satz subcorticaler Kerne im medialen Schläfenlappen, der Input aus hierarchisch übergeordneten Sehrindenarealen (und von anderswo) erhält. Der neurologische Patient

---

[11]Die vertikale Säule neocorticaler Neuronen von gemeinsamer embryologischer Herkunft ist offensichtlich ein Schlüsselelement der Gehirnorganisation; entdeckt und beschrieben wurde sie von Lorente de No and Mountcastle. Eine Untereinheit ist die Mikrosäule, die rund 100 Neuronen umfasst, wobei viele Mikrosäulen gemeinsam eine Säule bilden (Rakic, 1995; Mountcastle, 1998; Buxhoeveden und Casanova, 2002).

[12]Siehe Fußnote 17 in Kapitel 4.

[13]Das Konzept der Großmutterzellen (auch *gnostic neurons* genannt) ist in einem Buch des polnischen Neurophysiologen Jerzy Konorski (1967) ausführlich beschrieben. Der britische Elektrophysiologe Horace Barlow (1972) kritisierte dieses Konzept schon früh und schlug statt dessen ein Codierungsschema vor, in dem Tausende so genannte *cardinal cells* individuelle Perzepte repräsentieren. Die Entdeckung von Zellen im inferotemporalen Cortex, die selektiv beim Anblick von Händen und Gesichtern feuerten – gefunden von Charles Gross und seinen Kollegen am Massachusetts Institute of Technology in Cambridge –, gab Konorskis Ideen jedoch starken Auftrieb (Gross, Bender und Rocha-Miranda, 1969; Gross, Rocha-Miranda und Bender, 1972). Barlow (1995) und Gross (2002) geben einen Überblick über den historischen Kontext. Zu Lehrbüchern, in denen ausführlich diskutiert wird, wie Neuronenpopulationen Informationen repräsentieren können, siehe Dayan und Abbott (2001), Rao, Olshausen und Lewicki (2002) sowie Rolls und Deco (2002).

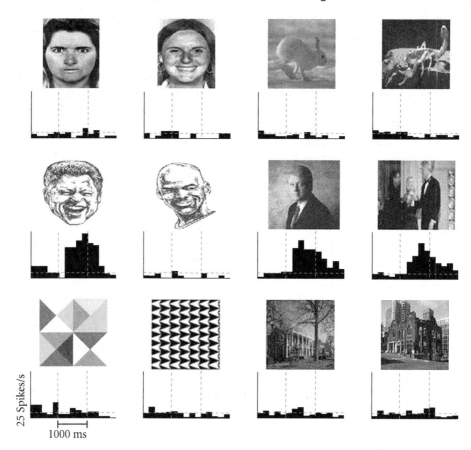

2.2 *Eine Zelle, die selektiv auf Bilder von Bill Clinton reagiert.* Feuermuster eines Amygdalaneurons eines Patienten, der jeweils eine Sekunde lang verschiedene Zeichnungen und Fotos betrachtet (Intervall zwischen den gestrichelten Linien). Die Zelle reagierte heftig auf eine Zeichnung, ein offizielles Porträt und ein Gruppenfoto mit dem früheren amerikanischen Präsidenten. Bei Bildern anderer US-Präsidenten (nicht abgebildet), berühmter Sportler oder unbekannter Schauspieler blieb sie stumm. Nach Kreiman (2001), verändert.

sah Bilder von Schauspielern, Politikern und anderen Prominenten, von Tieren, Gebäuden und so weiter, während die Aktivität des Neurons im Labor des Neurochirurgen Itzhak Fried an der University of California in Los Angeles aufgezeichnet wurde.[14] Das Neuron antwortete auf drei von 50 Bildern: eine Zeich-

---

[14]Die Feueraktivität einzelner Neuronen im menschlichen Cortex wird nur selten abgeleitet. Fast alle Daten stammen aus der Untersuchung einiger Epilepsiepatienten. Um die ständigen Krampfanfälle, die sich mit Medikamenten nicht kontrollieren lassen, zu eliminieren oder zu reduzieren, muss der Teil des Gehirns, der für die Auslösung epileptischer Anfälle verantwortlich ist, chirurgisch zerstört

nung von Bill Clinton, damals Präsident der USA, sein offizielles Porträt und ein Gruppenfoto mit ihm. Es reagierte nicht auf Bilder anderer berühmter Leute oder anderer Präsidenten. Auf der Ebene der individuellen Pixel sind diese drei Bilder sehr unterschiedlich; das Maß an Invarianz, das die Zelle zeigt, ist daher wirklich bemerkenswert. Stellen Sie sich vor, welche Verarbeitungstiefe für einen Computeralgorithmus erforderlich wäre, um zu entscheiden, ob Bill Clinton auf dem Bild zu sehen ist oder nicht.

Angesichts der Prominenz von Bill Clinton war es aus der Sicht des Gehirns sinnvoll, Neuronen zu verdrahten, die auf seine ständige Medienpräsenz reagierten. Ich behaupte jedoch nicht, dass diese eine Zelle das ganze neuronale Korrelat des Perzepts „Bill Clinton" darstellt. Das Feuern eines einzigen Neurons ist zu schwach, um allein die Neuronen zu aktivieren, mit denen es verknüpft ist. Dazu bedarf es vieler Zellen. Das verstärkt auch die Robustheit dieses Codierungsschemas. Ich vermute, dass es zahlreiche Zellen für Objekte gibt, auf die man häufig trifft, wie Berühmtheiten, Ihre Großmutter, Ihren Hund, Ihr Laptop und so weiter. Das Gesicht des Fremden, der Ihnen im Supermarkt Ihre Einkäufe verpackt, ist jedoch nicht auf diese karge Weise repräsentiert, sondern anders.

Eine häufigere Form der neuronalen Repräsentation ist die *Populationsco-dierung*, bei der Informationen durch die Spikeaktivität einer großen Gruppe breiter abgestimmter Zellen codiert werden. Für sich allein genommen, besagt das Feuern einer dieser Zellen wenig. Wird das Feuermuster der gesamten Population jedoch richtig interpretiert, drückt es eine Fülle von Informationen aus. Neurowissenschaftler sprechen von einer *verteilten Repräsentation*. Bei einem vollständig verteilten Code tragen alle Neuronen, die Teil des Ensembles sind, einen Teil der Information bei (Abbildung 2.3 illustriert ein aus dem wirklichen Leben gegriffenes Beispiel für eine implizite, grob codierte Populationscodierungsstrategie). Bei einer kargen Darstellung (*sparse representation*) ist nur eine Minderheit von Neuronen zur selben Zeit aktiv. Eine sehr karge Repräsentation läuft letztlich auf eine Großmutterneuronrepräsentation zu.

Eine geläufige Form der retinalen Populationscodierung (Kapitel 3) ist die Farbcodierung. Sie basiert auf der gemeinsamen Aktivität in drei Fotorezeptortypen (Zapfen), die als Funktion der Wellenlänge des einfallenden Lich-

---

werden. Das bietet die Gelegenheit, während der Operation oder der vorausgehenden wochenlangen Überwachungsperiode, in der Elektroden zur Lokalisierung des Anfallsherdes direkt ins Gehirn des Patienten implantiert werden, die Aktivität einzelner Zellen abzuleiten. Sehr gut lesbar ist das Buch von Calvin und Ojemann (1994), in dem solche Verfahren beschrieben werden; etwas wissenschaftlicher ist die Darstellung von Ojemann, Ojemann und Fried (1998). Die Arbeit über visuelle Repräsentationen in einzelnen corticalen Neuronen des Menschen, auf die ich mich beziehe, stammt von Gabriel Kreiman – damals Graduate Student in meinem Labor – unter Leitung von Itzhak Fried (Kreiman, Koch und Fried, 2000a,b; Kreiman, 2001; Kreiman, Fried und Koch, 2002).

2.3 *Ein Beispiel für implizite Populationscodierung.* Jeder Zuschauer in der Fankurve des Rose Bowl-Stadions in Pasadena, Kalifornien, hat eine schwarze oder weiße Pappkarte in der Hand. Auf ein Signal hin hält jedermann seine Karte hoch, sodass das Wort CALTECH erscheint. Jede einzelne Karte agiert, für sich gesehen, als binäres Bildelement – ohne Bedeutung für die Person, die sie hält. Die Bedeutung, die der Populationsaktivität innewohnt, ist auf einen externen Beobachter angewiesen (in diesem Fall die Zuschauer). Im Gehirn muss das Ablesen von anderen Zellgruppen übernommen werden. Mit freundlicher Genehmigung des California Institute of Technology.

tes unterschiedliche Antwortprofile haben. Das Perzept Buntton ergibt sich aus der kombinierten Information aller drei Klassen. Die unglücklichen Individuen, die nur einen einzigen Zapfentyp haben, sehen nur Grauschattierungen.

Ein weiteres Beispiel für Populationscodierung sind Gesichtsneuronen im oberen Drittel der visuellen Hierarchie (Abschnitt 8.5). Eine Gruppe codiert die Identität des Gesichts, während sich ein anderes Neuronenensemble mit dem Gesichtsausdruck (ärgerlich? ängstlich?) beschäftigt. Eine dritte Gruppe umfasst Neuronen, deren Antwort in abgestufter Weise variiert, wenn sich der Winkel, unter dem das Gesicht zu sehen ist, allmählich verändert (Abb. 2.4). Eine komplette Repräsentation für Gesichter könnte auch die hoch spezifischen Neuronen umfassen, von denen ich gesprochen habe (Abb. 2.2), und zwar zusammen mit Zellen, die Geschlecht, Haare, Hautbeschaffenheit und Blickrichtung des Gesichts signalisieren. Der Anblick eines Gesichts – selbst

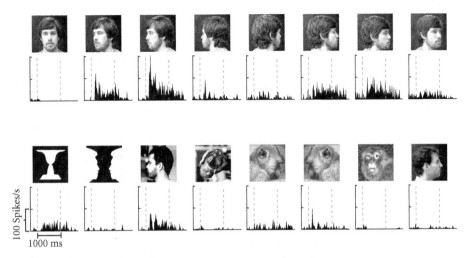

2.4 *Eine Gesichtszelle.* Die Feuerrate eines IT-Neurons eines Affen, der mehrere Fotos betrachtet (zwischen den gestrichelten Linien). Der bevorzugte Reiz der Zelle ist ein bärtiges menschliches Gesicht im Profil. Nach Sheinberg und Logothetis, persönliche Mitteilung.

eines völlig unbekannten – führt an vielen Orten im Gehirn zu einer weiträumigen Aktivierung, wobei manche Zellen heftig, die meisten jedoch schwächer und unzusammenhängender feuern. Diejenigen Attribute, die explizit gemacht werden – für die also eine Säulenorganisation existiert –, sind solche, die unter den richtigen Umständen hinreichend für bewusste Wahrnehmung sind.

Verteilte Darstellungen haben einen prinzipiellen Vorzug vor kargen Repräsentationen: Sie können mehr Daten speichern. Stellen Sie sich vor, Sie müssten die Gesichtsidentität all der Leute codieren, die Sie vom Sehen kennen – vielleicht ein paar tausend Menschen. Wenn jedes Gesicht durch das Feuern eines einzelnen Großmutter-Neurons codiert wird, brauchen Sie dazu ein paar tausend Zellen (einmal abgesehen von der Tatsache, dass aus Gründen der Robustheit mehrere Kopien eines jeden Neurons wünschenswert wären). Ein Populationscode hingegen bedient sich der Kombinatorik, um weitaus mehr Gesichter zu codieren. Nehmen wir an, dass zwei Gesichtsneuronen entweder gar nicht oder mit heftigem Feuern antworten. Gemeinsam können sie vier Gesichter repräsentieren (Gesicht 1: beide Zellen feuern nicht, Gesicht 2: eine Zelle feuert, die andere schweigt und so weiter). Zehn Neuronen können 2^{10} oder rund 1 000 Gesichter codieren. Die Wirklichkeit ist komplexer als das, doch die Grundidee der kombinatorischen Codierung gilt dennoch: Berechnungen zufolge reichen bereits weniger als 100 Neuronen aus, um ein Gesicht unter Tausenden robust zu erkennen. Angesichts der rund 100 000 Zellen unter einem

Quadratmillimeter Cortex ist die potenzielle Repräsentationskapazität einer jeden Cortexregion enorm groß.[15]

Das Aktivitätsprinzip

Vor ein paar Jahren entwickelten Francis und ich folgendes Aktivitätsprinzip: Jeder direkten und bewussten Wahrnehmung liegt eine explizite Repräsentation zugrunde, deren Neuronen in bestimmter Weise feuern. Ein gutes Beispiel ist das *Kanisza-Dreieck* (Abb. 2.5), das nach dem italienischen Gestaltpsychologen Gaetano Kanisza benannt ist. Jeder sieht ein Dreieck, obwohl zwischen den drei Konturenelementen keine Kanten vorhanden sind. Diese Illusion ist so zwingend, dass meiner Vermutung nach individuelle Neuronen dafür verantwortlich sind. Und tatsächlich findet man in der Sehrinde Neuronen, die auf nicht vorhandene Kanten „antworten" (Abb. 8.2).

Das Aktivitätsprinzip hat eine wichtige Folge: Wenn ein Merkmal nicht von einer derartigen Zellgruppe explizit codiert wird, kann man sich des Merkmals nicht bewusst sein. Aus diesem Grund sehen Sie hinter sich, außerhalb Ihres Gesichtsfelds, keinen schwarzen, leeren Bereich. Sie können durchaus auf die Anwesenheit von Objekten in diesem leeren Raum rückschließen, aber nur indirekt, durch Geräusche, Berührung oder andere Mittel. Ihrem Gehirn fehlt eine explizite Repräsentation für diesen Teil der Welt; daher ist dieser Teil der Umgebung nicht Teil ihrer visuellen Erfahrung.

Es ist nur allzu leicht, der *Homunculus*-Täuschung zu erliegen und stillschweigend anzunehmen, dass irgendein Wesen das Gehirn anschaut, wahrnimmt und Entscheidungen trifft. Aber einen solchen *Homunculus* gibt es nicht (zumindest nicht im traditionellen Sinne, siehe Kapitel 18). Was es gibt, ist eine riesige Ansammlung miteinander verknüpfter Neuronen. Sie können sich eines Objekts oder Ereignisses nur dann bewusst sein, wenn dafür eine explizite Säulenanordnung existiert. Geht diese Repräsentation verloren, geht auch das Bewusstsein für diejenigen Aspekte verloren, die von dieser Neuronengruppe symbolisiert wurden. Der Verlust ist jedoch unter Umständen nicht von Dauer, weil das Gehirn eine erstaunliche Regenerationsfähigkeit besitzt.

---

[15]Abbott, Rolls und Touvee (1996) schätzen, dass nur 25 Temporallappenneuronen ausreichen, um eines von 3 000 verschiedenen Gesichtern mit einer Wahrscheinlichkeit von mehr als 50 Prozent zu identifizieren. Das heißt, ein derartiges Mininetzwerk könnte jedes einzelne dieser Gesichter als bekannt oder unbekannt einordnen. Solche Kapazitätsberechnungen sind auch für die Fähigkeit von hippocampalen Ortsneuronen der Ratte durchgeführt worden, die Position des Rattenkörpers mithilfe visueller und anderer Hinweise zu signalisieren. Demnach genügen rund 100 Ortszellen, um eine 1 x 1 Meter große Region mit einer räumlichen Auflösung von wenigen Zentimetern zu codieren (Zhang et al., 1998; Brown et al. 1998). In ähnlicher Weise können rund 100 Cortexzellen die Richtung einer sich bewegenden Punktwolke signalisieren (Shadlen et al., 1996).

2.5 *Kanizsa-Täuschung.* Obwohl es auf dem Papier nicht existiert, nimmt man deutlich ein Dreieck wahr. Für jede derartige direkte Erfahrung muss es eine oder mehrere Gruppen von Neuronen geben, welche die verschiedenen Aspekte des Perzepts explizit repräsentieren. Das ist unser Aktivitätsprinzip.

Essenzielle Knoten im Gehirn

Die Zerstörung eine bestimmten Stückchens Hirngewebe kann dazu führen, dass der Patient einen bestimmten Aspekt der Welt nicht länger erfahren kann, ohne dass es aber zu einem generalisierten Verlust eines Sinnes kommt. Der britische Neurowissenschaftler Semir Zeki vom University College in London prägte den Begriff „essenzieller Knoten" (*essential node*), um diesen geschädigten Teil des Gehirns zu beschreiben. So enthält eine Region im Gyrus fusiformis beispielsweise einen essenziellen Knoten für die Wahrnehmung von Farbe, in einem weiter vorn gelegenen Abschnitt dieses Gyrus befindet sich ein essenzieller Knoten für die Gesichtswahrnehmung, während ein Teil der Amygdala benötigt wird, um ängstliche Gesichtsausdrücke zu erkennen.[16]

Die Idee der essenziellen Knoten basiert auf der sorgfältigen Beobachtung neurologischer Patienten. Sie sagt nicht genau, welche spezifische Gruppe von Neuronen in diesem Gehirnbereich entscheidend für den betroffenen Aspekt der bewussten Wahrnehmung ist. Sind es alle Neuronen oder nur die erregenden? Oder sind es nur diejenigen, die außerhalb des corticalen Areals projizieren, um das es geht? Eine weitere Schwierigkeit ist, dass ein corticaler Knoten häufig einen Zwilling in der gegenüberliegenden Hemisphäre hat. Wenn das der Fall ist, ginge dann dieser Aspekt des Perzepts nur dann verloren, wenn beide Knoten inaktiviert würden? Nehmen wir das Beispiel *Achromatopsie*, den Verlust der Farbwahrnehmung nach einem örtlich begrenzten Trauma der Sehrinde, das andere visuelle Fähigkeiten unbeeinträchtigt lässt. Bei einigen Patienten beschränkt sich die Schädigung auf eine Großhirnhemisphäre, und Objekten im assoziierten Sehfeld fehlt die Farbe, sie zeigen nur Grauschattierungen. Wenn der essenzielle Knoten in der anderen Hemisphäre intakt ist, erscheinen Objekte in diesem Teil des Sehfeldes in normaler Färbung.[17]

---

[16]Zeki (2001); Zeki und Bartels (1999); Adolphs et al. (1999).
[17]Zwei klassische Beschreibungen einer vollständigen beziehungsweise einer Hemiachromatopsie finden sich bei Meadows (1974) und Zeki (1990). Man kann eine lockere Parallele zu Genen ziehen. Diese treten in Zellen gewöhnlich paarweise auf (eine Kopie von der Mutter, die andere vom Vater). Mutationen kön-

Es ist plausibel, dass der Ort im Gehirn, wo ein Reizattribut (beispielsweise Gesichter) explizit gemacht wird, einem essenziellen Knoten für dieses Merkmal entspricht und dadurch ein Einzelzell-Konzept (explizite Codierung) mit einem klinischen Konzept (essenzieller Knoten) verknüpft.

Bewusste Wahrnehmung wird aus der Aktivität in zahlreichen essenziellen Knoten synthetisiert. Im Fall von Gesichtern umfasst dies beispielsweise Flecken, die für Augen und Nase, Geschlecht und Identität eines Gesichts sowie Blickrichtung und Mimik und so fort codieren. Das könnte man als *multifokale* Aktivität bezeichnen. Das bewusste Perzept des ganzen Gesichts wird aus der Aktivität in und zwischen diesen Knoten aufgebaut, wenn sie eine gewisse Zeit lang (in der Größenordnung von 0,2 bis 0,5 s) aktiv sind. Eine Schädigung eines jeden dieser Knoten führt zum Verlust des bestimmten Attributs, das er repräsentiert, während andere Aspekte unversehrt bleiben.

Denken Sie daran, dass der Verlust spezifisch für einen bestimmten Wahrnehmungsaspekt sein muss. So ist der gesamte Bereich V1 kein essenzieller Knoten für Bewegung oder Farbe, weil eine Eliminierung von V1 zum Verlust jeglicher visuellen Wahrnehmung führt.

2.3 Feuerraten, Oszillationen und neuronale Synchronisation

Diese Buch ist buchstäblich durchsetzt mit Aussagen wie „ein Neuron antwortet auf ein Gesicht" oder „die Feuerrate/Spikeaktivität ist erhöht". Was genau ist damit gemeint? Diese Frage steht mit dem fundamentalen Problem des beziehungsweise der Codes in Zusammenhang, die von Neuronen zur Kommunikation untereinander benutzt werden. Wie Sie noch sehen werden, ist es wichtig, verschiedene Formen neuronaler Aktivität zu unterscheiden. Explizite neuronale Repräsentationen verwenden möglicherweise eine oder mehrere dieser Formen.

Aktionspotenziale als universales Kommunikationsmittel

Eine der grundlegenden neurophysiologischen Beobachtungen ist, dass Aktionspotenziale das wichtigste und erste Mittel zur raschen Informationsübermittlung zwischen Neuronen sind.[18]

---

nen rezessiv oder dominant sein (mit Abstufungen dazwischen). Eine rezessive Mutation muss in beiden Kopien auftreten, um den Phänotyp zu verändern, eine dominante Mutante nur in einer Kopie. Einige Eigenschaften des Phänotyps werden weitgehend von einem einzigen Gen kontrolliert. Häufiger steht der Phänotyp jedoch unter der Kontrolle von mehr als einem Gen. Auf der anderen Seite kann ein einziges Gen mehr als einen Aspekt des Phänotyps beeinflussen. Im Gehirn stößt man im Zusammenhang mit der Idee von einem essenziellen Knoten auf ähnliche Komplikationen.

[18]Das gilt nicht für einige sehr kleine Tiere. Wie durch theoretische Argumente vorhergesagt (Niebur and Erdös, 1993), besitzt der Rundwurm *C. elegans* keine Natriumkanäle, wie sie für die raschen Aktions-

Spikes, die mit einer Geschwindigkeit von einem bis einigen Dutzend Millimeter pro Millisekunde – abhängig vom Durchmesser des Axons und von seiner Isolierung – das Axon entlang laufen, teilen das Timing eines Ereignisses in einem Neuron Hunderten oder mehr Zielzellen mit, die überall im Gehirn verstreut liegen. Information mithilfe von Impulsen weiterzuleiten, ist bei den meisten Tieren ein universales und robustes Kommunikationsmittel. Alles-oder-Nichts-Impulse sind weniger anfällig für Rauschen und umgebungsbedingte Störungen als kontinuierliche Spannungsveränderungen, deren Fortleitung zudem länger dauern würde. Andere Kommunikationsmittel, die dem Gehirn zur Verfügung stehen, sind entweder zu langsam oder zu global, um für rasche Wahrnehmung und rasches motorisches Handeln von Nutzen zu sein. Beispielsweise würde die massive Freisetzung einer Neurochemikalie innerhalb eines gewissen Volumens, das durch passive Diffusion bestimmt wird, sämtliche Neuronen mit den entsprechenden Rezeptoren beeinflussen. Zudem schränkt Diffusion die Geschwindigkeit, mit der Konzentrationsveränderungen jenseits einiger Mikrometer weitergeleitet werden, stark ein.

Ein globaleres Mittel der Kommunikation ist das lokale Feldpotenzial (*local field potential*, LFP), das von synaptischer Aktivität und Spikeaktivität generiert wird und von Elektroden noch Millimeter und selbst Zentimeter von seinem Ursprung entfernt empfangen werden kann. Das elektromagnetische Feld ist für Neuronen jedoch eine grobe und ineffiziente Weise, Informationen zu teilen. Mit Ausnahme krankhafter Zustände (wie bei epileptischen Anfällen) ist das extrazelluläre Potenzial, das von Spikes generiert wird, winzig (im Submillivolt-Bereich) und nimmt mit zunehmendem Abstand ab. Überdies beeinflusst das lokale Feldpotenzial alle Punkte in einem festen Abstand in gleicher Weise. Wenn ich auch nicht ausschließe, dass derartige *ephaptische Interaktionen* eine fundamentale Rolle spielen (beispielsweise im Sehnerv, wo eine Millionen Fasern eng zu einem Bündel gepackt sind), schränkt die Biophysik des Nervengewebes ihre Bedeutung stark ein.[19]

Eine weitere Kommunikationsmöglichkeit bieten Gruppen hemmender corticaler Interneurone, die durch spezielle Organellen mit geringem elektrischen Widerstand, so genannten *elektrischen Synapsen* oder *gap junctions,* verbunden sind. Unter gewissen Umständen lösen all diese Interneurone gleichzeitig Aktionspotenziale aus und arbeiten als eine Einheit. Über dieses Phänomen ist nicht genug bekannt, um es in die bewusste Wahrnehmung einzubeziehen.[20]

---

potenziale nötig sind, die bei Vertebraten, Arthropoden und anderen Gruppen vorherrschen (Bargmann, 1998).

[19]Holt und Koch (1999) entwerfen ein biophysikalisches Modell der ephaptischen Interaktionen zwischen Axonen und Neuronen. Abgestufte (graduierte) elektrische Potenziale innerhalb von Neuronen können Information über kurze Distanzen in der Retina übermitteln.

[20]Netzwerke corticaler inhibitorischer Interneurone, die durch *gap junctions* verbunden sind, zeigen oft eine rhythmische, synchronisierte Aktivität im 8-Hz-Bereich (Gibson, Beierlein und Connors, 1999; Beierlein, Gibson und Connors, 2000; Blatow et al., 2003).

Das ist die harte Realität, der sich jede subneuronale Theorie oder Feldtheorie des Bewusstseins gegenübersieht. Wie anders als mit Spikes kann der höchst eigenartige Charakter jeder subjektiven Erfahrung – eine subtile Rosaschattierung oder Walzerklänge – über zahlreiche corticale und subcorticale Bereiche übermittelt werden? Wenn nicht irgendeine Entdeckung die Sicht der Neurophysiologen von der Arbeitsweise individueller Nervenzellen drastisch verändert, sind Aktionspotenziale, die Axone entlang wandern und synaptische Ereignisse auslösen, das anerkannte Mittel, Information rasch im Nervengewebe zu verbreiten.

Lassen Sie mich das gewaltige Problem, dem sich unerschrockene Neurowissenschaftler gegenübersehen, die zu verstehen suchen, wie Neuronen miteinander „reden", mithilfe einer Analogie illustrieren. Stellen Sie sich ein großes Fußballstadion vor, in dem gerade in Spiel stattfindet. Über dem Stadion schwebt ein Luftschiff, ausgerüstet mit TV-Kameras und Mikrofonen und einem Pulk Forscher, die zu begreifen versuchen, wie die Menschen dort unten miteinander kommunizieren. Von weit weg kann die Crew das Brüllen der Menge hören, wenn ein Tor geschossen wurde, und die unheilschwangere Stille vor einem Strafstoß. Wenn die Mikrofone an Drähten zum Boden hinuntergelassen werden, lassen sich Geräusche auffangen, die mit immer kleineren Menschengruppen verknüpft sind: zunächst die Hälfte der gastgebenden Mannschaft, dann ein Teil der Zuschauertribüne, bis man schließlich einen einzelnen Zuschauer hören kann. Der Prozess ist jedoch insofern zufallsgesteuert, als dass jedes Mal ein anderer Zuschauer belauscht wird. Zudem ist es nicht möglich, den Zuschauer zu identifizieren, weder Geschlecht noch Alter, Beruf und so weiter. Die Forscher im Luftschiff wissen nur, dass diese Leute rasch per Schall kommunizieren. Aber wie? Einige argumentieren, das einzige, was zähle, sei die Lautstärke, mit der sich die Zuschauer unterhalten. Nur die Amplitude des Schalls, von einem leisen Wispern bis zum lauten Schreien, codiert demnach nützliche Information. Der Rest ist Rauschen. Dieses Beispiel ähnelt dem Spikecode ein wenig, der im folgenden diskutiert werden soll.

Feuerraten

Hirnforscher sehen die grundsätzliche Natur von Aktionspotenzialen als gegeben an. Umstritten ist lediglich die Natur des neuronalen Codes, der diese Spikes verwendet.

Ein Lichtblitz, ein Bild oder der Klang einer Stimme löst eine unregelmäßige Folge von Aktionspotenzialen aus. Wenn derselbe Reiz wiederholt präsentiert wird, schwankt der genaue Zeitpunkt, an dem die einzelnen Spikes auftreten, von einem Versuchsdurchgang zum nächsten (relativ zum Reizbeginn), während die mittlere Zahl der Spikes weniger stark variiert. Das heißt, beim ersten Mal feuern die Neuronen in dem 200-ms-Intervall nach der Reizpräsentation zwölf Spikes über ihrer „Spontanrate", während die folgenden drei Präsentationen 11, 14 beziehungsweise 15 Spikes auslösen; daher beträgt die mittlere Spikerate in diesem Fall 13 Spikes. Solche weit verbreiteten Beobachtungen stützen die Ansicht, dass die *Feuerrate* zur Codierung dient: Danach ist eine ständig variierende Feuerrate, die man durch Mittelung der Spikeantworten über viele Wiederholung der Reizpräsentation erhält, das Wesentliche. Ein Feuerratencode geht von einer Population von Neuronen aus, die alle mehr und weniger dieselben Merkmale ausdrücken, was diese Codierungsstrategie kostspielig im Hinblick auf die Zahl der Neuronen macht, jedoch gleichzeitig wenig störanfällig. Fast alle neurophysiologischen Ableitungen werden auf diese Art ausgewertet und dargestellt.

Die engste Verknüpfung zwischen Feuerrate und Verhalten ist für individuelle Nervenzellen im corticalen Areal MT nachgewiesen worden. Ein Affe wurde trainiert, eine anspruchsvolle Aufgabe zur Bewegungswahrnehmung (näher erläutert in Abschnitt 8.3) durchzuführen, während die Spikeaktivität in MT abgeleitet wurde. In einer der Sternstunden der Elektrophysiologie gelang es William Newsome, Anthony Movshon und anderen, die mittlere Spikezahl eines Neurons innerhalb einer Zeitspanne von zwei Sekunden als Antwort auf einen sich bewegenden Reiz mit der Wahrscheinlichkeit zu verknüpfen, mit der das Tier das Bewegungssignal bei diesem Durchgang entdeckte. Das erlaubte den Elektrophysiologen, das Verhalten des Tieres unter zugegeben eingeschränkten und unnatürlichen Bedingungen aus der Antwortrate des Neurons vorherzusagen.

Bei einem Ratencode (Frequenzcode) zählt nur die Anzahl der Spikes pro Zeiteinheit. Ein derartiger Code enthält keinerlei zeitliche Modulation mit Ausnahme derjenigen, die ihm durch den Input auferlegt wird. Wenn ein Licht ständig an- und ausgeht, sollte die Feuerrate daher im selben Rhythmus folgen. Zudem sollte der genaue Zeitpunkt, an dem eine Zelle einen Spike generiert, nicht von dem Zeitpunkt abhängen, an dem ähnliche Neuronen feuern. Das heißt, zwei benachbarte Neuronen können ihre Spikerate als Antwort auf einen Reiz gemeinsam erhöhen, aber bei einem Frequenzcode ist das Timing von Aktionspotenzialen in einer Zelle nicht auf Millisekundenniveau mit demjenigen in anderen Zellen korreliert.

Für diese einfach erscheinende Sicht der Frequenzcodierung spricht vieles. Sie ist simpel, robust und kompatibel mit in Jahrzehnten – insbesondere von Neuronen in der Nähe der sensorischen Peripherie – gewonnenen Daten und daraus entwickelten Modellen. Zentral ist dabei die Annahme, dass Neuronen lärmende, unzuverlässige Elemente sind und das Nervensystem über viele Zellen mittelt, um das Verhalten dieser minderwertigen Teile auszugleichen.[21]

---

[21]Einzelne Spikes können bis zu einigen Bits Reizinformation übermitteln. Diese Raten liegen nahe an der Obergrenze der Informationstransmission in rauschenden neuronalen Kommunikationskanälen. Das wunderbare Buch von Rieke et al. (1996) führt in den informationstheoretischen Ansatz der neuralen Codierung ein.

Viele Daten sprechen jedoch dafür, dass mehr in der Informationscodierung steckt als Veränderungen der Feuerrate allein, dass der Rauschpegel minimal ist, dass Neuronen raffinierte Verrechnungseinheiten sind und der genaue Zeitpunkt des Spikeauftretens eine wichtige Rolle spielt. Interessanterweise ist das, was unter dem Frequenzcode-Paradigma als Rauschen betrachtet wird, nach dieser alternativen Sicht der neuronalen Codierung Teil des Signals. Das ist die Situation der Zuschauer in der Stadionanalogie. Sie sprechen nicht nur lauter oder leiser, sondern der Schall selbst wird in Abhängigkeit von der Zeit stark moduliert, was zur menschlichen Sprache führt! Im folgenden Abschnitt werden Befunde diskutiert, die dafür sprechen, dass Spikeentladungen periodische Muster bilden.

Oszillationen im Gehirn

Das Gehirn ist eins gargantueske und komplexe Ansammlung von nichtlinearen Verarbeitungselementen. Und wie jeder Elektroingenieur weiß, besteht die Herausforderung bei der Entwicklung von leistungsstarken Rückkopplungsschaltungen darin, einen Kurs zwischen der Charybdis von Verstummen oder „Tod" und der Skylla von massiver Erregung oder „epileptischem Anfall" zu steuern. Selbst wenn diese Schwierigkeiten umgangen werden können, geraten Netzwerke mit positiver Rückkopplung leicht ins Schwingen, wenn nicht Maßnahmen zur Dämpfung ergriffen werden.[22]

Ein *Elektroencephalogramm* (EEG) zeigt das weiträumige Auftreten von Gehirnrhythmen oder -wellen. Das elektrische Potenzial, das von der Schädeldecke abgeleitet wird, zeigt oszillierende Aktivität in verschiedenen Frequenzbändern. Die Frequenz dieser Schwingungen variiert von einem bis beinahe 100 Zyklen pro Sekunde (Hz). Diese Schwingungen behalten bei verschiedenen Verhaltenszuständen wie auch bei gewissen pathologischen Zuständen ihre charakteristische Form (daher der Nutzen von EEGs für die klinische Praxis).

Bei einer ruhig liegenden Person tritt der dominante Rhythmus im *Alpha*-Band auf, zwischen 8 und 12 Hz. Öffnet die Person die Augen oder leitet sie willentlich eine geistige Leistung ein, so führt das dazu, dass die Aktivität durch hochfrequente Oszillationen im *Beta*- (15–25 Hz)- und im *Gamma*-(30 Hz und mehr)-Band ersetzt wird (*Alpha-Blockade*). Das Gamma-Band ist mit bewussten Operationen verknüpft. Bei Schläfrigkeit und im Schlaf tritt eine Gruppe von Oszillationen mit großer Amplitude und niedriger Frequenz im *Delta*-Band (1–4 Hz) auf. Anhand von Störungen dieser langsamen rhythmischen Entladungen lassen sich bestimmte Schlafstörungen diagnostizieren.

---

[22]Angesichts der Leichtigkeit, mit der transgene Mäuse, deren synaptische Rezeptoren modifiziert wurden, Krampfanfälle entwickeln, muss die Verhinderung einer aus dem Ruder laufenden Erregung in der Tat ein wichtiger evolutiver Punkt gewesen sein. Crick und Koch (1998a) diskutieren die Implikationen für die corticale Neuroanatomie.

Periodische elektrische Gehirnpotenziale spiegeln eine synchronisierte Aktivität in den zugrunde liegenden corticalen und subcorticalen Neuronen sowie unterstützenden Zellen wider. Wegen des geringen Widerstands, den Nervengewebe dem elektrischen Stromfluss entgegensetzt, und wegen der verzerrenden Wirkung der Schädeldecke ist es schwierig, die zellulären Generatoren, die für bestimmte EEG-Muster verantwortlich sind, genau zu lokalisieren.[23]

Ableitungen des lokalen Feldpotenzials mit Elektroden unter der Schädeldecke bestätigt die Existenz von diskreten oszillilatorischen Episoden, die in Abhängigkeit vom Verhalten und vom mentalen Zustand des Probanden zunehmen und wieder abflauen. Diese *intracranialen EEG*-Ableitungen zeigen ein anderes rhythmisches Entladungsmuster, das zuverlässig im Hippocampus und einigen seiner Empfangsstrukturen zu beobachten ist: anhaltende Oszillationen von 4–8 Hz (*Theta*-Band), die mit kognitiven Prozessen, wie Arbeitsgedächtnis und Orientierung, verknüpft sind.[24]

Da der menschliche Gehörsinn außerordentlich geschickt darin ist, Signale aus einem rauschenden Hintergrund herauszufiltern, verstärken Neurophysiologen häufig die elektrische Aktivität von Neuronen und strahlen die resultierenden Spikeentladungen über einen Lautsprecher aus. Unter gewissen Umständen kann man aufgelagert auf das knisternde Geräusch der einzelnen Aktionspotenziale ein stetiges Rauschen hören. Geeignete mathematische Operationen, wie die Fourier-Transformation, bestätigen die Existenz eines periodischen Signals, das auf die Tendenz vieler corticaler Neuronen zurückgeht, periodisch zu feuern (alle 20–30 ms). Einige Zellen weisen eine derart ausgeprägte Regelmäßigkeit auf, dass sie sich fast uhrwerkmäßig entladen. Die Frequenz dieser Rhythmen ist breit über einen Bereich von 30–70 Hz verteilt, wobei der Gipfel bei 40 Hz liegt, daher ihr umgangssprachlicher Name: 40-Hz- oder *Gamma-Oszillationen* (Abb. 2.6).

40-Hz-Oszillationen, die Mitte des 20. Jahrhunderts von Lord Adrian im Geruchssystem des Kaninchens entdeckt wurden, wurden lange als Kuriosität betrachtet und fanden keine weitere Beachtung. Ende der 1980er Jahre wurden sie von Charles Gray und Wolf Singer am Max-Planck-Institut für Hirnforschung in Frankfurt in der Sehrinde der Katze wiederentdeckt.[25]

---

[23]Das EEG spiegelt primär den Beitrag der synaptischen und dendritischen Membranströme wider und nur indirekt denjenigen der Aktionspotenziale (Freeman, 1975; Creutzfeldt und Houchin, 1984; Creutzfeldt, 1995; Mountcastle, 1998).

[24]Theta-Oszillationen beim Menschen sind von Kahana et al. (1999) und Klimesch (1999) beschrieben worden. Relevante Einzelzelldaten bei Nagern finden sich bei O'Keefe und Recce (1993) sowie Buzsáki (2002).

[25]Walter Freeman von der University of California in Berkeley erkannte früh die potenzielle Bedeutung dieser Oszillationen für die olfaktorische Informationsverarbeitung (Freeman, 1975). Die ursprüngliche Publikation, welche die moderne Erforschung der 40-Hz-Oszillation auslöste, ist Gray und Singer (1989). Andere wichtige Untersuchungen finden sind unter anderem bei Eckhorn et al. (1988), Engel et al. (1990), Kreiter und Singer (1992) sowie Eckhorn et al. (1993). Einen Überblick über die relevante Literatur bieten Ritz und Sejnowski (1997) sowie Friedman-Hill, Maldonado und Gray (2000).

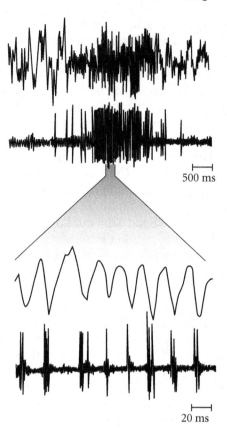

500 ms

20 ms

2.6 *Oszillationen im 40-Hz-Bereich.* Das lokale Feldpotenzial (erste und dritte Spur von oben) und die Spikeaktivität einer Reihe benachbarter Neuronen (zweite und vierte Spur), abgeleitet aus dem primären visuellen Cortex einer Katze, während auf dem Computerschirm ein sich bewegender Balken präsentiert wurde. In den beiden unteren Spuren, die vergrößerte Ausschnitte aus den oberen sind, kann man eine rhythmische Aktivität mit einer Frequenz von rund 40 Hz erkennen. Nach Gray und Singer (1989), verändert.

Die Reizabhängigkeit dieser Rhythmen ist in der Sehrinde von Katze und Affe recht gut charakterisiert worden. Während sie bei spontaner Aktivität weitgehend fehlen, sind sie stark von visueller Reizung abhängig, zeitlich aber nicht streng an den Reiz gebunden. Im lokalen Feldpotenzial lassen sich Gamma-Oszillationen regelmäßig beobachten, seltener auch bei der Ableitung multineuronaler Aktivität (also der summierten Spikes benachbarter Zellen). Solche Rhythmen in den Spikemustern individueller Neuronen zu entdecken, ist jedoch weniger einfach; verschiedene Labors berichten von recht unterschiedlichen Ergebnissen.

Die Entsprechungen dieser Oszillationen lassen sich in elektrischen Ableitungen von der Kopfhaut finden. Während die Veränderung des elektrischen Potenzials auf dem Kopf als Reaktion auf einen Reiz winzig ist, lässt sich das Signal durch Mittelung Hunderter von Versuchen so verstärken, dass sich ein zuverlässiges Signal, ein so genanntes *evoziertes Potenzial*, ergibt. Psychologen haben *visuell evozierte Potenziale* gemessen, während Versuchspersonen visuelle Erfahrungen machen, und sind zu dem Schluss gekommen, dass Aktivität im Gamma-Band die Bildung eines visuellen Perzepts anzeigt, das auf Neuronenkoalitionen basiert, die bei 40 Hz feuern. Man hat also vermutet, dass die neuronalen Korrelate eines visuellen Perzepts Zellenensembles im Cortex sind, die eine ausgeprägte Rhythmik aufweisen. Wenn diese Interpretation auch plausibel ist, schränkt die begrenzte räumliche Auflösung der elektrischen *en-gros*-Aktivität, die außen am Schädel abgeleitet wird, den Nutzen von EEGs und verwandten Methoden doch stark ein. Man bedenke nur, wie wenig man über Tiefe und Struktur des Meeres durch Vermessen der Wellen lernen kann, die seine Oberfläche kräuseln.[26]

Das *auditorische evozierte Potenzial* auf ein über Kopfhörer wahrgenommenes Klickgeräusch enthält eine leicht zu erkennende 25-ms-Periodik, die 40 Zyklen pro Sekunde entspricht.[27] Tatsächlich nutzt man das Fehlen dieser auffälligen Komponente als Indikator für die Tiefe einer Narkose; es kündigt den Übergang des wachen Gehirns zur Bewusstlosigkeit an. Je kleiner die 40-Hz-Komponente, desto geringer die Wahrscheinlichkeit, dass der Patient über Erwachen während der Operation oder über Erinnerung an die Operation berichten wird. Für sich gesehen ist dieses Bindeglied zwischen globalem Bewusstsein – wie nach der klinischen Definition – und Aktivität im 40-Hz-Bereich nicht so hilfreich für das Verständnis der spezifischen Funktion der Oszillationen. Wenn der Wechselstrom-Adapter Ihres Laptops bei 50 oder 60 Hz (je nachdem, in welcher Weltregion Sie sich aufhalten) nicht brummt, ist der Computer ohne Strom und funktioniert nicht. Das heißt aber nicht, dass eine elektrische

---

[26]Revonsuo et al. (1997), Keil et al. (1999), Rodriguez et al. (1999), Tallon-Baudry und Bertrand (1999) sowie Klemm, Li und Hernandez (2000) verknüpfen spezifische Aspekte der visuellen Wahrnehmung mit einer erhöhten Energie im Gamma-Frequenzband (und oft damit einhergehenden Abnahmen in niederfrequenteren EEG-Bändern). Engel und Singer (2001) geben einen Überblick über diese Literatur. Die Interpretation dieser Daten im Hinblick auf die zugrunde liegenden neuronalen Mechanismen ist jedoch problematisch, weil das EEG die kumulative elektrische Signatur darstellt, die mit Aktivität einhergeht, welche über große Hirngewebsbereiche verteilt ist – Bereiche, die bis zu 100 000 diskrete Neuronen pro Kubikmillimeter enthalten. Varela et al. (2001) geben einen Überblick über die Vor- und Nachteile von EEG-Techniken zur Entschlüsselung des dynamischen Gehirns. Aktuelle Fortschritte (Makeig et al., 2002) verringern die negativen Effekte, die eine Mittelung der elektrischen Signale über Hunderte von Versuchsdurchgängen mit sich bringt.

[27]Das evozierte auditorische Potenzial, das von der menschlichen Kopfhaut abgeleitet wird, zeigt deutlich zwei oder drei Wellen, die durch ein Intervall von 20 bis 25 ms getrennt sind (Galambos, Makeig und Talmachoff, 1981). Zur Verbindung zur Anästhesiologie siehe Madler und Pöppel (1987) sowie Sennholz (2000).

Aktivität mit einer Frequenz von 50 oder 60 Hz in *spezifischer* Weise mit den Operationen zusammenhängt, die der Computer durchführt. Eine vorsichtige Interpretation der Verbindung des 40-Hz-Phänomens mit Anästhesie könnte lauten: Wenn der Cortex so stark von einem pharmakologischen Wirkstoff beeinflusst wird, dass diese charakteristische Aktivität verschwindet, setzt das Bewusstsein ebenfalls aus.

Wenn Spikeaktivität im 40-Hz-Rhythmus für das Gehirn wichtig ist, dann nur deshalb, weil die Neuronen, die diese Spikes empfangen, in der Lage sind, sie zu decodieren. Sie müssen in der Lage sein, Pulse mit einem Abstand von 20 bis 30 ms von solchen zu unterscheiden, die zeitlich zufällig verteilt sind oder in einem anderen Rhythmus auftreten. Das lässt sich nicht richtig beurteilen, ohne Grad und Ausmaß der Synchronisation zwischen Neuronen in Rechnung zu ziehen, eine weitere wichtige Wendung in der Codierungsstory.

Zeitliche Synchronisation zwischen Neuronen

Das vorherrschende elektrophysiologische Paradigma sondiert das Gehirn mit einer einzelnen Elektrode, welche die Aktivität eines oder weniger benachbarter Neuronen verfolgt (wie in Abb. 2.1, 2.2 und 2.4). Auch wenn der Erfolg der vergangenen Jahrzehnte die Fruchtbarkeit dieses Ansatzes eindeutig belegt, bringt dieser doch starke Einschränkungen mit sich.

Generell mag es hoffnungslos erscheinen, etwas über das Gehirn zu lernen, indem man eine von Milliarden Nervenzellen belauscht. Welche Chance hat beispielsweise ein Elektroingenieur, die Arbeitsweise eines Computers zu verstehen, wenn er nur einen der vielen zehntausend Transistoren im Prozessor (CPU) der Maschine kontrollieren kann? Im Rückblick kann ich die Zähigkeit und Entschlossenheit der frühen Pioniere der Hirnforschung, die sich trotz dieser entmutigend geringen Chancen unverdrossen ans Werk machten, nur bewundern. Die Einzelzell-Elektrophysiologie hat die grundlegenden Verarbeitungselemente des Nervensystems und die Art und Weise ihrer Verknüpfung aufgeklärt. Um ein tieferes Verständnis der Dynamik konkurrierender Neuronenverbände zu gewinnen, muss jedoch die Spikeaktivität von Dutzenden, Hunderten, Tausenden und mehr Neuronen berücksichtigt werden.

Insbesondere vernachlässigt die Einzelelektrodentechnik eine potenziell reiche Informationsquelle, und zwar die exakte zeitliche Beziehung zwischen Spikes verschiedener Neuronen. Wenn zwei Zellen für dasselbe Merkmal codieren, feuern sie dann eher gleichzeitig oder nicht? Zeigen sie die Tendenz, eher synchron zu feuern oder unabhängig voneinander?

Stellen Sie sich einen riesigen Weihnachtsbaum vor, der von ein paar hundert elektrischen Kerzen erleuchtet wird, die alle nach dem Zufallsprinzip an- und ausgehen. Ihre Aufgabe ist es, eine Gruppe von Lichtern an der Spitze des Baumes hervorzuheben. Eine Möglichkeit dazu ist, die Flackerrate dieser Lichtergruppe zu erhöhen. Eine andere Möglichkeit ist, jedes Licht in der Gruppe gleichzeitig zum Blinken zu bringen. Simultanes Aufblitzen vergrößert die Auffälligkeit (Salienz) beträchtlich (das gilt, ob die Lichter nun in der Gruppe periodisch oder nach dem Zufallsprinzip aufblitzen, solange sie es alle gemeinsam tun). Dieselbe Logik gilt auch für das Gehirn, wobei der „Beobachter, der den Baum anschaut" durch ein neuronales Netzwerk ersetzt ist. Die Biophysik von Neuronen macht sie empfänglicher für synchronisierten erregenden synaptischen Input als für zufallsbedingten Input. Beispielsweise reichen 100 rasche erregende synaptische Inputs, verteilt über den Dendritenbaum einer großen Pyramidenzelle, aus, um ein Aktionspotenzial zu generieren, wenn sie innerhalb einer Millisekunde aktiviert werden. Wenn die präsynaptischen Spikes jedoch verteilt über ein 25-ms-Fenster eintreffen, sind doppelt so viele Synapsen nötig, damit die Zelle feuert. Synchronisierter synaptischer Input ist gewöhnlich effizienter als desynchronisierter, wenn es darum geht, seine Zielzelle anzutreiben.[28]

Über all das herrscht weitgehend Übereinstimmung. Gestritten wird allerdings darum, ob corticale Zellen sehr große Inputmengen über Dutzende von Millisekunden integrieren oder ob Neuronen das gleichzeitige Eintreffen von einigen wenigen Signalen mit einer Präzision im Sub-Millisekundenbereich erkennen.

Der deutsche theoretische Neurowissenschaftler Christoph von der Malsburg erkannte in den 1980er Jahren, dass die Synchronisation der Feueraktivität vom Nervensystem verwendet werden könnte, um das berühmte *Bindungsproblem* zu lösen (siehe Abschnitt 9.4). Woher „weiß" das Gehirn, welche Feueraktivität in den zahllosen Karten überall im Cortex welchem Attribut von welchem Objekt entspricht? Wie bereits erwähnt, ruft ein bedeutungsvolles Objekt, wie ein Gesicht, an zahlreichen Orten im Cortex und in verwandten Satellitensystemen Spikeaktivität hervor. Wie wird all diese verteilte Aktivität zu einem einzigen Perzept zusammengefasst? Wie lässt sich diese Aktivität zudem von der Aktivität unterscheiden, die von einem anderen, gleichzeitig sichtbaren Gesicht hervorgerufen wird? Alle Spikes sehen zweifellos gleich aus. Von der Malsburg stellte die These auf, das Gehirn könne diese neuronalen Verbände durch Synchronisation auseinander halten. Wie die elektrischen Lichter auf den Christbaum feuern die Neuronen in einer Koalition, die ein bestimmtes Perzept ausdrücken, synchron; sie sind aber nicht mit der Koalition

---

[28]Die Anzahl der Synapsen, die nötig ist, um einen Spike auszulösen, kann beträchtlich geringer sein, wenn sich der synaptische Input räumlich dicht auf dem oder um den apikalen Hauptdendriten zusammendrängt und eine gleichmäßig geringe Dichte spannungsabhängiger Natrium- und Calciumströme vorliegt. Biophysikalisch getreue Simulationen zeigen, dass Pyramidenneuronen mit spannungsabhängigen Strömen in den Dendriten im Prinzip empfänglich für im Submillisekundenbereich liegende Koinzidenzen in den synaptischen Inputs sein können (Softky; 1995). Eine anhaltende Verschiebung des Ruhepotenzials der Zelle kann das Neuron näher an die Schwelle bringen, sodass eine geringere Zahl synaptischer Inputs ausreicht, um Aktionspotenziale auszulösen. Eine Lehrbuchdarstellung der synaptischen Integration bei corticalen Neuronen findet sich bei Koch (1999).

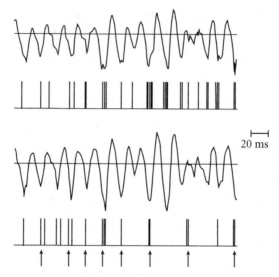

20 ms

2.7 *Spikesynchronisation.* Das lokale Feldpotenzial (erste und dritte Spur) und die neuronale Spikeaktivität (zweite und vierte Spur) an zwei Stellen in der Sehrinde der Katze in Reaktion auf einen einzelnen Lichtbalken, der über das Sehfeld streicht. Die Pfeile verweisen auf Spikepaare; diese Paare treten mit wenigen Millisekunden Abstand auf. Das lokale Feldpotenzial, Indikator für elektrische Aktivität in einer großen Region, weist eine Frequenz von etwa 40 Hz auf. Nach England et al. (1990), verändert.

synchronisiert, die für ein anderes Gesicht oder Objekte im Hintergrund codiert.[29]

Gray, Singer und ihre Kollegen waren daher verständlicherweise begeistert, als es ihnen nicht nur gelang, 40-Hz-Feuermuster zu beschreiben, sondern auch, wie diese oszillatorischen Antworten in Abhängigkeit vom Reiz synchronisiert wurden (Abb. 2.7). Die Forscher bewegten zwei Balken über die rezeptiven Felder jener Stellen in der Sehrinde der Katze, an denen sie zwei Elektroden platziert hatten. Das rief eine entsprechende Spikeaktivität hervor, aber der genaue Zeitpunkt, zu dem Aktionspotenziale an der einen Stelle ausgelöst wurden, war unabhängig vom Timing der Aktionspotenziale an der anderen Stelle. Die Spikes waren nicht synchronisiert. Die Synchronisation erhöhte sich jedoch signifikant, wenn die beiden Balken durch einen einzelnen, langgestreckten Balken ersetzt wurden, dessen Bewegung von Zellen an beiden Stellen gesehen werden konnte.[30]

---

[29]Von der Malsburgs Originalarbeit (1981) ist recht schwierig zu lesen; eine aktualisierte, leichter verständliche Version bietet von der Malsburg (1999).

[30]Die ursprüngliche Publikation über die Synchronisation zwischen V1-Zellen der Katze ist Gray et al. (1989). Kreiter und Singer (1996) dehnten diese Resultate auf das Areal MT beim wachen Makaken aus (siehe aber Thiele und Stoner, 2003).

Spikesynchronisation ist bei einer Reihe von Systemen beobachtet worden, vom olfaktorischen System der Heuschrecke bis zum visuellen, visuo-motorischen, somatosensorischen und motorischen Cortex von wachen, agierenden Katzen und Affen.[31]

Die Stärke und die Wahrscheinlichkeit synchronen Feuerns sind indirekt proportional zur der Entfernung zwischen den Zellen (je größer der Abstand, desto geringer der Grad der Synchronisation) und direkt proportional dazu, wie ähnlich die Selektivität der beiden Neuronen ist. Das heißt, wenn beide Zellen Balken in derselben Orientierung bevorzugen, ist die Synchronisation stärker, als wenn sich die Orientierungsabstimmung der beiden wesentlich unterscheidet. Oft weist koinzidierendes Feuern eine Präzision von 10 ms oder weniger auf, das heißt, ein Spike in der einen Zelle ist mit einem Spike in der anderen Zelle verknüpft, der innerhalb von 5 ms auftritt.

Um zur Stadionmethapher zurückzukehren: Die Beobachter im Luftschiff werden erkennen, dass die von den Mikrofonen aufgenommenen Sprachmuster zwischen benachbarten Zuschauern korrelieren und diese Korrelation mit zunehmender Entfernung schwächer wird (je weiter auseinander die Fans sitzen, desto unwahrscheinlicher ist es, dass sie miteinander reden). Manchmal haben jedoch sogar Personen, die an entgegengesetzten Enden des Stadions sitzen, korrelierte Outputs, etwa wenn die Menge bei einem Torschuss aufbrüllt.

Die Beziehung zwischen Synchronisation und Oszillation ist eine haarige Sache. Im Prinzip könnten beide unabhängig voneinander auftreten. Denken Sie zum Beispiel an die wichtigsten Aktienindices, wie Nasdaq, Dow Jones Industrial, Nikkei, DAX und so weiter. Sie alle sind auf einer Tag-für-Tag-Basis signifikant korreliert. Wenn der Aktienhandel in den USA zunimmt, ziehen die anderen wichtigen Aktienmärkte rasch nach, doch diese Korrelation hat *keine* offensichtliche periodische Komponente. Denken Sie umgekehrt an die Menstruation. Zwei zufällig ausgewählte Frauen haben jeweils ihren eigenen Menstruationzyklus mit einer Periodik von ungefähr 28 Tagen. Die Wahrscheinlichkeit, dass ihr Zyklus zur gleichen Zeit beginnt, ist aber gering, ein Beispiel für Oszillation ohne Synchronisation. In eng gekoppelten Feedback-Systemen wie dem Gehirn sind Oszillation und Synchronisation hingegen eng miteinander verknüpft, wobei letzteres meist ersteres impliziert. Wenn sich zwei weit auseinander liegende Neuronen synchronisieren, geschieht dies tatsächlich mithilfe von Oszillationen.[32]

---

[31]Einen Überblick bieten Gray (1999), Singer (1999) sowie Engel und Singer (2001). Eine kritische Bewertung dieser Ideen findet sich bei Shadlen und Movshon (1999). Die überzeugendsten Daten zur Relevanz von oszillatorischer und synchronisierter Aktivität für das Verhalten sind von Gilles Laurent und seiner Gruppe am California Institute of Technology am olfaktorischen System von Insekten gewonnen worden (Stopfer et al., 1997; MacLeod, Backer und Laurent, 1998; Laurent, 1999; Laurent et al., 2001).
[32]Engel et al. (1991).

Im Jahre 1990 stellten Francis und ich die These auf, dass synchronisierte 40-Hz-Oszillationen innerhalb der Untergruppe von Neuronen, die sich auf ein aufmerksam betrachtetes Objekt beziehen, eine Signatur der NCC darstellen, mit anderen Worten: Der Inhalt des Bewusstseins kann in diesem Augenblick mithilfe des Satzes Vorderhirnneuronen identifiziert werden, die phasengebunden mit einer 20–30-ms-Periodik feuern.[33]

Unsere Behauptung, es gebe ein Bindeglied zwischen der Synchronisation im Gamma-Band und Bewusstsein, stieß innerhalb und außerhalb der neurowissenschaftlichen Gemeinde auf Begeisterung und Interesse, aber auch auf Hohn und Spott. Die Interpretation der relevanten wissenschaftlichen Befunde ist mit beträchtlichen Schwierigkeiten befrachtet. Die Gründe sind komplex, laufen aber darauf hinaus zu wissen, welche Untergruppe von Neuronen man ableiten sollte; ein feines Stimmchen aus einer Kakophonie von starken Hintergrundgeräuschen herauszupicken, ist nicht einfach. Im Laufe der Zeit werden diese Probleme mithilfe von Techniken zur simultanen und kontinuierlichen Ableitung (*multi-unit recording*) der Spikeaktivität von Hunderten identifizierter Neuronen bei wachen, agierenden Tieren gelöst werden.[34]

Heute denken Francis und ich nicht mehr, dass synchronisiertes Feuern eine hinreichende Bedingung für die NCC ist. Eine besser zu den Daten passende Funktion ist, dass Synchronisation eine sich gerade bildende Koalition in ihrem Wettstreit mit anderen derartigen Koalitionen unterstützt.[35] Wie in Kapitel 9 erläutert, kommt es dazu, wenn Sie Ihre Aufmerksamkeit einem Objekt oder ein Ereignis zuwenden. Ein neuronales Substrat dieser Zuwendung könnte durch Feuern in bestimmten Frequenzbändern synchronisiert werden (siehe Fußnote 11 in Kapitel 10). Sobald eine Koalition die Oberhand gewonnen hat und Sie sich der damit einhergehenden Attribute bewusst geworden sind, ist die Koalition möglicherweise in der Lage, sich ohne Unterstützung

---

[33]Die Originalpublikationen sind Crick und Koch (1990a,b); siehe auch Crick (1994). Horgan (1996) liefert eine unterhaltsame journalistische Darstellung mit ein paar Seitenhieben auf die Wissenschaft. Metzinger (2000) sowie Engel und Singer (2001) geben einen Überblick über die relevanten Befunde zugunsten unserer Hypothese.

[34]Ein Problem besteht darin zu wissen, von welchem Typ Neuron man gerade ableitet. Wohin projiziert es? Von wo erhält es den meisten Input? Eine weitere große Schwierigkeit besteht darin, Kreuzkorrelationen zwischen zwei Neuronen zu entdecken, die Teil einer großen Koalition mit 1 000 oder mehr Mitgliedern sind. Die Zunahme der Korrelation zwischen zwei beliebigen Neuronen kann winzig sein. Das zu erfassen, erfordert endlose Wiederholungen, um statistisch signifikante Ergebnisse zu erhalten, und erhöht das Risiko, dass das Versuchstier lernt, in automatischer, unbewusster Manier zu antworten. Zudem muss man die Synchronisation, die auf den Reiz selbst zurückgeht, von einer Synchronisation unterscheiden, die von reziproken und Feedback-Verbindungen induziert wird (wenn die Feuerrate zweier Neuronen von zwei auf 20 Spikes pro Sekunde steigt, steigt die Zahl der koinzidierenden Spikes automatisch um das Hundertfache, selbst wenn sie völlig zufällig feuern). All diese Probleme erfordern ausgeklügelte experimentelle Techniken und Verrechnungsmethoden. Das sind schwierige Probleme, doch die Wissenschaft ist in der Lage, sie anzupacken!

[35]Ein wenig Synchronie zwischen Inputs kann viel dazu beitragen, ihre postsynaptische Wirkung zu erhöhen (Sahnas und Sejnowski, 2001).

der Synchronie zu behaupten, zumindest für einige Zeit. Daher kann man erwarten, dass synchronisierte Oszillationen in den frühen Stadien der Wahrnehmung auftreten, aber nicht unbedingt in späteren. Es ist ein bisschen wie eine feste Stelle als Akademiker – wenn man sie einmal hat, kann man sich etwas entspannen.

Ich habe Feuerrate, Oszillation und synchronisierte Codierungsstrategien skizziert. Lassen Sie mich kurz eine weitere Strategie ansprechen, die ultra-karge zeitliche Codierung (*ultra-sparse temporal coding*). Während individuelle Neuronen in frühen corticalen Arealen mehr als 100 Spikes in ein bis zwei Sekunden generieren können, signalisiert eine Zelle im Hippocampus vielleicht nur mit einer Handvoll Spikes. Eine derart karge Feuerrate lässt sich nicht leicht mit der konventionellen Sicht der Frequenzcodierung vereinen, es sei denn, die Feuerrate wird über große Neuronenverbände gemittelt. In anderen Netzwerken löst ein geeigneter Reiz eine kurze Aktivitätssalve aus, beispielsweise einen bis vier Spikes in rund 10 ms. Für die folgenden Sekunden ist das Neuron stumm, „spontanes" Feuern tritt nicht auf. Die beobachtete Spezifität kann erstaunlich sein: Die Zelle trägt nur eine einzige Note zur laufenden Musik bei und verfällt dann in Schweigen.[36]

Es sind auch andere Codierungskonzepte vorgeschlagen worden.[37] Über die mesoskopische Skala der neuralen Organisation – die alles von wenigen bis zu einigen zigtausend Neuronen umfasst – ist so wenig bekannt, dass es schwierig ist, momentan irgendein Codierungsschema definitiv auszuschließen. Die oszillatorische Synchronisation wird in diesem Buch besonders hervorgehoben, weil vieles dafür spricht, dass sie für unsere Suche eine wichtige Rolle spielt.

---

[36]Zeitliche ultra-karge Codierung ist am besten im olfaktorischen System der Grille (Perez-Orive et al., 2002) sowie in der motorischen Bahn eines Singvogels (Hahnloser, Kozhevnikov und Fee, 2002) beschrieben worden. Mein Alptraum ist, dass sich corticale Neuronen, die für die NCC von Bedeutung sind, desselben Codierungsprinzips bedienen. Ohne genaue Kenntnis der Identität der abgeleiteten Neuronen wird es außerordentlich schwierig sein, ihre Botschaft in all dem Lärm, den das Feuern ihrer promiskeren Nachbarn macht, zu entdecken und zu entziffern.

[37]Andere neuronale Codierungsmodelle umfassen das *synfire chain*-Modell (Abeles, 1991; Abeles et al., 1993) und *first-time-to-spike*-Modelle (Van Rullen und Thorpe, 2001). Einen Überblick über Belege für wandernde, stehende und rotierende Wellen in Cortexgewebe geben Ermentrout und Kleinfeld (2001). Die mögliche Bedeutung von *bursting* für Wahrnehmung und Gedächtnis wird bei Crick (1984), Koch und Crick (1994) sowie Lisman (1997) diskutiert. Ein *burst* (Salve) ist eine stereotype Folge von zwei bis fünf Aktionspotenzialen, die innerhalb von 10 bis 40 ms auftreten, gefolgt von einer ausgeprägten Refraktärperiode (Koch, 1999). Das Buch von Rao, Olshausen und Lewicki (2002) bietet eine ausgezeichnete Darstellung dieser und anderer probalistischer Codierungsstrategien.

2.4 Wiederholung

An den NCC sind befristete Koalitionen von Neuronen beteiligt, die für bestimmte Ereignisse oder Objekte codieren und mit anderen Koalitionen konkurrieren. Ein bestimmtes Ensemble – „vorgespannt" durch Aufmerksamkeit – geht dank seiner starken Spikeaktivität als Sieger hervor. Die siegreiche Koalition, die dem gegenwärtigen Gehalt des Bewusstseins entspricht, unterdrückt für eine gewisse Zeit konkurrierende Koalitionen, bis sie ermüdet, sich adaptiert oder von einem neuen Input abgelöst wird, und ein neuer Sieger taucht auf. Da zu jedem gegebenen Zeitpunkt eine oder wenige solcher Koalitionen dominieren, kann man von sequenzieller Verarbeitung sprechen, ohne damit irgendeinen uhrwerkartigen Prozess zu implizieren. Dieser dynamische Prozess lässt sich mit der Politik in einer Demokratie mit ihren Stimmblöcken und Interessensgruppen vergleichen, die sich ständig bilden und wieder auflösen.

Francis und ich vertreten die Ansicht, dass die NCC auf einem Fundament expliziter neuronaler Repräsentationen aufbauen. Ein Merkmal wird explizit, wenn ein kleines Ensemble benachbarter corticaler Neuronen dieses Merkmal direkt codiert. Die Verarbeitungstiefe, die einer impliziten Repräsentation innewohnt, ist geringer als in einer expliziten Repräsentation. Zusätzliche Verarbeitung ist notwendig, um eine implizite in eine explizite Repräsentation zu verwandeln. Beispiele für explizite Repräsentation sind Reizorientierung in V1 oder Gesichtscodierung in IT. Eine explizite Repräsentation ist eine notwendige, aber nicht hinreichende Bedingung für die NCC.

Ein essenzieller Knoten ist ein Teil des Gehirns, der, wenn er zerstört wird, bei einer Klasse von Perzepten, wie Gesichts-, Bewegungs-, Farb- oder Angstwahrnehmung, einen ganz bestimmten Ausfall hervorruft. Wir vermuten, dass der Ort der expliziten Repräsentation für ein Merkmal mit dessen essenziellem Knoten korrespondiert.

Das neuronale Substrat für beide Konzepte ist die Säulenorganisation der Information. Das heißt, die Eigenschaft die des rezeptiven Feldes, den Zellen unterhalb eines Cortexflecks gemein ist, entspricht dem essenziellen Knoten für diese Eigenschaft und einer expliziten Repräsentation.

Neuronale Aktivität kann unterschiedliche Formen annehmen. Der Schlüssel zu allen ist die rasche Weiterleitung von Information über das Gehirn mithilfe von Aktionspotenzialen. Der Frequenzcode geht davon aus, dass die fragliche Variable allein durch die Zahl der Spikes codiert ist, die von einem Neuron innerhalb eines bedeutsamen Intervalls ausgelöst werden, das heißt, wie laut das Neuron sich bemerkbar macht. Spike- oder Feuerraten werden im Nervensystem weiträumig eingesetzt, insbesondere in der Peripherie, wo Raten von mehr als 100 Spikes pro Sekunde aufrechterhalten werden können. Strittig bleibt, inwieweit zusätzliche Codierungsstrategien, beispielsweise Codierung durch Oszillation oder Synchronisation, eine Rolle spielen.

Francis und ich haben früher einmal die These vertreten, dass bewusste Wahrnehmung auf synchron feuernden neuronalen Verbänden basiere, die rhythmisch zu- und abnehmen und miteinander innerhalb einiger 100 Millisekunden wechselwirken. Wenn auch nicht viele Daten diese These direkt stützen, so gibt es doch Belege dafür, dass oszillatorische Feueraktivität mit etwa 40 Zyklen pro Sekunde (40 Hz) gemeinsam mit synchronisierter Spikeaktivität nötig ist, um ein Perzept zu etablieren, wenn mehrere Inputs um Aufmerksamkeit konkurrieren.

Ausgehend von diesem Grundgerüst werde ich nun in Kapitel 3 und 4 den Aufbau des visuellen Systems von Säugern skizzieren. Wann immer möglich, werde ich dessen neuronale und architektonische Attribute mit spezifischen Merkmalen des bewussten Sehens verknüpfen.

Kapitel 3

Die ersten Schritte zum Sehen

Le bon Dieu est dans le détail.
(Der liebe Gott liegt im Detail.)

Gustave Flaubert zugeschrieben

Andere behaupten, der *Teufel* liege im Detail. Doch ganz gleich, wer für die Einzelheiten der Realität verantwortlich ist: In der Wissenschaft geht es zweifellos um Details, Geräte und Mechanismen. Auch wenn ich mich lyrisch über Bewusstsein, Qualia und Zombies auslassen kann, sind einige Grundtatsachen über das Gehirn unverzichtbar, um zu verstehen, wie es arbeitet. Da es in diesem Buch hauptsächlich ums Sehen geht, will ich damit beginnen, die retinale Verarbeitung und Augenbewegungen zu beschreiben. In späteren Kapiteln werden dann solche Aspekte des Sehens diskutiert, die vom Cortex abhängig sind. Das Bild, das sich daraus entwickelt, widerspricht häufig der tief verwurzelten intuitiven Vorstellung, die sich Menschen von der Art und Weise machen, wie sie sehen.

3.1 Die Netzhaut ist in Schichten aufgebaut

Sie sehen, weil Licht durch die Hornhaut (Cornea) und die Linse Ihres Auges fällt. Diese Strukturen arbeiten als Kamera und fokussieren ein umgekehrtes Bild der Szene durch den gallertigen Glaskörper auf die Netzhaut (Retina). Das Licht durchquert dieses Miniatur-Nervensystem, bevor einzelne Photonen von den Photorezeptoren auf der Rückseite der Retina absorbiert werden (Abb. 3.1). Die optischen Signale werden in elektrische umgewandelt, die in einer Reihe komplexer Schritte von Horizontal-, Bipolar-, Amakrin- und Ganglienzellen verarbeitet werden. Eine Zählung ergab rund fünf Dutzend unterschiedliche Zelltypen, von denen jeder wahrscheinlich eine andere Funktion erfüllt. Diese hohen Zahlen sind beunruhigend für Physiker und Mathematiker, die gewohnt sind, nach einfachen, mächtigen und universalen Prinzipien zu suchen, um die Struktur und Funktion des Gehirns zu erklären. Sie sind auch eine Warnung, dass die endgültige Zählung der unterschiedlichen zellulären Akteure im Cortex und seinen Satelliten leicht in die Hunderte gehen könnte.[1]

---

[1] Die Säugernetzhaut enthält mehr als 50 verschiedene Zelltypen, die jeweils unterschiedliche Funktionen haben (DeVries und Baylor, 1997; MacNeil und Masland, 1998; Masland, 2001; Dacey et al., 2003). Ich werde auf das Thema Zelltypen in Abschnitt 4.3 zurückkommen.

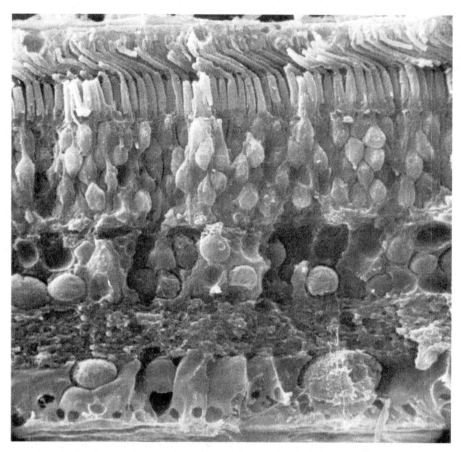

3.1 *Querschnitt durch die Netzhaut.* Auf diesem Foto kommt das Licht von unten und passiert die ganze Netzhaut (eines Kaninchens), bevor es in den Photorezeptoren (oben) eine photochemische Reaktion auslöst. Die visuelle Information, umgewandelt in Veränderungen des elektrischen Potenzials über der Membran, wandert in umgekehrter Richtung durch die verschiedenen Zellschichten, bis sie ein Alles-oder-Nichts-Aktionspotenzial in den Ganglienzellen (unten) auslöst. Der Sehnerv, durch den die Spikes zu zentraleren Verarbeitungsstationen wandern, besteht aus mehr als einer Million Ganglienzellaxonen. Copyright R. G. Kessel und R. H. Kardon, *Tissues and Organs: A Text-Atlas of Scanning Electron Microscopy.* W. H. Freeman & Co., 1979; alle Rechte vorbehalten.

Retinale Neuronen verstärken räumliche und zeitliche Kontraste und codieren Wellenlängeninformation durch Beurteilung des unterschiedlichen Photoneneinfangs in getrennten Photorezeptorpopulationen. Die Details dieser Verarbeitung sind für meine Suche allerdings nicht direkt von Bedeutung.[2] Der

---

[2]Eine Beschreibung der biophysikalischen Prozesse und der Verrechnungsprozesse in der Retina bieten Dowling (1987), Wandell (1995) und das liebevoll illustrierte Lehrbuch von Rodieck (1998).

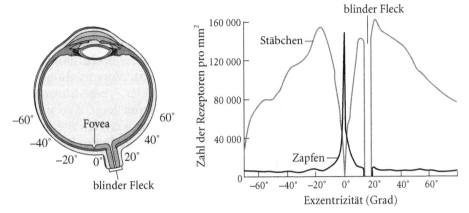

3.2 *Photorezeptoren sind ungleichmäßig verteilt.* Links ein schematischer Querschnitt durch das Auge. Der Winkel relativ zum Ort des schärfsten Sehens, der Fovea, wird als *Exzentrizität* bezeichnet. Die Dichte der Zapfen fällt außerhalb der Fovea drastisch ab. Auf der anderen Seite ist das Dämmerungssehen, das von den viel häufigeren Stäbchen vermittelt wird, in gewisser Entfernung von der Fovea am besten. Am blinden Fleck gibt es keine Rezeptoren, welche die einfallende Helligkeit messen könnten. Hier bilden Ganglienzellen den Sehnerv, der das Auge mit dem Gehirn verbindet. Nach Wandell (1995), verändert.

einzige Output der Retina sind die 1,5 Millionen Axone der Ganglienzellen, die den *Sehnerv* (Nervus opticus) bilden.

Wenn man eine moderne Videokamera unter dem Mikroskop betrachtet, erkennt man Millionen identischer Schaltelemente, welche die Bildebene pflastern. Wie in einer der großen neuen Siedlungen im amerikanischen Westen wiederholen sich einige Grundbausteine endlos. Die Augen folgen einem anderen Konstruktionsplan.

Zwei Typen von Photorezeptoren sind ungleichmäßig über die Netzhaut verteilt. Rund 100 Millionen *Stäbchen* arbeiten am besten bei schwachem Licht (Dämmerungssehen), während fünf Millionen *Zapfen*, die rascher als Stäbchen antworten, Tagessehen vermitteln. Bei den meisten Routineaktivitäten (einschließlich Lesen) ist der Output der Stäbchen gesättigt, und nur die Zapfen liefern ein zuverlässiges Signal.

Der Punkt der höchsten Auflösung befindet sich im Zentralbereich der Fovea centralis (gelber Fleck, Abb. 3.2). Dort ist das Sehvermögen am besten. Mit zunehmender Entfernung von der Fovea nimmt die effektive Dichte der Zapfenrezeptoren rasch ab, um bei einem Sehwinkel von mehr als 12° von der Fovea (*Exzentrizität*) annähernd gleich zu bleiben. Das zentrale eine Grad des Sehens ist sowohl im Hinblick auf Photorezeptoren als auch auf Ganglienzellen auf Kosten des übrigen Sehfeldes stark überrepräsentiert.[3]

---

[3]Das Zentrum der Fovea, das einem Sehwinkel von etwa 1° entspricht – die Breite Ihres Daumens beträgt in Armlängenentfernung rund 1,5 bis 2° –, stellt sicher, dass die Sicht dort so gut wie möglich ist.

Aufgrund der ungleichen Rezeptorverteilung – viele im Zentrum und wenige in der Peripherie – bewegen Menschen ständig ihre Augen, um die interessanten Teile der Umgebung auf der Fovea scharf zu stellen. Diese Bewegung erlaubt den retinalen Neuronen, diese Region mit der höchstmöglichen Auflösung abzutasten. Subjektiv bleibt die ungleiche Rezeptorverteilung weitgehend unbemerkt. Die Sicht scheint überall scharf und klar – eine Illusion, aber eine überzeugende. Selbst eine oberflächliche Inspektion zeigt, dass man nicht besonders gut „aus dem Augenwinkeln" sehen kann. Fixieren Sie den zentralen Punkt in der folgenden Zeile und versuchen Sie, so viele Buchstaben wie möglich zu erkennen, ohne die Augen zu bewegen:

nesel thcin eis nennök · novreih etsiem sad

Sie können nicht mehr als zwei oder drei Buchstaben auf jeder Seite lesen. Um alle Buchstaben bequem zu sehen, muss ihre Größe proportional zur Entfernung vom zentralen Punkt zunehmen.

3.2 Farbensehen verwendet drei Zapfentypen

Der uns so wichtige Farbsinn ist ein Konstrukt des Nervensystems, das durch Vergleich der Aktivität in verschiedenen Zapfentypen berechnet wird. In der Welt gibt es keine „roten" oder „blauen" Objekte. Lichtquellen, wie die Sonne, strahlen elektromagnetische Wellen über ein breites Spektrum von Wellenlängen ab. Oberflächen reflektieren diese Strahlung über einen kontinuierlichen Bereich, und die Helligkeit, die ins Auge fällt, ist ebenfalls kontinuierlich. Dennoch bestehen wir alle darauf, Objekte als rot, blau, violett, purpurn, magentarot und so weiter zu bezeichnen. Farbe ist keine direkte physikalische Quantität, wie es Tiefe oder Wellenlänge ist, sondern eine synthetische. Unterschiedliche Arten haben weniger oder mehr Zapfentypen und erleben daher dieselben Objekte in ganz anderen Farben. So haben einige Garnelen beispielsweise elf Zapfentypen. Ihre Welt muss ein wahrer Farbenrausch sein!

Die meisten Säuger verfügen über zwei Zapfentypen. Die Ausnahmen sind Menschen, Menschenaffen und die anderen Altweltaffen, die drei Typen besitzen. Diese unterscheiden sich durch den Anteil des Lichtspektrums, für den sie am empfindlichsten sind, und werden dementsprechend als kurzwellige S-Zapfen (von short wavelength), mittelwellige M-Zapfen und langwellige L-Zapfen bezeichnet. Aufgrund der Überlappungen in der Rezeptorempfindlichkeit kann jedes Photon von den Photopigmenten in den verschiedenen Rezeptortypen absorbiert werden. Gemeinsam signalisiert jeder Rezeptortyp die Anzahl der Photonen, die er absorbiert, aber nichts Explizites über die spektrale Zusammensetzung des Lichtes. In diesem frühen Stadium wird Farbe daher implizit durch drei Zahlen – die relative Aktivierung der drei Zapfentypen – codiert, die Basis der berühmten Dreifarbentheorie des Farbensehens von Thomas Young und Hermann von Helmholtz. Heute, da wir mehr über die genetische Variation in den Photopigmenten der menschlichen Bevölkerung wissen, muss diese Theorie erweitert werden, um die Farbwahrnehmung von, sagen wir, Frauen mit vier Photorezeptortypen und Männern mit nur zweien zu berücksichtigen.[4]

Unabhängig von der Exzentrizität sind die drei Zapfentypen ungleichmäßig verteilt. So fehlen S-Zapfen im zentralen Teil der Fovea. Da dies der Punkt des schärfsten Sehens ist, sollte man meinen, dieses Defizit wäre für jedermann offensichtlich. Es lässt sich jedoch nicht direkt sehen, daher muss darauf rückgeschlossen werden. Dazu fordert man die Betrachter auf, einen violetten Ring (siehe die untere Reihe in Abb. 3.4) anzuschauen. Solange die Betrachter das Loch in der Mitte der Ringe exakt fixieren, wodurch es über den Teil der Retina ohne S-Zapfen zu liegen kommt, nimmt das Gehirn an, dass sich der umgebende violette Reiz bis ins Zentrum erstreckt. Infolgedessen sieht man statt eines Ringes eine vollständige Scheibe. Wie bereits in Abschnitt 2.1 erwähnt, ist das Ableiten fehlender Daten aufgrund der Information aus benachbarten Arealen etwas, was das Gehirn ständig tut.[5]

Selbst außerhalb der Fovea sind S-Zapfen weitaus weniger häufig als M- und L-Zapfen. Überdies sind Netzhautflecken, die von M-Rezeptoren dominiert werden, mit Flecken gemischt, wo L-Rezeptoren vorherrschen. Diese unregelmäßige Verteilung wird jedoch nicht deutlich, wenn man auf eine gleichmäßig gefärbte Fläche schaut, die eigentlich fleckig erscheinen sollte. Ursache dafür sind wahrscheinlich Auffüllmechanismen (*filling-in*), die überall im Sehfeld operieren – allesamt Teil des großen Schwindelunternehmens, das man Wahrnehmung nennt.[6]

3.3 Ein Loch im Auge: der blinde Fleck

In gewisser Entfernung von der Fovea verlassen die Axone aller Ganglienzellen gebündelt die Netzhaut (Abb. 3.2). In diesem Bereich gibt es keine Photo-

---

[4]Die Retina einiger Frauen exprimiert zwei Formen des L-Photopigments, die sich um 4 bis 7 nm im langwelligen Anteil des Spektrums unterscheiden (Nathans, 1999). Mit empfindlichen psychophysischen Tests lässt sich die Farbwahrnehmung dieser „ungewöhnlichen" Frauen auswerten (Jordan und Mollon, 1993; Jameson, Highnote und Wasserman, 2001). Wenn der visuelle Cortex tatsächlich gelernt hat, diese zusätzliche Wellenlängeninformation zu verarbeiten, würden diese *tetrachromaten* Frauen subtile Farbschattierungen wahrnehmen, die dem Rest der Menschheit für immer verschlossen bleiben. Insbesondere sollten sie zwei Farben unterscheiden können, die Trichromaten gleich erscheinen.
[5]Die psychophysischen Originalexperimente sind in Williams, MacLeod und Hayhoe (1981) sowie Williams et al. (1991) beschrieben. Curcio et al. (1991) macht die Verteilung von S-Zapfen in der menschlichen Retina direkt sichtbar.
[6]Die Analyse der menschlichen Retina (Roorda und Williams, 1999) zeigt Flecken von einem Zehntel Grad Ausdehnung, die nur L- oder M-Zapfen enthalten, was die Fähigkeit einschränkt, feine Farbvariationen wahrzunehmen.

rezeptoren, daher existieren auch keine direkten Informationen über diesen Teil des Bildes. Das ist der *blinde Fleck*.[7]

Normalerweise gleicht der Input vom einen Auge den blinden Fleck im anderen Auge aus. Aber selbst wenn Sie ein Auge schließen, sehen Sie kein Loch in Ihrem Sehfeld. Ein einziges schlechtes Pixel in Ihrer Heim-Videokamera erscheint hingegen als hässlicher schwarzer Fleck auf jedem Bild. Wo liegt der Unterschied?

Anders als elektronische Bildsysteme vernachlässigt das Gehirn den blinden Fleck nicht einfach; es malt diese Stelle mithilfe eines oder mehrerer *aktiver Prozesse*, wie Vervollständigung (siehe Abb. 2.5), Interpolation (wie auf der vorherigen Seite beschrieben) und Auffüllen (*filling-in*, Abschnitt 2.1), aus. Corticale Neuronen füllen leere Stellen auf der Basis der gewöhnlich vernünftigen Annahme aus, dass die visuellen Eigenschaften eines Flecks in der Welt denjenigen von Flecken an benachbarten Orten (hinsichtlich Farbe, Bewegung, Kantenorientierung und dergleichen) ähnlich sind. Wenn Sie einen Stift über den blinden Fleck halten, sehen Sie daher einen einzelnen, durchgehenden Stift ohne Loch in der Mitte. Neuronen über und unter dem blinden Fleck signalisieren die vertikale Kante; daher *nehmen* die Neuronen, die für die Repräsentation des blinden Flecks zuständig sind, *an*, dass diese Kante auch im blinden Fleck vorhanden ist.[8]

Der Psychologe Vilayanur Ramachandran von der University of California in San Diego hat viele einfallsreiche Experimente durchgeführt, um dieses *Filling-in*-Phänomen zu untersuchen. Wie in dem oben beschriebenen Fovea-Experiment platzierte er einen gelben Ring über dem blinden Fleck, sodass das Zentrum − ohne Gelb − völlig auf den blinden Fleck fiel. Die Probanden sahen

---

[7]Der blinde Fleck liegt bei etwa $15°$ auf der Nasenseite der Retina auf dem horizontalen Median. Sie können ihn finden, indem Sie Ihr linkes Auge schließen (wenn Sie beide Augen schließen, sehen Sie ja nicht viel) und die Spitze Ihres linken Daumens mit Ihrem rechten Auge fixieren. Nun bewegen Sie den Zeigefinger Ihrer rechten Hand bei ausgestrecktem Arm langsam von außen auf den still gehaltenen linken Daumen zu, während Sie diesen weiterhin fixieren. Sie werden feststellen, dass die Spitze des Zeigefingers an irgendeinem Punkt (wenn die beiden Finger einen Abstand von etwa 15 bis 25 cm haben) verschwindet. Wenn sich der Finger weiter weg befindet, können Sie die Spitze jedoch noch sehen. Sie haben gerade festgestellt, dass Sie auf einem Fleck von rund $5°$ Durchmesser nichts sehen. Bemerkenswerterweise wurde diese einfache Beobachtung, die heute den meisten Schulkindern bekannt ist, erstmals in der zweiten Hälfte des 17. Jahrhunderts vom Abbé Edme Mariotte in Frankreich gemacht. Er schloss durch sorgfältige anatomische Studien der Retina auf die Existenz eines blinden Flecks (Finger, 1994, liefert eine historische Darstellung). Griechen, Römer und andere antike Zivilisationen übersahen trotz ihrer großen intellektuellen, künstlerischen und organisatorischen Leistungen diese grundlegende Tatsache des menschlichen Sehens.

[8]Die Aktivität der V1-Neuronen, die den blinden Fleck bei Affen repräsentieren, ist abgeleitet worden. Diese Zellen haben große binokulare rezeptive Felder, die sich bis über den blinden Fleck hinaus erstrecken und das übrige Gehirn über die Präsenz großer Flächen informieren, die den blinden Fleck bedecken (Fiorani et al., 1992; Komatsu und Murakami, 1994; Komatsu, Kinoshita und Murakami, 2000). Zu verwandten physiologischen Experimenten in denen Interpolation mit künstlichen blinden Flecken erforscht wurde, siehe Murakami, Komatso und Kinoshita (1997) sowie DeWeerd et al. (1995).

eine intakte und völlig gelbe Scheibe, obwohl sie den Ring deutlich sehen konnten, wenn sie ein wenig zur Seite blickten. Das Gehirn geht über die Information, die es von der Retina erhält, hinaus, indem es eine „fundierte" Vermutung darüber anstellt, was sich am blinden Fleck befinden könnte. Da keine retinalen Neuronen auf Licht antworten, das auf den blinden Fleck fällt, können die NCC nicht in der Retina sitzen. Sonst würden Sie zwei Löcher sehen, wenn Sie die Welt betrachten.[9]

3.4 Das rezeptive Feld: Ein Schlüsselkonzept für das Sehen

Die Alles-oder-Nichts-Spikeaktivität in den Ganglienzellen, der einzige Informationskanal, der die Netzhaut verlässt, lässt sich mit Mikroelektroden relativ leicht ableiten (Abb. 3.3). Solche Experimente – deren Pionier Stephen Kuffler war, damals an der Johns Hopkins University in Baltimore – führten zu einer Verfeinerung des Konzepts vom *rezeptiven Feld*, das von Keffer Hartline von der Rockefeller University während seiner Untersuchungen am Sehsystem des Pfeilschwanzkrebses *Limulus* entwickelt worden war. Für den Arbeitsgebrauch ist das rezeptive Feld der Neuronen als die Region im Sehfeld definiert, in der ein geeigneter Reiz, hier ein blitzender Lichtfleck, die Zellantwort moduliert.[10]

Elektrophysiologen verbinden den verstärkten Output ihrer Elektrode häufig mit einem Lautsprecher, um das rezeptive Feld eines Neurons leichter lokalisieren zu können, indem sie dessen Entladungen lauschen. In Abwesenheit eines Reizes erzeugen viele Zellen spontan ein oder zwei Spikes pro Sekunde. Wenn ein kleiner Lichtfleck auf das rezeptive Feld der Zelle gesetzt wird, schallt jedoch aus dem Lautsprecher ein Knattern, als würde ein Maschinengewehr abgeschossen. Dieses Geräusch ist das typische Zeichen einer *On-Zentrum-Zelle* (Abb. 3.4, links). Wenn der Lichtfleck ein wenig aus dem *Zentrum* des rezeptiven Feldes herausbewegt wird, hat dies eine hemmende Wirkung. Das gilt für einen Lichtfleck überall innerhalb eines kleinen Bereichs, der den Zentralbereich umgibt (Umfeld). Entfernt man den Lichtfleck aus diesem hemmenden Umfeld, so veranlasst dies die Zelle zu einer Off-Antwort. Bei einer On-Zentrum-Zelle löst daher ein Lichtfleck, der von einem Ring Dunkelheit umgeben ist, die stärkste Reaktion aus.

---

[9]Ramachandran und Gregory (1991) sowie Ramachandran (1992). Kamitani und Shimojo (1999) induzierten mithilfe transcranialer magnetischer Stimulation künstliche blinde Flecken. Eine umfassende Übersicht über Filling-in bieten Pessoa und DeWeerd (2003). Dennett (1991; siehe auch Churchland und Ramachandran, 1993) hat zu Recht betont, dass dies keine Pixel-für-Pixel-Wiedergabe der fehlenden Information auf einem inneren Bildschirm impliziert. Vielmehr gaukeln aktive neuronale Mechanismen den Betrug vor, dass Information präsent ist, wo keine sichtbar sein sollte.
[10]Kuffler (1952); Ratliff und Hartline (1959).

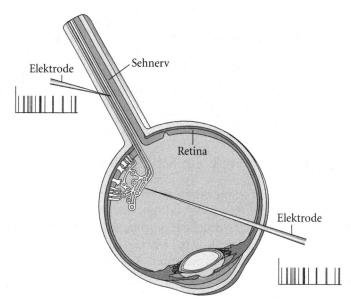

3.3 *Ableitung der Ganglienzellaktivität.* Aktionspotenziale aus Ganglienzellen lassen sich mit Mikroelektroden ableiten, die entweder in der Nähe der Zellkörper in der Netzhaut (Retina) oder im Sehnerv außerhalb des Auges platziert werden. Nach Enroth-Cugell und Robson (1984), verändert.

Off-Zentrum-Zellen zeigen dieselbe konzentrische *Zentrum-Umfeld*-Organisation, aber umgekehrt (Abb. 3.4, rechts): Ein zentraler Bereich Dunkelheit, umgeben von einem Lichtring, erregt das Neuron also maximal.

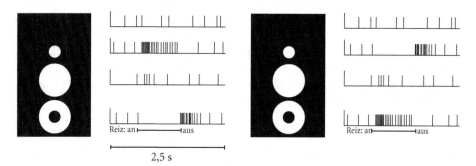

3.4 *On-Zentrum- und Off-Zentrum-Zellen.* Feuerantwort einer *On-Zentrum-* (links) und einer *Off-Zentrum*-Ganglienzelle (rechts) in der Katzenretina im Dunkeln (obere Reihe), auf einen kleinen Lichtfleck hin, der das rezeptive Feld bedeckt (zweite Reihe), auf einen viel größeren Lichtfleck (dritte Reihe) und auf einen Lichtring (untere Reihe). Diese Neuronen antworten am besten auf runde helle oder dunkle Flecken. Nach Hubel (1988), verändert.

Das rezeptive Feld der meisten Ganglienzellen weist eine räumlich antagonistische Struktur auf, wobei Antworten aus dem Zentrum den Antworten aus der Peripherie entgegengesetzt sind. Das lässt sich am besten mit einem großen Lichtfleck demonstrieren, der Zentrum wie Umfeld bedeckt; in der Regel antworten die Zellen dann nur schwach (Abb. 3.4).[11]

Wie in Abschnitt 2.1 betont, bildet das Konzept vom rezeptiven Feld eines Neurons den Eckpfeiler der perzeptuellen Neurowissenschaften, und es beschränkt sich nicht allein auf die räumliche Anordnung (das heißt, die Zentrum-Umfeld-Organisation). So umfasst es die Wellenlänge des Lichtes, auf das die Zelle maximal reagiert, die vom Neuron bevorzugte Bewegungsrichtung des Reizes und so fort. Dieses Konzept ist auch auf andere Sinnesmodalitäten ausgedehnt worden. Das rezeptive Feld eines auditorischen Neurons umfasst auch die Tonhöhe, auf die das Neuron optimal reagiert, und die Frage, ob es von Schall erregt wird, der auf das eine oder das andere Ohr gegeben wird.

Diesem Konzept liegen zwei – meist unausgesprochene – Annahmen zugrunde. Zunächst ist da die Überzeugung, die Analyse eines komplexen Vorgangs, der auf den ganzen Organismus zurückgeht, lasse sich in höchst atomistischer Weise auf die Antworten individueller Nervenzellen reduzieren. Das ist natürlich allzu stark vereinfacht, und Gruppen von zwei oder mehr Zellen, die gemeinsam feuern, codieren wahrscheinlich Reizattribute, die auf der Ebene einzelner Neuronen nicht repräsentiert werden.[12] Zudem basiert jede quantitative Analyse eines rezeptiven Feldes darauf, welches Merkmal der neuronalen Antwort man als wichtig für den Rest des Gehirns ansieht. Ist es einfach die Anzahl der Spikes oder die Spitzenentladungsrate (*peak discharge rate*), zwei häufig benutzte Maße, die von einem Frequenzcode (Abschnitt 2.3) ausgehen, oder gibt es etwas im zeitlichen Muster der Spikes, das Information übermittelt? Aus Gründen der biologischen Robustheit und methodischer Bequemlichkeit zählen die meisten Neurowissenschaftler einfach Spikes innerhalb eines bedeutsamen Intervalls.

Ich bin nun in der Lage, eine mögliche Forschungsstrategie zu skizzieren, um die NCC zu entdecken. Es geht darum, die Eigenschaften des rezeptiven Feldes eines Neurons quantitativ in Bezug zur Wahrnehmung des Subjekts zu setzen. Wenn sich die Struktur der bewussten Wahrnehmung nicht auf die Eigenschaften des rezeptiven Feldes der zur Diskussion stehenden Zellgruppe abbildet, sind diese Neuronen wahrscheinlich nicht hinreichend für dieses bewusste Perzept. Liegt eine Korrelation zwischen perzeptueller Erfahrung und

---

[11]Formal codieren On- und Off-Zentrum-Zellen den gleichgerichteten positiven und negativen lokalen Bildkontrast (Einweg- oder Halbwellengleichrichtung). Ist der Kontrast positiv, antworten die On-Zellen und die Off-Zellen schweigen, das Umgekehrte tritt ein, wenn der Kontrast negativ ist.

[12]Zu den widerstreitenden Behauptungen, wie viel Information in korrelierten retinalen Ganglienzellspikes zu finden ist, siehe Meister (1996), Warland, Reinagel und Meister (1997) sowie Nirenberg et al. (2001).

den Eigenschaften des rezeptiven Feldes vor, ist der nächste Schritt zu entscheiden, ob die Zellen allein für dieses bewusste Perzept hinreichend sind oder ob sie nur zufällig mit Wahrnehmung verknüpft sind. Um eine Kausalität zu belegen, sind viele zusätzliche Elemente nötig, um die genaue Beziehung zwischen Neuronen und Wahrnehmung zu entschlüsseln.

Ein einfaches Beispiel soll an dieser Stelle genügen. Erstaunlicherweise wissen Menschen nicht, ob sie ein Bild mit ihrem rechten oder ihrem linken Auge sehen! Wenn ein kleiner Lichtfleck direkt von vorn in eines der beiden Augen projiziert wird, kann ein Betrachter nur raten, welches Auge gereizt wurde (vorausgesetzt, Mogeln durch Blinzeln oder Kopfbewegungen wird verhindert). Die Neuronen, die dem visuellen Bewusstsein zugrunde liegen, codieren Information über das *Ursprungsauge (eye of origin)* nicht explizit.[13]

3.5 Zahlreiche parallele Bahnen verlassen das Auge

Lassen Sie mich zu einem banaleren, aber entscheidenden Aspekt des Auges zurückkehren – zu den Axonen der Ganglienzellen. Es war der Schutzheilige der Neurowissenschaften, der Spanier Santiago Ramòn y Cajal, der Ende des 19. Jahrhunderts als erster die grundlegenden Zelltypen in der Wirbeltiernetzhaut färbte und identifizierte. Neuronen werden gewöhnlich wie Briefmarken klassifiziert – nach ihrem Aussehen, das heißt, nach Morphologie, Lage und Größe ihrer Zellkörper, Dendriten und axonalen Endigungen. Heute wird diese Information häufig durch Identifikation charakteristischer molekularer Grundelemente ergänzt, etwa das Vorhandensein bestimmter Calcium bindender Proteine.[14]

Die bei weitem häufigsten Ganglienzellen sind die so genannten Midget-Ganglienzellen (Abb. 3.5). In der Fovea liefert ein einzelner Zapfen über einen Vermittler den einzigen Input für ein Paar On- und Off-Midget-Zellen. Während die On-Zelle ihre Feuerrate erhöht, wenn sie von einem Lichtfleck erregt wird, tut die Off-Zelle das Gegenteil. Sie feuert stärker, wenn das Licht im Zentrum ihres rezeptiven Feldes ausgeschaltet wird. Angesichts der eins-zu-zwei-Verknüpfung zwischen einzelnen Zapfen-Photorezeptoren und Midget-Zellen dienen sie als Kanal für das Signalisieren feiner Bilddetails.

---

[13]Das heißt nicht, dass die *eye-of-origin*-Information beim binokularen Stereosehen oder bei vergenten (nicht parallelen) Augenbewegungen nicht genutzt wird. Menschen haben jedoch gewöhnlich keinen bewussten Zugang zu dieser Information (von Helmholtz, 1962; Ono und Barbeito, 1985; Kolb und Braun, 1995). Siehe Abschnitt 6.5.

[14]Was eine englische Übersetzung von Ramòn y Cajals bekanntestem Werk samt ausführlicher Kommentare betrifft, siehe Ramòn y Cajal (1991). Das moderne Studium der Primatenretina wurde von Stephen Polyak aus der Taufe gehoben (Polyak, 1941; Zrenner, 1983; Kaplan, 1991). Eine meisterhafte Zusammenfassung des heutigen Wissens über die Anatomie und Physiologie der Retina findet sich bei Rodieck (1998).

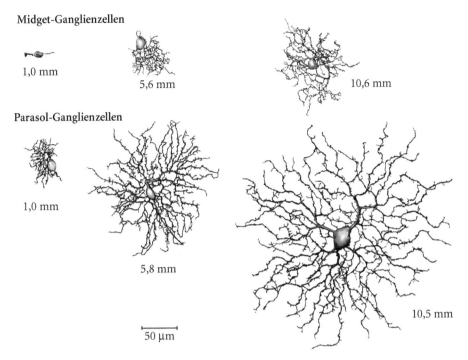

3.5 *Retinale Ganglienzellen.* Zwei Zelltypen dominieren den retinalen Output zum Thalamus. In jedem vorgegebenem Abstand von der Fovea weisen *Midget-Ganglienzellen* kleine, kompakte Dendritenbäume auf und sind viel häufiger als *Parasol-Ganglienzellen*, die größere Dendritenbäume besitzen. Mit zunehmender Entfernung von der Fovea (das heißt, mit zunehmender Exzentrizität, angegeben in Millimeter Entfernung von der Fovea) nimmt ihre Größe stetig zu. Nach Watanabe und Rodieck (1989), verändert.

Rund eine von zehn Ganglienzellen gehört zum Parasol-Typ. In jedem festen Abstand von der Fovea haben Parasol-Ganglienzellen größere Dendritenbäume als Midget-Zellen (Abb. 3.5). Ein Parasol-Neuron sammelt Informationen von vielen Zapfen und drückt sie entweder als Zunahme (on) oder als Abnahme (off) der Feuerrate aus, wenn Licht ins Zentrum seines rezeptiven Feldes fällt. Die räumliche Ausdehnung seines Dendritenbaumes nimmt mit der retinalen Exzentrizität ebenso wie die Größe des assoziierten rezeptiven Feldes ab.

Das Corpus geniculatum laterale:
Auf halbem Wege zwischen Retina und Cortex

Wenn man einen chemischen Tracer in einen Zellkörper injiziert, wird die Substanz bis in die axonalen Endigungen transportiert und färbt dabei den gesamten Axonfortsatz an, sodass Neuroanatomen die Projektionsmuster einer Zell-

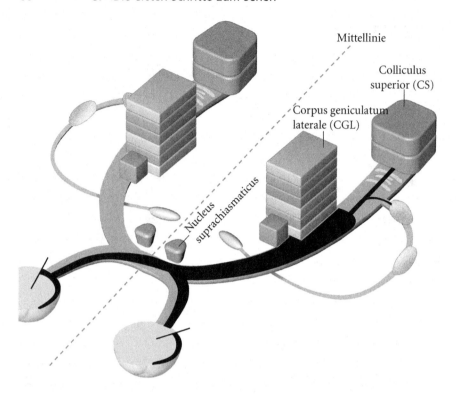

3.6 *Was passiert mit dem retinalen Output?* Rund 90 % der Fasern im Sehnerv projizieren in das Corpus geniculatum laterale (CGL) des Thalamus und von dort weiter in den primären visuellen Cortex. Diese Bahn dominiert die bewusste visuelle Wahrnehmung. Rund 100'000 Ganglienzellen projizieren zum Colliculus superior (CS) im Mittelhirndach. Diese Zellen vermitteln relativ automatische optomotorische Verhaltensweisen. Kleinere Subpopulationen projizieren auf unbedeutender Kerne, die an Routineaufgaben außerhalb der Grenzen des Bewusstseins beteiligt sind. Dies ist eine schematisierte Darstellung. Abbildung C auf der Deckelinnenseite vorn liefert den absoluten Maßstab. Nach Rodieck (1998), verändert.

population sichtbar machen können. Umgekehrt wandert der Tracer bei retrogradem Transport den Axonfortsatz zurück zum Zellkörper.

Auf Ganglienzellen angewandt zeigen diese Techniken, dass mindestens neun von zehn in eine zentrale thalamische Struktur projizieren, das Corpus geniculatum laterale (CGL, Abb. 3.6). Das CGL ist der bekannteste von mehreren thalamischen Kernen, die visuelle Information verarbeiten.

Das CGL ist strategisch zwischen Retina und Cortex positioniert. Einlaufende retinale Information wird auf ein Relaisneuron im CGL umgeschaltet, das seine Daten weiter zum primären visuellen Cortex sendet. Das rezeptive Feld der Projektionszelle ist fast identisch mit demjenigen seiner Input-Fasern, und zwar so sehr, dass man gewöhnlich davon ausgeht, im CGL finde keine wesentliche Transformation des retinalen Inputs statt.

Aber diese Annahme ist wahrscheinlich falsch. Parallel zur vorwärts gerichteten Projektion (Feedforward-Projektion) aus dem CGL in den primären visuellen Cortex (V1) kommt es zu einem massiven corticalen Feedback. Bei der Katze projizieren etwa zehn Mal mehr Fasern aus V1 zurück zum CGL als vom CGL in V1. Stellen Sie sich eine Videokamera vor, die an einen Computer angeschlossen ist, wobei ein viel dickeres Kabel vom Computer zur Kamera zurückläuft. Etwa die Hälfte aller Synapsen im CGL haben ihren Ursprung im Cortex, und viele andere Synapsen kommen von diffusen Projektionen im Hirnstamm. Welche Funktion haben sie? Wahrscheinlich verstärkt oder unterdrückt der Cortex selektiv retinalen Input, der das CGL passiert. Die Funktion dieser massiven Feedback-Bahn, die für alle thalamischen Kerne typisch ist, bleibt jedoch rätselhaft.[15]

Das CGL ähnelt einem sechsschichtigen, windschiefen Kuchen. Die beiden unteren Schichten enthalten große Zellkörper, so genannte *magnozelluläre* Neuronen, während die vier oberen Schichten durch kleine Zellkörper, so genannte *parvozelluläre* Neuronen, charakterisiert sind. Bei genauerer Betrachtung zeigt sich eine weitere Substruktur, die zwischen diesen Schichten liegt: kleine, zapfenförmige *koniozelluläre* Neuronen. Die visuelle Umgebung wird kontinuierlich auf allen CGL-Schichten abgebildet.

Die geniculo-corticale Bahn dominiert den retinalen Output

Jede Midget-Ganglienzelle in der Retina sendet ihren Output zu einer der vier parvozellulären Schichten im CGL. Dort projizieren Relaiszellen in eine genau umrissene Subschicht im V1, die kryptisch als 4cβ bezeichnet wird und den Bruchteil eines Millimeters dick ist (siehe Abb. 4.1). Die gesamte Population von Midget-Ganglienzellen bei allen Exzentrizitäten, ihre Zielzellen im CGL und ihre corticalen Empfänger sind als *parvozelluläre Bahn* bekannt. Ähnlich projiziert jede Parasol-Ganglienzelle in eine von zwei magnozellulären Schichten. Geniculatum-Zellen, die dort sitzen, innervieren die Schichten 4cα und 6 im primären visuellen Cortex. Gemeinsam wird diese Bruderschaft von Zellen als *magnozelluläre Bahn* bezeichnet. Die koniozellulären Neuronen enden in einer eigenen Zone in V1.

---

[15]Zur Anatomie der Feedforward- und Feedback-Bahnen siehe Sherman und Koch (1998), die Monographie von Sherman und Guillery (2001), sowie Abschnitt 7.3. Viele Forscher sind der Ansicht, dass das cortico-geniculate oder allgemeiner das corticale Feedback zu allen Thalamuskernen dazu beiträgt, die Präsenz von Reizen vorherzusagen. Das ist als *Predictive Coding* (vorhersagende Codierung) bekannt (Koch, 1987; Mumford, 1991, 1994; Rao und Ballard, 1999). Przybyszewski et al. (2000) kühlten das Areal V1 bei der Katze, schalteten es dadurch aus und zeigten, dass dies die Antwortkurve der Geniculatum-Neuronen auf visuellen Kontrast beeinflusste.

Tabelle 3.1 Bewusstes Sehen wird zu einem bedeutenden Teil von zwei Bahnen vermittelt, die von der Netzhaut nach V1 führen

Eigenschaft	parvozelluläre Neuronen	magnozelluläre Neuronen
Gegenfarbenanzeige vorhanden	ja	nein
Größe des rezeptiven Feldes	kleiner	größer
Reaktion auf eine Lichtstufe	anhaltend	kurz
kontrastarmer, sich bewegender Reiz	schwache Antwort	starke Antwort
Sehen mit hoher Schärfe	ja	nein
Prozent der Ganglienzellen	70 %	10 %

In der Biologie sind Struktur und Funktion eng miteinander verknüpft. Daher gehen die charakteristische Anatomie retinaler Ganglienzellen und ihre unterschiedlichen Zielgebietsmuster im CGL und in V1 mit tief greifenden Unterschieden in ihrem Verhalten und ihrer Funktion einher (Tabelle 3.1).

Parvozelluläre Neuronen antworten *anhaltend* auf das Ein- oder Ausschalten eines Lichtreizes – das heißt, sie feuern so lange (wenn auch mit verringerter Rate), wie das stimulierende Lichtmuster präsent ist, während magnozelluläre Neuronen weitaus *kürzer* reagieren. Im Allgemeinen bevorzugen magnozelluläre Neuronen rasch wechselnde Reize, wie sie bei Bewegung auftreten, während parvozelluläre Neuronen einen anhaltenden oder sich nur langsam verändernden Input bevorzugen.

Es gibt viel mehr parvozelluläre als magnozelluläre Neuronen. Parvozelluläre Zellen repräsentieren die Welt in feiner Körnung. Sie kümmern sich auch um Farbe. Eine Subkategorie bilden die Rot-Grün-Gegenfarbenzellen, die Inputs von den L-Zapfen im zentralen erregenden Teil ihres rezeptiven Feldes und hemmenden Input von den M-Zapfen in ihrem Umfeld erhalten. Komplementäre Zellen werden durch einen grünlichen Lichtfleck erregt, der auf ihr Zentrum gerichtet ist, und von einem rötlichen Ring gehemmt. Diese Population entspricht der Rot-Grün-Gegenfarbenbahn, die man bereits im 18. Jahrhundert aus den sensorischen Messungen abgeleitet hat. Magnozelluläre Neuronen reagieren weitaus unempfindlicher auf Wellenlängen und haben keine nennenswerte Gegenfarbenorganisation. Ihr Signal ist mit der Intensität oder Helligkeit verknüpft (wozu S-, M- und L-Zapfen beitragen).

Ein erstaunliches Merkmal dieser Bahnen ist ihre anatomische Unabhängigkeit. Das macht es möglich, die eine oder die andere Bahn durch mehrere Injektionen eines chemischen Giftstoffes auszuschalten, der alle Zellkörper in den entsprechenden CGL-Schichten von Affen zerstört. Nach vollständigem Unterbrechen eines der beiden Kanäle wird das Tier darauf trainiert, Farben oder Muster zu erkennen, die eine geringe oder eine hohe Sehschärfe erfordern, um richtig aufgelöst zu werden, ähnlich wie Ihr Optiker Ihr Sehvermögen testet.

Ein Ausschalten der parvozellulären Schichten beeinträchtigt Farbensehen und sichtgetreues räumliches Sehen stark. Es fällt dem Affen sehr schwer, feine Details oder schwache Muster zu erkennen, und er verliert völlig die Fähigkeit, ein Ziel allein aufgrund der Färbung zu finden. Die Sensitivität des Tieres für Muster, die sich zeitlich rasch verändern, bleibt intakt. Eine Zerstörung der magnozellulären Bahn wirkt sich nicht auf die Sensitivität des Affen für feine Details aus, beeinträchtigt aber seine Fähigkeit, rasche zeitliche Veränderungen wahrzunehmen.[16]

Eine dritte Bahn, die parallel zur parvozellulären und magnozellulären Bahn verläuft, ist die koniozelluläre Bahn. Koniozellulären Neuronen fehlt eine ausgeprägte Zentrum-Umfeld-Organisation; sie signalisieren vielmehr Gegenfarben. Das heißt, sie antworten auf den Unterschied zwischen S-Zapfen und der Summe von L- und M-Zapfen. Man nimmt an, dass sie an der *Blau-Gelb-Gegenfarbenbahn* beteiligt sind, deren Existenz Ewald Hering auf der Basis von Farbexperimenten abgeleitet hat.[17]

Solange die Augen offen sind, übermitteln diese Bahnen mit ihren über einer Million Fasern mehr als zehn Millionen Bits pro Sekunde an visueller Information. Das ist eine ganze Menge. Aber wie Sie in Kapitel 9 erfahren werden, wird ein Großteil dieser Daten vom Bewusstsein nicht registriert.

Auch wenn die magno-, parvo- und koniozellulären Neuronen den retinalen Output dominieren, sind sie nicht die einzigen Neuronen. Neben einer starken Projektion zum Colliculus superior, der im Folgenden diskutiert wird, geben zahlreiche kleinere Ganglienzellklassen visuelle Information an eine bunt zusammengewürfelte Ansammlung kleiner Kerne weiter, die Blinzeln, Blick- und Pupillenkontrolle, Tagesrhythmus und andere regulatorische Funktionen vermitteln (Abb. 3.6). Keiner dieser Kerne enthält eine Karte der visuellen Welt. Sie spielen beim bewussten Sehen wahrscheinlich keine Rolle.

3.6 Der Colliculus superior: Ein weiteres visuelles Gehirn

Rund 100 000 Gangllienzellaxone laufen von der Retina zum Colliculus superior (CS, obere Hügelplatte) im Mittelhirndach. Der CS ist das wichtigste visuelle Verabreitungszentrum bei Fischen, Amphibien und Reptilien. Bei Primaten ist ein Großteil seiner Funktion vom Cortex übernommen und erweitert worden. Dennoch spielt der Colliculus superior auch weiterhin eine wichtige Rolle bei Orientierungsreaktionen wie auch bei Augen- und Kopfbewegungen.

---

[16]Das System ist redundant: Das Gefühl für visuelle Bewegung überlebt die Zerstörung der magnozellulären Schichten teilweise; desgleichen kann die Tiefenwahrnehmung von beiden Systemen bedient werden (Schiller und Logothetis, 1990; und Merigan und Maunsell, 1993).

[17]Koniozelluläre Geniculatum-Neurone werden von spezifischen Typen retinaler Ganglienzellen angetrieben. Zu ihren Eigenschaften siehe Dacey (1996), Nathans (1999), Calkins (2000) sowie Chatterjee und Callaway (2002).

Patienten, die einen Teil oder das gesamte V1 und die benachbarten Cortex-bereiche verloren haben, sind in ihrem betroffenen Sehfeld blind, obwohl ihre retino-colliculären Bahnen intakt sind.[18] Daher reicht die CS-Aktivität für bewusstes Sehen wahrscheinlich nicht aus.

Der Colliculus ist entscheidend an den raschen Augenbewegungen beteiligt, die man als *Sakkaden* bezeichnet und die von Primaten ständig durchgeführt werden (siehe unten). Der CS signalisiert den Unterschied zwischen dem Ort, auf den die Augen momentan gerichtet sind, und demjenigen, auf den sie sich als nächstes richten werden. Diese Information wird direkt an die oculomotorischen Areale im Hirnstamm weitergegeben, welche die Augenmuskeln kontrollieren, und ebenso an die Pulvinar-Kerne (Nuclei pulvinares) des Thalamus.

Der CS lässt sich gut in eine obere, eine mittlere und eine untere Schicht unterteilen. Die obere Schicht erhält topographischen Input von den retinalen Ganglienzellen. Neuronen in den tieferen Schichten sind durch direkte Strominjektionen mit Verhalten verknüpft worden. Wenn die Amplitude des elektrischen Stromes hoch genug ist, wird eine Sakkade ausgelöst.

3.7 Augenbewegungen: Visuelle Sakkaden sind allgegenwärtig

Die Augen und ihre ausgeprägten Bewegungsmuster sind eine faszinierende Informationsquelle – nicht nur für Dichter, sondern auch für Forscher. Sechs Augenmuskeln dienen dazu, den Augapfel auf unterschiedliche Weise zu drehen.

Eine *Sakkade* ist eine rasche Bewegung, bei der beide Augen gekoppelt sind. Die Evolution hat die Zeitspanne, während der die Augen „unterwegs" sind, auf weniger als eine Zehntelsekunde verkürzt. Das Gehirn beabsichtigt, einen bestimmten Punkt zu erreichen; sobald der Augapfel einmal in Bewegung gesetzt ist, wird keine visuelle Kontrolle ausgeübt, bis das Auge wieder zur Ruhe kommt. Wenn die Augenbewegung am Ziel vorbeigeht, bringt eine *Korrektursakkade* mit kleiner Amplitude das Ziel genau auf die Fovea.

Sie bewegen Ihre Augen ständig. Sie lesen, indem Sie mit einer Reihe kleiner Sakkaden über den Text hüpfen. Sie betrachten ein Gesicht, indem Sie ständig auf Augen, Mund, Ohren und so weiter schauen. Mit ein paar Sakkaden pro Sekunde bewegen sich Ihre Augen mehr als 100 000-mal pro Tag, etwa so häufig wie Ihr Herz schlägt. Dennoch schafft es praktisch keine diese unermüdlichen Bewegungen, bis ins Bewusstsein vorzudringen (siehe Abschnitt 12.1).

Die Intervalle zwischen den einzelnen Sakkaden sind kurz, sie dauern nur 120–130 ms. Das entspricht der Minimalzeit, die nötig ist, um visuelle Information während der Fixationsperioden zu verarbeiten.

---

[18]Die klinischen Befunde sind bei Brindley, Gautier-Smith und Lewin (1969), Aldrich et al. (1987) und Celesia et al. (1991) dokumentiert.

Rasche Augenbewegungen erscheinen mühelos, erfordern aber eine feine Abstimmung innerhalb eines großen Ensembles von Beteiligten, die über das ganze Gehirn verteilt sind. Vereinfacht gesagt vermitteln zwei parallele Bahnen die Sakkaden. Die Erzeugung reflektorischer, orientierender Augenbewegungen (beispielsweise wenn etwas plötzlich im Augenwinkel auftaucht) ist Aufgabe des Colliculus superior. Für geplante, willkürliche Sakkaden sind die posteriore parietale und die präfrontale Cortexregion verantwortlich. Ist ein System gestört, kann das andere den Ausfall bis zu einem gewissen Grad kompensieren.[19]

Wenn Sie ein Ziel verfolgen, etwa einen fliegenden Vogel, bewegen sich Ihre Augen nach einem Muster, dass man als *Smooth Pursuit* („glatte Verfolgung") bezeichnet. An dieser Bewegung sind ganz unterschiedliche Teile des Gehirns beteiligt.

Das Gesehene verblasst, wenn das Bild sich stabilisiert

Wenn die Augenbewegungen verhindert werden (beispielsweise durch künstliche Stabilisierung eines Bildes auf derselben Netzhautstelle), verblasst das Gesehene. Falls Sie jemals an einem Experiment zur visuellen Wahrnehmung teilnehmen sollten, bei dem das Gehirn abgebildet wird, wird man Sie anweisen, Ihre Augen so ruhig wie möglich zu halten, um Bewegungsartefakte zu minimieren, die zu einer Verringerung der Signal/Rausch-Amplitude führen. Sie liegen dann in der Magnetröhre und starren angestrengt auf den Fixationspunkt. Das kann zu einem allmählichen Verblassen des gesamten Sehfeldes – zu einer Art Blackout – führen, dem man durch Blinzeln entgegenwirken kann.[20]

Es wird häufig angenommen, dass Verblassen ein rein retinales Phänomen ist, hervorgerufen durch eine zeitliche „Ableitung", die von retinalen Neuronen durchgeführt wird. Diese Neuronen folgen dem Motto: Wenn nichts geschieht, muss man sich auch nicht die Mühe machen, etwas zu melden. Das kann jedoch nicht alles sein, denn Experimente gegen Ende der 1950er Jahre haben gezeigt, dass das Verblassen von Strichzeichnungen von einer Reihe globaler figuraler Eigenschaften abhängig ist, die nicht in der Retina exprimiert werden.

Leider ist wenig über die neuronale Basis des Verblassens bekannt. Die Erregbarkeit der Neuronen, die visuelles Bewusstsein ausdrücken, sollte das Verblassen der Wahrnehmung widerspiegeln. Das heißt, wenn ein Bild aus dem

---

[19]Die Neurophysiologie der Augenbewegungen ist bei Schall (1991), Corbetta (1998) sowie Schiller und Chou (1998) zusammengefasst.

[20]Es kann einen Sekundenbruchteil, aber auch eine Minute und länger dauern, bis ein Bild verblasst (Tulunay-Keesey, 1982; Coppola und Purves, 1996). Das Verblassen hängt davon ab, ob die Versuchsperson ihre Aufmerksamkeit auf die Figur richtet, ob die Figur eine Bedeutung hat und so weiter (Pritchard, Heron und Hebb, 1960).

Bewusstsein verschwindet, sollte auch die damit verknüpfte Aktivität der NCC nachlassen.

Sakkadische Unterdrückung oder warum Sie nicht sehen können, dass sich Ihre Augen bewegen

Welche Wirkung haben Augenbewegungen auf den Rest des Systems? Wenn Sie zum ersten Mal mit einer Videokamera herumspielen, werden Sie rasch Enttäuschendes feststellen: Wenn Sie die ersten Schritte Ihrer kleinen Tochter aufnehmen, indem Sie ihr durch das Haus folgen, erregt das Ergebnis dieser Mühen wahrscheinlich eher Übelkeit als Begeisterung. Rasche Kamerabewegungen und –wendungen lösen ein unangenehmes Gefühl von aufgezwungener Bewegung aus. Warum erleben Sie dieses Gefühl dann nicht jedes Mal, wenn Sie die Augen bewegen? Subjektiv gesehen, sieht die Außenwelt bemerkenswert stabil aus. Wie kommt das?[21]

Ein weiterer nachteiliger Effekt rascher Augenbewegungen ist ein Verschwimmen des Bildes, wie es beispielsweise auftritt, wenn man versucht, ein rasch fahrendes Auto bei langer Belichtungszeit auf einen Film zu bannen. Während der 30–70 ms Dauer der Sakkade müsste das Sehfeld eigentlich schrecklich verwischt sein, aber es bleibt weiterhin scharf. Wie ist das möglich?

Stabilität und Schärfe der visuellen Welt während Augenbewegungen sind eine Folge zahlreicher Prozesse, einschließlich sakkadischer Unterdrückung, ein Mechanismus, der sich auf das Sehen während Augenbewegungen auswirkt. Sie können sakkadische Unterdrückung erleben, wenn Sie sich vor einen Spiegel stellen und zuerst Ihr rechtes, dann Ihr linkes Auge fixieren, immer hin und her. Es wird Ihnen nie gelingen, Ihre Augen „unterwegs" zu überraschen. Ihre Augen bewegen sich nicht zu schnell, denn Sie können problemlos die Sakkaden im Auge eines anderen erkennen. Während der Zeitspanne, in der sich Ihr Auge sakkadisch bewegt, ist das Sehen teilweise abgeschaltet. Das eliminiert das Verschwimmen und das Gefühl, dass die Welt dort draußen mehrmals pro Sekunde hin und her hüpft.[22]

---

[21]Die Welt muss nicht stabil erscheinen, wie der neurologische Patient R. W. nur zu allzu gut weiß (Haarmeier et al., 1997). Seine Welt dreht sich in entgegengesetzter Richtung, wenn er etwas mit seinem Kopf oder seinen Augen verfolgt. Seine Sehschärfe und seine Fähigkeit zur Bewegungsbeurteilung sind normal. Bilaterale Läsionen in seinem parieto-occipitalen Cortex haben die Bewegungskompensation zerstört.

[22]Wie das geschieht, bleibt heftig umstritten. Eine Schule nimmt an, dass Augenbewegungen die intersakkadische Bewegungsverarbeitung aktiv unterdrücken, während das oppositionelle Lager behauptet, dass visuelle Faktoren, wie *Forward* und *Backward Masking*, zur Unterdrückung führen (Burr, Morrone und Ross, 1994; Castet und Masson, 2000). Wahrscheinlich tragen viele Prozesse zu diesem Phänomen bei. Man beachte, dass Sakkaden das Sehen nicht völlig unterbinden (Bridgeman, Hendry und Stark, 1975). Dass man während einer Sakkade etwas sehen kann, lässt sich feststellen, wenn man aus einem fahrenden Zug auf die Schwellen der Eisenbahnschienen schaut, während man eine Sakkade gegen die

Warum erleben wir dann nicht im Alltag störende Phasen visueller Leere? Das muss durch einen raffinierten *transsakkadischen Intergrationsmechanismus* verhindert werden, der diese Intervalle mit einem „fiktiven" Film füllt, einer Komposition aus dem Bild direkt vor und direkt nach der Sakkade. Diese Mechanismen und der neuronale Sitz dieser Integration ist bisher weitgehend unbekannt.[23]

Blinzeln

Das Auge reinigt sich durch Blinzeln mit den Augenlidern und Befeuchten der Hornhaut mit Tränenflüssigkeit. In der Regel blinzeln Sie mehrmals, während Sie diesen Absatz lesen. Jedes Blinzeln blockiert kurz die Pupille und führt etwa eine Zehntelsekunde lang zu einem völligen Sehverlust. Aber obwohl Sie ein kurzes Flickern der Raumbeleuchtung sofort bemerken, sind Sie sich des Blinzelns praktisch nicht bewusst.[24]

Daher nehme ich an, dass die NCC-Neuronen am Blinzeln uninteressiert sind. Obwohl also die retinalen Neuronen während eines Blinzelereignisses aufhören sollten zu feuern, müssten die NCC-Neuronen während dieser kurzen Sichtunterbrechung weiter aktiv bleiben.

Nimmt man all diese kleinen Ausschnitte des laufenden Films, der den Alltag ausmacht, zusammen, die während Sakkaden- und Blinzelunterdrückung „verloren gehen", so kommt man pro Tag auf verblüffende 60 bis 90 Minuten! Eine Stunde oder mehr, während der das Sehen beeinträchtigt sein müsste, es aber nicht ist. Und bevor die Wissenschaftler im 19. Jahrhundert begannen, dies zu erforschen, hat es auch niemand bemerkt.

3.8 Wiederholung

Die Netzhaut (Retina) ist ein bemerkenswertes Gewebe aus stark geschichteten neuronalen Prozessoren, dünner als eine Kreditkarte, mit mehr als 50 spezialisierten Zelltypen. Die Axone der Ganglienzellen bilden den Sehnerv, der aus dem Auge austritt. Stellen Sie sich diese Axone als Drähte vor, die Botschaften übermitteln, welche als zeitliche Folge von elektrischen Pulsen codiert sind, organisiert in zahlreichen parallelen Kanälen. Eine lockere Analogie wäre ein Ensemble mehrere Dutzend Kameras, von denen eines Schwarz-Weiß-In-

---

Richtung der Zugbewegung vollführt. Der Künstler Bill Bell hat diesen Effekt bei seinem Kunstwerk „Lightsticks" ausgenutzt. Vor einem dunklen Hintergrund gesehen, malen diese vertikalen Balken blinkender Leuchtdioden das Bild eines Tieres, einer Flagge oder eines Gesichts auf die Retina des Betrachters, der mit raschen Sakkaden darüber schaut. Wenn man die Leuchtdioden direkt fixiert, sieht man jedoch nur einen flackernden Balken roten Lichtes.
[23]McConkie und Currie (1996).
[24] Volkmann, Riggs und Morre (1980); Skoyles (1997).

formation, ein anderes Rot-Grün- und wieder ein anderes Blau-Gelb-Gegenfarbeninformation übermittelt, während ein Kanal Orte hervorhebt, wo sich die Helligkeit zeitlich verändert, und so fort.

Die am besten untersuchten Bahnen sind die magno-, die parvo- und die koniozelluläre Bahn, die über das Corpus geniculatum laterale in den primären visuellen Cortex projizieren. Die magnozellulären Neuronen signalisieren Helligkeit, während die parvozellulären Neuronen Rot-Grün-Information und feine räumliche Details übermitteln. Die koniozelluläre Bahn kümmert sich um Blau-Gelb-Gegenfarben und weniger gut erforschte Bildmerkmale. All diese Neuronen liefern den Unterbau für bewusstes visuelles Erleben.

Der zweitgrößte Faserzug, der das Auge verlässt, projiziert in den Colliculus superior und ist an den automatischen Formen der raschen Augenbewegungen beteiligt. Ein Großteil der weiteren Maschinerie ist Sakkaden und anderen raschen, präzisen und adaptiven Augenbewegungen gewidmet. Kleinere Ganglienzellverbände projizieren in abgelegenen Regionen im Hirnstamm. Diese kontrollieren Blick, Pupillenweite und andere wichtige Routinefunktionen. Der größte Teil dieser Funktionen ist dem Bewusstsein wahrscheinlich nicht zugänglich.

Sie sehen eigentlich nicht mit den Augen, sondern mit dem Gehirn. Zu den Diskrepanzen zwischen dem, was die Ganglienzellen codieren, und dem, was Sie bewusst wahrnehmen, zählen die dramatische Abnahme der Sehschärfe mit zunehmendem Abstand von der Fovea, die Existenz von nur zwei Photorezeptortypen am Ort des schärfsten Sehens, der Mangel an Farbrepräsentation in der Peripherie, der blinde Fleck, Bildverwischen während Augenbewegungen und der vorübergehende Verlust des visuellen Inputs beim Blinzeln.

Neuronale Strukturen im Thalamus und im Cortex lesen die Signale des Sehnervs und erzeugen eine stabile, homogene und überzeugende Sicht der Welt. Auch wenn die Augen für normale Formen des Sehens notwendig sind, sind die NCC mit an Sicherheit grenzender Wahrscheinlichkeit nicht in der Retina zu finden. Daher lassen Sie mich nun zur Sehrinde kommen.

Kapitel 4

Der primäre visuelle Cortex als prototypisches neocorticales Areal

> Wir müssen es als allgemeines Prinzip ansehen, dass die corticale Substanz ...
> Leben verleiht, also Empfindungen, Wahrnehmung, Verständnis und Willen; und sie
> verleiht Bewegung, also das Vermögen, im Einklang mit Willen und Natur zu handeln.
>
> Emanuel Swedenborg

Man kann ohne Cortex überleben, aber nur in einem vegetativen Zustand, ohne Bewusstsein. Der schwedische Universalgelehrte und Mystiker, der 1740 das Eingangszitat verfasste, gehörte zu den ersten, die sich über die Bedeutung des Cortex für das Geistesleben Gedanken machten. Der Cortex ist das ultimative Substrat von Wahrnehmung, Gedächtnis, Sprache und Bewusstsein.

Die Großhirnrinde (Cortex cerebri) lässt sich in den phylogenetisch alten olfaktorischen und hippocampalen Cortex und den jüngeren *Neocortex* unterteilen. Diese vielschichtige Struktur, die das Gehirn krönt, findet man nur bei Säugern; der Neocortex ist sogar für Säuger eine ebenso definierende Struktur wie die Milchdrüsen. Angesichts der Bedeutung des Neocortex für die bewusste Wahrnehmung ist es nur angemessen, seine Anatomie und Physiologie im Detail zu studieren.

Dieses Kapitel beleuchtet die allgemeinen Eigenschaften des Neocortex (oder kurz Cortex) wie auch die Besonderheiten, die für den primären visuellen Cortex – den Bestimmungsort des retino-geniculaten Inputs – charakteristisch sind. Der primäre visuelle Cortex ist die bei weitem am besten untersuchte Cortexregion.[1] Andere corticale Regionen werden in Kapitel 7 und 8 behandelt.

4.1 Das Sehen beim Affen als Modell für das menschliche Sehen

Jede plausible Theorie des Bewusstseins muss auf Neuronen basieren. Um sie zu untersuchen, braucht es Mikroelektroden, Farbstoffe zum Anfärben von Zellen und Geweben sowie andere invasive, oft irreversible Techniken. Aus diesem Grund kommen menschliche Gehirne meist nicht infrage.

---

[1]Zu Details über den Neocortex, seine Bauelemente, Architektur und evolutive Herkunft, siehe White (1989), Abeles (1991); Braitenberg und Schüz (1991), Zeki (1993), Peters und Rockland (1994), Mountcastle (1998) sowie Allman (1999).

Die Tiere der Wahl zur Erforschung der neuronalen Basis der Wahrnehmung sind Makaken (*Macaca*), die mit Ausnahme des Menschen am weitesten verbreiteten Primatengattung (siehe dazu Fußnote 21 in Kapitel 1). Zu den Makaken zählen der Rhesusaffe, *Macaca mulatta*, und der Javaneraffe, *Macaca fasciluraris*. Diese Tiere, die sich die letzten 30 Millionen Jahre lang unabhängig vom Menschen entwickelt haben, sind in freier Wildbahn nicht gefährdet und passen sich den Lebensumständen in Gefangenschaft gut an.

Im Lauf der Evolution hat sich die *Größe* des Cortex von einfachen Primaten (wie den Halbaffen) bis zum Menschen mehr als verhundertfacht, aber die *Typen* der corticalen Zellen haben sich nicht in gleichem Maße vervielfältigt. Tatsächlich findet man kleine und große exzitatorische Pyramidenzellen und dornentragende Sternzellen ebenso wie inhibitorische Korbzellen, doppelte Boukettzellen und andere Vertreter der vielfältigen Menagerie inhibitorischer Neuronen bei allen Säugern.[2]

Die einzige Ausnahme bilden bisher *spindle neurons*, eine Klasse von Riesenzellen, die auf zwei neocorticale Regionen im Stirnlappen beschränkt sind. Man findet sie in großer Dichte beim Menschen, während sie bei den großen Menschenaffen weit seltener sind und bei Hundsaffen, Katzen und Nagern fast völlig fehlen. Einige interessante Hinweise sprechen dafür, dass sie möglicherweise für Selbstüberwachung und Selbstbewusstsein eine Rolle spielen.[3]

Affen sind von Natur aus neugierig, und man kann ihnen durch monatelanges Üben recht komplexe visuell-motorische Verhalten antrainieren. Vergleicht man ihre Leistungen bei einer Vielzahl von visuellen Aufgaben mit denjenigen von Menschen, gibt es mehr Ähnlichkeiten als Unterschiede. Die vielen Experimente, von denen in diesem Buch berichtet wird, belegen, dass Affen mit Menschen Bewegungs-, Tiefen-, Form- und Farbwahrnehmung teilen und auf dieselben optischen Täuschungen wie Menschen ansprechen. Wie Menschen besitzen Makaken nach vorn gerichtete Augen, drei Zapfentypen, eine Betonung der Fovea im Vergleich zur visuellen Peripherie, dieselbe Art und Weise der Augenbewegung und ähnliche corticale Regionen, die das Sehen kontrollieren. Wenn man von einfacheren zu komplexeren Verhaltensweisen übergeht, tauchen unausweichlich Unterschiede zwischen den Species auf. In diesem Buch geht es vorwiegend um bewusste sensorische Wahrnehmung und weniger um das Selbst, abstrakte Logik oder Sprache. Auf dieser

---

[2]Nicht alle corticalen Regionen haben sich im Lauf der Evolution gleichermaßen ausgedehnt. So macht V1 beispielsweise beim Affen 12 % des corticalen Areals aus, beim Menschen aber nur 3 %, während der präfrontale Cortex von 10 % beim Affen auf 30 % beim Menschen anwuchs (Allman, 1999).

[3]*Spindle neurons*, die *Korkzieher*-Zellen von Economo und Koskinas (1925), sind charakterisiert durch lang gestreckte, große Zellkörper im unteren Bereich von Schicht 5, der Output-Schicht des Cortex (Nimchinsky et al., 1999). Fehlend bei Neugeborenen, stabilisiert sich ihre Zahl bei Erwachsenen bei rund 40 000 Neuronen im anterioren cingulären Cortex und bei rund 100 000 in FI, einem anderen frontalen Areal. Diese Regionen sind an Selbsteinschätzung, Selbstüberwachung und Aufmerksamkeitskontrolle beteiligt.

Ebene sind die Unterschiede zwischen dem Sehen von Hundsaffen und Menschen wahrscheinlich eher quantitativer als qualitativer Natur.[4]

4.2 Der Neocortex ist eine dünne, geschichtete Struktur

Der menschliche Neocortex und seine Verbindungen nehmen etwa 80 % des Gehirnvolumens ein. Anders als die anderen Gehirnstrukturen, wie Thalami, Basalganglien und Hirnstamm, ist der Neocortex eine dünne, flächige Struktur, deren Ausdehnung ihre Dicke weit übertrifft. Er ist stark gefaltet und weist eine geschichtete Substruktur auf (siehe Deckelinnenseite hinten). Die Größe des Neocortex variiert je nach Art; der Neocortex einer Spitzmaus hat eine Oberfläche von rund $1\,cm^2$, der eines Makaken von $100\,cm^2$, der eines Menschen von $1\,000\,cm^2$, und der Neocortex einiger Wale ist nochmals um ein Vielfaches ausgedehnter. Stellen Sie sich Ihren Neocortex als einen 2–3 mm dicken Pfannkuchen mit einem Durchmesser von 35 cm vor, der zusammengeknüllt und in Ihren Schädel gestopft wurde.

Die Gesamtdichte der Neuronen ist unabhängig vom Areal (mit Ausnahme von V1) relativ konstant; sie beträgt rund 100 000 Zellen unter einem Quadratmillimeter Cortex.[5]

Die graue Substanz des Neocortex, die Masse der neuronalen Zellkörper, Dendriten, Synapsen und Helferzellen, ist in Schichten unterteilt, die sich aus der Dichte und den Typen von Zellkörpern und Fasern herleiten (siehe Deckelinnenseite hinten). Traditionell unterscheidet man im Neocortex sechs Schichten (Laminae), die nochmals feiner unterteilt werden können. Neuronen lassen sich durch ihre Lage im geschichteten Neocortex, ihre *laminare Position*, charakterisieren. Die Schicht, in der ein Zellkörper liegt, ist ein Hinweis auf die allgemeine Rolle dieses Neurons in der corticalen Architektur. Mehr zu derartigen anatomischen Regeln in Kapitel 7.

Die oberste Schicht (Schicht 1) direkt unter der Membran, die das Gehirn umschließt, ist auffällig wegen ihres Mangels an Zellkörpern (Abb. 4.1). Diese Schicht ist die Empfangszone für Feedback-Bahnen aus anderen corticalen Regionen und für einige unspezifische thalamische Inputs. Stellen Sie sich diese

---

[4]Brewer et al. (2002) betonen die Ähnlichkeiten, Vanduffel et al. (2002) die Unterschiede zwischen beiden Arten bezüglich der Organisation der visuellen Cortexareale, wie sie sich im fMRI darstellen. Preuss, Qi und Kaas (1999) dokumentieren geringfügige Unterschiede in der Mikroanatomie von V1 zwischen Menschenaffen und Menschen. Preuss (2000) beschäftigt sich mit der Frage, was – wenn überhaupt – einzigartig an der menschlichen Gehirnarchitektur ist.
[5]Zu quantitativen Referenzen hinsichtlich Größe, Dichte und Dicke des Neocortex, siehe Passingham (1993) sowie Felleman und Van Essen (1991). Die anatomische Referenz für die konstante Zellzahl unter $1\,mm^2$ Cortexgewebe stammt von Rockel, Hiorns und Powell (1980). Nimmt man eine Packungsdichte von 50 000 Zellen pro mm^3, eine Gesamtfläche von 2 x 100 000 mm^2 und eine Dicke von rund 2 mm an, enthält der durchschnittliche menschliche Cortex Neuronen in der Größenordnung von 20 Milliarden mit rund 200 Billionen Synapsen (2×10^{14}).

Schicht als diejenige vor, die den größeren Zusammenhang für die darunter liegenden Neuronen liefert. Die nächsten beiden Schichten, Schicht 2 und 3, Teil der *oberflächlichen* oder *oberen Schichten* des Cortex, sind hingegen dicht mit Neuronen bepackt. Cortico-corticale Feedforward-Projektionen, die innerhalb des Cortex verbleiben, stammen – so die Faustregel – aus oberflächlichen Schichten. Schicht 4 enthält die meisten Zellkörper – im Fall von V1 kleine nicht pyramidale Neuronen, so genannte *dornentragende Sternzellen* (*spiny stellate cells*). Sie wird oft in weitere Schichten unterteilt und bildet die Input-Zone des Cortex; wie in Kapitel 3 diskutiert, endet der größte Teil des Inputs vom CGL in zwei abgegrenzten Laminae in Schicht 4. In den Schichten 5 und 6, den *tiefen* oder *unteren Schichten*, finden sich viele große Pyramidenzellen. Wann immer der Cortex mit dem übrigen Nervensystem kommunizieren will, werden Spikes über die Axone der Pyramidenzellen in den tiefen Schichten ausgesandt. Wenn beispielsweise Information von V1 an den Colliculus superior übermittelt werden soll, muss sie zu einer Schicht-5-Pyramidenzelle gesandt werden. Gleiches gilt für den Output des Motorcortex. Die weiße Substanz des Gehirns, die vollständig aus Axonbündeln und ihrer fettreichen Umhüllung besteht (die eine rasche Impulsfortleitung gewährleistet), beginnt direkt unter Schicht 6.

Insgesamt gesehen ist der Cortex bemerkenswert homogen. Der universale oder „unitaristische" Standpunkt geht davon aus, dass der größte Teil der Unterschiede zwischen, sagen wir, visuellem und auditorischen Cortex aus der unterschiedlichen Natur des Inputs erwächst – ein Strom von Bildern oder aber von Tönen. Damit sollen regionale Spezialisierungen nicht geleugnet werden. So ist Schicht 4 im Motorcortex schwach entwickelt, im primären visuellen Cortex ist sie hingegen besonders dick. Diese Spezialisierungen sind sinnvoll, weil die Hauptaufgabe des Motorcortex in der Kontrolle der Muskulatur besteht (eine Output-Funktion), während V1 hoch aufgelösten visuellen Input verlangt.

4.3 Eine Fülle corticaler Zelltypen

Um Neuronentypen zu klassifizieren, verwendet man morphologische, pharmakologische und molekulare Kriterien. Selbst wenn zwei Neuronen gleich aussehen, liegen sie vielleicht in unterschiedlichen Schichten und schicken ihre Axone in unterschiedliche Zielgebiete, und ihre Spikes übermitteln unter Umständen andere Botschaften. Eine bunte Mischung von Zelltypen, die man in V1 des Menschen (Abb. 4.1) und des Affen (Abbildung Deckelinnenseite hinten) findet.

Entsprechend der direkten Wirkung, die Zellen auf das Membranpotenzial ihrer Zielzellen haben, werden sie in erregende (exzitatorische) und hemmende (inhibitorische) Neuronen eingeteilt. Rund vier Fünftel aller Neuronen im Cor-

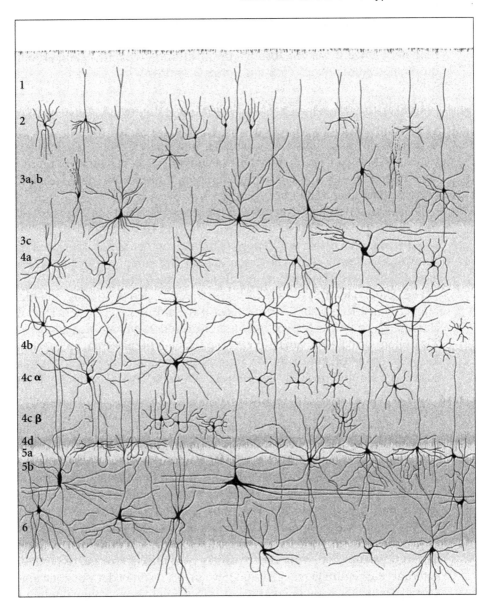

4.1 *Neocorticale Zelltypen.* Eine Zusammenstellung der zellulären Akteure, die den primären visuellen Cortex des Menschen bevölkern. Man beachte ihre vorwiegend vertikale Organisation. Neuronen werden gewöhnlich nach der Schicht benannt, in der ihr Zellkörper liegt (siehe Nummerierung links). Dieselben Zelltypen findet man im ganzen Neocortex. Nur ein winziger Bruchteil aller Zellen in dieser Region ist abgebildet. Nach Braak (1976), verändert.

tex sind erregend. Synaptischer Output einer derartigen Zelle ruft in der Zielzelle eine kurze positive Erhöhung des Membranpotenzials hervor – in Richtung der Schwelle zur Auslösung eines Aktionspotenzials – und erhöht damit die Wahrscheinlichkeit, dass ein Spike ausgelöst wird.

Pyramidenzellen: Die Arbeitspferde des Cortex

Corticale Neuronen sind vorwiegend vertikal, senkrecht zur Oberfläche, organisiert. Wenn man sich einen geeignet gefärbten Cortexausschnitt anschaut (wie in Abb. 4.1), wird man an einen Wald voller Bäume erinnert, deren Äste und Wurzeln sich ein wenig horizontal ausbreiten, deren Hauptwachstumsrichtung aber nach oben geht.

Diese Orientierung ist bei den *Pyramidenzellen* am auffälligsten, die drei von vier corticalen Neuronen stellen. Ihr typisches Merkmal ist ein *apikaler Dendrit*, der sich direkt aus dem pyramidenförmigen Zellkörper nach oben erstreckt. Aus dem Zellkörper treten zudem Dutzende von *basalen Dendriten* aus, die sich wie Haarbüschel in alle Richtungen erstrecken.

Die Axone vieler Pyramidenzellen erstrecken sich weitläufig, um mit anderen corticalen Regionen oder mit subcorticalen Bereichen in den Thalami, den Basalganglien und anderswo zu kommunizieren. Bevor sie sich zu ihren fernen Zielzellen aufmachen, geben die Axone lokale Seitenäste ab, so genannte *Kollaterale*. Axonkollaterale liefern ihrer Nachbarschaft eine Blaupause der Botschaft, die sie an ferne Teile des Gehirns schicken. Synapsen am „Arbeitsende" dieser Axone erregen ihre Zielzellen, indem sie den Botenstoff *Glutamat* freisetzen.

Pyramidenzellen sind fast für die gesamte Kommunikation zwischen den Arealen verantwortlich und stellen die einzige Möglichkeit dar, rasch eine Botschaft aus dem eigentlichen Cortex hinaus zu senden. Das 200 Millionen Axone starke *Corpus-callosum*-Bündel, das die beiden Großhirnhemisphären verbindet (Abb. 17.1), die Feedback-Bahnen zwischen verschiedenen corticalen Regionen und vom Cortex zum Thalamus (Kapitel 7) und auch die *Pyramidenbahn* (Tractus corticospinalis oder pyramidalis), durch die der Motorcortex die Willkürmuskulatur beeinflusst – sie alle gehen von Pyramidenzellen aus. An diesen weiträumigen Projektionen sind gewöhnlich keine verzweigten Axone beteiligt (ausgenommen gegen Ende, wenn das Axon in der Zielzone eine Vielzahl synaptischer Kontakte aufnimmt). Das heißt, es ist ungewöhnlich für ein Pyramidenzellneuron, einen Ast in das corticale Areal A und einen anderen in das corticale Areal B auszusenden. Vielmehr werden zwei Verbände von Neuronen aus etwas anderen Ursprungsschichten, mit leicht unterschiedlicher Morphologie und so fort eingesetzt, um Information nach A oder nach B zu senden. Es scheint, als müsse die Information für den Empfänger speziell aufbereitet werden, und als erfordere das unterschiedliche Neuronen.

Die Situation ist ganz anders als bei den zahlreichen Projektionssystemen, die im Hirnstamm entspringen und an vielen Orten im Vorderhirn Noradrenalin, Serotonin, Dopamin oder Acetylcholin freisetzen. Wie in Kapitel 5 diskutiert, führen diese aufsteigenden Bahnen offenbar einen großräumigen *Rundruf* von der Art „Hallo, aufwachen, es passiert gerade etwas Wichtiges" durch, während eine corticale Zelle eine bestimmte Botschaft an eine bestimmte Adresse übermittelt.

Der apikale Dendrit der großen Pyramidenzellen, deren Zellkörper in Schicht 5 liegen, kann wie eine Antenne bis zur Oberfläche reichen. Die aufsteigenden apikalen Dendriten kleinerer Pyramidenzellen enden oft in der Schicht direkt über ihnen.

Die Dendriten erregender Neuronen sind mit 1 µm langen dornenartigen Fortsätzen (*dendritic spines*) besetzt. Bei einem Großteil der dendritischen Kommunikation spielen diese Dornen eine Rolle, denn jeder Dorn trägt mindestens eine exzitatorische Synapse. Ein großes Neuron kann 10 000 Dornen tragen, was bedeutet, das *mindestens* so viele erregende synaptische Inputs auf diesem Neuron zusammenlaufen (aber nicht unbedingt von ebenso vielen Neuronen, da ein Axon zahlreiche Synapsen mit einem Neuron bilden kann).

Auch wenn man Pyramidenzellen überall im Cortex findet, kann sich ihre Mikroanatomie von einer Region zur nächsten wesentlich ändern. Guy Elston von der University of Queensland in Australien hat bei Makaken Schicht-3-Pyramidenzellen in vielen corticalen Arealen gefärbt und rekonstruiert. Als er und seine Kollegen Zellproben aus immer weiter vorn gelegenen Regionen entnahmen, stießen bei diesem Zelltyp auf eine systematische Zunahme in der Komplexität der basalen Dendriten (bezüglich der Ausdehnung des Dendritenbaumes, der Zahl der Verzweigungspunkte und der erregenden Synapsen). Daher sind die Dendritenbäume von Pyramidenzellen im vorderen Bereich des Gehirns wesentlich komplexer und größer als diejenigen, die man am anderen Pol, in V1, findet; erstere sind das Ziel für bis zu 16 Mal mehr erregende Synapsen. Neuronen in höheren corticalen Regionen sind komplexer und verfügen vermutlich über eine höhere Verarbeitungskapazität als diejenigen in sensorischen Regionen.[6]

Dornentragende Sternzellen bilden eine Unterklasse erregender Neuronen. Beschränkt auf Schicht 4 des primären visuellen Cortex, sind sie extrem dicht gepackt (mit einer effektiven Dichte von bis zu 180 000 Zellen pro Kubikmillimeter), und man kann sie sich als Pyramidenzellen vorstellen, die ihren apikalen Dendriten verloren haben. Sternzellen sind vorwiegend lokal; ihre Axone verlassen nur selten die nähere Umgebung.

Wie viele Menschen kommuniziert der Cortex vorwiegend mit sich selbst. Nur ein kleiner Bruchteil der 300 bis 800 Millionen Synapsen pro Kubikmilli-

---

[6]Elston, Tweedale und Rosa (1999); Elston (2000); Elston und Rosa (1997, 1998).

meter (mm^3) Cortexgewebe besteht aus Axonen, die von außerhalb dieser Cortexregion kommen. Der Rest besteht im Allgemeinen zwischen benachbarten Neuronen. In V1 stammen weniger als 5 % der erregenden Synapsen von Geniculatum-Axonen. Ein ähnlich großer Bruchteil kommt aus höheren corticalen Arealen, die zurück zu V1 senden. Der größte Teil der übrigen Synapsen – also die überwiegende Mehrheit – stammt von intrinsischen Neuronen. Im Großen und Ganzen sind diese Prozentzahlen wahrscheinlich auch für andere Cortexareale repräsentativ. Entscheidend für das Wohlergehen des Cortex ist, dass dieses massive positive Feedback kontrolliert wird; anderenfalls würde das ganze Gewebe in einem gigantischen Spikefeuerwerk explodieren.[7]

Hemmende Zellen sind ein bunter Haufen

Neuronen, deren Dendriten keine Dornen tragen, sehen glatt aus und werden als dornenlose Neuronen (*smooth neurons*) bezeichnet. Ihre synaptischen Endigungen setzen den hemmenden Neurotransmitter Gamma-Aminobuttersäure (GABA) frei. Eine Aktivierung von GABAergen Synapsen senkt die Feuerwahrscheinlichkeit der postsynaptischen Zelle, indem sie das Membranpotenzial kurzfristig senkt und damit von der Feuerschwelle wegbewegt. Eine starke Hemmung kann eine Zelle völlig ausschalten und verhindern, dass sie feuert.

Dornenlose Neuronen sind Interneuronen, die Synapsen in der Nachbarschaft ihrer Zellkörper bilden oder in Schichten direkt über oder unter ihnen, aber nicht in entfernten Cortexregionen. Inzwischen sind rund zwei Dutzend inhibitorischer Interneuronen beschrieben worden; gemeinsam stellen sie rund 20 % aller Cortexneuronen. In Form und Funktion sind sie sehr verschieden. Einige haben primär den Zellkörper oder den Axonhügel zum Ziel und regulieren Initiation und Entladung rascher Aktionspotenziale. Andere innervieren Dendriten, wo sie bei der lokalen Verrechnung helfen oder das Timing von Aktionspotenzialen beeinflussen.[8]

Die zahlreichsten hemmenden Interneuronen sind die *Korbzellen*. Sie sind in allen Schichten zu finden, haben Dendriten, die ein paar hundert Mikrometer (µm) von ihren plumpen Zellkörpern ausstrahlen, und besitzen eine nestartige Anordnung von Synapsen, welche die Zellkörper und die proximalen Dendriten exzitatorischer Neuronen einhüllen. Andere inhibitorische Zellklassen sind Kandelaber- und Doppelbouquetzellen.

---

[7]Der geringe Prozentsatz von Geniculatum-Synapsen auf VI-Zellen ist erstaunlich angesichts der Leichtigkeit, mit der diese Neuronen durch visuellen Input erregt werden können (LeVay und Gilbert, 1976; White, 1989; Ahmed et al., 1994; Douglas et al., 1995). Budd (1998) unterstreicht diese Ansicht, was das Feedback von V2 in V1 angeht; nur eine Minderheit von Synapsen gehört zu Axonen, die aus anderen corticalen Arealen stammen (V2, MT und so fort).

[8]Diese Verrechnungen umfassen Subtraktion, Veto-Operationen, Delay- und Logarithmenrechnungen und so weiter (Koch, 1999), wie auch die Kontrolle von Beginn und Ausmaß von Synchronisation und Oszillation (Lytton und Sejnowski, 1991), sind aber nicht darauf beschränkt. McBain und Fisahn (2001) geben einen Überblick über die Literatur bezüglich corticaler Interneuronen.

Wie viele Zelltypen gibt es im Cortex?

Wie viele verschiedene Zelltypen gibt es wahrscheinlich im Cortex? Die neuronale Netzwerktheorie verlangt nur zwei – erregende und hemmende Zellen –, aber mehrere hundert Typen ist die wahrscheinlichere Antwort. In der Netzhaut allein gibt es mehr als 50 Zelltypen. Wenn jedes Cortexareal dieselbe Vielfalt aufweist, und nichts spricht dagegen, könnte die Zahl der Zelltypen in die Hunderte gehen.[9]

Die retinalen Neuronen *kacheln* den visuellen Raum; jeder Punkt ist mindestens einmal von Dendriten eines jeden Zelltyps besetzt. Ingesamt gesehen hat jeder Zelltyp Zugang zum gesamten Sehfeld. Dasselbe Kachelprinzip führt, auf die Sehrinde angewandt, zu Schätzungen von rund 1 000 Zelltypen.[10] Wenn jeder dieser Zelltypen ein eigenes, charakteristisches Muster synaptischer Verknüpfungen aufwiese, ließe sich eine erstaunliche Zahl spezifischer Zell-zu-Zell-Wechselbeziehungen verwirklichen. Dieses enorme Spezifitätspotenzial sollte nicht überraschen, wenn man ans Reich der Moleküle mit seinen Schlüssel-Schloss-Wechselbeziehungen zwischen Proteinen und Enzymen denkt. Warum sollten Neuronen weniger komplex und spezifisch sein als Moleküle?

4.4 V1: Das wichtigste Tor zum Sehen

Nun, da die wichtigsten corticalen Akteure eingeführt worden sind, wollen wir uns dem Teil der Bühne zuwenden, wo sie erstmals im Sehsystem auftreten, nämlich dem primären visuellen Cortex (V1) oder *Brodmann-Areal 17*. Beim Menschen liegt ein Großteil von V1 am Grund der *Fissura calcarina*, einer Furche, die vom Pol des Hinterhauptslappens nach vorn verläuft (siehe Deckelinnenseite vorn).[11]

---

[9]Im Hippocampus sind von Freund und Buzsáki (1996) sowie von Parra, Gulyas und Miles (1998) mehrere Dutzend inhibitorischer Zelltypen identifiziert worden. Eine Schätzung der Zahl von Neuronen in einer oberflächlichen Schicht von V1 liefern Dantzker und Callaway (2000) sowie Sawatari und Callaway (2000). Zelltypenzählungen in jedem beliebigen Cortexareal kommen leicht auf mehr als 100 Typen, wenn man Faktoren wie die laminare Position des Zellkörpers, Form und Ausmaß der Dendritenmorphologie, Zielort des Axons, laminare Spezifikation des synaptischen Inputs sowie erregende oder hemmende Wirkung berücksichtigt.

[10]Die *Kachelhypothese* (*tiling hypothesis*), der zufolge jeder Zelltyp in der Lage sein muss, jeden Punkt im visuellen Raum zumindest einmal abzutasten, wurde von Francis Crick 1983 aufgestellt (unveröffentlichtes Manuskript). Wenn der durchschnittliche Radius der basalen Dendriten von Pyramidenzellen beispielsweise 100 µm beträgt, dann braucht man rund 32 Pyramidenzellen eines Typs, um 1 mm^2 Cortex einmal gleichmäßig zu bedecken. Bezüglich einer Diskussion von *tiling* siehe Stevens (1998).

[11]Gegen Ende des 18. Jahrhunderts berichtete der Italiener Francesco Gennari über einen Streifen (Stria), der etwa mittig durch die corticale graue Substanz am hinteren Pol des Gehirns verlief. Dieses Band, das aus myelinisierten Axonen aus dem CGL besteht, die in Schicht 4 enden, endet abrupt an der Grenze zum sekundären visuellen Areal (V2). Da diese Streifung mit bloßem Auge sichtbar ist, wird V1 auch als Area striata bezeichnet.

Größe und Dicke von V1 in einer Hemisphäre sind denen einer Kreditkarte vergleichbar. Lage und Orientierung solcher Landmarken wie der Fissura calcarina variieren von Individuum zu Individuum und sogar zwischen den beiden Hemisphären ein und derselben Person. Das genaue Muster von Wülsten und Furchen im Cortex ist so einmalig wie ein Fingerabdruck.

Der Output des CGL, die einige Millionen Fasern starken *Geniculatum-Axone*, projiziert in verschiedene Unterschichten von V1, je nachdem, von welchem Typ retinaler Ganglienzellen die Relaiszellen des CGL Input empfangen (Abschnitt 3.5).

Die Welt ist auf V1 topographisch abgebildet

Hätte ein Ingenieur das Sehsystem entworfen, würde der retinale Output wahrscheinlich direkt zum Areal V1 auf derselben Gehirnseite laufen. Die Evolution hat sich jedoch für einen etwas anderen Weg entschieden. Sie postierte zwischen Retina und Cortex nicht nur das CGL, sondern entwickelte auch ein halb gekreuztes Projektionsmuster. Infolgedessen ist die gesamte linke Hälfte des Sehfeldes auf dem rechten Areal V1 repräsentiert, und das rechte Halbfeld auf dem linken Areal V1 (Abb. 3.6).[12]

Die visuellen Bahnen sind ähnlich einer Landkarte organisiert, sodass benachbarte Orte im Sehfeld auf benachbarte Orte im Cortex projizieren. Das nennt man *topographische Organisation*. Der retinalen Überrepräsentation der Fovea entsprechend (Abb. 3.2), erhalten die zentralen Teile des Sehfeldes weit mehr Gewicht als die Peripherie (Abb. 4.2). Das zentrale eine Grad nimmt tatsächlich soviel corticalen Raum in V1 ein, wie derjenige Teil der visuellen Peripherie, der nur mit einem Auge gesehen werden kann.[13] Physiologen bezeichnen diese räumliche Organisation als *retinotopische Karte*.

Trotz der insgesamt geordneten Repräsentation auf diesen Karten gibt es eine bedeutende Streuung. Im Sekundenbruchteilbereich gibt es starke Fluktuationen zwischen benachbarten rezeptiven Feldern, gelegentlich sogar abrupte Sprünge. Mit anderen Worten ist die Projektion der Welt auf V1 auf der makroskopischen Ebene glatt und kontinuierlich, auf der mikroskopischen hingegen fluktuierend und gelegentlich diskontinuierlich.

---

[12]Anatomen nennen das eine contralaterale Projektion, während eine Projektion zu einer Struktur auf derselben Seite des Kopfes als ipsilaterale Projektion bezeichnet wird.
[13]Die zentralen 10° nehmen etwas mehr als die Hälfte von V1 ein. Hinsichtlich Literatur zu den Karteneigenschaften von V1 siehe Horton und Hoyt (1991a), DeYoe et al. (1996), Tootell et al. (1998b) und Van Essen et al. (2001).

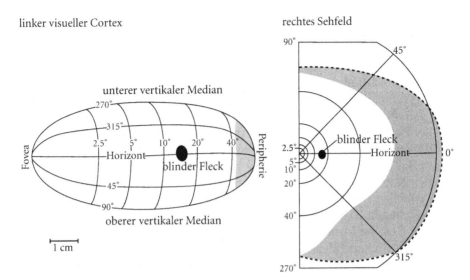

4.2 *Die Welt, wie V1 sie sieht.* Der linke primäre visuelle Cortex, entfaltet und ausgebreitet, erhält Input vom rechten Sehfeld. Die Fovea ist auf dem am weitesten hinten gelegenen Pol des Cortex abgebildet, während der Horizont auf dem Boden der Fissura calcarina verläuft. (Fast) vertikale Linien im Cortex korrespondieren mit Halbkreisen konstanter Exzentrizität im visuellen Raum. Die graue Region umfasst die halbmondförmige Region, die nur für das rechte Auge sichtbar ist. Jenseits der gestrichelten Linie wird nichts gesehen. Nach Horton und Hoyt (1991a), verändert.

Eine dramatische Transformation der Eigenschaften von rezeptiven Feldern in V1

Ende der 1950er Jahre entdeckten David Hubel und Thorsten Wiesel an der Harvard Medical School, dass es in V1 zu einer tief greifenden Veränderung in der Organisation der rezeptiven Felder kommt. Bis dahin hatten Forscher – recht erfolglos – versucht, Cortexzellen dazu zu bringen, heftig auf Punkte, Ringe und andere runde Reize zu antworten. Hubel und Wiesel fanden jedoch aufgrund einer zufälligen Beobachtung heraus, dass die meisten Zellen in V1 von Kanten, Balken oder Gittern erregt wurden – von allem, was eine bestimmte Orientierung oder Richtung aufwies. Manche Zelle bevorzugten einen hellen Schlitz einer bestimmten Orientierung, andere einen dunklen Balken mit derselben Neigung vor einem hellen Hintergrund, und wiederum andere eine scharfe Grenze zwischen Hell und Dunkel. Diese Neuronen sind die Bausteine der Wahrnehmung.[14]

---

[14]Die ursprüngliche Beschreibung von richtungsempfindlichen Zellen in V1, der Artikel, der Tausende von Elektroden in Bewegung setzte, ist Hubel und Wiesel (1959). Siehe auch Hubel und Wiesel (1962) sowie Livingstone (1998).

Die Orientierung des visuellen Inputs ist nicht das einzige Reizattribut aus dem Geniculatum-Input, das verrechnet wird. Viele Zellen mögen sich bewegende Reize, und viele von ihnen feuern nur, wenn sich ein entsprechend orientierter Balken in eine ganz bestimmte Richtung bewegt, die *Vorzugsrichtung* (*preferred direction*) der Zelle (Abb. 4.3). Bewegungen in anderen Richtungen erregen das Neuron nicht. In einigen Fällen ruft Bewegung in die *Nullrichtung* (*null direction*) der Zelle eine Hemmung hervor, die selbst die Spontanaktivität der Zelle unterdrückt. Das Feuern der Zelle variiert zudem mit der Geschwindigkeit, mit der sich der Reiz bewegt.

Bei genauerer Beschäftigung mit allen richtungsempfindlichen Zellen fanden Hubel und Wiesel zwei diskrete Typen. Die Minderheit, die so genannten *einfachen* Zellen (*simple cells*) kümmern sich um die genaue Position des ausgerichteten Balkens im visuellen Raum. Bewegt man den Balken auch nur um den Bruchteil eines Grades, verringert sich ihre Antwort deutlich. Einfache Zellen sind oft linear, denn die Antwort auf zwei gleichzeitig präsentierte kleine Reize lässt sich aus der Summe der Antworten auf die einzelnen Reize voraussagen. Bei jeder gegebenen visuellen Exzentrizität findet man einfache Zellen mit kleinen, mittleren und großen rezeptiven Feldern. Zellen mit kleinen rezeptiven Feldern nehmen feine räumliche Details wahr, während solche mit großen Feldern am besten auf grobkörnige, lang gezogene Tropfen reagieren. Forscher, die sich mit künstlicher Intelligenz und Maschinensehen beschäftigen, sehen dies als Beleg dafür an, dass V1 das visuelle Szenario mittels einer Reihe von orientierungsabhängigen Filtern transformiert, die auf multiplen räumlichen Skalen operieren.[15]

Die Mehrheit der Neuronen werden als *komplexe* Zellen (*complex cells*) bezeichnet; diese Zellen kümmern sich weniger um die genaue Lage der Kante, solange sie die richtige Orientierung und Bewegungsrichtung hat. Es sieht so aus, als erhielten die komplexen Zellen Input von einer Reihe einfacher Zellen mit derselben Orientierungsselektivität, deren rezeptive Felder jedoch leicht voneinander abweichen. Oder um es anders zu sagen: Komplexe Zellen reagieren weniger empfindlich auf die genaue Position des Reizes als einfache Zellen.

In den meisten corticalen Arealen findet wahrscheinlich ein solcher Übergang von einfachen zu komplexen Zellen statt. So könnte beispielsweise eine einfach-„artige" Zelle für Gesichter nur dann auf ihr bevorzugtes Gesicht rea-

---

[15]Visuelle psychophysikalische Techniken des Menschen – insbesondere visuelle Adaptation und Maskierung – haben auf die Existenz von richtungsselektiven Filtern schließen lassen, ähnlich denen, die elektrophysiologisch abgeleitet wurden und auf verschiedenen räumlichen Skalen existieren (Wilson et al., 1990). Eine brauchbare Annäherung an die Profile rezeptiver Felder von einfachen Zellen liefern *Gabor*-Filterfunktionen, das Produkt einer Gaußschen und einer sinusoidalen Wellenform (Palmer, Jones und Stepnoski, 1991). Wandells (1995) Lehrbuch verknüpft Psychophysik, Elektrophysiologie, fMRI und Computermodelle des frühen visuellen Systems miteinander.

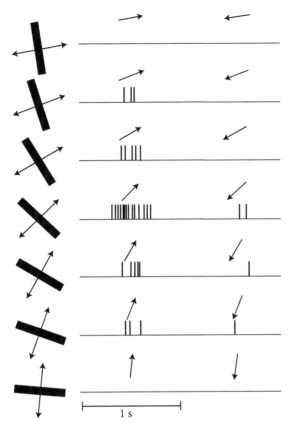

4.3 *Eine richtungsselektive Zelle.* Die Antwort eines einzelnen Neurons in V1 des Affen, wenn die Ausrichtung eines Balkens und seine Bewegungsrichtung verändert werden. Die Zelle feuert am stärksten, wenn sich der Balken nach rechts oben bewegt. Nach Hubel und Wiesel (1968), verändert.

gieren, wenn es im oberen visuellen Quadranten erscheint, während eine komplex-„artige" Zelle auf den Anblick des Gesichts hin feuert, ohne sich viel um dessen Lage im Sehfeld zu kümmern.

Neuronen in V1 zeigen auch Selektivität für andere Reizmerkmale. Einige bezeichnet man als *endinhibierte* (*end-stopped*) Neuronen, weil sie auf einen langen Balken viel schwächer reagieren als auf einen kurzen. Solche Zellen könnten als Grundlage für das Signalisieren der Krümmung von Liniensegmenten oder Konturen dienen. Andere reagieren auf eine komplexe räumliche Mischung von Gegenfarben.

Cortexneuronen weisen außerhalb ihres klassisch definierten rezeptiven Feldes ein großes Gebiet auf, aus dem ihre Antwort moduliert werden kann. Reize in diesem *nicht klassischen* Anteil des rezeptiven Feldes generieren für sich genommen keine Spikes, können aber die Antwort der Zelle innerhalb des klassischen rezeptiven Feldes tief greifend verändern. Viele dieser Effekte entwickeln sich im Lauf der Zeit, in Abhängigkeit von der visuellen Erfahrung des Tieres. Diese Art von Plastizität ist in der Retina nicht nachgewiesen.

Stellen Sie sich beispielsweise vor, dass sich ein einzelner, optimal ausgerichteter Balken genau in der Mitte eines rezeptiven Feldes befindet. Das Neuron feuert daher heftig. Wenn dieser Balken in ein Feld ähnlich orientierter Balken eingebettet ist, sodass ein homogenes Muster entsteht, verringert sich die Antwort. Unterscheidet sich die Orientierung des zentralen Balkens hingegen von der Orientierung des umgebenden Balkenfeldes, kann es sein, dass die Antwort der Zelle stärker ausfällt als auf den zentralen Balken allein. Je auffälliger der Reiz im klassischen rezeptiven Feld der Zelle relativ zum Umfeld ist, desto heftiger antwortet die Zelle. Man kann sagen, dass der zentrale Reiz in einen geeigneten *Kontext* mit dem allgemeinen visuellen Szenario gestellt wird.[16]

Kontextabhängige Modulationen hängen auch davon ab, ob der Balken in einer Reihe mit anderen Linienelementen in seiner Nachbarschaft steht. Ein Linienelement, das Teil einer größeren Kontur ist, die sich über das Sehfeld zieht, führt zu einer stärkeren Antwort als ein isoliertes Linienelement. All diese Einflüsse, von denen viele wahrscheinlich durch Feedback von höheren corticalen Arealen vermittelt werden, treten später auf. Sie laufen gewöhnlich mit einer Verzögerung von 80–100 ms nach der Initialantwort der Zelle an.

Nicht klassische rezeptive Feldeffekte können recht komplex sein, ein Beleg dafür, dass die Wahrnehmung eines jeden Reizes zwangsläufig mit anderen Elementen im Blickfeld verknüpft ist und separat betrachtet nicht voll verstanden werden kann. Das war das zentrale Dogma der *Gestalt*-Bewegung, die in Deutschland zwischen den Weltkriegen aufkam.

Die Cortexarchitektur und das Säulenprinzip

Ein Schlüsselprinzip der neuronalen Architektur ist, dass eng benachbarte Neuronen ähnliche Information codieren. Dieses weit verbreitete Merkmal des Cortex und anderer Nervengewebe ökonomisiert die Länge der Gesamtverdrahtung (weil Neuronen, die aus funktionellen Gründen verknüpft werden müssen, nebeneinander liegen).[17] Räumliche Clusterbildung zeigt sich auf unterschiedliche Weisen.

---

[16]Die Literatur über nicht klassische rezeptive Feldeffekte und kontextabhängige Modulationen ist groß und nimmt ständig zu. Wichtige Artikel sind Allman (1985), Gallant, Connor und Van Essen (1997), Shapley und Ringach (2000) sowie Lamme und Spekreijse (2000).
[17]Vermutlich wirkt eine *Beschränkung auf die minimale Verdrahtungslänge* (*minimal wiring length constraint*) auf der Ebene des gesamten Nervensystems des am intensivsten studierten mehrzelligen Organismus, des Nematoden *C. elegans,* der nur 302 Neuronen besitzt (Cherniak, 1995). Hinsichtlich eines ähnlichen Ansatzes für den primären visuellen Cortex siehe Koulakov und Chklovskii (2001). Elektro-

Zellen in der Inputschicht sind im Allgemeinen *monokular* und werden primär von Input des rechten *oder* linken Auges angetrieben. Die Mehrheit der Zellen außerhalb dieser Schicht ist *binokular*; ihre Antwort wird vom Input beider Augen beeinflusst. Binokulare Zellen stellen die erste Stufe in der visuellen Bahn dar, wo diese Konvergenz auftritt. Diese Zellen können im Prinzip die räumliche Tiefe von Merkmalen in ihrem rezeptiven Feld beurteilen, indem sie die kleinen Unterschiede auswerten, die entstehen, wenn dieselbe Szene aus etwas unterschiedlichen Blickwinkeln betrachtet wird.

Wenn man Schicht 4c mit einer Elektrode schräg durchquert, drängen sich die Zellen, die vorwiegend vom Input *eines* Auge angetrieben werden, zusammen (*cluster*) und machen Repräsentationen vom anderen Auge Platz. Wenn man dies mithilfe eines radioaktiven Tracers, der in ein Auge injiziert wurde, sichtbar macht, resultieren sehr hübsche, zebrastreifige Bilder, wobei Bänder markierter Zellen mit unmarkierten abwechseln. Diese *Augendominanz*-Streifen sind auf die Inputschicht beschränkt.[18]

Wenn sich die Clusterbildung über die meisten Schichten erstreckt, sprechen Neurowissenschaftler von einer *Säulenrepräsentation* (*columnar representation*) der Information. Neuronen in einer Säule des Cortex, die von oberflächlichen bis in tiefe Schichten reichen, teilen eine oder mehrere Eigenschaften. Wie in Abschnitt 2.2 ausführlich besprochen, ist das Säulenprinzip eng mit der expliziten Codierung von Informationen verknüpft. Tatsächlich nehmen Francis und ich an, dass alles, was in einer solchen Säule repräsentiert wird, dort explizit gemacht wird.

In V1 kreuzen sich mindestens zwei separate Säulenrepräsentationen, eine für räumliche Orientierung und eine für ausgewählte Farbaspekte.

Säulen für Reizorientierung

Immer wenn Hubel und Wiesel gleichzeitig die Aktivität zweier oder mehr corticaler Neuronen mit einer Elektrode ableiteten, war, wie sie bereits früh feststellten, die optimale räumliche Orientierung beider Neuronen ähnlich. Wenn die Elektrode senkrecht zur Oberfläche durch die verschiedenen Schichten bewegt wurde, wiesen die Neuronen zudem (fast) dieselbe Orientierungsselektivität auf. Überdies deckten die rezeptiven Felder dieser Neuronen dieselbe Position im Raum ab. Um diesen Schlüsselbefund noch einmal zu betonen: Neuronen innerhalb einer vertikalen Säule codieren für *eine* bestimmte Region im visuellen Raum und ein enges Spektrum von räumlichen Orientierungen.

---

ingenieure müssen sich mit ähnlichen Einschränkungen auseinandersetzen, wenn sie überlegen, wo sie Millionen von Transistoren, Kondensatoren und andere Komponenten auf einem hochintegrierten Siliziumchip platzieren, um die Gesamtverdrahtungslänge zu minimieren.

[18]Augendominanzsäulen beim Makaken wurden von Hubel und Wiesel (1968) entdeckt und von LeVay et al. (1985) dargestellt. Beim Menschen sind diese Säulen etwa 800 µm breit (Horton und Hedley-Whyte, 1984).

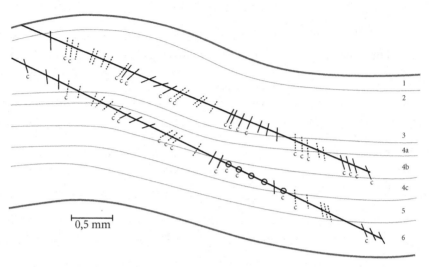

4.4 *Nachbarschaftsbeziehungen im Cortex.* Richtungspräferenz, Farbempfindlichkeit und Augendominanz von Zellen, die bei zwei schrägen Penetrationen einer Elektrode in den Affencortex aufgezeichnet wurden. Benachbarte Neuronen bevorzugen ähnliche Reize. Die kurzen Striche symbolisieren die bevorzugte Orientierung der Zelle, wobei ungefüllte Kreise Neuronen mit kreisförmigen rezeptiven Feldern angeben. Gestrichelte oder durchgezogene Linien geben an, ob das Neuron vorwiegend durch Input vom linken oder rechten Auge erregt wird. Das c steht für farbempfindliche Zellen. Nach Michael (1981), verändert.

Wenn die Elektrode in einem bestimmten Winkel schräg durch den Cortex bewegt wird, verändert sich die Richtungsempfindlichkeit der Neuronen in geordneter und generell kontinuierlicher Weise (Abb. 4.4). Neurowissenschaftler bezeichnen dies als *Orientierungssäulen* oder *-kolumnen*. Mit hoch auflösenden *optical imaging*-Verfahren lassen sich diese Säulen im lebenden Cortex direkt sichtbar machen. In einem Streifen Cortexgewebe von etwa 1 mm Breite findet sich ein komplettes Spektrum räumlicher Orientierungen.[19]

Auch wenn die räumliche Orientierung im Allgemeinen kontinuierlich auf dem Cortex abgebildet ist, existieren Diskontinuitäten oder Brüche in der Orientierungskarte. Diese sind offenbar mit Inhomogenitäten in der Topographie der rezeptiven Felder korreliert. Die Karte des visuellen Raumes ist auf mikroskopischer Ebene wahrscheinlich verzerrt. Sorgfältige Messungen müssten diese Ungenauigkeiten aufdecken, die den Verzerrungen ähneln, welche

[19]Mit Ausnahme von Flecken nicht richtungsspezifischer Zellen in den Schichten 2 und 3 und der Lücke in der Richtungsempfindlichkeit bei Neuronen in der Inputschicht 4c erstrecken sich Orientierungssäulen durch alle Schichten (LeVay und Nelson, 1991).

frühe Kartographen aufgrund falscher Informationen eingeführt haben (wie zwei Orte nebeneinander zu platzieren, die nicht nebeneinander liegen).[20]

Was dies für die bewusste Raumwahrnehmung bedeutet, ist unklar. Wie würden sich solche Verzerrungen manifestieren? Man könnte die kontinuierliche Fortbewegung eines Objekts durch den Raum mit seiner wahrgenommenen Lage korrelieren. Das Subjekt sollte die Lage und die Geschwindigkeit der Ortsveränderung eines von ihm fixierten Lichtpunktes bemerken, der an sich fortlaufend verschiebenden Positionen aufblitzt. Aber nur andere Zellen schauen auf die topographische Karte des Raumes, daher könnten lokale Inhomogenitäten durchaus durch postsynaptische Schaltkreise kompensiert werden, die über den Raum interpolieren. Derartige räumliche Verzerrungen zeigen sich möglicherweise niemals, weder im Verhalten noch in der bewussten Wahrnehmung.

Das Blob-System

Gegen Ende der 1970er Jahre entdeckte Margaret Wong-Riley von der University of Wisconsin dank eines glücklichen Zufalles, dass sich eine einzigartige Architektur enthüllt, wenn man in einem Affencortex das Enzym Cytochromoxidase (CO) anfärbt. In den oberen Schichten 2 und 3 und sehr viel schwächer in Schicht 6 zeigen sich dann Punktmuster von Flecken. Diese *Blobs* passen genau zu den Augendominanzsäulen; das heißt, jeder Blob sitzt in einer einzelnen Augensäule. Man kann Blobs als separate Kompartimente in V1 ansehen, weil sie bevorzugt synaptische Kontakte zu anderen Blobs herstellen, während Interblob-Regionen mit anderen Interblob-Regionen verbunden sind. Kreuzkorrelationsstudien bestätigen diese Beobachtungen. Das Blob-System lässt sich übrigens deutlich über V1 hinaus verfolgen.[21]

Zellen in den CO-Blobs unterscheiden sich insofern von umliegenden Zellen, als dass sie keine oder kaum Orientierungsselektivität aufweisen und sich vielmehr um Farbe kümmern. *Double-opponent*-Neuronen treten zum ersten Mal in den Blobs auf. Diese Zellen heißen so, weil sie sowohl räumlich strukturierte als auch farblich entgegengesetzte (*opponent*) rezeptive Felder aufweisen. Der häufigste *double-opponent*-Zelltyp wird von Rot im Zentrum seines klassischen rezeptiven Feldes erregt und von Grün gehemmt, sowie von Rot im Umfeld gehemmt und von Grün erregt.[22]

---

[20]Blasdel (1992); Das und Gilbert (1997).
[21]Wong-Riley (1994).
[22]Belege für räumlich und farblich entgegengesetzte (*opponent*) Zellen in V1 beim Affen beschreiben Michael (1978), Livingstone und Hubel (1984) sowie Conway, Hubel und Livingstone (2002). Die Existenz von *double-opponent*-Zellen als eigenständige Klasse wird von einigen Wissenschaftlern weiterhin angezweifelt (Lennie, 2000).

Multiple Karten und parallele Ströme in V1

Der visuelle Cortex enthält zahlreiche übereinandergestapelte Karten für Position, Orientierung und Bewegungsrichtung von Reizen, für Augendominanz und Farben. Welche Beziehung herrscht zwischen diesen Karten? Sind sie zufällig zueinander angeordnet? Gibt es ein regelmäßiges Mosaik – eine *Elementarzelle* in der Sprache der Kristallographie –, in dem all diese Variablen repräsentiert sind? Jede Kachel dieses Mosaiks müsste Information codieren, die alle möglichen Werte der entsprechenden Dimensionen betrifft. Theoretischen Überlegungen zufolge können höchstens neun oder zehn Attribute vernünftig auf kontinuierliche Weise repräsentiert werden. Für die meisten Areale sind jedoch nur eine oder zwei Zuordnungen beschrieben worden (Kapitel 8), was entweder bedeutet, dass es noch viele andere, bisher nicht entdeckte Merkmalsdimensionen gibt, oder dass diese Merkmalskombinationen nicht explizit in V1 repräsentiert sind. Momentan haben sich die Neurowissenschaften noch nicht auf ein endgültiges Bild einigen können.[23]

Was ist aus den magno-, parvo- und koniozellulären Bahnen geworden, die wir in den Inputschichten, die zu V1 projizieren, kennen gelernt haben (Abschnitt 3.5)? Was passiert mit ihnen? Zumindest ein Abzweig der magnozellulären Bahn projiziert von Schicht 4cα in Schicht 4b, von wo die Axone zum bewegungsverarbeitenden Areal MT weiterziehen. Die parvozelluläre Bahn liefert jedoch ebenfalls einen Beitrag. Im Allgemeinen verwischen massive intra- und intrareale Verarbeitungsprozesse die Dichotomie zwischen diesen beiden Bahnen. Trotz früherer Hinweise auf eine anhaltende anatomische Trennung zwischen magno- und parvozellulären Inputs bis tief in den Cortex vermischen sich beide.

Statt dessen entspringen in V1 zwei neue Bahnen – die *ventrale* und die *dorsale Bahn* – und ziehen in Richtung präfrontaler Cortex. Ihre typischen Merkmale und Zielorte sind in Abschnitt 7.5 beschrieben.

4.5 Wiederholung

In diesem Kapitel sind die Datenberge zusammengefasst, die sich auf Struktur und Funktion des primären visuellen Cortex und stellvertretend auf die meisten corticalen Areale beziehen. Was davon ist direkt für die Suche nach den NCC, für die Erforschung des Bewusstseins relevant?

Es gibt zahlreiche Typen von corticalen Neuronen. Aufgrund der laminaren Position des Zellkörpers, Dendritenmorphologie und axonalem Zielgebiete las-

---

[23]Hübener et al. (1997) bieten eine mögliche Antwort auf die Frage, wie viele diskrete Karten es im Cortex geben könnte, und Swindale (2000) widmet sich dem Thema aus der Sicht der corticalen Entwicklung. Siehe auch Dow (2002).

sen sich rund 100 Zelltypen unterscheiden (möglicherweise gibt es noch viel mehr). Pyramidenzellen dominieren; eine Untergruppe von ihnen übermittelt die Information, die in lokalen Schaltkreisen verrechnet wird, an andere Knoten innerhalb und außerhalb des Cortex.

Während die Struktur der rezeptiven Felder von Retina- und CGL-Neuronen relativ stereotyp ist, zeigen Cortexzellen eine verwirrende Vielfalt selektiver Antworten auf Bewegung, Farbe, Orientierung, Tiefe und andere Reizmerkmale. Ihr nicht klassisches rezeptives Feld erstreckt sich weit über die Grenzen der Raumregion hinaus, welche die Zelle direkt erregt. Es liefert den Kontext, in den jeder visuelle Reiz gestellt wird. Daher kann sich die neuronale Antwort auf einen isolierten Balken wesentlich verändern, wenn der Balken in ein Linienfeld eingebettet ist.

Neuronen, auf die man stößt, wenn man mit einer Elektrode senkrecht zur Oberfläche in den Cortex eindringt, reagieren ähnlich, was die Lage ihres rezeptiven Feldes und ihre bevorzugte Orientierung angeht. Wenn die Elektrode von Neuronen ableitet, die seitlich davon liegen, ändern sich die Eigenschaften des rezeptiven Felder dieser Neuronen allmählich, kurz gesagt: Gleiches gesellt sich zu Gleichem. Das zeigt sich bei Orientierung und Augendominanzsäulen ebenso wie bei Farbblobs.

Nach meiner Argumentation in Kapitel 2 impliziert die Existenz einer Säulenrepräsentation für Lage und Orientierung von Reizen, dass diese Variablen in V1 explizit repräsentiert sind (erinnern Sie sich daran, dass dies eine notwendige, aber nicht hinreichende Bedingung für die NCC ist). Diese Empfindlichkeit für räumliche Linien ist noch nicht in komplexe Konstrukte wie Gesichter, Körperteile oder Objekte integriert. Das heißt, Gesichter werden von V1-Zellen implizit codiert. Ihre explizite Repräsentation erfolgt erst später.

Im nächsten Kapitel werde ich versuchen, einige widersprüchliche Behauptungen rund um das Konzept der NCC zu klären, bevor ich in Kapitel 6 argumentiere, dass Neuronen in V1 nicht Teil der NCC für das Sehen sind.

Kapitel 5

Was sind die neuronalen Korrelate des Bewusstseins?

> Viele Menschen möchten ein „höheres Bewusstsein" erlangen. Bemerkenswert ist,
> dass ein höheres Bewusstsein für sie kein metaphorischer Zustand ist, sondern vielmehr
> ein tatsächlicher physikalischer Schwingungszustand. Es hat eine solche Realität, dass
> man es theoretisch durch sorgfältigen Einsatz eines „Bewusstseinsmessers" messen könnte.
>
> Aus *Captured by Aliens* von Joel Achenbach

Das Konzept der neuronalen Korrelate des Bewusstseins ist ansprechend, weil es so einfach ist. Was könnte eleganter sein als ein spezieller Satz von Neuronen, die eine bestimmte Art von Aktivität ausüben und die physische Basis eines bestimmten bewussten Perzepts oder Gefühls darstellen? Einer populären Hypothese (siehe Abschnitt 2.3) zufolge stellen die NCC eine temporäre Untergruppe bestimmter Neuronen im cortico-thalamischen System dar, die synchron feuern. Bei näherer Betrachtung werden jedoch viele Feinheiten und Verflechtungen offenbar.

Das gesamte Gehirn ist hinreichend für Bewusstsein – es bestimmt tagein, tagaus bewusstes Empfinden. Das gesamte Gehirn mit den NCC gleichzusetzen, ist jedoch nicht hilfreich, weil wahrscheinlich auch weniger Hirnmaterie ausreicht. Ich interessiere mich für den *kleinsten* Satz Neuronen, der für ein bestimmtes Perzept verantwortlich ist.

Welche Rahmenbedingungen sind erforderlich, damit bewusste Inhalte vom Gehirn ausgedrückt werden können? Kann die Erforschung von Emotionen oder Narkose bei der Suche nach den NCC weiterhelfen? Gibt es Gemeinsamkeiten zwischen den NCC für das Sehen eines Gesichts, das Hören des hohen C und das Fühlen von Zahnschmerzen? Wie viel Überlappung gibt es zwischen den NCC für das Sehen eines Objekts, für dessen Abruf oder dessen Erscheinen im Traum? Diese schwierigen Fragen sollen in diesem Kapitel behandelt werden.[1]

---

[1] Eine Darstellung der gegenwärtigen Ansichten über die NCC ist in der von dem Philosophen Thomas Metzinger (2000) herausgegebenen Sammlung zu finden. Insbesondere Chalmers (2000) betont die Schwierigkeiten, die NCC genau zu definieren. Siehe auch die Aufsätze in der Spezialausgabe (2001) über „Consciousness" in der Zeitschrift *Cognition*. Teller und Pugh (1983) sowie Teller (1984) nannten das neurale Substrat der Erfahrung den *bridge locus* (Brückenort), ein Konzept, das den NCC recht ähnlich ist. Nicht alle sind jedoch davon überzeugt, dass es für jede bewusste Erfahrung einen NCC gibt, dessen Aktivität hinreicht, diese Erfahrung zu erzeugen. Zu Argumenten gegen diese Art von *Isomorphismus* angeht, siehe Pessoa, Thompson und Noë (1998) sowie O'Regan und Noë (2001).

5.1 Ermöglichende Faktoren, die für Bewusstsein notwendig sind

Damit es zu Bewusstsein kommt, müssen Myriaden biologischer Prozesse etabliert sein. Wenn man über die NCC nachdenkt, ist es wichtig, zwischen *ermöglichenden* (*enabling*) und *spezifischen* Faktoren zu unterscheiden.

Ermöglichende Faktoren (*enabling factors*) sind gleichmäßige, kontinuierliche Bedingungen und Systeme, die notwendig sind, damit Bewusstsein – in welcher Form auch immer – überhaupt auftritt, während spezifische Faktoren für ein jedes bestimmte bewusste Konzept, wie das Sehen des wunderbaren Sternenhimmels in den Bergen, erforderlich sind. Einige neuronale Ereignisse mögen sich einer solche Zweiteilung widersetzen und stattdessen den Grad des Bewusstseins modulieren. Für den Augenblick reicht dieses einfache Schema jedoch aus.

Einige Experten argumentieren, man müsse zwischen dem *Inhalt* des Bewusstseins auf der einen Seite und der „Qualität, sich etwas bewusst zu sein" oder „Bewusstsein an sich" auf der anderen Seite unterscheiden.[2] Diese Unterscheidung lässt sich direkt auf meine Klassifikation übertragen.

Die Fähigkeit, sich einer Sache bewusst zu sein, verlangt ermöglichende neuronale Bedingungen, die ich als NCC_e bezeichne. Die Wirkweise von NCC_e sollte globaler und anhaltender sein als das lokale, höchst spezifische und viel raschere Auftreten und Verschwinden des NCC für irgendein beliebiges Perzept. Ohne die relevanten NCC_e mag der Organismus noch ein gewisses Verhalten zeigen, doch dieses Verhalten wäre ohne Bewusstsein (einige pathologische Zustände, wo dies auftreten könnte, sind in Kapitel 13 diskutiert). Per definitionem kann sich kein NCC ohne NCC_e bilden.

Ist es möglich, Bewusstsein zu haben, ohne sich etwas Bestimmtem bewusst zu sein? Das heißt, können die NCC_e ohne NCC präsent sein? Einige Formen der Meditation zielen auf diese inhaltsleere Form von Bewusstsein ab.[3] Im Augenblick erscheint es jedoch schwer, dies konsequent zu untersuchen.

Was sind Beispiele für ermöglichende Faktoren? Eine ausreichende Blutversorgung ist nötig, denn ohne sie verliert man innerhalb von Sekunden das Bewusstsein.[4] Das heißt jedoch nicht, dass Bewusstsein aus dem Herzen erwächst.

---

[2]Siehe dazu Moore (1922), Grossman (1980), Baars (1988, 1995), Bogen (1995a) und Searle (2000).

[3]Meditationstechniken betonen das völlige Leeren des Geistes durch Konzentration auf einen einzelnen Gedanken, eine einzelne Idee oder ein einzelnes Perzept. Es bedarf jahrelanger Übung, um die ständigen Aufmerksamkeitsverlagerungen zu unterdrücken (Kapitel 9) und sich längere Zeit auf eine Sache zu konzentrieren, ohne einzuschlafen. Aufgrund der ständig präsenten neuronalen Adaptation kann das Sich-dieser Sache-bewusst-Sein allmählich abflauen und verblassen, sodass das Gehirn ohne eine dominante Koalition bleibt und der Betroffene ohne Bewusstseinsinhalt, aber dennoch wach ist.

[4]Bei gesunden jungen Männern tritt Bewusstlosigkeit bereits nach 6,8 s auf! Das fand man bei einem Experiment mit Freiwilligen heraus, deren innere Halsschlagader durch eine Druckmanschette am Hals abrupt blockiert wurde (Rossen, Kabat und Anderson, 1943). Der allgemeine Verlauf von Ereignissen, die vom Bewusstsein zu dessen abruptem Verlust und wieder zurück führen – was beim Erwachen

Desgleichen spielen die Myriaden Gliazellen im Gehirn eine unterstützende, metabolische Rolle für das Organ, besitzen aber nicht die erforderliche Spezifität und Geschwindigkeit, um direkt an der Wahrnehmung beteiligt zu sein.

In einer Reihe von Pionierarbeiten gegen Ende der 1940er Jahre demonstrierten Giuseppe Moruzzi und Horace Magoun, dass eine große Region im Hirnstamm, die *mesencephale Formatio reticularis* (MFR), das Niveau der Wachsamkeit (Arousal-Level) bei Tieren kontrolliert.[5] Dieses System ist auch als *aufsteigendes Aktivierungssystem* bezeichnet worden. Eine direkte elektrische Stimulation dieser facettenreichen und komplexen Struktur „weckt" das Vorderhirn. Das corticale EEG geht abrupt von den langsamen, synchronisierten Wellen mit hoher Amplitude, wie sie für Tiefschlaf typisch sind, zu der schnellen, desynchronisierten Niederspannungsaktivität über, die typisch für das wache Gehirn ist. Arousal tritt ohne jede sensorische Stimulation auf. Bilaterale Läsionen der MFR – die Zerstörung einer Seite reicht gewöhnlich nicht aus – führt dazu, dass das Tier nicht einmal mehr auf intensive sensorische Stimulation reagiert. Bei Patienten geht eine Schädigung dieser Hirnstammregion mit Stupor und Koma einher.

Inzwischen ist die Vorstellung von einem monolithischen Aktivierungssystem der Erkenntnis gewichen, dass 40 oder mehr sehr heterogene Kerne mit hoch spezifischen Zellstrukturen im Hirnstamm (das heißt, in Medulla, Pons und Mittelhirn) ansässig sind. Die Architektur dieser Kerne (*Nuclei*) – dreidimensionaler Neuronenansammlungen, von denen jede eine vorherrschende neurochemische Identität aufweist –, unterscheidet sich tief greifend von der geschichteten Organisation des Cortex. Zellen in verschiedenen Kernen synthetisieren, speichern und entlassen aus ihren synaptischen Endigungen verschiedene Neurotransmitter, wie Acetylcholin, Serotonin, Noradrenalin, Histamin und andere. Individuelle Neuronen in diesen Zellaggregaten projizieren großräumig – wenn auch nicht wahllos – in einen Großteil des Nervensystems.[6] Viele der Hirnstammneuronen überwachen und modulieren den Zustand des Organismus, einschließlich des Schlaf-Wach-Rhythmus. Gemeinsam verarbeiten sie Signale, die sich auf das innere Milieu, Schmerz und Temperatur sowie auf den Bewegungsapparat beziehen.

---

oft intensive visuelle Träume und euphorische Gefühle mit sich bringt – wurde durch beschleunigungsinduzierte Ohnmachten von Piloten und anderen Freiwilligen bestätigt, die in Zentrifugen hohen g-Zahlen ausgesetzt wurden (Forster und Whinnery, 1988; Whinnery und Whinnery, 1990). Die Neurobiologie des *Bewusstseinsverlustes* ist ein faszinierendes, aber kaum erforschtes Gebiet, das für Beinahe-Tod-Erfahrungen, epileptische Absencen und andere ungewöhnliche Phänomene von Bedeutung ist.
[5]Die Originalexperimente an Katzen sind in Moruzzi und Magoun (1949) sowie Magoun (1952) beschrieben. Siehe auch Hunter und Jasper (1949). Die Bücher von Hobson (1989) sowie Steriade und McCarley (1990) bieten eine modernere Sicht der Hirnstammkontrolle von Wachheit und Schlaf.
[6]Wer mehr über Hirnstammkerne und ihre Bedeutung für das Bewusstsein wissen will, lese die exzellenten Artikel von Parvizi und Damasio (2001) sowie Zeman (2001).

Der *Locus coeruleus*, eine kompakte Masse aus etwa 10 000 Neuronen auf jeder Seite der Brücke (Pons), enthält mehr als die Hälfte aller *Noradrenalin* ausschüttenden Zellen im Gehirn. Um ihre geringe Zahl auszugleichen, posaunen Coeruleus-Neuronen ihre Informationen weit hinaus. Ein einzelner Axon verzweigt sich stark und kann viele Areale erreichen, einschließlich des frontalen Cortex, des Thalamus und der Sehrinde. In der REM-Phase des Schlafzyklus, in der die meisten Träume auftreten, bleiben diese noradrenergen Zellen (fast) stumm. Ihr Aktivitätsniveau nimmt zu, wenn das Tier aufwacht, und ist besonders hoch in Situationen, die extreme Wachsamkeit oder Kampf- oder - Flucht-Reaktionen erfordern.[7] Weil aber die intensiven Träume, die für den REM-Schlaf so charakteristisch sind, bewusst erlebt – wenn auch gewöhnlich nicht bewusst erinnert – werden, schließt der fehlende noradrenerge Input in den Cortex beim Träumen Noradrenalin[8] als Teil der NCC$_e$ dennoch aus.

Wenn es einen einzelnen Neurotransmitter gibt, der entscheidend für das Bewusstsein ist, dann muss es *Acetylcholin* sein. Dies sicher nachzuweisen, ist jedoch schwierig, weil die synaptische Freisetzung von Acetylcholin, die so genannte *cholinerge Übertragung*, weit verbreitet ist und sowohl in der Peripherie auftritt, wo Motoneuronen Kontakt zu Muskeln aufnehmen, als auch tief im Cortex. Je nachdem, welche Rezeptoren auf der Membran der *postsynaptischen* Zielzelle sitzen, kann die Freisetzung von Acetylcholin zu einer raschen, aber kurzlebigen Zunahme des Membranpotenzials führen, sodass es näher an die Schwelle zur Auslösung eines Aktionspotenzials heranrückt, oder zu einer langsameren, aber dauerhafteren Auf- oder Abregulierung der Erregbarkeit der Zelle.[9]

Zwei wichtige cholinerge Bahnen entspringen im Stammhirn und im basalen Vorderhirn (Abb. 5.1). Hirnstammzellen senden eine aufsteigende Projektion an den Thalamus, wo die Ausschüttung von Acetylcholin die Weiterleitung von Informationen von der sensorischen Peripherie an den Cortex erleichtert. Cholinerge Zellen sind daher gut geeignet, durch Kontrolle das Thalamuus den gesamten Cortex zu beeinflussen. Die cholinergen Neuronen im basalen Vorderhirn senden ihre Axone hingegen zu einer viel breiteren Palette von Zielstrukturen und innervieren Thalamus, Hippocampus, Amygdala und Großhirnrinde.[10]

---

[7]Foote, Aston-Jones und Bloom (1980); Foote und Morrison (1987); Hobson (1999). Wenn Locus-coeruleus-Neuronen abschalten, geht die Spikeaktivität im Hippocampus und anderswo stark zurück. Das könnte erklären, warum man sich an seine Träume nicht erinnern kann, weil nämlich der Transfer vom Kurzzeit- ins Langzeitgedächtnis beeinträchtigt ist. Wird die Biotechnologie ein Mittel entwickeln, das während der REM-Schlafphase Noradrenalin in den Hippocampus ausschüttet, sodass man sich an seine Traumerlebnisse erinnern kann? Wird dies eine Büchse der Pandora voller unterdrückter Obsessionen, Erinnerungen und Gedanken öffnen?

[8]Ebenso sind die Locus-coeruleus-Neuronen bei kataplektischen Anfällen stumm, während derer die Betroffenen gewöhnlich voll bei Bewusstsein sind (Wu et al., 1999). Siehe auch Fußnote 16 in Kapitel 1.

[9]Hille (2001) bietet einen umfassenden Überblick über die Wirkung von Neurotransmittern auf Ionenkanäle.

[10]Steriade und McCarley (1990); Woolf (2002).

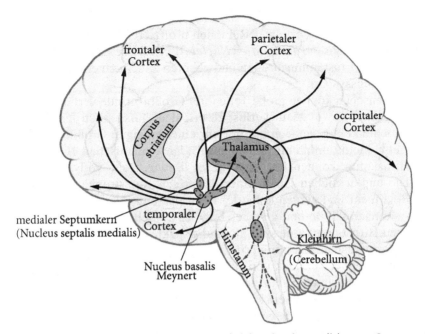

5.1 *Das cholinerge ermöglichende System.* Aktivität in einem diskreten Satz von Kernen, die den Neuromodulator Acetylcholin freisetzen, ist ein ermöglichender Faktor für Bewusstsein und Teil der NCC$_e$. Diese Zellen sind so positioniert, dass sie die Verarbeitung im ganzen Cortex, im Thalamus und in den Basalganglien (also im Vorderhirn) beeinflussen können. Es gibt jedoch keine Belege dafür, dass ihre Aktivität für ein spezifisches Perzept hinreichend ist. Nach Perry und Young (2002), verändert.

Cholinerge Mechanismen fluktuieren mit dem Schlaf-Wach-Zyklus. Im Allgemeinen gehen steigende Niveaus von Spikeaktivität in cholinergen Neuronen mit Wachheit oder REM-Schlaf einher, während fallende Niveaus beim NREM-Schlaf auftreten. Schließlich werden viele neurologische Leiden wie Parkinson, Alzheimer und andere Demenzformen, zu deren Symptomen Aufmerksamkeitsstörungen gehören, mit dem selektiven Verlust von cholinergen Neuronen in Verbindung gebracht.[11]

Ich schließe aus diesen verschiedenen Daten, dass die Aktivität in cholinergen Neuronen ein ermöglichender Faktor für Bewusstsein ist, ein Teil der NCC$_e$. Ein zu niedriger Spiegel dieses Neurotransmitters verhindert die Bildung von neuronalen Koalitionen, die den NCC zugrunde liegen.

Ein weiterer ermöglichender Faktor ist eine ausreichende Aktivität in den so genannten *unspezifischen thalamische Kernen* – also in Regionen des Thala-

---

[11]Die These, dass Acetylcholin dem Bewusstsein dient, wird besonders engagiert von Perry et al. (1999) vertreten. Siehe auch Hobson (1999) sowie Perry, Ashton und Young (2002).

mus, die keiner bestimmten sensorischen Modalität dienen und in die oberen Schichten vieler corticaler Regionen projizieren. Am besten bekannt sind die fünf oder mehr *intralaminaren Nuclei* (ILN). Diese Kerne sind die Zielorte cholinerger Hirnstammneuronen und gehören zudem zu einem aufsteigenden Aktivierungssystem.

Menschen können große Teile ihrer Großhirnrinde verlieren, ohne einen allgemeinen Bewusstseinsverlust zu erleiden. Tatsächlich leben einige Hundert Patienten einigermaßen gut mit nur einer einzigen Großhirnhälfte. Vergleichsweise kleine, bilaterale Läsionen in den thalamischen ILN oder Teilen den Hirnstamm können hingegen jedes Bewusstsein vollständig auslöschen.[12] Die unglücklichen Opfer einer derartigen Katastrophe reagieren auf keinen Reiz mehr und zeigen keinerlei Hinweise auf geistiges Leben.[13]

Je nach Größe und genauer Lage einer Schädigung innerhalb der zahlreichen Hirnstammkerne sind globale Aspekte des Bewusstseins in unterschiedlichem Ausmaß beeinträchtigt. Bei einer schrittweise zunehmenden Schädigung erlebt der Patient, von einem Zustand der Wachheit ausgehend, eine Reihe von klinischen Syndromen mit immer schwereren kognitiven Ausfällen. Diese reichen von einem kaum bewussten Zustand (*minimally conscious state*) bis zum dauerhaft vegetativen Zustand (*persistent vegetative state*) oder Koma, bei dem weder Willkürbewegungen und -reaktionen noch ein Schlaf-Wach-Zyklus bleibt und nur rudimentäre Reflexe ausgelöst werden können. Was das subjektive Bewusstsein betrifft, ist Koma ein enger Verwandter des Todes.[14]

Neuronen im Hirnstamm oder in den ILN zeigen keine expliziten Repräsentationen, und sie codieren auch weder Reizorientierung, Form oder Farbe noch

---

[12]Hunter und Jasper (1949), Llinás und Paré (1991), Bogen (1995b), Baars (1995), Newman (1997), Purpura und Schiff (1997) sowie Cotterill (1998) betonen alle die Schlüsselrolle der thalamischen intralaminaren Kerne beim Ermöglichen von Bewusstsein. Die ILN projizieren konzentriert in die Basalganglien und breiter verteilt in einen Großteil des Neocortex. Die ILN erhalten wenig – wenn überhaupt – Input vom sensorischen Neocortex (beispielsweise von V1, MT oder IT). Ich habe argumentiert (Koch, 1995), dass Aktivität in den ILN keine spezifischen sensorischen Zustände vermitteln kann, weil den ILN-Zellen die nötigen expliziten Repräsentationen fehlen.

[13]In den 1970ern Jahren machte der Gerichtsfall Karen Ann Quinlan Schlagzeilen. Mit 21 Jahren trank sie eine Mischung aus Alkohol und verschreibungspflichtigen Schlafmitteln und erlitt einen Herzstillstand, gefolgt von einem ischämischen Hirnschädigung. Quinlan erwachte nicht mehr, sondern glitt in einen dauerhaft vegetativen Zustand (*persistent vegetative state*), charakterisiert durch einen intakten Schlaf-Wach-Zyklus und gelegentlich ungerichteten Bewegungen, aber ohne ersichtliche Kognition oder Bewusstsein. Ihre Eltern erhielten vom Gericht die Erlaubnis, ihr Beatmungsgerät abzuschalten. Dennoch überlebte sie neun weitere Jahre, bevor sie an einer opportunistischen Erkrankung starb. Eine Autopsie (Kinney et al., 1994) ergab, dass Quinlans beide Thalami, einschließlich der ILN, massiv geschädigt waren, während ihre Großhirnrinde und ihr Hirnstamm relativ intakt waren.

[14]Die neuronalen Korrelate der progressiven Verminderung des Arousal bei klinischen Fällen werden bei Plum und Posner (1983), Giacino (1997), Schiff und Plum (2000), Zeman (2001), Zafonte und Zasler (2002) sowie Schiff (2004) diskutiert.

andere spezifische sensorische Attribute. Diesen Kernen fehlt daher die grundlegende Infrastruktur, um sensorische Bewusstseinsinhalte zu tragen.[15]

Ohne den aufsteigenden Einfluss von Hirnstamm und thalamischen Kernen kann ein Organismus sich nichts bewusst sein. Gemeinsam durchfluten sie das Vorderhirn mit einem lebenserhaltenden Elixier, einem fein abgestimmten Cocktail aus Acetylcholin und anderen Substanzen, die entscheidend für Homöostase, Arousal und Schlaf-Wach-Zyklus sind. Sie ermöglichen, liefern aber keine Inhalte. Das ist die Aufgabe von Cortex und Thalamus.

5.2 Emotionen und die Modulation des Bewusstseins

Antonio Damasio hat die These aufgestellt, dass *erweitertes Bewusstsein* – jene Aspekte des Bewusstseins, die das Gefühl erzeugen, im Inneren des Gehirns gebe es einen Besitzer und Beobachter – notwendigerweise in eine Matrix von Informationen aus dem Körper eingebettet sein muss, den es bewohnt. Nach Damasios Ansicht hört erweitertes Bewusstsein ohne die propriorezeptiven, viszeralen und anderen körperlichen Empfindungen, die das Gehirn ständig über den Zustand seines Körpers informieren, einfach auf. Gleiches gilt für Emotionen. Er argumentiert, dass ein Selbstgefühl Gemütsempfindungen erfordert; lässt man sie außer Acht, wird die Erforschung des Bewusstseins hohl und leer.[16]

Zweifellos haben Stimmungen – wenn man wütend oder traurig ist – einen starken Einfluss auf menschliches Leben und Verhalten. Störungen des Gefühlslebens sind für viel Leid verantwortlich, man denke nur an Depressionen, Schlaflosigkeit, Angst, Entfremdung und andere psychische Probleme, denen Menschen zum Opfer fallen können. Stimmungen und Gemütslagen sind entscheidend für das Überleben und färben unsere Sicht der Welt.

Allgemeiner gesagt, durchziehen *bewertende* Reaktionen, wie „Hmm, das sieht gut aus!", „Ihgitt, wie scheußlich!" und „Oh, wie schrecklich!" unser alltägliches Denken. Eine vollständige Wissenschaft des Bewusstseins muss derartigen bewertenden Faktoren daher Rechnung tragen und aufzeigen, wie sie die bewusste Wahrnehmung und die ihr zugrunde liegenden NCC beeinflusst.

Francis und ich haben beschlossen, den Umfang unserer Suche zu begrenzen, indem wir uns auf experimentell zugängliche Aspekte des Bewusstseins kon-

---

[15]Schlag und Schlag-Rey (1984) berichten, dass Zellen in den ILN von Affen große rezeptive Felder aufweisen und recht empfindlich auf Reizdimensionen oder Helligkeit reagieren. Minamimoto und Kimura (2002) kommen zu dem Schluss, dass ILN-Regionen eine entscheidende Rolle dabei spielen, das Tier auf visuelle Ereignisse auszurichten, die eine Reaktion von ihm verlangen.

[16]Damasios (1999) Monographie *The Feeling of What Happens*, die weitgehend auf klinischen Daten basiert, ist sehr gut lesbar. LeDouxs (1996) Buch dokumentiert die Neurobiologie von Emotionen, während Dolan (2002) einen Überblick über die Beiträge gibt, die funktionelle bildgebende Verfahren zu einem besseren Verständnis von Emotion und Verhalten geleistet haben.

zentrieren, die sich im Labor leicht manipulieren lassen. Mit den heute verfügbaren Techniken ist es noch sehr schwierig, Stimmungen und Emotionen – mit Ausnahme der Angst – auf der Ebene eines einzelnen Neurons zu studieren. Dichter und Liedermacher glauben beispielsweise, dass Farben stärker leuchten, wenn man verliebt ist. Selbst wenn man dies bei liebestrunkenen College-Studenten empirisch belegen könnte, erscheint es ziemlich knifflig – wenn nicht gar unmöglich –, ein Tiermodell zu entwickeln, um zu erforschen, wie Stimmungen die thalamo-corticalen Reaktionen auf sensorische Reize regulieren.

Wenn man traurig, glücklich oder wütend ist, können Ereignisse und Wahrnehmungen eine andere Bedeutung gewinnen. Aber der Film im Kopf läuft weiter; man sieht die Welt weiterhin in all ihrer Bewegung, Farbe, Tiefe und so weiter. Unter Laborbedingungen heißt das: Wenn eine leicht gelangweilte Vordiplomandin Bilder anschaut, die auf einen Schirm geblitzt werden, kann sie sich dieser Bilder auch ohne starke Gefühle voll bewusst sein. Ähnlich besitzen Patienten, die aufgrund einer Frontallappenschädigung viel von ihrer emotionalen Ausdrucksfähigkeit und ihren Affekten verloren haben und gegenüber ihrer oft düsteren medizinischen Situation eine völlige Gleichgültigkeit an den Tag legen, noch immer Bewusstsein. Sie können Farben sehen, Töne hören und weisen bemerkenswert wenig Defizite in der Art und Weise auf, wie sie die Welt sensorisch wahrnehmen.

Eine vollständige Darstellung der neuronalen Basis des Bewusstseins wird erklären müssen, wie Emotionen, Stimmungen und gefühlsmäßige Bewertungen helfen, die Dynamik der neuronalen Koalition(en) zu formen, die hinreichend für bewusste Wahrnehmung ist. Ich habe diese wichtigen Überlegungen für den Augenblick bewusst ausgeklammert, weil ich mich stärker auf experimentell besser zugängliche Aspekte des Bewusstseins konzentrieren möchte.

5.3 Narkose und Bewusstsein

Jedes Jahr wird das Bewusstsein bei Millionen Menschen sicher, schmerzlos und reversibel aus- und wieder angeschaltet, wenn sie wegen einer Operation eine Vollnarkose erhalten.[17] Narkosemittel gibt es seit rund 150 Jahren. Sicherlich kann man etwas über die NCC lernen, wenn man sie studiert.

---

[17]Das ist zumindest die Absicht. Eine Narkose ist jedoch möglicherweise oft unvollständig. In seltenen Fällen wachen Patienten während einer Operation auf und stellen erschreckt fest, dass sie sich weder bewegen noch mit dem medizinischen Personal kommunizieren können (Rosen und Lunn, 1987). Derartige Vorfälle ließen sich vermeiden, wenn man den Grad des Bewusstseins während der Operation messen könnte. Überraschenderweise gibt es keinen zuverlässigen *Bewusstseinmesser*, auch wenn auf EEG-Registrierungen basierende Geräte, welche die Energie in verschiedenen Frequenzbändern messen, vielversprechend sind (Madler und Pöppel, 1987; Kulli und Koch, 1991; Drummond, 2000).

Narkotika stellen eine bunt gemischte Stoffgruppe dar, die von reaktionsträgen Gasen, wie Stickoxid („Lachgas"), über Chloroform, Diethylether und Phencyclidin bis zu Barbituraten, cholinergen Agenzien und Opioiden reichen. Moderne Anästhesisten verabreichen ihren Patienten einen Medikamentencocktail, um das gewünschte Ergebnis zu erzielen. Dazu gehören curareähnliche, muskelentspannende Substanzen, die einen optimalen chirurgischen Zugang gewährleisten und alle Bewegungen des Patienten unterbinden, Agenzien, um vegetative Reaktionen (wie den Blutdruck) zu kontrollieren und Angstgefühle sowie Erinnerungen zu eliminieren, sowie Benzodiazepine, um den Patienten zu beruhigen und eine Amnesie zu induzieren. Mit einer derartigen Mixtur werden Patienten routinemäßig sicher zum Einschlafen gebracht und operiert und erwachen dann, ohne sich an etwas zu erinnern.

Früher wurde angenommen, dass Vollknarkosemittel systemisch auf die Doppellipidkomponenten der Zellmembranen einwirken. Experimente mit optischen Isomeren dieser Moleküle – Verbindungen mit derselben chemischen Zusammensetzung, aber einer spiegelbildlichen dreidimensionalen Struktur – sprechen sehr dafür, dass Narkotika direkt an Proteine binden. Ihr häufigstes Ziel sind neurotransmittergesteuerte Ionenkanäle an Synapsen. Die meisten Narkotika stärken die Wirksamkeit von inhibitorischen Neuronen. Da diese weiträumig im Nervensystem verteilt sind, ist es schwierig, ein bestimmtes Gehirnareal zu isolieren, das von den Narkotika „außer Gefecht" gesetzt wird.

Zwei intravenös verabreichte, dissoziative Narkosemittel, Ketamin und Phencyclidin (PCP), binden nicht an hemmende Synapsen, sondern zielen vielmehr auf *N*-Methyl-D-Aspartat- (NMDA)-Rezeptoren; diese sind mit erregenden Synapsen assoziiert, die Glutamat als Neurotransmitter benutzen. NMDA-*Synapsen* spielen eine Rolle bei der Langzeitmodifikation synaptischer Verbindungen zwischen Neuronen, die Lernen und Gedächtnis zugrunde liegen. In niedriger Dosierung rufen Ketamin wie PCP Halluzinationen, Störungen des Körperbildes und verwirrtes Denken hervor. In hohen Dosen wirken sie betäubend. Der deutsche Pharmakologe Hans Flohr stellte die These auf, die seltsamen Eigenschaften von NMDA-Synapsen – insbesondere ihre Neigung, die Bindung zwischen simultan aktiven Neuronen zu verstärken – spielten eine Schlüsselrolle bei der Schaffung der Neuronenkoalitionen, die für das Bewusstsein nötig sind. Flohr zufolge verhindert eine vollständige Hemmung NMDA-abhängiger Prozesse die Bildung von corticalen Neuronenverbänden in großem Maßstab, was den Verlust des Bewusstseins bewirkt (wie bei der Narkose) während eine partielle Hemmung zu veränderten Bewusstseinszuständen führt (wie bei psychotischen Zuständen).

Flohr könnte durchaus recht mit seiner Vermutung haben, dass Bewusstsein ohne eine Aktivierung von NMDA-Rezeptoren schwindet. Gleiches lässt sich allerdings auch für die anderen erregenden Synapsen sagen, die für Glutamat empfindlich sind. Überdies findet man NMDA-Synapsen überall im Gehirn, sodass ihre Blockade unzählige Prozesse beeinflusst, einschließlich der Übermittlung sensorischer Informationen in die oberen Bereiche der corticalen Hierarchie. Funktionierende NMDA-Synapsen sind einer der vielen NCC_e, die eine Siegerkoalition braucht, um sich herauszubilden und bewusst repräsentiert zu werden.[18]

Es wird oft vergessen, dass die elektrophysiologische Charakterisierung von Nervenzellen viele Jahre lang fast ausschließlich auf narkotisierten Tieren basierte. Tatsächlich wurden selektive visuelle Neuronen im primären visuellen Cortex – wie diejenigen, die auf sich bewegende Kanten reagieren (Abb. 4.3) – erstmals bei narkotisierten Affen beschrieben. Erst in den 1960er und 1970er Jahren perfektionierten Neurowissenschaftler ihre Techniken so weit, dass routinemäßig Ableitungen von Neuronen bei wachen Tieren möglich wurden, die darauf trainiert waren, ein Ziel zu fixieren, einen Hebel zu ziehen oder einen Knopf zu drücken.[19] Dass Neuronen in Narkose reagieren, straft die naive Annahme Lügen, dass die Gehirnaktivität völlig zum Erliegen kommt, wenn ein Tier oder ein Mensch betäubt wird.

Welche Veränderung bewirkt eine Narkose also im Gehirn? Wie unterscheiden sich die Eigenschaften der rezeptiven Felder von Neuronen bei narkotisierten Affen (deren Augen offen gehalten werden) von denjenigen wacher und aufmerksamer Tiere?[20] Eine Handvoll relevanter Experimente spricht dafür, dass corticale Zellen bei betäubten Tieren weniger heftig und weniger selektiv feuern und ihnen einige ihrer kontextabhängigen Eigenschaften fehlen, die auf das nichtklassische rezeptive Feld zurückgehen. Diese Effekte verstärken sich, wenn man die corticale Hierarchie hinaufwandert, und führen in den oberen Verarbeitungsstufen des Cortex zu schwächeren, verzögerten und weniger spezifischen neuronalen Antworten.[21]

---

[18]Die molekulare Basis der Vollnarkose ist bei Franks und Lieb (1994 und 1998) sowie bei Antkowiak (2001) zusammengefasst. Flohrs Theorie ist in Flohr, Glade und Motzko (1998) sowie Flohr (2000) dargestellt und von Franks und Lieb (2000) kritisch diskutiert worden. Der von Watkins und Collingridge (1989) herausgegebene Band liefert Hintergrundinformationen über NMDA-Rezeptoren. Miller, Chapman und Stryker (1989) induzierten eine NMDA-Rezeptor-Blockade im V1 von Katzen und beobachteten einen starken Rückgang von reizinduzierten Zellantworten.

[19]Auch wenn der Cortex paradoxerweise die ultimative Basis des Schmerzempfindens ist, enthält das Nervengewebe selbst keine Schmerzrezeptoren. Das macht die langfristige Ableitung individueller Neuronen möglich.

[20]Da narkotisierte Tiere auch gelähmt sind, erhält ihr Gehirn kein Feedback von ihren Muskeln und Gelenken. Diese Lähmung erklärt wahrscheinlich einige der trägen Reaktionen in Regionen des Cortex, die sich mit der Planung und Ausführung von Bewegungen beschäftigen.

[21]Der direkte Vergleich von neuronalen Antworten im wachen und im narkotisierten Zustand ist technisch aufwändig, weil der Affe rasch und sicher zum Schlafen gebracht und wieder aufgeweckt werden muss, ohne den elektrophysiologischen Aufbau zu stören (Lamme, Zipser und Spekreijse, 1998; Tamura und Tanaka, 2001). Funktionelle bildgebende Verfahren bieten eine Alternative, Unterschiede zwischen dem wachen und dem narkotisierten Gehirn aufzuspüren (Alkire et al., 1997, 1999; Logothetis et al., 1999, 2001).

Anfangs war ich begeistert von der Vorstellung, Bewusstsein rasch, sicher und reversibel an- und auszuschalten zu können, und überzeugt, dies werde einige entscheidende Einblicke in die Natur der NCC gewähren. Diese Hoffnung hat sich nicht erfüllt. Narkotika binden an Rezeptor- und Kanalproteine überall im Gehirn. Bisher haben sie sich als zu grobes Werkzeug erwiesen, um uns bei unserer Suche voranzubringen, wenn sich dies in Zukunft auch ändern könnte.[22]

5.4 Eine allgemeine Strategie zur Umschreibung der NCC

Lassen Sie mich die verschiedenen Kategorien neuraler Aktivität hinsichtlich ihrer Beziehung zu den NCC beschreiben (Tabelle 5.1). Die fünf aufgelisteten Punkte sind nicht exklusiv. So tragen Aktionspotenziale in der Retina beispielsweise nicht direkt zum Bewusstsein bei (erste Reihe), gehen aber den NCC für visuelle Wahrnehmung voraus (dritte Reihe). Und während Neuronen im inferotemporalen Cortex zu den vielversprechendsten Kandidaten für die NCC in der Kategorie „Sehen von Objekten" gehören (Kapitel 16), reicht ihre Spikeaktivität im Tiefschlaf für Bewusstsein nicht aus.

Nur zwei Formen unterstützen phänomenalen Inhalt (die beiden unteren Reihen in Tabelle 5.1). Beide basieren auf Koalitionen von Neuronen; ist der Reiz zu kurzlebig oder profitiert er nicht von selektiver Aufmerksamkeit, löst sich die Koalition rasch wieder auf, und das Bewusstsein ist nur flüchtig (Kapitel 9). Dieses Buch konzentriert sich hauptsächlich auf die länger andauernden Formen des perzeptuellen Bewusstseins, denn diese lassen sich leichter im Labor studieren und manipulieren.[23]

Lassen Sie uns nun zu den spezifischen neuronalen Faktoren kommen, die für ein bestimmtes Perzept, den NCC, verantwortlich sind. Wichtig dabei ist die Vorstellung vom kleinsten Satz neuraler Ereignisse, die gemeinsam hinreichend für eine spezifische bewusste Erfahrung sind (vorausgesetzt, die nötigen ermöglichenden Faktoren sind gegeben).[24]

Meine Grundannahme ist, dass die NCC zu jedem Zeitpunkt mit der Aktivität einer Neuronenkoalition im Cortex und im Thalamus sowie in eng damit verknüpften Strukturen korrespondieren. Von welcher Art ist diese „Aktivität"

---

[22]Mein großes Interesse an gewissen Narkotika kommt in einem Review-Artikel zum Ausdruck, den ich zusammen mit einem Anästhesisten verfasst habe (Kulli und Koch, 1991). Sobald die NCC identifiziert worden sind, könnten Mittel, die sie beeinflussen, zu sichereren Anästhesieverfahren mit weniger Nebenwirkungen als heute führen.

[23]Die Tabelle berücksichtigt keine pathologischen oder veränderten Bewusstseinszustände.

[24]„Notwendige" Bedingungen betone ich wegen der großen Redundanz, die man in biologischen Netzwerken findet, nicht. Während die Aktivität in manchen Populationen in einem Fall ein Perzept möglicherweise untermauert, kann ein Individuum, das diese Zellen verloren hat, diesen Verlust unter Umständen mit einer anderen Zellpopulation kompensieren.

Tabelle 5.1 Verschiedene Formen neuraler Aktivität und die mit ihnen korrespondierenden phänomenologischen Zustände

neurale Aktivität	Beispiel	mentaler Zustand
völlig unbewusste Aktivität	tiefe Stadien des NREM-Schlafes	nicht bewusst
Feedforward-Aktivität, die stereotypen sensomotorischen Verhalten dient	Aktivität, die Augenbewegungen, Haltungsregulierung zugrunde liegt	nicht bewusst
Aktivitäten, die den NCC vorausgehen oder folgen	retinale und Rückenmarksaktivität	nicht bewusst
kurzlebige Koalitionen	Cortexaktivität im Zusammenhang mit Ereignissen, denen man keine Aufmerksamkeit schenkt	flüchtiges Bewusstsein
dauerhafte Zellkoalitionen in höheren sensorischen Arealen und in frontalen Regionen (eigentliche NCC)	synchronisierte Aktivität zwischen inferotemporalem und präfrontalem Cortex	fokussiertes perzeptuelles Bewusstsein

genau? Wie wird sie erzeugt? Wie lange hält sie an? Welche Auswirkungen hat sie auf andere Teile des Gehirns?[25] Und welche Neuronen bilden (zu diesen bestimmten Zeitpunkt) die Koalition? Gehören sie nur zu gewissen neuronalen Typen? Besteht die Gruppe aus Untergruppen? Was haben die Mitglieder einer Untergruppe gemeinsam? Wie sind die verschiedenen Untergruppen miteinander verknüpft?

Eine andere Strategie besteht darin zu fragen, wie sich diese aktiven Koalitionen verändern, wenn sich das Perzept verändert. Gibt es insbesondere Neuronentypen, die niemals an solchen Koalitionen beteiligt sind? Oder andersherum, kann jeder Neuronentyp im Gehirn – oder plausibler, jeder Neuronentyp im Cortex cerebri und in den assoziierten Thalamuskernen – Teil der NCC werden?

Einige unserer Arbeitshypothesen sind in Kapitel 2 umrissen. Francis und ich vermuten, dass die NCC auf einer expliziten neuronalen Repräsentation basieren und dass die kleinste Gruppe von Neuronen, die man brauchbar für eine solche Repräsentation in Betracht ziehen kann, aus Zellen (wahrscheinlich Pyramidenzellen) eines Typs besteht – sodass sie alle in ähnlicher Weise in etwa dasselbe Zielgebiet projizieren –, die eng beieinander in einer corticalen Säule und korrespondierenden Orten in subcorticalen Strukturen liegen. Die meisten Zellen in der Säule teilen gewisse Eigenschaften, wie Ausrichtung der lokalen Kontur, Bewegungsrichtung, Tiefenabstimmung und so fort, expri-

---

[25]Das neuronale Äquivalent von Dennetts beharrlicher Frage: „Und was geschieht dann ...?"

mieren diese Eigenschaft aber auf etwas unterschiedliche Weise, je nachdem, wozu diese Information auf der Empfängerseite dient.

Das soll nicht heißen, dass die NCC in irgendeiner Säule durch nur einen einzigen Neuronentyp exprimiert werden. Vielmehr ist es wahrscheinlich so, dass in jedem Cortexflecken verschiedene Typen von übereinander gestapelten Projektionszellen, die gerade bestehenden NCC exprimieren. Verschiedene Zelltypen verbreiten ihre Informationen in viele anderen Bereiche des corticalen Systems. Wie der Kognitionswissenschaftler Bernhard Baars in seinem *Global-Workspace*-Modell des Bewusstseins betont, tendiert die Information in den NCC dazu, über den Cortex verteilt aufzutreten.[26] Das heißt, die NCC verteilen Information weiträumig. Da ein und derselbe Typ von Pyramidenzellen gewöhnlich nicht an viele separate Orte projiziert, binden die NCC an einem Ort wahrscheinlich mehr als einen einzigen Neuronentyp ein.

Sind die NCC für verschiedene Perzeptklassen dieselben?

Angesichts der regionalen Spezialisierung des Cortex unterscheiden sich die NCC für Farbe von den NCC für Bewegung oder für Gesichter. Die Neuronenkoalition, die diese Perzepte jeweils vermittelt, hat vermutlich nicht dieselben Mitglieder (beispielsweise werden am Farbsehen V4-Zellen beteiligt sein – siehe Kapitel 8 –, bei der Bewegungswahrnehmung hingegen Zellen aus verschiedenen Cortexregionen). Zeki benutzte den einprägsamen Begriff Mikrobewusstsein (*microconciousness*), um zu betonen, dass die NCC in einem essenziellen Knoten für ein bestimmtes Attribut, wie Farbe, unabhängig von den NCC in einem anderen essenziellen Knoten für ein anderes Attribut, wie Bewegung, sein können.[27]

Dennoch könnte es auch eine überlappende Beteiligung geben, beispielsweise im vorderen Bereich des Gehirns. Das heißt, die Koalitionen, welche die verschiedenen Formen des Mikrobewustseins vermitteln, könnten alle einige Neuronen gemeinsam haben. Wie ich in Kapitel 14 und 15 ausführen werde,

---

[26]Wie in Kapitel 12, 13 und 14 argumentiert, werden viele Verhaltensweisen von hoch spezialisierten Zombiesystemen durchgeführt, die das Bewusstsein umgehen und ihre eigene, private Informationsquelle haben, beispielsweise die genaue Gliedmaßen- oder Augenstellung. Stellen Sie dies nun einer Information gegenüber, die bewusst gemacht wird. Sobald Sie sich eines Reizes bewusst geworden sind, können Sie darüber reden, sich später daran erinnern, wegschauen und/oder zahlreiche andere Handlungen durchführen. Um diesen Unterschied zu betonen, benutzt Baars (1988, 1997, 2002; siehe auch Dennett, 1991) eine Wandtafel als Metapher, wo Informationen von Spezialisten, die kooperieren oder um den Zugang konkurrieren, frei aufgeschrieben oder abgelesen werden können. Die Daten an der Tafel korrespondieren zu jedem Zeitpunkt mit dem Inhalt des Bewusstseins und werden der übrigen Gemeinschaft mitgeteilt. Ein Großteil der Aktivität läuft hinter den Kulissen ab und gestaltet den Zustand der Tafel, aber all dies bleibt außerhalb des Bewusstseins. Dehaene, Changeux und ihre Mitarbeiter in Paris haben das Konzept *global workspace* innerhalb eines neuronalen Rahmens erweitert und verfeinert (Changeux, 1983; Dehaene und Naccache, 2001; Dehaene, Sergen, und Changeux, 2003).

[27]Zeki (1998); Zeki und Bartels (1999). Ich werde in Kapitel 15 auf Mikrobewusstsein zurückkommen.

sind diese gemeinsamen Neuronen wahrscheinlich insbesondere im vorderen Teil des Gehirns lokalisiert. Überdies müssten die NCC-Neuronen in den verschiedenen essenziellen Knoten für Farbe, Bewegung, Gesichter und so weiter eine oder mehrere Eigenschaften gemeinsam haben, beispielsweise ihre axonalen Projektionsmuster oder die Tendenz, ihre Aktionspotenziale in Salven abzufeuern.

Wie ist das NCC für ein Gesichtsperzept mit dem NCC für den Wiederabruf dieses Gesichts verknüpft? Einzelzellableitungen bei Patienten brachten corticale Neuronen ans Licht, die selektiv auf den Anblick von bestimmten Fotos (beispielsweise von Tieren) und auf das mentale, aus dem Gedächtnis abgerufene Bild desselben Fotos hin feuern. Eine solche Zelle feuerte beim Foto des Sängers Paul McCartney, reagierte aber nicht auf die Fotos anderer Menschen, Häuser, Tiere und so weiter. Dieselbe Selektivität zeigte sich bei der bildlichen Vorstellung (*imagery*). Anhand der Amplitude der neuronalen Antwort auf den realen Reiz ließ sich das Verhalten des Neurons beim Wiederabruf gut voraussagen. Daher ist vorstellbar, dass die NCC für bildliche Vorstellung entweder mit den NCC für die normale visuelle Wahrnehmung überlappen oder eine Untergruppe davon bilden (siehe Abschnitt 18.3).

Wie werden wohl die NCC für das Träumen aussehen? Träume scheinen, solange sie dauern, real – so real wie das wirkliche Leben. Spricht das dafür, dass die Neuronenkoalition, die das Perzept von „Mutter" vermittelt, wenn sie vor Ihnen steht, eng mit der Koalition verknüpft ist, die aktiv ist, wenn Sie von ihr träumen? Das erscheint recht plausibel, mit Ausnahme hierarchisch früherer corticaler Areale, wie dem primären visuellen Cortex, die beim Träumen weniger aktiv sind.[28]

Forscher versuchen, die NCC durch direkte künstliche Auslösung von Gehirnaktivität mithilfe *transcranialer Magnetstimulation* (TMS) zu beeinflussen. Das ist eine harmlose Methode, das Nervengewebe zu kitzeln, indem man mittels einer direkt über den Schädel gehaltenen Spule ein kurzes, aber starkes Magnetfeld erzeugt.[29]

Die Interpretation der Vielfalt von Bedingungen, unter denen bewusste Wahrnehmung möglich ist, wird dadurch erschwert, dass Neuronen häufig mit unterschiedlichen Verbänden assoziiert sind. Die Mitglieder einer Koalition für die Erzeugung des einen Perzepts können unter bestimmten Umständen

---

[28]Ich werde im folgenden Kapitel im Zusammenhang mit V1 auf die Neurologie von Träumen zurückkommen. Louie und Wilson (2001) gehen diese Frage direkt an, indem sie Ratten studieren, die davon träumen, durch Labyrinthe zu laufen.

[29]Der Einsatz von TMS, um vorübergehend oberflächennahe Regionen des Cortex bei normalen Probanden zu beeinflussen, nimmt zu, auch wenn die physiologische Basis dieser Technik nicht verstanden ist. Ihr prinzipieller Vorteil ist ihre hohe zeitliche Präzision, ihr größter Nachteil ihre schlechte räumliche Zuordnung. Cowey und Walsh (2001) geben einen Überblick über die Literatur. Kamitani und Shimojo (1999) demonstrieren elegant, wie TMS Einblicke in die Architektur von V1 geben kann.

auch Mitglieder einer anderen Koalition für ein anderes Perzept sein. Ober sie dienen vielleicht dazu, rasche visuo-motorische Verhalten zu unterstützen, die überhaupt nicht mit irgendeinem bewussten Perzept in Verbindung stehen (siehe Kapitel 12). Letztendlich müssen alle solche Komplikationen berücksichtigt werden.

Die Verknüpfung von Einzelzelleigenschaften mit den NCC

Ziel meines Forschungsprogramms ist es, die molekularen und biophysikalischen Eigenschaften von Neuronenkoalitionen mit bewusster Reizwahrnehmung (*stimulus awareness*) zu verknüpfen. Letztlich muss ihre Feueraktivität mit dem Verhalten des Subjekts von Versuch zu Versuch korreliert werden. Stellen Sie sich beispielsweise vor, ich leite von dem oben erwähnten „McCartney"-Neuron ab. Sollte der Patient das kurz auf den Schirm geblitzte Bild des früheren Beatle bei einem Durchgang nicht sehen, würde ich erwarten, dass sich dies in einer verringerten Feuerrate oder einer geringeren Spikesynchronie mit anderen solchen Zellen *während dieses Versuchsdurchgangs* widerspiegelt. Natürlich ist das Feuern dieses Neurons im wahrsten Sinne des Wortes „bedeutungslos" für das übrige System, sofern es nicht mit vielen anderen essenziellen Knoten verknüpft ist (Abschnitt 14.5).

Sobald die NCC für eine Klasse von Perzepten lokalisiert sind, kann man sie bei Nagern genetisch manipulieren, ihre Entwicklung bei Neugeborenen verfolgen, um den Beginn verschiedener Phasen des Bewusstseins zu erforschen, sie bei autistischen oder schizophrenen Patienten beobachten und dergleichen mehr.

Um von der *Korrelation* zur *Kausalität* zu gelangen, bedarf es raffinierterer Experimente. Wenn Ereignis A zu Ereignis B führt, dann sollte A B vorausgehen und ein Verhindern von A auch B verhindern (es sei denn, es gibt eine andere Ursache für B). Den exakten Zeitverlauf von Ereignissen zu kennen, die zu den NCC führen, kann hier hilfreich sein, ebenso die selektive Störung solcher Vorläufermechanismen. Viele andere Experimente sind denkbar, um die kausale Beziehung zwischen neuronalen Ereignissen und bewussten Perzepten zu klären. Eine künstliche Erregung der Neuronen, die NCC-Kandidaten sind, müsste ein Perzept ähnlich demjenigen induzieren, das durch natürliche Reizung hervorgerufen wird. Wenn die NCC-Neuronen zum Schweigen gebracht werden, indem man beispielsweise ihre synaptischen Rezeptoren blockiert, müsste das Perzept verschwinden. Dieselbe Prozedur könnte weiter stromabwärts vom NCC wiederholt werden und so fort.

Es wird oft schwierig sein, in einem stark integrierten Feedback-Netzwerk Ursache und Wirkung zu entwirren. Das Verhalten von großen Menschenmengen bietet eine Analogie. Wer kann sagen, welches spezifische Ereignis oder welche Personen in einem wütenden Mob den darauf folgenden Aufruhr ausgelöst haben? Der Protestler, der den ersten Stein warf? Aber wurde er dazu nicht durch das Gebrüll seines Nachbarn ermuntert?

Und war der Steinwurf verantwortlich für die anschließende Schießerei? Ist dies ein Beispiel für das selbstorganisierte Verhalten einer ganzen Gemeinschaft, das sich nicht ohne weiteres auf der Ebene von Einzelpersonen analysieren lässt? Vielleicht. Aber was ist, wenn der Aufruhr von einer kleinen Zahl *Agents provocateurs* angezettelt wurde, die systematisch zur Gewalt aufriefen?

5.5 Neuronale Spezifität und die NCC

Francis und ich werden auf unserer Suche nach den NCC von der vagen Ahnung geleitet, dass spezifische biologische Mechanismen für die NCC eine Rolle spielen.[30] Lassen Sie mich erklären, was ich damit meine.

Ein extremer Kontrapunkt zur neuronalen Spezifität ist die Hypothese, dass jedes Neuron zu einem gewissen Grad zu den NCC beiträgt. Demnach ist Bewusstsein eine emergente Eigenschaft des gesamten Nervensystems, die sich nicht an bestimmten Untergruppen von Neuronen festmachen lässt. Dieser holistische Ansatz erwächst aus dem Glauben, dass akute, intensive Perzepte – das tiefe Rot eines Sonnenuntergangs und die damit einhergehende Bedeutung – nicht von der Neuroaktivität einer bestimmten kleinen Zellgruppe herrühren können. Vielmehr bedarf es für jedes bewusste Perzept der kollektiven, gestaltartigen Interaktionen von Abermillionen Neuronen. Es herrscht allgemein eine

---

[30]In der Literatur lassen sich Vorläufer der Idee von der neuronalen Spezifität finden. Historisch ist eine der vorausschauendsten Formulierungen der Hypothese, dass eine bestimmte Untergruppe von Neuronen für die Erzeugung von bewusster Erfahrung verantwortlich ist, das Konzept der ω-Neuronen, das von Freud 1895 in seinem unveröffentlichten Artikel *Entwurf einer wissenschaftlichen Psychologie* eingeführt wurde. In diesem kurzen, aber aufschlussreichen Beitrag versucht Freud, eine Psychologie auf der Basis der neu formulierten Neuronentheorie (zu der er in seiner Doktorarbeit über die Neuroanatomie des stomatogastrischen Ganglions beim Krebs beitrug; Shepherd, 1991) zu entwickeln. Freud führte drei Klassen von Neuronen ein: ϕ, ψ und ω. Die erste Klasse vermittelt Wahrnehmung, die zweite Gedächtnis; Freud stellte sogar die These auf, Gedächtnis werde durch die Bahnungen repräsentiert, die zwischen den ψ-Neuronen und ihren Kontaktbarrieren (das heißt, den Synapsen) existieren. Die dritte Klasse von Neuronen ist für die Vermittlung von Bewusstsein und Qualia verantwortlich, wenn Freud auch zugab: »Natürlich können wir nicht versuchen, zu erklären, wie es dazu kommt, dass exzitatorische Prozesse in den ω-Neuronen Bewusstsein mit sich bringen. Es geht jedoch nur darum, eine Koinzidenz zwischen den Merkmalen des Bewusstseins zu etablieren, die uns bekannt sind, und Prozessen in den ω-Neuronen, die parallel zu ihnen variieren.« Wenn man den Rest des Aufsatzes liest, wird offenkundig, warum Freud unzufrieden war mit seinem Versuch, den Geist mit dem Gehirn zu verknüpfen. Damals war fast nichts über die Biophysik von Neuronen und die Art ihrer Kommunikation bekannt; die Existenz des Broca-Sprachareals war kaum etabliert, und die Lokalisation von visuellen Funktionen im Occipitallappen war noch umstritten. Danach gab Freud die Neurologie zugunsten der reinen Psychologie auf (Freud, 1966; eine Diskussion bietet Kitcher, 1992).

tiefe Abneigung gegen die Vorstellung, dass spezifische Mechanismen für den Reichtum und die Frische des Bewusstseins verantwortlich sein sollen.[31]

Der Molekular- und Neurobiologe Gerald Edelman vom Scripps Research Institute in La Jolla, Kalifornien, und sein Kollege, der Psychiater und Neurowissenschaftler Giulio Tononi, inzwischen an der University of Wisconsin, betonen diesen globalen Aspekt des Bewusstseins. Sie argumentieren, die große Zahl potenzieller Zustände, die einem bewussten Geist zugänglich sind, erfordere eine enge Wechselbeziehung sehr großer Neuronenverbände, die über das ganze Gehirn reichen. Diese Vorstellungen gehen vielleicht in die richtige Richtung.[32] Diese Skepsis legt nahe, dass meine Suche ein Kampf gegen Windmühlen sein könnte – zum Scheitern verdammt.

Holistische Ansätze zum Bewusstsein können jedoch nicht erklären, warum einige Formen weiträumiger Aktivität im Gehirn Verhaltensweisen hervorrufen, die mit Bewusstsein einhergehen, andere jedoch nicht. Wo liegt der Unterschied zwischen beiden? Nehmen Sie beispielsweise bewegungsinduzierte Blindheit (Kapitel 1). Wie kann ein globaler Ansatz erklären, warum man die gelben Punkte manchmal sieht, während sie einen Sekundenbruchteil später verschwunden sind? Wie können solche globalen Theorien die Tatsache erklären, dass eine heftige Aktivität in manchen Cortexregionen keine Garantie für einen bewussten Zugang ist (Kapitel 16)?

Es wäre vom methodischen und praktischen Standpunkt aus angenehm, wenn die NCC-Neuronen einen einzigartigen Satz von Merkmalen teilten, wie eine gegenseitige starke synaptische Verbindung, eine einmalige Zellmorphologie oder ein bestimmtes Komplement von Ionenkanälen, die ihnen gewisse privilegierte zelluläre Eigenschaften verleihen. Diese Spezifität würde Experimentatoren – insbesondere Molekularbiologen – Strategien liefern, die bewusste Reizwahrnehmung (*stimulus awareness*) gezielt und behutsam zu beeinflussen, indem sie diese NCC-Neuronen vorübergehend und reversibel an- oder abschalten.

Natürlich gibt es keine Garantie dafür, dass die Natur so simpel ist; derartige lokale Ansätze scheitern möglicherweise. Dennoch erscheint es sinnvoll, zunächst einmal die direkten, unkomplizierten Hypothesen zu verfolgen, die in diesem Buch vertreten werden.

Eine universelle Lehre aus der Biologie ist, dass Organismen so spezifische Vorrichtungen – Maschinerien von solch fantastischer und ausgefallener Art – entwickeln, dass man sie von vorne herein mit der Begründung zurückweisen

---

[31]Zwei Beispiele für Neurowissenschaftler, die beim Bewusstsein einen holistischen Ansatz vertreten, sind Popper und Eccles (1977) sowie Libet (1993). Einige (wie Dennett, 1978, 1991) behaupten, die Zuordnung des Perzeptes von Rot zu dem Wirken einer bestimmten Neuronengruppe stelle das dar, was Ryle (1949) als Kategorieirrtum bezeichnet hat.

[32]Edelman (1989); Edelman und Tononi (2000). Eine kurze Zusammenfassung der „Hypothese vom dynamischen Kern" (*dynamic core hypothesis*) findet sich bei Tononi und Edelman (1998).

könnte, sie sähen nach einem intelligenten Konstrukteur aus. Das hat sich in der Entwicklung der Molekularbiologie spektakulär gezeigt. Langkettige Makromoleküle, wie Proteine, verdankten ihre funktionale Vielfalt ihrer eindimensionalen molekularen Konfiguration. Diese lineare Repräsentation bestimmt ihre Funktion. Ihre Eigenschaften *en gros* oder ihr Verhalten in kolloidaler Lösung ist nicht besonders hilfreich, wenn es darum geht, die Prozesse zu verstehen, die in lebenden Organismen ablaufen.[33]

Die erstaunliche molekulare Spezifität zeigt sich selbst auf der Ebene des Verhaltens. Etwas mehr als die Hälfte aller Männer besitzen ein Gen für das visuelle Pigment in ihren langwellenempfindlichen Zapfen, das für Serin in der 180. Position codiert, während die übrigen Männer an dieser Stelle die Aminosäure Alanin exprimieren. Dieser winzige Unterschied auf molekularer Ebene zeigt sich in der Farbwahrnehmung, wenn man die Leistungen von Männer beim Abgleich von Rottönen überprüft.[34]

Warum sollten Neuronen weniger spezifisch sein als Proteine? Nervenzellen sind wie Biomoleküle von den blinden Kräften der natürlichen Selektion über viele Hundert Millionen Jahre geformt worden, was zu einer bisher unfassbaren Vielfalt in Form und Funktion geführt hat. Dies spiegelt sich wahrscheinlich in der Spezifität der NCC wider. Ich halte daher nach bestimmten Mechanismen Ausschau, die auf Neuronenkoalitionen Eigenschaften übertragen, welche mit Attributen bewusster Konzepte korrespondieren. Eine Möglichkeit wären kleine Ensembles corticaler Pyramidenzellen, die in reziproker Weise von einem anderen Satz Pyramidenzellen starken exzitatorischen synaptischen Input direkt auf ihre Zellkörper erhalten. Eine derartige Anordnung könnte eine Schleife realisieren, einen Satz Neuronen, der – einmal ausgelöst – immer weiter feuert, bis er von einer anderen Neuronenkoalition aktiv gehemmt wird. Die Feuerdynamik einer solchen Gruppe könnte der Dynamik für Bewusstsein nahe kommen und über Sekundenbruchteile anhalten, statt in Millisekundenbereich einzelner Aktionspotenziale zu liegen.[35]

---

[33]Die These, dass Spezifität das Hauptthema der modernen Biologie ist, wird von Judson (1979) verteidigt. Molekulare Spezifität lässt sich auch auf der Ebene individueller spannungsabhängiger Kanäle finden, die allen Verarbeitungsprozessen im Nervensystem zugrunde liegen. Ein typischer membrandurchspannender Kaliumkanal unterscheidet ein Kaliumion mit einem Radius von 1,33 Angström von anderen Alkaliionen, wie Natrium mit einem Durchmesser von 0,95 Angström, um einen Faktor 10 000. Und er vollbringt diese Leistung bei einer Durchflussrate von bis zu 100 Millionen Ionen pro Sekunde (Doyle et al., 1998; Hille, 2001). Diese Kanalproteine haben sich überdies unter so strengen Bedingungen entwickelt, dass die Substitution einer einzigen Aminosäure durch eine andere – an einer von zwei strategischen Positionen in einer Kette, die aus mehreren tausend Aminosäuren besteht – einen natriumselektiven Kanal in einen calciumselektiven Kanal umwandelt (Heinemann et al., 1992).

[34]Der Unterschied in den beiden Pigmenten, der in den Photorezeptoren exprimiert ist, verschiebt die maximale Empfindlichkeit um rund 4 µm (Asenjo, Rim und Oprian, 1994; Nathans, 1999).

[35]Die Zellkörper neocorticaler Pyramidenzellen weisen gewöhnlich keine erregenden Synapsen auf, vermutlich weil sie zu mächtig wären. Eine kleine Population von derartigen Neuronen könnte jedoch unter den Milliarden corticaler Zellen leicht übersehen werden, wenn man nicht speziell danach sucht.

Es gibt eine lockere Parallele zwischen den NCC und der Funktion von Proteinen, auf die mich der Molekularbiologe David Anderson aufmerksam gemacht hat. Die spezifische Funktion eines Proteins wird von seiner dreidimensionalen Konfiguration diktiert. Die Gestalt des Moleküls entsteht dadurch, dass sich die eindimensionale Abfolge von Aminosäuren (in wässriger Lösung) in einer Weise aufknäuelt und faltet, die sich jeder lokalen Analyse weitgehend entzieht. Doch nicht jede der vielen hundert Aminosäuren, die ein typisches Protein ausmachen, trägt in gleicher Weise dazu bei. Wenn man eine einzelne Aminosäure oder eine kleine zusammenhängende Aminosäurefolge an einem strategischen Punkt in der Sequenz ersetzt, kann dies die Gestalt des Proteins radikal verändern und damit seine Funktion zerstören. Kurze Abschnitte von Aminosäuren, aus denen ein strukturelles Motiv – wie Alpha-Helices oder Beta-Faltblätter – erwächst, haben entscheidenden Einfluss auf die endgültige dreidimensionale Struktur, während Abschnitte lockerer organisierter, zwischengeschobener Folgen die endgültige Gestalt möglicherweise nur auf subtile oder relative folgenlose Weise beeinflussen. Lokale Eigenschaften nehmen eine Schlüsselstellung ein, wenn es darum geht, einen Großteil der Funktion eines Proteins zu erklären. Dasselbe könnte auch für die NCC gelten.

5.6 Wiederholung

In diesem Kapitel geht es um meine Definition der NCC als die minimalen neuronalen Ereignisse, die gemeinsam für ein bestimmtes bewusstes Perzept hinreichend sind.

Die Fähigkeit, überhaupt etwas zu erleben, hängt von der laufenden Regulierung des Cortex und seiner Satelliten durch eine Reihe von Kernen im Hirnstamm, im basalen Vorderhirn und im Thalamus ab. Die Axone dieser Zellen projizieren weiträumig und setzen Acetylcholin sowie andere Elixiere frei, die für Wachheit, Arousal und Schlaf von entscheidender Bedeutung sind. Gemeinsam schaffen diese aufsteigenden Fasern die notwendigen Bedingungen für das Auftreten von bewussten Inhalten. Sie ermöglichen Bewusstsein (und werden als NCC_e bezeichnet), sind aber nicht spezifisch, lokal und schnell genug, um perzeptuellen Inhalt zu liefern. Nur Koalitionen von Vorderhirnneuronen haben die erforderlichen Eigenschaften, die NCC zu bilden.

Stimmungen, Emotionen und subjektive Bewertungen sind prominente Beispiele für Faktoren, welche die Wahrnehmung manipulieren und beeinflussen können. Im Augenblick lasse ich diese Faktoren zugunsten eines Forschungsprogramms unberücksichtigt, in dem es um die zellulären Wurzeln der bewussten Wahrnehmung geht.

Vollnarkosemittel schalten während einer Operation mit den damit einhergehenden Schmerzen und Belastungen das sensorische Empfinden sicher und reversibel aus. Wegen ihrer weiträumigen Effekte haben sie allerdings bisher wenig direkt Relevantes zur Suche nach den NCC beigetragen.

Francis und ich suchen die neuronalen Korrelate des Bewusstseins, den kleinsten Satz an neuralen Ereignissen, die das physische Substrat für ein bestimmtes Perzept unter verschiedenen Bedingungen (beispielsweise beim Sehen und bei der bildlichen Vorstellung, bei Patienten, bei Affen und so fort) darstellen. Ich habe einige der Forschungsstrategien beschrieben, die angewandt werden, um Sitz und Eigenschaften der NCC ausfindig zu machen. Sie laufen darauf hinaus, erstens die Eigenschaften rezeptiver Felder von Neuronen und ihre Feuermuster von Versuch zu Versuch mit bewusster Reizwahrnehmung (*stimulus awareness*) zu korrelieren, und zweitens das Perzept zu beeinflussen, indem man zugrunde liegenden NCC manipuliert.

Die Spezifität, die der Pfeiler der Molekular- und Zellbiologie ist, spricht dafür, dass die Korrelate des Bewusstseins auf gleichermaßen besonderen biologischen Mechanismen und Vorrichtungen basieren und identifizierbare Typen von Neuronen involvieren, die speziell verknüpft sind und dauerhaft feuern. Die NCC könnten jedoch auch große Zellverbände umfassen.

Da die Ideen, die in diesem Kapitel erörtert wurden, möglicherweise recht trocken erscheinen, möchte ich sie im nächsten Kapitel untermauern: Dort will ich zeigen, dass die NCC nicht unter den V1-Neuronen zu finden sind.

Kapitel 6

Die neuronalen Korrelate des Bewusstseins befinden sich nicht im primären visuellen Cortex

Die Frage ist nicht, was man betrachtet, sondern was man sieht.

Henry David Thoreau

Im letzten Kapitel habe ich das Konzept von den NCC vertieft und experimentelle Möglichkeiten beschrieben, nach solchen Korrelaten zu suchen. In diesem Kapitel wende ich diese Vorstellungen auf den primären visuellen Cortex an und komme zu dem überraschenden Schluss, dass V1 zwar eng mit dem Sehen verknüpft ist, aber dennoch viele – wenn nicht alle – V1-Zellen nicht direkt zum Inhalt des visuellen Bewusstseins beitragen.

Na und? Bei hundert oder mehr corticalen Regionen im menschlichen Gehirn, wen kümmert es, wenn eine davon nicht Teil der NCC ist? Nun ja, es sollte uns kümmern, zumindest dann, wenn wir uns für die Neurologie des Bewusstseins interessieren. Es sollte uns kümmern, weil dieser Befund impliziert, dass nicht jede corticale Aktivität automatisch mit Bewusstsein einhergeht, und auch wegen der Methoden, die angewandt wurden, um diese Behauptung zu untermauern.

Es gibt gute Gründe, warum V1-Zellen möglicherweise nur indirekt zum bewussten Sehen beitragen. Wie in Kapitel 14 diskutiert, ist eine der Hauptfunktionen von Bewusstsein das Vorausplanen. Das spricht dafür, dass die NCC-Neuronen selbst eng mit den Planungs- und Ausführungszentren des Gehirns verknüpft sind. Diese liegen, grob gesagt, im präfrontalen Cortex. Da V1-Neuronen ihren Output nicht in den vorderen Bereich des Cortex senden, haben Francis und ich 1995 vorausgesagt, dass V1-Zellen nicht direkt für bewusstes Sehen verantwortlich sein können. Auch wenn V1 für normales Sehen notwendig ist – wie es auch die Augen sind –, tragen V1-Neuronen nicht zur phänomenalen Erfahrung bei.[1] Die nächsten vier Abschnitte konzentrieren sich auf Belege für unsere These, die aus Beobachtungen an Menschen gewonnen wurden, während die folgenden Abschnitte aufschlussreiche Einzelzellstudien bei Affen beschreiben.

---

[1] Wir haben diese Hypothese (Crick und Koch, 1995a) aufgestellt, bevor die meisten der hier präsentierten Daten vorlagen. Block (1996) diskutiert unsere These aus der Sicht des Philosophen.

6.1 Ohne V1 kann man nicht sehen

Patienten, deren Areal V1 durch einen Schlaganfall oder eine andere fokale Läsion völlig zerstört ist, sehen nichts. Sie leiden unter *Halbseitenblindheit (Hemianopsie)* für das kontralaterale Sehfeld und können Ziele in dieser Region nicht wahrnehmen (Zerstörung des linken V1 führt zu Sehverlust im rechten Sehfeld und umgekehrt).[2] Diese Beobachtung spricht auf den ersten Blick dafür, dass V1 für die NCC essenziell ist. Doch nach dieser Logik wäre dann auch das elektrische Potenzial über der Membran von Photorezeptoren Teil der NCC. Erinnern Sie sich jedoch daran, dass retinale Neuronen zwar notwendig für Sehen sind, sich ihre Aktivität aber deutlich vom visuellen Erleben unterscheidet.

Ich möchte hier die These verteidigen, dass die Aktivität in V1 der Wahrnehmung visueller Reize vorausgeht. Feuernde V1-Neuronen sind daher ein Beispiel für eine prä-NCC-Aktivität (Tabelle 5.1).

Überzeugender sind da klinische Beobachtungen, nach denen Patienten mit intaktem V1, aber ohne den Gürtel corticaler Areale, die V1 am oberen (oder unteren) Rand der Fissura calcarina umgeben, im unteren (oder oberen) Viertel des Sehfeldes nichts sehen können.[3] Mit anderen Worten ist ein funktionierendes frühes visuelles System, einschließlich V1, für bewusstes Sehen nicht hinreichend.

6.2 Selbst wenn man etwas nicht sehen kann, adaptiert sich V1 daran

Manchmal kann ein psychologisches Experiment helfen, genau zu lokalisieren, wo im Verarbeitungsstrom vom Bilderwerb zur bewussten Wahrnehmung ein bestimmter Prozess lokalisiert ist. Ein typisches Beispiel ist die Demonstration von Sheng He, Patrick Cavanagh und James Intriligator von der Harvard University; sie zeigte, dass ein unsichtbarer Reiz eine sichtbare *Nachwirkung* hervorrufen kann.[4]

---

[2]Einen Überblick über Hemianopsie geben Celesia et al. (1991). Einige hemianoptische Patienten behalten Reste visuo-motorischen Verhaltens, obwohl ihnen jegliches visuelles Erleben in dem Feld fehlt. Dieses faszinierende Syndrom, das als *Blindsehen (blindsight)* bekannt ist, wird in Abschnitt 13.2 ausführlicher behandelt. Bei hemianoptischen Patienten mit einer langfristigen Schädigung des primären visuellen Cortex kommt es möglicherweise zu einer gewissen Reorganisation, die in geringem Ausmaß phänomenales Sehen ohne V1 erlaubt (Ffytche, Guy und Zeki, 1996; Stoerig und Barth, 2001).

[3]Die resultierende *Quadrantenanopsie* ist eine Folge des Layouts der frühen visuellen Areale (Horton und Hoyt, 1991b).

[4]He, Cavanagh und Intriligator (1996). Siehe auch den Kommentar von Koch und Tootell (1996). Das Experiment von He und seinen Kollegen ist eine Variante eines früheren Experiments von Blake und Fox (1974), die zu dem Schluss kamen, dass unsichtbare Reize zu messbaren Effekten führen können (siehe Kapitel 16). Hofstötter et al. (2003) demonstrierten dasselbe für negative *Nachbilder*; ob ein bunter Fleck bewusst wahrgenommen wird oder nicht, macht für Dauer oder Intensität des damit einhergehenden Nachbildes keinen Unterschied. Dies hängt allein davon ab, wie lange dem visuellen Gehirn der bunte Fleck präsentiert wurde.

Ihr Experiment basierte auf einer häufigen visuellen Nachwirkung (ähnlich der Wasserfallillusion, die in Abschnitt 8.3 behandelt wird). Wenn ein Proband eine Minute lang horizontale Linien fixiert und anschließend ein schwaches, horizontales Testraster schaut, ist seine Fähigkeit, es zu sehen, vermindert. Diese Form der *Adaptation* ist orientierungsspezifisch – die Empfindlichkeit für vertikale Linien bleibt (fast) unverändert – und verschwindet rasch wieder. Weil horizontal orientierte Zellen längere Zeit hindurch feuern, während die Versuchsperson die Linien fixiert, nimmt man an, dass sie „ermüden" und sich rekalibrieren. Unter diesen Bedingungen ist ein weit stärkerer Input als gewöhnlich erforderlich, damit die Zellen heftig antworten.

He und seine Kollegen projizierten ein einzelnes Raster, wie man es durch eine runde Öffnung sieht, auf einen Computerschirm. Obwohl dieses induzierende Raster in der Peripherie lokalisiert war, war es deutlich zu sehen und führte zu einer vorhersagbaren *orientierungsabhängigen Nachwirkung*. In einer Variante dieses Experiments fügten sie zu dem ursprünglichen vier ähnliche Raster hinzu (Abb. 6.1), was die Orientierung des induzierenden Rasters *maskierte* – die Probanden sahen, dass etwas da war, konnten seine Orientierung aber nicht erkennen, selbst wenn sie unbegrenzt Zeit zum Betrachten erhielten (die Maskierung funktionierte nur, weil die Raster aus den Augenwinkeln gesehen wurden). Dennoch war die Nachwirkung stark und hinsichtlich der Ausrichtung des unsichtbaren Rasters ebenso spezifisch wie in den Fällen, wo es klar zu sehen war.

Dieses Experiment von He und seinen Kollegen zeigt, dass visuelles Bewusstsein auf einer Stufe jenseits des Sitzes der orientierungsspezifischen Adaptation auftritt, die vermutlich von richtungsspezifischen Zellen in V1 und jenseits davon vermittelt wird.[5] Oder, um es mit meinen Worten zu sagen: Die NCC liegen jenseits von V1.

Sheng He und Don MacLeod entwarfen ein anderes Experiment, das diese Schlussfolgerung untermauert. Mithilfe der Laserinterferometrie konnten sie die Optik des Auges umgehen (die sonst die feinen Details verwischt) und sehr feine Raster direkt auf die Retina projizieren. Diese Raster induzierten eine orientierungsabhängige Nachwirkung, die sich nur durch orientierungsabhängige Neuronen in V1 oder jenseits davon erklären ließ. Die Betrachter sahen diese feinen Linien jedoch nicht und konnten sie nicht von einem einheitlichen Feld unterscheiden. Dieses Experiment zeigte, dass sehr wiedergabetreue räumliche Information, die zu fein ist, um gesehen zu werden, durch das visuelle System bis zum Cortex vordringt, wo sie eine Wirkung ausübt, ohne eine bewusste Empfindung hervorzurufen.[6]

---

[5]Dragoi, Sharma und Sur (2000).
[6]He und MacLeod (2001).

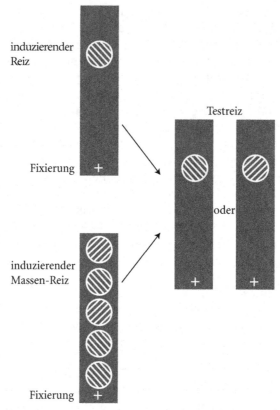

6.1 *Das Gehirn wird gereizt, nicht aber der Geist.* Die Versuchspersonen fixierten ein paar Minuten lang das Kreuz auf einem der beiden Bilder links, bis eine robuste orientierungsabhängige Nachwirkung erzielt wurde. Der Stärke wurde dadurch abgeschätzt, dass eine schwache Version eines der beiden Testbilder rechts kurz auf den Schirm geblitzt wurde. Der Kontrast des nach links geneigten Streifenmusters musste für Probanden größer sein, die es im Vergleich zu den nach rechts geneigten Streifen sahen. Das traf zu, obwohl die Probanden nicht sehen konnten, in welche Richtung das induzierende Streifenmuster geneigt war, weil dies durch benachbarte Streifenmuster (beim Bild links unten) verhindert wurde. Nach He, Cavanagh und Intriligator (1996), verändert.

Nicht alle Nachwirkungen sind unabhängig vom Sehen. Einige Formen von bewegungsabhängigen Nachwirkungen (Nachbilder, Abschnitt 8.3) werden stark abgeschwächt, wenn die induzierende Bewegung unsichtbar ist.[7]

---

[7]Die Beziehung zwischen Nacheffekten und visuellem Bewusstsein wird durch eine Kombination von psychophysikalischen und bildgebenden Verfahren aktiv genutzt (Blake, 1998; Hofstötter et al., 2003; Montaser-Kouhsari et al., 2004).

6.3 Mit V1 träumt man nicht

Befunde, die belegen, dass V1-Neurone nicht Teil der NCC sind, kommen auch aus der Traumforschung. Vom experimentellen Standpunkt gesehen sind Träume lebendig, voll von Gesehenem und Gehörtem. Auch wenn sich Traumbewusstsein vom Bewusstsein in Wachzustand unterscheidet (im Traum fehlen uns beispielsweise Selbstbeobachtung und Einsicht), fühlt sich Träumen zweifellos nach etwas an. Wahrscheinlich überschneiden sich die neuronalen Koalitionen, welche die NCC für visuelle Träume vermitteln, teilweise mit denjenigen, die für das Sehen im Wachzustand zuständig sind.

Früher dachte man, die Gehirnaktivität im REM-Schlaf sei der Aktivität im wachen Gehirn ähnlich. Daher wird der REM-Schlaf auch als paradoxer Schlaf bezeichnet, denn man kann ihn mit EEG-Standardkriterien nicht leicht vom Wachzustand unterscheiden. Das kontrastiert mit dem Non-REM-Schlaf (NREM-Schlaf) oder Tiefschlaf, der mit großen und langsamen EEG-Oszillationen einhergeht.

Werden Freiwillige eine Nacht am Schlafen gehindert und wird ihre Gehirndurchblutung per Positronenemissionstomographie aufgezeichnet, wenn sie ihren Schlaf die darauffolgende Nacht nachholen, kristallisiert sich ein nuancierteres Bild heraus. Das Aktivitätsmuster des schlafenden Gehirns zeigt eine einzigartige Signatur, die deutlich anders ist als die des wachen Gehirns. Insbesondere sind V1 und direkt benachbarte Regionen (im Vergleich zum Tiefschlaf) unterdrückt, während hierarchisch höhere visuelle Regionen im Gyrus fusiformis und im medialen Temporallappen höchst aktiv sind. Letztere Strukturen vermitteln daher vermutlich das Empfinden, Ereignisse im Traum *zu sehen*.[8]

Patienten, die ihren primären visuellen Cortex aufgrund eines Schlaganfalls verloren haben, haben weiterhin visuelle Träume, was ein zusätzlicher Beleg dafür ist, dass Aktivität in V1 für Träumen nicht nötig ist.[9]

---

[8]Über die Imaging-Studie des träumenden Gehirns berichten Braun et al. (1998); kommentiert wird sie von Hobson, Stickgold und Pace-Schott (1998). Die regionale Durchblutung von V1 im REM-Schlaf unterschied sich nicht von derjenigen in Ruhe mit geschlossenen Augen. Das Ausmaß, in dem der extrastriäre und der mediale temporale Cortex aktiv sind, während sie funktional vom visuellen Input abgeschnitten sind, ist bemerkenswert. Angesichts der detaillierten visuellen Karte wäre es übrigens möglich, dass ihre Inaktivität beim REM-Schlaf impliziert, dass die räumliche Auflösung im Traumschlaf geringer ist als beim normalen Sehen. Ist das der Grund, warum ich in meinen Träumen niemals lese?
[9]Zur Neurologie des Träumens bei hirngeschädigten Patienten siehe Solms (1997) sowie Kaplan-Solms und Solms (2000).

6.4 Direkte Stimulation von V1

Seit der Antike ist bekannt, dass ein genügend starker mechanischer Schlag auf den Hinterkopf dazu führt, dass der unglückliche Empfänger Lichtblitze, so genannte *Phosphene*, sieht (daher die Sternchen und Blitze über den Cartoon-figuren, die gerade einen Schlag auf den Kopf erhalten haben). Das zeigt jedoch nicht, dass V1-Neuronen Teil der NCC sind.

Heute benutzt man zur Hirnreizung etwas raffiniertere Werkzeuge. Der kanadische Neurochirurg Wilder Penfield und seine Kollegen vom Montreal Neuropathology Institute haben einen riesige Datenmenge über die lokale Topographie von Gehirnfunktionen gesammelt; diese Daten stammen aus vielen tausend hirnchirurgischen Eingriffen am offenen Schädel, durchgeführt an Patienten, die unter schweren epileptischen Anfällen litten. Eine genügend starke Erregung von Teilen des Hinterhauptlappens mit Elektroden, die auf der frei liegenden Cortexoberfläche sitzen, induziert elementare visuelle Empfindungen, wie flackernde Lichter, blaugrüne und rote Scheiben, Sterne, Räder, kreisende bunte Bälle und dergleichen mehr.[10]

Diese Befunde sprechen dafür, dass man normal sehfähigen Erwachsenen, die ihr Sehvermögen verlieren, mit Sehprothesen helfen kann. Eine derartige *Neuroprothetik* würde die defekte Retina umgehen, das Bild mittels einer Miniaturkamera aufnehmen und die Sehrinde direkt stimulieren. Teams aus Ärzten, Forschern und Ingenieuren beschäftigen sich mit den gewaltigen Problemen, die mit der Implantation eines derartigen elektronischen Artefakts ins Gehirn einhergehen.[11]

Aus dieser Prothesentechnologie können wir lernen, dass die NCC weder retinale noch geniculate Aktivität erfordern. Elementare visuelle Perzepte – die Lage, Helligkeit und Farbe exprimieren – können gesehen werden, wenn V1 direkt stimuliert wird. Die Erregung endet hier natürlich nicht. Vielmehr breitet sie sich in V2 und höhere Areale aus, wo die NCC lokalisiert sind.

---

[10]Penfield (1975). Penfield und Perot (1963) listen ausführlich alle relevanten Fälle auf.

[11]Über einen viel versprechenden Fall einer solchen Neuroprothese berichten Schmidt et al. (1996). Eine 42-jährige Frau, die seit 22 Jahren völlig blind war, erklärte sich bereit, sich für einen Versuchszeitraum von vier Monaten einen haarbürstenartige Anordnung von 38 Mikroelektroden in ihr Areal V1 einsetzen zu lassen (anschließend wurde die Vorrichtung wieder entfernt). Wenn einzelne Elektroden aktiviert wurden, sah sie punktartige Phosphene. Damit sie überhaupt etwas sah, musste die Intensität der elektrischen Stimulation einen Schwellenwert überschreiten. Paradoxerweise nahm die Größe der Phosphene mit zunehmendem Reizstrom ab, möglicherweise aufgrund der Aktivierung einer weitreichenden Hemmung. Bei niedrigen Stromstärken waren die Phosphene oft farbig. Überstieg die Reizdauer eine Sekunde, verschwanden die Phosphene im Allgemeinen vor Ende des Reizes. Die Patientin berichtete fast nie über orientierte Linien oder sehr lang gestreckte Tropfen. In der gesamten Literatur über corticale Stimulation sind orientierte oder sich bewegende visuelle Perzepte seltene Vorkommnisse, möglicherweise weil die Domäne der Erregung auf eine Säule beschränkt sein muss, die für dieselbe Orientierung oder Bewegungsrichtung codiert. Andere Programme zum künstlichen Sehen werden von Norman et al. (1996) und Dobelle (2000) beschrieben.

Eine Stimulation des primären visuellen Cortex bei einem Patienten, dessen höhere visuelle Areale zerstört sind, könnte unsere V1-Hypothese im Prinzip widerlegen, falls der Patient dabei visuelle Perzepte erlebte (vielleicht vermittelt durch erhaltene subcorticale Output-Bahnen in V1). Ich glaube jedoch nicht, dass man jemals einen solchen Patienten finden wird.

6.5 V1-Neuronen beim Affen folgen nicht der Wahrnehmung

Die besten, direktesten Belege dafür, dass V1-Zellen nicht mit phänomenalem visuellem Inhalt korreliert sind, stammen aus Ableitungen der Spikeaktivität von Neuronen bei wachen und agierenden Affen.

V1-Zellen reagieren auf lokale Tiefe, aber sie generieren keine Tiefenwahrnehmung

In Kapitel 4 wurden die binokularen Zellen diskutiert, die Input von beiden Augen erhalten. Sie können die kleinen Unterschiede im Blickwinkel zwischen rechtem und linkem Auge ausnutzen, um daraus die *binokulare Disparität* zu entnehmen, die eine Tiefenwahrnehmung ermöglicht. Strecken Sie Ihren Finger aus und fixieren Sie ihn erst mit Ihrem linken, dann mit Ihrem rechten Auge. Dabei verschiebt sich die Position Ihres Fingers in Bezug auf den Hintergrund. Diese Verschiebung entspricht der binokularen Disparität und codiert räumliche Tiefe. Je weiter weg vom Auge sich der Finger befindet, desto kleiner ist die Verschiebung. Auf der Basis der Feuerrate von Binokularzellen in V1 können Elektrophysiologen die Fähigkeit von Zellen charakterisieren, Tiefe zu codieren.

Mit einer Reihe einfallsreicher Bildmanipulationen brachten Bruce Cumming und Andrew Parker vom Laboratory of Physiology in Oxford disparitätsempfindliche V1-Zellen wacher Affen dazu, bedeutungsvoll auf lokale Tiefenhinweisreize (also mit Bezug auf eine Stelle im Bild) zu reagieren, aus denen jedoch kein gesamtes Tiefenperzept erwuchs. Das heißt, diese Zellen codierten lokale Tiefeninformation ohne ein damit einhergehendes Tiefenperzept.

Andere Zellen antworteten in identischer Weise auf zwei Tiefenhinweise, die zu zwei recht unterschiedlichen globalen Tiefenperzepten führten. Cumming und Parker schlossen daraus, dass diese Zellen ein erstes kritisches Stadium für die Genese von Stereohinweisreizen repräsentieren, die auf Disparität beruhen, dass aber die Tiefenwahrnehmung weiter stromaufwärts erfolgt.[12]

---

[12]Cumming und Parker leiteten von disparitätsempfindlichen V1-Zellen ab und benutzten dabei drei verschiedene Paradigmen, um die Antwort von der Tiefenwahrnehmung zu unterscheiden (Cumming und Parker, 1997, 1999 und 2000). Poggio und Poggio (1984) bieten eine gute, wenn auch ein wenig veraltete Zusammenfassung der neuronalen Basis der Tiefenwahrnehmung. Durch direkten Vergleich der Entla-

Welches Auge sah das Bild?

Während die überwiegende Mehrheit von Neuronen jenseits von V1 auf Bilder reagiert, die in beide Augen projiziert werden, ist ein bedeutender Prozentsatz von V1-Zellen monokular; diese Zellen reagieren also nur auf den Input von einem Auge. Ein cleveres neuronales Netzwerk könnte im Prinzip darüber bestimmen, welches Auge den Input erhält, indem es die Aktivität der „Linksaugen"- und der „Rechtsaugen"-Zellen überwacht.

Dies ist interessant, wenn man überlegt, ob Sie und ich Zugang zu *eye-of-origin*-Information (Information über das Ursprungsauge) haben. Stellen Sie sich vor, das Bild eines kleinen Lichtflecks wird durch eine Röhre in Ihr rechtes oder Ihr linkes Auge projiziert. Wissen Sie, ob Sie den Lichtfleck mit dem rechten oder linken Auge sehen? Die überraschende Antwort ist „nein", es sei denn, Sie blinzeln oder bewegen Ihren Kopf. Unter geeigneten Bedingungen und bei strikter Überwachung wissen die Versuchspersonen nicht, mit welchem Auge sie sehen.[13]

Da monokulare corticale Zellen auf V1 beschränkt sind, liegt der Schluss verlockend nahe, dass V1-Zellen nicht Teil der NCC sind. Aber nur weil V1-Zellen Zugang zur *eye-of-origin*-Information haben, bedeutet dies nicht, dass diese Information notwendigerweise dem übrigen Gehirn zugänglich gemacht wird.[14] Diese Information ist für das Verhalten vielleicht nicht wichtig genug, als dass die Evolution eine explizite Repräsentation der *eye-of-origin*-Information in der Sehrinde jenseits von V1 begünstigt hätte.

V1-Zellen werden von Blinzeln und Augenbewegungen beeinflusst

Erinnern Sie sich aus Abschnitt 3.7, dass man sich seines Blinzelns – dieser kurzen Phasen, in denen die Augen bedeckt sind – gewöhnlich nicht bewusst ist. Eine Suchstrategie für die NCC besteht daher darin, Neuronen aufzuspüren, deren Aktivität undurchlässig für Blinzeln ist. Timothy Gawne und Julie Martin von der University of Alabama in Birmingham haben gezeigt, dass Zellen in den oberen Schichten von V1 bei Makaken beim reflektorischen Blinzeln im

---

dungen von V1- und MT-Zellen bei einem agierenden Affen schlussfolgerten Grunewald, Bradley und Andersen (2002), dass V1 nicht direkt an der Genese von Struktur-aus-Bewegung-(Gestalt-)Perzepten beteiligt ist.

[13]Sie können davon selbst einen gewissen Eindruck gewinnen. Schauen Sie mit beiden Augen auf einen Bleistift in Ihrer ausgestreckten Hand direkt vor Ihnen. Nun schließen Sie das eine oder andere Auge. Die Lage des Bleistiftes verschiebt sich deutlich, wenn Sie ein Auge schließen, aber kaum, wenn Sie das andere Auge schließen, weil die meisten, wenn auch nicht alle Menschen ein *dominantes Auge* haben (gewöhnlich das rechte). Wenn Sie daher etwas sehen, leistet oft nur ein Auge die Hauptarbeit, auch wenn Sie sich dessen nicht bewusst sind. Die Erforschung des *eye-of-origin*-Phänomens geht bis in die Mitte des 20. Jahrhunderts zurück (Smith, 1945; Pickersgill, 1961; Blake und Cormack, 1979; Porac und Coren, 1986).

[14]Auf den letztgenannten Punkt wies Dr. Charles Q. Wu in einem privaten Briefwechsel mit Francis und mir hin.

Wesentlichen abschalten. Diese Aktivitätsverringerung war ausgeprägter, als es der Fall war, wenn es eine gleich lange Lücke im Input gab oder das ganze Bild dunkel wurde. Wenn das für alle Zellen in V1 gilt, könnte man zweifellos den Schluss ziehen, dass V1-Zellen nicht mit der visuellen Wahrnehmung korrespondieren, weil das Sehen während des Blinzelns nicht aussetzt.[15]

Wie in Kapitel 3 betont, kompensiert das Gehirn die unablässigen Augenbewegungen automatisch und unbewusst. Die äußere Welt sieht stabil aus, und zwar sowohl dann, wenn Ihre Augen abrupt im Raum hin- und herschweifen, als auch dann, wenn Sie gleichmäßig einen vorbeifliegenden Vogel verfolgen. Diese perzeptuelle Stabilität lässt sich nutzen, um nach NCC-Neuronen zu suchen.

Man kann die neuronalen Antworten auf die Bewegung des Auges, das über eine stationäre Szene gleitet, mit den Antworten vergleichen, wenn das Auge ruht und die Szene in entgegengesetzter Richtung bewegt wird. Wenn die intern generierte Augenbewegung sorgfältig mit der externen Bildbewegung abgeglichen ist, sehen beide völlig gleich aus (die Augen nach rechts zu bewegen, ist dasselbe, wie die Szene nach links zu verschieben). Um beide Situationen voneinander zu unterscheiden, braucht man extraretinale Informationen. Tatsächlich antworten V1-Zellen auf die Bewegung, die durch die gleichmäßige Verfolgung eines Ziels mit den Augen induziert wird, und auf die Bewegung eines Bildes in die entgegengesetzte Richtung bei fixierten Augen, in gleicher Weise. Ebenso können V1-Zellen nicht unterscheiden, ob das Tier rasch die Augen bewegt oder sich die Szene in einer Weise verschiebt, die diese Sakkade nachahmt. In diesem Sinne verhält sich V1 wie die Netzhaut. Nur Zellen im Cortexareal MT und jenseits davon können zwischen Augenbewegung und einer Bewegung der Umwelt unterscheiden.[16] Mit anderen Worten wandert der projizierte Anblick der äußeren Welt, wenn sich die Augen des Affen bewegen, in einer Weise über die Oberfläche von V1, die in starkem Kontrast zu der Weise steht, wie die Welt erfahren wird.

Ebenso überzeugend sind Experimente, bei denen das Bindeglied zwischen dem retinalen Bild und dem Verhalten des Tieres – und vermutlich dem Perzept des Affen – mehrdeutig ist. Ableitungen zeigen ganz deutlich, dass die große Mehrheit der V1-Neuronen blind dem visuellen Reiz und nicht dem Perzept folgen. Zehn-, wenn nicht gar Hunderttausende von V1-Zellen generieren Millionen von Aktionspotenzialen, ohne dass sich diese furiose Aktivität im Be-

---

[15]Gawne und Martin (2000).

[16]Diese Neuronen sind entweder auf Signale von motorischen Zentren angewiesen, welche die Augenbewegung kontrollieren, oder auf Feedback-Signale von den Augenmuskeln selbst, um selbstinduzierte von extern erzeugter Bewegung zu unterscheiden. Ilg und Thier (1996) führten die relevanten elektrophysiologische Versuche für gleichmäßige Verfolgung eines Objekts mit den Augen durch, Thiele et al. (2002) für Sakkaden.

wusstsein widerspiegelt.[17] Dieses wichtige Thema wird in Kapitel 16 eingehend diskutiert.

Ist Feedback nach V1 entscheidend für Bewusstsein?

Sind Fasern, die Aktivität von höheren corticalen Arealen zurück nach V1 leiten, entscheidend für das Entstehen von Bewusstsein? Dieses Feedback – das
bevorzugt in den oberflächlichen Schichten endet – könnte die Feueraktivität
von V1-Zellen über eine Schwelle heben. Eine Reihe renommierter Neurowissenschaftler hat die These aufgestellt, dass durch das Zusammentreffen von
Feedforward-Aktivität mit cortico-corticalem Feedback eine bestimmte
Schwelle überschritten wird und Bewusstsein entsteht. Ich werde in Kapitel
15 zu diesem Thema zurückkehren.

Hinweise auf die Rolle des Feedbacks sind aus der späten Komponente der
summierten Aktivität zahlreicher V1-Zellen abgeleitet worden, die mit dem
Perzept des Stimulus korreliert ist statt mit der Antwort des Tieres. Ohne einen
pharmakologischen Blocker, der selektiv Feedback in V1 ausschaltet, ohne den
Feedforward-Informationsstrom zu beeinträchtigen, sind diese Ideen aber leider nur sehr schwer zu testen.[18]

6.6 Wiederholung

In diesem Kapitel wird diskutiert, inwieweit die Aktivität in V1-Neuronen mit
dem visuellen Bewusstsein korreliert ist. Tabelle 6.1 listet einige der notwendigen Bedingungen für die neuronalen Korrelate des Bewusstseins auf, die zusammen mit den notwendigen Rahmenbedingungen (den NCC_e) erfüllt sein
müssen, damit eine neurale Aktivität Teil der NCC sein kann. Wie in Kapitel
4 diskutiert, werden die ersten drei Kriterien in der Tabelle vom primären vi-

---

[17]Einen weiteren Hinweis darauf, dass V1-Zellen nicht das phänomenale Sehen repräsentieren, liefert
Gurs und Snodderlys (1997) Artikel über Gegenfarbenneuronen in V1, deren zelluläre Entladung rasch
auf- und abmoduliert wird, wenn die Farbe eines Rasters rasch von Rot nach Grün und wieder zurück
wechselt. Das ist erstaunlich, weil Menschen die individuellen Farben bei hohen Wechselfrequenzen nicht
auflösen können und statt diskreter Rot- und Grüntöne ein verschmolzenes Gelb sehen (siehe auch Engel,
Zhang und Wandell, 1997).

[18]Physiologische Experimente, die cortico-corticale Feedback-Verbindungen beim visuellen Bewusstsein
implizieren, sind bei Pollen (1995, 1999 und 2003), Lamme und Roelfsema (2000), Lamme und Spekreijse (2000), Kosslyn (2001) und Bullier (2001) beschrieben. Die Daten, die ich hier nur kurz erwähnt
habe, stammen aus einem brillanten Experiment von Supèr, Spekreijse und Lamme (2001). Sie trainierten Affen darauf, texturabhängige Hinweisreize zu nutzen, um eine Figur vor einem chaotischen Hintergrund zu entdecken, während sie die elektrische Aktivität in V1 maßen. Als die Experimentatoren die
Versuche, bei denen die Figur korrekt identifiziert wurde, mit denjenigen verglichen, bei denen die Figur
präsent war, aber von den Tieren nicht entdeckt wurde, stellten sie fest, dass die Aktivität 60 ms nach dem
Beginn der Spikeantwort zunahm, wenn das Tier die Figur entdeckte und vermutlich sah. Die Neuro-
physiologien argumentierten, diese verstärkte und verzögerte Aktivität spiegele sehr wahrscheinlich
Feedback aus höheren Arealen wider.

Tabelle 6.1 Einige notwendige Bedingungen für die NCC eines jeden Reizattributs

---

1. **explizite Repräsentation.** Das Attribut sollte auf der Basis einer Säulenorganisation explizit repräsentiert werden.

2. **essenzieller Knoten.** Das Attribut kann nicht wahrgenommen werden, wenn die Gehirnregion, die den NCC enthält, zerstört oder inaktiviert ist.

3. **künstliche Reizung**: Eine geeignete elektrische oder magnetische Stimulation sollte zur Wahrnehmung des Attributs führen.

4. **Korrelation zwischen Wahrnehmung und neuronaler Aktivität.** Beginn, Dauer und Stärke der relevanten neuralen „Aktivität" sollte von Versuch zu Versuch mit dem Sich-bewusst-Sein dieses Attributs korreliert sein.

5. **Stabilität der Wahrnehmung.** Das NCC sollte invariant für Blinzeln und Augenbewegungen sein, die den sensorischen Input unterbrechen, aber nicht die Wahrnehmung.

6. **direkter Zugang zu Planungsstadien.** Die NCC-Neuronen sollten zu den Planungs- und Durchführungsstadien projizieren.

---

suellen Cortex erfüllt: V1 enthält eine explizite Repräsentation für die Lage und die Orientierung von visuellen Stimuli, ohne V1 können Patienten nichts sehen, und eine elektrische Reizung von V1 ruft visuelle Phosphene hervor. Auf der anderen Seite werden die Kriterien 4, 5 und 6 von V1-Zellen nicht erfüllt.

Zweifellos enthält V1 sowohl unter normalen als auch unter pathologischen Bedingungen Information, die zu diesem Zeitpunkt nicht bewusst gemacht wird. Viel schwieriger ist es zu beweisen, dass keine V1-Aktivität hinreichend für den aktuellen Inhalt des visuellen Bewusstseins ist. Eine vorsichtige Deutung der vorliegenden psychophysikalischen und der Einzelzelldaten ist mit der Hypothese vereinbar, dass V1-Neuronen nicht Teil der NCC sind.[19] Aktivitäten in V1 wie auch in der Retina sind notwendig, aber nicht hinreichend für normales, bewusstes Sehen (Träumen und bildliche Vorstellung sind wahrscheinlich nicht von einem intakten Areal V1 abhängig).

Anders als die „Ausschlussprinzipien" in der Physik – dass nichts die Lichtgeschwindigkeit übertreffen kann oder dass man kein Perpetuum mobile bauen kann – ist unsere These, dass visuelles Bewusstsein nicht in V1 entsteht, kein absolutes Gesetz, sondern abhängig von der Neuroanatomie. Daher ist es nicht sicher, dass dieselbe Argumentation auch für andere primäre sensorische Areale gilt, wie für den primären auditorischen oder den somatosensorischen Cortex. Jede Region muss in Abhängigkeit von ihrem Verknüpfungsmuster und

---

[19]Einige an Menschen gewonnene fMRI-Daten scheinen dieser Position zu widersprechen. Wie ich jedoch in Fußnote 2 in Kapitel 8 und in Abschnitt 16.2 argumentiere, lassen methodische Unsicherheiten über die Beziehung zwischen der Magnetresonanzantwort und dem neuronalen Feuern Zweifel an der Standardinterpretation dieser Imaging-Studien aufkommen.

dem Antwortprofil der beteiligten Neuronenpopulationen separat geprüft werden.[20]

In den folgenden Kapiteln werde ich weitere Beispiele für die Beziehung zwischen neuronalen Antworten und Wahrnehmung geben. Zuvor muss ich jedoch erklären, wie Anatomen einzelne Regionen im Cortex definieren und welche Beziehungen zwischen diesen herrschen. Obwohl der Cortex wie ein weich gekochter Blumenkohl aussieht und sich auch so anfühlt, weist er eine bemerkenswert geordnete Struktur auf.

---

[20]Mit bildgebenden Verfahren gewonnene Gehirnbilder von Patienten in einem *persistent vegetative state* zeigen nach geeigneter Stimulation eindeutig eine starke, aber lokalisierte primäre auditorische und somatosensorische Aktivierung ohne irgendeinen Hinweis auf Bewusstsein (Laureys et al., 2000, 2002). Daher stimmt es *vielleicht*, dass kein primäres sensorisches Zentrum für die bewusste Wahrnehmung der jeweiligen Modalität hinreichend ist.

Kapitel 7

Die Architektur der Großhirnrinde

*Mein zentrales Thema ist also, daß Komplexität oft in Gestalt einer Hierarchie auftritt
und daß die hierarchischen Systeme unabhängig von ihrem jeweiligen Inhalt gewisse
gemeinsame Eigenschaften haben. Hierarchie, so werde ich argumentieren, ist eines jener
Strukturschemata, deren sich der Architekt der Komplexität hauptsächlich bedient.*

Aus *The Sciences of the Artificial* von Herbert Simon

Hoch komplexe Strukturen wie den Cortex unterteilen Wissenschaftler gern in
immer kleinere Regionen, weil sie hoffen, dass eine solche Reduktion schließlich zu einem Verständnis des Ganzen führt. Doch diese Strategie erwies sich
hier anfangs als schwierig, weil die graue Substanz des Gehirns überall ziemlich gleich aussieht. Die umfassende Erforschung des Cortex musste auf die
Entwicklung von moderner Mikroskopie, chemischen Anfärbeverfahren und
Farbstoffen warten, die selektiv an zelluläre Komponenten binden, beispielsweise an die Myelinscheiden der Axone oder an die Ribonucleinsäure im Zellkörper. Mit diesen ständig wachsenden Möglichkeiten, bestimmte molekulare
Bestandteile von Neuronen gezielt sichtbar zu machen, begann die Erforschung
der Gehirnarchitektur, die auf feinen, aber abgegrenzten örtlichen Besonderheiten beruht, aufzublühen.

7.1 Um die Funktion zu verstehen, muss man versuchen, die Struktur zu verstehen

Mithilfe derartiger Färbetechniken ist jede Ecke und jeder Winkel des Cortex
katalogisiert und kartographiert worden. Die bekannteste Karte ist die des deutschen Neurologen Korbinian Brodmann, der in den Jahren vor dem 1. Weltkrieg geographische Regionen in der menschlichen Großhirnrinde definierte
und sie in der Reihenfolge, in der er sie erforschte, von 1 bis 52 durchnumme-
rierte (Abb. 7.1). Einige dieser Einteilungen werden heute noch benutzt, wenn
sich auch die meisten wie frühere politische Grenzen verschoben oder geteilt
haben; dies geschah aufgrund physiologischer Kriterien, die damals noch nicht
zugänglich waren, und metabolischer Färbetechniken (welche Zellgruppen
aufgrund ihrer Aktivität unterschiedlich anfärben), die diese Befunde bestätigten. Doch sie haben ihren Nutzen als geographische Landmarken behalten, ähn-

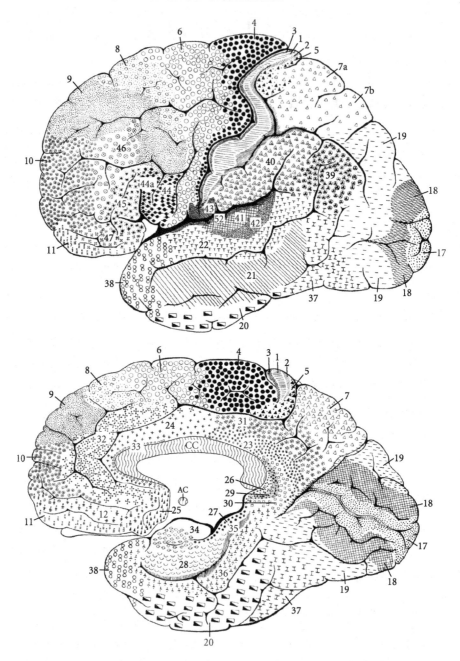

7.1 *Brodmanns Einteilung des menschlichen Neocortex.* Auf der Basis von oft geringen Unterschieden in Dichte, Aussehen und Textur von Zellen in der grauen Substanz unterteilte Brodmann den Cortex in diskrete Areale, die er jeweils mit einer Ziffer versah. Nach Brodmann (1914), verändert.

lich wie das Etikett „Kneipenviertel" für eine bestimmte Nachbarschaft in der Stadt steht.[1]

Dieser laufende Prozess der „Kleinstaaterei" des Gehirngewebes lässt sich beispielhaft anhand der visuellen Areale am hinteren Gehirnpol zeigen, die das Brodmann-Areal 17 umgeben (das dem physiologisch definierten primären visuellen Cortex entspricht). Das Brodmann-Areal 18, Teil des so genannten *extrastriären Cortex*, enthält mindestens vier separate visuelle Areale. Eine derartige Partitionierung spricht, wenn sie für alle Brodmann-Areale gilt, für die Existenz von mehr als 100 Cortexfeldern.

Stehen diese Unterteilungen mit der Arbeitsweise des Cortex in Zusammenhang oder handelt es sich um unwichtige Details, wie die Farben der Flicken in einer Patchworkdecke? Biologen sind der festen Überzeugung, dass Struktur und Funktion eng miteinander verknüpft sind. Unterschiede in der Struktur spiegeln sich demnach in Unterschieden in der Funktion wider und umgekehrt. Körperteile, die durchweg unterschiedlich aussehen, üben unterschiedliche Funktionen aus. Dasselbe gilt für das Nervengewebe. Wenn die zelluläre Dichte zunimmt, sich der Grad der Myelinisierung ändert oder plötzlich ein Enzym auftaucht, dann hat man wahrscheinlich eine funktionelle Grenze überschritten.

Das Bindeglied zwischen Struktur und Funktion ist bei Computern sehr deutlich sichtbar. Das geübte Auge eines Schaltkreiskonstrukteurs kann Input- und Output-Pads, primäre und sekundäre Caches, Bus-Architektur, arithmetisch-logische Einheit, Register und andere Strukturen auf dem Prozessorchip unterscheiden, die allesamt unterschiedliche Funktionen haben.

7.2 Der Cortex ist hierarchisch aufgebaut

Bis in die 1970er Jahre nahm man allgemein an, der visuelle Cortex habe nur wenige, in seriell aufsteigender Weise miteinander verknüpfte Untereinheiten. Dank der wegweisenden Arbeiten von John Allman und Jon Kaas an Neuweltaffen und Zekis Studien über den extrastriären Cortex von Altweltaffen[2] entwickelte sich aus diesem einfachen Bild ein sehr viel komplexeres. Während die Terra incognita außerhalb der primären sensorischen Areale früher einfach als *Assoziationscortex* (weil über die Funktion nur wenig bekannt war) bezeichnet wurde, identifizierte die aktuelle Forschung – deren Ergebnisse im folgen-

---

[1]Ich empfehle die schmale Monographie von Braak (1980) als Hintergrundmaterial über die neuroanatomische Kartierung der menschlichen Großhirnrinde. Man sollte sich durch Abbildung 7.1 und 7.2 nicht dazu verleiten lassen zu glauben, dass die Grenzen zwischen Cortexarealen scharf sind. Sie können recht verschwommen sein und komplexe Übergangsgebiete aufweisen.
[2]Allman und Kaas (1971); Zeki (1974). Siehe ihre Bücher (Zeki, 1993) und Allman (1999).

den Kapitel detailliert besprochen werden – dessen physiologische Eigenschaften und teilten ihn in Felder von gemeinsamer Funktion.

Die Frage, die sich stellt, lautet: Welche exakte Beziehung herrscht zwischen all diesen Arealen? Enthüllen die Verbindungen zwischen unterschiedlichen Regionen irgendetwas über die allgemeine Architektur, die hier verwendet wurde? Schließlich machen cortico-corticale Fasern die Hauptmasse der weißen Substanz unterhalb des Cortex aus. Wenn man untersucht, woher sie kommen und wohin sie gehen, sollte man entscheiden können, ob jedes Areal mit jedem anderen verbunden ist, ob Areale zufällig zusammengewürfelt sind oder ob sich eine hierarchische Struktur entdecken lässt.

Aus Feedforward- und Feedback-Verbindungen erwächst eine Hierarchie

Die Neuroanatomen Kathleen Rockland und Deepak Pandya stellten fest, dass Verbindungen zwischen Cortexarealen mindestens zwei Gruppen bilden. Sie vermuteten, dass diese Feedforward- und Feedback-Bahnen für den Informationsfluss darstellten. Ihre Klassifikation konzentrierte sich auf die entscheidende Rolle von Schicht 4. Erinnern Sie sich aus Kapitel 4, dass Schicht 4 in dem Cortexbreich, der V1 bildet, der Ort ist, wo ein Großteil des retino-geniculaten Inputs endet. Im Allgemeinen ist eine gut entwickelte Schicht 4 das Markenzeichen jedes sensorischen Areals.

Eine Verbindung zwischen zwei Cortexarealen wird als *aufsteigend* oder *vorwärts gerichtet* (*feedforward*) bezeichnet, wenn die Axone vorwiegend in Schicht 4 enden. Das gilt besonders dann, wenn die Zellkörper der Projektionsneuronen, die diese Axone aussenden, in den oberflächlichen Schichten 2 und 3 liegen. Eine *absteigende* oder *rückwärts gerichtete* (*feedback*) Verbindung ist eine Verbindung, bei der die Axone Schicht 4 umgehen und statt dessen die oberen Schichten (insbesondere die oberste Schicht, Schicht 1) und manchmal auch Schicht 6 (die unterste Schicht) anpeilen. Die Zellkörper der Pyramidenzellen, welche die Feedback-Axone versorgen, finden sich gewöhnlich in tiefen Schichten.

John Maunsell und sein Doktorvater David van Essen, damals am California Institute of Technology, leiteten aus diesen anatomischen Mustern eine detaillierte Hypothese der hierarchischen Organisation ab. Mithilfe der Rockland-Pandya-Schichtenregeln ist es möglich, die relative Position jedes Areals in einer Hierarchie zu ermitteln. Wenn Areal A_2 in seine Schicht 4 einen vorwärts gerichteten Input von A_1 erhält und über seine oberflächlichen Schichten in Schicht 4 von A_3 projiziert, dann muss A_1 unter A_2 liegen, das seinerseits unter A_3 liegen muss.

Die Endigungszone von Axonen, die Information aus einer höheren in eine niedrigere Ebene zurückleiten, ist breiter als diejenige von vorwärts projizierenden Neuronen; sie haben mit einem größeren Satz von Neuronen erregenden synaptischen Kontakt.[3]

Neben aufsteigenden und absteigenden Verbindungen gibt es auch *seitliche* (*laterale*) Verbindungen, die Cortexareale auf derselben hierarchischen Ebene miteinander verknüpfen. Laterale Verbindungen können in allen Schichten entspringen, die aus einem corticalen Areal heraus projizieren (das heißt, aus allen Schichten mit Ausnahme von Schicht 1 und Schicht 4), und über die ganze Breite der corticalen Säule im Empfängerareal enden.

Wenn man diese Regeln berücksichtigt, nimmt das, was vorher wie ein chaotisches Durcheinander cortico-corticaler Verbindungen aussah, nun eine gewisse Ordnung an. Frühere Versionen dieser hierarchischen Organisation wurden von Daniel Felleman und David Van Essen ausgebaut. Das resultierende Organisationsdiagramm mit einem Dutzend Ebenen (Abb. 7.2) erinnert an ein Labyrinth aus Dampfleitungen in einer alten Fabrik – höchst verwickelt, mit Myriaden von Umgehungen, Abkürzungen und scheinbar zufälligen Zusätzen. Doch trotz der Komplexität der Verbindungen kommuniziert nicht jedes Areal mit jedem anderen. Tatsächlich ist bisher nur etwa ein Drittel aller möglichen Verbindungen zwischen Arealen dargestellt worden.[4]

Wie ein Satz russischer Puppen, die eine in der anderen stecken, stellt jeder der rechteckigen Kästen in Abbildung 7.2 ein raffiniertes eigenständiges neuronales Netzwerk mit zahlreichen Substrukturen dar. Zwei dieser Dampfleitungsfabriken, die rechte und die linke Hemisphäre Ihres Gehirns, sind durch zig Millionen Balkenfasern stark miteinander verkabelt und in einen einzigen Schädel gepackt. Ähnliche Hierarchien finden sich in der somatosensorischen und der auditorischen Modalität.

Was spiegelt diese Hierarchie wider?

Die Hierarchie, die sich aus diesen Schichtenregeln ergibt, sieht nicht ideal aus. Mit den Worten von Felleman und Van Essen, werfen zahlreiche Unregemäßigkeiten

---

[3]Beispielsweise erhalten die Areale V1 und V2 breit gefächerte Feedback-Verbindungen aus inferotemporalen und parahippocampalen Regionen (Rockland und Van Hoesen, 1994; Rockland, 1997). Salin und Bullier (1995) sowie Johnson und Burkhalter (1997) diskutieren cortico-corticale Verbindungen im Detail.

[4]Die drei wichtigsten Artikel, die diese Serie von Fortschritten beschreiben, sind Rockland und Pandya (1979), Maunsell und Van Essen (1983) sowie Felleman und Van Essen (1991). Ähnliche oder alternative hierarchische Schemata sind von Kennedy und Bullier (1985), Barbas (1986), Zeki und Shipp (1988) sowie Andersen et al. (1990) vorgeschlagen worden. Einen umfassenden Überblick bieten Salin und Bullier (1995). Young (2002) leitet das Organisationsdiagramm aller 72 bisher im Affencortex beschriebenen Areale ab. Abbildung 7.2 ist aktualisiert worden, um den inzwischen besseren Kenntnissen der Areale und ihrer Verknüpfungen zwischen dem inferotemporalen und dem mediotemporalen Cortex Rechnung zu tragen (Lewis und Van Essen, 2000; Saleem et al., 2000).

die Frage auf, ob der Cortex inhärent nur eine „quasi-hierarchische" Struktur ist, die für jeden Satz von Kriterien, den man entwerfen kann, eine bedeutende Zahl (vielleicht 10 %) *bona-fide-*Unregelmäßigkeiten und Ausnahmen enthält. Andererseits könnte die Sehrinde auch eine ideale anatomische Hierarchie aufweisen, die mangelhaft erforscht worden ist, weil inhärent „verrauschte" Methoden zur anatomischen Analyse verwendet wurden.

Die Hierarchie ist vielleicht nicht einzigartig, in dem Sinne, dass man viele organisatorische Strukturen schaffen kann, die denselben anatomischen Verbindungsvorgaben genügen, aber ausgefeilter sind und zusätzliche Ebenen aufweisen.[5]

Trotz einiger Ähnlichkeiten zwischen Abbildung 7.2 und dem Organisationsdiagramm einer Universität oder eines Unternehmens führt kein Präsident oder Vorstand diese Entität. Es gibt keinen Olymp, der auf das ganze Sehsystem herabschaut. Die Areale oben im Diagramm projizieren entweder nach außerhalb des eigentlichen Cortex oder in Regionen im vorderen Bereich des Gehirns, und von dort in (prä)motorische Strukturen, welche die Kommandos des Gehirns ausführen. Tatsächlich sendet jede corticale Region – ohne Ausnahmen –, wie Zeki betont[6], ihre Output-Axone irgendwo hin. Keine Region ist eine Einbahnstraße. Wenn sie es wäre, könnte sie kein kausales Agens sein; sie könnte kein sinnvolles Bewusstsein vermitteln.

Während die Belege für eine hierarchische Organisation für die sensorischen Modalitäten im hinteren Bereich des Gehirns weitgehend akzeptiert sind, ist unklar, inwieweit sich im vorderen Bereich des Gehirns vorwärts und rückwärts gerichtete cortico-corticale Projektionen identifizieren lassen. Das trifft insbesondere für die Verbindungen zwischen inferotemporaler, posteroparietaler und präfrontaler Cortexregion zu.[7] Müsste es dort nicht eine umgekehrte Hierarchie geben – ein Spiegelbild der Hierarchie im Sehsystem –, welche von den oberen Ebenen des präfrontalen Cortex bis zu den primären motorischen Regionen hinabreicht? Um das zu klären, bedarf es weiterer Forschung.

Hirnforscher fragen sich, warum diese Hierarchie existiert. Ein Grund dafür könnte sein, dass eine solche Architektur es höheren corticalen Regionen erleichtert, Korrelationen zwischen Neuronen in niedrigeren Arealen zu entdekken. Auf dem nächsten Level können dann Korrelationen zwischen Korrela-

---

[5]Die Idee einer *einzigartigen* Hierarchie ist von Hilgetag, O'Neill und Young (1996) kritisiert worden; sie benutzten einen evolutiven Optimierungsalgorithmus, um jene Hierarchien zu finden, die am wenigsten vom Ideal-Zustand abwichen. Sie kamen zu dem Schluss, dass das visuelle System mit den rund 300 cortico-corticalen Verbindungen zwischen seinen mehr als 30 Arealen überraschend strikt hierarchisch ist, ohne exakt zu sein, und dass die Zahl der Ebenen in der Hierarchie zwischen 13 und 24 liegt (Young, 2002).
[6]Zeki (1993).
[7]Tatsächlich kamen Webster, Bachevalier und Ungerleider (1994) zu dem Schluss: „... möglicherweise lassen sich die Regeln, die angewandt worden sind, um hierarchische Beziehungen innerhalb des visuellen und des somatosensorischen Systems zu etablieren, nicht einfach auf Verbindungen mit Stirnlappenarealen übertragen." Siehe auch Rempel-Clower und Barbas (2000).

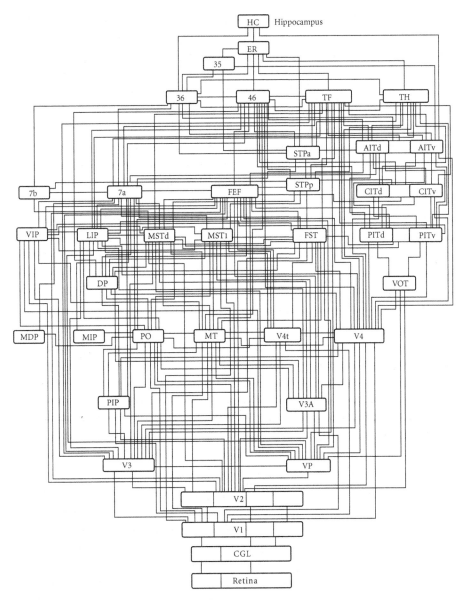

7.2 *Das visuelle System ist wohlgeordnet.* Die visuellen Areale im Affenhirn sind von Felleman und Van Essen einer geschichteten Hierarchie zugeordnet worden, verknüpft durch einige hundert Verbindungen, von denen die meisten reziprok sind. Dieser in der Retina wurzelnde Verarbeitungsbaum erstreckt sich bis tief in frontale und motorische Strukturen. Weitere Details finden sich in Fußnote 4 dieses Kapitels und auf den Deckelinnenseiten vorn. Nach Felleman und Van Essen (1991) sowie Saleem et al. (2000), verändert.

tionen etabliert werden, und so fort. Das würde zu einer detaillierten Darstellung der Eigenschaften rezeptiver Felder führen (wie im folgenden Kapitel beschrieben).

Die Hierarchie im visuellen System ist anatomischer Natur und muss sich nicht unbedingt in den Latenzzeiten von Signalen wiederspiegeln, welche die Sprossen der corticalen Leiter emporwandern. Insbesondere werden alle Areale auf einer Ebene durch visuelle Reize *nicht* gleichzeitig erregt. Wie in Kapitel 3 erwähnt, fließen der magno- und der parvozelluläre Strom unterschiedlich schnell nach V1. Diese zeitlichen Unterschiede bleiben in weiteren Verarbeitungsstadien erhalten, sodass die frontalen Augenfelder im vorderen Bereich des Gehirns visuelle Information *vor* den Arealen V2 und V4 im hinteren Bereich erhalten.[8]

Stellen Sie sich die nervöse Aktivität, die auf eine Augenbewegung folgt, als Spikewelle vor, die den Sehnerv hinauf durch das Corpus geniculatum laterale in den Cortex wandert. Man kann eine Analogie zu Wellen am Strand herstellen: Die Brandung zieht sich auseinander, wenn sie durch die Gezeitentümpel an der Grenze zwischen Meer und Land läuft; einige dieser kleinen Wellen wandern in Abhängigkeit von der Tiefe der Tümpel und anderen Faktoren rascher als andere. Gleiches gilt für das Gehirn. Da corticale Netzwerke sowohl kurze als auch weit reichende Verbindungen aufweisen, kann diese Aktivitätswelle in manchen Fällen über zwischenliegende Regionen hinweg springen. Die rasche Zunahme der reizgetriggerten Spikeaktivität wandert durch die Stationen der visuellen Hierarchie, ohne dass sich die Steilheit der führenden Wellenfront nennenswert veränderte. Ich bezeichne dies als Netzwerk-Welle oder *Netzwelle*. Experimente haben gezeigt, dass das Auftreten von Netzwellen ebenso zuverlässig wie präzise ist. Selbst tief im Cortex lässt sich ihre Signatur mit einer zeitlichen Schwankungsbreite von 10 ms oder weniger entdecken.[9] Ich argumentiere in Abschnitt 13.5, dass eine solche vorwärts wandernde Netzwelle rasch ein ziemlich komplexes, aber unbewusstes Verhalten auslösen kann (siehe auch Tabelle 5.1), während Bewusstsein von einer Art stehenden Welle zwischen dem hinteren und dem vorderen Bereich des Cortex abhängt.

Die große Mehrheit der cortico-corticalen Bahnen zwischen Arealen ist reziprok. Wenn Areal A daher in Areal B projiziert, dann projiziert B gewöhnlich zurück in A. Reziprozität gilt auch für die multiplen Verbindungen zwischen Thalamus und Cortex, ist aber nicht universal. Zu den wichtigsten Einbahnprojektionen gehören der Sehnerv, der die Retina verlässt, die absteigenden Fasern von der Sehrinde zum Colliculus superior und die Bahn von den Stirnlappen zu den Basalganglien.

---

[8]Schmolesky et al. (1998) sowie Nowak und Bullier (1997) besprechen Signaltiming über corticale Areale hinweg.
[9]Marsálek, Koch und Maunsell (1997); Bair und Koch (1996); Bair (1999). Die Netzwelle pflanzt sich in 5–10 ms durch eine corticale Stufe fort.

7.3 Thalamus und Cortex: Eine enge Umarmung

Der Thalamus, eine wachteleigroße Struktur oben auf dem Mittelhirn, ist das Tor zum Neocortex. Thalamus und Cortex haben sich in enger Beziehung zueinander entwickelt. Mit Ausnahme des Geruchssinns passieren alle sensorischen Modalitäten auf dem Weg in den Cortex den Thalamus.[10]

Der Thalamus ist in diskrete Kerne unterteilt, die alle ihre eigenen, separaten Input- und Output-Kanäle sowie individuelle funktionale Korrelate aufweisen.[11] Spezielle Kerne senden somatosensorische, auditorische, viscerale und visuelle Information in die relevanten Cortexregionen.

Der bei weitem am besten erforschte dieser Kerne ist das Corpus geniculatum laterale (CGL), das bereits in Kapitel 3 erwähnt wurde. Es ist jedoch nicht der größte Kern. Dieser Titel gebührt dem *Pulvinar*. Phylogenetisch gesehen ist das Pulvinar die jüngste Ergänzung zum Thalamus. Es tritt als relativ kleiner, aber recht klar umrissener Kern bei Raubtieren auf und nimmt von Tieraffen zu Menschenaffen ständig an Größe zu, bis er beim Menschen, relativ gesehen, enorme Ausmaße gewinnt. Das Primatenpulvinar wird in vier Teile mit mindestens drei separaten visuellen Karten (möglicherweise auch viel mehr) unterteilt.[12] Im Gegensatz zum Cortex sind diese Repräsentationen nicht untereinander verknüpft. Tatsächlich reden thalamische Kerne kaum direkt miteinander oder mit ihren Pendants in der anderen Hemisphäre.

Erinnern Sie sich aus Abschnitt 5.1, dass der akute, bilaterale Verlust der intralaminaren Kerne (ILN) des Thalamus Arousal und Bewusstsein stark beeinträchtigen kann. Klinische Forschung, funktionelle bildgebende Verfahren zur Darstellung des Gehirns (*brain imaging*) und elektrophysiologische Ableitungen verbinden diese Regionen – wie auch einige der Pulvinarkerne – mit der Infrastruktur von Wachheit (Vigilanz), Aufmerksamkeit und zielgerichtetem visuomotorischem Verhalten, am auffälligsten in Form von Augenbewe-

---

[10]Der Bulbus olfactorius, der Empfänger des Rezeptor-Outputs aus der Nase, projiziert direkt in den olfaktorischen Cortex. Ein Faserbündel erstreckt sich vom primären olfaktorischen Cortex, der älter und primitiver ist als der Neocortex, hinunter zum Thalamus und zurück zu einem sekundären olfaktorischen Cortex. Andere corticale Afferenzen, die den Thalamus umgehen, sind die breit gefächerten modulatorischen aufsteigenden Hirnstamm- und die basalen Vorderhirnbahnen (Abschnitt 5.1), Verbindungen von der Amygdala und Projektionen von einem kleinen Satelliten des Neocortex, dem so genannten Claustrum.

[11]Wenn ich vom Thalamus spreche, meine ich stets den *dorsalen Thalamus*. Zur detaillierten Anatomie des Thalamus siehe Jones (1985). Sherman und Guillery (2001) fassen dessen elektrophysiologische Eigenschaften zusammen.

[12]Einige retinale Ganglienzellen senden ihre Axone direkt in das inferiore Pulvinar. Der Rest des Pulvinar erhält seinen visuellen Input über den Colliculus superior (siehe Deckelinnenseite vorn). Drei der vorwiegend visuellen Kerne des Pulvinar sind stark und reziprok mit verschiedenen visuellen Cortexarealen verknüpft (einschließlich des posteroparietalen und des inferiotemporalen Cortex), während der vierte sein Netz weiter auswirft und reziproke Verbindungen zu präfrontalen und orbitofrontalen Arealen unterhält (Grieve, Acuna und Cudeiro, 2000).

gungen. Wenn man angestrengt ins Gebüsch starrt, weil man meint, dort habe sich jemand versteckt, oder wenn man die Straße vor sich mit den Augen absucht, spielt wahrscheinlich die Schaltkapazität dieser thalamischen Regionen eine Rolle.[13]

Neuronen in diesen thalamischen Kernen lassen sich grob in zwei Klassen zuordnen, exzitatorische Projektionszellen, die ihre Axone in den Cortex senden, und lokale, inhibitorische Interneuronen. Das Anfärben des Thalamus zum Nachweis von zwei häufigen Calcium bindenden Proteinen hat einen weiteren, bis dahin verborgenen Aspekt seiner Architektur enthüllt. Die Projektionsneuronen kommen in mindestens zwei Typen vor, *core* (Kern) und Matrix. *Core*-Zellen sammeln sich zu Clustern und zielen auf genau abgegrenzte Empfängerzonen in den Zwischenschichten corticaler Regionen. Die magno- und die parvozellulären Relaiszellen des CGL und ihre topographisch organisierten Endigungen in V1 sind die klassischen Beispiele für Core-Zellen. *Matrix*-Projektionszellen reichen in diffuserer Weise in die oberflächlichen Schichten mehrerer benachbarter Cortexareale. Sie sind in einer idealen Position, um Aktivität zu verteilen und zu helfen, Aktivität zu synchronisieren oder großen Zellpopulationen Timingsignale zu liefern. Während die Core-Zellen spezifische Information an ihre corticalen Empfänger übermitteln, könnten die Matrixzellen dazu beitragen, jene weiträumigen neuronalen Koalitionen aufzubauen, welche die vielfältigen Aspekte jedes bewussten Perzepts vermitteln.[14]

7.4 Treibende und modulatorische Verbindungen

Eine stillschweigende Annahme ist, dass die Verbindungen zwischen den Arealen in Abbildung 7.2 alle gleichartig sind. Das ist höchstwahrscheinlich nicht der Fall.[15] Beispielsweise können die Geniculatum-Axone, die in Schicht 4 enden, ein heftiges Spikegewitter in V1-Neuronen mit der geeigneten Reizvorliebe hervorrufen. Ohne einen solchen Input feuern diese Zellen nicht. Andererseits vermittelt Feedback aus dem mittleren temporalen Cortex (MT) nach V1 und andere frühe visuelle Areale einige der beobachteten Effekte, die auf

---

[13]Eine gut kontrollierte Brain-Imaging-Studie fand heraus, dass eine hohe Vigilanz im Vergleich zu motorischer Restaktivität oder zufälliger motorischer Aktivität mit fokaler Mittelhirn- und ILN-Aktivität einhergeht (Kinomura et al., 1996). Robinson und Cowie (1997) beschreiben die Rolle des Pulvinar bei Aufmerksamkeitsverlagerung und Augenbewegungen.

[14]Die sich herauskristallisierende Geschichte der thalamischen Core- und Matrix-Zellen ist bei Jones (2002) zusammengefasst. Die koniozellulären Neuronen im CGL (Abschnitt 3.5) sind ein Beispiel für Matrix-Zellen.

[15]Barone et al. (2000) stellen einen viel versprechenden Ansatz zur Quantifizierung der Stärke von vorwärts und rückwärts gerichteten Projektionen vor.

nichtklassischen rezeptiven Feldern basieren, indem es die primäre, vorwärts gerichtete Antwort moduliert.[16]

In einer ersten Annäherung stellen Francis und ich uns vorwärts gerichtete Projektionen als *starke, treibende* Verbindungen vor. Sie treiben ihre Zielzellen rasch und zuverlässig an, wie es die Projektionen vom CGL nach V1 oder von V1 nach MT tun. Feedback-Projektionen, wie diejenigen von MT zurück nach V1, enden gewöhnlich auf den distalen Bereichen des Dendritenbaumes von Pyramidenzellen, deren Zellkörper in den tiefen Schichten liegen. Ein derartiger weit entfernter Input kann das Feuerverhalten dieser Zellen regulieren; es ist aber unwahrscheinlich, dass er allein zu einer heftigen Spikesalve führt. Feedback moduliert die Antwort der Empfängerzellen und stellt die Stärke der neuronalen Antwort – den *gain* der Zelle – ein.

Starke, treibende (vorwärts gerichtete) und schwächere, modulatorische (rückwärts gerichtete) Verbindungen lassen sich auch identifizieren, wenn man die Verschaltung vom Cortex zum Thalamus und zurück betrachtet. Die allgemeine Regel hier lautet, dass ein cortico-thamalisches Axon, das in Schicht 6 entspringt, wahrscheinlich seine thalamischen Zielzellen (wie in der Bahn von V1 zu CGL) moduliert, während eine Schicht-5-Projektion zu einem thalamischen Kern vermutlich eine starke Verbindung ist. Für die umgekehrte Richtung gilt offenbar die Regel, dass ein thalamischer Input in Schicht 4 oder den unteren Teil von Schicht 3 gewöhnlich eine starke Verbindung ist.[17]

Wenn man Verbindungen zwischen Gehirnarealen in dieser binären Weise betrachtet, kristallisieren sich zwei interessante Schlussfolgerungen heraus. Erstens scheint es *keine starken Schleifen* im cortico-thalamischen System zu geben – es gibt keine thalamischen oder corticalen Areale, die direkt oder indirekt rückläufig durch starke Projektionen verbunden sind. Anders gesagt, es gibt keine treibende Bahn von Areal A nach Areal B (mit möglichen dazwischengeschalteten Stadien), die mit einer treibenden Bahn zurück von B nach A einhergeht. Auch wenn viele Teile des Gehirns noch nicht kartiert sind, nehmen Francis und ich an, dass man auch in Zukunft keine derartigen starken Schleifen finden wird. Wir vermuten, dass starke reziproke Verbindungen unkontrollierbare Oszillationen fördern, wie sie bei einem epileptischen Anfall auftreten.[18] Zweitens ist die Hierarchie von Abbildung 7.2 in erster Nä-

---

[16]Hupe et al. (1998) haben das Areal MT reversibel inaktiviert, während sie aus V1, V2 und V3 ableiteten. Das MT-Feedback arbeitet in einer Schub-Zug-Weise und verstärkt die Antwort auf einen optimalen Stimulus im klassischen rezeptiven Feld. Gleichzeitig reduziert es die Antwort auf geringe Salienz – visuelle Reize, die groß genug sind, um sowohl das klassische als auch das nichtklassische Feld zu bedecken.

[17]Ojima (1994); Rockland (1994 und 1996); Bourassa und Deschenes (1995).

[18]Die Unterscheidung zwischen starken und modulatorischen Projektionen und die Hypothese, nach der es keine starken Schleifen gibt, wurde in Crick und Koch (1998a) vorgeschlagen. Möglicherweise gibt es auf der Ebene individueller Neuronen interessante Ausnahmen von dieser Hypothese.

herung die eines vorwärts gerichteten Netzwerks, das von Feedback-Verbindungen moduliert wird. Das trifft auch zu, wenn die geeigneten thalamischen Kerne in dieses Szenario einbezogen werden. In diesem Licht betrachtet, fließt Information von der Retina die Hierarchie hinauf, bis sie im medialen temporalen und im präfrontalen Cortex ihren Gipfel erreicht; von dort wandert die Information zu den motorischen Verarbeitungsstadien hinab. Abkürzungen umgehen einen Teil dieser Hierarchie, und für viele ihrer Funktionen werden möglicherweise Feedback-Bahnen benötigt.

In Zukunft wird es von entscheidender Bedeutung sein, Verbindungstypen entsprechend ihrer Stärke, ihrem Zeitverlauf und anderen charakteristischen Merkmalen zu unterscheiden. Das müsste es leichter machen, das Verhalten des Systems zu verstehen. Diese Unterscheidung entspricht der Unterscheidung zwischen intramolekularen und intermolekularen Kräften in der Chemie. Intramolekulare Kräfte sind die starken covalenten und ionischen Bindungen, die Atome oder Ionen in Molekülen oder Ionenkristallen zusammenhalten. Intermolekulare Kräfte hingegen sind relativ schwache Dipol-Wechselwirkungen (wie Wasserstoffbrückenbindungen und Van-der-Waals-Kräfte), die zwischen den Atomen benachbarter Moleküle herrschen. Es wäre unmöglich, die Struktur eines Proteinmoleküls zu verstehen, wenn man annähme, alle intramolekularen Bindungen und intermolekularen Kräfte wären gleich stark oder gleich stabil.

Üppig illustrierte Anatomielehrbücher suggerieren oft, dass viele (wenn nicht die meisten) Bahnen im menschlichen Gehirn aufgeklärt und katalogisiert sind. Dieser Eindruck täuscht. Es herrscht großer Bedarf an einer breiten und anhaltenden Erforschung der menschlichen Neuroanatomie.[19] Ohne detailliertes Wissen über die Verkabelung des menschlichen Gehirns wird sich die Suche nach den NCC deutlich verlangsamen.

7.5 Ventrale und dorsale Bahn als Leitprinzip

Anfang der 1980er Jahre kam es zu einem Wendepunkt im Denken über das visuelle Gehirn. Damals stellten Leslie Ungerleider und Mort Mishkin vom National Institute of Mental Health bei Washington, D.C. die These auf, das Sehen im Neocortex laufe über zwei separate corticale Bahnen ab. Ihre Argumentation basierte auf anatomischen, neurophysiologischen und klinischen Daten.

Der Schlüssel dazu waren Ergebnisse von Experimenten, bei denen die visuellen Fähigkeiten von Affen mit inferotemporalen (IT) Läsionen mit denjenigen von Affen verglichen wurden, deren posteroparietaler (PP) Cortex zerstört war (Abb. 7.3). Affen mit einer IT-, aber ohne PP-Schädigung hatten

---

[19]Crick und Jones (1993) plädieren leidenschaftlich für ein solches Programm. Eine viel versprechende Technik zur Verfolgung von myelinisierten Faserzügen beim lebenden Menschen ist die Diffusionsgewichtete Tensor-MRI (*diffusion tensor magnetic resonance imaging*) (Le Bihan et al., 2001).

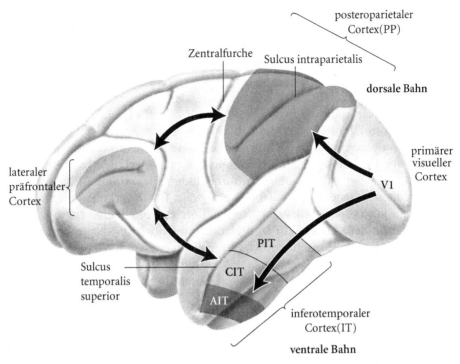

7.3 *Zwei Ströme visueller Information*. Ungerleider und Mishkin entdeckten, dass sich der Fluss visueller Information in V1 in zwei Teilströme aufspaltet, die sich im lateralen präfrontalen Cortex wieder vereinen. Während sich die ventrale *vision-for-perception*-Bahn (Sehen, um wahrzunehmen) mit Form- und Objekterkennung beschäftigt, übermittelt die dorsale oder *vision-for-action*-Bahn (Sehen, um zu handeln) räumliche Information, die für die Lokalisierung von Zielen und die Durchführung motorischer Handlungen benötigt wird. Nach N. Logothetis, verändert.

Schwierigkeiten, Objekte visuell zu unterscheiden. Affen mit einer PP-, aber ohne IT-Läsion konnten hingegen visuomotorische Aufgaben, wie das Berühren eines visuellen Ziels oder das Greifen in einen Schlitz, nicht ausführen. Bestärkt durch Daten von neurologischen Patienten mit fokalen Hirnschäden kamen Ungerleider und Mishkin zu dem Schluss, dass IT Schaltkreise enthält, die auf Diskriminierung und Erkennen von Objekten spezialisiert sind, während PP zur Verarbeitung räumlicher Beziehungen benötigt sind, um das Auge oder die Hand zu einem Ziel zu lenken.[20] Sich anschließende Studien

---

[20]Diese beiden corticalen Ströme sind einer phylogenetisch älteren Arbeitsteilung zwischen corticalen und subcorticalen Sehzentren aufgelagert (Ungerleider und Mishkin, 1982). Milners und Goodales (1995) Buch liefert eine exzellente historische Perspektive der Versuche von Klinikern und Neurowissenschaftlern, diese Unterscheidungen zu verstehen. Psychologen haben schon früher auf separate kognitive und motorisch orientierte visuelle Karten geschlossen (beispielsweise Bridgeman et al, 1979).

mit funktionellen bildgebenden Verfahren bestätigten die Ungerleider-Mishkin-Unterscheidung so eindeutig, dass sie heute als Pfeiler der visuellen Neurowissenschaften gilt.

Heute sprechen Neurowissenschaftler von zwei Informationsbahnen, der ventralen und der dorsalen. Von V1 ausgehend, trennen sie sich zunächst und laufen schließlich wieder im lateralen präfrontalen Cortex zusammen. Die ventrale Bahn läuft durch V2 und V4 nach IT und projiziert von dort in den ventrolateralen präfrontalen Cortex. Diese Bahn ist verantwortlich für die Analyse von Form, Kontur, Farbe sowie für das Erkennen und Unterscheiden von Objekten. Der inferotemporale Cortex und die assoziierten Regionen sind mit bewusster visueller Wahrnehmung in Verbindung gebracht worden (genaueres siehe Kapitel 16). Die dorsale Bahn verläuft von V1 durch MT in den posteroparietalen Cortex. Von dort sendet sie eine breit gestreute Projektion in den dorsolateralen präfrontalen Cortex. PP-Neurone beschäftigen sich mit Raum, Bewegung und Tiefe. Wenn ein Auge oder eine Extremität bewegt werden muss, um ein Zielobjekt aus mehreren Objekten auszuwählen, sind Neurone im posteroparietalen Cortex beteiligt. Die dorsale Bahn verarbeitet visuo-räumliche Hinweisreize, die zum Ergreifen und zur Lenkung von Auge, Hand oder Arm notwendig sind (also zum Handeln). Die ventrale Bahn wird häufig auch als *Was*- oder *vision-for-perception*-Bahn, die dorsale als *Wo*- oder *vision-for-action-Bahn* bezeichnet.

Die ventrale und die dorsale Bahn weisen viele direkte Querverbindungen auf. Einige Areale, insbesondere im superioren temporalen Cortex und rundum, liegen an der Schnittstelle zwischen den beiden Bahnen und entziehen sich jeder einfachen Klassifikation.[21]

7.6 Der präfrontale Cortex: Sitz der Exekutive

Während sich der gesamte Neocortex hinter der Zentralfurche, grob vereinfacht gesagt, mit sensorischen Input und Wahrnehmung beschäftigt, kümmern sich die Stirnlappen, die große Neocortexfläche vor der Zentralfurche, ums Handeln. Motorischer, prämotorischer, präfrontaler und anteriorer cingulärer Cortex gehören alle zu den Stirnlappen (siehe Deckelinnenseite vorn und Abb. 7.3). Ihre Funktion besteht im Lenken, Kontrollieren und Ausführen des motorischen Outputs, wie Augen- oder Skelettmuskelbewegungen, sowie in der Expression von Emotionen, Sprache oder inneren geistigen Zuständen (wie

---

[21]Die Areale auf der linken Seite von Abbildung 7.2 sind Teil der dorsalen Bahn, während diejenigen auf der rechten Seite Teil der ventralen Bahn sind. Die Areale STPa, STPp und FST, die zwischen diesen beiden Bahnen liegen, lassen sich nicht ohne weiteres der einen oder anderen Bahn zuordnen (Saleem et al., 2000; Karnath, 2001). Baizer, Ungerleider und Desimone (1991) haben neuronale Projektionen identifiziert, die IT und PP verknüpfen.

bei unbewussten Denkprozessen, siehe Kapitel 18). Mit zunehmender Entwicklungsstufe von Organismen wächst die Komplexität ihrer Handlungen, und ihre Ziele dehnen sich in Raum und Zeit aus, wobei sie immer weniger auf Instinkt und mehr auf früheren Erfahrungen, Einsicht und Vernunft basieren. Das erfordert Vorausplanen, Entscheidungsfindung in unbeständiger Umgebung und kognitive Kontrolle, Wiederabruf und die Online-Speicherung von Informationen und das Gefühl der Urheberschaft. Bei diesen höheren Exekutivfunktionen kommt der *präfrontale* Cortex voll zu Geltung.

Der präfrontale Cortex (PFC), der vorderste Teil der Großhirnrinde, ist definiert als die corticale Empfangszone von Axonen, die von projizierenden Neuronen im mediodorsalen thalamischen Kern kommen. Der PFC nimmt im Lauf der phylogenetischen Entwicklung beträchtlich an Größe zu.[22] Er ist weiträumig und reziprok mit dem prämotorischen, parietalen, inferotemporalen und mediotemporalen Cortex, dem Hippocampus und der Amygdala verkabelt. Mit dem primären sensorischen oder dem primären motorischen Cortex besteht jedoch keine direkte Verbindung. Der PFC ist die einzige neocorticale Region, die direkt mit dem Hypothalamus kommuniziert, der ja für die Hormonausschüttung verantwortlich ist. Präfrontale Regionen sind daher in einer hervorragenden Position, um Information von allen sensorischen und motorischen Modalitäten zu integrieren. Eine weitere Funktion ist die kurzfristige Online-Speicherung von Information, die für den Organismus wichtig ist (siehe Kapitel 11).

Die Stirnlappen sind eng mit den *Basalganglien* verknüpft, großen subcorticalen Strukturen, zu denen Corpus striatum und Globus pallidum gehören. Diese phylogenetisch alten Regionen vermitteln zielgerichtete Bewegungen, Sequenzen motorischer Handlungen oder Gedanken sowie motorisches Lernen. Bei Wirbeltieren ohne oder mit einem nur gering entwickelten Cortex sind die Basalganglien die wichtigsten Vorderhirnzentren.

Neuronen in den tiefen Schichten des Cortex senden ihre Axone direkt ins Striatum. Über Zwischenstationen, zu denen der Thalamus gehört, projizieren die Basalganglien zurück in den Cortex.[23] Die Basalganglien werden von Er-

---

[22]Während der PFC im felinen Cortex nur 3,5 % des Volumens ausmacht, nimmt er im caninen Cortex (Hundeliebhaber, aufgepasst!) 7 %, im Affencortex 10,5 % und im menschlichen Cortex fast 30 % ein. Die Expansion des PFC relativ zum übrigen Gehirn gilt nicht für die Stirnlappen im Allgemeinen (Preuss, 2000). Die exakte hierarchische Beziehung zwischen präfrontalen Arealen – insbesondere, was die Ursprungs- und Zielschichten spezifischer neuronaler Subpopulationen angeht – bleibt dunkel (siehe jedoch Carmichael und Price, 1994). Gute Hinweise auf die neurowissenschaftliche und klinische Literatur über den PFC bieten unter anderem Passingham (1993), Grafman, Holyoak und Boller (1995), Fuster (1997), Goldberg (2001) sowie Miller und Cohen (2001).

[23] Projektionen zwischen den Stirnlappen und den Basalganglien sind spezifisch und reziprok. Das präfrontale Areal 9 projiziert in einen Teil des Striatum, der über zwei Zwischenstufen Fasern zurück zu Areal 9 sendet, während das prämotorische Areal 6 in einen anderen Teil des Striatum projiziert, das letztlich diesen Input erwidert.

krankungen wie der Parkinson- oder der Huntington-Krankheit stark in Mitleidenschaft gezogen; es kommt dann zu schweren motorischen Ausfallerscheinungen bis zum völligen Bewegungsverlust.[24]

7.7 Wiederholung

In diesem Kapitel wurden zwei weitere anatomische Strukturen eingeführt, die für die Suche nach den NCC wichtig sind – Thalamus und präfrontaler Cortex –, sowie drei breite Organisationsschemata vorgestellt, um die Vielzahl der thalamischen Kerne und Cortexareale sinnvoll zu ordnen.

Ein allgemeines Prinzip der Cortexarchitektur ist der hierarchische Aufbau. Aufgrund von Hinweisen, wo die Axone enden und wo die zugehörigen Zellkörper liegen, kann man cortico-corticale Projektionen im hinteren Bereich des Gehirns als vorwärts, rückwärts oder seitlich gerichtet klassifizieren. Auf der Basis dieser Unterscheidung lassen sich visuelle Areale einer von zwölf oder mehr Ebenen innerhalb der Felleman-Van Essen-Hierarchie zuordnen. Visueller Input löst eine rasch wandernde Netzwelle von Spikes aus, die diese Stufen passiert, bis sie einen oder mehrere Effektoren erreicht. Die genaue Funktion dieser hierarchischen Anordnung und die Frage, wie perfekt sie ist, bleiben umstritten.

Auf der Basis der Unterscheidung zwischen starken, vorwärts gerichteten und modulatorischen rückwärts gerichteten Feedback-Verbindungen haben Francis und ich die These aufgestellt, dass Cortex und Thalamus keine starken Schleifen aufweisen, die das Nervengewebe zu unkontrollierbaren Oszillationen anregen könnten. Ohne solche Schleifen hat das visuelle System einschließlich CGL und Pulvinar das Aussehen eines weitgehend vorwärts gerichteten Netzwerks, dessen Aktivität von Feedback-Bahnen moduliert werden kann.

Visuelle Informationen bewegen sich in zwei breiten Strömen durch den Cortex, auf der ventralen (Was-) und der dorsalen (Wo-) Bahn. Die beiden Bahnen, die von V1 ausgehen, teilen sich und ziehen entweder zum inferotempo-

---

[24]In einem dramatischen „natürlichen" Experiment entwickelten sechs junge kalifornische Drogensüchtige alle Symptome einer schweren Parkinson-Erkrankung im Spätstadium. Bei vollem Bewusstsein (wie sie sich später erinnerten), waren sie nicht in der Lage, sich zu bewegen oder zu sprechen. Sie konnten ihre Augen auf Befehl öffnen, aber es kostete sie quälende 30 Sekunden. Wenn der Arzt die Arme einen Patienten waagerecht hochhielt und dann losließ, sanken die Arme langsam im Verlauf von drei bis vier Minuten an die Seiten des Patienten herab. Ein paar Tage zuvor hatten alle sechs eine selbstgemachte, synthetische Heroinmischung zu sich genommen. Unglücklicherweise war die Droge mit einer Substanz namens MPTP verunreinigt, die selektiv und dauerhaft dopaminproduzierende Neuronen in ihren Basalganglien zerstört. Diese „erstarrten" Süchtigen, die in einem faszinierenden Buch (Langston und Palfreman, 1995) beschrieben sind, schrieben Medizingeschichte und lieferten einen weiteren Beweis dafür – siehe Abschnitt 1.2 –, dass Bewusstsein nicht von einem funktionierenden motorischen Output abhängt.

ralen Cortex (ventrale Bahn) oder zum posteroparietalen Cortex (dorsale Bahn). Von dort projizieren sie in verschiedene Teile des präfrontalen Cortex, wo sie wieder zusammenlaufen. Während das ventrale System für das bewusste Formen- und Objektsehen zuständig ist, beschäftigt sich das dorsale System mit Informationen, die für visuell geleitete motorische Handlungen nötig sind.

Bevor wir zum zentralen Thema des Buches zurückkehren, muss ich im nächsten Kapitel einiges über die bemerkenswerten Eigenschaften des Cortexgewebes jenseits von V1 sagen und erläutern, wie es visuelle Information analysiert und repräsentiert.

Kapitel 8

Jenseits des primären visuellen Cortex

Drei Zen-Mönche betrachten ein Tempelbanner, das sich im Wind bewegt.
Der erste Mönch sagt: „Das Banner bewegt sich." Der zweite Mönch sagt: „Nein, der Wind bewegt
sich." Schließlich sagt der dritte Mönch: „Der Geist ist es, der sich bewegt."

Aus *The Dreams of Reason* von Heinz Pagels

Der primäre visuelle Cortex repräsentiert die Welt in zahlreichen Karten mit geringer und hoher Auflösung. Diese betonen maßgebliche Bildmerkmale wie Orientierung, Veränderungen im Bild, wellenlängenspezifische Information und lokale Tiefe. Aber der primäre visuelle Cortex ist nur das erste Cortexareal von vielen, die dem Sehen gewidmet sind. Alles in allem ist rund ein Drittel der menschlichen Großhirnrinde an der visuellen Wahrnehmung und an visuomotorischem Verhalten beteiligt.

Jeder zugängliche Bereich des Cortex lässt sich durch Kühlen (mithilfe von auf der Oberfläche platzierten Metallplatten) „abschalten". Wenn V1 auf diese Weise ausgeschaltet wird, verringern sich die visuellen Antworten überall in der ventralen Hierarchie beträchtlich. In einigen Arealen sind die Antworten dann so schwach, dass sich nicht einmal mehr ein rezeptives Feld definieren lässt.

Das corticale Bewegungsareal MT (Abschnitt 8.3) wird jedoch durch eine Inaktivierung von V1 nicht völlig unterdrückt. Auch wenn sich die Entladung seiner Neuronen beim Kühlen von V1 stark verringert, behalten diese eine gewisse Empfindlichkeit für Bewegung. MT wird hauptsächlich von zwei Teilströmen gespeist, die beide in der Retina entspringen. Einer fließt durch V1, während der andere den Cortex auf umständlichere Weise über den Colliculus superior erreicht. Dazu passt die Beobachtung, dass eine Schädigung der korrespondierenden Regionen in V1 *und* im Colliculus jede Antwort von MT-Zellen eliminiert. Dieser subcorticale Bypass reicht möglicherweise aus, das minimale visuomotorische Verhalten von Patienten aufrecht zu erhalten, deren V1 zerstört ist (diese *blind sehenden* Individuen werden in Abschnitt 13.2 näher besprochen), aber nicht, die ventrale Bahn zu unterhalten, die für bewusste Objektwahrnehmung zuständig ist.[1]

---

[1]Bullier, Girard und Salin (1994) beschreiben die Rolle von V1 beim Vermitteln von Antworten im extrastriären visuellen Cortex. Sie vermuten, dass V1 die entscheidende Triebfeder für die ventrale Was-Bahn ist, nicht aber für die dorsale Wo-Bahn.

Im folgenden Abschnitt diskutiere ich die Eigenschaften der rezeptiven Felder von Neuronen in einigen dieser höheren Stadien der Sehrinde. Sie sind für die Übersetzung der retinalen Information in bewusste Wahrnehmung und Handlung verantwortlich.

8.1 Weitere topographische Areale: V2, V3, V3A und V4

Das zweite visuelle Areal (V2) umgibt V1 und ist etwa genauso groß (Abb. 8.1). Zellen im primären visuellen Cortex projizieren in einer Punkt-zu-Punkt-Manier auf ihre Pendants in V2. Infolge dessen weist V2 dieselbe verzerrte topographische Repräsentation auf wie V1 (Abb. 4.2), wobei sich viel mehr Neuronen um die zentrale als um die periphere Sicht kümmern.

Die Abbildung von V1 auf V2 erstreckt sich kontinuierlich über die Großhirnrinde. Das gilt auch für höhere visuelle Areale. Es gibt keine abrupten Grenzen. Vielmehr ist die visuelle Welt im Großen und Ganzen gleichmäßig auf diesen Arealen abgebildet. Moderne Kartierungsmethoden, die sich der *funktionellen Kernspinresonanztomographie* (fMRI) bedienen, bestätigen dies (Abb. 8.1);[2] der menschliche Hinterhauptslappen enthält zahlreiche Repräsentationen der Welt, ähnlich denen, die man bei Affen mithilfe von Mikroelektroden gefunden hat.

Wenn man sich von V1 nach V2 bewegt (oder beim Übergang in andere Cortexregionen), stößt man auf nichts, was der bemerkenswerten Transformation der rezeptiven Felder an der Türschwelle des Cortex – der Input-Schicht zu V1

---

[2]Diese Karten sind von Engel, Glover und Wandell (1997) sowie von Tootell et al. (1998) beschrieben worden. Wie die Positronenemissionstomographie und das *optical imaging* von intrinsischen Signalen misst die fMRI Veränderungen der örtlichen Durchblutung als Reaktion auf den erhöhten metabolischen Bedarf aktiver Synapsen, Neuronen und Gliazellen. Technologische Erwägungen begrenzen momentan die räumliche Auflösung für bildgebende Verfahren beim Menschen auf etwas mehr als einen Millimeter. Die zeitliche Dynamik wird größtenteils von der Geschwindigkeit diktiert, mit der die lokale Durchblutung reguliert wird, typischerweise ein paar Sekunden. Es wird allgemein angenommen, dass die hämodynamische Aktivität der Spikeaktivität direkt proportional ist. Je größer daher das gefundene fMRI-Signal, desto höher die Feuerrate der zugrunde liegenden Neuronen. Diese Annahme ist in einigen Fällen indirekt (Heeger et al., 2000; Rees, Friston und Koch, 2000) und in einer technisch erstaunlichen Tour-de-force durch simultane Aufzeichnung der lokalen elektrischen Signale und der fMRI-Aktivität (Logothetis et al., 1999 und 2001) untermauert worden. Leider ist die Beziehung zwischen diesen beiden Größen nicht immer so einfach. Eine starke hämodynamische Aktivität kann Hand in Hand mit einer konstanten oder sogar sinkenden neuronalen Feuerrrate gehen (Mathiesen et al., 1998; Logothetis et al., 2001; Harrison et al., 2002). Ein Anstieg der Durchblutung und des Sauerstofflevels ist am stärksten mit der synaptischen Aktivität, der Ausschüttung und Wiederaufnahme von Neurotransmittern und der Wiederherstellung der metabolischen Gradienten gekoppelt, viel schwächer hingegen mit der Spikeaktivität. Die Stoffwechselenergie, die für die Erzeugung und Weiterleitung von Aktionspotenzialen nötig ist, macht nur einen geringen Bruchteil des Gesamtenergiebedarfs des Gehirns aus. Daher spiegelt das fMRI-Signal möglicherweise primär synaptischen Input in eine bestimmte Region und lokale Verarbeitungsprozesse wider und nicht neuronalen Output – die Aktionspotenzialsalven, die an weiter entfernte Orte gesandt werden (Logothetis, 2002).

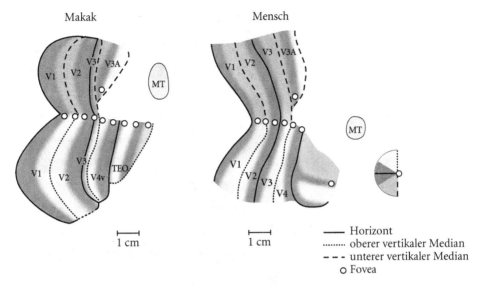

8.1 *Topographische visuelle Areale bei Affe und Mensch.* Mithilfe von fMRI sind im Hinterhauptslappen des Menschen deutliche Karten identifiziert worden. Ihre genaue Form und Ausdehnung wird gegenwärtig noch untersucht. Homologe Regionen vom Makaken sind ebenfalls abgebildet (beim Menschen sind nur die zentralen zwei Drittel des Exzentrizitätsbereichs gezeigt). Die Retinotopie ist durch das Polarwinkeldiagramm ganz rechts angezeigt. Wie bei einer impressionistischen Kollage ist die äußere Welt viele Male durch Translation und Spiegelung repräsentiert. Der hintere Pol des Gehirns (posterior) liegt links. Nach Hadjikhani et al. (1998), verändert.

– vergleichbar wäre. Die rezeptiven Felder in V2 sind größer als die in V1, aber das ist zu erwarten, weil zahlreiche V1-Zellen auf jedes V2-Neuron konvergieren. V2-Zellen sind empfindlich für Tiefe, Bewegung, Farbe und Form. Viele sind endinhibiert (*end-stopped*) und reagieren am besten auf kurze Balken, Linien oder Kanten. Wird der Balken zu lang, sinkt ihre Aktivität.[3]

Täuschende Kanten können eine Form, wie ein Dreieck, beschreiben, das gar nicht da ist (erinnern Sie sich an Abb. 2.5?). Es liegt keine Intensitätsänderung vor, aber man sieht Konturen. Nach unserem Aktivitätsprinzip muss sich jede derartige direkte und unmittelbare Wahrnehmung auf eine explizite neuronale Repräsentation gründen. Rüdiger von der Heydt und Ester Peterhans von der Universität Zürich entdeckten Neuronen im Affen-V2, die explizit auf reale

---

[3]Die elektrophysiologischen Eigenschaften von V2-Zellen sind von Livingstone und Hubel (1987), Levitt, Kiper und Movshon (1994), Roe und Ts'o (1997), Peterhans (1997), von der Heydt, Zhou und Friedman (2000) sowie Thomas, Cumming und Parker (2002) katalogisiert worden. V2 weist auch eine typische Cytochromoxidase-Architektur auf, die mit dem V1-Blobsystem verknüpft ist, wie ausführlich von Wong-Riley (1994) beschrieben. Wenn nicht anders gesagt, stammen die in diesem Kapitel erwähnten Daten von Makaken. Viele Einzelheiten werden im menschlichen Cortex wahrscheinlich anders aussehen, die Prinzipien dürften jedoch übereinstimmen.

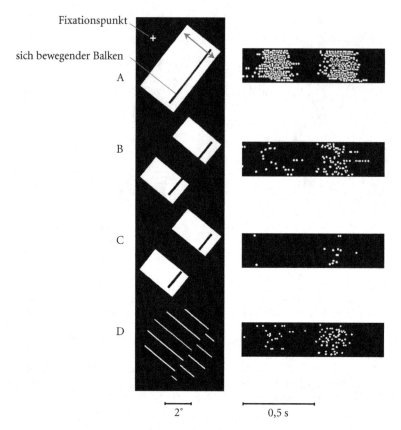

Fixationspunkt

sich bewegender Balken

A

B

C

D

2°   0,5 s

8.2 *V2-Zellen, die auf täuschende Kanten antworten.* Dieses Neuron erkennt räumlich ausgerichtete Konturen, ganz gleich, ob real oder illusorisch. Während der Affe das Kreuz fixiert, bewegt sich ein dunkler Balken vor und zurück über den hellen Hintergrund. A: Die Zelle feuert auf den Anblick eines passend orientierten Balkens. B: Fehlt der Mittelteil des Balkens, verringert sich die Zellantwort. C: Winzige Endzeichen an den Balken lassen die täuschenden Kanten wie auch die Spikes (weitgehend) verschwinden. D: Das Neuron antwortet auch auf eine andere anomale Kontur, die durch die Aneinanderreihung von endenden Linien erzeugt wird. Die Spikes (gemittelt aus zahlreichen Durchgängen eines jeden Reizes) sind rechts zu sehen, wobei die beiden Hälften mit Vorwärts- und Rückwärtsbewegung korrespondieren. Nach Peterhans und von der Heydt (1991), verändert.

wie auch auf täuschende Kanten reagierten (Abb. 8.2). Solche Neuronen spielen wahrscheinlich bei der Identifizierung teilweise verdeckter Figuren eine wichtige Rolle.[4]

---

[4]Kanizsa (1979) und Gregory (1972) haben die Psychologie täuschender Konturen untersucht. Die elektrophysiologischen Ergebnisse sind bei von der Heydt, Peterhans und Baumgartner (1984) sowie Peterhans und von der Heydt (1991) beschrieben.

Angesichts dieser und anderer V2-Zellen, die Konturen definieren, welche entweder durch Kontrast, Bewegung, Tiefe oder täuschende Kanten repräsentiert werden, schließe ich, dass eine Untergruppe von V2-Neuronen die Information verarbeitet, die nötig ist, um Figuren vom Hintergrund zu unterscheiden und die Form von Objekten zu identifizieren. Die physiologischen Daten, die für die Rolle von V2 beim Formensehen sprechen, werden durch Verhaltensstudien an Affen untermauert, deren Areal V2 selektiv zerstört wurde.[5]

V2 direkt benachbart ist ein drittes visuelles Areal (V3) mit einer gespaltenem Spiegelbildrepräsentation der visuellen Welt – eine für die oberen und die andere für das untere Sehfeld. Davor liegen V3A und V4 – zwei weitere Regionen, die ihre eigene retinotopische Repräsentation haben (Abb. 8.1). V4 erhält direkten Input von V1 und auch separate Projektionen von V2 und V3. Seine rezeptiven Felder sind größer als die seines Inputs. Das gilt allgemein, wenn man die visuelle Hierarchie emporgeht. Die Karten in der ventralen Bahn behalten jedoch eine Vorliebe für Reize im Foveabereich – schließlich ist das der Ort des schärfsten Sehens.[6]

Und so weiter und immer weiter. Über die unterschiedlichen funktionellen Rollen, die diese aufeinander folgenden corticalen Regionen beim Sehen spielen, ist nicht viel bekannt. Es gibt Millionen von Neuronen, aber nur so wenige Mikroelektroden, um sie zu belauschen!

8.2 Farbwahrnehmung und der Gyrus fusiformis

Wie bereits von Arthur Schopenhauer betont, sind Farben ein Produkt des Geistes und nicht der äußeren Welt.[7] Ein wahrgenommener Farbton hängt von der relativen Aktivität in den Zapfenpopulationen ab (Abschnitt 3.2) und wird relativ zur allgemeinen Spektralverteilung des Gesamtbildes bewertet. Psychologen sprechen von *Farbkonstanz* und verstehen darunter die Tatsache, dass große Veränderungen in der spektralen Zusammensetzung der Lichtquelle nur geringe Veränderungen im farblichen Aussehen von Objekten hervorrufen. Die Farbwahrnehmung ist mehr oder minder unabhängig von den Wechselfällen der Lichtquelle. Ein reifer Apfel sieht im weißlichen Licht des Mondes, im bläulichen Licht des Himmels oder im gelblichen Licht einer Glühbirne annähernd gleich aus. Das gilt, auch wenn sich die Wellenlängenzusammensetzung in allen drei Fällen deutlich unterscheidet.

---

[5]Merigan, Nealey und Maunsell (1993) trugen V2 ab und beobachteten die Verhaltensausfälle des Affen.
[6]Die ursprünglichen Einzelzellableitungen beim Affen wurden von Burkhalter und Van Essen (1986) sowie Newsome, Maunsell und Van Essen (1986) beschrieben. Tootell et al. (1997) identifizierten anhand von fMRI-Studien homologe Areale im menschlichen Gehirn. Einige bestreiten die Notwendigkeit, V3 in separate Areale zu unterteilen (Lyon und Kaas, 2002; Zeki, 2003).
[7]Das ist auf vielerlei Weise demonstriert worden. Siehe den Aufsatz über Farbe von Bryne und Hilbert (1997).

In einer Reihe wegweisender Artikel hat Zeki argumentiert, dass V1 bei Makaken an der Farbwahrnehmung beteiligt ist. Er stützt seine Hypothese auf seine elektrophysiologische Charakterisierung der Wellenlängenempfindlichkeit von V4-Zellen bei narkotisierten Affen. Viele V4-Neuronen repräsentieren Farbe statt unverarbeiteter Wellenlängen. Eine *double-opponent*-Zelle in V1 feuert zum Beispiel möglicherweise immer dann, wenn eine bestimmte Menge Licht mittlerer Wellenlänge auf ihr rezeptives Feld trifft, während eine V4-Zelle auf die mittlere Wellenlängenregion des Spektrums in ihrem rezeptiven Feld *relativ zur* spektralen Verteilung der Reize in einer ausgedehnten Region des ganzen Sehfeldes antwortet.[8] Farbselektive Zellen sind nicht auf V4 beschränkt, man findet sie auch in anderen Regionen.

Beim Menschen können Läsionen entlang der ventralen Oberfläche von Hinterhaupts- und Schläfenlappen, Teil des Gyrus fusiformis (siehe Deckelinnenseite vorn), die Farbwahrnehmung selektiv stören. Patienten mit Achromatopsie nehmen die Welt in Grautönen wahr, ähnlich wie ein gestörter Farbfernseher, der nur noch Schwarz-Weiß-Abstufungen anzeigt. Die Farbwahrnehmung ist verschwunden, auch wenn Formwahrnehmung und andere Aspekte des Sehens erhalten geblieben sind.[9] Daraus schließt Zeki auf die Existenz eines essenziellen Knotens für Farbe im menschlichen Gyrus fusiformis.

Bildgebende Verfahren haben eine Reihe von Regionen in diesem Teil des Cortex aufgezeigt, die bei Farbwahrnehmung und Farbbeurteilung selektiv aktiv sind.[10] Inwieweit sich hoch diskrete Farbregionen durchgängig bei verschiedenen Versuchspersonen finden lassen ist noch fraglich.

Interessanterweise bleiben einige farbempfindliche Regionen aktiv, wenn Versuchspersonen in Abwesenheit jeder physikalischen Farbe farbige Nachbilder erleben. Wenn Sie eine Zeit lang eine gesättigte Farbe, wie ein leuchtendes Rot, fixieren und dann eine einheitlich graue Fläche anschauen, sehen Sie die Komplementärfarbe (in diesem Fall Grün). Dieses *negative Nachbild* kann sehr eindringlich sein und verschwindet innerhalb einer Minute. Die fMRI-Aktivität in einem Teil des Gyrus fusiformis folgt dem Perzept; sie nimmt in Antwort auf das virtuelle Farbnachbild zu und kehrt, nachdem der

---

[8]Zeki (1973 und 1983). Diese Untersuchungen an Affen und Menschen sind von Zeki (1993) in einer meisterhaften Monographie zusammengefasst. Die Nachbarschaftsvergleichsrechungen, die den Schlüssel zur Farbkonstanz bilden, treten auf vielen Stufen auf, von der Retina bis zu V1 und V4 (Wachtler, Sejnowski und Albright, 2003).

[9]Meadows (1974), Damasio et al. (1980) und Zeki (1990) diskutieren die relevante klinische Literatur. Bei einem Patienten war der Ort der Läsion so begrenzt, dass das Farbensehen nur in einem einzigen Quadranten des Sehfeldes verloren ging (Gallant, Shoup und Mazer, 2000; siehe auch Fußnote 17 in Kapitel 2). Bemerkenswerterweise war sich dieser Patient – wie auch andere in der gleichen Situation – nicht bewusst, dass er in einem Teil seines Sehfeldes nur Grau sah, während die übrigen Teile farbig waren.

[10]Zeki et al. (1991); Cowey und Heywood (1997); Zeki et al. (1998); Hadjikhani et al. (1998); Tootell und Hadjikhani (2001); Wade et al. (2002).

induzierende Farbfleck entfernt worden ist, in kurzer Zeit zur Grundlinie zurück.[11]

Beim *Farbenhören* rufen gewisse Wörter, Klänge oder Musik durchgängig bestimmte Farben hervor. Wie bei anderen Formen der *Synästhesie* ist Farbenhören automatisch, unwillkürlich und bleibt über Jahre hinweg stabil. In Aldous Huxleys Schrift *Doors of Perception* gefeiert, handelt es sich dabei um einen Zustand, dessen sich einige Menschen ihr ganzes Leben lang erfreuen, ohne dazu Drogen einnehmen zu müssen. Farbwahrnehmung, die von Wörtern hervorgerufen wird, löst bei Synästheten im selben Teil des Gyrus fusiformis Gehirnaktivität aus wie Farbreize. Bemerkenswert ist die Tatsache, dass V1 und V2 beim Farbenhören im fMR-Tomogramm keine Antwort zeigten. Diese Beobachtung unterstreicht nicht nur die Spezifität der fusiformen Region für die Farbwahrnehmung, sondern auch Francis' und meine These, dass das NCC für Farbe nicht auf V1-Aktivität angewiesen ist.[12]

8.3 Das Cortexareal MT ist auf die Verarbeitung von Bewegung spezialisiert

Das mittlere temporale Areal (MT) ist ein kleines Stück Cortex, etwa so groß wie ein Fingernagel (Abb. 7.2, 8.1 und Deckelinnenseiten vorn). Es reagiert bemerkenswert stark auf Bewegung. Alle seine Neuronen bis auf eine Minderheit bevorzugen Reize, die sich in eine bestimmte Richtung bewegen, wobei die durchschnittliche Zelle auf Bewegung in ihrer bevorzugten Richtung mehr als zehnmal stärker feuert als in die umgekehrte Richtung. Die Neuronen behalten ihre Selektivität über eine beträchtliche Spannbreite von Geschwindigkeiten, Reizgrößen und Positionen bei.[13] Kurz gesagt, MT repräsentiert gewisse Reizbewegungsformen in expliziter Weise.

MT reagiert auf reale wie auf vorgetäuschte Bewegungen

Bis vor wenigen Jahren ließ sich MT beim Menschen nur bei Leichen identifizieren.[14] Mit den Fortschritten in der MRI-Technologie wird MT inzwischen jedoch routinemäßig anhand seines spezifischen Antwortverhaltens auf sich

---

[11]Sakai et al. (1995); Hadjikhani et al. (1998).

[12]Nunn et al. (2002); Paulesu et al. (1995). Zum Thema Synästhesie siehe Cytowic (1993), Ramachandran und Hubbard (2001) sowie Grossenbacher und Lovelace (2001).

[13]Dieses Areal wurde von den Forschern, die es bei Neuweltaffen entdeckten (Allman und Kaas, 1971), MT genannt, und von Zeki (1974), der es als erster bei Altweltaffen beschrieb, als V5 bezeichnet. Sein menschliches Analogon wird häufig als MT/V5 bezeichnet. Ich benutze die MT-Nomenklatur. Albright (1993) und Andersen (1997) fassen die Eigenschaften von MT und eng damit verknüpften bewegungsverarbeitenden Arealen zusammen.

[14]Das geschah durch Myelin- oder Antikörperfärbung an Post-mortem-Material (Tootell und Taylor, 1995).

bewegende Punkte, Raster oder sich ausdehnende Kreise beim lebenden Menschen lokalisiert.[15]

Was geschieht in MT, wenn man meint, etwas bewege sich, dies aber gar nicht der Fall ist, wie bei der *Wasserfalltäuschung*? Führt auch das zu einer Aktivierung von MT? Wenn Sie einen Wasserfall etwa eine Minute lang fixieren und dann auf den stationären Grund daneben schauen, werden Sie das seltsame Gefühl haben, dass sich Bäume und Felsen nach oben bewegen. Eine andere Möglichkeit, einen Bewegungsnacheffekt zu induzieren, besteht darin, etwa eine Minute lang das Zentrum einer rotierenden Scheibe mit aufgemalten Spiralen zu fixieren. Wenn Sie dann das Gesicht eines Freundes anschauen, verdreht und verzerrt es sich in die umgekehrte Richtung. Sie sehen sogar, wie sich seine Gesichtszüge bewegen, obwohl diese ihre Lage gar nicht verändern! Wie kann das sein? Bewegung impliziert Verlagerung, daher sollte dies eigentlich eine physikalische Unmöglichkeit sein. Bei einem Gehirn, in dem Position und Bewegung separat codiert und verarbeitet werden, ist dies jedoch nicht ganz so überraschend.

Was liegt der Wasserfalltäuschung zugrunde? Zellen, die Abwärtsbewegung repräsentieren, rekalibrieren sich nach längeren Betrachten des fallenden Wassers; ihre Antwort auf immer denselben, anhaltenden Input wird schwächer. Da die Neuronen, die für Aufwärtsbewegung codieren, nicht auf das herabstürzende Wasser reagieren, adaptieren sie auch nicht. Die Bewegungswahrnehmung resultiert aus der Wettbewerbsbeziehung zwischen Neuronenverbänden, die entgegengesetzte Bewegungsrichtungen – nach oben oder nach unten – repräsentieren. Schaut man eine Bewegung länger an, so führt dies im Endergebnis dazu, dass sich das Gleichgewicht zugunsten der entgegengerichteten Bewegung verschiebt. Das neurale Substrat der Bewegungstäuschung ist mithilfe von fMRI bildlich dargestellt worden und verdeutlicht die Subtilität der Schnittstelle zwischen Körper und Geist, wie sie sich im Epigraph zu Beginn des Kapitels widerspiegelt.[16]

---

[15]Tootell et al. (1995), Goebel et al. (1998), Heeger et al. (1999) sowie Huk, Ress und Heeger (2001) verknüpfen fMRI-Aktivität im menschlichen Areal MT mit verschiedenen Attributen der Bewegungswahrnehmung. Tootell und Taylor (1995) lokalisieren MT im menschlichen Gehirn mithilfe von Myelinfärbung, metabolischen Markern und monoklonalen Antikörpern.

[16]Nach dieser Argumentation könnte man auf einen intensiven und konstanten Bewegungsreiz hin eine Nettoverringerung der fMRI-Aktivität *für die Population von Zellen* erwarten, *die diese Bewegungsrichtung* codieren. Das wurde in einer eleganten fMRI-Studie von David Heeger und seinen Kollegen (Huk, Ress und Heeger, 2001) bestätigt. Sie berichteten von richtungsselektiven Bewegungsadaptationseffekten in den meisten frühen visuellen Arealen, die in MT ein Maximum erreichen. Beim Affen könnte der ausgeglichene Output von Zellen, die zuvor in derselben Weise auf Aufwärts- und Abwärtsbewegungen antworteten, nach entsprechender Adaptation aus dem Gleichgewicht geraten (Tolias et al., 2001). Heute unterscheiden Forscher verschiedene Bewegungsnacheffekte mit unterschiedlichen Eigenschaften (beispielsweise bei Translationsbewegungen und Spiralbewegungen). Die Monographie von Mather, Verstraten und Anstis (1998) liefert mehr Details.

Der selektive Verlust der Bewegungswahrnehmung

Was passiert, wenn MT zerstört wird? Beim Affen führen kleine Läsionen zu geringen und vorübergehenden Ausfällen bei der Fähigkeit, Geschwindigkeit oder Richtung von Bewegungsreizen zu beurteilen, während der Verlust des gesamten Areals eine dauerhaft gestörte Bewegungswahrnehmung nach sich zieht. Gleiches gilt für den Menschen.

L. M., eine neurologische Patientin, demonstriert die höchst spezifische Natur von Wahrnehmungsdefiziten auf plakative Weise. Sie verlor aufgrund einer Gefäßanomalie MT und andere benachbarte Regionen in beiden Hemisphären. Dieser seltene Ausfall führte zu einer verheerenden Bewegungsblindheit oder, um Zekis Begriff zu gebrauchen, zu einer *Akinetopsie*. In seinem Originalartikel schrieb er:

> Sie hatte Schwierigkeiten, Tee oder Kaffee in eine Tasse einzugießen, weil die Flüssigkeit ihr wie gefroren erschien. Außerdem wusste sie nicht, wann sie aufhören musste zu gießen, denn sie konnte den Pegel in der Tasse (oder einer Kanne) nicht steigen sehen. Überdies fand sie es verwirrend, einem Dialog zu folgen, weil sie die Gesichts- und besonders die Mundbewegungen des Sprechers nicht sehen konnte. In einem Zimmer, in dem mehr als zwei andere Menschen umhergingen, fühlte sie sich unsicher und unwohl und verließ gewöhnlich sofort den Raum, weil „die Leute plötzlich hier oder dort sind, obwohl ich nicht gesehen habe, wie sie sich bewegen". Dasselbe Problem, nur ausgeprägter, hatte die Patientin auf belebten Plätzen oder Straßen, die sie daher möglichst mied. Sie konnte nicht über die Straße gehen, weil sie nicht in der Lage war, die Geschwindigkeit eines Autos abzuschätzen, während sie das Auto selbst problemlos identifizieren konnte. „Wenn ich das Auto erstmals anschaue, scheint es weit weg. Aber dann, wenn ich die Straße überqueren will, ist das Auto plötzlich ganz nah." Sie lernte mit der Zeit, die Entfernung sich nähernder Autos anhand des lauter werdenden Geräusch „abzuschätzen".

L.M. konnte ableiten, dass sich Objekte bewegten, indem sie deren relative Position in Abhängigkeit von der Zeit verglich, aber sie sah nie Bewegung. Dennoch besaß sie eine normale Farb- und Formwahrnehmung, Tiefenschärfe und konnte Flackerlicht erkennen. Es war, als lebte sie in einer Welt, die von einem Stroboskop erhellt wird, ähnlich wie in einer Disco, wo die Tänzer deutlich sichtbar sind, aber wie in der Bewegung eingefroren erscheinen, oder wie beim Anschauen eines Filmes in extremer Zeitlupe, bei dem die einzelnen Bilder sichtbar sind, eine Schlüsselbeobachtung, auf die ich in Kapitel 15 zurückkommen werde.[17]

---

[17]Defizite der verstorbenen Patientin L. M. sind in Zihl, von Cramon und Mai (1983, dorther stammt auch das Zitat), Hess, Baker und Zihl (1989) und Heywood und Zihl (1999) ausführlich beschrieben. Wenn sich ein Objekt langsam ($< 10°/s$) unzweideutig bewegte, konnte L.M. Bewegung ableiten, wahrscheinlich aufgrund einer Ortsveränderung. Ein deutscher Soldat, dessen Occipitallappen von einer explodierenden Mine verletzt worden war, zeigte einen absoluten Verlust des Bewegungssehens (Goldstein und Gelb, 1918). Er nahm niemals irgendwelche Bewegungen wahr, konnte aber taktile Bewegungen auf seinem Arm oder seiner Hand fühlen. Wenn er aufgefordert wurde, die kontinuierliche Bewegung eines Uhrzeigers zu verfolgen, wies er auf verschiedene Positionen und erklärte, dass er den Zeiger nur „hier" oder „dort" sehe, aber „niemals dazwischen". Zeki (1991) stellt solche seltenen Fälle von Akinetopsie in ihren historischen Zusammenhang.

Die Verknüpfung von MT-Neuronen mit perzeptuellen Entscheidungen

Derartige Beobachtungen haben eine klassische Studie dazu angeregt, wie das Feuern individueller Neuronen mit dem Verhalten verknüpft ist. Diese Experimente wurden von den Neurobiologen William Newsome von der Stanford University, Anthony Movshon von der New York University und anderen entwickelt und durchgeführt.[18]

Affen wurden darauf trainiert, die Richtung sich bewegender Punkte anzugeben – beispielsweise entweder nach oben oder nach unten (das „Signal") –, die in eine wirbelnde Wolke von Punkten eingebettet waren, welche in alle Richtungen schossen (das „Rauschen"). Als das Rauschen zunahm und das Bewegungssignal verdünnte, wurde die Aufgabe schwieriger, und die Tiere machten viel mehr Fehler. Im Grenzfall (kein Signal) konnte jeder Punkt in jede beliebige Richtung schießen, was ähnlich wie eine Bildstörung („Schnee") im Fernsehen aussah. Die Forscher maßen die Spikerate einzelner MT-Neuronen, während der Affe die Aufgabe durchführte. Mithilfe einer mathematischen Signalerkennungsanalyse leiteten die Forscher eine quantitative Beziehung zwischen der Wahl des Tieres und der Feuerrate der MT-Neuronen (gemittelt über eine Zeitspanne von 2 s) ab. Insgesamt arbeiteten die Zellen ebenso gut wie das Tier beim Herausfiltern des schwachen Bewegungssignals aus dem verrauschten Reiz. Das heißt, ein mathematisch versierter Beobachter, der die Zahl von Spikes kennt, die von einer bestimmten Zelle in Antwort auf einen zwei Sekunden langen Film abgefeuert werden, kann die Bewegungsrichtung des Signals im Mittel ebenso gut ableiten wie das Tier.

Selbst wenn das Bewegungssignal fast völlig im Rauschen vergraben war, konnte das Tier die Bewegungsrichtung noch immer mit mehr als 50-prozentiger Wahrscheinlichkeit erkennen (da sich das Signal nur nach oben oder nach unten bewegte, sollte eine reine Ratestrategie nur in der Hälfte aller Fälle zur richtigen Antwort – und der Saftbelohnung – führen). Bei einem gegebenen Bewegungssignal variierten die Antworten des Tieres statistisch von Versuch zu Versuch; die von der MT-Zelle abgefeuerte Spikezahl fluktuierte entsprechend. Wenn MT-Neuronen kausal am Verhalten des Tieres – und vielleicht am zugrunde liegenden Bewegungsperzept – beteiligt sind, sollte das Verhalten mit der Feuerrate über verschiedene Präsentationen hinweg ko-variieren. Und genau das fanden Newsome und seine Kollegen. Wann immer eine Zelle mit einer überdurchschnittlichen Zahl von Spikes antwortete, zeigte der Affe die Tendenz, *bei diesem Versuch* die Vorzugsrichtung *dieser Zelle* zu wählen.

---

[18]Die Details des Falles finden sich bei Britten et al. (1992). Shadlen et al. (1996) diskutiert die Implikationen für neurale Codierungsstrategien. Schalls (2001) Artikel stellt die Experimente in den Zusammenhang mit Entscheidungsfindung. Cook und Maunsell (2002), Williams et al. (2003) sowie Ditterich, Mazurek und Shadlen (2003) führten physiologisch relevantere Reaktionszeitvarianten dieser Experimente durch.

Das war recht überraschend, weil es dafür sprach, dass Verhalten von individuellen Cortexneuronen beeinflusst werden kann. Modellstudien bestätigen dies; die Entscheidung des Affen könnte auf der schwach korrelierten Aktivität von weniger als 100 MT-Zellen basiert haben.[19]

Um die Lücke zwischen Korrelation und Kausalität weiter zu schließen, stimulierten Newsome und seine Kollegen das Areal MT direkt, während das Tier die Bewegungsaufgabe durchführte. Dass diese *Mikrostimulation* überhaupt funktionierte, ist ein Zeugnis für die Säuleneigenschaften der Bewegung (Abb. 8.3). Nehmen wir an, die Neuronen, die selektiv auf verschiedene Bewegungsrichtungen reagieren, wären zufällig im ganzen Areal MT verteilt; in diesem Fall würde die Erregung von benachbarten Zellen wohl kaum zu einem Netzsignal führen, denn die Beiträge individueller MT-Zellen zur Entscheidung des Tieres würden sich gegenseitig aufheben. Landete die Elektrode jedoch in einer Säule, die für Aufwärtsbewegung codiert, könnte die Reizung dieser Zelle möglicherweise die Entscheidung des Tieres in eben dieser Richtung beeinflussen.

Die Physiologen platzierten eine Elektrode im corticalen MT-Gewebe, mit der sie elektrische Strompulse abgeben und Neuronen im Umkreis von etwa einem Zehntelmillimeter rund um die Spitze aktivieren konnten. Während der Affe die Bewegung der Punkte auf dem Bildschirm betrachtete, neigte er vermehrt dazu, Aufwärtsbewegung zu signalisieren, wenn eine corticale Säule stimuliert wurde, die für Aufwärtsbewegung codierte. Die Folge dieser Mikrostimulation entsprach einer Erhöhung des Bewegungssignals in Aufwärtsrichtung um einen gewissen Betrag äquivalent.[20]

Was sieht der Affe? Für sich genommen veranlasste die Mikrostimulation den Affen nicht zu einer Reaktion. Daher war der elektrische Strom wahrscheinlich zu schwach, ein Perzept wie ein sich bewegendes Phosphen auszulösen, aber er konnte dessen Attribute beeinflussen.[21] Bis diese Art direkter Hirnstimulation beim Menschen wiederholt wird, vielleicht bei epileptischen Patienten im Rahmen einer Operation, werden wir diese Frage nicht beantworten können.

---

[19]Die involvierte Metrik wird als *Wahlwahrscheinlichkeit* (*choice probability*) bezeichnet (Britten et al., 1996). Sie ist eine mächtige Rechentechnik, welche die Physiologie, die der Wahrnehmung zugrunde liegt, auf rigorose Weise untersucht (Parker und Newsome, 1998).

[20]Die Wirkung des durch die Elektrode applizierten elektrischen Stromes war hoch spezifisch. Die Entscheidung des Tieres wurde nur dann beeinflusst, wenn das rezeptive Feld der gereizten MT-Stelle mit der Position der sich bewegenden Punktwolke überlappte. Gelegentlich beeinflusste die Reizelektrode Bewegung in einer bestimmten Richtung; wenn man die Elektrode dann um nur 300 μm in eine Säule für die entgegengesetzte Bewegungsrichtung (Abb. 8.3) verschob, beeinflusste derselbe Reiz nun diese Bewegungsrichtung (Salzman et al. 1992; Salzman und Newsome, 1994).

[21]Die Wirkung ist möglicherweise implizit und unbewusst, ähnlich dem Bewegungsnacheffekt, wenn man auf einen leeren Schirm starrt. Auf einem solchen leeren Feld kann sich der Nacheffekt nicht an eine Kontur heften, und man sieht keine Bewegung.

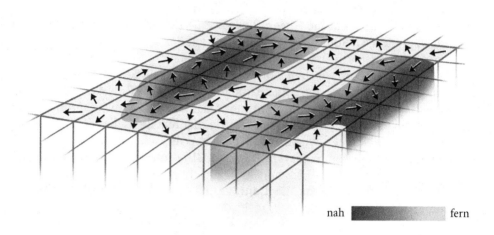

nah ▮▮▮▮▮▮▮▮▮▮ fern

8.3 *Clusterbildung für Bewegung und Tiefe.* Die Welt ist topographisch auf dem Areal MT abgebildet, wobei sich Neuronen mit ähnlichen Eigenschaften ihrer rezeptiven Felder über die ganze Tiefe der Großhirnrinde hindurch zusammendrängen (Clusterbildung). Das heißt, Zellen unter einem Cortexflecken haben ähnliche Präferenzen in Bezug auf Bewegungsrichtung (symbolisiert durch Pfeile) und Tiefe (durch Grauabstufungen codiert). Diese Selektivität verändert sich gleichmäßig, wenn man sich *über* die Cortexoberfläche bewegt. Zur besseren Darstellung sind die Abgrenzungen dieser Cluster überbetont. Das hier abgebildete Areal ist etwa ein Quadratmillimeter groß. Nach DeAngelis und Newsome (1999), verändert.

Wird Bewegungsempfinden in MT erzeugt?

Diese Befunde legen nahe, dass MT ein essenzieller Knoten für die Wahrnehmung von sich zufällig bewegenden Punkten (*random-dot motion*) ist: Werden MT und benachbarte Regionen entfernt, geht das subjektive Gefühl von Bewegung wie auch das damit einhergehende Verhalten verloren. Überdies weist das Areal MT eine wunderbare Säulenstruktur für Bewegungsrichtung (*direction-of-motion*) auf (Abb. 8.3), was dafür spricht, dass dieses Attribut in der Feuerrate dieser Zellen explizit gemacht wird.

Dass Areal MT ein essenzieller Knoten für Bewegung ist, heißt nicht, dass es sich Bewegung bewusst wäre, wenn es aus dem Gehirn herausgelöst und samt zugehörigem visuellem Input in eine Petrischale gesetzt würde. Ich denke, dass MT in beide Richtungen (*bidirectional*) mit anderen Regionen interagieren muss, damit Bewegungsbewusstsein auftritt.[22] MT projiziert nicht nur aus

---

[22]Um die Rolle von MT bei der Bewegungswahrnehmung besser zu verstehen, betrachten Sie folgende Analogie aus der Biochemie. Hämoglobin ist ein großes Protein, das aus zwei α- und zwei β-Untereinheiten besteht. Das Eisen im Zentrum der Häm-Gruppe in jeder α- und β-Kette kann man sich als essenziellen Knoten vorstellen, denn dort bindet der Sauerstoff. Stört man die Sauerstoffbindung, passieren

dem Cortex heraus (über Schicht 5 zum Colliculus superior), sondern auch in die frontalen Augenfelder und in verschiedene bewegungsempfindliche Areale im posteroparietalen Cortex, einschließlich der lateralen und intraparietalen Areale sowie des medio-superioren temporalen (MST) Areals (siehe Abb. 7.2 und Deckelinnenseiten vorn). Zellen in einem Teil von MST antworten selektiv auf verschiedene relative Veränderungen des optischen Flusses, die generiert werden, wenn sich der Organismus in seiner Umwelt bewegt (so geht Vorwärtsbewegung mit einem expandierenden optischen Fluss einher, eine Drehung des Kopfes zieht hingegen ein rotierendes Flussfeld nach sich). Neuronen in einem anderen Teil von MST helfen dabei, sich bewegende Objekte mit den Augen zu verfolgen.

Die fortschreitende Front der Netzwelle, die durch den Bewegungsbeginn ausgelöst wurde und von der Retina durch V1 nach MT und weiter in andere dorsale Regionen fließt, reicht aus, um eine rasche Verhaltensantwort zu vermitteln.[23] Bewegungsbewusstsein erfordert hingegen wahrscheinlich Feedback aus dem vorderen Bereich des Cortex zurück nach MT und anderen bewegungssensitiven Regionen (siehe Abschnitt 15.3).

MT codiert auch Tiefeninformationen

Nur selten dient ein Cortexareal einer Aufgabe allein. Das gilt auch für MT. Die MT-Neuronen codieren nicht nur Bewegung, sondern auch Tiefe. Wie Sie in Abschnitt 6.5 gelesen haben, projiziert das Bild eines jeden Objekts auf etwas unterschiedliche Bereiche der rechten und der linken Retina. Die Differenz der Blickwinkel zwischen den beiden Augen ist die binokulare Disparität des Objekts. Viele MT-Zellen befassen sich eingehend mit Disparität. Einige feuern nur dann, wenn ein Objekt nahe ist, andere hingegen, wenn es weit weg ist. Newsome und Gregory DeAngelis entdeckten, dass tiefen- oder disparitätsselektive MT-Zellen wie Inseln in einem Meer von Neuronen liegen, die weitgehend indifferent für Disparität sind. An jeder Position zeigten Neuronen in der Säule, die sich von tiefen bis zu oberflächlichen Schichten erstreckt,

---

üble Dinge. Hämoglobin kann jedoch auch seine Aktivität verlieren, wenn sich einige der Aminosäuren, aus denen es besteht, nicht richtig um den Eisen-Sauerstoff-Komplex falten können oder wenn Sie die vier Untereinheiten des Moleküls auf irgendeine Weise daran hindern, sich richtig miteinander zu verbinden. Andererseits zeigen die Aminosäuresequenzen von Hämoglobin bei den verschiedenen Tierarten eine beträchtliche Variabilität, was dafür spricht, dass viele der Aminosäuren für seine Funktion nicht entscheidend sind. Überdies können auch andere Moleküle, wie Myoglobin, Sauerstoff binden. Und so könnte es sich auch mit dem Gehirn verhalten. MT ist ein essenzieller Knoten für Bewegung, aber nicht der einzige Ort, wo Bewegungsinformation analysiert und exprimiert wird. Selbst Kleinhirnläsionen, weit entfernt vom corticalen Areal MT, können gewisse Aspekte der Bewegungswahrnehmung beeinträchtigen (Thier et al., 1999).
[23]Die MT-Ableitungen von Cook und Maunsell (2002) liefern momentan einige der besten Belege dafür, dass die Leitfront der Netzwelle letztlich darüber entscheidet, wie schnell das Tier auf einen Bewegungsreiz reagieren kann.

dieselbe Disparitätsempfindlichkeit. Diese flickwerkhafte Organisation ist der Säulenorganisation für Bewegungsrichtung aufgelagert (Abb. 8.3)[24]

Newsomes Gruppe wiederholte ihre Mikrostimulationsexperimente in abgewandelter Form – nun musste das Tier eine Tiefendiskriminierungsaufgabe durchführen. Der externe elektrische Strom, der direkt in MT geleitet wurde, erzeugte ein Signal mit einem zusätzlichen Eingabeparameter (*bias signal*), welches das Verhalten und die Tiefenwahrnehmung des Tieres beeinflusste, und zwar in Abhängigkeit von der Disparitätsabstimmung der Neuronen in der Nähe der Elektrodenspitze.[25]

8.4 Der posteroparietale Cortex, Handeln und räumliche Position

Primaten sind ständig mit einer Vielzahl von Routinehandlungen beschäftigt, „geistlosen" sensomotorischen Handlungen, wie Früchte von einem Baum pflücken, nach einem Werkzeug greifen, über ein Hindernis steigen oder eine Szene mit den Augen abtasten. All dies verlangt visuelle Führung, aber wahrscheinlich kein Bewusstsein.

Um die Lage eines Zieles festzustellen, muss dessen relative Position auf der Retina in eine Form umgewandelt werden, die es dem Greifen, Übersteigen oder Abtasten zugrunde liegenden neuronalen Netzwerken ermöglicht, Augen, Kopf, Arme und Finger zu positionieren. Elektrophysiologische Ableitungen bei Affen, klinische Daten und Brain-Imaging beim Menschen sprechen dafür, dass der posteroparietale Cortex (PP) beim Zusammenführen und exprimieren von Lageinformation und beim Verbindungen dieser Information mit Handlungen eine wichtige Rolle spielt. Der PP ist bei den Makaken in ein halbes Dutzend funktionell abgegrenzter Regionen unterteilt, und mit weiter verfeinerter Technik findet man ständig neue (siehe Abb. 7.3 sowie die Areale LIP, VIP und 7a auf den Deckelinnenseiten vorn).

Üblich in diesen Regionen sind neuronale Antworten, die weder rein sensorisch (visuelle wie auch auditorische und propriorezeptive Signale beeinflussen hier die Zellen) noch rein motorisch sind, sondern an beidem teilhaben. Einzelzellableitungen zeigen, dass der PP an so unterschiedlichen Funktionen wie der Analyse räumlicher Beziehungen zwischen Objekten, Kontrolle von Augen- und Handbewegungen sowie Lenkung der visuellen Aufmerksamkeit beteiligt ist. Einige Zellen codieren die Augen-, Hand- oder Armbewegungen, die

---

[24]Maunsell und Van Essen (1983), DeAngelis, Cumming und Newsome (1998) sowie Cumming und DeAngelis (2001) diskutieren die Physiologie der binokularen Tiefenwahrnehmung in MT.

[25]Eine einfallsreiche elektrophysiologische Studie von Bradley, Chang und Andersen (1998) hat gezeigt, dass das Areal MT Tiefen- und Bewegungsinformationen kombiniert. Ein ähnliches Experiment von Grunewald, Bradley und Andersen (2002) sprach ebenfalls gegen eine direkte Beteiligung von V1-Zellen an der Wahrnehmung (hier für dreidimensionale Strukturen aus Bewegungshinweisreizen), während MT-Zellen tatsächlich mit dem Perzept des Tieres korreliert sind.

der Affe innerhalb der nächsten Sekunden auszuführen *beabsichtigt*. Andere werden stark durch Aufmerksamkeit moduliert. Ein Reiz, der verhaltensbiologisch wichtig ist – vielleicht, weil das Tier ihn anschauen muss, um einen Schluck Apfelsaft zu bekommen – ruft im Vergleich zu einem Reiz, der für das Tier bedeutungslos ist, eine verstärkte Reaktion hervor (siehe Kapitel 9 und 10).

Der PP ist ein wichtiger Kanal für handlungsbezogene Information. Läsionen im PP beeinträchtigen stets die Fähigkeit des Affen, die Hand auszustrecken und ein Objekt zu berühren oder es richtig zu ergreifen. Die Ausfälle können so profund sein, dass frühere Forscher glaubten, die Affen seien durch diese Läsionen erblindet, obwohl die Tiere zwar sehen konnten, aber nicht in der Lage waren, ihre Gliedmaßen visuell zu steuern. Zu den Output-Bahnen gehören direkte Projektionen aus Schicht 5 des posteroparietalen Cortex ins Rückenmark und in motorische Strukturen des Hirnstamms, wie auch massive, bidirektionale cortico-corticale Verbindungen zu prämotorischen und präfrontalen Arealen im vorderen Bereich des Gehirns.

Beim Menschen führen Läsionen im posteroparietalen Cortex zu Ausfällen bei der Raumwahrnehmung und beim visuellen Verhalten. Von besonderem Interesse ist der *Neglect*, eine schwere Störung des räumlichen Bewusstseins, und die *optische Ataxie*, eine anhaltende Unfähigkeit, nach Zielobjekten zu greifen oder auf sie zu zeigen.[26]

Raumcodierung mittels *gain fields*

Wie repräsentiert das Gehirn die Lage von Objekten? Eine elegante Lösung, die in der Robotik und in den Computerwissenschaften populär ist, wäre eine globale Karte der Umwelt mit Weltkoordinaten. Wie bei einer der üblichen Stadtkarten informiert eine derartige Repräsentation den Organismus darüber, wo sich Dinge in Bezug auf externe Landmarken befinden. Während das Subjekt die Welt erkundet, wird die Karte mithilfe der Informationen sämtlicher Sensoren aktualisiert.

Das Gehirn verfolgt eine andere Strategie. Eine Reihe von Karten codiert Objektpositionen mithilfe von impliziten Repräsentationen (erinnern Sie sich an meine Unterscheidung von explizit und implizit in Abschnitt 2.2), die vom betroffenen Aktuator (Regelelement) abhängen. Daher enthält das Augenbewegungssystem eine andere Raumrepräsentation als die Gehirnregion, die visuell gesteuerte Greifbewegungen codiert. Ein typisches Beispiel ist die Raumcodierung im PP.

---

[26]Andersen (1995), Gross und Graziano (1995), Colby und Goldberg (1999), Snyder, Batista und Andersen (2000), Batista und Andersen (2001) sowie Bisley und Goldberg (2003) diskutieren den posteroparietalen Cortex, Aufmerksamkeit, Intention und Raumcodierung. Glickstein (2000) beschreibt Verbindungen zwischen visuellen und motorischen Arealen. Mehr Details über Neglect finden sich in Abschnitt 10.3.

Bei den meisten neurophysiologischen Experimenten sitzt der Affe auf einem Stuhl und erhält eine Belohnung – beispielsweise einen Schluck Saft –, wenn er seine Augen im Kopf (der oft festgeschnallt ist, um Nicken oder Kopfdrehen zu verhindern) völlig still hält. Das erlaubt es, das rezeptive Feld des Neurons in retinalen Koordinaten darzustellen. Was passiert, wenn das Tier seine Augen bewegt? Reagiert die Zelle weiter, solange der Reiz dieselbe Position bezüglich der Retina behält, wie es bei den Ganglienzellen der Fall ist? Oder wird der Reiz unabhängig vom Blickwinkel codiert?

Die empirisch gewonnene Antwort lautet „weder noch". PP-Neuronen wirbeln die beiden Koordinatsysteme systematisch durcheinander. In der Regel lässt sich die Spikeantwort der Zelle als das Produkt eines Terms ausdrücken, der allein von der visuellen Antwort relativ zur Retina – dem konventionell definierten rezeptiven Feld der Zelle – abhängt, und eines Terms, der mit der Position des Auges in der Augenhöhle variiert. So kann ein Neuron beispielsweise maximal auf einen Reiz in seinem klassischen rezeptiven Feld reagieren, wenn das Auge nach links schaut, weniger stark feuern, wenn das Auge geradeaus schaut, und stumm bleiben, wenn das Auge nach rechts schaut. Anders ausgedrückt, der Output oder *gain* des rezeptiven Feldes wird durch die Position des Auges moduliert. Das bezeichnet man als *gain-field*-Strategie.[27]

Die räumliche Lage wird daher implizit codiert. Sie lässt sich durch Kombinieren der Signale vieler derartiger Zellen wieder herausfiltern, ein gutes Beispiel für Populationscodierung (Abschnitt 2.2). Andere *gain fields* codieren die Position des Kopfes relativ zu den Schultern. In diesem Fall lässt sich die Antwort des Neurons durch das Produkt dreier Terme beschreiben, von denen einer vom visuellen Reiz relativ zur Retina, der zweite von der Lage des Auges relativ zum Kopf und der dritte von der Position des Kopfes relativ zu den Schultern abhängig ist. Ich habe in Abschnitt 2.2 argumentiert, dass eine explizite Repräsentation eine notwendige Bedingung für die NCC ist. Aus diesen Befunden kann man daher schließen, dass die absolute räumliche Position dem Bewusstsein nicht zugänglich ist. Vielmehr ist es nur die relative Position – relativ zu den Augen, Händen oder zum Körper, oder relativ zu anderen Objekten im Sehfeld. Das lässt sich testen, indem man das oder die Koordinatensysteme, die dem räumlichen Bewusstsein zugrunde liegen, denjenigen gegenüberstellt, die visuo-motorisches Verhalten kontrollieren (siehe Abschnitt 12.2).

Einige Neuronen im Gehirn codieren Lage tatsächlich explizit. Ortszellen (*place cells*) im Nager-Hippocampus feuern maximal, wenn sich das Tier physisch in einem bestimmten Bereich in seiner Umwelt befindet (beispielsweise

---

[27]Dieser Begriff wurde von Zipser und Andersen (1988) eingeführt. Andersen et al. (1997), Pouget und Sejnowski (1997) sowie Salinas und Abbott (1995) diskutieren die Folgen dieser impliziten Raumrepräsentation für die Verrechnung.

zwischen dem Wasserkühler und der Tür). Außerhalb dieses begrenzten Bereiches bleibt die Zelle stumm.[28] Könnten diese Zellen Teil der NCC für bewusst wahrgenommene Positionen sein? Bisher können wir diese Frage noch nicht beantworten.

8.5 Der inferotemporale Cortex und die Objekterkennung

Ich möchte dieses Kapitel schließen, indem ich die dorsale Bahn verlasse und mich der ventralen Bahn zuwende. Der ventrale Strom, der in V1 entspringt, fließt in einer Reihe von Stufen durch V2, V4 und den posterioren inferotemporalen Cortex (PIT), bis er in den anterioren, am weitesten vorn gelegenen Teil des inferotemporalen Cortex (AIT, Abb. 7.3 und Deckelinnenseiten vorn) gelangt. Eine oder zwei der unmittelbaren Stufen können übersprungen werden, doch größtenteils wird die Hierarchie eingehalten.

Beim Affen ist AIT die letzte vorwiegend visuelle Verarbeitungsregion. Spätere Stufen sind polysensorisch oder an Handlungen oder Gedächtnis beteiligt. AIT sendet nicht nur hoch verarbeitete visuelle Informationen in den medialen Schläfenlappen und ins Striatum der Basalganglien, sondern projiziert auch in den präfrontalen Cortex. Das Feedback vom medialen Schläfenlappen dient wahrscheinlich dazu, visuelle Erinnerungen abzurufen und sie in IT zu laden.[29]

Das rezeptive Feld von IT-Neuronen, das fast immer die Fovea einschließt, kann groß sein und umfasst häufig nicht nur Information vom gegenüberliegenden Sehfeld, sondern auch vom selben Halbfeld (vermittelt von Axonen, die durch das Corpus callosum ziehen). In AIT ist kaum oder keine topographische Organisation zu finden. Das erklärt, warum IT nicht bei den fMRI-gestützten Kartierungsverfahren auftaucht, die eingesetzt wurden, um Teile von Abbildung 8.1 zu erstellen.

Eine der Aufgaben der IT-Zellen ist es, Form, Gestalt und Oberflächenmerkmale wahrgenommener Objekte zu repräsentieren. Wenn ein Affe auf ein Ziel (oder in dessen Nähe) schaut, das in einer überfüllten Szene verborgen ist – wie in einem Suchbild –, es aber nicht entdeckt, bleiben die AIT-Zellen, die nor-

---

[28]Ortszellen, erstmals von O'Keefe und Nadel (1978) beschrieben, bleiben solange selektiv im Dunklen, wie das Tier über olfaktorische, taktile oder andere Hinweise verfügt, die ihm bei der Orientierung helfen. Die räumliche Diskriminierung ist immerhin so gut, dass Elektrophysiologen die Position des Tieres auf ein paar Millimeter genau angeben können, wenn sie gleichzeitig die Aktivität von ein paar Dutzend hippocampalen Ortszellen ableiten. Die Rekonstruktion des Weges einer Ratte durch ein Labyrinth anhand der Feueraktivität von 30–100 Zellen ist von Wilson und McNaughton (1993), Zhang et al. (1998) sowie Frank, Brown und Wilson (2000) beschrieben worden. Rolls (1999) sowie Nadel und Eichenbaum (1999) beschreiben Ortszellen beim Affen und Ekstrom et al. (2003) beim Menschen.
[29]Miyashita et al. (1996) sowie Naya, Yoshida und Miyashita (2001) haben zahlreiche direkte Belege für die essenzielle Rolle dieser Feedback-Bahn nach IT für das visuelle assoziative Gedächtnis gesammelt.

malerweise auf dieses Ziel hin feuern, stumm.[30] Kapitel 16 fasst die Befunde zusammen, die dafür sprechen, dass Neuronen in IT und jenseits davon den aktuellen Inhalt des visuellen Bewusstseins explizit repräsentieren.

Im inferotemporalen Gyrus und in den Nachbarregionen des Sulcus temporalis superior (STS) finden sich die Neuronen mit der größten Reizselektivität für Objekte. Beispiele sind Neuronen, die auf den Anblick von in bestimmter Form gebogenen Büroklammern (Abb. 2.1), von Bäumen, Händen, perspektivischen Affen- oder Menschengesichtern (Abb. 2.4) heftig feuern. Dieser Trend zu einer immer knapperen und expliziten Repräsentation ist für die ventrale Bahn charakteristisch. Beim Menschen ist es offenbar ähnlich; dort sind einige Neuronen im medialen Temporallappen so exklusiv in ihrer Selektivität, dass sie nur auf sehr unterschiedliche Ansichten und Bilder bestimmter berühmter oder vertrauter Individuen (Abb. 2.2) antworten.[31] Eine derartige Spezifität bildet sich durch Erfahrung heraus.

Keiji Tanaka vom japanischen RIKEN Brain Science Institute hat die Reizselektivität von AIT-Neuronen beim Affen systematisch erforscht; er hat eine Technik entwickelt, die ihm erlaubt, den visuellen Reiz zu orten, der die heftigste Feuerantwort auslöst. Die von ihm entdeckten kritischen Merkmale sind zwar komplexer als Orientierung, Größe, Farbe und einfache Strukturen, aber – mit Ausnahme von Menschen- und Affengesichtern – nicht detailliert genug, um reale Objekte adäquat und vollständig zu beschreiben.

Tanaka entdeckte eine Säulenstruktur für Kreise, Ecken, lang gestreckte und ausgerichtete Tropfen, häufige Gesichtsmerkmale und dergleichen mehr. Diese Organisation lässt sich visuell darstellen, indem man metabolisch aktive Regionen anhand des optischen Reflexionsgrades des Cortex (*optical imaging*) mit inaktiven vergleicht. Jedes einigermaßen komplexe Objekt ruft zahlreiche Aktivitäts-Hotspots auf der Oberfläche von IT hervor, jeder Hotspot von etwa einem halben Millimeter Durchmesser. Man könnte das ganze Areal in mehr als 1 000 solcher Hotspots aufteilen. Die Säulenrepräsentation ist kontinuierlich: Ändert sich beispielsweise der Blickwinkel auf ein Gesicht, verschiebt sich die Lage der Blobs, die es repräsentieren, systematisch über den Cortex. Meiner Interpretation zufolge zeigen diese Daten, dass es dort eine explizite Repräsentation für Familien visueller Merkmale, wie Ecken, geometrische Formen, Gesichtsidentität und Blickwinkel, gibt.

Funktionelle bildgebende Verfahren zur Darstellung des menschlichen Gehirns haben objektspezifische Zonen im Cortex ermittelt. Der ventrale tempo-

---

[30]Sheinberg und Logothetis (2001). Anders als Neuronen in der dorsalen Bahn kümmern sich IT-Zellen kaum um Augenbewegungen.

[31]Young und Yamane (1992), Tanaka (1996, 1997, 2003), Logothetis und Sheinberg (1996), DiCarlo und Maunsell (2000), Tamura und Tanaka (2001), Gross (2002) sowie Tsunoda et al. (2001) diskutieren visuelle Antworteigenschaften und Säulen im IT-Cortex von Affen. Zu den Daten über den medialen Temporallappen des Menschen siehe Fußnote 14 in Kapitel 2.

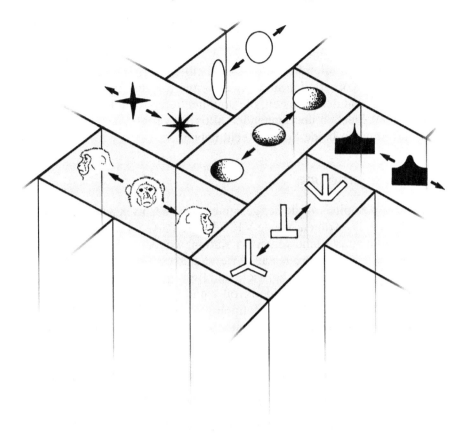

8.4 *Clusterbildung für komplexe Formmmerkmale.* Im anterioren inferotemporalen Cortex des Affen drängen sich Zellen zusammen, die gleichartige visuelle Merkmale auf hoher Ebene codieren, wie Gesichter, Ecken, schattierte Tropfen und so weiter. Eine ähnliche räumliche Organisation existiert höchstwahrscheinlich auch beim Menschen und lässt sich mittels fMRI sichtbar machen. Nach Tanaka (1997), verändert.

rale Cortex einschließlich des Gyrus fusiformis und der lateralen Occipitalregion (siehe Deckelinnenseite vorn) wird durch den Anblick von Objekten selektiv aktiviert. Die meisten Forscher stimmen darin überein, dass der Anblick menschlicher Gesichter vor allem das *fusiforme Gesichtsareal (fusiform face area,* FFA) im Gyrus fusiformis aktiviert.[32] Läsionen in dieser Nachbarschaft

---

[32]Das FFA findet sich bei fast allen Probanden im rechten mittleren Bereich des Gyrus fusiformis; einige weisen eine bilaterale Repräsentation auf (Kanwisher, McDermott und Chun, 1997; Tong et al., 2000). Seine Aktivität wird von Aufmerksamkeit moduliert (Vuilleumier et al., 2001). Das FFA ist weder die einzige Gehirnregion, die beim Anblick von Gesichtern aktiv ist, noch ist alle Aktivität im FFA ausschließlich mit Gesichtserkennung verknüpft (Haxby, Hoffman und Gobbini, 2000). Zu anderen fMRI-Studien von visuellen Antworten auf Objekte in der ventralen Bahn siehe Epstein und Kanwisher (1998), Ishai et al. (2000) und Haxby et al. (2001).

gehen oft mit einer Unfähigkeit zum Erkennen von Gesichtern (Prosopagnosie) einher.[33]

Gegenwärtig gibt es eine heftige Debatte zwischen Lokalisten, die einen Sektor des ventralen Stromes ausschließlich der Gesichtsanalyse, einen anderen Sektor Körperteilen und einen weiteren Häusern und räumlichen Szenen zuordnen, und den Holisten, die argumentieren, Objekterkennung sei weiträumiger auf Flecken überlappender Aktivität verteilt. Wie so oft in der Wissenschaft könnten beide Seiten Recht haben.

8.6 Wiederholung

In diesem Kapitel wurde der gesamte visuelle Cortex aus der Vogelperspektive betrachtet. Die frühen Areale V1, V2, V3, V3A, V4 und MT repräsentieren die Umwelt in einer Reihe verzerrter Karten, wobei das Blickzentrum stark betont ist. Die dortigen Neuronen analysieren und codieren Form (einschließlich täuschender Konturen), Farbe, Tiefe und Bewegung. Mit aufsteigender Hierarchie werden die rezeptiven Felder größer und ihre Auslösemerkmale spezifischer. Gleichzeitig schwindet die Retinotopie allmählich. Während V1 und V2 ein großes Maß an räumlicher Ordnung aufweisen, geht dies im PP und IT verloren. Überall finden sich gleich gesinnte Neuronen zusammen und bilden Säulen für verschiedene Reizmerkmale.

Zellen in V4 und benachbarten Regionen im menschlichen Gyrus fusiformis sind auf Farbe eingestimmt. Da eine Zerstörung dieser Areale die Farbwahrnehmung beeinträchtigt oder sogar auslöscht, kann man schließen, dass dieser große corticale Sektor einen oder mehrere essenzielle Knoten für Farben sehen enthält.

Das Areal MT codiert Richtung und Geschwindigkeit sich bewegender Punkte, Linien oder Balken und ihre Tiefe. Angesichts der gut entwickelten Säulenorganisation für Bewegungsrichtung und Tiefe sind diese Attribute in MT wahrscheinlich explizit repräsentiert. Die Entscheidungen eines Affen bei einer Bewegungsdiskriminierungsaufgabe lassen sich aus der Stärke der Spikeantwort individueller MT-Zellen ableiten. Überdies lässt sich das Verhalten des Tieres systematisch durch die Mikrostimulation kleiner Flecken dieses Cortexareals beeinflussen. Funktionelle bildgebende Verfahren haben gezeigt, dass MT beim Menschen sehr aktiv ist, wenn die Versuchspersonen echte oder täuschende Bewegungen wahrnehmen. Und schließlich kann eine Patientin mit einer weiträumigen bilateralen Zerstörung von MT und der umliegenden Gebieten keine rasche Bewegung wahrnehmen, auch wenn sie das sich bewegende

---

[33]Benton und Tranel (1993) geben einen Überblick über die klinische Literatur. Wada und Yamamoto (2001) berichten über einen Patienten mit einer eng umschriebenen Läsion, der keine Gesichter erkennen kann.

Objekt durchaus erkennt. Um es mit Zekis Worten zu sagen: MT ist ein essenzieller Knoten für Richtung und Geschwindigkeit einfacher Bewegungsperzepte.

Neben MT reagieren noch andere Cortexareale auf sich bewegende Objekte oder die *optical flow fields*, die von Kopf- oder Augenbewegungen induziert werden. Jedes ist einem anderen Aspekt der Bewegungswahrnehmung gewidmet.

Neuronen im posteroparietalen Cortex kombinieren visuelle, auditorische, propriorezeptive und Augenkommandoinformation auf implizite Weise. Als Teil der dorsalen Bahn codieren diese Zellen die Position von Objekten, die Auge oder Hand zu ihnen führen.

Neuronen mit hoch komplexen visuellen Antworteigenschaften findet man im inferotemporalen Cortex und jenseits davon. Sie liefern die zur Objekterkennung nötige Information. Die Existenz von Säulen für komplexe Merkmale spricht dafür, dass diese Attribute hier explizit gemacht werden. Im inferotemporalen Cortex und im medialen Temporallappen – eines der Output-Areale von IT – finden sich Zellen, die für spezifische Perspektiven bestimmter Objekte oder für unterschiedliche Perspektiven desselben Individuums codieren. In Kapitel 16 argumentiere ich, dass die Aktivität in einer Koalition von Neuronen in diesen Arealen die bewusst gesehenen Attribute von Objekten vermittelt, die NCC. Die Existenz von großen Neuronenaggregaten, die sensitiv auf den Anblick von Gesichtern, Objekten, Häusern und Plätzen reagieren, ist durch fMRI-Studien am ventralen temporalen Cortex des Menschen, einschließlich des Gyrus fusiformis, bestätigt worden.

Diese Fülle visueller Areale stellt Hirnforscher vor ein großes Rätsel. Wenn keine einzelne Gehirnregion die gesamte relevante Information codiert, wie kommt es, dass wir gewöhnlich ein einziges, integriertes Perzept erleben? Dieses *Bindungsproblem* wird im folgenden Kapitel diskutiert, und zwar gemeinsam mit der bemerkenswerten Tatsache, dass die große Mehrheit des sensorischen Inputs vom Bewusstsein nicht beachtet wird.

Kapitel 9

Aufmerksamkeit und Bewusstsein

> Nun gibt es noch ein anderes, folgendes Problem bezüglich der Wahrnehmungen:
> Ist es möglich, zugleich zwei Dinge in ein und demselben individuellen
> Augenblick wahrzunehmen, oder nicht? Wenn es so ist, daß jeweils die stärkere Bewegung
> die kleinere verdrängt – daher nimmt man nicht wahr, was einem unter die Augen kommt,
> wenn man angestrengt nachdenkt, in Angst ist oder Lärm hört –, wir wollen dies voraussetzen ...
>
> Aus *Über die Wahrnehmung* (*De sensu*) von Aristoteles

Sehen scheint einfach. Sie öffnen die Augen, schauen umher und bauen im
Kopf rasch eine stabile Repräsentation der Welt auf. Sie sehen deutlich die
im Regal aufgereihten Bücher, das farbenprächtige abstrakte Muster des Per-
serteppichs auf dem Boden und die Bewegung der Zweige vor dem Fenster im
Garten. Aus Sicht des Sehenden fühlt sich Sehen wie ein automatischer Prozess
an, der physikalische Wirklichkeit direkt auf das innere, mentale Universum
abbildet.[1]

Ein paar Minuten Selbstbeobachtung zeigen jedoch, dass die Beziehung zwischen äußerer und innerer Welt weit komplexer ist. Erfahrungen werden nicht
einfach vorgegeben, wie einige Empiriker angenommen haben. Vielmehr wählt
Ihr Geist aus dem riesigen Datenstrom, der von der sensorischen Peripherie
einströmt, implizit oder explizit die wenigen Goldstücke an Information
aus, die gerade relevant sind. Wie in Kapitel 3 erwähnt, fließen jede Sekunde,
in der die Augen geöffnet sind, zig Millionen Bit an Information durch den
Sehnerv ins Gehirn. Das Gehirn kann all diese Daten nicht verarbeiten; es be-
wältigt dieses Übermaß an Information, indem es sich selektiv auf einen winzigen Teil davon konzentriert und den Rest größtenteils vernachlässigt.[2]

Dadurch, dass Sie Ihre Aufmerksamkeit selektiv bestimmten Ereignissen
oder Dingen in Ihrer Umgebung *zuwenden*, wählen Sie aus einer unendlichen

---

[1]Wessen man sich bewusst ist, ist eine ausgesuchte Sicht der Welt, recht hoch in der Hierarchie angesiedelte Objekte, wie Buchstaben auf einer Tastatur, herumlaufende Hunde, oder Berge unter einem ko-
baltblauen Himmel. Das ist einer der Gründe, warum es so schwierig ist, eine realistische Szene darzustellen. Ungeübte Menschen zeichnen so, wie sie sehen, und benutzen abstrakte Objekte, sodass das fer-
tige Bild kindlich und naiv aussieht. Es bedarf einer Menge Übung, um Oberflächen und Konturen unterschiedlich stark herauszuarbeiten und subtile Texturvarianten einzusetzen.

[2]Informationstechnische Argumente dafür, warum das Gehirn mit seiner massiven Parallelverschaltung
fokussierte Aufmerksamkeit brauchen könnte, finden sich bei Ullman (1984) und Tsotsos (1990). Ein
Argument, das auf den metabolischen Kosten des Spikens basiert, liefert Lennie (2003).

Zahl von Universen eine Welt, die Sie erleben.[3] Ich spüre das am stärksten, wenn ich eine schwierige Kletterpartie absolviere. Alles bis auf die Bewegung meines Körpers über den Felsen und der heulende Wind ist aus meiner Wahrnehmung verbannt. Vergessen ist der Druck des Gepäcks auf meinem Rücken, meine schmerzenden Muskeln, der drohende Sturm und der Sirenengesang der Leere unter mir. Der Bergsteiger Jon Krakauer fing diese Atmosphäre ein, als er schrieb[4]:

> Nach und nach bündelt man seine Aufmerksamkeit so stark, dass man die wunden Knöchel, den Krampf in den Beinen, die Anspannung ständiger Konzentration nicht mehr wahr nimmt. Man gerät in einen tranceartigen Zustand; die Klettertour wird zu einem Wachtraum. Die angehäufte Schuld und der Wirrwarr des Alltags ... all dies ist zeitweilig vergessen, von einer überwältigenden, klaren Zielstrebigkeit und der Bedeutung der anstehenden Aufgabe aus den Gedanken verdrängt.

Man ist sich gewöhnlich der Dinge bewusst, auf die man sich konzentriert. Eine ehrwürdige Tradition in der Psychologie setzt sogar das Sich-bewusst-Sein eines Objektes oder Ereignisses damit gleich, ihm Aufmerksamkeit zu schenken. Es ist jedoch wichtig, diese beiden Begriffe nicht zu verschmelzen. Aufmerksamkeit und Bewusstsein sind getrennte Prozesse, und ihre Beziehung könnte komplizierter sein als gemeinhin angenommen.

Ich möchte damit beginnen zu beschreiben, was selektive oder gerichtete Aufmerksamkeit ist und wie sie funktioniert. Es ist immer schwierig zu präzisieren, was Aufmerksamkeit eigentlich ist. Nehmen Sie diese phänomenologische Definition von William James, dem Vater der amerikanischen Psychologie[5]:

> Jeder weiß, was Aufmerksamkeit ist. Es ist die Inbesitznahme eines von mehreren anscheinend gleichermaßen möglichen Objekten oder Gedankengängen durch den Geist, und zwar in einer klaren und lebhaften Form ... Es impliziert das Sich-Zurückziehen von einigen Dingen, um sich effizienter mit anderen auseinander zu setzen ...

Zu jedem Zeitpunkt kann man nur eines oder wenige Objekte in dieser Weise auswählen (wie viele, wird in Abschnitt 11.3 diskutiert). Zwei Aufgaben, die gleichzeitig ausgeführt werden, stören einander, wenn sie beide Aufmerksam-

---

[3]Aufmerksamkeit hat auch eine globale Konnotation. Ein Lehrerin ruft ihre Schüler zur Aufmerksamkeit auf. Was sie will, ist, dass ihre Schüler sich konzentrieren, sie anschauen und ihren Anweisungen folgen. Diese globale Form der Aufmerksamkeit, die mit *Wachsamkeit* (*Vigilanz*) und *Wachheit* (*alertness*) verwandt ist, impliziert eine räumliche Orientierungsreaktion – den Kopf und die Augen wenden – und dass man der anstehenden Aufgabe mentale Ressourcen widmet. Schlafmangel oder ein Kater können die Wachsamkeit beeinträchtigen. Wachsamkeit hängt vom Locus coeruleus und anderen Kernen im Hirnstamm ab (Kapitel 5).
[4]Krakauer (1990).
[5]Aus seinem Monumentalwerk *The Principles of Psychology* (James, 1890).

keit verlangen.[6] Innerhalb der visuellen Domäne ist eine seit langem benutzte Metapher die des *Scheinwerfers*. Gegenstände, die vom Scheinwerfer angestrahlt werden, profitieren von zusätzlicher Verarbeitung.

9.1 *Change blindness* oder wie man von Bühnenmagiern getäuscht wird

Wie das Eingangszitat aus dem 4. Jahrhundert v. Chr. betont, sieht man oft nicht, was man vor Augen hat, wenn die Aufmerksamkeit abgelenkt ist. *Change blindness*, das Nicht-Entdecken einer bedeutenden Veränderung zwischen zwei ansonsten identischen Bildern, ist die überzeugendste Demonstration dieser beunruhigenden Tatsache (Abb. 9.1). Der Unterschied zwischen den beiden Bildern kann so ausgeprägt sein, dass man ihn, einmal identifiziert, anschließend nicht mehr ignorieren kann. Ein Jumbojet verliert wiederholt seinen Antrieb, eine Brücke verschwindet aus einer Szene und taucht wieder auf oder die Farbe eine T-Shirts wechselt von Rot zu Blau und wieder zurück.[7]

In einer natürlicheren Kulisse hat man folgende Szene nach Art der „versteckten Kamera" inszeniert: Ein Psychologe verwickelt einen zufällig ausgewählten Passanten in ein Gespräch, währenddessen sich zwei „Arbeiter", die eine Tür tragen, grob zwischen dem Experimentator und seiner nichts ahnenden Versuchsperson hindurchdrängen. Im Schutz der Tür tauscht einer der Arbeiter den Platz mit dem Experimentator. In der Hälfte aller Fälle merkte die Versuchsperson nicht, dass sie anschließend mit einer anderen Person sprach![8]

Wenn etwas unerwartet ist, kann es sogar sein, dass Personen ein einzelnes, isoliertes Zielobjekt übersehen, dass direkt vor ihre Augen geblitzt wird, ein erstaunliches Phänomen, das als *inattentional blindness*, Blindheit durch Un-

---

[6]Einen aktuellen Überblick über selektive Aufmerksamkeit bieten Treisman (1988), Nakayama und Makkeben (1989), Braun und Sagi (1990), Braun und Julesz (1998), Pashler (1998), Parasuraman (1998) sowie Braun, Koch und Davis (2001).

[7]Rensink, O'Regan und Clark (1997) haben *change blindness* populär gemacht, indem sie aufgeblitzte, natürliche Szenen verwendeten, die durch kurze, leere Intervalle getrennt waren (O'Regan, Rensink und Clark, 1999). Siehe auch Blackmore et al. (1995), Grimes (1996) sowie Simons und Levin (1997). *Change blindness* kann auch bei minimalistischen Szenen vorkommen (Wilken, 2001). Das Phänomen selbst geht auf Experimente im 19. Jahrhundert zurück, in denen die Aufmerksamkeitsspanne gemessen wurde. Sie können einige dieser Illusionen selbst erleben, wenn Sie die entsprechenden Websites aufsuchen.

[8]Simons und Levin (1997 und 1998). Simons und Chabris (1999) beschrieben, wie Versuchspersonen, die zwei Bälle in einem Spiel verfolgen mussten, blind für einen Studenten im Gorillakostüm sein konnten, der langsam über den Hof schritt. Ähnlich bemerken Kinogänger in der Regel nur die allergröbsten *Kontinuitätsfehler* (Dmytryk, 1984). So kann es sein, dass Schauspieler von einem Schnitt zum nächsten andere Kleidung tragen, die Handlung in einer Szene zeitlich nicht mit der Folgeszene verknüpft ist oder das nasse Haar eines Schauspielers, der aus dem Regen kommt, plötzlich trocken ist, sobald er die Türschwelle überschreitet. Sind sich die Fans von Ridley Scotts *Blade Runner,* einem düsteren Science-fiction-Film, der mehr als zwei Dutzend nicht zueinander passenden Shots, verpfuschter Dialogfetzen und anderer grober Schnitzer bewusst, die sich überall in diesem Kultklassiker finden (Sammon, 1996)?

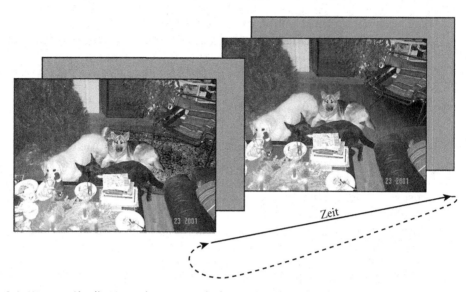

9.1 *Können Sie die Veränderung entdecken*? Diese kurze Sequenz, bei der das Bild im ersten Rahmen manipuliert wurde und dann im dritten Rahmen gezeigt wird, wird in einer Endlosschleife wiederholt, bis die Sache, die einmal da ist und einmal nicht, gesehen wird. Bemerkenswerterweise kann dies recht lange dauern. Die dazwischengeschobenen Leerbilder eliminieren das starke, flüchtige Signal, das mit dem veränderten Objekt einhergeht und sonst das Spiel preisgeben würde.

aufmerksamkeit, bezeichnet wird.[9] Aufmerksamkeitsfehler sind möglicherweise die Ursache vieler Unfälle im Straßenverkehr und in der Luftfahrt, die menschlichem Versagen zugeschrieben werden. Bei guter Sicht und ohne dass Alkohol, Drogen, technisches Versagen oder verbrecherische Manipulationen eine Rolle spielten, krachen Autofahrer oder Piloten unerklärlicherweise in deutlich sichtbare Hindernisse. In einem Fall sollten Piloten kommer-

---

[9]*Inattentional blindness* ist in der Monographie von Mack und Rock (1998) beschrieben. Die Probanden mussten ein Kreuz fixieren und entscheiden, ob dessen horizontaler Arm länger oder kürzer war als der vertikale. Nach drei Versuchsdurchgängen wurde zusätzlich ohne Vorwarnung ein unerwartetes Objekt, wie ein kleines buntes Quadrat oder Dreieck, auf den Schirm gegeben. Sofort anschließend wurden die Probanden gefragt, ob sie etwas bemerkt hätten. Nach drei weiteren Durchgängen mit dem Kreuz allein wurde dasselbe zusätzliche Objekt eingeblendet. Im letzten Kontrolldurchgang wurden die Probanden aufgefordert, das Kreuz zu ignorieren und auf den fremden Reiz zu achten (während sie weiterhin das Kreuz fixierten). Bemerkenswerterweise sah ein Viertel der Probanden den Reiz nicht, wenn er völlig unerwartet war (beim 4. Versuchsdurchgang). Die aufmerksameren Teilnehmer konnten Orientierung, Farbe, Bewegung und Position des Reizes recht gut beschreiben. Niemand konnte etwas über die Form (beispielsweise Dreieck, Kreuz oder Rechteck) sagen. Beim letzten Durchgang sahen jedoch alle zweifelsfrei das fremde Objekt. In einer Variante dieses Versuchs wurde das Kreuz in gewisser Entfernung vom Fixationspunkt auf den Schirm projiziert, sodass es nur aus den Augenwinkeln gesehen werden konnte. Wenn das Objekt unerwartet direkt auf die Fovea geblitzt wurde, während die Probanden die Kontrollaufgabe in der Peripherie erledigen mussten, sah fast keiner das Objekt.

zieller Fluglinien in einem Flugsimulator eine Boeing 727 landen. Bei einigen Anflügen wurde unerwartet das Bild eines kleinen Flugzeuges auf die Landebahn aufgespielt. Zwei von acht Piloten setzten das Landemanöver munter fort, ohne ein Ausweichmanöver einzuleiten, ein potenziell desaströser Fehler des Wahrnehmungsapparats.[10]

Bühnenmagier setzen seit Jahrtausenden auf *inattentional* und *change blindness*. Während das Publikum durch eine wunderschöne, spärlich bekleidete Assistentin abgelenkt wird, verschwinden Gegenstände vor aller Augen. Wenn Sie sich die Show zweimal nacheinander ansehen und dabei die Hände des Magiers nicht aus den Augen lassen, werden Sie sehen, was ich meine (wenn es auch den Spaß an der Illusion verderben kann).

Bewegungsinduzierte Blindheit (siehe Abschnitt 1.3) wie auch *flash suppression* und binokulare Rivalität, die in Kapitel 16 eingehender diskutiert werden, sind weitere Beispiele für visuelle Phänomene, bei denen Aufmerksamkeitsentzug wahrscheinlich eine entscheidende Rolle dafür spielt, dass diese Reize verschwinden.

Die Moral dieser Befunde ist, dass man Ereignisse übersehen kann, die sich direkt vor der eigenen Nase abspielen, vorausgesetzt, man konzentriert sich auf etwas anderes. Soviel zu dem Glauben, man sehe alles, was um einen herum vorgeht. In Wahrheit ist das keineswegs so.

9.2 Seine Aufmerksamkeit auf einen Bereich, ein Merkmal oder ein Objekt richten

Sich auf ein Ereignis zu konzentrieren, beschleunigt die Verarbeitung

In einem klassischen *Reaktionszeit*-Experiment, das der Neurophysiologe Michael Posner, damals an der University of Oregon, durchführte, fixieren Versuchspersonen ein Zeichen in der Mitte eines ansonsten leeren Monitors. Irgendwann im Versuch wird ein Licht auf eine von vier Positionen auf dem Schirm geblitzt. Sobald die Versuchspersonen das Licht sehen, drücken sie einen Knopf, ohne die Augen zu bewegen. In vielen, aber nicht allen Versuchsdurchgängen wird die Position des nächsten Lichtpunktes durch einen Hinweisreiz (*cue*, beispielsweise einen Pfeil) an der Fixierungsmarke angezeigt. Die Versuchspersonen brauchten etwa 290 ms, um auf das Licht zu reagieren, wenn sie keine Ahnung hatten, wo das Licht auftauchen würde, mit einem Hinweisreiz jedoch nur 260 ms. Wenn sie veranlasst wurden, ihre Aufmerksamkeit nach links zu richten, das Licht dann aber rechts erschien, erhöhte

---

[10]Als man den Piloten ein Video von ihrem Anflug zeigte, waren sie bestürzt über ihren Mangel an Reaktion (Haines, 1991). Gladwell (2001) vertritt die Ansicht, dass viele Verkehrsunfälle auf solche Aufmerksamkeitsfehler zurückgehen.

sich ihre Reaktionszeit auf 320 ms. Die einfachste Interpretation ist, dass Aufmerksamkeit die Entdeckung des Lichtblitzes um 30 bis 50 ms beschleunigt. Fokussierte Aufmerksamkeit erhöht auch die Sichtbarkeit schwacher Kontraste und subtiler räumlicher Merkmale.[11] Es ist schwierig, sich gleichzeitig auf zwei getrennte Positionen zu konzentrieren.

Diese Befunde unterstützten die Vorstellung von fokussierter Aufmerksamkeit als Scheinwerfer, der die Welt erhellt. Aber auch wenn dies ein eingängiges und überzeugendes Bild ist, bleibt es nur eine Metapher. Um die Daten völlig zu erklären, muss sich der Scheinwerfer der Gestalt des beleuchteten Objekts oder der beleuchteten Region anpassen, und seine Größe muss entsprechend vorheriger Erwartungen justierbar sein. Überdies wandert ein Scheinwerfer kontinuierlich von einem Ort zum nächsten, was Aufmerksamkeit nicht tut. Eine passendere Analogie wäre ein Bühnen-Spotlight, das an einer Stelle ausgeschaltet und an einer anderen wieder eingeschaltet wird, um verschiedene Schauspieler hervorzuheben, die gerade im Mittelpunkt des Geschehens stehen.[12]

Visuelle Suche oder wie man aus der Menge heraussticht

Eine beliebte Methode, Aufmerksamkeit zu erforschen, besteht darin, Versuchspersonen aufzufordern, nach etwas zu suchen, beispielsweise nach einem roten „D", das zwischen anderen bunten Buchstaben versteckt ist. Anne Treisman, inzwischen an der Princeton University, und Bela Julesz von den Bell Laboratories waren die Pioniere dieser *optischen Suchstudien* (*visual search studies*). Sie konzentrierten sich auf einen scheinbar einfache Frage: Wie viel länger braucht man, um ein Ziel zu finden, wenn die Zahl der ablenkenden Objekte (Distraktoren) zunimmt?[13]

Bei gewissen Ziel-Distraktoren-Kombinationen ist die Suche mühelos. Subjektiv gesehen *fällt* das Ziel förmlich aus dem Bild *heraus*. Ein roter Balken unter 4, 8, 16 und 32 wahllos über den Schirm verteilten grünen Balken lässt sich sehr rasch finden, ganz gleichgültig, wie viele grüne Elemente präsent sind. Wenn ein Bündel „L"s auf dem Bildschirm erscheint, fällt das seltsame

---

[11]Aufmerksamkeit senkt die Schwelle für räumliche Diskriminierungs- und Erkennungsaufgaben deutlich (Wen, Koch und Braun, 1997; Lee et al., 1999). Das Posner-Experiment ist in Posner, Snyder und Davidson (1980) beschrieben. Der Aufmerksamkeitsgewinn ist möglicherweise viel größer als die 30–50 ms, die in diesem Experiment mit einem fast völlig leeren Computerbildschirm gefunden wurden.

[12]Cave und Bichot (1999) kritisieren die Scheinwerfer-Metapher, weil sie einen falschen Eindruck vom Wirken der Aufmerksamkeit vermittelt. Sperling und Weichselgartner (1995) schlagen die Bühnen-Spotlight-Analogie vor.

[13]In der Hälfte aller Fälle war kein Ziel vorhanden, und die Probanden mussten das Ziel finden, ohne die Augen zu bewegen (Treisman und Gelade, 1980; Julesz, 1981; Bergen und Julesz, 1983; Treisman, 1988, 1998; Wolfe, 1992 und 1998a). Das visuelle Suchparadigma hat sogar schon Eingang in Kinderbücher gefunden, wenn etwa der Leser nach Waldo mit seinem rot-weiß gestreiften Rollkragenpullover und seinem lustigen Hut sucht, der sich zwischen Hunderten von bunt angezogenen Menschen, Tieren und Gegenständen versteckt.

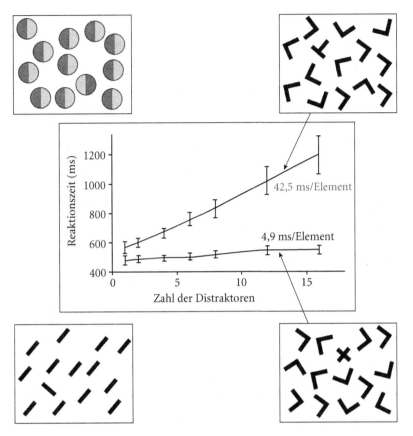

9.2 *Das visuelle Suchparadigma der gerichteten Aufmerksamkeit.* Bei der *parallelen Suche sticht* das Zielobjekt *heraus* (wie in den beiden Beispielen unten). In der Praxis nimmt die Zeit bis zum Finden des Zielobjekts mit der Zahl der Distraktoren im Suchbild leicht zu. Bei der seriellen Suche nimmt die Zeit bis zum Finden des Zielobjekts – eine Hell-Dunkel-Scheibe unter Dunkel-Hell-Scheiben oben links und ein „T" zwischen „L"s oben rechts – mit der Zahl der Distraktoren rascher zu. Der Graph zeigt die Reaktions-zeit von acht Versuchspersonen bei den beiden rechts abgebildeten Aufgaben. Nach VanRullen und Koch (2003a), verändert.

„+" deutlich heraus (Abb. 9.2). In der Sprache der Computerwissenschaften geht die Suche parallel vor sich (es sei denn, die einzelnen Elemente beginnen, sich ineinander zu verschachteln).

Im Allgemeinen sticht ein Ziel heraus, wenn es sich von den Distraktoren in irgendeinem Attribut genügend unterscheidet, sei es Farbe, Form oder Bewe-gung (beispielsweise wenn Sie ihre Computermaus rasch hin- und herbewegen, um den Cursor auf dem Bildschirm zu finden). Dieses Herausstechen hängt nicht nur von der lokalen Reizkonfiguration ab, sondern auch von globaleren texturalen oder figuralen Effekten, wie sie von den *Gestalt*-Psychologen betont wurden.[14]

Merkmale lassen sich mithilfe selektiver Aufmerksamkeit integrieren

Bei anderen Ziel-Distraktoren-Kombinationen steigt die Reaktionszeit annähernd linear mit der Zahl der Elemente auf dem Bild. Diese Art serieller Suche tritt auf, wenn man in einer Gruppe von „L"s nach einem „T" sucht, wie in Abbildung 9.2.[15] Während Ziele, die durch ein einzigartiges Merkmal gekennzeichnet sind, wie Farbe oder Orientierung, mithilfe paralleler Suche gefunden werden können, ist dies bei Verknüpfungen dieser Merkmale nicht möglich; wenn man nach einem grünen, horizontalen Balken unter grünen und vertikalen Balken oder roten Balken beliebiger Orientierung sucht, benötigt man mehr Zeit, sobald mehr potenzielle Ziele vorhanden sind.

Um diese Befunde zu erklären, postulierte Treisman, einfache Merkmale würden in topographischen Karten für Orientierung und Farbe repräsentiert, die man in V1, V2 und anderswo findet. Sie stellte dann die These auf, die Entscheidung, welche zwei elementaren Merkmale, wie grün und horizontal, ein Objekt aufbauen, erfordere Aufmerksamkeitsressourcen. Da es Zeit braucht, bis ein Aufmerksamkeitsscheinwerfer von einem potenziellen Ziel zum nächsten wechselt, steigt die Reaktionszeit, wenn die Zahl der zu inspizierenden Objekte steigt. Ihr theoretisches Gerüst, die so genannte *Theorie der Merkmalsintegration (feature integration theory)*, wird durch folgenden Befund gestützt: Trägt man die Reaktionszeit gegen die Zahl der Distraktoren auf, wenn kein Ziel präsent ist, und vergleicht man sie mit der Reaktionszeitkurve, wenn tatsächlich ein Ziel auf dem Schirm vorhanden ist (Abb. 9.2), so findet man, dass der Anstieg im erstgenannten Fall praktisch doppelt so groß ist. Wenn die Objekte zufällig über den Schirm verteilt sind, wird die Versuchsperson das Zielobjekt in den meisten Fällen entdecken, nachdem die Hälfte der Elemente per Schweinwerfer überprüft worden sind, während das Fehlen eines Zielobjekts erst festgestellt werden kann, nachdem *jedes* Element inspiziert worden ist, was die unterschiedlichen Steigungen der Kurven gut erklärt.[16]

In Treismans Schema sind nur die elementaren Merkmale explizit repräsentiert, während ihre Verknüpfungen auf einer „Bedarfsbasis" entsprechend den Aufgabenanforderungen dynamisch gruppiert oder *gebunden* sind.

---

[14]Siehe die klassischen Artikel von Koffka (1935) und Köhler (1969). Palmers (1999) Lehrbuch bietet eine moderne Sichtweise.

[15]Man beachte, dass kleine Unterschiede beim Ziel eine parallele Suche in eine serielle verwandeln können. Im Fall von Abbildung 9.2 fällt das + heraus, das T hingegen nicht, obwohl beide aus denselben beiden senkrechten Linien gebildet und zwischen Distraktoren eingebettet sind, die aus denselben Elementen bestehen (Julesz, 1981).

[16]Diese Interpretation ist von Chun und Wolfe (1996) bezweifelt worden.

Die Auslegung dieser Experimente hob in der Psychologie ein ganzes Forschungsprogramm aus der Taufe. Leider ließen sich viele der ursprünglichen Befunde nicht gut verallgemeinern. Bei genauerer Betrachtung stellte man fest, dass die Anstiege der Suchkurven je nach Reizkonfiguration auf fast kontinuierliche Weise variierten (von 10 bis 150 ms pro Element oder mehr). Diese Daten unterminierten die einfache Scheinwerferhypothese beträchtlich. Überdies sind einige verknüpfte Suchaufgaben, wie die Kombination von Bewegung mit Tiefe oder Form, oder die Aufgabe, nach einem durch drei Merkmale definierten Objekt zu suchen, sehr einfach und werden parallel durchgeführt. Um diese Konflikte beizulegen, sind Interpretationen vorgeschlagen worden, die sich von einem seriellen Abtasten von Objekten radikal unterscheiden. Diese Hypothesen betonen Wettbewerb zwischen Neuronenverbbänden, die um die Vorherrschaft ringen.

Bei all diesen Experimenten lenkt abstraktes Wissen die Aufmerksamkeit; ein Hinweisreiz zeigt auf eine Position oder Sie werden aufgefordert, nach einem „T" zu suchen. Das bezeichnet man als *Top-down-, aufgabenabhängige* oder *willensgesteuerte* Aufmerksamkeit.

Top-down-Aufmerksamkeit lässt sich auch auf spezifische Attribute richten, wie „rosa" oder „Bewegung nach rechts". *Merkmalsbezogene* Aufmerksamkeit beeinflusst die Suche im ganzen Sehfeld zugunsten des ausgewählten Attributs. Es lohnt sich beispielsweise zu wissen, dass Ihre Tochter in der herumwuselnden Kinderhorde eine rosa Kleid trägt oder dass sich der Satellit, den Sie am Nachthimmel aufspüren möchten, von Ost nach West bewegt.

Selektive Aufmerksamkeit kann auf ein ganzes Objekt oder eine lang gestreckte Kontur gerichtet sein. Das heißt, wenn Sie sich auf ein Merkmal eines Reizes konzentrieren, werden andere damit einhergehende Merkmale kostenlos „mitgenommen". Wenn man zwei räumlich verknüpfte Objekte, wie zwei übereinander gedruckte Buchstaben, anschaut, kann man seine Aufmerksamkeit selektiv auf das eine oder das andere richten. Bemerkenswerterweise ist man nicht in der Lage, die Form der unbeachteten Figur zu erkennen, obwohl sie sich mit dem beachteten Objekt überschneidet.[17]

Zusammenfassend kann man sagen, dass sich aufmerksamkeitsbezogene Verarbeitungsressourcen einem Bereich im Sehfeld, *einem* Merkmalsattribut an beliebiger Stelle oder einem ausgedehnten Objekt zuordnen lassen.

Bei den meisten der diskutierten Experimente müssen die Versuchspersonen aus den Augenwinkeln schauen, das heißt, sich auf eine Position in gewisser Entfernung von der Fovea, dem Punkt des schärfsten Sehens, konzentrieren.

---

[17]Zur Psychophysik der merkmalsabhängigen Aufmerksamkeit siehe Wolfe (1994), zur Psychologie der objektabhängigen Aufmerksamkeit siehe Duncan (1984), Jolicoeur, Ullman und MacKay (1986), Kanwisher und Driver (1997) sowie Driver und Baylis (1998). Das klassische Experiment, sich auf eine von zwei überlappenden Figuren zu konzentrieren, ist in Rock und Gutman (1981) beschrieben.

Das ist angesichts des fast unwiderstehlichen Drangs, die Augen auf das Ziel zu richten, ziemlich unnatürlich.[18] Im wirklichen Leben sind Augen- und Aufmerksamkeitsverlagerung eng miteinander verknüpft. Die neuralen Schaltkreise beider überlappen, und zur Vorbereitung einer direkt bevorstehenden Augenbewegung ist eine Aufmerksamkeitsverlagerung nötig.[19]

Saliente Objekte erregen Aufmerksamkeit

Einige Dinge brauchen keine fokussierte Aufmerksamkeit, um bemerkt zu werden. Sie fallen dank inhärenter Merkmale auf, die sie von der Umgebung abheben. Beispiele sind ein rotes Dinnerjacket bei einem feierlichen Staatsakt im schwarzen Anzug oder eine vertikale Linie, die in eine Schar horizontaler Linien eingebettet ist. Diese hervorstechenden (*salienten*) Objekte ziehen rasch, vorübergehend und automatisch Aufmerksamkeit auf sich (es bedarf willentlicher Anstrengung, die sich bewegenden Bilder im TV über der Kneipentheke *nicht* anzuschauen). Die aufmerksamkeitslenkende Präsenz oder *Salienz* eines Objekts hängt nicht von irgendeiner Aufgabe oder Verhaltensweise ab; sie verändert sich nicht von einer Aktion zur nächsten.[20] Wenn ein Reiz salient genug ist, sticht er wegen dieser Bottom-up-Form der Aufmerksamkeit hervor, die im gesamten Sehfeld operiert.

Computermodelle zeigen, das eine auf Salienz basierende Selektionsstrategie viele Aspekte von Aufmerksamkeitsverlagerung, Augenbewegung und Objekterkennung erklären kann. Die Selektion wird mittels einer expliziten *Salienzkarte* kontrolliert. Die Neuronen dieser Karte codieren keine bestimmten Reizattribute, wie Farbe oder Orientierung, sondern Auffälligkeit – das heißt, wie stark sich der Reiz von seiner direkten Nachbarschaft abhebt. Ein Winner-take-all-Mechanismus wählt die momentan salienteste Position auf der Karte aus und richtet mittels eines Gating-Mechanismus die Aufmerksamkeit dorthin. Nach kurzer Zeit wird diese Position auf der Salienzkarte gehemmt, und der Scheinwerfer springt automatisch zur nächsten salientesten Position im Bild.[21]

---

[18]In militärischen Trainingslagern schreit ein Ausbilder einen unglücklichen Rekruten häufig wegen einer geringfügigen Verfehlung an, während der Rekrut stocksteif in Hab-Acht-Haltung dastehen und geradeaus starren muss, um damit die Disziplin zu demonstrieren, die nötig ist, um den Colliculus superior durch den Cortex zu hemmen.

[19]Das Bindeglied zwischen einer Bewegung der Augen und einer Positionsveränderung des „inneren Auges" ist aus psychologischer Sicht von Shepherd, Findlay und Hockey (1986), aus neurologischer Sicht von Corbetta (1998) und Astafiev et al. (2003) erforscht worden. Der prämotorischen Theorie zufolge treten Aufmerksamkeitsverlagerungen zu einem Punkt im Sehfeld auf, weil das oculomotorische System sich darauf vorbereitet, die Augen auf diese Stelle zu richten (Sheliga, Riggio und Rizzolatti, 1994; Kustov und Robinson, 1996).

[20]Salienz kann manipuliert werden, ohne dass dabei notwendigerweise das Aussehen von Dingen beeinflusst wird (Blaser, Sperling und Lu, 1999).

[21]Koch und Ullman (1985) haben ursprünglich als auf Aufmerksamkeit basierende Selektionsstrategie eine retinotopische Salienzkarte vorgeschlagen. Ähnliche Ideen im Rahmen einer psychologischen Tradition finden sich bei Treisman und Gelade (1980) sowie Wolfe (1994). Itti, Koch und Niebur (1998) sowie

Tabelle 9.1 Zwei Formen von auf Aufmerksamkeit basierender Selektion

Eigenschaft	Bottom-up	Top-down
räumliche Spezifität	im ganzen Sehfeld	räumlich vorgegeben (fokussiert)
Merkmalsspezifität	ist ständig und in allen Merkmalsdimensionen aktiv (Salienz)	kann spezifische Merkmale auswählen
Dauer	kurzzeitig	länger anhaltend (durch Konzentration)
abhängig von der Aufgabe	nein	ja
willentlich kontrolliert	nein	ja

Aus der Kombination dieser auf Salienz basierenden Bottom-up-Form mit der bereits diskutierten fokussierten Top-down-Selektion resultiert ein Zweikomponenten-Schema der Aufmerksamkeit (Tabelle 9.1).[22] Die erste Komponente ist automatisch und vorübergehend, die zweite willentlich und anhaltend (durch Konzentration). Das willentliche Konzentrieren der Aufmerksamkeit ist effizient, hat aber seinen Preis. Es kostet Zeit, bis die Aufgabeninformation („suchen Sie nach einem +-Zeichen") das Sehsystem beeinflusst. Dann bedarf es fokussierter Aufmerksamkeit, an der Position eines potenziellen Zielelements zu verweilen, sich davon abzuwenden und zur nächsten Position weiterzugehen. Schätzungen zufolge dauert dieser gesamte Prozess zwischen ein paar hundert Millisekunden und einer halben Sekunde.

Anhand einer binären Theorie lässt sich *change blindness* gut erklären. Man entdeckt das Objekt, das auftaucht und wieder verschwindet, wenn es entweder höchst auffällig (salient) ist oder wenn man sich darauf konzentriert. Sonst verschwindet es ungesehen aus dem Blick.

Itti und Koch (2000) realisierten dieses Schema in einer Folge von Sehalgorithmen, die auf Video- oder natürliche Szenen angewandt wurden. Maschinellen Sehsystemen, die rund um eine Salienzkarte eingerichtet wurden, gelingt es gut, „interessante" Objekte zu entdecken, zu verfolgen und zu identifizieren (Walther et al., 2002). Neurophysiologische und psychologische Belege für Salienzkarten im Gehirn sind bei Itti und Koch (2001) zusammengefasst. Andere Aufmerksamkeitsmodelle (Hamker und Worcester, 2002; Rolls und Deco, 2002; Hamker, 2004) vermeiden eine explizite Salienzkarte und stützen sich stattdessen auf die dynamische rekurrente Interaktion zwischen Cortexarealen.

[22]Dieses Schema geht auf James (1890) zurück. Diese beiden Formen von Aufmerksamkeit werden auch als *exogene (bottom-up)* und *endogene (top-down) Aufmerksamkeit* bezeichnet. Siehe Nakayama und Mackeben (1989), Shimojo, Tanaka und Watanabe (1996), Egeth und Yantis (1997), Braun und Julesz (1998), Duncan (1998) sowie VanRullen und Koch (2003a). Ich benutze hier den Begriff Top-down-Aufmerksamkeit wie er bei *dual-task-* und visuellen Suchparadigmen verwendet wird.

9.3 Erfordert Bewusstsein Aufmerksamkeit?

Wie bereits früher in diesem Kapitel erwähnt, sind für die meisten Psychologen Aufmerksamkeit und Bewusstsein untrennbar verknüpft – man ist sich nur einer Sache bewusst, auf die man seine Aufmerksamkeit richtet. Das passt jedoch nicht ganz zu der Art und Weise, wie die Welt aussieht. Wenn ich eine entfernte Felswand intensiv fixiere, um ihre Gestalt zu erkennen und zu entscheiden, ob sie genug Halt bietet, um daran empor zu klettern, verwandelt sich der Rest der Welt um mich herum nicht in formloses Grau. Das Universum reduziert sich nicht auf das Areal, das vom Suchscheinwerfer der Aufmerksamkeit erhellt wird.[23]

Zwei Dinge gleichzeitig tun

Eine Möglichkeit abzuschätzen, ob fokussierte Aufmerksamkeit für Bewusstsein notwendig ist, besteht darin zu überlegen, was man sieht, wenn die fokussierte Aufmerksamkeit andernorts beschäftigt ist. Jochen Braun, inzwischen an der University of Plymouth in Großbritannien, ist ein Meister darin, dieses *dual-task-Paradigma* experimentell zu erforschen. Er trainiert Versuchspersonen auf eine konzentrationsintensive Aufgabe, bei der sie mit der Fovea fixieren müssen, während sie gleichzeitig eine zweite Aufgabe in der Peripherie, aus den Augenwinkeln heraus, ausführen. Bei einem dieser Experimente sollten die Probanden ein peripheres Ziel identifizieren, das in einen Schwarm anderer Objekte eingebettet war. Wenn das Ziel salient genug war und aus der Menge der Distraktoren herausstach, wurde es leicht identifiziert, ohne die Leistung bei der zentralen fovea-abhängigen Aufgabe zu beeinträchtigen.[24] Trainierte Beobachter können sogar zwei Balken in der Peripherie erkennen und deren Farbe und Orientierung benennen, während sie erfolgreich die zentrale Aufgabe bewältigen. Das heißt, während die Top-down-Aufmerksamkeit also mit Fixieren beschäftigt ist, können die Probanden ein oder zwei Objekte in einiger Entfernung *sehen*, wenn diese nur salient genug sind. In Brauns Worten: „Beobachter verfügen außerhalb des Aufmerksamkeitsfokus über ein bedeutendes Maß an visuellem Bewusstsein für die Umgebung."

---

[23]So etwas geschieht jedoch beim Balint-Syndrom, einem seltenen neurologischen Leiden, das in Abschnitt 10.3 diskutiert wird.

[24]Sperling und Dosher (1986); Braun und Sagi (1990); Braun (1994); und Braun und Julesz (1998). Auto zu fahren und gleichzeitig mit dem Handy zu telefonieren, ist ein Alltagsbeispiel für eine Doppelaufgabe (*dual task*). Leider zeigen Experimente (Strayer und Johnston, 2001), dass die Anforderungen an die Aufmerksamkeit, die sich aus einer konzentrierten Unterhaltung ergeben, die Wahrscheinlichkeit, Verkehrssignale zu erkennen, deutlich senken und die Reaktionszeit des Fahrers erhöhen. Ob das Handy in der Hand gehalten wurde oder ob es sich um eine Freisprechanlage handelte, machte dabei keinen Unterschied. Man sollte also nicht gleichzeitig lenken und telefonieren! Siehe auch de Fockert et al. (2001).

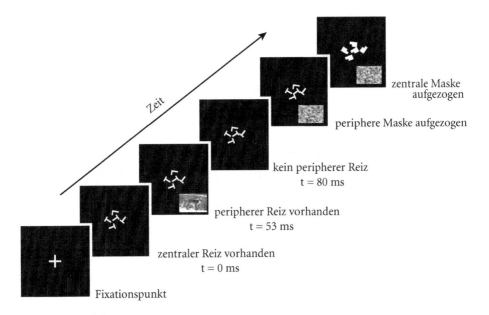

Zeit

zentrale Maske
aufgezogen

periphere Maske aufgezogen

kein peripherer Reiz
t = 80 ms

peripherer Reiz vorhanden
t = 53 ms

zentraler Reiz vorhanden
t = 0 ms

Fixationspunkt

Zielobjekte

Distraktoren

9.3 *Sehen eines Objektes außerhalb des Aufmerksamkeitsfokus.* Bei einer *dual-task*-Aufgabe müssen die Probanden zwei Aufgaben gleichzeitig erledigen. Beim Fixieren müssen sie entscheiden, ob die kurz sichtbaren Buchstaben alle gleich sind oder ob sich einer von den übrigen unterscheidet. Gleichzeitig müssen sie entscheiden, ob das Farbfoto einer natürlichen Szene, das in der Peripherie eingeblendet wird, ein oder mehrere Tiere (Zielobjekt) oder keines (Distraktor) enthält. Überraschenderweise gelingt ihnen das; sie versagen hingegen, wenn die periphere Aufgabe darin besteht zu entscheiden, ob in der Peripherie eine zur Hälfte geteilte rot-grüne oder grün-rote Scheibe auftaucht. Nach Li et al. (2002), verändert.

Dieses kümmerliche Rinnsal an Information über künstliche Reize außerhalb des Aufmerksamkeitsfokus wird zu einem Sturzbach, sobald natürliche Bilder benutzt werden. *Dual-task*-Experimente von FeiFei Li und Rufin VanRullen am California Institute of Technology (Abb. 9.3) zeigen, dass fokussierte Aufmerksamkeit nicht nötig ist, um die Präsenz eines oder mehrerer Tiere (oder Autos) in kurz auf den Schirm geblitzten natürlichen Szenen (wie Urwäldern, Stadtlandschaften, Steppen und so weiter) zu bemerken. Dieses Ergebnis ist überraschend – ein beliebiges Tier auf einem Foto zu entdecken, ist vom Verarbeitungsstandpunkt gesehen recht kompliziert – und lässt sich nicht adäquat erklären. Im Gegensatz dazu erfordert die scheinbar einfachere Aufgabe, eine zweigeteilte rot-grüne Scheibe von einer grün-roten Scheibe zu unterscheiden, fokussierte Aufmerksamkeit.[25]

Gist-Wahrnehmung

Eine der vielen Vorzüge, in Nordamerika zu leben, ist das stundenlange, völlig einsame Fahren über die Hochplateaus, durch die Wüsten und Gebirge des Westens mit ihren mitreißenden Ausblicken. Ich kann über die Geheimnisse des Lebens nachsinnen oder den ganzen *Ring der Nibelungen* ohne Unterbrechung hören. Ich fahre wie mit Autopilot (ein Beispiel für ein online- oder automatisches System, siehe Kapitel 12), während ich mich auf die Musik konzentriere, aber nicht auf die vorbeirauschende Szenerie. Dennoch bin ich mir der sanft geschwungenen Straße, des langsam fahrenden Lasters vor mir, einer Reklametafel am Wegesrand, der kommenden Straßenüberführung und dergleichen bewusst. Auch wenn dieses Phänomen bisher kaum experimentell untersucht ist, wandern Menschen oft in Gedanken versunken durch die Welt.

Was ich sehe, ist eine hierarchisch hoch angesiedelte semantische Repräsentation vertrauter Szenen, die blitzartig aufgenommen werden kann (*gist*, „die Quintessenz"). Es ist eine Vignette, eine knappe Zusammenfassung dessen, was vor meinen Augen liegt, ohne Details – eine Menge bei einem Fußballspiel, ein einsamer Radfahrer, ein Berg. *Gist* kann sogar die Tatsache umfassen, dass irgendein Tier präsent ist, ohne dessen Identität oder Position zu kennen (wie in dem gerade beschriebenen Experiment). Ich vermute, dass *Gist*-Wahrnehmung keine fokussierte Aufmerksamkeit erfordert.[26]

Neuronen in den oberen Verarbeitungsstufen des Sehsystems codieren *gist* möglicherweise direkt explizit. Diese semantischen Neuronen könnten beispielsweise auf ein beliebiges Tier, Büroszenen oder eine Schar Kinder reagie-

---

[25]Li et aL (2002); siehe auch Rousselet, Fabre-Thorpe und Thorpe (2002) und den ausführlichen Kommentar von Braun (2003). Ähnliche Experimente zeigen, dass fokussierte Aufmerksamkeit nicht nötig ist, um zwischen Gesichtern von Männern und Frauen zu unterscheiden (Reddy, Wilken und Koch, 2004).
[26]*Gist* ist immun gegenüber *inattentional blindness* (Mack und Rock, 1998).

ren.[27] *Gist*-Wahrnehmung tritt wahrscheinlich schon auf, bevor man sich der Details der Szene bewusst wird.[28] Da man *gist*-Neuronen in den oberen Stufen der Hierarchie findet (während Details in früheren Stufen repräsentiert werden), könnten sie sehr rasch eine dominante Koalition etablieren, die für die bewusste Wahrnehmung des *gist* hinreichend ist. Ich argumentiere in Kapitel 15, dass die NCC eine gewisse Rückkopplung aus dem präfrontalen Cortex erfordern, die höhere Areale beeinflusst, bevor sie sich auf niedrigere auswirkt. Das erklärt, warum man – auch wenn das Bild nur kurz auf den Schirm geblitzt wird – dennoch das sichere Gefühl hat, alles zu sehen, ohne über Details berichten zu können. Das genau ist es, was *gist* ausmacht: Man sieht den Wald, aber nicht die Bäume!

Fokussierte Aufmerksamkeit ist für Wahrnehmung vielleicht nicht unbedingt nötig

Wenn Sie ihre Aufmerksamkeit auf etwas richten, werden Sie sich dessen in der Regel bewusst. Ich habe die Einschränkung „in der Regel" benutzt, weil die aufmerksamkeitsbedingte Verstärkung eines schwachen Reizes dann, wenn Verarbeitungszeit oder Ressourcen sehr knapp bemessen sind, möglicherweise nicht ausreicht, diesen bewusst zu machen.[29] Was ist mit der umgekehrten Situation? Kann man sich etwas bewusst werden, ohne seine Aufmerksamkeit darauf zu konzentrieren?[30]

Fokussierte Aufmerksamkeit wirkt als – wenn auch nicht einziger – Torhüter für bewusste Wahrnehmung. Ihre Rolle ist eine zweifache.[31] Erstens muss Aufmerksamkeit, wie in Treismans Theorie der Merkmalsintegration postuliert, dynamisch neuronale Selektivitäten generieren, die auf der Ebene individueller Neuronen nicht explizit präsent sind. Sie löst das Bindungsproblem für neuartige Reize (siehe folgende Seiten). Zweitens trägt Aufmerksamkeit dazu bei, den Wettstreit zu entscheiden, der auftritt, wenn sich zwei oder mehr Objekte überlappende neurale Repräsentationen teilen. Das kommt bei natürlichen Szenen vor, die viele Komponenten enthalten. In diesem Fall be-

---

[27]Zur Psychophysik des visuellen *gist* siehe Potter und Levi (1969), Biederman (1972), Wolfe und Bennett (1997) sowie Wolfe (1998b). Individuelle Neuronen im medialen Temporallappen des Menschen antworten auf semantische Kategorien von recht hohem Niveau, wie Bildern von Tieren oder Prominenten (Kreiman, Koch und Fried, 2000a). Sie könnten Teil des neuronalen Korrelats der *gist*-Wahrnehmung sein. *Gist* ist aufgrund seiner Natur invariant gegenüber großen Veränderungen im Gehalt der Szene. Daher bleibt *gist* während der Bildmanipulation, die bei *change blindness* auftritt, unverändert (Abb. 9. 1).
[28]Ähnlich argumentieren Hochstein und Ahissar (2002).
[29]Naccache, Blandin und Dehaene (2002) haben gezeigt, dass unbewusstes Wortpriming nur dann auftritt, wenn sich die Probanden auf den Stimulus konzentrieren. Ohne Aufmerksamkeit kam es auch nicht zum Priming. Dem maskierten Reiz Aufmerksamkeit zu zollen, genügte für das Priming, aber nicht für das *Sehen* des Wortes. Auch beim Blindsehen ist über Aufmerksamkeit ohne visuelles Bewusstsein berichtet worden (siehe Abschnitt 13.2 sowie Kentridge, Heywood und Weiskrantz, 1999).
[30]Siehe auch Lamme (2003) und Hardcastle (2003).
[31]VanRullen und Koch (2003a); VanRullen, Reddy und Koch (2004).

einflusst Aufmerksamkeit die Koalition, die für ein Objekt codiert, unterdrückt dadurch konkurrierende Verbände und verringert die neuronale Unschärfe. Fokussierte Aufmerksamkeit ist nicht nötig, um isolierte Merkmale oder Objektkategorien zu erkennen, die explizit durch das Feuern von Zellverbänden weit oben in der ventralen Bahn repräsentiert werden (wenn Ihnen diese Erklärung schwammig vorkommen sollte – keine Angst, ich gehe im nächsten Kapitel näher auf diese Konzepte ein).

An dieser Stelle betrete ich das Reich der Spekulationen; haben Sie Geduld mit mir. Konfrontiert mit der realen Welt, die von einer Schwindel erregenden Vielfalt dynamischer und teilweise verdeckter Objekte überrollt und verrauschten Umgebungen bevölkert ist, wählt die Top-down-Aufmerksamkeit ein Objekt (oder einige wenige, siehe Abschnitt 11.3) und verstärkt dessen neuronale Repräsentation, bis die damit einhergehende Koalition dominiert. Wenn diese Koalition lange genug hält, kommt das bewusste Perzept zustande. Der Sieg der Koalition ist jedoch flüchtig, denn die Aufmerksamkeit wechselt rasch zum nächsten interessanten Objekt, und das Spiel beginnt von neuem.

Aus diesen postulierten Funktionen der fokussierten Aufmerksamkeit folgt: Wenn eine dynamische Bindung nicht erforderlich ist (weil bereits eine vorgenormte, explizite Repräsentation existiert) und jede echte Konkurrenz fehlt (weil sich dort draußen in der Welt nur ein oder einige wenige räumlich verteilte Objekte befinden), ist fokussierte Aufmerksamkeit für Bewusstsein nicht nötig. In einer Welt, die nur aus vertrauten, isolierten und deutlich sichtbaren Reizen besteht – wie einer einzigem sich bewegenden Punktwolke oder einem Gesicht – ist fokussierte Aufmerksamkeit zum Erkennen nicht nötig.

Da die auf Salienz basierende Form der Aufmerksamkeit stets aktiv ist, ruft sie neuronale Aktivität hervor, die ein flüchtiges Maß an visuellem Bewusstsein auslösen könnte (siehe Tabelle 9.1). Der Psychologe Ronald Rensink nennt derart metastabile Neuronenkoalitionen *Proto-Objekte*. Ohne weitere aufmerksamkeitsbedingte Unterstützung lösen sich diese Strukturen rasch auf.[32] Infolgedessen hat eine wache Person immer visuelle Erlebnisse. Das lässt sich nur abstellen, indem man die Augen schließt.

Solche visuellen Erlebnisse, gekoppelt mit *gist*-Wahrnehmung, haben eine begrenzte Informationskapazität – wie man an *change blindness* sieht –, doch sie sind mächtig genug, das hoch geschätzte Gefühl von Realität zu vermitteln, die Vorstellung, dass man alles um sich herum sieht.

Wie im Zusammenhang mit *change* oder *inattentional blindness* diskutiert, fällt es Menschen schwer, etwas Unerwartetes zu sehen. Das beleuchtet eine andere Rolle oder vielleicht sogar einen andere Art von Aufmerksamkeit,

---

[32]Dadurch, dass man diese Strukturen beachtet, können sie verstärkt und dem Gedächtnis oder den Planungsstadien zugänglich gemacht werden (Rensink, 2000a, b). Eine verwandte Vorstellung ist James' *fringe consciousness* (James, 1962; Galin, 1997).

die mit den *Erwartungen* des Subjekts verknüpft ist. Beispielsweise müssen Versuchspersonen intensiv trainieren, bevor sie erfolgreich mit *dual-task*-Aufgaben umzugehen lernen. Nur wenn sie starke Erwartungen hinsichtlich dessen hegen, was sie wahrscheinlich sehen werden, können sie beide Aufgaben gut bewältigen. Überdies weiß ich aus eigener Erfahrung, dass es, wenn man die ersten Male einen nur sehr kurz präsentierten visuellen Reiz anschaut, schwer ist, irgendetwas anderes auszumachen als das vage Gefühl, „etwas gesehen" zu haben. Schließlich, nach einem Dutzend oder mehr Durchgängen, erlebe ich ein voll ausgebildetes, stabiles visuelles Perzept.

Wenn man Erwartung als Variante der Aufmerksamkeit betrachtet, ist es plausibel, dass eine gewisse selektive Aufmerksamkeit notwendig, aber nicht hinreichend ist, damit sich ein bewusstes Perzept bildet. Frustrierenderweise ist es jedoch schwierig, diese Behauptung ohne eine Arbeitsdefinition von Aufmerksamkeit rigoros zu beweisen. Man muss Acht geben, Aufmerksamkeit nicht unnötig zu vergegenständlichen. Auf dem neuronalen Level ist Aufmerksamkeit möglicherweise nicht mehr als ein Satz von Mechanismen zur vorübergehenden Schaffung einer Neuronenkoalition und zur Beeinflussung des Wettbewerbs zwischen Reizen. Wenn diese Funktionen nicht erforderlich sind, bedarf es unter Umständen auch keiner Aufmerksamkeit. Moderne psychologische Methoden allein reichen nicht aus, um diese Frage abschließend zu beantworten.

9.4 Das Bindungsproblem

In Kapitel 2 wurde das Bindungsproblem eingeführt. Es ergibt sich aus der Architektur des Gehirns, in der die Außenwelt durch nervöse Aktivität in 100 oder mehr umschriebenen Regionen repräsentiert wird.

Nehmen wir an, ich schaue einen lächelnden jungen Mann an. Sein Gesicht löst im fusiformen Gesichtsareal und in anderen Cortexregionen, die der Gesichtserkennung gewidmet sind, Aktivität aus. Seine Hautfarbe aktiviert Farbneuronen. Bewegt sich sein Kopf hin und her, erzeugen Neuronen in einer Vielzahl von bewegungsempfindlichen Regionen Spikes. Seine Stimme löst einen Sturm neuronaler Aktivität im auditorischen Cortex und in den mit Sprache beschäftigten Regionen aus, und so fort. Dennoch wird all diese weiträumig verteilte Aktivität als ein einziges, integriertes Perzept erlebt: mein Sohn, der mit mir redet. Von der Malsburg gehörte zu den ersten, die erforschten, wie sich im weiträumigen Netzwerk des Gehirns Integration erreichen lässt.[33]

---

[33]Die Wurzeln des Bindungsproblems reichen in gewisser Weise bis zu Immanuel Kant Ende des 18. Jahrhunderts zurück. Bindung durch neurale Synchronie wurde von Milner (1974) und von der Malsburg (1981) vorgeschlagen. Aktuellere Darstellungen finden sich in von der Malsburg (1995, 1999), Treisman (1996) und Robertson (2003). Einige aktuelle Experimente, die in Abschnitt 15.2 diskutiert werden, haben Zweifel an der zeitlichen Präzision geweckt, mit der multiple Attribute zu einem einzigen Perzept verbunden werden. Über den Zeitraum von 50 ms könnte die einheitliche Wahrnehmung durchaus fragmentiert sein.

Es gibt verschiedene Bindungstypen

Man muss zwischen diversen Bindungstypen unterscheiden. Im Jahr 1990 schrieben Francis und ich:[34]

> Es gibt verschiedene Bindungstypen. In gewissem Sinne kann man sagen, dass ein Neuron, das auf eine orientierte Linie antwortet, einen Satz Punkte bindet. Die Inputs solcher Neuronen sind wahrscheinlich durch Gene und Entwicklungsprozesse bestimmt, die sich aufgrund der Erfahrungen unserer frühen Vorfahren im Laufe der Evolution entwickelt haben. Andere Bindungsformen, wie sie für das Erkennen vertrauter Objekte nötig sind – beispielsweise für die Buchstaben eines wohlbekannten Alphabets – werden möglicherweise durch wiederholte Erfahrung erworben, das heißt, indem sie überlernt werden. Das impliziert wahrscheinlich, dass viele der beteiligten Neuronen infolge dieses Überlernens eng miteinander verknüpft worden sind. (Man erinnere sich daran, dass die meisten corticalen Neuronen viele tausend Verbindungen haben und viele davon anfangs möglicherweise schwach waren.) Beide Bindungstypen haben wahrscheinlich eine große, aber begrenzte Kapazität.

Diese zweite Bindungskategorie könnte vielen der Bilder und Töne des Alltags zugrunde liegen. Nehmen wir an, Sie schauten einen bekannten Politiker an. Sein Gesicht sieht ihnen aus Fernsehen, Zeitungen und Magazinen so oft entgegen, dass Neuronen in den oberen Partien der visuellen Hierarchie lernen, auf dieses Gesicht in knapper und expliziter Weise zu antworten (Abb. 2.2). Ein Feuern dieser Neuronen wird dann mit der Zeit dieses Gesicht symbolisieren. Die Zellen tun dies, indem die häufige Korrelationen in ihren Inputs erkennen und ihre Synapsen sowie andere Eigenschaften so verändern, dass sie leichter darauf reagieren können. Wie dies genau geschieht, ist umstritten. Die Existenz solcher Neuronen impliziert, dass das Merkmal, das sie symbolisieren, ohne Top-down-Aufmerksamkeit erkannt werden könnte. Diese Vermutung lässt sich mit der *dual-task*-Methode testen.

Da so spezifische Neuronen höchstwahrscheinlich rasch rekrutiert werden, um sich an der Speicherung und Wiedererkennung neu erlernter visueller Informationen zu beteiligen, ist es durchaus möglich, dass ein Großteil von dem, was wir täglich erleben, durch Überlernen (*Overlearning*) codiert ist. Die Gesichter von Familienmitgliedern, Freunden und Prominenten, Ihr Haustier, Ihr Auto, die Freiheitsstatue und so weiter – all das wird möglicherweise von bestimmten Neuronen repräsentiert, die das Bindungsproblem in Form von Hardware lösen.[35]

---

[34]Aus Crick und Koch (1990a).

[35]Wie rasch dieser Lernmechanismus operiert, hängt von der Ebene in der Verarbeitungshierarchie ab, in der die relevanten Neuronen sitzen. In frühen Arealen, wie V1, erfordert das Lernen von Merkmalen auf niedriger Ebene zahlreiche Expositionen, während sich der mediale Temporallappen an eine einzige Erfahrung erinnern kann.

Francis und ich haben einen dritten Bindungsmechanismus postuliert:

> Besonders interessiert uns ein dritter Bindungstyp, der weder epigenetisch determiniert noch überlernt ist. Er findet insbesondere bei Objekten Anwendung, deren genaue Merkmalskombination für uns ganz neu sein kann. Die aktiv beteiligten Neuronen sind wahrscheinlich nicht alle stark miteinander verknüpft, zumindest in den meisten Fällen nicht. Diese Bindung muss rasch erfolgen. Ihrem Wesen nach ist sie weitgehend flüchtiger Natur und muss eine fast unbegrenzte potenzielle Kapazität aufweisen, auch wenn ihre Kapazität zu einem gegebenen Zeitpunkt möglicherweise begrenzt ist. Wenn ein bestimmter Reiz häufig wiederholt wird, könnte dieser dritte flüchtige Bindungstyp schließlich den zweiten, überlernten Bindungstyp aufbauen.

Dieser dritte Bindungstyp ist es, so unsere Argumentation, der fokussierte Aufmerksamkeit benötigt. Er erlaubt uns, Unvertrautes oder Vertrautes in noch nie erlebten Kombinationen zu sehen.[36] Diese Form wird möglicherweise mithilfe von synchronisierten Oszillationen realisiert, sodass die Neuronen in den verschiedenen Regionen, die für das interessierende Objekt codieren, gemeinsam und synchron feuern (siehe Fußnote 33).

Bindung bei multiplen Objekten und täuschende Verknüpfungen

Die Bindung eines einzelnen Objekts scheint schon schwierig genug, doch das Gehirn sieht sich einer noch größeren Herausforderung gegenüber, wenn es mit zahlreichen Objekten konfrontiert wird. In frühen topographischen Arealen wie V1 und V2 werden Kanten, Farben und andere primitive Elemente, die mit Objekten an verschiedenen Punkten in der Szene einhergehen, in korrespondierenden unterschiedlichen Cortexteilen codiert. In den meisten Fällen gibt es keine oder nur eine minimale Überschneidung. Aber was ist mit hierarchisch hohen ventralen Arealen, die keine (oder kaum eine) topographische Ordnung aufweisen? Zwei räumlich getrennte Objekte werden dort häufig überlappende neuronale Repräsentationen aufweisen, was potenziell Verwirrung stiften kann.

Stellen Sie sich vor, Sie schauten zwei Hunde an, einen deutschen Schäferhund mit einem roten Tuch um den Hals und einen weißen ungarischen Hirtenhund mit einem blauen Halstuch. In Gehirnarealen, die Farben und Objekte repräsentieren, werden dann mindestens vier Neuronengruppen aktiv – eine für den Schäferhund, eine für den Hirtenhund, eine für das rote und eine für das blaue Halstuch. Woher weiß das Gehirn jedoch, dass die Aktivität der „rotes-Halstuch"-Gruppe mit derjenigen der „schwarzer-Hund"-Gruppe zusammengeht? Wenn alles andere gleich ist, könnte das nächste Stadium dieses Aktivitätsmuster als schwarzen Hund interpretieren, der ein blaues Halstuch trägt (mit anderen Worten, eine falsche Zuordnung). Und tatsächlich kommen solche Irrtümer gelegentlich vor. *Verknüpfungsfehler (conjunction errors)*

---

[36]Hinweise von einem Patienten mit geschädigtem parietalen Cortex sprechen dafür, dass es zu einer kurzzeitigen Bindung kommen kann, ohne dass daraus Bewusstsein erwächst (Wojciulik und Kanwisher, 1998). Bindung ist also, für sich allein genommen, nicht hinreichend für bewusste Wahrnehmung.

– die Merkmale eines Objekts mit denjenigen eines anderen Objekts zu verwechseln – treten auf, wenn die Verarbeitungszeit sehr knapp ist.[37]

Nicht-topographische Regionen des visuellen Gehirns könnten damit umgehen, indem sie Zellen, die einen schwarzen Wachhund mit einem roten Halstuch repräsentieren, fest „verdrahten", aber das kostet Zeit und bindet eine große Zahl von Neuronen. Alternativ könnte das Gehirn, wie von der Malsburg vermutet, eine zeitliche Synchronisation der Spikeentladung nutzen, um die geeigneten neuronalen Koalitionen auf verschiedene Weise zu kennzeichnen.[38] Diese Schwierigkeit wird in V1 und verwandten topographischen Regionen vermieden, weil die Bilder der beiden Hunde verschiedene Positionen besetzen und daher unterschiedliche Zellpopulationen erregen, sodass keine Mehrdeutigkeiten entstehen können.

9.5 Wiederholung

Neuronale Selektionsmechanismen verhindern eine Überlastung mit Information, indem sie nur einen Bruchteil aller sensorischen Daten bewusst werden lassen. *Change blindness*, *inattentional blindness* und Zaubervorführungen demonstrieren überzeugend, dass man Dinge übersieht, die sich direkt vor den eigenen Augen abspielen, wenn man sich nicht darauf konzentriert oder wenn sie nicht selbst Aufmerksamkeit auf sich ziehen.

Eine Vielzahl psychologischer Befunde, die auf visueller Suche und *dual-task*-Paradigmen beruhen, lassen sich erklären, wenn man zwei Selektionsmechanismen postuliert: nämlich eine flüchtige, auf Salienz basierende Bottom-up-Aufmerksamkeit und eine länger andauernde, fokussierte Top-down-Aufmerksamkeit. Die auf Salienz basierende Aufmerksamkeit wird von intrinsischen Bildqualitäten angetrieben, wie der Präsenz eines Merkmals, das sich von der Nachbarschaft abhebt. Sie arbeitet rasch, automatisch, im ganzen Sehfeld und vermittelt Auffälliges. Normalerweise lässt sich diese Form von Aufmerksamkeit nur dadurch abstellen, dass man die Augen schließt. Willentliche Top-down-Aufmerksamkeit braucht länger, um sich zu entfalten, und kann auf eine sonst nicht beachtete Raumregion, auf individuelle Objekte oder bestimmte Merkmale im ganzen Sehfeld gerichtet werden.

Aufmerksamkeit und Bewusstsein sind getrennte Prozesse. Eine gewisse Form von auf Aufmerksamkeit basierender Selektion ist für bewusste Wahr-

---

[37]Treisman und Schmidt (1982), Treisman (1998). Tsal (1989) sowie Wolfe und Cave (1999) bieten alternative Darstellungen.

[38]Multiple Merkmale könnten entweder mithilfe verschiedener Frequenzen, verschiedener Phasenverzögerungen innerhalb einer bestimmten Frequenz oder durch Mehrfachnutzung zweier Frequenzbänder, einem Niederfrequenzträger und einem Hochfrequenzsignal, wie im FM-Radio, an multiple Objekte gebunden werden (Lisman und Idiart, 1995). Vielleicht möchten Sie noch einmal zu Abschnitt 2.3 zurückblättern, zu der Analogie mit den flackernden elektrischen Glühbirnen auf dem Weihnachtsbaum.

nehmung wahrscheinlich notwendig, vielleicht aber nicht hinreichend. Wenn man seine Aufmerksamkeit auf etwas richtet, verschwindet der Rest der Welt nicht einfach. Selbst wenn man in Gedanken verloren ist, bleibt man sich des Wesentlichen (*gist*) der vor den Augen liegenden Szene bewusst. Gemeinsam mit Proto-Objekten – Neuronenverbänden, die nicht genug Zeit haben, sich richtig zu etablieren – vermittelt die neuronale *gist*-Repräsentation das Gefühl, alles zu sehen. Eine Rolle der fokussierten Aufmerksamkeit besteht darin, den Wettstreit zu entscheiden, der entsteht, wenn zwei oder mehr Objekte in ein und demselben Netzwerk repräsentiert werden. In diesem Fall beeinflusst die Aufmerksamkeit die Gruppencodierung für ein Objekt und unterdrückt dadurch die andere.

Ich habe das Bindungsproblem diskutiert: Wie kann ein Perzept als Einheit wahrgenommen werden, wenn die ihm zugrunde liegenden neuronalen Repräsentationen über das ganze Gehirn verteilt sind? Dieses Problem wird noch schwieriger, wenn die Merkmale von zwei oder mehr Objekten repräsentiert werden sollen; ist die Verarbeitungszeit zu knapp, kann es bei der Bindung zu Irrtümern kommen, zu täuschenden Verknüpfungen (*illusory conjunctions*).

Das Gehirn besitzt mindestens drei verschiedene Integrationsmechanismen, um das Bindungsproblem zu handhaben. Einer dieser Mechanismen basiert auf dem Zusammenfließen von Information, die in den Genen festgeschrieben ist, und früher sensorischer Erfahrung, was zu Neuronen führt, die explizit auf die Kombination von zwei oder mehr Merkmalen reagieren. Beim zweiten Mechanismus spielt rasches Lernen eine Rolle. Werden Neuronen mehrfach mit demselben Objekt konfrontiert, „verdrahten" sie sich neu, um es explizit zu repräsentieren. Diese Strategie ist effizient und erfordert nicht allzu viel Hardware. Ein dritter Bindungstyp beschäftigt sich mit neuen, nie zuvor gesehenen Objekten oder Objektkombinationen. Er schafft dynamisch neuronale Selektivität, die auf der Ebene individueller Zellen nicht explizit präsent ist und von fokussierter Aufmerksamkeit abhängt.

Wie werden auf Aufmerksamkeit basierende Selektionsmechanismen realisiert? Wie beeinflusst Aufmerksamkeit das Feuern von Neuronen? Dies zu verstehen, liefert uns wichtige Informationen über die NCC. Lesen Sie weiter.

Kapitel 10

Die neuronalen Grundlagen der Aufmerksamkeit

> Alles sollte so einfach wie möglich gemacht werden, aber nicht einfacher.
>
> Albert Einstein zugeschrieben

Man ist sich viel von dem, was um einen herum geschieht, nicht bewusst. Wie Sie im vorigen Kapitel erfahren haben, richtet man seine Aufmerksamkeit selektiv auf Orte, Objekte oder Geschehen in der Welt und widmet ihrer Analyse Verarbeitungsressourcen. Insbesondere wird man sich ihrer in der Regel bewusst. Alles übrige bleibt ziemlich ausgeblendet. Selektive Verarbeitung hat daher ihren Preis – ein Ozean niemals wahrgenommener Ereignisse. Diese Strategie funktioniert nur, wenn die Art und Weise, wie die Aufmerksamkeit Ziele auswählt, rasch, geschickt und so aufnahmefähig ist, dass sie lernen kann, mit neuen Bedrohungen fertig zu werden.

Wie funktionieren diese Selektionsmechanismen? Psychologen sprechen von Verarbeitungsgrenzen und vom Flaschenhals der Aufmerksamkeit (*bottleneck of attention*), aber das Gehirn hat eine im Wesentlichen stark parallel aufgebaute Architektur, bei der die Umwelt auf zahlreichen corticalen Regionen abgebildet ist. Wie erwächst der serielle Charakter von Aufmerksamkeit und Bewusstsein aus diesen sehr breit verteilten Netzwerken?

Bevor wir die relevanten Daten diskutieren, erinnern Sie sich an die Wahlmetapher in Abschnitt 2.1. Demokratische Wahlen in einem bevölkerungsreichen Land wie Indien oder den USA mit mehreren hundert Millionen unabhängig votierenden Bürgern sind wirklich umfangreiche parallele Angelegenheiten. Letztendlich kann jedoch nur eine einzige Person aus einer einzigen Partei Premierminister oder Präsident werden. Das korrespondiert mit der siegreichen Neuronenkoalition, die das repräsentiert, dessen man sich bewusst ist. Wenn der Fokus der Aufmerksamkeit von einem Objekt zum nächsten wechselt, werden Führer mit einer gewissen Regelmäßigkeit (manchmal unterbrochen durch Rücktritte oder politische Morde) ersetzt. Gewählt zu werden oder Gesetze durchzubringen, erfordert zeitweilige Allianzen zwischen konkurrierenden Interessensgruppen. Beispielsweise kann sich die Großindustrie zeitweilig mit den Gewerkschaften gegen einen Kandidaten verbünden, der strikte Umweltauflagen fordert, aber sobald dieses Ziel erreicht ist, bekämpfen sich beide möglicherweise bei Fragen der Liberalisierung von Märkten. Die Zahl der Beziehungen zwischen Individuen – ihre Verknüpfung – kann recht groß sein.

Die meisten Menschen sind jedoch nicht so gesellig wie einige Pyramidenzellen, die von Tausenden anderer Zellen Input erhalten und Output an Tausende weitergeben.[1]

Mit dieser Analogie im Hinterkopf möchte ich diskutieren, wie Aufmerksamkeit die neuronalen Netzwerke des Gehirns beeinflusst. Angesichts der engen, wenn auch nicht exklusiven Beziehung zwischen Aufmerksamkeit und Bewusstsein lässt sich daraus einiges von Bedeutung für die NCC lernen.

10.1 Mechanistische Darstellungen der Aufmerksamkeit

Erinnern Sie sich aus Abschnitt 9.3, dass Aufmerksamkeit unter anderem zwei Funktionen hat: Merkmale für Objekte zu binden, die keine explizite neuronale Repräsentation haben, und den Wettbewerb zu entscheiden, der auftritt, wenn zahlreiche Objekte oder Ereignisse in demselben Netzwerk repräsentiert werden.

Leider ist ein direkter Test der Bindungshypothese ein harter Kampf gegen eine Art neuronales Heisenbergsches Unschärfeprinzip. Das heißt, je mehr das Gehirn getestet wird, desto mehr verändert es sich. Wenn man Synchronisation während fokussierter Aufmerksamkeit beobachten will, muss man einem Affen eine visuelle Diskriminierungsaufgabe beibringen. Das dafür nötige Training ist intensiv. Es erfordert über Monate hinweg tagein, tagaus einige Stunden täglich. Wenn der Affe die Aufgabe adäquat beherrscht, hat er den Reiz viele tausend Mal gesehen, was die Bildung einer expliziten neuronalen Repräsentation sicherstellt, die schließlich die verschiedenen Inputs symbolisiert. Möglicherweise verlagert sich dadurch die Bindung: Statt dynamisch über eine große Population von Neuronen realisiert zu werden, wird sie nun auf dem Niveau eines einzelnen Neurons gelöst. Überlernen (*overlearning*) lässt sich vermeiden, wenn man Objekte benutzt, die dem Tier nicht vertraut sind, aber wenn man sich nicht vorsieht, könnte dies das Tier leicht verwirren. Andererseits haben wir eine ganze Menge darüber gelernt, wie Aufmerksamkeit den Wettbewerb unter Neuronen beeinflusst.[2]

---

[1]Der Philosoph Olaf Stapledon vermutete in *Star Maker*, dass Galaxien im Laufe ihrer Evolution ein gewisses Maß an (Selbst)Bewusstsein entwickeln könnten (Stapledon, 1937). Das ist jedoch unwahrscheinlich. Selbst wenn eine große Galaxie mehr Sterne enthält, als es Neuronen im menschlichen Gehirn gibt, und auch wenn Sterne komplexe Entitäten sind, sind sie durch Gravitationskräfte aneinander gebunden, deren Einfluss im Raum mit zunehmender Entfernung homogen abnimmt. Es gibt auf dieser riesigen kosmischen Skala keinen bekannten astrophysikalischen Mechanismus, der relativ unabhängig von der Entfernung spezifische, anpassungsfähige Wechselbeziehungen zwischen Sternpaaren erlaubte. Diese Wechselbeziehungen sind jedoch der Schlüssel zu Informationsverarbeitung, Speicherung und Abruf.

[2]Elektrophysiologische Pionierstudien zum Thema Aufmerksamkeit an agierenden Affen wurden von Robert Wurtz und Michael Goldberg vom National Eye Institute nahe Washington, D.C., (Wurtz, Goldberg und Robinson, 1982) und von Vernon Mountcastle von der Johns Hopkins University in Baltimore, Maryland (Mountcastle, Andersen, und Motter, 1981) durchgeführt.

10.1 *Die nötige Aufmerksamkeit*. Stellen Sie sich vor, Sie sehen sich meine Familie auf diesem High-School-Abschlussfoto an. Ich habe in das Bild schematisch idealisierte rezeptorische Felder exemplarischer Neuronen aus vier Verarbeitungsstadien auf der ventralen Was-Bahn eingezeichnet. Aufmerksamkeit erlaubt Zellen, ihren Input wirksam auf eine Subregion innerhalb ihres rezeptiven Feldes zu begrenzen, was ihre Selektivität und Antwortbereitschaft verstärkt.

Das *biased-competiton*-Modell oder der Ursprung der Flaschenhals-Theorie der Aufmerksamkeit

Rezeptive Felder in V1 – insbesondere solche, welche die Fovea bedecken – sind klein (weniger als $1°$). Auf aufeinander folgenden Stufen in der ventralen Bahn nimmt die Größe der rezeptiven Felder sukzessive zu, bis die rezeptiven Felder im inferotemporalen Cortex (IT) einen großen Teil des Sehfeldes umfassen können (wobei sie eine Vorliebe für foveale Reize beibehalten). Unter natürlichen Bedingungen bedeutet dies, dass Neuronen in diesen höheren Verbreitungsstufen eine Mischung von Objekten als Input erhalten, in Abbildung 10.1 eine Kombination aus den Gesichtern meines Sohnes und meiner Tochter. Das ist verwirrend für die Zelle, und sie wird wahrscheinlich nur schwach antworten. Viel könnte gewonnen werden, wenn sich der visuelle Input auf ein einzelnes Objekt, dasjenige im Zentrum der Aufmerksamkeit, konzentrieren könnte.

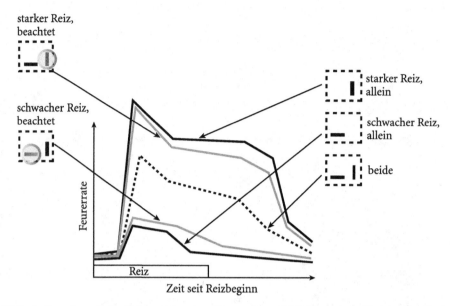

10.2 *Aufmerksamkeit auf neuronaler Ebene*. Der Wettbewerb zwischen corticalen Neuronen, der einsetzt, wenn mehr als ein Objekt in ihrem rezeptiven Feld auftaucht, wird zugunsten des beachteten Elements entschieden. Hier antwortet eine hypothetische V4-Zelle am besten auf einen einzelnen vertikalen Lichtbalken und schlecht auf einen horizontalen Balken in ihrem rezeptiven Feld (hier schematisch als Rechteck dargestellt). Wenn die Aufmerksamkeit von beiden Reizen abgelenkt wird, liegt die Antwortamplitude auf ihr gemeinsames Auftreten zwischen den Antworten auf die individuellen Balken. Konzentriert sich der Affe auf den vertikalen Balken, verhält sich die Zelle so, als wäre der ablenkende horizontale Balken entfernt worden. Verlagert sich die Aufmerksamkeit auf den horizontalen Balken, feuert das Neuron schwach, als ob sein auslösendes Merkmal (Triggermerkmal), der vertikale Balken, herausgefiltert worden wäre. Nach Reynolds und Desimone (1999), verändert.

Lassen Sie mich ein einfacheres Beispiel diskutieren, das nur aus einem Szenario mit einem vertikalen und einem horizontalen Balken besteht (Abb. 10.2). Dieser Input aktiviert viele Zehntausend (wenn nicht noch deutlich mehr) Zellen überall im visuellen Cortex. Welche Wirkung haben diese dualen Reize auf ein individuelles Neuron, das bevorzugt auf einen einzelnen vertikalen Balken, aber kaum auf einen horizontalen Balken *per se* reagiert?

Solange sich der Affe auf etwas anderes konzentriert, fällt die Antwort des Neurons auf ihr gemeinsames Auftreten schwächer aus als auf den vertikalen Balken allein. Diese verringerte Feuerrate ist das Ergebnis einen Tauziehens zwischen den Neuronen und hat tief greifende Konsequenzen für die Abbildung der realen Welt mit all ihren benachbarten oder sogar überlappenden Objekten. Ohne Aufmerksamkeit würden die corticalen Neuronen auf all dies antworten, aber ohne besonderen Eifer; daher wäre es für eine Koalition schwierig, sich zu etablieren. Infolgedessen würde der präfrontale Cortex nur eine Kakophonie schwacher Stimmen hören.

Die Dinge ändern sich jedoch, wenn sich das Tier auf den vertikalen Balken konzentriert. Nun ist die Antwort der Zelle fast wieder so heftig wie ursrünglich. Es ist, als ob alle Zellen mit der bevorzugten Orientierung „vertikal" Auftrieb erhielten, sodass sie den hemmenden Einfluss des nicht bevorzugten Stimulus erfolgreich bekämpfen können (Abb. 10.2). Dieselbe Argumentation gilt – aber mit umgekehrtem Vorzeichen –, wenn sich der Affe auf den nicht bevorzugten (horizontalen) Reiz der Zelle konzentriert. Angekurbelt durch die aufmerksamkeitsbedingte „Präferenz" (bias) feuern die horizontal-selektiven Zellen in einer nahe gelegenen Orientierungssäule stärker. Sie können daher die Antwort benachbarter Zellen, die andere Orientierungen codieren, wie der vertikalen Zelle, erfolgreicher unterdrücken.[3] Wenn man sich in Gegenwart konkurrierender Reize (benachbarter Objekte) auf ein Objekt konzentriert, besteht das Nettoergebnis darin, die Antwort der Zelle auf das isoliert gezeigte Objekt zu imitieren. Diese Effekte, die sich über zahlreiche Niveaus erstrecken, werden so verstärkt, dass die neuronalen Repräsentationen von Objekten innerhalb des Scheinwerferlichts viel intensiver sind als diejenigen der Objekte, die nicht von der Aufmerksamkeit profitieren (es sei denn, sie sind von sich aus sehr auffallend).

Man kann die zellulären Manifestationen der Aufmerksamkeit als Hilfe für eine im Entstehen begriffene Koalition verstehen, die Oberhand über eine andere derartige Koalition zu erlangen. Dieses Prinzip wurde von dem Elektrophysiologen Robert Desimone vom National Institute of Mental Health und dem Psychologen John Duncan von der MRC Cognition Unit in Cambridge, England, formuliert.[4] Ihr biased-competition-Modell geht davon aus, dass Aufmerksamkeitssignale – ob top-down oder bottom-up – den Wettbewerb (competition) zugunsten des Reizes beeinflusst, dem die Aufmerksamkeit gilt.[5]

---

[3]Moran und Desimone (1985); Miller, Gochin, und Gross (1993); Rolls und Tovee, (1995). In zahlreichen Experimenten ist das Objekt oder Ereignis, auf das die Affen ihre Aufmerksamkeit richten, manipuliert worden, während von Zellen in den Arealen V2, V4, MT, MST und IT abgeleitet wurde (Chelazzi et al., 1993; Treue und Maunsell, 1996; Luck et al., 1997; Reynolds, Chelazzi und Desimone, 1999; Reynolds und Desimone, 1999; Rolls, Aggelopoulos und Zheng, 2003). Kompetitive Unterdrückung ist mithilfe von fMRI im extrastriären Cortex des Menschen beobachtet worden (Kastner et al., 1998).

[4]Desimone und Duncan (1995). In Crick und Koch (1990b) haben Francis und ich ähnlich postuliert, dass räumliche Aufmerksamkeit den Wettbewerb zwischen zwei Reizen innerhalb einer Cortexsäule anregt oder deutlich verstärkt. Computergestützte Berechnungen und Modelle eines verstärkten Wettbewerbs zwischen Reihen von abgestimmten Filtern liefern eine quantitative Erklärung für viele psychophysikalische Schwellen, die mit und ohne gerichtete Aufmerksamkeit bestimmt wurden (Lee et al., 1999).

[5]Diese aufmerksamkeitsbedingte Präferenz (attentional bias) kann die Zellantwort häufig schwächen, wie bei der zweiten Kurve von unten in Abbildung 10.2. Reynolds und Desimone (1999) stellten fest, dass Reizsalienz den Wettbewerb zwischen zwei Reizen im rezeptiven Feld der Zelle beeinflusst. Stellen Sie sich beispielsweise vor, der horizontale Balken in Abbildung 10.2 wiese einen schwachen Kontrast auf. Seinen Kontrast zu erhöhen, während die Affe sich auf diesen Reiz konzentrierte, würde den Output der Zelle trotz der andauernden Präsenz des von der Zelle bevorzugten Reizes weiter senken. Das ergibt im Rahmen des Wettbewerbkonzepts durchaus Sinn.

Der Einfluss der Aufmerksamkeit hängt sowohl von der Entfernung zwischen den Reizen ab als auch davon, auf welcher Hierarchieebene sie repräsentiert werden. Kaum Beeinflussung ist zu erwarten, solange die relevanten neuronalen Netzwerke nicht überlappen und daher auch nicht direkt miteinander konkurrieren. Dieses Prinzip erklärt einen Großteil der *dual-task*-Leistungen in Abschnitt 9.3.

Auf Salienz basierende Bottom-up- und willentlich kontrollierte Top-down-Aufmerksamkeit beeinflussen den Wettbewerb, bis im vorderen Teil des inferotemporalen Cortex nur die Koalition für ein oder wenige Elemente überdauert.[6] Diese Elemente sind diejenigen, derer sich das Subjekt bewusst wird. Die Abfolge von Cortexregionen, die mit dem Output von IT gespeist werden, nämlich die Gedächtnissysteme der medialen Temporallappen und sowie die planungs- und entscheidungstreffenden Netzwerke in der präfrontalen Region, werden von Information dominiert, die diese beachteten Objekte betrifft.

In der Wahlmetapher wäre das Pendant der fokussierten Aufmerksamkeit das Geld, das der Finanzierung einer aggressiven Werbekampagne dient. Es beeinflusst den Wettbewerb zugunsten des Kandidaten mit der dickeren Brieftasche und der organisatorischen Macht.

10.2 Aufmerksamkeit beeinflusst das Geschehen in der gesamten visuellen Hierarchie

Wie manifestiert sich Beeinflussung durch Aufmerksamkeit? Elektrophysiologische Experimente an Affen und bildgebende Verfahren beim Menschen haben gezeigt, dass fokussierte Aufmerksamkeit Antworten überall im Cortex – einschließlich V1, V2, V4, MT, den parietalen und inferotemporalen Arealen der ventralen und der dorsalen Bahn sowie prämotorischen und präfrontalen Strukturen – und im Thalamus modulieren kann. Je nach Kontext kann Aufmerksamkeit praktisch alle Ebenen jenseits der Retina beeinflussen.

Die Wirkung von Aufmerksamkeit lässt sich bereits auf der Ebene des Corpus geniculatum laterale und von V1 feststellen.[7] Sie ist räumlich umschrieben

---

[6]V4 und der posteriore IT (PIT) sind Schlüsselakteure bei der aufmerksamkeitsbedingten Modulation von perzeptuellen Aufgaben. Ohne diese Regionen können Tiere weiterhin ein isoliertes Ziel finden, aber nicht, wenn es in eine dichte visuelle Szenerie eingebettet ist. Das Gehirn benötigt V4 und PIT, um die Spreu vom Weizen zu trennen (DeWeerd et al., 1999)

[7]Aufmerkamkeitsbedingte Modulationen von V1-Zellen beim Affen sind von Motter (1993) sowie Ito und Gilbert (1999) beschrieben worden. Viele Gruppen berichten über aufmerksamkeitsmodulierte hämodynamische Reaktionen im CGL und in der Sehrinde des Menschen (Watanabe et al., 1998; Somers et al., 1999; Gandhi, Heeger und Boynton, 1999; Brefczynski und DeYoe, 1999; Kastner und Ungerleider, 2000; O'Connor et al., 2002). Sieht man von Augenbewegungen – einer Form von Aufmerksamkeit – ab, ist nur die Retina immun gegenüber solchen Modulationen, weil keine – oder nur sehr wenige (Spinelli, Pribram und Weingarten, 1965; Brooke, Downes und Powell, 1965) – Fasern zurück zu den Augen projizieren.

und abhängig von der Schwere der Aufgabe.[8] Andere Studien beschreiben die neuronalen Signaturen von merkmals- und objektbezogener Aufmerksamkeit in frühen Regionen (V1 und MT).[9]

Mithilfe von Techniken, die auf der Ableitung von Aktionspotenzialen aus einzelnen V1-Neuronen beruhen, hat man herausgefunden, dass Aufmerksamkeit die Feueraktivität erhöht, aber nur leicht. Andererseits hat man mit Techniken, die hämodynamische Signale in V1 messen, große und robuste Aufmerksamkeitseffekte gefunden. Diese Diskrepanz könnte Feedback widerspiegeln, das synaptische Aktivität generiert und den lokalen Stoffwechsel erhöht, was sich im fMRI-Bild zeigt, ohne die Feuerrate der V1-Zellen zwangsläufig zu erhöhen.

In höheren Arealen zeigen sich bei fMRI-Studien am Menschen wie auch bei Einzelzellableitungen beim Affen starke aufmerksamkeitsbedingte Modulationen. John Maunsell vom Bailey College of Medicine in Houston, Texas, und seine Studentin Carrie McAdams quantifizierten aufmerksamkeitsbedingte Verstärkung in Abhängigkeit von der Orientierung eines Gabor-Patch – eines undulierenden Rasters mit einer Neigung in eine bestimmte Richtung. Bei der Ableitung von Hunderten von V4-Zellen fanden sie, dass Aufmerksamkeit die zellulären Antworten im Mittel um ein Drittel erhöhte (Abb. 10.3). Der Leistungsgewinn (*gain*) der Zelle steigt – wie die Lautstärke eines Radios –, ohne dass sich an der Abstimmung etwas ändert. Ähnliche Resultate ergeben sich, wenn die Richtung verändert wird, in die sich ein Objekt bewegt.[10] Maunsell argumentiert nun, dass Aufmerksamkeit den Teil der Zellantwort verstärkt, der die Spontanaktivität überschreitet, ähnlich als ob man den Kontrast bei einem beachteten Objekt erhöhte. In diesem Fall wäre die Scheinwerfermetapher völlig zutreffend, denn jedes Objekt, das durch Aufmerksamkeit erhellt wird, fällt aus der Umgebung heraus.

---

[8]In einem Bild mit zehn sich unabhängig voneinander bewegenden Bällen nahm die *Aufmerksamkeitbelastung* (*attentional load*) zu, als die Versuchspersonen gleichzeitig 2, 3, 4, oder sogar 5 Bälle verfolgen mussten, die regellos herumhüpften. Die Amplitude der fMRI-Signale in ausgewählten parietalen Arealen nahm proportional mit der Schwierigkeit der Aufgabe zu (Culham et al., 1998, Jovicich et al., 2001).

[9]Bei einem Experiment musste sich der Affe auf eine sich nach unten bewegende Punktwolke in einer Hälfte des Sehfeldes konzentrieren. Das verstärkte das Feuern der MT-Zellen im anderen Feld ebenfalls, vorausgesetzt, ihre Vorzugsrichtung war ebenfalls „nach unten" (Treue und Martinez-Trujillo, 1999; siehe auch McAdams und Maunsell, 2000). Die überzeugendste fMRI-Studie über merkmalsbezogene Aufmerksamkeit beim Menschen stammt von Saenz, Buracas und Boynton (2002). In einem anderen Labor wurden Affen darauf trainiert, sich auf eine von zwei lang gestreckten Kurven zu konzentrieren. Wenn die beachtete Kontur über das rezeptive Feld von Zellen in V1 glitt, wurde die neuronale Antwort im Vergleich mit dem Fall, wenn das Tier dem Reiz keine Beachtung schenkte, um etwa ein Viertel verstärkt (Roelfsema, Lamme und Spekreijse, 1998).

[10]McAdams und Maunsell (1999) sowie Treue und Martinez Trujillo (1999) beobachteten ein breites Spektrum neuraler Antworten, die möglicherweise mit verschiedenen Zelltypen einhergehen. Eine bedeutende Minderheit von V4-Zellen zeigte eine kaum nennenswerte Orientierungsselektivität, wurde aber bei Aufmerksamkeit wählerischer. Andere Zellen wurden von Aufmerksamkeit nicht beeinflusst. Das Timing dieser aufmerksamkeitsbedingten Effekte nahm das Timing verhaltensbiologisch wichtiger Ereignisse vorweg (Ghose und Maunsell, 2002).

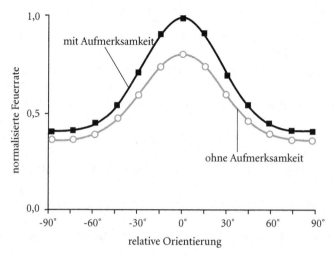

10.3 *Selektive Aufmerksamkeit erhöht den Leistungsgewinn* (gain) *von Neuronen.* McAdams und Maunsell quantifizierten eine zelluläre Manifestation von aufmerksamkeitsbedingter Selektivität, indem sie die Orientierungsselektivität von V4-Neuronen mit und ohne Aufmerksamkeit maßen. Gerichtete Aufmerksamkeit auf einen Reiz innerhalb des rezeptiven Feldes erhöhte die Feuerrate des Neurons um etwa ein Drittel. Nach McAdams und Maunsell (1999), verändert.

Im Allgemeinen gilt: Je geringer der Kontrast oder die Salienz des Zieles, desto höher ist die positive Wirkung der Aufmerksamkeit. Bei sehr kontrastreichen Reizen findet man oft kaum einen Effekt. Im Rahmen der Wahlmetapher hieße dies: Einem Kandidaten, der weit vorne liegt, bringen zusätzliche Wahlspots im Fernsehen oder Radio für den Ausbau seiner Führung nicht viel.

Aufmerksamkeit beeinflusst nicht nur die Feuerrate von Zellen, sondern verschiebt auch das exakte Spiketiming. Zwei mit Affen arbeitende Elektrophysiologenteams fanden, dass Top-down-Aufmerksamkeit die Spikesynchronie von Zellen erhöhte, deren rezeptive Felder von dem aufmerksamkeitsbedingten Scheinwerfer abgedeckt wurden. Die Spikes zweier Zellen, die auf ein beachtetes Objekt antworteten, traten mit viel höherer Wahrscheinlichkeit gleichzeitig auf, als wenn das Objekt nicht beachtet wurde. Dies verstärkt ihre postsynaptische Schlagkraft im Vergleich zu zufällig feuernden Zellen. Wie von Ernst Niebur und mir bereits vor zehn Jahren vorausgesagt, könnte die Reizsalienz direkt durch die Spikekohärenz codiert sein.[11]

---

[11]Multi-Elektroden-Ableitungen im visuellen (Fries et al., 2001b) und im somatosensorischen Cortex (Steinmetz et al., 2000) von agierenden Affen zeigten eine Zunahme der Spikesynchronie zwischen Neuronen, die das beachtete Merkmal repräsentierten. Dieser Effekt war von Niebur und Koch bereits 1994 postuliert und simuliert worden (siehe auch Niebur, Koch und Rosin, 1993; Niebur, Hsiao und Johnson, 2002). Van Swinderen und Greenspan (2003) beobachteten etwas Ähnliches bei der Taufliege. Ihre Entdeckung öffnet die Tür zur Untersuchung von aufmerksamkeitsbedingter Selektion im Rahmen von gezielten genetischen Interventionen, wie sie gegenwärtig bei Säugern nicht praktizierbar sind.

Während aufmerksamkeitsbedingte Effekte etwa 100 ms oder mehr brauchen, um sich in V1 zu entwickeln, treten sie in höheren Arealen viel früher auf. Das könnte an der Topographie der Feedback-Projektion aus dem Frontallappen liegen. Diese Projektion gelangt stark und rasch in höhere visuelle Areale, aber nur schwach und verspätet in niedrigere.[12]

Woher stammen die aufmerksamkeitsbedingten Signale, die den Wettbewerb beeinflussen? Die Quelle von willentlicher Top-down-Aufmerksamkeit muss in präfrontalen Strukturen gesucht werden. Wie ich in Kapitel 11 darlegen werde, halten Neuronen dort Informationen fest, indem sie ihre Feuerrate über etliche Sekunden erhöhen. Diese Neuronen könnten durchaus für die Codierung der Instruktionen verantwortlich sein, die nötig sind, um erfolgreich die im vorigen Kapitel beschriebenen visuellen Suchaufgaben durchzuführen (beispielsweise sich daran zu erinnern, dass man nach einem roten vertikalen Balken sucht).

Die Quellen für auf Salienz basierende Bottom-up-Aufmerksamkeit sind zahlreich und schließen die Pulvinarkerne des Thalamus[13], Regionen wie das laterale intraparietale Areal im posteroparietalen Cortex[14] und die frontalen Augenfelder[15] ein.

10.3 Neglect oder Patienten, die nicht blind sind, aber nicht sehen können

Es kann nicht überraschen, dass die Schädigung einiger dieser Strukturen pathologische Aufmerksamkeitsdefizite nach sich zieht. Eine solche Störung ist der *räumliche Halbseitenneglect* oder kurz *Neglect*. Meist ist er die Folge eines Infarkts im rechten unteren Schläfenlappen.[16]

---

[12]Noesselt et al. (2002).

[13]Die dorsomediale Region des Pulvinar spielt eine wichtige Rolle bei salienzgetriebener Aufmerksamkeit (Robinson und Petersen, 1992; Robinson und Cowie, 1997). Das Areal enthält eine Karte des gegenüberliegenden Halbfeldes und ist reziprok mit dem posteroparietalen Cortex verbunden. Dorsomediale Neuronen antworten entweder, wenn das Tier im Begriff ist, eine Sakkade in ihre rezeptiven Felder zu machen, oder wenn es sich auf einen Reiz dort konzentriert (Desimone et al., 1990). Patienten mit einer schweren Thalamus-Schädigung haben Schwierigkeiten, ihre Aufmerksamkeit auf das gegenüberliegende Sehfeld zu richten (Rafal und Posner, 1987; LaBerge und Buchsbaum, 1990). Bei einem einzelnen, salienten Objekt bleibt die Leistung bei zeitweiliger Inaktivierung des Pulvinar unbeeinflusst. Das ist vor dem Hintergrund der *biased competition*-Theorie betrachtet nicht überraschend.

[14]Parietale Repräsentationen werden von räumlicher Aufmerksamkeit moduliert (Abschnitt 8.4), insbesondere durch stimulusgetriebene Salienz (Gottlieb, Kusunoki und Goldberg 1998; Colby und Goldberg, 1999; Bisley und Goldberg, 2003).

[15]Die frontalen Augenfelder spielen bei der Kontrolle von Sakkaden und Aufmerksamkeitsverlagerungen eine wichtige Rolle (Huerta, Krubitzer und Kaas, 1986; Schall, 1997).

[16]Robertson und Marshall (1993); Rafal (1997a); Swick und Knight (1998); Driver und Mattingley (1998); Heilman, Watson und Valenstein (2003). Warum Menschen eine ausgeprägte Rechtsdominanz bei der räumlichen Kognition aufweisen, darüber wird viel gerätselt (Husain und Rorden, 2003). Die

Ein Patient mit einem räumlichen Neglect beachtet Dinge an seiner linken Seite oder in der linken Raumhälfte nicht.[17] Daher stößt er gegen den Türrahmen zu seiner Linken, isst nichts von der linken Hälfte seines Tellers, merkt nicht, wenn sich jemand von links nähert oder geht auf die Damentoilette, weil er die ersten beiden Buchstaben von WOMEN übersehen hat. Gewöhnlich sind seine Augen, sein primärer visueller Cortex und sein motorisches System völlig in Ordnung. Wenn man die Aufmerksamkeit des Patienten direkt auf die vernachlässigte Information lenkt, nimmt er sie unter Umständen wahr – gewöhnlich, indem er direkt darauf blickt.

Extinktion (Nichtwahrnehmung, Auslöschung) ist eine Variante oder wahrscheinlich eine mildere Form dieses Syndroms. Der Patient sieht einen einzelnen isolierten Reiz im linken Feld. Wenn jedoch ein zweiter Reiz im rechten Feld präsent ist, besetzt er die Aufmerksamkeit, sodass das linke Objekt nicht wahrgenommen wird. Der rechte Reiz löscht den linken aus.[18]

Neglect ist nicht auf Sehen beschränkt. Er kann auch in der auditorischen oder der somatosensorischen Domäne auftreten und sich sogar auf den Körper des Patienten erstrecken. In diesem Fall besteht das Individuum darauf, dass sein linker Arm jemand anderem gehört. Zum Glück für den Patienten verschwindet echter Neglect oft innerhalb von einigen Wochen. Extinktion kann hingegen unbegrenzt anhalten.

Subjektiv ist sich der Neglect-Patient Objekten zu seiner Linken nicht bewusst. Diese Region ist ähnlich wie der Raum hinter Ihrem Kopf nicht grau oder dunkel, sie wird nur einfach nicht bewusst repräsentiert. In dieser Hinsicht unterscheidet sich räumlicher Neglect deutlich von Hemianopsie, der völligen Blindheit in einem Sehfeld, wie sie nach dem Verlust von V1 auftritt (Abschnitt 6.1). Ein hemianoptischer Patient ist sich seines Verlustes bewusst und lernt, damit umzugehen, indem er ganz anders als ein Neglect-Patent Kopf und Augen wendet. Paradoxerweise erlebt ein hemioptischer Patient einen absoluteren Ausfall, kommt aber besser klar als jemand mit Neglect. Ein Neglect-Patient ist unter Umständen in der Lage, seinen Verlust indirekt abzuleiten, aber diese Art

---

korrekte *façon de parler* wäre, von der ipsi- und kontralateralen Seite der Läsion zu sprechen. Das macht das Schreiben jedoch schwerfällig, daher nehme ich an, dass die Schädigung in der rechten Großhirnhemisphäre liegt und zu Ausfällen im linken Sehfeld führt. Welches Areal oder welche Areale beim Neglect genau getroffen sind, ist heftig umstritten. Karnath, Ferber und Himmelbach (2001) sehen den superioren temporalen Cortex statt des häufig vermuteten inferoparietalen Cortex oder der Grenzzone zwischen Temporal-, Parietal- und Occipitallappen als Hauptschuldigen und als entscheidend für räumliches Bewusstsein an (Karnath, 2001).

[17]Erinnern Sie sich daran, dass das linke Sehfeld auf der rechten Seite des Gehirns abgebildet ist und umgekehrt.

[18]Um zwischen Neglect und Extinktion zu unterscheiden, lassen Sie den Patienten Ihre Nase fixieren und fragen ihn, ob er Ihre Handbewegung in seinem linken geschädigten Sehfeld sehen kann. Ein Neglectpatient kann das nicht, wohl aber ein Patient mit Extinktion. Wenn Sie jedoch gleichzeitig ihre andere Hand im rechten, normalen Halbfeld des Patienten bewegen, lenkt dies seine Aufmerksamkeit ab, und er sieht Ihre Hand zu seiner Linken jetzt nicht mehr.

rationaler Schlussfolgerung beeinflusst das Verhalten nicht dauerhaft. Ein Neurologe kann dem Patienten helfen festzustellen, dass der Arm, der von seiner Schulter herabhängt, tatsächlich sein eigener ist und nicht jemand anderem gehört, aber diese Einsicht geht angesichts des fehlenden Gefühls, dass „dieser sich bewegende Arm, der sich bewegt, zu mir gehört", bald unter.

Die vernachlässigte Raumregion ist nicht in rein retinalen Begriffen (beispielsweise alles links von Blickzentrum) codiert, sondern hängt von der Richtung von Kopf und Körper ab oder vom Fokus der Aufmerksamkeit. Daher kann es sein, dass ein Neglect-Patient, der ein Bild kopiert, die linke Hälfte eines jeden Gegenstandes auf der Zeichnung weglässt. Der italienische Neurologe Eduardo Bisiach hat sogar gezeigt, dass sich Neglect auch auf die bildliche Vorstellung (*imagery*) erstreckt. Patienten aus Mailand wurden aufgefordert, sich vorzustellen, sie stünden auf den Stufen des Doms und blickten über die Piazza del Duomo. In diesem Fall konnten sie die linke Seite des Marktplatzes nicht visualisieren. Anschließend wurden sie aufgefordert, sich vorzustellen, sie stünden am anderen Ende der Piazza mit Blick auf den Dom. Noch immer vernachlässigten sie die Seite des Marktplatzes links von ihnen, doch diesmal entsprach dies der Region, die sie von dem anderen fiktiven Standpunkt aus sehr gut hatten beschreiben können.[19] Das heißt, das Ausmaß, in dem eine Information verfügbar ist, hängt von der Perspektive des Individuums ab, sei diese nun real oder vorgestellt.

Trotz der fehlenden Wahrnehmung des vernachlässigten Feldes besitzt der Patient dort noch immer eine gewisse begrenzte und unbewusste Verarbeitungskapazität.[20] Man stelle sich vor, das Bild eines Tieres oder einer Gemüsesorte werde in das funktionierende Halbfeld geblitzt und der Patient solle rasch entscheiden, um welche Kategorie es sich gehandelt hat. Wenn gleichzeitig ein Bild derselben Kategorie (Tier oder Gemüse) in das gestörte Sehfeld projiziert wird, antwortet der Patient rascher. Wenn der Stimulus im vernachlässigten Teil des Raumes jedoch aus einer anderen Kategorie stammt, antwortet der Patient langsamer. Das beeinträchtigte Halbfeld kann also noch immer einfache Klassifikationen durchführen. Andere implizite Verhaltensmessungen sprechen da-

---

[19]Bisiach und Luzzatti (1978); Driver und Mattingley (1998); Mattingley et al. (1998).
[20]Neglect zerstört nicht unbedingt die räumlichen Repräsentationen, die mit dem geschädigten Halbfeld assoziiert sind. Man denke an den seltsamen Fall eines von Vuilleumier et al. (1996) beschriebenen Patienten: Nach dem ersten Infarkt im rechten inferioren Parietallappen zeigte der Patient alle klassischen Symptome eines linksseitigen räumlichen Neglects. In der Klinik erlitt er einen zweiten Schlaganfall im Bereich seiner linken frontalen Augenfelder. Während daraufhin vorübergehend Sprachprobleme auftraten, verschwanden seine Neglectsymptome völlig, was dies zu einem seltenen Fall von heilsamem Infarkt machte. Dieses bemerkenswerte Ereignis spricht – gestützt von Daten aus Tierexperimenten (Sprague, 1966; Schiller, True und Conway, 1979; Payne et al., 1996) – dafür, dass Neglect nicht etwa durch einen völligen Verlust von räumlicher Information, sondern vielmehr durch einen exzessiven Wettbewerb, durch unausgewogene Hemmung hervorgerufen wird

für, dass Farbe, Form oder Identität von Objekten entnommen werden kann, die für die Versuchsperson unsichtbar bleiben.[21]

Eine fMRI-Studie hat die hämodynamische Aktivität sichtbar gemacht, die dieser unbewussten Verarbeitung zugrunde liegt. Einem 68-jährigen Mann mit einer Schädigung des inferioren Parietallappens und profunder linksseitiger Extinktion wurden Bilder von Gesichtern und Häusern gezeigt, während er in einem Magnetscanner lag.[22] Wenn die Bilder einzeln im rechten oder linken Feld präsentiert wurden, erkannte der Patient sie alle richtig. Wurden jedoch zwei Bilder gleichzeitig – eines rechts und eines links vom Fixationspunkt – präsentiert, sah er das rechte Bild nicht (Extinktion). Dennoch registrierte der Scanner im primären visuellen Cortex Aktivität für das perzeptuell leere Feld. Diese Aktivität unterschied sich in Zeitverlauf und Amplitude in keiner Weise von der Aktivität in Antwort auf ein einseitig gezeigtes Bild, das er sehen konnte. Die Neurologen konnten sogar Aktivität im fusiformen Gesichtsareal der ventralen Bahn erkennen. Diese Daten bestätigen nicht nur frühere Schlussfolgerungen, dass V1-Aktivität nicht mit dem Inhalt des visuellen Bewusstseins übereinstimmt, sondern betonen darüber hinaus, dass die bloße Existenz eines signifikanten fMRI-Signals nicht mit Bewusstsein für das in dieser Region repräsentierte Merkmal gleichzusetzen ist. Unter Umständen sind nicht die richtigen Neuronen aktiviert, oder sie feuern nicht stark genug.

Wenn parietale Regionen entscheidend für visuelles Erleben wären, müsste der Verlust beider Schläfenlappen zu einem profunden Neglect im ganzen Sehfeld, einem totalen Sehverlust führen. Das ist jedoch nicht der Fall. Patienten mit einem seltenen neurologischen Leiden, dem so genannten *Balint-Syndrom*, haben beidseitige parietale Läsionen. Das Kennzeichen dieses Syndroms ist eine ständige Fixierung auf ein einzelnes Objekt. Das ist alles, was Balint-Patienten sehen; alles andere wird vernachlässigt. Sie können das Objekt in ihrem Fokus identifizieren und beschreiben, aber nicht, wo es sich in Bezug auf einen anderen Gegenstand befindet. Diese Patienten sind verloren in einem Universum, das für sie ohne erkennbare räumliche Struktur ist, ein Raum, der nur das enthält, was gerade vom Scheinwerfer ihrer Aufmerksamkeit beleuchtet wird.[23] Eindeutig ist, dass Neuronen in den posteroparietalen Cortices räumliche Beziehungen zwischen Objekten codieren und damit der wahrgenommenen Welt Ordnung verleihen. Sie sind jedoch nicht nötig, um ein bestimmtes visuelles Perzept zu schaffen.

---

[21]Berti und Rizzolatti (1992) sowie Driver und Mattingley (1998).
[22]Rees et al. (2000). Siehe Vuilleumier et al. (2002) zu einem ähnlichen Fallbericht.
[23]Rafal (1997b); Robertson et al. (1997); Robertson (2003).

10.4 Wiederholung

Das vorige Kapitel beschäftigte sich mit selektiver Aufmerksamkeit und ihren beiden postulierten Funktionen – nämlich dynamisch Attribute unvertrauter Objekte zu binden und den Wettbewerb zwischen Neuronenkoalitionen so zu beeinflussen, dass die Repräsentation des beachteten Objekts verstärkt wird, während unbeachtete Reize unterdrückt werden. Dieses Kapitel konzentriert sich auf die neuronalen Substrate dieser Effekte. Über die Mechanismen, die der Bindung zugrunde liegen, ist fast nichts bekannt; andererseits haben sich viele physiologische Belege hinsichtlich der zweiten Funktion von Aufmerksamkeit angesammelt. Zwei Reize beeinflussen sich, wenn sie überlappen (wenn also ihre Repräsentationen in dasselbe rezeptive Feld fallen). Wenn sie nicht konkurrieren, ist keine Aufmerksamkeit nötig, um sie zu verarbeiten. Dieses *biased-competition*-Modell ist allgemein genug, um elektrophysiologische Daten und solche aus Studien mit bildgebenden Verfahren in Einklang zu bringen.

Wenn man die corticale Hierarchie hinaufsteigt, werden die rezeptiven Felder größer und führen zu mehr konkurrierenden Wechselbeziehungen (weil Reize eher dasselbe Neuron erregen). Nach ein paar Stufen dieser Konkurrenzleiter bleiben nur ein paar Neuronenverbände übrig. Diese Überlebenden bringen andere Zellgruppen in den Planungs- und Gedächtniszentren im vorderen Bereich des Gehirn dazu, sich zu engagieren. Gemeinsam verstärken diese Neuronen einander und etablieren sich als NCC, und das Subjekt wird sich des von ihnen repräsentierten Inhalts bewusst. Der Flaschenhals der Aufmerksamkeit erwächst aus der hierarchischen Verarbeitung in einer Parallelarchitektur mit überlappenden Repräsentationen.

Die aufmerksamkeitsbedingte Präferenz stärkt den Output von Neuronen, deren rezeptive Felder mit dem Scheinwerfer der Aufmerksamkeit überlappen oder die ein bestimmtes Merkmal, wie Bewegung nach unten, repräsentieren. Fast keine der bisher untersuchten corticalen Regionen scheint gegen aufmerksamkeitsbedingte Modulationen immun. Potenz und Zeitverlauf dieser Effekte hängen von der genauen Aufgabe und der Natur der Reize ab. Ihre Ursprünge sind unterschiedlich. Regionen im posteroparietalen Cortex und im Pulvinar liefern auf Salienz basierende Bottom-up-Hinweise, während der präfrontale Cortex Top-down-Instruktionen schickt.

Wenn einige dieser Regionen geschädigt sind, wie beim unilateralen Neglect oder bei der Extinktion, bricht der Wettbewerb zusammen. Die Patienten sind sich Reizen im betroffenen Feld nicht länger bewusst, auch wenn einige unbewusste Verarbeitungsfähigkeiten erhalten bleiben. Patienten mit einem Balint-Syndrom, das mit bilateralen Läsionen des Scheitellappens einhergeht, sehen nur das, auf das sie sich konzentrieren. Die beiden posteroparietalen Cortices werden gebraucht, um das Aufmerksamkeitssignal zu erzeugen, das nötig ist, um eine ganze Szene zu sehen und räumliche Beziehungen zwischen den Dingen in dieser Szene zu repräsentieren; sie sind jedoch für eine bewusste Objektwahrnehmung nicht unbedingt notwendig. Daher muss die Suche nach den NCC an anderer Stelle fortgesetzt werden, vor allem entlang der ventralen Bahn und im präfrontalen Cortex (siehe Kapitel 16). Als nächstes möchte ich die verschiedenen Typen von Gedächtnissystemen und ihre Beziehung zum Bewusstsein darstellen.

Kapitel 11

Gedächtnisformen und Bewusstsein

Ist dir jemals in den Sinn gekommen, Connie, dass das ganze Leben aus Erinnerung besteht, außer dem einen gegenwärtigen Augenblick, der so schnell vergeht, dass du es kaum bemerkst? Es ist wirklich alles Erinnerung, nur nicht der Augenblick, der gerade verstreicht.

Aus *The Milk Train Doesn't Stop Here Anymore* von Tennessee Williams

Alle Geschöpfe, groß und klein, leben in der Gegenwart. Nur eine verkürzte und stark redigierte Version der Vergangenheit kann wiedererlebt werden. Ich erinnere mich daran, wie ich mich in der siebten Klasse wegen einer höhnischen rassistischen Bemerkung prügelte, oder daran, wie ich Jahre später bei einer Klettertour von einem steilen Felsen stürzte. Diese Erinnerungen können so lebhaft sein, dass sie real erscheinen, aber woran ich mich erinnere, ist nur eine blasse und dürftige Imitation des reichhaltigeren Erlebnisses, das ich damals hatte. Die willentliche Fähigkeit, sich an bestimmte Episoden aus der Vergangenheit zu erinnern, gibt dem Leben ein Gefühl für ein Selbst, für Zugehörigkeit und einen Sinn.

Seit Anbeginn der Zivilisation versuchen Menschen, das Geheimnis des Gedächtnisses zu ergründen. Bis Anfang des 19. Jahrhunderts war dieses Gebiet fast ausschließlich die Domäne der Philosophen. Leider reichen Selbstbeobachtung und logische Argumentation, die einzig verfügbaren Methoden vor der systematischen wissenschaftlichen Erforschung des Geistes, nicht aus, ein derart komplexes System zu entschlüsseln. Wirklich entscheidende Einblicke mussten auf die Hochzeit von Psychologie und klinischen Studien im 20. Jahrhundert warten. Tiermodelle des Gedächtnisses und funktionelle bildgebende Verfahren beim Menschen trugen seitdem dazu bei, dass die Hirnforschung bei der Entschlüsselung der Gedächtnisorganisation dramatische Fortschritte gemacht hat.

Primaten nutzen eine Vielzahl verschiedener Module, um Information aufzubewahren. Diese Module unterscheiden sich darin, was sie speichern, wie das Material gewonnen wird und wie lange es zugänglich ist, im Expressionsort und in ihrem biophysikalischen Arbeitsmodus.[1] Aber kaum eines dieser Mo-

---

[1] Analoga zur Pluralität biologischer Speichersysteme findet man bei Computern. Es gibt Langzeit-Informationsspeicherung mit hoher Kapazität und langsamem Zugriff auf Hard Disks, Bändern und DVDs, schnellere Kurzzeitspeicherung, jedoch mit geringerer Kapazität, auf RAMs, und einen sehr schnellen, aber sehr kleinen Cache-Speicher auf dem Zentralprozessor selbst.

dule ist nötig, um etwas subjektiv zu erfahren. Noch weniger ist über die raschen Formen des Gedächtnisses bekannt, die für Bewusstsein notwendig sind.

11.1 Eine grundlegende Unterscheidung

Was ist Gedächtnis? Im allgemeinsten Sinne ist es jede Veränderung, die auf eine Erfahrung folgt. Diese Definition ist jedoch viel zu breit, um hilfreich zu sein, weil sie Verletzung, Erschöpfung und jene Veränderungen einschließt, die sich während der Kindheit ereignen. Eine nützlichere Arbeitsdefinition von Gedächtnis, die von dem israelischen Neurobiologen Yadin Dudai vorgeschlagen wurde, ist die *Rückhaltung von erfahrungsabhängigen internen Repräsentationen über die Zeit*.[2] Auf neuronaler Ebene existiert zwischen dem *aktivitätsabhängigen* Kurzzeitgedächtnis und dem *strukturellen* Langzeitgedächtnis eine fundamentale Dichotomie.

Das aktivitätsabhängige Gedächtnis ist durch das Aufrechterhalten von Spikeaktivität in Neuronenverbänden codiert. Präfrontale Neuronen feuern – allerdings mit reduzierter Rate – weiter, wenn ihr Triggermerkmal, etwa das Bild eines roten Kreises, aus dem Blickfeld verschwunden ist, die Person sich aber an den Reiz erinnern muss. Diese Zellen sind selektiv, denn sie feuern nicht beim Erinnern eines grünen Dreiecks. Ihre erhöhte Feuerrate ist eine neurale Spur dieser flüchtigen Form von Gedächtnis.

Das strukturelle Gedächtnis erwächst aus geeigneten Anpassungen in der neuronalen Hardware selbst, insbesondere aus Veränderungen der Synapsenstärke zwischen Neuronen (*synaptische Plastiztät*). Synaptische Rezeptoren vom NMDA-Typ (Abschnitt 5.3), insbesondere solche im Hippocampus, sind mit der Konsolidierung von Langzeiterinnerungen in Verbindung gebracht worden.[3] Lernen und Gedächtnis könnten auch aus nicht-synaptischen Strukturveränderungen resultieren, wie Anpassungen in der Ionenkanaldichte, welche die Schwelle und den Leistungsgewinn (*gain*) der Spikeantwort oder die Dendritenmorphologie der Zelle kontrollieren. Lang anhaltende Formen von

---

[2]Squire und Kandel (1999) sowie Eichenbaum (2002) sind zwei sehr gute Einführungsbücher zum Thema Gedächtnis und seine molekularen und neuronalen Korrelate. Siehe außerdem auch Dudai (1989), Baddeley (1990), LeDoux (1996) sowie Martinez und Kesner (1998).

[3]In einem spektakulären Experiment veränderten Joe Tsien von der Princeton University und seine Kollegen Mäuse gentechnisch so, dass sie als erwachsene Tiere im Hippocampus die juvenile Form des NMDA-Rezeptors exprimierten (Tang et al., 1999). Mithilfe einer Testbatterie zeigten sie, dass die transgenen Tiere eine erhöhte Lernfähigkeit und ein besseres Gedächtnis aufwiesen. Der entscheidende Unterschied zwischen adulter und juveniler Form des NMDA-Rezeptors liegt in der Abklingzeit des Stromes, der durch den Rezeptor fließt. Sie ist bei jungen Tieren bedeutend höher, was erklären könnte, warum Kinder soviel rascher lernen als Erwachsene. Wittenberg und Tsien (2002) diskutieren aktuellere Befunde auf diesem sich rasch entwickelnden Gebiet.

Plastizität erfordern eine Proteinsynthese und die Modifikation der Genexpression im Zellkern.[4]

Als Analogie könnte man sich vorstellen, dass es auch zwei Arten von Computerspeichern gibt, nämlich RAM und ROM. Während der Inhalt des dynamischen RAM-Speichers nur solange präsent ist, wie der Chip Strom hat, behält der ROM-Speicher seine Information über Jahre ohne elektrischen Strom. Ähnliches gilt für Menschen. Wenn man jemandem mit einem Schlag auf den Kopf oder durch ein Narkosemittel das Bewusstsein nimmt, so wird das, was ihm gerade im Kopf herumging, gelöscht, ohne dass das Langzeitgedächtnis in der Regel betroffen ist.[5]

Die Unterscheidung zwischen aktivitätsabhängigen und strukturellen Gedächtnisformen ist wichtig für das Bewusstsein, denn die NCC hängen von ersterem, nicht von letzterem ab.

11.2 Eine Taxonomie des Langzeitgedächtnisses

Langzeitgedächtnissysteme, die wichtige Information über Stunden, Tage oder Jahre speichern, kommen in vielen Formen vor. Ihre Speicherkapazität ist fast grenzenlos.

Nichtassoziative Gedächtnisformen

Am einfachsten sind nichtassoziative Formen des Lernens, wie *Adaptation, Habituation* und *Sensitivierung*. Der orientierungsabhängige Nacheffekt, der in Abschnitt 6.2 angesprochen wurde, ist ein Beispiel für Adaptation. Habituation findet statt, wenn man einem ständigen Hintergrundgeräusch ausgesetzt ist. Zuerst nimmt man das Brummen vielleicht wahr, doch angesichts seiner ständigen, nicht bedrohlichen Präsenz verschwindet es schließlich aus der Wahrnehmung. Wenn jemand dann ein Gewehr abschießt, erschrecken Sie und noch eine ganze Weile danach würden Sie bei jedem abrupten Geräusch hochfahren, weil Sie sensitiviert worden sind.

Die molekulare und zellulare Basis dieser Formen des Lernens sind von Eric Kandel und seinen Kollegen von der Columbia University in New York eingehend an der Meeresschnecke *Aplysia* untersucht worden.[6]

---

[4]Die Dichotomie zwischen aktivitätsabhängigem und strukturellem Gedächtnis ist nicht so absolut, wie ich sie hier dargestellt habe. Als was sollte man beispielsweise eine Erhöhung in der Konzentration von intrazellulären Calciumionen im Soma ansehen, die zu einer Verringerung der Feuerrate führt?

[5]Beim *hypothermen Kreislaufstillstand* während einer Herzoperation wird der Herzschlag des Patienten langsam angehalten. Um neurologische Schäden zu minimieren, wird das Blut auf $10\,°C$ abgekühlt. Das reduziert den Hirnstoffwechsel auf etwa ein Zehntel seines Basiswertes und unterdrückt fast jede EEG - Aktivität. Dennoch behalten Patienten ihr Langzeitgedächtnis (McCullough et al., 1999). Francis Crick unterzog sich vor ein paar Jahren einem derartigen Eingriff, bei dem sein EEG etwa eine halbe Stunde lang flach blieb, ohne Schaden davonzutragen.

[6]Diese Arbeit brachte Kandel im Jahr 2000 den Nobelpreis für Physiologie oder Medizin ein (Kandel, 2001).

Assoziative Konditionierung

Die *klassische Konditionierung* wurde im zaristischen St. Petersburg von Iwan Pawlow erforscht. Diese Forschungsrichtung resultierte aus der Beobachtung, dass Hunde beim Anblick des sich nähernden Pflegers, der sie fütterte, zu speicheln begannen. Die Tiere hatten gelernt, den Anblick der Person mit Futter zu assoziieren, was Verdauungsreflexe auslöste. Schnecken, Fliegen, Vögel, Mäuse, Affen und Menschen – sie alle können konditioniert werden.

Dazu werden zwei verschiedene Ereignisse miteinander verknüpft. Auf den *bedingten* oder *konditionierten Reiz*, der ursprünglich für den Organismus bedeutungslos ist, muss ein verstärkendes Ereignis, der *unbedingte Reiz*, folgen. Er wird als unbedingt bezeichnet, weil dieser Reiz von sich aus einen vorhersagbaren Reflex auslöst, wie Speichelbildung oder eine Schreckreaktion.[7]

Bei der *Angstkonditionierung (fear conditioning)* wird ein Elektroschock, ein lautes Geräusch oder ein unheimliches Bild mit einem Ton gepaart. Nach einer oder einer Handvoll solcher Paarungen löst der Ton zuverlässig eine konditionierte Antwort aus. Beim Menschen kann dies ein beschleunigter Herzschlag oder eine *Zunahme der Hautleitfähigkeit* sein. Wenn die Versuchsperson den Ton hört, ängstigt sie sich und beginnt zu schwitzen (darauf basiert der Lügendetektortest). Bei Mäusen wird gewöhnlich das *Freezing* (wörtlich „Einfrieren", hier im Sinne von „Erstarren") – eine Reaktion, bei der alle Körperbewegungen (außer der Atmung) aussetzen – als Maß für Furcht genommen.

In einer Variante, der so genannten *kontextbezogenen Angstkonditionierung*, meiden Subjekte den Kontext – den Ort, den Geruch, die optische oder akustische Umgebung –, in dem ihnen in der Vergangenheit Übles widerfahren ist. Wenn man eine Maus beispielsweise in einen Käfig setzt, indem sie zuvor einen Elektroschock bekam, bleibt sie minutenlang wie erstarrt hocken, bis sie vorsichtig beginnt, ihre Umgebung zu erkunden.

Nach wie vor umstritten ist, ob eine erfolgreiche Konditionierung erfordert, dass sich das Subjekt des bedingten und des unbedingten Reizes sowie der Beziehung zwischen beiden (beispielsweise „auf den Ton folgt gewöhnlich ein Schock, nicht aber auf das Zischgeräusch") bewusst ist. In diesem Zusammenhang machten der Neurowissenschaftler Larry Squire, ein Pionier auf dem Gebiet der menschlichen Gedächtnisforschung, und Robert Clark, beide von der University of California in San Diego, eine wichtige Entdeckung, als sie zwei Varianten der *Lidschlusskonditionierung* untersuchten. Ein Ton wird mit einem Luftstoß aufs Auge gepaart. Nach hundert oder mehr solcher Paarungen blinzeln die Versuchspersonen, sobald sie den Ton hören. Ihr Gehirn erwartet den

---

[7]Die Literatur über Konditionierung ist sehr umfangreich. Einen Überblick bieten Mackintosh (1983), Gallistel (1990), Tully (1998), Squire und Kandel (1999), Fendt und Fanselow (1999), Eichenbaum (2002) sowie Medina et al. (2002).

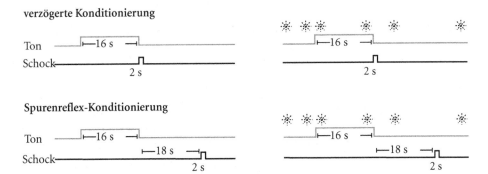

11.1 *Ein Test für Aufmerksamkeit und Bewusstsein.* Mäuse lernen, einen Ton mit einem unmittelbaren (verzögerte Konditionierung) oder einem zeitversetzten (Spurenreflex-Konditonierung) elektrischen Schock zu assoziieren. Wenn helle Lichtblitze während einer Ton-Schock-Paarungsphase nach dem Zufallsprinzip in den dämmrigen Käfig geblitzt werden, ist die Spurenreflex-Konditionierung viel schwächer, als ob die Lichtblitze die Maus davon abhielten, sich auf die Beziehung zwischen Ton und Schock zu konzentrieren und sich dieser Beziehung bewusst zu werden. Diese Ablenkung funktioniert nicht, wenn der Schock unmittelbar auf den Ton folgt. Nach Han et al. (2003), verändert.

Luftstoß, der auf den Ton folgt, und schließt reflexartig die Augenlider, um das Auge zu schützen.

Clark und Squire ließen eine Gruppe von Freiwilligen diese Beziehung lernen, wenn das Erklingen des Tons und die Augenreizung gleichzeitig erfolgten. Aus unerfindlichen Gründen wird dies als *verzögerte Konditionierung* (*delay conditioning*) bezeichnet (wie in Abb. 11.1). Bei einer zweiten Versuchsgruppe folgte der Luftstoß erst eine halbe oder eine ganze Sekunde nach dem Ton. Das wird als *Spuren-* oder *Spurenreflexkonditionierung* (*trace conditioning*) bezeichnet. Ansonsten sind die Konditionierungsbedingungen völlig gleich. Die meisten Versuchspersonen lernten, dass ein bestimmter Ton einen Luftstoß ankündigte, und blinzelten.

Bemerkenswerterweise macht dieser geringfügige Unterschied (dass der Luftstoß dem Ton folgte, statt sich mit ihm zu überschneiden) die Konditionierung viel schwieriger – so schwierig, dass sich die Versuchspersonen auf die beiden Ereignisse und deren Beziehung zueinander konzentrieren müssen, damit es zu einer Konditionierung kommt. Um das zu demonstrieren, lenkten Clark und Squire die Probanden während des Konditionierungsprozesses ab. Ähnlich wie in den *dual-task*-Experimenten in Abschnitt 9.3 mussten die Probanden rasch auftauchende Zahlen verfolgen oder einen Film betrachten, während sie mit Tönen und Luftstößen traktiert wurden. Ablenkung hatte wenig Einfluss auf die verzögerte Konditionierung; die Probanden lernten selbst dann, den Ton mit dem Luftstoß zu assoziieren, wenn sie nicht bewusst mitbekamen, dass der Ton und der störende Luftstoß zusammen auftraten. Das galt jedoch nicht für die Spurenreflexkonditionierung. Wenn die Probanden genügend mit der sekundären Aufgabe beschäftigt waren, die ihre Aufmerksamkeit verlangte, verhinderte das Intervall zwischen Ton und Luftstoß eine Konditionierung.

Mithilfe einer nachexperimentellen Befragung fanden Clark und Squire heraus, dass nur jene Versuchspersonen, die unter dem Spurenreflex-Paradigma konditioniert worden waren, die Beziehung zwischen beiden Ereignissen beschreiben konnten. Diejenigen, die nicht konditioniert waren, waren verwirrt und konnten nicht sagen, welcher Reiz dem Luftstoß vorherging und welcher nicht. Es sieht so aus, als seien Aufmerksamkeit und Bewusstsein notwendig, um die Lücke zwischen unbedingtem und bedingtem Reiz zu schließen.[8]

Ein Test für Bewusstsein bei Mäusen

Diese Befunde waren für mich so etwas wie ein Posaunenruf. Ich stellt mir nämlich vor, aus diesem Verfahren ließe sich ein operationaler Test für das Vorliegen von Aufmerksamkeit und Bewusstsein bei Mäusen entwickeln. Die Entwicklung einer Art Turing-Test für Bewusstsein wäre sehr aufregend. Ich will Ihnen sagen, warum.

Ein Großteil der laufenden Experimente, bei denen es um die Suche nach den NCC geht, dreht sich um Menschen und andere Primaten (siehe Kapitel 16). Aus ethischen Gründen sind menschliche Gehirne im Großen und Ganzen tabu für die rigorosen kontrollierten Verfahren, die nötig sind, um jene Schaltkreise zu entschlüsseln, die den NCC zugrunde liegen. Mit genügend Sorgfalt und Einfühlungsvermögen können elektrophysiologische oder pharmakologische Eingriffe bei nicht menschlichen Primaten, wie Tieraffen, vorgenommen werden. Immense praktische Probleme (Trächtigkeitsdauer, Größe, Kosten) setzen ihrem breiten Einsatz jedoch enge Grenzen.

---

[8]Clark und Squire (1998) wandten eigentlich eine etwas raffiniertere Version der Konditionierung an als hier beschrieben. In ihren Experimenten kündigte ein Ton, beispielsweise ein reiner 2 kHz-Ton, den Luftstoß an, während auf ein zweites Geräusch, etwa ein Zischlaut, niemals der unbedingte Reiz folgte. Die Probanden mit Spurenreflex-Konditionierung konnten die Beziehung zwischen den beiden Lauttypen und dem verstärkenden Luftstoß beschreiben (zum Beispiel: „Auf den Ton folgte kurze Zeit später ein Luftstoß, auf das Geräusch aber nicht.“). Diejenigen, die nicht konditioniert worden waren, konnten die Beziehung zwischen den drei Ereignissen nicht beschreiben. Für die verzögerte Konditionierung machte solches explizites Wissen keinen Unterschied (siehe auch Clark und Squire, 1999). Schon lange nimmt man an, dass viele Formen von assoziativer Konditionierung Bewusstsein erfordern (Baer und Fuhrer, 1970, Dawson und Furedy, 1976). Ähnliche Experimente beschrieben Öhman und Soares (1998), Carrillo, Gabrieli und Disterhoft (2000), Knuttinen et al. (2001), Carter et al. (2002) sowie Lovibond und Shanks (2002). Angesichts der engen Beziehung zwischen Aufmerksamkeit und Bewusstsein (Abschnitt 9.3) müssen zukünftige Untersuchungen die genaue Rolle beider Parameter bei der Konditionierung klären.

Die Molekularbiologie kommt den Hirnforschern jedoch zur Hilfe, indem sie Techniken bietet, genetisch identifizierbare Neuronenpopulationen bei einer anderen Säugergruppe, Mäusen, billig und rasch zu manipulieren. Es hat sich als nicht möglich erwiesen, Mäuse routinemäßig darauf zu trainieren, visuelle Diskriminierungs- oder Suchaufgaben durchzuführen, wie man es bei Menschen oder Affen gern tut. Daher ist es so wichtig, alternative operationale Methoden zu entwickeln, um routinemäßig, rasch und bequem Bewusstsein bei Mäusen zu evaluieren.

Zwei Post-Doktoranden, C. J. Han und Colm O'Tuathaigh, die in David Andersons und meinem Labor am California Institute of Technology arbeiteten, haben in Zusammenarbeit mit Michael Fanselow und Jennifer Quinn von der University of California in Los Angeles (UCLA) einen großen Schritt in diese Richtung getan. Zunächst musste Han ein Protokoll für eine robuste Spuren- und verzögerte Angstkonditionierung (*trace and delay fear conditioning*) bei Mäusen entwerfen. Sechs Paarungen eines Pieptons mit einem elektrischen Schock erweisen sich als hinreichend, um bei den Nagern, sobald sie den Ton hörten (Abb. 11.1), zuverlässig Freezing auszulösen. In einem zweiten Schritt demonstrierte O'Tuathaigh, dass ein visueller Distraktor – Lichtblitze in einem ansonsten schwach beleuchteten Käfig – den Erwerb einer Spurenkonditionierung selektiv stört, nicht aber den Erwerb einer verzögerten Konditionierung. Es scheint, als lenkten die Lichtblitze die Tiere davon ab, sich auf die Beziehung zwischen Ton und Schock zu konzentrieren, was zu einer viel schwächeren Spurenkonditionierung führte, ohne das Lernen im Verzögerungskontext zu beeinträchtigen.[9]

Nach einer Interpretation, die auf menschlichen Daten basiert, verhindern die Lichtblitze weitgehend, dass sich die Mäuse der Beziehung zwischen Ton und Schock bewusst werden, wenn beide nicht gleichzeitig auftreten. Wenn beide direkt aufeinanderfolgen – wie bei der verzögerten Konditionierung – bedarf es keines oder kaum Bewusstsein. Dies würde die selektive Störung erklären.

Diese Untersuchungsanordnung bietet ein effizientes Mittel, mittels pharmakologischer oder genetischer Manipulation zu testen, welche Regionen und welche spezifischen Neuronenklassen einer Aufgabe zugrunde liegen, die beim Menschen mit Bewusstsein für den bedingten und den unbedingten Reiz einhergeht.[10] Mit diesem praktischen Test wird eine Suche (Screening)

---

[9]Kontextabhängige Angstkonditionierung wird ebenfalls durch Ablenkung nicht geschwächt. Diese Experimente sind bei Han et al. (2003) beschrieben.

[10]Wir haben durch Injektion von Pharmaka, die den anterioren Cortex cinguli bei Mäusen zerstören, gezeigt, dass dieser Teil des Stirnlappens zwar für den Erwerb von Spurenreflex-, aber nicht von verzögerter oder kontextabhängiger Angstkonditionierung notwendig ist (Han et al., 2003). Parallel dazu haben wir demonstriert, dass Spurenreflex-Angstkonditionierung beim Menschen empfindlich auf Störung durch konkurrierende Aufgaben reagiert, die Arbeitsgedächtnis oder Aufmerksamkeit beanspruchen (Carter et al., 2003).

nach Verhaltensmutanten im großen Maßstab möglich. Es ist durchaus vorstellbar, dass es unter den Tausenden von ingezüchteten Stämmen von Labormäusen einige gibt, die das Spuren-Intervall nicht überbrücken können, sei es, weil ihnen aufmerksamkeitsbedingte Selektionsmechanismen oder ein anderer Aspekt der NCC fehlen. Solche nicht bewussten Mäuse würden in freier Wildbahn nicht lange überleben, können aber im Labor kaum Ausfälle zeigen. Es wäre schade, sie zu übersehen, weil man nicht nach ihnen sucht. Ähnliche operationale Test und Screens ließen sich auch bei anderen Arten anwenden, einschließlich des genetischen Modelltieres *par excellence*, der Taufliege.[11] Obwohl die meisten Menschen das starke intuitive Gefühl haben, Fliegen seien nicht viel mehr als Automaten, könnten diese und andere Insekten schwache Gefühle hegen, Qualia für Schmerz, Gerüche oder sexuelle Lust. Wie viele Neuronen braucht ein Gehirn tatsächlich, um Bewusstsein auszudrücken? Zehntausend, eine Million oder eine Milliarde Nervenzellen? Im Augenblick wissen wir es schlichtweg nicht.

Eine weitere wichtige Form des assoziativen Lernens ist die *operante Konditionierung*, die durch Skinner und die nach ihm benannten Skinner-Box zum Trainieren von Tieren berühmt wurde. Hier lernt der Organismus die Folgen seiner Handlungen kennen, erhält eine Belohnung oder wird bestraft. So drückt die Ratte beispielsweise einen Hebel, um Futterpellets zu erhalten. Operantes oder instrumentelles Lernen, also Lernen am Erfolg, ist für zielgerichtetes Verhalten entscheidend.

Prozedurales Lernen: Fertigkeiten und Gewohnheiten

Prozedurales Lernen ist die Basis der Fertigkeiten und Gewohnheiten, die unseren Alltag bestimmen. Einen Schlips binden, Auto fahren, Fahrrad fahren, Tanzen, Schreiben, Tippen und so weiter erfordern intensives Üben. Einmal erlernt, bleiben diese sensomotorischen Fertigkeiten ein Leben lang erhalten und sind vergleichsweise immun gegen die Zerstörungen, die der Lauf der Zeit unter expliziten Gedächtnisinhalten anrichtet.

Es ist immer schwierig, Fertigkeiten und Gewohnheiten abstrakt zu lehren – das heißt, indem man darüber spricht. Sie müssen vielmehr immer wieder eingeübt werden; darum sprechen einige Trainer auch vom „Muskelgedächtnis" (diese Fertigkeiten sind natürlich im Gehirn gespeichert). Aus prozeduralem

---

[11]Das ist nicht so weit hergeholt, wie es scheinen mag. Taufliegen sind zu komplexen Verhalten fähig, einschließlich Wahlverhalten und gerichteter, auf Salienz basierender Aufmerksamkeit (Heisenberg und Wolf, 1984; Tang und Guo, 2001; van Swinderen und Greenspan, 2003). Überdies können sie lernen, Gerüche via Spurenreflex- oder verzögerter Konditionierung mit Elektroschocks zu assoziieren (Tully und Quinn, 1985). Ließe sich die Spurenreflex-, aber nicht die verzögerte Konditionierung vielleicht stören, indem man die Fliegen mit dem Duft faulender Früchte ablenkt? Eine allgemeine Diskussion über Bewusstsein bei Tieren findet sich bei Griffin und Speck (2004).

Lernen entwickeln sich die Zombiesysteme, die in einem submentalen Dunkel wirken und für einen großen Teil unseres alltäglichen Verhaltens verantwortlich sind. Diese Zombies sind das Thema von Kapitel 12 und 13.

Die Unfähigkeit, Fertigkeiten direkt und bewusst abzurufen, ist der Grund, warum man sich prozedurales Lernen als *implizites* oder *nichtdeklaratives Gedächtnis* vorstellt. Um diese Fertigkeiten zu erlernen, sind aber dennoch wahrscheinlich Aufmerksamkeit und Bewusstsein nötig.

Zu den neuronalen Strukturen, die Fertigkeiten und Gewohnheiten erweben und speichern, gehören der sensomotorische Cortex, das Striatum und die damit assoziierten Strukturen in den Basalganglien sowie das Kleinhirn.

Deklarative Bewusstseinsinhalte: Der Stoff, aus dem die Vergangenheit ist

Für die meisten Menschen ist Gedächtnis das bewusste Heraufbeschwören von Fakten oder Ereignissen aus ihrer Vergangenheit. Hierbei muss man zwei Kategorien unterscheiden: das *episodische* und das *semantische Gedächtnis*.

Das episodische oder autobiographische Gedächtnis verleiht uns eine Vorstellung davon, wer wir sind, wo wir herkommen, was wir letzte Woche im Kino gesehen oder heute morgen gefrühstückt haben. Das semantische Gedächtnis speichert hingegen abstrakte Fakten, Beziehungen, Wortbedeutungen und all die anderen Dinge, die das Fundament ausmachen, auf das Kultur, Recht, Wissenschaft und Technik aufbauen.

Beide Gedächtnisformen sind *deklarativ*, weil Information bewusst abgerufen wird und man weiß, dass man auf gespeicherte Information zugreift. Daher verwechselt man auch nicht die Erinnerung an ein Ereignis mit dem Ereignis selbst. Die Speicherung dieser Information geschieht nicht bewusst. Bevor Sie das Wort „Kölner Dom" gelesen haben, gab es in Ihrem Gehirn keine aktive Neuronenkoalition, die das Bild dieses Bauwerks codierte. Das existierte nur in Form eines verteilten synaptischen Musters.

Ein Unterschied zwischen deklarativen und impliziten Erinnerungen ist seit langem vermutet worden, blieb aber umstritten, bis der berühmte Patient H. M. in der neurowissenschaftlichen Gemeinde allgemein bekannt wurde. Um massive epileptische Anfälle unter Kontrolle zu bringen, wurden ihm größere Teile aus beiden medialen Temporallappen (MTL) entfernt.[12] H. M. zeigt keine offensichtlichen Wahrnehmungsdefizite, leidet aber unter einem schweren Ge-

---

[12]Die Originalarbeit, in der H. M's Ausfälle beschrieben werden, Scoville und Milner (1957), ist immer noch einer der an meisten zitierten Artikel in der behavioralen Hirnforschung. Folgestudien sind bei Milner (1972), Corkin et al. (1997) sowie Milner, Squire und Kandel (1998) beschrieben. Der Neurochirurg Scoville entfernte beidseitig die Amygdala, den perirhinalen und entorhinalen Cortex sowie den anterioren Hippocampus. Die parahippocampalen Cortices und der temporale Neocortex blieben weitgehend erhalten.

dächtnisverlust (*Amnesie*)[13] für Ereignisse, die sich ab einem Zeitpunkt von einigen Jahren vor seiner Operation zugetragen haben. Er vergisst Ereignisse, sobald sie ihm aus dem Sinn gehen. Er kann sich mit Mühe eine dreistellige Zahl merken, indem er sie ständig wiederholt. Wird er jedoch abgelenkt, ist die Zahl vergessen. Wenn jemand den Raum verlässt und nach ein paar Minuten zurückkehrt, kann sich H.M. nicht erinnern, ihn zuvor schon einmal gesehen zu haben. Eine Stunde nach dem Essen kann er sich nicht mehr daran erinnern, was er gegessen hat oder ob er überhaupt gegessen hat.[14]

Dennoch hat H. M. keinen spezifischen intellektuellen Verlust erlitten, er hat ein normales Kurzzeitgedächtnis, kann lernen und neue Fertigkeiten erwerben, wie Spiegelzeichnen, wenn er sich auch nicht erinnern kann, wie er diese Fertigkeiten erworben hat. Und er verfügt sicherlich über Bewusstsein. Er kann seine Umwelt beschreiben und erleben, er beantwortet Fragen über unmittelbare Ereignisse, und so fort.

Das Muster seiner Ausfälle zeigt, dass deklarative Erinnerungen an anderen Orten erworben und gespeichert werden als prozedurale Erinnerungen. Während ersteres System bei H. M. gestört ist, ist letzteres intakt. Sich anschließende Tierversuche bestätigten die kritische Bedeutung der Hippocampusformation und der benachbarten entorhinalen und perirhinalen Cortexareale für das deklarative Gedächtnis. Bilaterale MTL-Läsionen führen zu einer profunden Amnesie. Der Hippocampus ist jedoch nicht der ultimative Speicherort für explizite Erinnerungen – das Endlager ist der Neocortex, insbesondere die Temporal- und die präfrontalen Lappen. Der Hippocampus kombiniert die Information, die aus allen sensorischen Modalitäten zu dem zu erinnernden Ereignis einläuft, und konsolidiert diese im Verlauf mehrerer Wochen in den relevanten Cortexarealen.

Die kontinuierliche Präsenz von Bewusstsein angesichts eines fast vollständigen Verlusts des deklarativen Gedächtnisses zeigt sich beispielhaft und dramatisch im Fall von Clive Wearing. Clive, ein begabter Musiker und Wissenschaftler, erkrankte an einer Virusinfektion des Gehirns, die ihn beinahe umbrachte und Teile beider Schläfenlappen zerstörte. Sein Fall ist außerordentlich schwer, sowohl, was den Grad seiner retrograden Amnesie angeht – er hat nur eine sehr verschwommene Vorstellung davon, wer er ist –, als auch, was seine Unfähigkeit angeht, irgendetwas Neues zu lernen. Seine musischen Fähigkeiten sind jedoch weit gehend erhalten geblieben.[15] Clive erlebt nur die Gegen-

---

[13]*Amnesie* beschreibt eine anhaltende Unfähigkeit, neue Fakten oder Ereignisse zu speichern (*anterograde Amnesie*), einen Gedächtnisverlust von unterschiedlichem Ausmaß (*retrograde Amnesie*), ein intaktes Kurzzeitgedächtnis sowie normale intellektuelle und kognitive Fähigkeiten.

[14]In „The Lost Mariner" erzählt der Neurologe Oliver Sacks die Geschichte eines anderen solchen Patienten, der auf Dauer in der Vergangenheit gefangen ist (Sacks, 1985).

[15]Ein paar Monate nach seiner Erkrankung begann er zwanghaft zu schreiben. Sein Tagebuch ist Seite für Seite angefüllt mit Einträgen wie „Zum ersten Mal wach", „Ich bin gerade zum ersten Mal aufgewacht" und „Ich bin wirklich wach und am Leben" (Wilson und Wearing, 1995). Die Fallgeschichte eines anderen Mannes mit einer Virusinfektion, die anteriore temporale Regionen zerstörte und es ihm unmöglich machte, sich an irgendeine Episode in seinem Leben zu erinnern, findet sich in Damasio et al. (1985).

wart bewusst. Er hat keine Kindheit, keine Vergangenheit. Wie ein Schauspieler in einer griechischen Tragödie bewegt er sich durchs Leben, unbeeinflusst von den Ereignissen um ihn herum, ohne Gefühl für das Verrinnen der Zeit.[16]

Clive Wearing, H. M. und andere Menschen mit einer schweren Amnesie sind der lebende Beweis dafür, dass die Bildung neuer deklarativer Gedächtnisinhalte oder die Erinnerung an das frühere Leben für Bewusstsein nicht notwendig ist. Diese Verluste lassen die Betroffenen verarmen, aber sie nehmen ihnen nicht das Bewusstsein. Da diese Patienten gut sehen, hören und fühlen können, folgt daraus überdies, dass der anteriore Hippocampus und andere Teile des MTL für Bewusstsein nicht unbedingt nötig sind.[17]

11.3 Kurzzeitgedächtnis

Kurzzeitgedächtnis ist ein Sammelbegriff für die vorübergehende Speicherung von Information über einige Dutzend Sekunden. Eine Telefonnummer nachzuschauen und anschließend zu wählen, wäre ohne einen zeitweiligen Zwischenspeicher zum Halten der Ziffern unmöglich. Im Vergleich zum Langzeitgedächtnis ist das Kurzzeitgedächtnis labiler und besitzt nur einen sehr geringe Speicherkapazität.

Es gibt keinen dynamischen, RAM-ähnlichen Zwischenspeicher im Gehirn, den alle Information auf ihrem Weg ins Vergessen oder in einem dauerhafteren Speicher passiert. Vielmehr haben unterschiedliche sensorische Modalitäten jeweils ihre eigenen temporären Gedächtniskapazitäten, die parallel arbeiten.

Psychologen haben das relativ vage Konzept vom Kurzzeitgedächtnis durch das *Arbeitsgedächtnis* ersetzt, das sich aus einer zentralen Exekutive und mehreren untergeordnete Modalitäten zusammensetzt, wie dem *räumlich-visuellen Kurzzeitspeicher* oder *Notizblock* für visuelle Information oder der *phonologischen Schleife* für Sprache.[18]

---

[16]Eine eindrucksvolle Beschreibung, wie es sich anfühlt, für immer in der Gegenwart zu leben, bietet der Film noir *Memento*. Von einem subjektiven, chronologisch umgekehrten Standpunkt erzählt der Film die Geschichte von Lenny, der bei einem verpfuschten Einbruch, bei dem seine Frau umkam, Verletzungen an beiden Hippocampi erlitt. Auf einer Mission, ihren Tod zu rächen, entwickelt er einfallsreiche und schreckenserregende Methoden, mit seiner Unfähigkeit umzugehen, Ereignisse jenseits seiner Aufmerksamkeitsspanne zu erinnern. *Memento* ist nicht nur ein packendes Psychodrama, sondern auch die bei weitem präziseste Darstellung der verschiedenen Bewusstseinsysteme in den populären Medien. Unter der Regie von Christopher Nolan kam der Film 2001 in die Kinos. Sternberg (2001) analysiert den Film von einem neurowissenschaftlichen Standpunkt.

[17]Angesichts der strategischen Position des MTL in engem Kontakt mit den oberen Stufen der visuellen Verarbeitungshierarchie und dem präfrontalen Cortex ist wahrscheinlich, dass die Aktivität einiger hippocampaler Neuronen direkt zum aktuellen Inhalt des Bewusstseins beiträgt, ihr Verlust aber kompensiert werden kann.

[18]Die Vorstellung vom Arbeitsgedächtnis geht zu einem nicht geringen Teil auf die Arbeiten des Psychologen Alan Baddeley (Baddeley, 1986, 1990 und 2000) zurück.

Das Arbeitsgedächtnis ist nötig, um unmittelbar anstehende Probleme zu lösen

Wenn man jemandem zuhört, werden kurze Abschnitte des Gehörten in der phonologischen Schleife gespeichert, die als Backup-Datei für eine offline-Verarbeitung dient.[19] Zahlen addieren, einem Rezept folgen, einen Kinobesuch planen, die Farben zweier Hemden vergleichen, eine Strichzeichnung kopieren oder einen Steuerbescheid ausfüllen sind alles Aktivitäten, die vom Arbeitsgedächtnis abhängig sind. Menschliche Intelligenz, wie sie in IQ-Tests gemessen wird, ist eng mit der Leistung des Arbeitsgedächtnisses verknüpft. Das Arbeitsgedächtnis ist durch eine geringe Speicherkapazität, semantische Repräsentation und kurze Dauer charakterisiert. Ohne aktives Wiederholen verblasst sein Inhalt innerhalb einer Minute.

Die zentrale Exekutive ist das ausführende Organ, das mithilfe einer Art aufmerksamkeitsbedingtem Selektionsprozess den Zugang zur phonologischen Schleife, zum räumlich-visuellen Notizblock und zum temporären Speicher für andere Modalitäten kontrolliert. Aufmerksamkeit und Arbeitsgedächtnis sind eng miteinander verknüpft, was es schwierig macht, beide sauber zu trennen. Je stärker das Arbeitsgedächtnis strapaziert wird desto weniger effizient ist die Aufmerksamkeit dabei, Distraktoren zu ignorieren. Jeder, der schon einmal an einem anspruchsvollen psychophysiologischen Experiment teilgenommen hat (wie dem in Abb. 9.3), oder die vielen Leute, die sich beim Fahren intensiv und ausführlich per Handy unterhalten, wissen dies aus eigener Erfahrung.[20]

Eine Möglichkeit festzustellen, wie viel Material im Arbeitsgedächtnis gespeichert werden kann, besteht darin, einer Versuchsperson mit gleichmäßiger Geschwindigkeit eine zufällige Folge von Ziffern oder Buchstaben vorzulesen (beispielsweise zehn Ziffern, verteilt auf zwanzig Sekunden), die sie in der richtigen Reihenfolge wiedergeben muss. Die Zahl der Elemente, die eine Versuchsperson wiedergeben kann, ist ihre Gedächtnisspanne. Die Spanne für gesprochenen Ziffern beträgt bei Studenten 8 bis 10.[21]

---

[19]Haben Sie schon einmal Schwierigkeiten gehabt, eine Äußerung zu verstehen, den Sprecher gebeten, sie zu wiederholen und sie dann verstanden, bevor er den Satz wiederholen konnte? Wahrscheinlich ist dies die verzögerte Auswirkung Ihres Sprachprozessors, der das in der phonologischen Schleife gespeicherte Sprachsegment verarbeitet.

[20]Siehe Fußnote 24 in Kapitel 9 zu den kognitiven Interferenzen, die auftreten, wenn man beim Autofahren intensiv telefoniert.

[21]Die ursprüngliche Schätzung 7 ± 2, ebenso eine rhetorische Devise wie eine Zusammenfassung der Daten, stammt von Miller (1956). Material mit intrinsischer Signifikanz, das ein Element mit dem nächsten verknüpft – Geburtstage, Daten historischer Ereignisse –, lässt sich besser erinnern als eine Liste völlig ohne Bedeutung (Cowan, 2001).

Wie viele Dinge kann man auf einen Blick sehen?

Die Speicherkapazität des räumlich-visuellen Kurzzeitspeichers wird getestet, indem man einer Versuchsperson kurz eine Szene präsentiert. Wie viele Details sieht man? An wie viele Details erinnert man sich anschließend?

Rufin VanRullen in meinem Labor am Caltech blitzte Bilder mit jeweils einem Objekt – einem Auto, einem Fahrrad, einem Hund – in natürlicher Umgebung eine Viertelsekunde lang auf einen Monitor. Um jedes fortbestehende Nachbild auszulöschen, folgte auf jedes Bild ein „Schneebild", das die neurale Aktivität, die mit dem Input einherging, überschrieb oder *maskierte* (Abschnitt 15.3). Direkt anschließend erschien eine Liste mit 20 Wörtern, von denen zehn die zehn Objekte in der Szene beschrieben, während sich die zehn anderen auf Dinge bezogen, die nicht auf dem Foto zu sehen waren. Die Versuchspersonen wählten im Schnitt etwas mehr als zwei Objekte. Sie wussten, dass mehr präsent waren, konnten sie aber nicht identifizieren.

Anschließend mussten die Betrachter zusätzliche Objekte aus der Liste mit den zwanzig Elementen auswählen, bis die Gesamtsumme von zehn erreicht war. Wenn sie sich nicht explizit erinnern konnten, sollten sie raten. Wenn man Zufallstreffer herausrechnet, identifizierten die Versuchspersonen unbewusst zwei weitere Objekte. Das heißt, irgend etwas an diesen Objekten muss eine Spur im Gehirn hinterlassen haben. Psychologen bezeichnen dieses Phänomen als *Priming* (in diesem Fall als positives Priming).[22]

Alles in allem zog VanRullen den Schluss, dass seine Versuchspersonen etwas weniger als die Hälfte der zehn Objekte in irgendeiner Weise registrierten. Mehr als ein Element wurde gesehen – welches, hing von seiner Salienz, seiner Vertrautheit und anderen Faktoren ab –, aber keineswegs alle.[23] Etwa fünf bis sieben Elemente wurden vom Gehirn registriert, was zu früheren Schätzungen über die Kapazität des Arbeitsgedächtnisses passt.

Ausfälle beim Arbeitsgedächtnis

Es gibt Patienten mit einem geschädigten Arbeitsgedächtnis. Manche von ihnen können nicht einmal zwei Ziffern im Gedächtnis behalten, obwohl sie ein normales Langzeitgedächtnis haben.[24] Viele sprechen abgehackt und zögernd

---

[22]Priming kann lange Zeit anhalten und ist ein weiteres Beispiel für implizites Gedächtnis.

[23]VanRullen und Koch (2003a). Die Zahl der Objekte, an die man sich bewusst erinnern kann, stieg um fast die Hälfte, wenn Bilder von den Objekten ein paar Minuten früher kurz nacheinander auf den Schirm geblitzt wurden. Das ist ein weiteres überzeugendes Beispiel für positives Priming. Das heißt, wenn man ein Objekt einmal gesehen hat, steigert dies also die Wahrscheinlichkeit, es auf einem späteren Bild zu erkennen, um fast 50 Prozent. Beim *unterschwelligen* (*subliminalen*) *Priming* muss das Bild nicht einmal bewusst wahrgenommen werden, damit es zum Priming kommt (Bar und Biederman, 1998 und 1999). Stärke und Dauer der unterschwelligen Wahrnehmung sind jedoch gering und rechtfertigen die öffentliche Diskussion und die modernen Legenden, die damit und mit der Macht der Werbung assoziiert werden, nicht (Merikle und Daneman, 1998).

[24]Shallice (1988) sowie Vallar und Shaflice (1990).

oder agrammatisch und haben Schwierigkeiten, die richtigen Worte zu finden, aber alle sind sie bei Bewusstsein.

Die britischen Neuropsychologen Jane Riddoch und Glyn Humphreys testeten drei solcher Patienten.[25] Alle zeigten eine deutlich verringerte Aufmerksamkeitsspanne für gesprochene Buchstaben und Wörter, für visuell präsentierte Wortlisten und für nicht sprachliches visuelles Material. Es fiel ihnen schwer, Strichzeichnungen korrekt zu kopieren und einfache Rechenaufgaben im Kopf durchzuführen, die zwei oder mehr mentale Operationen erforderten (wie 132 − 47 oder 13 x 9). Sie irrten sich häufig, wenn sie beurteilen sollten, ob zwei Linien gleich orientiert oder gleich lang waren, oder ob zwei Kreise gleich groß waren. Alle drei konnten jedoch Objekte klar sehen und benennen und besaßen ein normales Sehvermögen.

Das spräche dafür, dass das Arbeitsgedächtnis *keine* Voraussetzung für Bewusstsein ist. Ich glaube nicht, dass man die phonologische Schleife braucht, um den tief blauen Himmel über sich wahrzunehmen, sondern nur dafür, später darüber zu reden. Diese Hypothese zu testen, ist jedoch schwierig, denn wie könnten Sie jemandem etwas über Ihre Erfahrungen erzählen, wenn Ihr ganzes Arbeitsgedächtnis lahmgelegt ist? Ihre Unfähigkeit, Daten auch nur kurz zu speichern, müsste dabei berücksichtigt werden.

Überdies stelle ich infrage, ob jedes Element im Arbeitsgedächtnis gleichzeitig und bewusst erlebt wird. Wenn Sie aktiv sieben bis zehn − so viele, wie die Studenten in meiner Klasse − Ziffern im Arbeitsgedächtnis behalten, sind Sie sich dann wirklich aller bewusst? Erscheint es nicht plausibel, dass Sie sich nur einer oder zwei Ziffern bewusst sind, während die anderen im Hintergrund lauern, abrufbereit, aber außerhalb der Grenze?[26]

Auch wenn zu jedem gegebenen Zeitpunkt nur eine Untergruppe des Inhalts des Arbeitsgedächtnisses bewusst repräsentiert ist, scheint die Präsenz des Arbeitsgedächtnisses beim normalen, gesunden Gehirn Hand in Hand mit Bewusstsein zu gehen. Man könnte daher die Präsenz von Arbeitsgedächtnisressourcen bei Individuen, die nicht sprechen können, wie Neugeborenen oder Tieren, als einen Indikator für die Präsenz von Bewusstsein in irgendeiner Form ansehen.

Präfrontaler Cortex und Arbeitsgedächtnis

Wo im Gehirn ist das Arbeitsgedächtnis angesiedelt? In frühen visuellen Arealen klingt die neuronale Antwort rasch ab, wenn das Bild aus den Augen verschwindet. Nicht so im präfrontalen Cortex (PFC) des Makaken. Dort entdeckte der Neurophysiologe Joaqúin Fuster von der UCLA Neuronen, die eine aktivi-

---

[25]Riddoch und Humphreys (1995)
[26]Einige Wiederabruf-Experimente sprechen tatsächlich für einen seriellen Zugang zu gespeicherten Arbeitsgedächtnisinhalten (Sternberg, 1966).

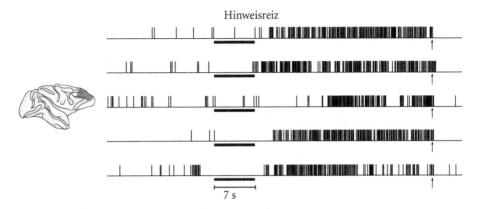

11.2 *Arbeitsgedächtnis im präfrontalen Cortex.* Bei der verzögerten konditionierten Reaktion wird die Fähigkeit des Affen bewertet, eine von zwei Positionen im Gedächtnis zu behalten. Während der Präsentation des Hinweisreizes verstummt die Entladung einer Klasse reagierender präfrontaler Cortexneuronen (aus dem in der Einschaltfigur grau getönten Areal), deren Spontanaktivität bereits zuvor sehr niedrig war, praktisch völlig, steigt aber während der 32 Sekunden langen Erinnerungsphase, während der kein Reiz präsent ist, deutlich an. Die Zellen hören auf zu feuern, wenn der Affe beginnt, die Hand nach dem Ziel auszustrecken (Pfeil) und er die Position nicht länger erinnern muss. Nach Fuster (1973), verändert.

tätsabhängige Form von Gedächtnis codierten. Fuster charakterisierte diese Zellen mit zwei verwandten Paradigmen, die bis heute allgemein geläufig sind. Bei einem Versuch mit verzögerter Antwort (*delayed response*) erhielt der Affe an einem von zwei Orten einen Hinweis (*cue*). Der Hinweis verschwand, und der Affe musste sich diese Stelle merken, bis er darauf zeigen durfte (Abb. 11.2). In einer verzögerten Übereinstimmungsaufgabe (*delayed matching-to-sample*) sah der Affe kurz ein Zielbild. Nachdem er eine Weile auf den leeren Schirm gestarrt hatte, erschienen das Ziel und eine Kontrastfigur, und er musste rasch das Zielbild (und nicht den Distraktor) fixieren, gleichgültig, wo auf dem Schirm es erschien. Wenn er das tat, erhielt er zur Belohnung einen Schluck leckeren Saft.

Fusters Experimente wie auch die aktuelleren Experimente von Patricia Goldman-Rakic und ihrer Kollegen von der Yale University identifizierten Neuronen, die während der Delay- oder Verzögerungsphase im dorsalen PFC feuerten, insbesondere im Areal 46 (Abb. 7.1 oben).[27] Wenn das Tier sich irrte, schwankte die Delay-Aktivität zudem. Während Scheindurchgängen oder wenn die Hinweise unvollständig waren, fehlte die Aktivität oft ganz. Daher kann man vernünftigerweise annehmen, dass diese Zellen Teil der Infra-

---

[27]Fuster (1995, 1997) sowie Goldman-Rakic, Scalaidhe und Chafee (2000). Romo et al. (1999) führten eine elegante Studie zum Arbeitsgedächtnis für haptische Information im präfrontalen Cortex durch.

struktur des Arbeitsgedächtnisses sind (auch wenn kurzfristige Veränderungen in der synaptischen Stärke eine Rolle gespielt haben könnten). Elektrische Ableitungen aus einem anderen Speicherort und Computermodelle sind durchaus vereinbar mit der Vorstellung, dass eine derartige momentane Speicherung von Information aus den zurückstrahlenden Wechselbeziehungen innerhalb einer kleinen, eng gekoppelten Gruppe von Neuronen erwachsen kann.[28]

Weitere Experimente testeten das Ausmaß, in dem Neuronen die Identität des erinnerten Objekts, seine Position oder beides speichern. Earl Miller und seine Kollegen vom MIT identifizierten drei Klassen von lateralen PFC-Neuronen, nämlich jene, die sich nur um die Identität des Erinnerten kümmern, jene, die seine Position codieren, und jene, die sowohl Merkmale als auch Position des zu erinnernden Objektes codieren. Die ventrale Was- und die dorsale Wo-Bahn konvergieren im lateralen PFC und repräsentieren gesehene ebenso wie erinnerte Objekte (Abb. 7.3).

Der präfrontale Cortex arbeitet nicht isoliert. Posteroparietale Neuronen feuern auf die Lage des Objekts hin, und inferotemporale (IT) Neuronen reagieren auf die Identität von Objekten, die aus dem Blickfeld verschwunden sind. IT-Zellen bewahren jedoch keine objekt-selektive Information, wenn sich das Tier auf andere Reize konzentriert. Die Delay-Aktivität von Zellen im PFC ist dagegen immun gegenüber intervenierenden nicht übereinstimmenden Bildern.[29] Eine mögliche Interpretation ist, dass der inferotemporale Cortex eine kurze sensorische Spur (Schnappschuss) von dem zuletzt beachteten – und daher vermutlich bewussten – Reiz bewahrt.[30]

11.4 Flüchtiges oder ikonisches Gedächtnis

Eine noch kürzere Form von Gedächtnis ist wahrscheinlich wesentlich für bewusstes Erleben. Sie können die visuelle Form in der rötlichen Spur sehen, die eine glühende Zigarette im Dunkeln hinterlässt. Wenn Sie schnell genug sind, können Sie einen ganzen Kreis in die Luft malen, bevor der Anfangsteil der Lichtspur verblasst. Solche Beobachtungen sprechen für Abklingzeiten im Bereich von Sekundenbruchteilen.

---

[28]Compte et al. (2000) und Aksay et al. (2001).

[29]Das heißt, wenn das Tier Bild „A" erinnern soll und dann mit Kontrastfiguren abgelenkt wird, repräsentiert eine präfrontale Zelle weiterhin „A". Andererseits codieren IT-Zellen „A" nur so lange, wie der Affe nicht von den Kontrastfiguren abgelenkt wurde (Miller, Erickson und Desimone, 1996). Millers Experimente über merkmals- und/oder positionsspezifische Gedächtnisneuronen im Areal 46 sind bei Rao, Raine und Miller (1997) sowie bei Miller (1999) beschrieben.

[30]Arbeitsgedächtnisaufgaben beim Menschen aktivieren Stirnlappenareale einschließlich des motorischen und des prämotorischen Cortex wie auch einige posteriore Cortexregionen (Courtney et al., 1998; de Fockert et al., 2001; Pochon et al., 2001).

```
┌─────────────────────┐
│     P T F K         │
│     S X W Z         │
│     M B D O         │
└─────────────────────┘
```

11.3 *Test für rasches Bildgedächtnis.* Auf eine kurz auf den Schirm geblitzte Anordnung von Buchstaben folgte nach einer kurzen Verzögerung ein hoher, mittlerer oder tiefer Ton. Damit wurde angezeigt, ob die obere, mittlere oder untere Reihe ablesen werden sollte. Wenn der Ton innerhalb weniger hundert Millisekunden nach der Bildeinblendung einsetzte, erinnerten sich die Versuchspersonen korrekt an die meisten Buchstaben in dieser Reihe. Dieses ikonische oder flüchtige Gedächtnis hält nicht länger als eine Sekunde an. Ich glaube, dass es entscheidend für visuelles Erleben ist. Nach Sperling (1960), verändert.

Eine stärker quantitative Studie wurde 1960 von dem Psychologen George Sperling durchgeführt. In diesen klassischen Experimenten blitzte Sperling sechs deutlich lesbare Buchstaben auf den Schirm, und die Versuchspersonen sollten anschließend so viele Buchstaben wie möglich samt deren relativer Position nennen. Im Mittel konnten sie sich an 4,3 Buchstaben korrekt erinnern. Eine Verlängerung der Verweildauer auf 0,5 Sekunden machte praktisch keinen Unterschied; die Versuchspersonen konnten sich noch immer an weniger als fünf Buchstaben erinnern, obwohl sie eindeutig viel mehr „sehen" konnten.

Um dieser Diskrepanz auf den Grund zu gehen, ging Sperling zu Darstellungen über, die aus drei Reihen mit jeweils vier Buchstaben bestanden (Abb. 11.3) und kombinierte dies – ein genialer Einfall – mit einem hohen, einem mittleren oder einem tiefen Ton, *nachdem* das Bild verschwunden war. Der Ton zeigte an, ob die obere, die mittlere oder die untere Linien ablesen werden sollte. Nun nannten die Probanden drei der vier Buchstaben in der angegebenen Reihe. Da sie nicht wussten, welche Reihe sie erinnern sollten, mussten sie durchschnittlich 3 x 3 Buchstaben speichern, mehr als die 4,3 Buchstaben in der ursprünglichen Versuchsanordnung. Sperling variierte auch die Zeit zwischen dem Ende der Bildeinblendung und dem akustischen Hinweis. Wenn der Ton eine Sekunde verzögert wurde, sank die Leistung der Probanden auf diejenige bei der Versuchsanordnung ohne Hinweis ab.

Dieses Experiment spricht dafür, dass die Buchstaben von einem visuellen Speichertyp mit hoher Kapazität, aber geringer Speicherungsdauer abgelesen werden, dem so genannten *ikonischen Gedächtnis*. Es wird rasch etabliert und überdauert mindestens einige hundert Millisekunden. Das ikonische Gedächtnis weist verschiedene Komponenten auf, die getrennt untersucht werden können, indem man die Darstellung auf dem Schirm manipuliert. Ein Teil seines Inhalts ist *prä-kategorisch*, eine große, aber unverdaute Suppe aus Tropfen,

Farbschattierungen und Kanten. Ein anderer Teil ist *post-kategorisch*, klassifiziert als der Buchstabe A oder das Porträt von Albert Einstein.[31]

Die Dauer des ikonischen Gedächtnisses hängt weniger von dem Zeitpunkt der Bild*ausblendung* als vom Zeitpunkt der Bild*einblendung* ab. Was zählt, ist also nicht die Zeit, nachdem das Bild abgeschaltet worden ist, wie beim passiven Abklingen, sondern wie lange der Reiz präsent war (seine Gesamtdauer). Das spricht dafür, dass eine der Funktionen dieses Gedächtnisses darin besteht, dem Gehirn genügend Zeit zu liefern, um kurze Signale zu verarbeiten. Infolgedessen beeinträchtigen kurzfristige Unterbrechungen des visuellen Stromes, wie beim Blinzeln, die Verarbeitung nicht. Angesichts meiner Vermutung, dass das ikonische Gedächtnis für visuelle Wahrnehmung notwendig ist, impliziert dies, dass für die bewusste Wahrnehmung eine minimale Verarbeitungszeit nötig ist (ich verweise ungeduldige Leser auf Kapitel 15).

Das ikonische Gedächtnis wird wahrscheinlich im ganzen visuellen Gehirn instantiiert, beginnt bereits auf Ebene der Retina und schließt die verschiedenen Cortexareale samt der mit ihnen assoziierten Thalamuskerne ein. Wenn die Netzwelle, die von dem Bild ausgelöst wird, die Hierarchie hinaufrast, aktiviert sie der Reihe nach retinale Ganglienzellen und geniculate Relaiszellen, Neuronen in V1, V2, IT und so fort. Stellen Sie sich das ikonische Gedächtnis als das *neuronale Nachglühen* dieser Welle vor, verlängert und verstärkt durch rückstrahlende Aktivitäten in lokalen Flecken und durch Schleifen zwischen dem Cortex und verschiedenen Pulvinarkernen.[32] In der Retina antworten Zellen nach Reizende für weitere 60 ms, während das Nachglühen der Neuronen im IT und benachbarten Regionen bis zu 300 ms dauert.[33] Das ist es, was Sie als flüchtiges Gedächtnis erleben.

Ich glaube, dass ikonisches Gedächtnis wesentlich für visuelles Bewusstsein ist. Ich kann mir nicht vorstellen, wie man etwas sehen kann, ohne dass die neuronale Aktivität eine minimale Zeitspanne lang anhält. Da die neurale Basis des ikonischen Gedächtnisses so breit verstreut ist, wird es allerdings nicht leicht sein, diese Behauptung zu beweisen.

Einige Spekulationen über die Verbindung zwischen ikonischem Gedächtnis und visuellem Bewusstsein

Die Information im ikonischen Speicher ist flüchtig, daher verblasst sie rasch, wenn sie nicht verstärkt wird. Nur ein Teil des Inhalts wird zusammen mit seiner Kernbedeutung (*gist*) bewusst gemacht. Welche Daten ins Rampenlicht des

---

[31]Das klassische Experiment wurde von Sperling (1960) im Rahmen seiner Doktorarbeit durchgeführt. Neuere Entwicklungen finden sich bei Potter und Levy (1969), Loftus, Duncan und Gehrig (1992), Potter (1993), Gegenfurtner und Sperling (1993) sowie Coltheart (1999).

[32]Crick (1984) und Billock (1997) haben Theorien vorgeschlagen, welche die Rolle rückstrahlender corticothalamischer Schleifen betonen.

[33]Levick und Zacks (1970); Rolls und Tovee (1994); Keysers und Perrett (2002).

Bewusstseins gerückt werden, hängt von Bottom-up-Salienz und gerichteter Top-down-Aufmerksamkeit ab (Abschnitt 9.3). Da einige Buchstaben auffälliger sind als andere, oder weil man angewiesen wurde, auf bestimmte Objekte zu achten, verstärkt Aufmerksamkeit die relevanten Neuronenkoalitionen. Dadurch, dass diese Koalitionen sich vergrößern und ihre Lebensspanne in den oberen Stufen der visuellen Hierarchie verlängern, aktivieren sie Neuronen im präfrontalen Cortex und anderenorts. Diese Neuronen weisen ihrerseits Rückkopplungen zu früheren Arealen auf, sodass sie stabile Feuermuster ausbilden können, welche die NCC ausmachen und im Arbeitsgedächtnis gespeichert werden können.

Es ist verlockend, die post-kategorischen Stadien des ikonischen Gedächtnisses mit Arealen in und um den IT und dem lateralen PFC gleichzusetzen.[34] Hier wird für Objektidentität typische Information explizit gemacht und, selbst wenn der Reiz verschwunden ist, in der erhöhten Spikerate der Neuronen aufrechterhalten. Man kann sich die Aktivität in diesen Regionen als einen Schnappschuss der Szene vorstellen, wobei eine Handvoll Objekte identifiziert und ihre räumlichen Beziehungen codiert werden. Wie im vorigen Kapitel diskutiert, verhindert der Wettstreit unter Neuronen, dass mehr als nur eine kleine Zahl von Objekten auf diese Weise repräsentiert wird.

Ich argumentiere in Abschnitt 15.3, dass diese Aktivität lange genug anhalten und eine Schwelle überschreiten muss, um hinreichend für ein bewusstes Perzept zu sein. Bei diesem Prozess spielen reziproke Feedback-Schleifen zwischen dem IT, dem PFC, den medialen Temporallappen und Teilen des Thalamus eine Rolle. Wenn sich die siegreichen Neuronenkoalitionen, die für die Handvoll Buchstaben auf dem Schirm codieren, stabilisieren, werden diese bewusst wahrgenommen. Die intensive und möglicherweise kohärente Feueraktivität dieser Neuronenkoalitionen macht die Bahn frei, sodass diese Information in Arbeitsgedächtnis und die Planungszentren des Gehirns gelangt.

11.5 Wiederholung

Das Gedächtnis, das sich wie aus einem Guss anfühlt, ist in Wirklichkeit eine bunte Ansammlung vieler Prozesse.

Bei der assoziativen Konditionierung verknüpft der Organismus zwei gleichzeitige oder beinahe gleichzeitige Ereignisse miteinander, sodass eines das andere vorhersagt. Einige Formen der Pawlowschen Konditionierung erfordern gerichtete Aufmerksamkeit und ein Sich-bewusst-Sein der Beziehung

---

[34]Mit computergenerierten Formen, die wie Katzen oder Hunde oder Mischwesen zwischen beiden aussahen, demonstrierten Freedman et al. (2001, 2002), dass sich PFC-Zellen beim Affen mehr mit der Kategorie des Input beschäftigen, das heißt, ob es sich um eine Katze oder einen Hund handelt, während sich IT-Zellen um Bilder *per se* kümmern.

zwischen dem bedingten und dem unbedingten Reiz. Angesichts der Leichtigkeit, mit der Mäuse lernen, können diese Formen der Konditionierung zu einem operationalen Test für murines Bewusstsein entwickelt werden.

Das prozedurale Gedächtnis enthält Instruktionen, die besagen, wie man Fahrrad fährt, sich die Schuhe zubindet oder eine Felswand erklettert. Das episodische Gedächtnis codiert autobiographische Ereignisse, während sich das semantische Gedächtnis mit abstrakterem Wissen beschäftigt. Beide sind Formen des deklarativen Gedächtnisses. In schweren Fällen von Amnesie können die Betroffenen nicht nur keine neuen deklarativen Gedächtnisinhalte bilden, sondern verlieren auch den Zugang zu früher gespeicherten Informationen. Diese unglücklichen Individuen leiden an einer beidseitigen Zerstörung des Hippocampus und assoziierter Strukturen im medialen Temporallappen, sind aber zweifellos bei Bewusstsein. Sie beweisen überzeugend, dass Bewusstsein nicht von episodischen Langzeiterinnerungen abhängt.

Kürzere Formen von Informationsspeicherung basieren auf aktiven neuronalen Schaltkreisen. Am besten ist das Arbeitsgedächtnis charakterisiert, dessen Speicherkapazität recht begrenzt ist. Es speichert Information in einer abstrakten, kategorischen Weise. Wenn die Information nicht ständig wiederholt wird, verblasst der Inhalt des Arbeitsgedächtnisses innerhalb einer Minute. Das Arbeitsgedächtnis ist entscheidend für Alltagsaufgaben, bei denen Daten kurz festgehalten und bearbeitet werden.

In einem gut funktionierenden Gehirn geht das Arbeitsgedächtnis Hand in Hand mit Bewusstsein. Jeder Organismus mit Arbeitsgedächtnisfähigkeiten verfügt wahrscheinlich über Bewusstsein, was die Präsenz eines Arbeitsgedächtnisses zu einem Lackmus-Test für Bewusstsein bei Tieren, Babies oder Patienten macht, die nicht sprechen können. Der Umkehrschluss ist jedoch möglicherweise nicht zulässig. Ich vermute, dass jemand ohne Arbeitsgedächtnis Bewusstsein haben kann. Er könnte die Welt noch immer wahrnehmen, auch wenn er vielleicht nicht in der Lage wäre, anschließend darüber zu sprechen.

Das ikonische Gedächtnis – eine flüchtige Form von visueller Informationsspeicherung, die weniger als eine Sekunde anhält – ist hingegen wahrscheinlich notwendig für visuelle Wahrnehmung. Sein neuronales Substrat ist das Nachglühen, das von den die visuelle Hierarchie hinaufjagenden Spikewellen hinterlassen wurde, verstärkt durch lokale und globalere Feedback-Schleifen. Die Funktion des ikonischen Gedächtnisses könnte darin bestehen sicherzustellen, dass selbst kurze Bildeindrücke lange genug bestehen, um die NCC zu triggern.

Information einige Sekunden lang zu bewahren, wie bei der Spurenreflexkonditionierung, ist ein häufiges Merkmal vieler Prozesse, die eng mit Bewusstsein verknüpft sind. Diese Vorstellung ist der Ausgangspunkt für einen praktischen Test für Bewusstsein, der in Abschnitt 13.6 besprochen wird. Bevor ich dazu komme, möchte ich Ihnen jedoch erst einmal von dem Zombie in uns erzählen.

Kapitel 12

Was man tun kann, ohne sich dessen bewusst zu sein: Der Zombie in uns

An diesem Punkt wäre es, abgesehen von dem nagenden Wunsch,
immer in Belqassims Nähe zu sein, hart für sie gewesen zu wissen, was sie fühlte.
Schon vor langem hatte sie ihre Gedanken durch lautes Sprechen
in eine Richtung gelenkt, und sie hatte sich daran gewöhnt zu handeln, ohne sich
dieses Handelns bewusst zu sein. Sie tat nur das, was sie eben gerade tat.

Aus *The Sheltering Sky* von Paul Bowles

Unter uns könnten Zombies leben – das behaupten zumindest einige Philosophen. Diesen fiktiven Geschöpfen fehlt jedes subjektive Gefühl, doch sie verfügen über Verhaltensweisen, die denjenigen ihrer normalen bewussten Gegenstücke entsprechen. Ein Zombie zu sein, fühlt sich nach nichts an. Sie wurden von Philosophen einfach so erfunden, um das paradoxe Wesen von Bewusstsein zu illustrieren. Einige argumentieren, die logische Möglichkeit ihrer Existenz impliziere, dass Bewusstsein nicht aus den Naturgesetzen des Universums folge, sondern dass es ein Epiphänomen sei. Von diesem Standpunkt aus macht es keinen Unterschied, ob Personen etwas fühlen oder nicht, weder für sie selbst noch für ihre Nachkommen noch für die Welt als Ganzes.[1]

Francis und mir erscheint dieser Standpunkt unfruchtbar. Wir interessieren uns für die reale Welt, nicht für ein logisch mögliches Niemandsland, in dem Zombies herrschen. Und in der realen Welt hat die Evolution Organismen mit subjektiven Gefühlen hervorgebracht. Diese bergen einen bedeutenden Überlebensvorteil, denn Bewusstsein geht Hand in Hand mit der Fähigkeit zu planen, verschiedene Handlungsmöglichkeiten durchzuspielen und eine davon auszuwählen. Ich werde in Kapitel 14 näher darauf eingehen.

Hoch interessant aber ist die Beobachtung, dass mir viel von dem, was sich in meinem Kopf abspielt, entgeht. Während ich älter werde und über die Erfahrungen nachsinne, die ich im Laufe meines Lebens gemacht habe, dämmert mir, dass große Teile meines Lebens jenseits der Grenzen des Bewusstseins liegen. Ich tue Dinge – komplizierte Dinge wie Auto fahren, reden, ins Sportstudio gehen, kochen – automatisch, ohne darüber nachzudenken.

Versuchen Sie sich das nächste Mal, wenn Sie reden, selbst zu beobachten. Sie werden gut formulierte Sätze hören, die aus Ihrem Mund strömen, ohne zu

---

[1]Zur Geschichte des philosophischen Zombies siehe Campbell, 1970, Kirk, 1974, und Chalmers, 1996.

wissen, welche Wesenheit sie mit der entsprechenden Syntax gebildet hat. Ihr Gehirn kümmert sich darum, ohne dass Sie sich bewusst bemühen müssten. Sie mögen sich daran erinnern, diese Anekdote oder jene Beobachtung zu erwähnen, aber das bewusste „Sie" produziert die Worte nicht oder setzt sie in die richtige Reihenfolge.

Nichts davon ist neu. Das Unterbewusste, das Nicht-Bewusste – nach dem Ausschlussprinzip definiert als alles, was im Gehirn vor sich geht und nicht hinreichend ist für bewusste Gefühle, Empfindungen oder Erinnerungen – ist seit Ende des 19. Jahrhunderts ein wissenschaftliches Thema.[2] Friedrich Nietzsche war der erste große westliche Denker, der die dunkleren Winkel unbewusster menschlicher Wünsche erkundete, andere zu beherrschen und Macht über sie zu gewinnen, oft verkleidet als Mitleid. In der medizinisch-literarischen Tradition verwandte Freud sein Leben darauf, die Existenz von unterdrückten Wünschen und Gedanken und ihre unheimliche Fähigkeit darzulegen, Verhalten auf verborgene Weise zu beeinflussen.[3]

Die Wissenschaft hat überzeugende Beweise für eine ganze Menagerie sensomotorischer Prozesse geliefert, die ich *Zombies* oder Zombiesysteme nenne und die ohne direktes bewusstes Empfinden oder Kontrolle Routineaufgaben erledigen. Man kann sich der Handlungen eines Zombies durch internes oder externes Feedback bewusst werden, aber gewöhnlich erst nach dem Ausführen der Handlung. Anders als die Zombies der Philosophen oder der Voodoopriester agieren Zombiesysteme ständig in uns allen.

Diese Wesen haben eine unselige praktische Konsequenz: Die bloße Existenz von scheinbar komplexem Verhalten besagt nicht unbedingt, dass das Subjekt Bewusstsein hat. Zum Kummer von Haustierbesitzern wie auch von frischgebackenen Eltern könnte es sein, dass das freudige Schwanzwedeln des Hundes oder das strahlende Lächeln des Kleinkinder automatische Reaktionen sind. Um auf Bewusstsein zu schließen, müssen zusätzliche Kriterien herangezogen werden.

---

[2]Ellenberger (1970) stellt das Nicht-Bewusste und das Unbewusste in einen historischen Kontext. Die rigorose Erforschung von nicht bewussten sensomotorischen Verhalten steckt voller methodischer Schwierigkeiten. Es ist nicht leicht, die rasche, automatische Einleitung einer Handlung von einem verzögerten, aber bewussten Signal zu unterscheiden, das von dem Kommando zu handeln oder durch die ausgeführte Handlung selbst ausgelöst wird. Eine weitere Komplikation erwächst aus der Notwendigkeit zahlreicher Durchgänge, die für die nötige statistische Absicherung unverzichtbar sind. Diese Aufgabenwiederholungen können der Versuchsperson mit der Zeit genug Feedback liefern, sich gewisser Verhaltensaspekte bewusst zu werden. Überblicksartikel und relevante Experimente finden sich bei Cheesman und Merikle (1986), Holender (1986), Merikle (1992), Kolb und Braun (1995), Berns, Cohen und Mintun (1997), Merikle, Smilek und Eastwood (2001), Destrebecqz und Cleeremans (2001) sowie Curran (2001).

[3]Im Allgemeinen vermeide ich den Begriff „unbewusst" wegen seiner Freudianischen Untertöne und bevorzuge den neutraleren Begriff „nicht bewusst", wenn es um Operationen und Berechnungen geht, die für einen phänomenalen Inhalt nicht hinreichend sind.

12.1 Zombies im Alltag

In gewissen Sinne sind Zombies wie *Reflexe*. Zu den einfachen Reflexen gehören *Blinzeln*, wenn sich etwas in Ihrem Blickfeld abzeichnet, *Husten*, wenn Ihre Atemwege verlegt sind, *Niesen*, wenn die Nase juckt, oder *Erschrecken* aufgrund eines plötzlichen Geräusches oder einer unerwarteten Bewegung. Sie werden sich dieser Reaktionen möglicherweise erst dann bewusst, wenn sie geschehen. Diese Reflexe sind schnell, automatisch und hängen von Schaltkreisen im Rückenmark oder im Hirnstamm ab. Man kann sich Zombieverhalten als flexible und adaptive Reflexe vorstellen, an denen höhere Zentren beteiligt sind. In diesem Kapitel soll ihr Modus operandi bei gesunden Menschen, in Kapitel 13 hingegen bei hirngeschädigten Patienten beschrieben werden.

Augenbewegungen

Viele Kerne und Netzwerke sind auf das Bewegen der Augen spezialisiert. Im Großen und Ganzen tun sie dies stumm, ohne dass es uns bewusst würde. Der Neurophysiologe Melvyn Goodale von der University of Western Ontario in Kanada und zwei seiner Kollegen demonstrierten dies sehr eindringlich auf folgende Weise: Eine Versuchsperson saß im Dunkeln und fixierte eine einzelne Leuchtdiode. Wenn das zentrale Licht ausgeschaltet wurde und in der Peripherie wieder auftauchte, richtete die Versuchperson ihren Blick durch eine rasche Augenbewegung – eine Sakkade – auf die neue Position. Da die Augen gewöhnlich zu kurz springen, kompensieren sie den Fehler mit einer zweiten Sakkade, die sie direkt auf das Ziel richtet. Das ist ihre Aufgabe.

Manchmal bewegten die Forscher das Licht ein zweites Mal, während die Augen der Versuchsperson mit ihrer Sakkade beschäftigt waren. Da das Sehen während dieser raschen Augenbewegungen teilweise ausgeschaltet ist (sakkadische Unterdrückung, siehe Abschnitt 3.7), bekam die Versuchsperson die Verschiebung der Zielposition nicht mit und musste raten, in welche Richtung sich das Ziel verschoben hatte (Abb. 12.1). Dennoch verloren die Augen der Versuchsperson keine Zeit und führten eine Sakkade der richtigen Größenordnung zum neuen Ziel aus. Die Augen der Versuchsperson wussten etwas, dass die Person nicht wusste.[4]

Das Sakkadensystem reagiert außerordentlich empfindlich auf Positionsveränderungen des Zieles. Angesichts seiner hohen Spezialisierung besteht kaum Anlass, in seine stereotypen Aktionen Bewusstsein einfließen zu lassen. Wenn

---

[4]Wenn die Bewegung des Zieles während der Sakkade zu groß wurde, bemerkten die Versuchspersonen die Veränderung und nahmen eine große, langsamere Rejustierung vor. Das hier zusammengefasste Experiment ist in Goodale, Pélisson und Prablanc (1986) beschrieben; es basiert auf früheren Arbeiten von Bruce Bridgeman von der University of California in Santa Cruz. Er ist darauf spezialisiert, Dissoziationen zwischen visueller Wahrnehmung und Augen- oder Handbewegungen aufzudecken (Bridgeman et al., 1979; Bridgeman, Kirch und Sperling, 1981).

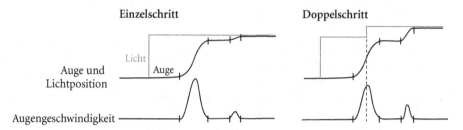

12.1 *Das Sehen lässt sich täuschen, aber nicht die Augen.* Versuchspersonen bewegen rasch ihre Augen, wenn ein Licht seine Position wechselt (links); eine erste, große Sakkade, gefolgt von einer kleineren, korrigierenden Augenbewegung, um das Ziel auf der Fovea scharf zu stellen. Bei einigen Versuchsdurchgängen (rechts) wird das Licht, während die Augensakkade bereits begonnen hat, erneut bewegt. Die Versuchspersonen sehen diesen Sprung in der Position des Lichtes nicht; dennoch kompensieren ihre Augen die perzeptuell unsichtbare Verlagerung. Nach Goodale, Pélisson und Prablanc (1986), verändert.

Sie sich jeder Augenbewegung bewusst werden, sie planen und ausführen müssten, könnten Sie kaum etwas Anderes tun. Warum das Erleben mit diesen Details überfüllen, wenn sie von Spezialisten ausgeführt werden können?

Körpergleichgewicht

Andere nicht bewusste Zombies kontrollieren Kopf-, Gliedmaßen- und Körperhaltung. Wenn Sie sich auf der Straße Ihren Weg durch eine Menge von Kauflustigen bahnen, passen sich Ihr Rumpf, Ihre Arme und Beine der Situation ständig an, sodass Sie aufrecht bleiben und niemanden anrempeln. Sie denken sich nichts bei diesen Aktionen, die ein Timing in Sekundenbruchteilen und ein perfektes Zusammenspiel von Muskeln und Nerven erfordern – etwas, das bis heute keine Maschine auch nur annähernd fertig bringt.

In einem einfallsreichen Experiment stellten Psychologen[5] ihre Versuchspersonen in einen künstlichen Raum, dessen Styroporwände an der Decke eines größeren Raumes aufgehängt waren. Als sich die Schaumstoffwände sachte um ein paar Millimeter vor– und zurückbewegten, passten die Versuchspersonen ihre Haltung an, indem sie sich synchron hin- und herwiegten. Die meisten bemerkten die Bewegung der Wände und die kompensatorischen Haltungsanpassungen ihres Körpers gar nicht.

Die Netzwerke, die Körperbalance und –haltung vermitteln, erhalten ständig aktualisierte Informationen von vielen Sinnesmodalitäten, nicht nur von den Augen. Das Innenohr kümmert sich um Kopfdrehungen und Linearbeschleunigung, während Myriaden von Bewegungs-, Positions- und Drucksen-

---

[5]Lee und Lishman (1975).

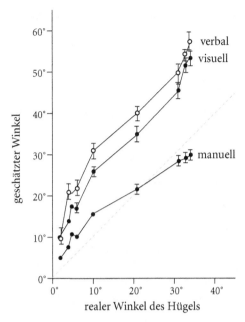

12.2 *Der Körper weiß es besser als das Auge.* Versuchspersonen gaben die Steilheit eines Hügels verbal, aufgrund visueller Einschätzung oder durch entsprechende Neigung ihrer flachen, ausgestreckten Hand an. Während sie im letzteren Fall ziemlich richtig lagen, überschätzten sie das Gefälle bei der verbalen oder visuellen Bewertung durchgängig. Nach Proffitt et al. (1995), verändert.

soren in Haut, Muskeln und Gelenken die Lage des Körpers im Raum überwachen. All diese Information steht hoch koordinierten, aber nicht bewussten Zombiesystemen zur Verfügung, die verhindern, dass Sie mit dem sich nähernden Radfahrer kollidieren oder dass Sie das Gleichgewicht verlieren, wenn Ihnen ein Freund plötzlich kräftig auf den Rücken schlägt.[6]

Die Steilheit eines Hügels abschätzen

Haben Sie sich auf einer Fahrt durch die Berge schon einmal über die „offensichtliche" Diskrepanz zwischen dem auf den Verkehrsschildern angegebenen Gefälle und Ihrem Gefühl gewundert, die Neigung sei viel stärker? Der Psychologe Dennis Proffitt von der University of Virginia in Charlottesville hat diese beiläufige Beobachtung bestätigt. Es handelt sich dabei um nur eines von vie-

---

[6]Ich empfehle, die faszinierende Fallgeschichte eines 19-Jährigen zu lesen, der plötzlich jedes Körpergefühl unterhalb des Halses verlor (Cole, 1995). Ohne jegliches propriozeptives Feedback von seinem Körper lernte der Patient mit bewundernswerter Hartnäckigkeit allmählich, seine Gliedmaßen bewusst per Sehen zu kontrollieren. Das Buch macht deutlich, wie sehr unser Alltagsleben von nicht bewusster Verarbeitung abhängig ist.

len erstaunlichen Beispielen für ein Auseinanderklaffen von Wahrnehmung und Handlung.[7]

Am Fuß von Hügeln befragten Proffitt und seine Assistenten 300 vorbeikommende Studenten nach dem Gefälle, wobei sie verbale, visuelle und manuelle Maße verwandten. Im Rahmen der visuellen Beurteilung sollten die Versuchspersonen eine Scheibe, die hinter an einem verborgenen Winkelmesser montiert war, so einstellen, wie es ihrer Meinung nach der Steilheit des deutlich sichtbaren Hügels entsprach. Im manuellen Modus justierten die Versuchspersonen eine geneigte Fläche, während eine Hand flach ausgestreckt auf einem Stativ ruhte. Um „Kontamination" durch Sehen zu vermeiden, wurden sie daran gehindert, ihre Hand zu sehen.

Visuell und verbal überschätzten die Versuchspersonen das Gefälle der Hügel stark, bewegten sich aber in der richtigen Größenordnung, wenn sie die Steilheit mit der Hand angaben (Abb. 12.2).

Bemerkenswerterweise hängt das Ungleichgewicht zwischen dem wahrgenommenen Gefälle eines Hügels und visuell gesteuerten Handlungen, wie Hand- oder Fußplatzierung, vom physiologischen Zustand des Individuums ab. Die visuelle und verbale Überschätzung der Hügelsteilheit stieg nach einem anstrengenden Lauf um mehr als ein Drittel, während die Schätzung per blinder Hand unbeeinflusst blieb. Wenn man erschöpft ist, sehen Hügel daher steiler aus, als sie im ausgeruhten Zustand wirken.[8] Was man bewusst sieht, ist nicht das, was die eigenen Handlungen leitet.

Nachtwandern

Ich verbrachte einen Teil des Sommers 1994 am Santa Fe Institute for Complexity in New Mexico. Sandra Blakeslee, eine dort lebende Wissenschaftsjournalistin, überzeugte mich, an einer nächtlichen Tour teilzunehmen, die von den Psychotherapeuten und Schriftstellern Nelson Zink und Stephen Parks geleitet wurde. Ich ging einer faszinierenden Erfahrung entgegen, die vielleicht ein weiteres Beispiel für ein von der bewussten Wahrnehmung losgelöstes visuo-motorisches Verhalten ist.

Wir versammelten uns am Grund eines Canyon weit außerhalb der Stadt. Der mondlose Nachthimmel war klar und funkelte von Sternen. Die Sichtweite war also gering, betrug aber nicht Null. Wir trugen Baseballkappen mit einem nach

---

[7]Proffitt et al. (1995).

[8]Ein ähnlicher Effekt trat auf, wenn die Befragten einen schweren Rucksack trugen, älter oder körperlich nicht besonders fit oder in schlechtem gesundheitlichem Zustand waren (Bhalla und Proffitt, 1999). Proffitt argumentiert, dass die variable Beziehung zwischen tatsächlicher und wahrgenommener Steilheit das Verhaltenspotenzial des Organismus reflektiert. Das subjektive Gefälleperzept korrespondiert mit der eigenen Fähigkeit, den Hügel zu besteigen. Das ist mühsam und sollte nicht unbedacht unternommen werden. Es wird sogar noch schwieriger, wenn man müde oder gebrechlich ist oder eine schwere Last trägt.

vorn herausragenden Draht, der am Ende eine phosphoreszierende Kugel trug. Aufgeladen durch eine Taschenlampe, glühte die Kugel minutenlang schwach. Der Trick bestand darin, aufrecht in die Dunkelheit zu schreiten, während man auf die von der Kappe baumelnde Kugel blickte, und den Blick trotz des Dranges, den Boden in Marschrichtung zu inspizieren, darauf fixiert zu halten. Zunächst bewegte ich mich behutsam über den sandig-felsigen Grund und tastete ihn mit meinen Füßen ab, bevor ich mein volles Körpergewicht darauf setzte. Nach überraschend kurzer Zeit wurde ich jedoch selbstsicherer und schritt vergleichsweise zügig über den unebenen Boden, während ich die ganze Zeit die Kugel fixierte. Schließlich wurde die Kugel überflüssig, und es reichte aus, den fernen Horizont oder einen Stern zu fixieren, um das zentrale Sehen davon abzuhalten, beim Platzieren der Füße zu helfen.

Eine Erklärung für dieses *Nachtwandern* ist, dass Information, die in gewisser Entfernung gesammelt worden ist, implizit gespeichert wird und das Setzen der Füße lenkt, sobald diese Position erreicht ist. Das wäre in diesen Canyons voller Sandhügel, Löcher und Flussbetten eine beeindruckende Leistung.[9]

Eine andere Möglichkeit wäre, dass die visuelle Peripherie ganz unten den Winkel der Fußplatzierung kontrolliert, ebenso die Höhe, in die Füße gehoben werden müssen, damit die Zehen nicht gegen Felsen stoßen, ohne dass etwas davon ins visuelle Bewusstsein dringt. Die Repräsentation des visuellen Feldes im Colliculus superior erstreckt sich gerade noch bis zu den Füßen, daher hat das Nervensystem zu dieser Information Zugang.[10] Es gibt wenig Anlass, Objekte am Rande des Sehens zu klassifizieren; das würde erklären, warum sich das bewusste Sehen nicht bis dahin erstreckt.

Diese Ideen ließen sich überprüfen, indem man das Ausmaß bestimmt, in dem das untere periphere Feld Hinweise für die Navigation bei schlechten Lichtverhältnissen liefert. Wie gut können nächtliche Wanderer die Oberflächenneigung oder die Höhe von Hindernissen auf dem Boden beschreiben? Wie sehen diese subjektiven Urteile im Vergleich zur tatsächlichen Platzierung der Füße aus? Wissen die Füße etwas, was das phänomenale Sehen nicht weiß?

12.2 Visuelle Wahrnehmung unterscheidet sich von visuellem Handeln

Der Neurophysiologe David Milner an der University of Durham in England und Melvyn Goodale plädieren für eine Vielzahl von visuo-motorischen Systemen, von denen jedes ein spezifisches Verhalten kontrolliert, etwa Augenbewegungen, Haltungsanpassungen, Handgreifen oder – zeigen, Fußplatzierung

---

[9]Ich fand heraus, dass periphere Sicht notwendig war, denn Brillen, die alles bis auf den zentralen Teil abdeckten, machten jede Navigation unmöglich.

[10]Rezeptive Felder in der ventralen *vision-for-perception*-Bahn konzentrieren sich auf oder um die Fovea.

Tabelle 12.1 Milners und Goodales Hypothese von den zwei visuellen Systemen

	Zombiesysteme	Sehsystem
visueller Input	einfach	kann komplex sein
motorischer Output	stereotype Reaktionen	viele Reaktions-möglichkeiten
minimale Verarbeitungszeit	kurz	länger
Auswirkung von einigen Sekunden Verzögerung	arbeitet nicht	kann dennoch arbeiten
bewusst	nein	ja

und so weiter, jedoch keines bewusstes Empfinden auslöst.[11] Stellen Sie sich vor, jedes dieser Systeme würde eine hoch spezialisierte Berechnung in Echtzeit durchführen. Milner und Goodale bezeichnen sie als *online-Systeme*. Diese visuo-motorischen Verhalten befassen sich mit dem Hier und Jetzt. Sie benötigen keinen Zugang zum Arbeitsgedächtnis oder zum deklarativen Gedächtnis. Das ist nicht ihre Aufgabe. Psychophysiologische Experimente zeigen recht schlüssig, dass eine erzwungene Verzögerung von 2–4 Sekunden zwischen einem kurzen visuellen Input und einer erforderlichen Hand- oder Augenbewegung eine andere räumliche Karte der Welt anzapft, nahe der, die von der visuellen Wahrnehmung eingesetzt wird, und recht anders als jene, die eingesetzt wird, um eine beinahe unmittelbare motorische Reaktion auszuführen.[12]

Diese visuo-motorischen Systeme sind wie eine Armee von Zombiesystemen. Parallel dazu operieren die Netzwerke, die Objektklassifikation, Erkennen und Identifizieren vermitteln – also jene Netzwerke, die für bewusste Wahrnehmung verantwortlich sind (Tabelle 12.1).

Weil Online-Systeme dem Organismus helfen, seinen Weg sicher durch die Welt zu finden, brauchen sie Zugang zur tatsächlichen Position eines Zieles relativ zum Körper. Andererseits muss Wahrnehmung Dinge erkennen und sie als „verdorbene Banane", „errötendes Gesicht" und dergleichen klassifizieren. Diese Objekte können weit weg sein oder in der Nähe und müssen im vollen Licht der Mittagssonne ebenso erkannt werden wie in der Dämmerung, sodass die Objektwahrnehmung für Entfernung, Umgebungsbeleuchtung, genaue Position auf der Retina und so weiter invariant sein muss. Infolgedessen ist die *räumliche* Position dessen, was Sie bewusst sehen, nicht so präzise wie die

---

[11]Ich empfehle ihre umfassende Monographie, Milner und Goodale (1995). Siehe auch Rossetti (1998).
[12]Wong und Mack (1981), Abrams und Landgraf (1990) und insbesondere die Studie von Bridgeman, Peery und Anand (1997).

Information, die Ihrem nicht bewussten Zombie zugänglich ist, der die nächste Bewegung plant.

Vom Standpunkt der Informationsverarbeitung aus ergibt diese Strategie durchaus Sinn. Die neuronalen Algorithmen, die nötig sind, um die Hand auszustrecken und nach einem Werkzeug zu greifen (Sehen, um zu handeln – *vision for action*) operieren in Bezugsrahmen und haben Invarianzen, die sich von den Operationen unterscheiden, welche das Objekt als Hammer identifizieren (Sehen, um wahrzunehmen – *vision for perception*).

Im normalen Alltagsablauf sind Zombiesysteme eng mit den Netzwerken verknüpft, die Wahrnehmung vermitteln. Was Sie wahrnehmen, lernen oder erinnern, ist ein Geflecht von nicht bewussten und bewussten Prozessen, und ihre jeweiligen Anteile zu trennen, ist nicht einfach.[13] Da Milner und Goodale die Grenzbereiche untersuchen, wo sich *vision for perception* und *vision for action* auseinander bewegen, können sie die beiden relativ isoliert testen.

Die Wahrnehmung muss Objekte als das erkennen, *was* sie sind, gleichgültig, *wo* sie sind. Umgekehrt muss das motorische System über die genaue räumliche Beziehung des zu manipulierenden Objekts relativ zum Organismus bescheid wissen. Dem entsprechend argumentieren Milner und Goodale, dass die *Größenkonstanztäuschung* – die Tatsache, dass ein Objekt unabhängig von seiner Entfernung gleich groß aussieht – nur für *vision for perception* gilt und nicht für *vision for action*, dessen Aufgabe es ist, Objekte anzuschauen, auf sie zu zeigen oder sie aufzunehmen. Das erfordert präzise Information über Größe, Position, Gewicht und Form des Objekts. Inzwischen hat man begonnen, diese interessanten Ideen zu testen, doch gibt es bisher noch keine klaren Schlussfolgerungen.[14] Einige Dissoziationen zwischen *vision for action* und *vision for perception* sind gefunden worden – siehe den Abschnitt über Gefälleschätzung –, haben sich aber nirgendwo sonst aufzeigen lassen.[15]

Die Hypothese von einer Vielzahl visuo-motorischer Zombiesysteme, ergänzt durch ein vielseitiges Mehrzweckmodul für bewusstes Sehen, ist attrak-

---

[13]Das Problem, bewusstes von nicht bewusstem Verhalten zu trennen, ist als das *process purity problem* bekannt (Reingold und Merikle, 1990; Jacoby, 1991).

[14]Die Geometrie diktiert, dass die lineare Größe umgekehrt proportional zur Entfernung ist. Aber jemand, der sich in fünf Meter Entfernung befindet, sieht nicht doppelt so groß aus wie jemand in zehn Meter Entfernung. Aglioto, DeSouza und Goodale (1995) lieferten Belege für Größenkonstanz, die in der perzeptuellen, aber nicht in der visuomotorischen Domäne operiert, während Franz et al. (2000) keine derartige Trennung fanden (siehe auch Yamagishi, Anderson und Ashida, 2001; Carey, 2001; Milner und Dyde, 2003).

[15]Bei einem Experiment zur räumlichen Orientierung schätzten Versuchspersonen die Entfernung (zwischen einem und fünf Metern) zu einem klar erkennbaren Ziel. Diese Schätzung wurde mit der Kopplung verglichen, bei der die Versuchspersonen mit geschlossenen Augen auf die (vermutete) Zielposition zuschritten. Beide Maße überschätzten durchgehend die Entfernung zu nahegelegenen Punkten und unterschätzten sie zu weiter entfernten Zielen (Philbeck und Loomis, 1997). Da beide im selben Grad von der wahren physikalischen Entfernung abwichen, machen beide Maße – anders als bei der Gefälleschätzung im vorigen Abschnitt – von derselben Information Gebrauch.

tiv. Sie passt gut zu unserer Vorstellung (siehe Kapitel 14), dass die Funktion von Bewusstsein darin besteht, mit all jenen Situationen fertig zu werden, die eine neuartige, nicht-stereotype Antwort erfordern.

12.3 Ihr Zombie arbeitet schneller, als Sie sehen

Einer der Hauptvorteile von Zombies ist, dass sie dank ihres hohen Spezialisationsgrades rascher antworten können als das perzeptuelle Mehrzweck-System. Sie greifen nach dem Stift, bevor Sie ihn tatsächlich vom Tisch fallen sehen oder Sie ziehen Ihre Hand von der Flamme weg, bevor Sie die Hitze wirklich spüren.

Der letzte Punkt ist wichtig, denn er straft die Vorstellung Lügen, dass Sie Ihre Hand wegziehen, weil Sie bewusst Schmerz empfinden. Das Zurückziehen einer Extremität nach einen irritierenden oder schädigenden Stimulus ist ein Rückenmarksreflex; er kommt ohne Einschaltung des Gehirns aus. Selbst dekapitierte Tiere wie auch Querschnittsgelähmte, deren Rückenmark im unteren Bereich nicht mehr mit dem Gehirn in Verbindung steht, zeigen solche Rückziehreflexe (Abwehrreflexe). Bewusstsein muss daran nicht beteiligt sein (halten Sie das im Gedächtnis, wenn ich die Funktion des Bewusstseins in Kapitel 14 diskutiere).[16]

Marc Jeannerod vom Institut des Sciences Cognitives in Bron, Frankreich, ist einer der weltweit führenden Experten, was die Neuropsychologie des Handelns angeht. In einem wegweisenden Experiment[17] schätzten Jeannerod und seine Kollegen die Verzögerung zwischen einer raschen manuellen Antwort und subjektivem Bewusstsein ab. Vor der Versuchsperson, deren Hand auf dem Tisch lag, lagen drei Holzstäbe. Plötzlich wurde der mittlere Holzstab von unten angestrahlt, und die Versuchsperson sollte ihn so rasch wie möglich ergreifen. Manchmal wechselte das Licht direkt, nachdem die Hand sich zu bewegen begonnen hatte, zum rechten oder linken Stab, der damit zum neuen Ziel wurde. Sobald die Versuchsperson das neue Ziellicht sah, sollte sie rufen.

Im Mittel vergingen zwischen den Beginn der motorischen Antwort und dem Rufen 315 ms. Manchmal hatte die Versuchsperson sogar schon den zweiten Stab ergriffen, bevor sie begriff, dass dies das neue Ziel war – das Handeln ging also dem Bewusstsein voraus. Selbst wenn man den Zeitabstand zwischen dem Einsetzen der Muskelkontraktion der Sprachartikulatoren und dem Beginn

---

[16]Wird beispielsweise der Rücken eines dekapitierten Frosches durch einen schädlichen Stimulus gereizt, versucht ein Bein, das störende Objekt vom Rücken zu wischen. Die bemerkenswerten sensomotorischen Fähigkeiten dekapitierter oder decerebrierter Tiere standen in der zweiten Hälfte des 19. Jahrhunderts im Zentrum einer Debatte, in der es um das Ausmaß ging, in dem Bewusstsein mit dem Rückenmark assoziiert ist.

[17]Castiello, Paulignan und Jeannerod (1991). Jeannerod (1997) liefert ein Lehrbuch zur Neurowissenschaft des Handelns.

des Rufes mit großzügig bemessenen 50 ms ansetzt, bleibt noch immer eine Viertelsekunde zwischen dem Greifverhalten und dem bewussten Perzept, das zu dem Ruf führte. Diese Verzögerung ist der Preis, der für Bewusstsein gezahlt werden muss.

Zum besseren Verständnis stellen Sie sich einem Sprinter vor. Nehmen wir unter Vorbehalt an, dass die 250-ms-Verzögerung auch für das Hörsystem gilt, dann ist der Sprinter bereits vom Startblock losgelaufen, bevor er den Knall der Startpistole bewusst wahrnimmt! Ähnlich muss ein Baseballspieler, der einen Pitchball mit 90 Meilen pro Stunden heranjagen sieht, seinen Schläger zu schwingen beginnen, bevor er bewusst entschieden hat, ob er den Ball schlägt oder nicht.

12.4 Können Zombies riechen?

Zombies beschränken sich nicht auf die visuelle Domäne; man findet sie bei allen Sinnesmodalitäten. Ein Sinn, den es näher zu erkunden lohnt, ist der Geruchssinn. Obwohl unsere moderne Gesellschaft bei Körpergeruch abweisend die Stirne runzelt – ein Haltung, die zu einem endlosen Strom von Hygieneprodukten geführt hat, um ihn zu tarnen –, leben wir in einer von Gerüchen durchzogenen Welt, ob wir uns dessen nun bewusst sind oder nicht. Tatsächlich wird schon seit langem vermutet, dass viele sexuelle, appetitive, reproduktive und soziale Verhalten von unterbewussten olfaktorischen Reizen ausgelöst werden. Es hat sich jedoch als schwierig erwiesen, diese Theorie rigoros zu belegen.

Beispiele, wo auf Geruch basierende Entscheidungen untersucht worden sind, reichen vom Banalen, wie einen Sitz im Kino zu wählen, bis zum Wesentlichen, wie einen Sexualpartner zu suchen. Das bekannteste Beispiel ist die Synchronisation der Menstruationszyklen bei Frauen, die eng zusammenleben oder –arbeiten (wie in Studentenheimen oder Militärunterkünften).[18] In einer sorgfältig konzipierten Studie applizierte Martha McClintock von der University of Chicago geruchlose Komponenten aus den Achselhöhlen von Frauen auf die Oberlippe anderer Frauen. Daraufhin verlängerte oder verkürzte sich der Menstruationszyklus der Empfängerinnen je nach der Menstruationsphase der Spenderinnen.[19]

Derartige Effekte könnten von *Pheromonen* vermittelt werden, flüchtigen Substanzen, die von einem Individuum sezerniert werden und die Physiologie oder das Verhalten eines anderen Individuums verändern. Einige Tiere können

---

[18]McClintock (1998), Weller et al. (1999) und Schank (2001) fassen die Belege für und gegen menstruelle Synchronisation zusammen. Gangestad, Thornhill und Garver (2002) berichten, wie das sexuelle Interesse von Frauen und die Reaktion ihrer männlichen Partner mit dem Eisprung variiert.
[19]Stern und McClintock (1998).

auf einzelne Pheromonmoleküle reagieren.[20] Beim Menschen enthält der Achselschweiß von Männern ein Testosteronderivat, während Frauen eine östrogenähnliche Verbindung ausschwitzen. Beide flüchtige Substanzen führen zu geschlechtsspezifischen physiologischen Veränderungen in tief gelegenen neuralen Strukturen.[21]

Wie könnten solche nicht bewussten, flüchtigen Signale vermittelt werden? Ein Täter könnte das *Vomeronasalorgan* sein. Es ist nicht allgemein bekannt, dass Säuger nicht nur einen, sondern zwei olfaktorische Sinne besitzen. Das primäre olfaktorische Organ sitzt im Hauptepithel der Nase und projiziert zum Riechkolben (Bulbus olfactorius) und von dort zum olfaktorischen Cortex. Dieses Organ ist ein breit abgestimmtes Allzwecksystem. Ein zweites Modul beginnt im Vomeronasalorgan an der Basis der Nasenhöhle. Von dort laufen Axone zum akzessorischen Riechkolben und weiter zur Amygdala. Das Vomeronasalorgan vermittelt *Pheromone* und ist mit geschlechtsspezifischer Kommunikation in Zusammenhang gebracht worden.[22]

Über die olfaktorischen Rezeptormoleküle der Maus ist so viel bekannt, dass man ihre Expression in dem einen, aber nicht dem anderen Organ blockieren kann; das macht es möglich, die molekularen und neuronalen Korrelate genetisch programmierten Sexual- oder Fortpflanzungsverhaltens zu untersuchen.[23]

Bei den meisten Menschen ist das Vomeronasalsystem, manchmal auch als *Jacobsonsches Organ* bezeichnet, möglicherweise verkümmert – es funktioniert nicht mehr. Seine Aufgabe könnte von der primären olfaktorischen Bahn übernommen worden sein. Eine andere Möglichkeit ist, dass nur eine Untergruppe von Menschen die relevanten Rezeptoren exprimiert. Ein intensives Forschungsprogramm könnte die Individuen, die empfindlich für „geruchlose" Gerüche sind, für weitere genetische und physiologische Screenings identifizieren, um das neurale Substrat unbewusster und bewusster olfaktorischer Verarbeitung zu vergleichen.

---

[20]Pantages und Dulac (2000).

[21]Das testosteronartige Pheromon ruft eine Reaktion im Hypothalamus von Frauen, aber nicht von Männern hervor, während die östrogenartige Substanz den Hypothalamus von Männern, aber nicht von Frauen erregt (Savic et al., 2001; Savic, 2002). Selbst wenn die Betroffenen nichts rochen, blieb eine gewisse Gehirnaktivität bestehen (Sobel et al., 1999).

[22]Johnston (1998) und Keverne (1999) geben einen Überblick über die wissenschaftliche Literatur, während Watson (2001) eine populäre Darstellung liefert. Holy, Dulac und Meister (2000) entdeckten, dass einzelne Vomeronasalneuronen bei der Maus in der Lage sind, weiblichen Urin von männlichem zu unterscheiden.

[23]Forscher können inzwischen Mäuse züchten, deren Vomeronasalorgan ausgeschaltet ist. Diesen transgenen Tieren fehlt die Aggression zwischen Männchen. Stattdessen umwerben sie Männchen wie Weibchen (Stowers et al., 2002).

12.5 Wiederholung

In diesem Kapitel wurden die vielfältigen Belege für Zombiesysteme zusammengefasst – hoch spezialisierte, sensomotorische Wesen, die hervorragend arbeiten, ohne dass es zu phänomenologischen Empfindungen käme. Die wichtigsten Merkmale von Zombies sind: 1. rasche, reflexartige Verarbeitung, 2. eine enge, aber spezifische Input-Domäne, 3. ein spezifisches Verhalten und 4. der fehlende Zugang zum Arbeitsgedächtnis.

In der visuellen Domäne argumentieren Milner und Goodale für zwei getrennte Verarbeitungsstrategien – Sehen, um zu handeln (*vision for action*) und Sehen, um wahrzunehmen (*vision for perception*), realisiert von Netzwerken in der dorsalen beziehungsweise der ventralen Bahn. Weil die Aufgabe der visuo-motorischen Systeme darin besteht, Dinge zu ergreifen oder darauf zu zeigen, müssen sie die aktuelle Distanz zwischen dem Körper und diesen Objekten, ihre Größe und andere metrische Maße codieren. Der *vision-for-perception*-Modus vermittelt bewusstes Sehen. Er muss Dinge unabhängig von ihrer Größe, Orientierung oder Lage erkennen. Das erklärt, warum Zombie-Systeme mehr wahrheitsgetreue Information über räumliche Beziehungen in der Welt abrufen können als bewusste Wahrnehmung. Das heißt, auch wenn Sie vielleicht nicht sehen, was wirklich da draußen ist – Ihr motorisches System tut es. Prominente Beispiele für solche Trennungen sind Zielverfolgung mit den Augen, Anpassen der Körperhaltung, Abschätzen von Gefälle und Nachtwandern.

Zombiesysteme kontrollieren Ihre Augen, Hände, Füße und Körperhaltung und verwandeln sensorischen Input rasch in stereotypen motorischen Output. Sie könnten sogar aggressive oder sexuelle Verhaltensweisen auslösen, wenn Sie einen Hauch der richtigen Substanz in die Nase bekommen. All das geht jedoch am Bewusstsein vorbei. Das ist der Zombie in uns.

Bisher habe ich nichts über die Unterschiede zwischen zombiehafter und bewusster Verarbeitung auf neuronaler Ebene gesagt. Die vorwärtsgerichtete Netzwelle, die von einen kurzen sensorischen Input ausgelöst wird, ist unter Umständen zu kurzlebig, um für die NCC hinreichend zu sein, kann aber Zombieverhalten vermitteln. Die bewusste Wahrnehmung benötigt genügend Zeit, damit Feedback-Aktivität aus frontalen Arealen stabile Koalitionen aufbauen kann (siehe Abschnitt 15.3).

Die Trennung zwischen bewussten und unbewussten Verhalten kann bei Krankheiten deutlicher ausgeprägt sein. Das ist das Thema des nächsten Kapitels.

Kapitel 13

Agnosie, Blindsehen, Epilepsie und Schlafwandeln: Klinische Belege für Zombies

Zuletzt bliebe noch die große Frage offen, ob wir der Krankheit entbehren könnten.

aus *Die fröhliche Wissenschaft* von Friedrich Nietzsche

Krankheit bringt Wesenszüge zutage oder betont sie zumindest, die bei guter Gesundheit kaum sichtbar sind. Historisch gesehen waren klinische Befunde eine der fruchtbarsten Quellen für Einblicke ins menschliche Gehirn. Die Launen der Natur führen zu Sauerstoffmangel, Schlaganfällen, Tumoren und anderen pathologischen Anomalien, die – wenn man ihren Geltungsbereich berücksichtigt und sie korrekter interpretiert – meine Suche erhellen und leiten können.

Beim intakten Gehirn sind Zombieverhalten so eng mit bewussten Verhaltensweisen verwoben, dass es schwierig ist, beide voneinander zu trennen. Denn selbst wenn die Reaktion automatisch erfolgte, kann einen Augenblick später Bewusstsein folgen. Daher möchte ich mich nun vier klinischen Syndromen zuwenden, die das Handeln von Zombies besser illustrieren.

13.1 Visuelle Agnosie

Reine *Agnosie*, ein relativ seltener Zustand, ist als ein Ausfall des Erkennens definiert, der sich nicht auf elementare sensorische Störungen (wie Netzhautprobleme), geistige oder sprachliche Beeinträchtigungen oder Aufmerksamkeitsstörungen zurückführen lässt. Sie beschränkt sich oft auf eine sensorische Modalität. Bei der visuellen Agnosie können die Patienten in der Regel einen Satz Schlüssel, der an einer Kette vor ihren Augen baumelt, nicht als solchen erkennen. Wenn sie danach greifen oder wenn die Schlüssel klimpern, wissen sie jedoch sofort, worum es sich handelt.

Ursprünglich poetisch als *Seelenblindheit* bezeichnet, wurde dieses Phänomen von Freud in Agnosie umbenannt, und dieser Begriff hat sich durchgesetzt. Es gibt allerlei spitzfindige Unterkategorien, darunter das Unvermögen, Farben zu erkennen (*Achromatopsie*, Abschnitt 8.2), der Verlust der Bewegungswahrnehmung (*Akinetopsie*, Abschnitt 8.3), die Unfähigkeit, Gesichter zu erkennen (*Prosopagnosie*, Abschnitt 8.5) und das *Capgras-Syndrom*, bei dem der Patient darauf besteht, dass eine ihm vertraute Person, zum Beispiel seine Frau, durch eine Doppelgängerin ersetzt worden ist, die genauso aussieht, spricht und handelt, wie sie es getan hat, bevor sie von der Fremden ersetzt wurde.[1]

Die oft recht begrenzten Hirnschäden, die mit Agnosie einhergehen, sprechen dafür, dass das NCC für spezifische perzeptuelle Merkmale, wie Farbe, Bewegung, Gesichter oder das Gefühl der Vertrautheit, auf einen Teil des cerebralen Cortex beschränkt ist; das heißt, eine bestimmte Hirnregion ist ein essenzieller Knoten für das perzeptuelle Merkmal, um das es geht. Aufgrund von Daten, die aus Einzelzellableitungen bei Affen gewonnen wurden, haben Francis und ich die Hypothese aufgestellt, dass das NCC in diesen essenziellen Knoten auf einer expliziten Säulenorganisation basiert (Abschnitt 2.2).

Nehmen Sie D. F., eine Patientin, die unter einer profunden Objektagnosie leidet, welche von einer beinahe tödlichen Kohlenmonoxidvergiftung im Alter von 34 Jahren herrührt. Der Sauerstoffmangel führte zu einer weiträumigen und irreversiblen Schädigung im ganzen Gehirn.[2]

D. F. kann die meisten Objekte nicht durch Anschauen erkennen, dies gelingt ihr jedoch problemlos durch Anfassen. Sie kann nicht sagen, ob der Stift vor ihren Augen waagerecht oder senkrecht gehalten wird, ob sie auf ein Rechteck oder ein Dreieck blickt, und sie ist nicht in der Lage, einfache Zeichnungen zu kopieren (Abb. 13.1). Aber sie ist nicht blind. Sie kann Farben sehen, sie kann einige Dinge anhand ihrer typischen Farbe oder Textur erkennen (wie eine gelbe Banane), und sie kann Dinge aus dem Gedächtnis zeichnen. D. F. geht allein umher, steigt über Hindernisse in ihrem Weg und fängt einen Ball oder einen Holzstock, der ihr zugeworfen wird. D. F. ergreift vor ihr platzierte Objekte mit beträchtlicher Präzision, auch wenn sie diese im Sinne von Bedeutung oder Erkennen nicht sehen kann. Sie sieht die Orientierung eines länglichen Schlitzes nicht, sie kann nicht darüber sprechen und kann auch ihre Hand nicht so drehen, dass sie dessen Neigung entspricht. Wenn sie eine Karte mit ausgestrecktem Arm in den Schlitz stecken soll, hat sie jedoch keine Schwierigkeiten und dreht ihre Hand, sobald sie sich auf den Schlitz zu bewegt, in die richtige Richtung (Abb. 13.2). Sobald sie die Handlung eingeleitet hat, gelingt ihr dies sogar dann, wenn das Licht ausgeht. Mit anderen Worten kann die Patientin kein visuelles Feedback eingesetzt haben, um ihre Hand zu lenken.

D. F. passt ihre Griffweite den Objekten an, die sie aufnehmen will, auch wenn sie ein größeres nicht von einem kleineren unterscheiden kann. Je größer das Objekt, desto größer auch die Spannweite zwischen Daumen und Fingern. Wenn D. F. jedoch zwei Sekunden, nachdem es entfernt worden ist, nach einem Objekt greift, weitet sich ihr Griff nicht, um sich der Objektgröße anzupassen.

---

[1]Farah (1990), Damasio, Tranel und Rizzo (2000), Bauer und Demery (2003) sowie Grüsser und Landis (1991) geben einen Überblick über die klinische Literatur zum Thema Agnosie.
[2]Der ursprüngliche Fallbericht ist Milner et al. (1991). Siehe die beiden Monographien von Milner und Goodale (1995) sowie Goodale und Milner (2004), was Details angeht. Bildgebende Verfahren bestätigten, dass D. F.s ventrale Bahn weitaus stärker geschädigt war als ihre dorsale Bahn.

13.1 *Sehen und Objekte zeichnen bei visueller Agnosie.* Die Patientin D. F., konnte die beiden Zeichnungen auf der linken Seite nicht erkennen, und es gelang ihr auch nicht, sie zu kopieren (Mitte). Sie konnte jedoch einen Apfel und ein offenes Buch aus dem Gedächtnis zeichnen (rechts). Nach Milner und Goodale (1995), verändert.

Einem gesunden Menschen fällt es nicht schwer, eine solche Bewegung einschließlich korrekter Griffweite auch nach einer Verzögerung von einigen Sekunden pantomimisch nachzuahmen. Das ist eine wichtige Beobachtung; sie

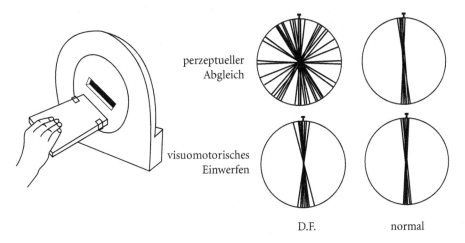

13.2 *Ein Zombie kontrolliert die Hand.* D. F. konnte die Orientierung eines länglichen Schlitzes nicht sehen oder ihn mit der Orientierung einer in der Hand gehaltenen Karte abgleichen (obere Reihe, verglichen mit einer gleichaltrigen gesunden Versuchsperson). Es bereitete ihr jedoch keine Schwierigkeiten, die Karte einzuwerfen. Sie drehte ihre Hand rasch in die richtige Position und warf die Karte ein (untere Reihe). Nach Goodale (2000), verändert.

betont einen Punkt, den ich bereits in Abschnitt 12.2 angesprochen habe. Er besagt, dass die Netzwerke, die für D. F.s Greifbewegungen verantwortlich sind, nicht auf das Arbeitsgedächtnis zugreifen. Warum sollten sie auch? Da sie mit dem Hier und Jetzt beschäftigt sind, arbeiten sie ausschließlich online.[3]

Diese Agnosiepatientin illustriert eindrücklich, dass visuelle Form und Objektinformation für das Bewusstsein verloren gegangen sein können, aber weiterhin das Verhalten beeinflussen. Milner und Goodale formulierten ihre innovative These von den beiden visuellen Strömen angesichts von D. F.s verlorenen und erhalten gebliebenen Fähigkeiten: eine Bahn für bewusstes Sehen, eine zweite für die Umsetzung von retinalem Input in motorische Handlungen, ohne dabei irgendeine Empfindung hervorzurufen. Das ist eine Erweiterung der „wo"- und „was"-Trennung von Ungerleider und Mishkin (Abschnitt 7.5); Milner und Goodale argumentieren, dass das neuronale Substrat für unbewusste, visuo-motorische Handlungen auf der dorsalen *vision-for-action*-Bahn liegt, während Objekterkennung und andere Aufgaben, bei denen visuelles Bewusstsein eine Rolle spielt, von der ventralen *vision-for-perception*-Bahn abhängen, die bei D. F. durch den Sauerstoffmangel schwer geschädigt wurde (Abb. 7.3).

13.2 Blindsehen

Blindsehen (*blindsight*) ist eine ungewöhnliche Störung, bei welcher der Patient auf ein Ziel zeigt oder dessen Lage oder Orientierung korrekt errät, während er kategorisch jede visuelle Wahrnehmung abstreitet. Im Unterschied zur visuellen Agnosie sieht der Patient nichts im betroffenen Sehfeld. Es ist ein seltsames Syndrom, das, als darüber erstmals in der Literatur berichtet wurde, Ungläubigkeit und Spott auslöste. Dank der konzertierten, jahrzehntelangen Forschungen der Neuropsychologen Larry Weiskrantz und Alan Cowey von der Oxford University und Petra Stoerig von der Universität Düsseldorf ist die anfängliche Kritik verstummt. Das Syndrom beweist bei einer Handvoll Menschen die Existenz einiger eingeschränkter visuo-motorischer Verhaltensweisen ohne Sehen. Daher das Oxymoron Blindsehen.[4]

---

[3]Diese Verzögerungsmanipulationen und ihre Effekte auf das Greifverhalten von D. F. und gesunden Versuchspersonen ist in Goodale, Jakobson und Keillor (1994) beschrieben (siehe auch Bridgeman, Peery und Anand, 1997). Hu und Goodale (2000) charakterisieren die verschiedenen Verrechnungsprozesse, die direktem und pantomimisch dargestelltem Greifen bei gesunden Versuchspersonen zugrunde liegen.
[4]Der Originalartikel basierte auf Patienten mit Sehfelddefekten, die Reize in ihrem blinden Feld erkennen konnten, indem sie darauf zeigten, während sie gleichzeitig behaupteten, nichts zu sehen (Pöppel, Held und Frost, 1973). Die aktuellste Referenz ist die ausführliche Monographie von Weiskrantz (1997), während Cowey und Stoerig (1991) sowie Weiskrantz (1996) präzise Zusammenfassungen bieten. Kentridge, Heywood und Weiskrantz (1997), Wessinger, Fendrich und Gazzaniga (1997) sowie Zeki (1995) geben einen Eindruck von der laufenden Debatte um blindsichtige Patienten.

Blindsehen resultiert aus einer Schädigung des primären visuellen Cortex. Infolgedessen sieht der Patient nichts in dem Halbfeld, das dem geschädigten Areal V1 gegenüberliegt. Er ist dort blind. Dennoch kann er grob in die Richtung eine hellen Lichtes zeigen: „Ich habe keine Vorstellung davon, wo das Ziel ist, aber es könnte etwa dort sein." Ein solcher Patient, G. Y., kann fast immer vermuten, in welcher Richtung sich ein Lichtfleck bewegt. Wenn die Bewegung jedoch zu langsam oder der Kontrast zwischen Ziel und Hintergrund zu gering ist, sinkt seine Leistung auf Zufallsniveau – das heißt, der Patient rät nun wirklich. Wenn die Bewegung hingegen auffällig genug ist, kann es sein, dass von einem schwammigen bewussten Konzept berichtet wird, als ob sich „bei geschlossenen Augen eine Hand vor den Augen bewegte", wie ein anderer Patient meinte. Andere blindsichtige Patienten können ein Kreuz von einem Kreis, eine waagerechte von einer senkrechten Linie unterscheiden, oder richtig vermuten, welche von zwei Farben präsent ist.

Einige blindsichtige Menschen können Objekte ergreifen, auch wenn sie deren Form nicht sehen. Ihre Leistung steigert sich, wenn sich der Abstand zwischen Reiz und Reaktion verringert.[5] Das heißt, je rascher ein Patient auf ein ungesehenes Ziel deutet, desto besser sind seine Leistungen (erinnern Sie sich daran, dass eine zweisekündige Verzögerung D. F.s Fähigkeit zur Griffweiteanpassung eliminierte). Die unterbewussten Stimuluspräsentationen beim Blindsehen sind empfindlich. Ohne Feedback von Wahrnehmungssystem können signifikante Verzögerungen nicht toleriert werden.

Es ist wichtig zu betonen, dass blindsichtige Patienten nicht einfach normale visuelle Fähigkeiten *ohne* Bewusstsein haben. Es gibt keinerlei Belege dafür, dass sie eines von mehreren sich unabhängig voneinander bewegenden Zielen verfolgen können, dass sie Information verarbeiten können, die zu verschiedenen Objekten gehört, oder dass sie komplexe Bilder erkennen können. Am wichtigsten ist: Da sie nicht sehen können, können sie visuelle Information auch nicht zur Planung verwenden. Dazu gezwungen, kann ein blindsichtiger Patient unter Umständen richtig vermuten, ob eine Wasserflasche im blinden Feld steht oder nicht, aber er würde die Information nicht benutzen, wenn er plante, eine Wüste zu durchqueren. Information im blinden Feld wird nicht auf spontane, vorsätzliche Weise eingesetzt. Blindsichtige Menschen sind also von den Zombies der Philosophen weit entfernt.

Beim Blindsehen hat der dominante retinale Output – der geniculo-corticale Kanal – seine Endstation in V1 verloren. Wie gelangt also retinale Information in die motorischen Regionen? Höchstwahrscheinlich über die Ganglienzellaxone, welche die Retina mit dem Colliculus superior verbinden (Abb. 3.6). Von dort wandert die Information durch das Pulvinar des Thalamus

---

[5]Perenin und Rossetti (1996), Rossetti (1998) sowie A. Cowey (persönliche Mitteilung).

in die extrastriären visuellen Cortices, wobei sie das geschädigte Areal V1 umgeht.[6]

Am Anfang von Kapitel 8 habe ich gesagt, dass dieser subcorticale Bypass in die visuelle Hierarchie meines Erachtens (entweder hinsichtlich Amplitude oder Dauer) zu schwach ist, Neuronen in der ventralen Bahn lange genug in die nötige Koalition einzubinden, um hinreichend für ein Perzept zu sein. Diese Bahn könnte jedoch unter reizarmen Bedingungen (wenn beispielsweise nur ein einziges Ziel angeboten wird, wie in fast allen Studien zum Blindsehen) hinreichend sein. Bei Konfrontation mit einer komplexeren Szene vermute ich, dass die Repräsentationen von Objekten einander stören und ohne gerichtete Aufmerksamkeit nicht genügend Information herausgefiltert werden kann, um die richtige Reaktion auszulösen.

Was passiert, wenn Neurowissenschaftler versuchen, einen blindsichtigen Affen zu schaffen, indem sie V1 beidseitig zerstören? Die kurze Antwort ist: bemerkenswert wenig. Ein paar Monate nach der Operation fällt es schwer, irgendwelche Ausfälle bei diesen Tieren zu finden. Sie orientieren sich eindeutig nach visuellen Reizen, sie können Erdnüsse finden und aufnehmen sowie Hindernissen ausweichen. Das führt zu der interessanten Frage „Haben diese Tiere irgendein visuelles Empfinden in ihrem blinden Feld?" Für viele erscheint diese Frage grundsätzlich unbeantwortbar. Wie kann man etwas über die phänomenalen Aspekte des Sehens bei einem Geschöpf herausfinden, dass darüber weder sprechen noch schreiben kann?

Cowey und Stoerig belehrten diese Kritiker eines Besseren.[7] Nach der operativen Entfernung von V1 in einer Hemisphäre wurden drei Makaken darauf trainiert, den Computerschirm dort zu berühren, wo ein Licht kurz aufblitzte (*forced-choice localization*). Wie erwartet, konnten sie diese Aufgabe problemlos lösen, gleichgültig, ob das Licht in ihrem normalen oder in ihrem blinden Halbfeld erschien.

Cowey und Stoerig wechselten dann zu einem anderen Test über (*signal detection task*). Wie zuvor sollte der Affe, wenn ein Licht aufblitzte, dessen Position auf dem Schirm berühren. Neu war, dass manchmal eine „leerer" Durchgang ohne Lichtsignal eingeschoben wurde. Bei diesen Durchgängen ohne Zielreiz waren die Tiere darauf trainiert, einen bestimmten Knopf zu drücken, der einen leeren Bildschirm anzeigte. Unter diesen Trainingsbedingungen drückten die Tiere den „Leerfeld"-Knopf, wenn ein heller Lichtfleck in das geschädigte Halbfeld geblitzt wurde, nicht aber, wenn das Licht im sehfähigen

---

[6]Kleinere Projektionen vom CGL nach V2 oder in höhere corticale Areale sind eine andere Möglichkeit.
[7]Cowey und Stoerig (1995). Stoerig, Zontanou und Cowey (2002) verfolgten ihr wegweisendes Tierexperiment weiter, indem sie einen dieser Affen mit vier Patienten mit einseitigen Felddefekten verglichen. Die Ergebnisse bestätigten ihren Ansatz insofern, als der Affe und die Patienten ähnlich reagierten – eine überzeugende Erinnerung daran, dass Neuroanatomie und Psychologie des Sehens bei beiden Arten ähnlich sind.

Feld auftauchte. Mit anderen Worten: Wenn die Affen gezwungen waren, auf das Ziel in ihrem blinden Halbfeld zu zeigen, konnten sie dies wie ihre menschlichen Pendants ohne Probleme. Wenn sie jedoch die Gelegenheit erhielten zu antworten „Ich sehe kein Ziel" – denn das besagte dieser Knopf –, taten sie es.

Die Experimente von Cowey und Stoerig zeigen, dass wir herausfinden können, wessen sich Tiere bewusst sind!

13.3 Komplexe fokale epileptische Anfälle

Bei einem epileptischen Anfall ist die normale Hirnaktivität gestört. Das kann auf vielerlei Weise geschehen. Wegen ihrer dramatischen Manifestationen sind generalisierte Krampfanfälle (*Grand mal*) am besten bekannt; sie ziehen das ganze Gehirn in Mitleidenschaft, führen zu Konvulsionen – rhythmischen Anspannen und Entspannen der Muskulatur – und zu einem völligen Verlust des Bewusstseins.[8]

Von größerem Interesse für das Studium vom Bewusstsein sind fokale oder partielle Anfälle, die nur einen gewissen Teil des Gehirns betreffen. Bei einem einfachen partiellen Anfall ist das Bewusstsein nicht beeinträchtigt. Die charakteristischen rhythmischen Zuckungen können sich auf eine Extremität beschränken, und der Patient kann seltsame Geschmackseindrücke, Gerüche oder Empfindungen erleben. Diese Symptome, die als *Aura* bezeichnet werden, können Vorboten schlimmerer Dinge sein, wenn sich der partielle zu einem komplexen Anfall entwickelt.

Komplexe partielle Anfälle sind gekennzeichnet durch eine Beeinträchtigung oder einen Verlust des Bewusstseins, begleitet von *Automatismen*, wie Kauen, Schmatzen, koordinierte Hand- und Armbewegungen – als ob der Patient ein imaginäres Orchester dirigieren würde –, Lachen, Angstverhalten, Herumnesteln an der Kleidung, Lautäußerungen und so weiter. Wenn der Betroffene nicht zurückgehalten wird, kann es sein, dass er herumwandert und weit entfernt von zuhause oder dem Krankenhaus „aufwacht". Gewöhnlich erinnert sich der Patient an nichts, was während des Anfalls geschehen ist. Sobald die Attacke vorüber ist, fallen einige Patienten erschöpft in Schlaf oder erleben einer Phase der Verwirrtheit, während andere fast sofort wieder voll ansprechbar sind, als sei ein Hebel umgelegt worden.[9] Komplexe fokale Anfälle treten oft im Schläfenlappen auf und dauern einige Minuten.

---

[8]Ein epileptischer Anfall lässt sich als Episode hypersynchroner, sich selbst erhaltender neuronaler Entladung definieren. Die betroffenen Neuronen feuern verstärkt und höchst synchron, statt wie üblich vereinzelt und spärlich.

[9]Ich empfehle Fried (1997) oder Elger (2000) als Einführung in komplexe partielle epileptische Anfälle, Penfield und Jasper (1954) als Klassiker auf diesem Gebiet und Oxbury, Polkey und Duchowny (2000), weil sie das Gebiet ausführlich abdecken. Über den Verlust des Bewusstseins bei Krampfanfällen siehe

Ein Patient, der einen derartigen Anfall erleidet, kann – seinem Verhalten und seinen zur Schau gestellten Emotionen nach – im Besitz seines Bewusstseins erscheinen. Bei einer späteren Attacke kommt es jedoch zu ganz ähnlichen, wenn auch nicht denselben motorischen Manifestationen. Der Patient lächelt wieder und versucht, sein Bett zu verlassen. Er verhält sich wie ein Schauspieler, der immer wieder dieselbe Szene wiederholt und jedes Mal auf dasselbe Stichwort hin lacht. Wenn man einige der Betroffenen eine Zeitlang beobachtet hat, lassen sich solche Automatismen anhand ihrer unnatürlichen, gezwungenen und obsessiven Qualität leicht von bewusstem Verhalten unterscheiden.

Einige Patienten können während dieser kurzen Episoden zumindest begrenzt mit ihrer Umwelt interagieren. Ein Patient konnte Routinefragen beantworten. Ein anderer berichtete von einem Anfall, während er mit dem Fahrrad zur Arbeit fuhr. Nachdem er morgens aufgebrochen war, fand er sich manchmal auf seinem üblichen Weg nach Hause wieder, während er einen Anfall hatte. Andere wandern nachts herum.[10] All das wirft die Frage auf, ob diese Automatismen Überbleibsel von Zombiesystemen sind, die den ansonsten nicht bewussten Patienten animieren.

Das Ausmaß, in dem Bewusstsein während eines Anfalls tatsächlich verloren geht, lässt sich in der Klinik nur schwer verifizieren. Um zu beurteilen, ob irgendetwas anderes als Zombieverhalten präsent ist, könnte man während einer Attacke das Arbeitsgedächtnis testen.[11] Wie in Kapitel 11 und 12 erwähnt, ist die Fähigkeit, Information über mehrere Sekunden zu speichern und zu benutzen, ein wichtiges Kennzeichen bewusster Prozesse und eines, das Zombies nicht zeigen.

Es erscheint plausibel, dass immer dann Automatismen auftreten, wenn die anomalen elektrischen Entladungen die Koalitionen zerstören, welche die NCC

Gloor, Olivier und Ives (1980) sowie Gloor (1986). Mich verwundert die außerordentliche Heterogenität von epileptischen Anfällen (einfache und komplexe Anfälle, Absencen, myoklonische Anfälle und generalisierte tonisch-klonische Anfälle). Ihr Ursprung und ihre Ausbreitung auf andere Hirnareale variiert ebenfalls stark, ebenso ihre Dauer, Semiotik und die mit den Anfällen einhergehenden Auren. Ich beziehe mich an dieser Stelle hauptsächlich auf fokale Anfälle in den Schläfenlappen von Erwachsenen. Ein weiteres faszinierendes Gebiet sind Absencen oder Petit mal. Das sind kurze Perioden wachen Unbewusstseins. Absencen, die meist im Kindesalter auftreten, unterbrechen laufende geistige oder physische Aktivitäten für einige Sekunden, während derer das Kind bewegungslos in den Raum starrt, bevor es abrupt ins Leben zurückkehrt. Bei Absencen kommt es zu Erzeugung anomaler oszillatorischer Entladungen in thalamocorticalen Schaltkreisen (Crunelli und Leresche, 2002). Sie können häufig auftreten, gehen nicht Hand in Hand mit Muskelaktivität und lassen sich mithilfe von Event-Related fMRI gut untersuchen.
[10]Pedley und Guilleminault (1977).
[11]Nehmen wir beispielsweise an, der Patient hört während einer Attacke einen tiefen oder einen hohen Ton. Einige Sekunden später wird derselbe oder ein anderer Ton wieder präsentiert, und der Patient soll mit seiner Hand, seinem Arm oder Kopf auf den Boden zeigen, wenn die beiden Töne übereinstimmen, und zur Decke, wenn sie verschieden sind. Um dieses Experiment durchzuführen, muss sich der Patient während des Anfalls an die Aufgabeninstruktionen erinnern, zumindest ein gewisses Maß an Kontrolle über seine Gliedmaßen haben und Töne hören können (M. Kurthen, T. Grunwald und C. Koch, persönliche Mitteilung).

aufbauen, während die neuronale Aktivität, die den Zombieverhalten zugrunde liegt, weniger störanfällig ist. Klinische Befunde sprechen für eine hemisphärische Tendenz. Partielle Anfälle, an denen der linke oder beide Temporallappen beteiligt sind, beeinträchtigen das Bewusstsein eher als Anfälle, die den rechten Temporallappen betreffen.[12]

Automatismen gezielt zu untersuchen, ist nicht einfach. Sie treten unvorhersehbar auf, und der Patient ist vielleicht nicht in der Lage, die vorher eingeübten motorischen Verhalten auszuführen, weil sein Gehirn nicht kooperiert. Klar ist, dass einige recht komplexe sensomotorische Verhalten ohne viel bewusstes Empfinden selbsttätig ablaufen, wenn Empfinden dabei überhaupt eine Rolle spielt.

13.4 Schlafwandeln

Was ist mit Leuten, die im Schlaf umherwandeln? Sind bei schlafwandlerischen Aktivitäten, die vom Prosaischen – sich im Bett aufsetzen und Unverständliches murmeln – über Ungewöhnliches – sich anziehen und wieder ausziehen, zur Toilette gehen, Möbelstücke umherrücken – bis zum Bizarren – aus dem Fenster kettern, Auto fahren – reichen, Zombiesysteme am Werk? Schlafwandler erscheinen sicherlich nicht bewusst, wenn sie in ihrem Schlafzimmer herumstolpern, antworten nicht, wenn sie angesprochen werden und erinnern sich am nächsten Morgen an nichts Ungewöhnliches.

Schlafwandelepisoden dauern von Minutenbruchteilen bis zu einer halben Stunde. Sie kommen bei Kindern häufiger vor als bei Erwachsenen, treten während der NREM-Phase des Schlafes auf und hinterlassen beim Erwachen keine explizite, bewusste Erinnerung.[13]

Schlafwandler zeigen zombiehafte Züge, die jedem Liebhaber von Horrorfilmen sofort bekannt erscheinen – Fehlen jeglicher Empfindung, starrer Blick[14], außerordentliche Kräfte und ungelenke Bewegungen. Das heißt,

---

[12]Ebner et al. (1995), Inoue und Mihara (1998) sowie Lux et al. (2002). Die linke Hemisphäre ist gewöhnlich die sprachdominante (Kapitel 17), was zu Spekulationen über eine Beziehung zwischen dem Verlust des Bewusstseins, wie in der Klinik festgestellt, und Aphasie geführt hat. In mindestens einem Fall (C. Elger, persönliche Mitteilung) kam es nach einem fokalen Anfall im linken Temporallappen eines Patienten, dessen rechte Hemisphäre sprachdominant war (wie im Wada-Test festgestellt), zu einem Verlust der Ansprechbarkeit. Daher geht die Verbindung zwischen „fehlendem Verhalten" und „fehlendem Bewusstsein" sowie dem linken Temporallappen über Sprache hinaus. Wie viele Hirnstrukturen mindestens von den epileptischen Entladungen betroffen sein müssen, damit das Bewusstsein verloren geht, ist weiterhin ungewiss (Reeves, 1985).
[13]Schalfwandler sind typischerweise feste Schläfer, die schwer zu wecken sind und sich kaum an ihre Träume erinnern. Siehe dazu Kavey et al. (1990), Masand, Popli und Weilburg (1995) sowie Vgontzas und Kales (1999). Die mögliche Beziehung zum Bewusstsein wird von Revonsuo et al. (2000) diskutiert.
[14]Etwas, das schon Shakespeare wusste. In Akt V, Szene 1 von *Macbeth* bemerkt der Arzt, dass Lady Macbeth umherwandert. Er sagt: „Seht, ihre Augen sind offen", worauf die Kammerfrau antwortet „Ja, aber ihre Sinne geschlossen". Siehe auch Jacobson et al. (1965).

Sie erschienen, obwohl im Zustand höchster Aufregung und heftiger autonomer Erregung, wie Automaten, sich nicht dessen bewusst, was sie tun, und reagierten nicht auf Reize aus der Umgebung.[15]

Manchmal werden Schlafwandler gewalttätig und damit zu einer Gefahr für sich selbst, ihren Schlafpartner oder andere. Selten hat dies zu Todesfällen geführt. Wenn die Fälle vor Gericht kommen, beruft sich die Verteidigung auf eine Art *noninsane automatism* (etwa: nicht geisteskranker Automatismus) und argumentiert, der Angeklagte sei nicht er selbst gewesen, als es zu der Gewalttat kam. Nach den heutigen medizinisch-juristischen Standards in den USA ist ein Schlafwandler hinsichtlich *conscious intention* (bewusster Absicht) *tatsächlich* so etwas wie ein Zombie, jemand mit einen beschränkten Verhaltensrepertoire und ohne bewusstes Empfinden.[16]

Wenig ist über das Verhaltensspektrum beim Schlafwandeln bekannt. Zum Beispiel das Sehen: Funktioniert die auf Salienz basierende Aufmerksamkeit? Wahrscheinlich. Kann der Schlafwandler (Top-down)-Aufmerksamkeit auf Objekte und Ereignisse richten? Wahrscheinlich nicht. Funktioniert das Arbeitsgedächtnis? Unwahrscheinlich. Sind die sensomotorischen Systeme aktiv, die Augenbewegung, Körperhaltung, Greifen und Gang kontrollieren? Wahrscheinlich in gewissem Maße.

Was sind die zugrunde liegenden pathologischen Mechanismen? Da Schlafwandeln im Tiefschlaf auftritt, ist das niedrige Niveau der Wecksignale vom Hirnstamm möglicherweise nicht hinreichend, um die andauernde Feedback-Aktivität aufrecht zu erhalten, die nötig ist, damit sich eine dominante Koalition als NCC etabliert (das heißt, die NCC_e aus Kapitel 5 sind nicht vollständig präsent), aber adäquat, um die flüchtigere Feedforward-Aktivität zu vermitteln, die ausreicht, Zombiesysteme „mit Strom zu versorgen". Diese Fragen schlüssig zu beantworten, wird schwierig sein, bis es eine Methode gibt, mit der man Menschen, Affen oder Mäuse zuverlässig in Schlafwandler verwandeln kann.

13.5 Zombies und die NCC

Nun, da Sie wissen, dass sich in Ihrem Kopf eine Armee nicht bewusster Zombies tummelt, wie hilft dies bei dem Bemühen weiter, die NCC zu verstehen?

Erstens kann man die Idee begraben, dass sich nicht bewusste von bewussten Handlungen anhand der Verrechnungskomplexität einer sensomotorischen Aufgabe direkt trennen ließe. Zombies vermitteln nicht-triviale motorische Programme und nicht bloße Reflexe. Stellen Sie sich nur das Netz von Prozes-

---

[15]Seite 738 in Moldofsky et al. (1995).
[16]Über einen Fall von Schlafwandeln, der zu schwerer Körperverletzung mit Todesfolge führte, und die sich daraus ergebenden juristischen Folgen berichten Broughton et al. (1994). Weitere Beispiele finden sich bei Moldofsky et al. (1995) sowie Schenck und Mahowald (1998).

sen vor, das nötig ist, um die *optical flow*-Muster, die auf die Augen treffen, mit Informationen von Vestibularapparat zu kombinieren und den Bewegungsapparat entsprechend zu justieren, um eine aufrechte Körperhaltung zu gewährleisten. Solange diese Prozeduren jedoch immer wieder geschehen, können sie vom Cortex in Absprache mit den Basalganglien erlernt werden (Abschnitt 11.2). Jede Trennung zwischen nicht bewussten und bewussten Prozessen muss diesem Lernaspekt Rechnung tragen; darauf gehe ich im nächsten Kapitel näher ein.

Und zweitens: Was ist mit den Bahnen, die den Zombiehandlungen zugrunde liegen? Eine Möglichkeit ist, dass sie von den Netzwerken, welche die NCC generieren, physisch getrennt sind und separat arbeiten. Das heißt, neuronale Aktivität in einigen Regionen des Gehirns vermittelt Verhalten ohne Bewusstsein, während Aktivität anderswo hinreichend für subjektives Empfinden ist. Milner und Goodale argumentieren überzeugend, dass Sehen, um zu handeln (*vision for action*) von der dorsalen Bahn vermittelt wird, Sehen, um wahrzunehmen (*vision for perception*) hingegen von der ventralen Bahn. Eine andere Möglichkeit ist, dass ein- und dasselbe Netzwerk in zwei verschiedenen *Modi* operiert. Ein Modus basiert auf einer kurzlebigen Netzwelle, die in der sensorischen Peripherie entspringt (beispielsweise in der Retina) und sich rasch durch die verschiedenen corticalen Verabreitungsstufen bewegt, bis sie eine stereotype, nicht bewusste Antwort auslöst. Diese wandernde Netzwelle ist zu flüchtig, um in ihrem Schlepptau eine erhöhte Feuerrate zu hinterlassen. Das wäre der Zombiemodus des Handelns, bei dem das Gehirn im Wesentlichen in einer Feedforward-Manier operiert, ohne dass es zu einem bedeutenden aktiven Feedback käme (Tabelle 5.1).

Wenn der Input hingegen anhaltender ist und durch Top-down-Aufmerksamkeit verstärkt wird, könnte im Netzwerk eine Art stehender Welle oder Resonanz entstehen, wobei Feedback-Bahnen entscheidende Beiträge liefern. Lokales und globaleres Feedback könnte dazu führen, dass Neuronen ihre Spikeaktivität über das Maß an Synchronisation hinaus synchronisieren, das aus dem sensorischen Input selbst resultiert. Das erhöht ihre postsynaptische Schlagkraft im Vergleich zum nicht-synchronen Feuern. Auf diese Weise könnte eine mächtige Neuronenkoalition geschaffen werden, die in der Lage ist, ihren Einfluss bis in alle Winkel des Cortex und darunter spürbar zu machen. Das wäre der langsame Modus, welcher der bewussten Wahrnehmung zugrunde liegt.

Auch wenn diese Ideen noch unausgereift sind, können sie doch detaillierteren Untersuchungen eine Richtung vorgeben. Angesichts der höchst variablen Natur und des ebenso variablen Zeitverlaufs der hier diskutierten neurologischen Ausfälle und der ethischen Grenzen für Experimente an Menschen müssen sich solche Forschungen auf geeignete Tiermodelle konzentrieren. Patienten zu studieren ist wesentlich, um die volle Phänomenologie der Ausfälle und ihren Bezug zum Bewusstsein zu charakterisieren. Aber die zugrunde liegenden neuronalen Schaltkreise zu entwirren, verlangt Eingriffe, die in den riesigen Feldern des Gehirns selektiv einzelne zelluläre Komponenten ins Visier nehmen, und das kann man nicht am Menschen erforschen.

13.6 Ein Turing-Test für Bewusstsein

Im Jahre 1950 veröffentlichte der Mathematiker Alan Turing einen Artikel, in dem es im Rahmen eines *Imitationsspiels* um die Frage ging „Können Maschinen denken?" Heute als *Turing-Test* bekannt, geht es darum, via getippter natürlicher Sprache mit einer Wesenheit eine ausgedehnte Unterhaltung über eine Vielzahl frei wählbarer Themen zu führen, vom Profanen bis zur Esoterik. Wenn der menschliche Gesprächspartner nach einer Weile nicht entscheiden kann, ob die Wesenheit, mit der er interagiert hat, eine Maschine oder ein Mensch ist, muss diese als intelligent betrachtet werden.[17] Der Turing-Test bietet ein praktisches Mittel, Fortschritte bei der Entwicklung intelligenter Maschinen zu beurteilen. Wünschenswert wäre ein ähnliches Arbeitsmittel, um automatisches Zombieverhalten von solchen Verhalten zu unterscheiden, die Bewusstsein verlangen.

Von überragender Bedeutung sind die Befunde an gesunden Menschen, D. F. und blindsichtigen Patienten, dass eine Verzögerung von mehr als ein paar Sekunden viele Zombieverhalten buchstäblich eliminiert. In Kapitel 11 habe ich vermutet, dass komplexe Handlungen, die den Rückhalt von Information über Sekunden benötigen, wie bei der Spuren-Konditionierung oder beim Arbeitsgedächtnis, eine weitere Nagelprobe sein könnten. Gemeinsam könnte eine derartige Batterie von Operationen automatisches von bewusstem Verhalten unterscheiden.

Wählen Sie Ihre bevorzugte sensomotorische Routine bei einer Tierart und erzwingen Sie eine Wartezeit von einigen Sekunden zwischen dem sensorischen Input und der Ausführung der Handlung. Wenn das Subjekt die Aufgabe mit der Verzögerung nicht bewältigen kann, wurde die Handlung wahrscheinlich von einem Zombie vermittelt. Wenn die Leistung des Lebewesens von der Verzögerung nur marginal beeinflusst wird, dann muss der Input in einer Art Kurzzeitspeicher zwischengespeichert worden sein, was ein gewisses Maß an Bewusstsein impliziert. Wenn das Subjekt während dieses Intervalls durch einen auffälligen Reiz (wie Blitzlichter) erfolgreich abgelenkt werden kann, würde das die Schlussfolgerung stärken, dass Aufmerksamkeit daran beteiligt war, während der Verzögerungsperiode aktiv Information zu bewahren.

---

[17]Wegen seiner Einfachheit und Eleganz lohnt es sich, den Originalartikel zu lesen (Turing, 1950). Millican und Clark (1999) liefern eine historische Perspektive und informieren über den aktuellen Status des Turing-Tests.

Hunde bestehen diesen Test – wie wahrscheinlich alle Säuger – ohne Probleme. Man kann einen Knochen außer Sicht verstecken und dem Hund beibringen, still zu sitzen und zu warten, bis er die Erlaubnis erhält, sich den Knochen zu holen.

Das ist sicherlich kein unfehlbarer Test, aber gut genug, um in der Klinik oder im Labor praktisch und nützlich zu sein. Natürlich sind solche Tests zur Erforschung von Fragen im Zusammenhang mit Maschinenbewusstsein irrelevant, weil Computern, Robotern und anderen Artefakten von Menschenhand von völlig anderen Kräften Grenzen gesetzt sind als biologischen Organismen.

13.7 Wiederholung

In diesem Kapitel habe ich mich Störungen gewidmet, die interessante Einblicke darein geben, was Menschen ohne Bewusstsein tun können.

Bei der visuellen Agnosie verlieren die Patienten einen oder mehrere spezifische Aspekte der visuellen Wahrnehmung (Farbe, Bewegung, Gesichter, Form). Die Patientin D. F. ist ein solches Beispiel. Sie kann keine Objekte identifizieren oder deren Form erkennen. Dennoch hat sie eine bemerkenswerte visuelle Reaktivität bewahrt: Sie kann ihre Hand in einen Schlitz mit unterschiedlicher Ausrichtung stecken, sie kann Dinge ergreifen und herumgehen, ohne gegen im Weg liegende Gegenstände zu stoßen. Blindsehende Patienten sind in einem Teil ihres Sehfeldes blind, aber sie können, wenn sie dazu gezwungen sind, auf ein helles Licht zeigen, ihre Augen darauf richten, die Farbe eines unsichtbaren Reizes erraten und so weiter.

Einige dieser Verhalten brechen zusammen, wenn eine Verzögerung von mehreren Sekunden zwischen Reizpräsentation und Handlung eingeschoben wird, was dafür spricht, dass diesen Patienten die nötigen Fähigkeiten fehlen, Information länger als ein paar Sekunden zu speichern. Der hier vorgeschlagene Verzögerungstest stellt eine praktische Möglichkeit dar, Zombiesysteme von bewussten Systemen bei Tieren, Babys oder Menschen mit bestimmten Behinderungen experimentell zu unterscheiden.

Einige Patienten mit komplexen fokalen Krampfanfällen oder Schlafwandler zeigen recht komplexe erlernte motorische Muster; sie wandern umher, schieben Möbel herum oder fahren Auto. In der Regel antworten sie weder auf verbale Ansprache noch erinnern sie sich an Ereignisse, die sich während einer Episode ereignen. Diese Automatismen folgen einem inneren Programm, das – in begrenztem Umfang – von der Umwelt beeinflusst werden kann.

Was liegt der Trennung von automatischen Verhalten und solchen, die Bewusstsein verlangen, zugrunde? Vom Konzept her am simpelsten ist die Möglichkeit, dass verschiedene Netzwerke zombiehaftes und bewusstes Verhalten vermitteln. Zombies leben vielleicht außerhalb des eigentlichen Cortex wie auch in der dorsalen Bahn, während bewusste visuelle Wahrnehmung von der ventralen Bahn vermittelt wird. Wie ein seit langem verheiratetes Paar haben beide ihre ganz eigenen Tugenden und Laster, arbeiten aber harmonisch zusammen.

Andererseits könnte dasselbe Netzwerk in zwei Modi arbeiten. Eine kurzlebige Netzwelle wird von der sensorischen Peripherie durch die corticale Hierarchie zu den Output-Stufen getrieben. Das geschieht so schnell, dass jedes Neuron nur ein paar Spikes beiträgt, sodass im Schlepptau der Netzwelle keine lang andauernde Aktivität bestehen bleibt. Das reicht hin, um stereotype Handlungen ohne bewusstes Empfinden einzuleiten. Wenn der Input hingegen länger anhält oder von Top-down-Aufmerksamkeit verstärkt wird, baut sich eine lang anhaltende zurückstrahlende Aktivität auf, welche mächtig genug ist, die für bewusste Wahrnehmung nötigen Koalitionen zu schaffen.

Wenn Zombies so effizient sind, welche Funktion hat das Bewusstsein? Warum sich überhaupt mit Bewusstsein abgeben? Um diese Fragen anzugehen, muss ich mich mit den beiden Konzepten auseinandersetzen, die im Zentrum des Leib-Seele-Problems stehen – Qualia und Bedeutung.

Kapitel 14

Einige Spekulationen über die Funktionen des Bewusstseins

Einführung in die Psychologie: Die Theorie menschlichen Verhaltens. ... Gibt es eine Trennung zwischen Leib und Seele, und, wenn ja, was ist günstiger zu besitzen? ...
Der besonderen Beachtung empfohlen wird eine Untersuchung des Bewußten im Gegensatz zum Unbewußten mit vielen hilfreichen Hinweisen, wie man bei Bewußtsein bleibt.

aus *Wie Du Dir, so ich mir* von Woody Allen

Warum soll man sich überhaupt mit Bewusstsein befassen? Die vorangegangenen beiden Kapitel beschäftigten sich mit sensomotorischen Systemen bei gesunden Personen und solchen mit Hirnschädigungen. Dabei habe ich besonders hervorgehoben, wie schnell und fehlerlos diese Personen erlernten, stereotype Verhaltensweisen ausführen. Die Existenz dieser automatischen Systeme wirft schwer wiegende Fragen auf. Wenn so viel Verarbeitung im Dunkeln und ganz ohne Gefühle erfolgen kann, wozu braucht man dann überhaupt ein bewusstes Geistesleben? Welche Vorteile waren es, die dazu führten, dass die Evolution Gehirne mit Bewusstsein Gehirnen vorzog, die nicht mehr sind als ein Bündel von Zombiesystemen?

Das Bewusstsein ist eine Eigenschaft bestimmter biologischer Organe einer hohen Entwicklungsstufe.[1] Phänomenales Erleben dient also höchstwahrscheinlich einem bestimmten Zweck. In einer von Konkurrenz geprägten Welt muss Bewusstsein dem Organismus einen Vorsprung vor nicht-bewussten Zombiewesen verschaffen.

In den letzten zwei Jahrzehnten haben Schriftsteller, Philosophen, Wissenschaftler und Ingenieure vieles über die Funktion des Bewusstseins zu Papier gebracht. Die meisten dieser Spekulationen zielen auf die Berechnungsfunktion ab und identifizieren eine oder mehrere Aufgaben der Informationsverarbeitung als typisch und entscheidend für das Bewusstsein. Die Liste der mutmaßlichen Funktionen ist umfangreich und umfasst unter anderem

---

[1]Natürlich sind nicht alle komplexen und hoch entwickelten Organe empfindunsfähig. Die Leber ist es nicht und das Immunsystem auch nicht. Das *enterale Nervensystem* – 100 Millionen Neuronen oder mehr, die unseren Darm auskleiden – scheint unbewusst zu agieren (wenn der Darm ein Bewusstsein hat, so teilt er es dem Gehirn jedenfalls nicht mit). Und das ist auch gut so, denn die wenigen Signale, die es liefert, sind verantwortlich für Empfindungen wie Völlegefühl oder Übelkeit (Gershon, 1998).

verbesserten Zugriff auf das Kurzzeitgedächtnis,
perzeptuelle Kategorisierung,
Entscheidungsfindung,
Planung und Steuerung des Handelns,
Motivation,
Schaffung langfristiger Ziele,
Erlernen komplexer Aufgaben,
Entdecken von Widersprüchen und Anomalien in der Welt und im Körper,
Einordnen des jeweiligen Augenblicks,
Anwenden selektiver Aufmerksamkeit (*top-down attentional selection*),
Kreativität,
Bildung von Analogien,
Selbstkontrolle,
Schaffen rekursiver Modelle,
Arbeiten mit nicht berechenbaren Funktionen,
Ableiten des Zustandes anderer Tiere oder Menschen und
Gebrauch von Sprache.

Da einige besonders fortschrittliche Computer eine parallele Computerarchitektur aufweisen, glaubt Marvin Minsky, ein Pionier auf dem Gebiet der Erforschung künstlicher Intelligenz, dass Bewusstsein aus den komplexen Interaktionen einer Vielzahl von autonomen und recht einfach gestrickten Systemen erwachse. Der Kognitionswissenschaftler Johnson-Laird betrachtet Bewusstsein als operatives System, das einen hierarchisch und doch parallel organisierten Computer aus zahlreichen individuellen Modulen steuert. Es ruft einige Routineaktivitäten ab und inaktiviert andere, hat aber auch die Macht, ein Modell von sich selbst zu schaffen, was Selbst-Bewusstsein entstehen lässt. Insgesamt gibt es eine bunte Vielfalt postulierter Funktionen, von denen einige allerdings mehr als andere dazu beitragen, die Funktionen des im Laufe der Evolution entstandenen Bewusstseins zu erklären.[2]

Vorsicht: Bis hierher ist dieses Buch mehr oder weniger dicht an den Fakten geblieben und konzentrierte sich auf die maßgeblichen Arbeiten aus Psychologie und Hirnforschung. Dieses Kapitel ist insofern anders, als ich meinen Lesern nun Francis' und meine Spekulationen über die Funktionen von Bewusstsein und Qualia mitteilen werde. Was unsere Sichtweise vielleicht von vielen der im vorigen Absatz genannten Vorschläge unterscheidet, ist, dass sie auf einige spezifische und empirisch verifizierbare Vorhersagen hinaus-

---

[2]Eine eingehendere Diskussion liefern Johnson-Laird (1983), Minsky (1985), Velmans (1991), Mandler (2002) und Kapitel 10 von Baars (1988). Die Auffassung vom Gehirn/Geist als Parallelcomputer ist nur die jüngste in einer langen Reihe technologischer Metaphern, die von Parallel- und Von-Neumann-Computern, Telefonvermittlungen, Dampfmaschinen und Uhren bis zu den Wachstafeln im antiken Griechenland zurückgeht.

läuft. Sollten Sie solche Spekulationen nicht schätzen, gehen Sie bitte direkt zu Abschnitt 14.7 weiter.

14.1 Bewusstsein als Abstract

In unserer ersten gemeinsamen Veröffentlichung zum Thema Bewusstsein hatten Francis und ich noch das Gefühl, es sei zu früh, über dessen Zweck zu spekulieren, solange wir nicht mehr darüber wussten, wie und wo im Gehirn es agiert. Diese Ansicht revidierten wir einige Jahre später und formulierten unsere Vorstellung von seiner Funktion wie folgt:

> Unsere ... Annahme basiert auf der allgemeinen Vorstellung, das visuelle Bewusstsein (oder genauer: sein neuronales Korrelat) habe einen biologischen Nutzen. Dieser besteht darin, unter Rückgriff auf vergangene eigene Erfahrungen oder solche unserer Vorfahren (verankert in unseren Genen) die beste aktuelle Interpretation des visuellen Szenarios zu erstellen und diese ausreichend lange jenen Teilen des Gehirns verfügbar zu machen, die willkürlichen motorischen Output (dieser oder jener Art) abwägen, planen und ausführen.[3]

Wie viele Menschen in unserer übervernetzten Welt leidet auch das Zentralnervensystem an Informationsüberflutung. Es strömen so viele Daten über die sich ständig verändernde Umwelt durch die sensorischen Bahnen herein, dass das Gehirn sie nicht alle simultan verarbeiten kann. Wie ich schon in Kapitel 3 erwähnte, laufen allein über den Sehnerv in jeder Sekunde Millionen Bits an Information. Unser Körper bewegt sich ständig und korrigiert seine Position, er sendet Spikes ins Gehirn, welche die Stellung der Gelenke, die Dehnung der Muskeln und dergleichen codieren. Wir bewegen uns in Wolken von Duftmolekülen, die umherschweben und mit unserem Nasenschleim interagieren. Eine Symphonie von Geräuschen dringt ständig in unsere Ohren. Aus diesem Gewimmel sensorischer Ereignisse schaffen es nur einige privilegierte, zu phänomenalen Empfindungen zu werden; die übrigen werden in eine Art Erlebens-Unterwelt verstoßen.

Die Strategie der natürlichen Selektion besteht letztlich darin, dass die meisten relevanten Fakten über die Außenwelt kompakt zusammengefasst und in dieser Kurzform an die Planungsstufen geschickt werden, die dann über das optimale Handeln des Organismus entscheiden. Eine solche Zusammenfassung bedeutet zwangsläufig, dass Information verloren geht. In einer dynamischen Umwelt voller Raubfeinde ist es jedoch meist günstiger, schnell zu entscheiden und zu handeln, als zu lange nach der besten Lösung zu suchen. In einer Welt, in welcher der am besten Angepasste überlebt, kann das Beste der Feind des Guten sein.

---

[3]Crick und Koch (1995a).

Diese wenigen, mit Qualia belegten Informationen werden dann an die Planungsstufen des Gehirns geschickt, um zur Entscheidung über das zukünftige Handeln beizutragen. So könnten Sie beispielsweise vor sich einen Zähne fletschenden, knurrenden Hund sehen und zu Ihrer Rechten eine offene Tür. In diesem Augenblick ist alles andere irrelevant.

Diese Funktion des Bewusstseins ist der Strategie nicht unähnlich, die viele Chefs großer Konzerne verfolgen, nämlich: „Ich brauche eine kompakte Zusammenfassung aller wichtigen Fakten, und zwar *sofort.*" Der frühere US-Präsident Ronald Reagan war berühmt dafür, dass er von seinen Beratern verlangte, jede Angelegenheit, über die er zu entscheiden hatte – von der Steuerreform bis zum Abwehrraketenprogramm –, auf einer Seite zusammenzufassen. Dieses *Abstract* zur Vorlage beim Vorgesetzten (*executive summary*) wurde dann benutzt, um endgültige politische Empfehlungen auszusprechen. Natürlich können Mitarbeiter und Datenbanken zu jedem Thema noch viel mehr Hintergrundinformationen beisteuern, doch oft zwingt Zeitmangel dazu, Entscheidungen auf Basis dieser knappen Auswahl von Meinungen und Fakten sowie der Erfahrung der Chefetage zu treffen.

Nach unserer Auffassung ist die Situation im Gehirn ganz ähnlich. Den Teilen des Gehirns, die unter verschiedenen Aktivitätsplänen wählen, wird – für eine ausreichende Zeitdauer – eine einzelne, kompakte Repräsentation der Außenwelt angeboten. Darum geht es bei der bewussten Wahrnehmung. Da nur ein paar Gesichtspunkte in dieser Weise präsentiert werden, lässt sich die Information rasch verarbeiten.

Der eigentliche Zweck, zu dem sich das Bewusstsein ursprünglich entwickelt hat, ist inzwischen vielleicht durch andere Funktionen ergänzt oder sogar ersetzt worden. Zweifellos ist das Bewusstsein wichtig für Sprache, für künstlerische, mathematische und wissenschaftliche Gedankengänge[4] sowie das Vermitteln von Information über uns selbst an andere. Ist Information erst einmal dem Bewusstsein zugänglich, lässt sie sich dazu nutzen, Zombieverhalten, Handlungen und Erinnerungen abzulehnen und zu unterdrücken, die in dieser Situation unpassend sind.[5] Da aber das erste Auftreten bewusster Lebewesen wahrscheinlich Jahrmillionen vor dem Erscheinen moderner Menschen erfolgte,[6] können diese übergeordneten – auf Hominiden beschränkten – Aspekte

---

[4]Allerdings ist Nachdenken oft auch unbewusst möglich (Kapitel 18).

[5]Wenn Sie ungeduldig vor einer roten Ampel warten, wollen Sie instinktiv mit dem Auto losrasen, sobald Sie grünes Licht haben; diesen Impuls müssen Sie allerdings unterdrücken, wenn sich noch ein Fußgänger auf der Fahrbahn befindet. Belege für die Unterdrückung von Erinnerungen und Verhaltensweisen liefern Anderson und Green (2001) sowie Mitchell, Macrae und Gilchrist (2002).

[6]In seinem Buch *The Origin of Consciousness in the Breakdown of the Bicameral Mind* betrachtet der Psychologe Julian Jaynes (1976) das Bewusstsein als erlernten Prozess, der irgendwann im zweiten Jahrtausend v. Chr. entstand, als die Menschen endlich erkannten, dass es sich bei den Stimmen in ihren Köpfen nicht um die Götter handelte, die zu ihnen sprachen, sondern um ihre eigene innere Stimme. Das Buch liest sich gut und steckt voller interessanter archäologischer, literarischer und psychologischer

des Bewusstseins nicht entscheidend dafür gewesen sein, dass die Evolution bewusste Phänotypen Zombiesystemen vorzog.

Alle Tiere mit Tausenden von visuellen, taktilen, auditorischen und olfaktorischen Rezeptoren sehen sich demselben Ansturm von sensorischen Informationen gegenüber und würden von einem zusammenfassenden Abstract profitieren, das ihnen erlaubt, die nächsten Schritte zu planen.

Damit möchte ich nicht sagen, dass Planen und Entscheiden selbst zwangsläufig bewusste geistige Aktivitäten sind. Vielmehr sprechen zahlreiche Belege für das Gegenteil. Allerdings behaupte ich sehr wohl, dass Bewusstsein an der Schnittfläche von sensorischer Verarbeitung und Planung auftritt.

All diese Überlegungen zur Funktion des Bewusstseins sind mit Vorsicht zu genießen. Letztlich kommt es darauf an, in welchem Ausmaß diese Spekulationen etwas über die NCC verraten. Darauf komme ich in Abschnitt 14.7 noch einmal zurück.

14.2 Bewusstsein und das Trainieren sensomotorischer Systeme

Unsere Hypothese lässt sich durchaus mit der Existenz einer Vielzahl stereotyper sensomotorischer Verhaltensweisen vereinbaren, die das Bewusstsein umgehen. Eine Ansammlung von Spezialisten kann jedoch nicht besonders gut mit neuen oder überraschenden Situationen umgehen – und hier kommt das Bewusstsein ins Spiel. Da die NCC einer Art anhaltender Aktivität entsprechen, die zwar selektiv, aber doch breit gestreut durch das gesamte Vorderhirn projiziert, stehen zahlreiche Verarbeitungs- und Erinnerungsressourcen zur Verfügung, sobald ein Ereignis bewusst registriert wird. Zudem stehen motorische Systeme bereit, um die gewünschte Aktion auszuführen. Das Bewusstsein kann also mit den vielen Aufgaben der realen Welt umgehen, die oft widersprüchliche Anforderungen an uns stellen (etwa wenn wir uns in einer unbekannten Gegend schnell orientieren müssen).

Der Preis, den wir dafür zahlen müssen, besteht allerdings in den mehreren hundert Millisekunden, die ein sensorisches Ereignis braucht, um uns bewusst zu werden – ein Sekundenbruchteil, der im Kampf ums Dasein über Leben und Tod entscheiden kann.

Glücklicherweise lässt sich dank der unglaublichen Lernfähigkeit von Gehirnen ein Zombiesystem darauf trainieren, Aktivitäten auszuführen, die zuvor unser Bewusstsein beanspruchten. Eine Abfolge sensomotorischer Aktionen kann also durch konstante Wiederholung zu einem ausgefeilten motorischen Pro-

---

Beobachtungen; Aspekte der Hirnforschung und überprüfbare Hypothesen sucht man allerdings vergebens. Seine zentrale These ist zweifellos völlig falsch. Der Philosoph W. V. Quine fragte Jaynes, wie es sich für die Menschen anfühlte, etwas zu erleben, bevor sie „das Bewusstsein entdeckten", und Jaynes soll geantwortet haben, dass die Menschen damals nicht mehr Erleben hatten als ein Tisch! (Ned Block, persönliche Mitteilung.)

gramm zusammengefügt werden. Das geschieht etwa, wenn man lernt, Fahrrad zu fahren, zu segeln, Rock'n Roll zu tanzen, eine steile Wand zu erklettern oder ein Instrument zu spielen. In der Lernphase richten wir unsere besondere Aufmerksamkeit darauf, wie wir unsere Hände, Finger und Füße halten und bewegen, wir halten uns eng an die Anweisungen des Lehrers, achten auf die Umgebung und so fort. Bei genügender Übung jedoch wird das Erlernte mühelos, die Bewegung des Körpers flüssig und schnell, ohne unnötigen Energieaufwand. Wir führen die Handlung abseits des Ich, abseits des Bewusstseins aus, ohne darüber nachzudenken, was als nächstes zu tun ist. Sie läuft ganz natürlich ab.[7]

An diesem Punkt steht das Bewusstsein paradoxerweise dem reibungslosen und schnellen Ausführen der Aufgabe im Wege. Wenn Sie ihrer Tennispartnerin ein Kompliment über ihre beeindruckende Rückhand machen, kann die Beachtung, die sie ihrem nächsten Return schenkt, ihre Leistung bei den nächsten Ballwechseln schwächen. Ähnliches geschieht, wenn man ein bestens einstudiertes Musikstück spielt, das man längere Zeit nicht mehr geübt hat. Am besten „lässt man die Finger spielen", denn fängt man erst an, über die einzelnen Themen und Notensequenzen nachzudenken, vertut man sich leicht.

Ein Baseballspieler verbringt zur Verbesserung seiner Auge-Hand-Koordination oft viele Stunden beim Training auf dem Spielfeld, bis das Fangen des Balles und das werfen zum ersten Base „automatisch" erfolgt. Damit schafft er aktiv ein Zombiesystem. Anfangs sind Schaltkreise im hinteren parietalen und medialen präfrontalen Cortex beteiligt, zusammen mit den Basalganglien und dem Kleinhirn (Cerebellum). Ist das Training abgeschlossen, verliert der präfrontale Cortex seine Bedeutung, denn nun haben das Striatum und andere Basalganglienstrukturen die Steuerung der routinierten, zielgerichteten Verhaltensweise übernommen. Sie koordinieren das Zusammenspiel der Muskeln, optimieren die Ausführung und umgehen jene Verzögerung, die ein Rückgriff auf die bewusste, planende Stufe mit sich brächte. Darum üben Sportler, Soldaten und Jongleure immer und immer wieder Situationen ein, bei denen ein Sekundenbruchteil über Sieg oder Niederlage entscheidet.

Genau das können Sie in jedem Trainingshandbuch nachlesen, ganz gleich für welche Sportart. Ein wunderbares Beispiel findet sich in einer Perle der kontemplativen Literatur, Eugen Herrigels *Zen in der Kunst des Bogenschiessens*. Gegen Ende dieses schmalen Bandes erläutert Herrigel, wie man es als Schwertkämpfer zur Meisterschaft bringt:

> Der Lehrling muß also gleichsam einen neuen Sinn oder, richtiger gesagt, eine neue Wachheit aller seiner Sinne erlangen, die ihn dazu befähigt, drohenden Hieben zu entgehen, als habe er sie vorausgefühlt. Beherrscht er diese Kunst des Ausweichens, dann hat er nicht mehr nötig, mit

---

[7]Das soll nicht bedeuten, das jedes Lernen Bewusstsein erfordert. Ein ganzer Forschungszweig beschäftigt sich mit dem *impliziten Lernen*, insbesondere dem nicht-bewussten Erlernen motorischer Abläufe (Cleeremans et al., 1998; Destrebecqz und Cleeremans, 2001).

ungeteilter Aufmerksamkeit die Bewegungen seines Gegners oder gar mehrere Gegner zugleich im Auge zu behalten. In dem Augenblick vielmehr, in dem er sieht und vorausfühlt, was zu geschehen anhebt, hat er sich schon instinktiv der Auswirkung dieses Geschehens entzogen, ohne daß zwischen Wahrnehmen und ausweichen „ein Haarbreit dazwischen" wäre. Darauf also kommt es an: auf dieses unvermittelt blitzschnelle Reagieren, das bewußter Beobachtung gar nicht mehr bedarf. Und so hat sich der Lehrling, in dieser Hinsicht wenigstens, von allem bewußten Absehen unabhängig gemacht. Und viel ist damit schon gewonnen.

Menschen bewundern und verherrlichen derartige Leistungen. Allerdings dürfen wir nicht vergessen, dass ein solches Können nur in einem eng begrenzten Kontext von Nutzen ist (ausgenommen die paar Glücklichen an der Spitze eines Berufes, die damit ihren Lebensunterhalt verdienen). Deshalb braucht es einen weniger spezifischen Mechanismus, um mit neuen oder selten erlebten Situationen umzugehen. Dieser bietet Zugang zu Planung, intelligenten Überlegungen und Entscheidungsfindung. Deren Handeln ist flexibler, aber leider auch langsamer.

14.3 Warum das Gehirn nicht einfach ein Bündel von Zombiesystemen ist

Wenn diese sensomotorischen Online-Systeme so schnell und effektiv sind, warum verzichten wir dann nicht einfach auf Bewusstsein? Vielleicht würde der Organismus auf lange Sicht davon profitieren, wenn die langsamere, bewusste Planungsstufe durch ein Bündel nicht-bewusster Systeme ersetzt würde. Der damit verbundene Nachteil wäre allerdings das vollkommene Fehlen subjektiven geistigen Erlebens. Keinerlei Gefühle!

Angesichts der zahlreichen Sinnesorgane – Augen, Ohren, Nase, Zunge, Haut –, die das Gehirn mit Information über die Umwelt überfluten, und angesichts der vielfältigen Effektoren – Augen, Kopf, Arme und Finger, Beine und Füße, Rumpf –, die das Gehirn steuert, ist es wahrscheinlich nicht effizient, für jede denkbare Input-Output-Kombination Zombiesysteme zu entwickeln. Es bräuchte zu viele davon und zudem etwas, das ihre Aktivitäten koordiniert, vor allem, wenn sie unterschiedliche Ziele verfolgen. Ein solches Nervensystem wäre höchstwahrscheinlich größer und weniger flexibel als ein Gehirn, das eine gemischte Strategie aus Zombiesystemen in Kombination mit einem flexibleren, bewussten Modul verfolgt.

Ich behaupte nicht, dass es keinen „Über-Zombie" geben oder man einen solchen nicht künstlich herstellen könnte. Darüber weiß ich nichts. Ich behaupte, dass die natürliche Selektion Gehirne favorisierte, die eine zweigleisige Strategie verfolgen.[8]

---

[8]Wenn die Evolution auf diesem Planeten keine Wesen mit Bewusstsein hervorgebracht hätte, könnten Sie und ich nicht über Bewusstsein nachsinnen. In diesem Sinne ist die Situation vielleicht analog zum so genannten *anthropischen Prinzip* der Kosmologie, das postuliert, dass die physikalischen Gesetze des Universums offenbar das Enstehen von Leben stark begünstigen (Barrow und Tipler, 1986).

Eine hilfreiche Analogie bieten eingebettete digitale Prozessoren. Diese kleinen, schnellen und wenig Strom verbrauchenden Mikroprozessoren dienen einer speziellen Aufgabe und sind in Handys, Videospielkonsolen, Waschmaschinen, digitalen Organizern und Autos allgegenwärtig. Dagegen stehen die größeren, teureren und mehr Strom verbrauchenden, aber auch leistungsstärkeren Prozessoren aus Computern. Ein wirklich adaptiver Roboter oder ein anderes künstliches Geschöpf wird beide nutzen – und so ist es vielleicht auch mit unserem Gehirn.

14.4 Spielen Gefühle eine Rolle?

Keine der bisher umrissenen Ideen macht den zentralen Aspekt des Leib-Seele-Problems auch nur ein bisschen verständlicher. Warum sollte Planung, ja warum sollte *irgendeine* Funktion mit Gefühlen einhergehen?

Die meisten Denker der vergangenen Jahrhunderte haben die Existenz von Empfindungen und Qualia als gegebene Tatsachen des Lebens hingenommen. Viele ringen jedoch immer noch um eine Antwort, wenn sie dem Bewusstsein eine Funktion zuschreiben sollen. Daher schließen sie, dass das Bewusstsein ein *Epiphänomen* ohne kausale Funktion ist, so wie das Geräusch, welches das Herz beim Schlagen erzeugt. Dieses Geräusch ist für den Kardiologen bei der Diagnose nützlich, hat aber keinerlei Auswirkungen auf den Körper. Thomas Henry Huxley, ein britischer Naturforscher und Fürsprecher Darwins, drückte diese Annahme mit diesen bemerkenswerten Worten aus:

> Das Bewusstsein der Tiere scheint zu dem Mechanismus ihres Körpers nur als Nebenprodukt seines Funktionierens in Beziehung zu stehen, ohne jede Macht, dieses zu modifzieren, so wie die Pfeife, welche die Tätigkeit einer Dampflokomotive begleitet, deren Maschinerie nicht zu beeinflussen vermag.[9]

Der Glaube, dass phänomenales Bewusstsein real ist, aber unfähig, Ereignisse in der phsyikalischen Welt zu beeinflussen, findet sich auch bei heutigen Philosophen bemerkenswert häufig. Zwar lässt sich diese Vorstellung derzeit nicht widerlegen, aber doch entkräften, denn sie beruht auf einem Trick, auf Fingerfertigkeit.

Alle funktionalen Aspekte des Bewusstseins werden in einer Kategorie zusammengeworfen, die der amerikanische Philosoph Ned Block *access consciousness* („Zugriffsbewusstsein") nennt. Die Fähigkeiten des Bewusstseins,

---

[9]Dieses Zitat entstammt einer bemerkenswerten Rede, die Huxley 1884 vor der British Association for the Advancement of Science hielt. Er widersprach Descartes' Auffassung, dass Tiere bloße Maschinen oder Automaten seien, denen nicht nur Vernunft, sondern jede Form von Bewusstsein fehle. Huxley nahm vielmehr an, dass manche Tierarten aus Gründen der biologischen Kontinuität bestimmte Bewusstseinsaspekte mit den Menschen gemein hätten. Allerdings konnte auch er die Frage nach der Funktion des Bewusstseins nicht beantworten.

sich bestimmten Ereignissen zuzuwenden und diese einzuordnen, zu planen und anschließend zu entscheiden, sich an Situationen zu erinnern und dergleichen mehr, sind allesamt Beispiele für das *access consciousness*. Da diese Prozesse eine Funktion erfüllen, ist es prinzipiell nur folgerichtig, sich vorzustellen, wie Nervensysteme diese Funktionen erfüllen (wenn auch praktische, instrumentelle und konzeptuelle Limitierungen den Entdeckungsprozess über Jahrzehnte ausdehnen). Darum betrachtet Chalmers diese als Teil des *Einfachen Problems* des Bewusstseins. Wenn Ihnen eine neue Funktion einfällt, nur zu, ab damit ins *access consciousness*.

Was bleibt, sind die Gefühle – das *phänomenale Bewusstsein*. Sie sind das unmittelbare Erleben der eindringlichen, traurigen Klänge von Miles Davis' *Kind of Blue* oder das ekstatische, fast deliröse Gefühl einer durchtanzten Nacht. Diese Qualia existieren, aber sie erfüllen keine Funktion. Wenn die gestrige Wurzelbehandlung beim Zahnarzt dazu führt, dass Sie sich am liebsten im Bett verkriechen würden, ist das Teil des *access consciousness*, während die unbeschreibliche, schlimme Qualität des Schmerzes – der subjektive Anteil – phänomenal ist. Chalmers bezeichnet die Frage, wie die physikalische Welt generell Qualia erzeugt, bekanntermaßen als das *Schwierige Problem*. Da Qualia keine Funktion erfüllen, so Chalmers, wird es niemals eine reduktionistische Erklärung des Schwierigen Problems mithilfe des Einfachen Problems geben.[10]

Ich halte solche Gedankengänge für wenig überzeugend. Dass sich jemand *nicht vorstellen kann*, dass Qualia eine Funktion erfüllen, bedeutet noch nicht, dass sie *keine haben*. Es bedeutet vielleicht nur, dass der konzeptuelle Rahmen dieser Person unzureichend ist. Ich möchte Ihnen im Folgenden eine alternative Sichtweise vorstellen.

14.5 Bedeutung und Neuronen

Zu diesem Zweck muss ich mich mit dem verwandten Problem von Bedeutung im Sinne von Inhalt auseinandersetzen. Das in Abb. 2.1 gezeigte Neuron reagiert auf eine gebogene Büroklammer, die der Affe aus einem bestimmten

---

[10]Block (1995) unterschied erstmals zwischen Zugriffsbewusstsein und phänomenalem Bewusstsein (siehe auch Block, 1996). Der von Block, Flanagan und Güzeldere (1997) herausgegebene Band vertieft diese Thematik. Wie schon in Kapitel 1 erläutert, unterscheide ich nicht zwischen diesen beiden Bewusstseinsformen. Gute Argumente für das *Einfache* und das *Schwierige Problem* liefert Chalmers (1996). Diese Zweiteilung hat eine Vielfalt von Sekundärliteratur nach sich gezogen (Shear, 1997). Zweifellos sind auch heute, zu Beginn des 21. Jahrhunderts, die phänomenalen Aspekte des Bewusstseins noch immer mehr als rätselhaft – ein wahrhaft schwieriges Problem. Ob es ein *Schwieriges Problem* bleibt, wird sich noch zeigen. Andere Philosophen nehmen Abstand von der Idee, dass Qualia in irgendeiner Form real existieren (so etwa Dennett, 1991). Ihrer Auffassung nach wird sich das Leib-Seele-Problem auflösen, sobald wir das Zugriffsbewusstsein und seine materielle Manifestation im Gehirn kennen.

Blickwinkel sieht. Der Neurowissenschaftler erkennt dies am Versuchsaufbau, der Büroklammer im Blickfeld des Affen, der Reaktion der Zelle und so fort; woher aber wissen es die Neuronen im Gehirn des Affen, das Input von dieser einen Zelle erhält? Dies ist das Problem der *Bedeutung* (von Philosphen auch als Problem der *Intentionalität* bezeichnet).

Mit Bedeutung hat man sich traditionell im Kontext der linguistischen *Semantik* befasst. Vor dem Hintergrund der in den vergangenen 100 Jahren immer wichtiger gewordenen symbolischen Logik und Theorien der Informationsverarbeitung analysierte man Bedeutung meist im Hinblick auf linguistische Repräsentationen. Fragen wie „Wie kann das Wort ‚Löwe' den tatsächlichen Löwen bedeuten?" wurden immer und immer wieder diskutiert, analysiert und nochmals analysiert. Die Repräsentationen für Sprache müssen sich jedoch aus räumlichen, visuellen und auditorischen Repräsentationen entwickelt haben, die Mensch und Tier gemeinsam haben. An Erkenntnissen darüber, wie Gehirnstufen von etwas handeln oder sich auf etwas beziehen können, hat die fast ausschließliche Beschäftigung mit Logik und Sprache vergleichsweise wenig eingebracht. Zum Glück macht sie heute allmählich der *Neurosemantik* Platz, die sich damit befasst, wie Bedeutung aus Gehirnen erwächst, die von der Evolution geformt wurden.[11]

Zwei entscheidende Fragen stehen noch an: Wo in der Welt entsteht Bedeutung? Und wie wird Bedeutung von zarten, weichen Neuronen instantiiert?

Über die Ursprünge von Bedeutung

Es gibt viele Quellen von Bedeutung in der Welt. Eine Gruppe stellen genetisch festgelegte Prädispositionen. Kinder kommen nicht als unbeschriebenes Blatt mit einem leeren Geist zur Welt. Sie suchen nach Angenehmen, etwa dem Trinken an der mütterlichen Brust, und vermeiden Schmerzen. Dafür zu sorgen, dass die grundlegenden hedonistischen Triebe stimmen, indem man sie vorgeburtlich festschreibt, ist ganz eindeutig dem Überleben zuträglich.

Eine zweite, reichere Quelle von Bedeutung bilden die Myriaden von sensomotorischen Interaktionen, in die wir von der Stunde unserer Geburt an praktizieren. Sie rufen stillschweigende Erwartungen hervor, die alles, was wir denken, tun oder sagen, mit Informationen versehen. Wenn wir den Kopf drehen, erwartet unser Gehirn, dass sich das Bild auf der Retina entsprechend verschiebt. Wenn Sie nach etwas greifen, das aussieht wie ein Hammer, erwarten Sie, dass es recht schwer ist, und spannen Ihre Muskeln entsprechend an. Wir wissen, dass wir vorsichtig sein müssen, wenn wir ein bis an den Rand mit

---

[11]Die Literatur zu Intentionalität, Bedeutung und Geist reicht zwei Jahrtausende zurück, nämlich bis zur Stoa im alten Athen. Im Großen und Ganzen aber hat die Frage, wie Bedeutung aus dem Gehirn erwächst, die Wissenschaft erst in den letzten Jahrzehnten beschäftigt (Dennett, 1969; Eliasmith, 2000; Churchland, 2002).

Wasser gefülltes Glas hochheben, da wir sonst den Inhalt verschütten. Ihr Nervensystem hat diese Erwartungen in der Vergangenheit mithilfe von erfahrungsabhängigen Regeln erlernt und projiziert sie implizit in die Zukunft. Ein vollkommen sessil lebender Organismus oder jemand, der vollständig gelähmt zur Welt kam, könnte diesen Aspekt der Bedeutung nicht erleben.

Eine dritte Quelle von Bedeutung entsteht aus dem Zusammenströmen von sensorischen Daten innerhalb von und über Situationsverläufe hinweg. Eine Rose ist rot, hat einen typischen Duft, und ihre Dornen können stechen. Wenn Sie jemanden ansehen, der gerade spricht, erwarten Sie, dass sich seine Lippen und sein Kiefer synchron zur Stimme bewegen. Geschieht dies nicht, wie bei einem in einer anderen Sprache synchronisierten Film, empfinden wir dies als unbehaglich. Ausgefeiltere Gehirne mit mehr sensorischen Input- und motorischen Outputmodalitäten verfügen also über im Vergleich zu einfacheren Nervensystemen über ein breiteres Spektrum an Bedeutungen.

Beim Menschen leitet sich Bedeutung außerdem von abstrakten Fakten über die Außenwelt und aus unserer eigenen Biographie ab. Im Theaterstück betrügt beispielsweise Brutus den ihm vertrauenden Julius Cäsar; in der Geometrie ist π das Verhältnis vom Umfang eines Kreises zu seinem Durchmesser; in Ihrer Kindheit hielt Ihr Großvater Sie im Arm. Solche unausgesprochenen Fakten und Erinnerungen bilden den kognitiven Hintergrund, vor dem sich Ihr Leben abspielt.

Wie können Neuronen Bedeutung tragen?

Wie wird Bedeutung auf neuronaler Ebene realisiert? Francis und ich glauben, dass dies in den postsynaptischen Verbindungen stattfindet, welche die Siegerkoalition, der NCC, zu anderen Neuronen außerhalb dieses Ensembles herstellt.

Betrachten wir noch einmal das „Clinton"-Neuron aus Abb. 2.2, Teil der Koalition, die für das Perzept des Erblickens von Expräsident Clinton zuständig ist. Würde man seine Axonendigungen mit einem Gift versetzen, sodass an der Synapse keine Vesikel mehr frei gesetzt werden können, würde es weiterhin Aktionspotenziale erzeugen, aber nichts mehr zum Bewusstsein beitragen, weil es keine seiner Zielzellen beeinflussen könnte.[12] Wenn der Output der gesamten Koalition in Ihrem Kopf so blockiert würde, hätten Sie Schwierigkeiten, Präsident Clinton schnell zu erkennen oder sich ihn vorzustellen, und es fiele Ihnen schwer, an verwandte Konzepte zu denken. Ein Neurologe würde bei Ihnen eine spezielle und begrenzte Form eines Leidens diagnostizieren, das man *A-Cognita* nennen könnte.

---

[12]Es ist nicht ausgeschlossen, dass der unmittelbare Verlust einer solchen Zelle zu geringfügigen Verhaltensänderungen führt, die mit einem entsprechend empfindlichen Test nachweisbar wären.

Die mit jedem einzelnen bewussten Attribut verbundene Bedeutung ist Teil der post-NCC-Aktivität, die von der Siegerkoalition ausgeht. Die Zellen der Koalition sind eng miteinander verknüpft, stellen aber auch Verbindungen zu Zellen außerhalb der Koalition her. Das Clinton-Neuron und andere seiner Art erregen beispielsweise Zellen, die Konzepte wie „Präsidentschaft" oder „Weißes Haus" repräsentieren, die ihrerseits mit Neuronen verbunden sind, welche die typische Stimme von Präsident Clinton wiedererkennen, und so fort. Diese assoziierten Neuronen bilden die Penumbra (den „Halbschatten") der NCC.[13]

Das bedeutet, dass ein Gehirn mit expliziteren Repräsentationen für sensorische Reize oder Konzepte im Vergleich zu einem Gehirn mit weniger expliziten Repräsentationen das Potenzial für ein reichhaltigeres Assoziationsnetz und inhaltsreichere, bedeutungsvollere Qualia besitzt. Für die Ebene der corticalen Regionen formuliert heißt dies: je mehr essenzielle Knoten, desto reichhaltiger die Bedeutung (Abschnitt 2.2). Das Ausmaß, in dem ein beliebiges Attribut explizit repräsentiert wird, lässt sich abschätzen, indem man einzelne Neuronen innerhalb einer corticalen Säule untersucht. Eine solche operationale Methode würde es im Prinzip erlauben, den Bedeutungsinhalt jedes bewussten Erlebens zu messen und zu vergleichen – unter verschiedenen sensorischen Voraussetzungen, zu verschiedenen Zeiten bei einem Individuum oder bei unterschiedlichen Arten.

Die Penumbra ist Ausdruck der verschiedenen Assoziationen der NCC, die dem wahrgenommenen Attribut Bedeutung verleihen – einschließlich vergangener Assoziationen, der erwarteten Konsequenzen der NCC, des kognitiven Hintergrundes und Bewegung (oder zumindest möglichen Plänen für Bewegung), die mit NCC-Neuronen assoziiert sind. So beeinflusst eine Koalition, die ein Seil repräsentiert, auch die Planung des Kletterns. Die Penumbra liegt eigentlich außerhalb der NCC, doch einige ihrer Elemente könnten an nachfolgenden NCC partizipieren (etwa wenn unsere Gedanken von Präsident Clinton zum gegenwärtigen Präsidenten der USA schweifen).

Ich weiß nicht, ob eine bloße synaptische Aktivierung der Penumbra hinreichend ist, um Bedeutung zu erzeugen, oder ob die NCC dazu Aktionspotenziale in jenen Zellen erzeugen müssen, welche die Penumbra bilden. Die Antwort hängt wahrscheinlich davon ab, in welchem Ausmaß Projektionen von der Penumbra zurück zu den NCC diese unterstützen oder aufrechterhalten.

Die Penumbra ist für sich allein nicht hinreichend für Bewusstsein; allerdings kann ein Teil von ihr Teil der NCC werden, wenn sich diese verschieben.[14] Neu-

---

[13]Dieser Begriff, ein Vorschlag von Graeme Mitchison, wurde in diesem Zusammenhang bereits von William James (1890) benutzt.

[14]Wahrscheinlich tritt unbewusstes Priming an den Synapsen auf, die NCC und Penumbra verbinden. Die assoziierten Konzepte wären dann in der unmittelbaren Zukunft leichter zu aktivieren.

ronen innerhalb der Penumbra, die zurück in die NCC projizieren, könnten zum Erhalt der ihnen zugrunde liegenden Koalition beitragen. Die Penumbra liefert dem Gehirn die Bedeutung der relevanten essenziellen Knoten – das, worum es geht.

14.6 Qualia sind Symbole

In der bisherigen Diskussion habe ich vor allem betont, dass jedes Perzept, etwa das Gesicht meines Sohnes, mit einer ungeheuren Menge von Informationen assoziiert ist – seiner Bedeutung. Diese Assoziationen werden größtenteils nicht *genau zu diesem Zeitpunkt* im Gehirn explizit gemacht, sondern sind dort implizit vorhanden, nämlich in der Penumbra. Wie er aussieht, wann ich ihn zuletzt gesehen habe, was ich über seine Persönlichkeit weiß, sein Heranwachsen und seine Ausbildung, der Klang seiner Stimme, sein trockener Humor, meine emotionalen Reaktionen auf ihn und so fort; all dies ist in der Penumbra präsent. Eine beeindruckende Masse detaillierter Informationen befindet sich dort ebenso wie eher allgemeines Wissen. Diese Daten werden nicht zwangsläufig als aktive Repräsentation exprimiert – also als Feuern von Neuronen –, sondern eher passiv in Form eines erhöhten Calciumspiegels oder als dendritische Depolarisation an prä- und postsynaptischen Endigungen, die eine postsynaptische Spikesalve auslösen kann oder nicht.

Um mit dieser Information effizient umzugehen, muss das Gehirn sie in Symbole umwandeln. Das ist, kurz gesagt, der Zweck der Qualia. Qualia symbolisieren ein gewaltiges Sammelsurium stillschweigender und unartikulierter Hintergrunddaten, die für ausreichend lange Zeit präsent sein müssen. Qualia, die Elemente des bewussten Erlebens, versetzen das Gehirn in die Lage, diese *Simultaninformation* mühelos zu manipulieren. Das mit dem Anblick der Farbe Purpur assoziierte Gefühl ist ein explizites Symbol für den Ansturm von Assoziationen mit anderen purpurnen Objekten, etwa der purpurnen Toga der Senatoren des römischen Reiches, einem Amethyst, dem Purple Heart-Militärorden und dergleichen mehr.

Bei der bewegungsinduzierten Blindheit (Abschnitt 1.3) sehen Sie die gelben Scheiben für eine Weile nicht, weil sie durch die perzeptuell dominante Wolke aus sich bewegenden blauen Punkten unterdrückt werden. In diesem Stadium hat die Information der gelben Scheiben wenig Wirkung. Wenn Sie sie dann *sehen*, aktiviert die zugrunde liegende neuronale Koalition die Penumbra für eine Zeitspanne, die dafür ausreicht, dass Sie sich der gelben Farbe bewusst werden. Das Symbol für dieses Stadium, das nur für eine minimale Zeitdauer besteht, ist das assoziierte Quale (in Abschnitt 18.3 gehe ich noch auf verschiedene Aspekte der Qualia ein).

Angesichts der großen Zahl diskreter Attribute, die jedes Perzept ausmachen, und der sogar noch größeren Zahl relevanter Beziehungen zwischen ihnen haben sich phänomenale Gefühle entwickelt, um der komplexen Aufgabe des Umgehens mit all dieser Information in Echtzeit gerecht zu werden. Qualia sind potente symbolische Repräsentationen einer teuflischen Menge simultaner Informationen, die mit jedem Perzept einhergehen – seiner Bedeutung. Qualia sind eine spezifische Eigenschaft hoch parallel verschalteter Feedback-Netzwerke, entwickelt, um riesige Datenmassen effizient zu repräsentieren. Aus der Feueraktivität des NCC für Purpur und der assoziierten Penumbra entsteht das Quale für diese Farbe.

Warum fühlen sich Qualia nach etwas an?

Aber warum fühlen sich diese Symbole überhaupt nach etwas an? Warum kann das Gehirn diese Information nicht ohne Empfindungen zusammenfassen und codieren wie ein herkömmlicher Computer?

Chalmers vermutet (Abschnitt 1.2), dass phänomenale Stufen eine fundamentale Eigenschaft jedes informationsverarbeitenden Systems seien, ein universales einfaches Konzept wie Masse oder Ladung. Demnach hätte auch ein Rundwurm oder sogar ein einzelliges Pantoffeltierchen ein Bewusstsein (ohne zwangsläufig besonders intelligent oder sich gar seiner selbst bewusst zu sein). Diese Form des ausufernden Panpsychismus hat zwar einen reizvollen metaphysischen Anstrich – damit wäre Erleben ubiquitär –, scheint aber unmöglich zu beweisen. Vernünftiger erscheint da die Hypothese, dass subjektive Stufen informationsverarbeitenden Systemen vorbehalten sind, die eine bestimmte Verarbeitungsarchitektur, ein bestimmtes Spektrum an Verhaltensweisen oder ein Mindestmaß an Komplexität aufweisen.[15] Wie auch immer, die Antwort auf die Frage, warum Gefühle mit diesen Symbolen einhergehen, erhalten wir vielleicht aus der informationstheoretischen Formulierung von Perspektiven der ersten und der dritten Person.

Das sind tiefe Wasser, und hier herrscht wenig Einigkeit unter den Gelehrten. Da wir heute nur begrenzt in der Lage sind, sensibel und gezielt im Gehirn einzugreifen, scheinen empirische Mittel zur Verifizierung dieser Ideen kaum greifbar. Im Augenblick ist es daher für meine Suche förderlicher, sich auf die NCC zu konzentrieren und sich nicht zu sehr mit diesen grundsätzlichen Fragen zu beschäftigen.[16]

Es ist ein fesselndes Gedankenspiel, darüber zu spekulieren, inwieweit Qualia ausschließlich Gehirnen vorbehalten sind. Können Computer und Roboter

---

[15]Siehe Kapitel 8 aus Chalmers (1996); Edelman und Tononi (2000); Edelman (2003).

[16]Ein solches Sich-Konzentrieren hat sich auch an anderer Stelle bewährt. Die Unfähigkeit, die Frage „Warum gibt es nicht nichts, sondern etwas?" zu beantworten, hat den Fortschritt der Physik nicht merklich aufgehalten.

Gefühle haben? Ist es möglich, dass – aus Gründen, die unser derzeitiges Wissen übersteigen – eine serielle Maschine, und wenn sie auch noch so leistungsfähig ist, niemals die relevanten Operationen ausführen könnte, um all die unterschiedlichen Aspekte eines Objekts oder Ereignisses und alle möglichen Beziehungen zwischen ihnen auf diese Weise zu repräsentieren?

Warum sind Qualia privat?

Zum Glück scheinen nicht alle Aspekte des Leib-Seele-Problems so entmutigend. Nehmen wir etwa die von Dichtern so oft formulierte Frage, weshalb es unmöglich ist, sein Erleben einer anderen Person exakt zu vermitteln. Warum sind Gefühle *privat* und rein persönlich? Die Antwort ist meines Erachtens einfach und besteht aus zwei Komponenten.

Zum ersten ist die Bedeutung jedes Empfindens von der genetischen Ausrüstung des Individuums ebenso abhängig wie von seinen Erfahrungen und seiner Lebensgeschichte. Da diese niemals bei zwei Individuen genau gleich sind, fällt es schwer, ein Gefühl in einem anderen Gehirn zu reproduzieren.

Zum zweiten wird jedes subjektive Perzept durch multifokale Aktivität in essenziellen Knoten codiert. Wenn ich Ihnen mein Erleben beim Anblick eines satten Purpurtons schildern möchte, muss die relevante Information von diesen Knoten in die Gehirnteile übermittelt werden, die an Sprache beteiligt sind, und dann weiter zu Stimmbändern und Zunge. Angesichts der zahlreichen Seitenwege und Feedbackverbindungen, die für den Cortex typisch sind, wird diese Information im Verlauf dieser Übermittlung zwangsläufig neu codiert. Die von den Motoneuronen, welche meine Sprechmuskeln stimulieren, exprimierte explizite Information ist daher *verwandt*, aber nicht *identisch* mit der expliziten Information im essenziellen Knoten für Farbe.

Deshalb kann ich Ihnen die exakte Beschaffenheit meines Farberlebens nicht vermitteln (auch wenn wir dieselben wellenlängenempfindlichen Photorezeptoren besitzen).[17]

Dagegen ist es durchaus möglich, die *Unterschiede* zwischen Perzepten, etwa den Unterschied zwischen Orange und Gelblichrot, zu vermitteln, denn eine unterschiedliche Feuerrate im Farbareal lässt sich immer noch mit einer unterschiedlichen Feuerrate in den motorischen Stufen assoziieren.[18]

---

[17]Diese Erklärung schließt die Möglichkeit einer zukünfigen Technologie nicht aus, mit deren Hilfe ein außen stehender Beobachter meine essenziellen Knoten für Farbe direkt „anzapfen" könnte.
[18]Es ist wohl eine allgemeingültige Regel, dass sich die Natur jedes Objekts – Kants berühmtes *Ding an sich* – nicht beschreiben lässt, außer in ihrer Beziehung zu anderen Dingen.

14.7 Was bedeutet dies für den Sitz der NCC?

In Abschnitt 14.1 habe ich geschrieben, dass Spekulationen über den biologischen Nutzen der NCC nur hilfreich sind, wenn sie etwas über deren flüchtige Natur enthüllen. Darauf möchte ich hier etwas näher eingehen.

Der vordere Teil des Cortex ist mit dem Nachdenken über, dem Planen und Ausführen von willkürlichen motorischen Outputs dieser oder jener Art beschäftigt. Im Großen und Ganzen bewahren prämotorischer, präfrontaler und anteriorer cingulärer Cortex sensorische oder Erinnerungsinformationen, helfen, Daten aus dem Langzeitgedächtnis zu beziehen, und manipulieren all diese Daten zu Planungszwecken. Belege dafür liefern die sorgfältige Beobachtung von Patienten mit Läsionen in den Frontallappen und fMRI-Experimente mit gesunden Versuchspersonen.[19]

Wenn unsere Hypothese vom Bewusstsein als Abstract zutrifft, müssen die essenziellen Knoten, welche die sensorische Information explizit repräsentieren, direkten Zugang zu den Planungsmodulen des Gehirns haben – speziell zum präfrontalen und zum anterioren cingulären Cortex. Angesichts der corticalen Neuroanatomie ist es unwahrscheinlich, dass eine indirekte Verbindung mit einer oder mehreren neuronalen Verschaltungen zwischen diesen Knoten und den Planungsstufen dafür genügen würde. Eine solche indirekte Verknüpfung wäre biophysikalisch gesehen zu schwach, um das angepeilte Zielneuron effizient und zuverlässig anzutreiben. Die fragliche Bahn müsste monosynaptisch sein – von Neuron zu Neuron.

Außerdem müssen die Neuronen der essenziellen Knoten im hinteren Teil des Cortex reziprokes Feedback vom vorderen Teil des Gehirns empfangen. Anhaltende Spikeaktivität, die zwischen ausgewählten Neuronenpopulationen im inferotemporalen Cortex (IT) oder zwischen dem medialen Temporallappen und dem präfrontalen Cortex (einschließlich direkter Verbindungen zwischen IT und dem menschlichen Sprachzentrum, dem so genannten Broca-Areal[20]) zirkuliert, könnte das NCC für die Objektwahrnehmung darstellen. Desgleichen könnte nachhallende Aktivität zwischen dem Cortexareal MT und den frontalen Augenfeldern das NCC für Bewegungssehen sein. Aktivitäten in dieser Region können nur dann direkt ins Bewusstsein vordringen, wenn ein visuelles Areal unmittelbar in den vorderen Teil des Cortex projiziert, denn es braucht die Aktivität der frontalen Areale, damit sich die fragliche Koalition als *der* Hauptdarsteller im Cortex durchsetzen kann.

---

[19]Patienten mit Frontallappenläsionen sind beispielsweise in typischer Weise beeinträchtigt, wenn es knifflige Aufgaben zu lösen gilt, die Vorausplanen erfordern, etwa die „Turm von Hanoi"- oder die „Wasserkannen"-Aufgabe (Fuster, 2000; Colbin, Dunbar und Grafman, 2001).

[20]Monosynaptische, interhemisphärische Verbindungen vom IT der rechten Hirnhälfte in das Broca-Areal der linken wurden in einem menschlichen Gehirn bereits nachgewiesen (Di Vigilio und Clarke, 1997).

Aus dieser Hypothese würde folgen, dass eine Person ohne präfrontalen und prämotorischen Cortex kein Bewusstsein haben könnte. Das lässt sich bisher kaum direkt beweisen. Ich kenne keine Patienten, die diese Regionen in beiden Hemisphären komplett verloren haben und dennoch überlebten.[21] Und es gibt keine Technik, um diese Gewebe auf beiden Seiten schnell, reversibel und sicher zu inaktivieren.

Allerdings gibt es einige relevante Versuchsergebnisse. Nach dem chirurgischen Entfernen von limbischem, parietalem und frontalem Cortex sind Affen funktional mehr oder weniger blind und nicht imstande, visuelle Information zu nutzen. Offenbar kann die ventrale Bahn Verhalten nur unter Beteiligung nichtvisueller corticaler Regionen beeinflussen.[22] Zudem gibt es direkte Belege für visuelle Defizite bei Patienten mit Schäden im dorsolateralen präfrontalen Cortex, also in deutlicher Entfernung zum hinteren Teil des Cortex.[23]

Im allgemeinen klagen Patienten mit Läsionen des präfrontalen Cortex nicht über ernsthafte Einschränkungen der bewussten Wahrnehmung. Allerdings tun das auch Patienten nicht, deren Gehirn entlang der Mittellinie durchtrennt wurde (Kap. 17). Desgleichen berichten Patienten mit einem Verlust des Farbensehens in einem Teil ihres Sehfeldes *nicht*, dass sie die Welt an dieser Stelle grau in grau sehen und überall sonst in Farbe (Fußnote 9 in Kap. 8). Es ist schon bemerkenswert, wie oft eigentlich dramatische Verluste unbemerkt bleiben, ein trauriges Vermächtnis der eingeschränkten Fähigkeit des menschlichen Geistes zur wahrheitsgetreuen Introspektion.

Die Hypothese vom Abstract hat eine interessante und nicht unbedingt nahe liegende Konsequenz. Der primäre visuelle Cortex beim Makaken besitzt keine direkten Projektionsbahnen jenseits des Sulcus centralis. V1 schickt seine Axone kaum über V4 und MT hinaus, und ganz sicher nicht in den prämotorischen oder präfrontalen Cortex.[24] Francis und ich kamen daher 1995 zu dem Schluss, dass Aktivität in V1 nicht direkt ins Bewusstsein vordringt – dass sich also die

---

[21]Selbst Dandys berühmter Patient (Brickner 1936) behielt das Broca-Areal und sprach weiterhin. Einen Überblick über Patienten mit solchen frontalen Läsionen, die in den meisten Fällen nur einseitig sind, geben Damasio und Anderson (2003).

[22]Nakamura und Mishkin (1980; 1986). Da für diese Versuche eine massive Zerstörung von Nervengewebe nötig ist, bin ich vorsichtig damit, in solch drastische Eingriffe zu viel Vertrauen zu setzen.

[23]Barcelo, Suwazono und Knight (2000).

[24]Über das genaue Schema der cortico-corticalen Verbindungen beim Menschen wissen wir praktisch nichts, daher beziehe ich mich hier ausschließlich auf Makaken. V1 besitzt keine direkten Projektionsbahnen zu den frontalen Augenfeldern oder zu der großen präfrontalen Region, die den Sulcus principalis umgibt und einschließt (Felleman und Van Essen, 1991), und soweit wir wissen auch zu keinem anderen frontalen Areal. Zudem projiziert V1 auch nicht in den Nucleus caudatus der Basalganglien (Saint-Cyr, Ungerleider und Desimone, 1990), in die intralaminaren Nuclei des Thalamus, das Claustrum (Sherk, 1986) oder in den Hirnstamm, abgesehen von einer kleinen Projektion vom peripheren V1 in die Pons (Fries, 1990). Dennoch liefert V1 den dominanten visuellen Input in den meisten posterioren visuellen Cortexarealen, darunter V2, V3, V4 und MT. Auf subcorticaler Ebene projiziert V1 in den Colliculus superior, das CGL und das Pulvinar (Kap. 4).

NCC für das Sehen nicht in V1 befinden können, auch wenn ein funktionierendes Areal V1 (ebenso wie intakte Retinae) Voraussetzung für normales Sehen ist.

Wie schon in Kap. 6 erläutert, feuern V1-Zellen beim Affen heftig auf Dinge hin, die der Affe gar nicht sieht. Nacheffekte unter Beteiligung unsichtbarer Stimuli bedeuten, dass post-V1-Stufen entscheidend für die Wahrnehmung sind. Dagegen sprechen lediglich fMRI-Daten, die als Nachweis dafür herangezogen werden, dass das menschliche Areal V1 dem Perzept der Versuchsperson folgt. Diese Folgerung basiert jedoch nur auf einer spezifischen Interpretation des fMRI-Signals, die in Frage gestellt wird (siehe Abschnitt 16.2).

14.8 Wiederholung

Da das Bewusstsein eine Eigenschaft biologischer Gewebe einer evolutionär hohen Entwicklungsstufe ist, muss es eine oder mehrere Funktionen erfüllen. Damit befasst sich dieses eher spekulative Kapitel.

Francis und ich postulierten die Hypothese vom Bewusstsein als Abstract: Die NCC sind von Nutzen, weil sie den Organismus in die Lage versetzen, den gegenwärtigen Stand der Dinge in der Welt – auch in seinem eigenen Körper – zusammenzufassen und diese knappe Zusammenfassung den Planungsstufen zugänglich zu machen. Die Attribute dieser Zusammenfassung sind es, die mit subjektiven Gefühlen verknüpft werden. Diese Qualia bilden das Rohmaterial, aus dem bewusstes Erleben erwächst. Sie beeinflussen die flexible und willkürliche Allzweck-Überlegungs-und-Entscheidungs-Maschinerie in den Frontallappen.

Forschung und allgemeine Erfahrung legen die Vermutung nahe, dass es zum *Erwerb* schneller, mühelos arbeitender Zombiesysteme Bewusstsein braucht. Das gilt besonders für die ritualisierten sensomotorischen Aktivitäten, denen sich Menschen so gerne widmen – Felsklettern, Fechten, Tanzen, Geige oder Klavier spielen und dergleichen. Ist eine Aufgabe ausreichend gut eingeübt, beeinträchtigt bewusste Introspektion ihre reibungslose Ausführung. Echte Meisterschaft verlangt ein gewisses Kapitulieren des Geistes, ein Loslassen des so glühend verfolgten Zieles, damit der Körper und seine Sinne übernehmen können.

Kann es Organismen wie uns geben, denen aber jedes bewusste Geistesleben fehlt? Möglich. Doch angesichts der Vielzahl von Sensoren und der großen Zahl von Output-Effektoren, die höheren Tieren zugänglich sind, ist es abwegig, für alle möglichen Input-Output-Kombinationen aller möglichen Verhaltensweisen sensomotorische Zombiesysteme zu entwickeln. Da ist es viel besser, der Armee von schnellen, aber limitierten sensomotorischen Systemen eine etwas langsame, aber flexible Strategie zur Seite zu stellen, welche die Außenwelt zusammenfasst und die Zukunft entsprechend plant.

Damit ist jedoch noch nicht erklärt, warum es sich nach etwas anfühlen sollte, ein Bewusstsein zu haben. Eine geläufige Erklärung dafür ist, dass diese Gefühle, Qualia, keinen besonderen Zweck erfüllen, sondern Epiphänomene darstellen. Das erscheint fraglich. Qualia sind zu strukturiert, um ein irrelevantes Abfallprodukt des Gehirns zu sein. Ich tendiere eher zu der Vorstellung, dass Qualia eng mit Bedeutung verknüpft sind.

Die NCC erhalten ihre Bedeutung aus den synaptischen Beziehungen mit anderen Neuronengruppen, die selbst aktiv sind oder auch nicht. Sie codieren die zahlreichen Konzepte und Erlebnisse, die mit jedem bewussten Perzept verbunden sind – seine Penumbra. Qualia sind potente symbolische Repräsentationen des gewaltigen Vorrats an simultaner Information, die dieser Bedeutung inhärent sind (eine Kurzschrift, um all diese Daten zu codieren). Qualia sind eine spezifische Eigenschaft massiv parallel arbeitender Netzwerke. Dieser Entwurf erklärt auch, warum Qualia privat sind und sich ihr voller Inhalt nicht anderen mitteilen lässt.

Unsere Hypothese vom Bewusstsein als Abstract bedeutet, dass die NCC eng mit den Planungsstufen im prämotorischen, präfrontalen und anterioren cingulären Cortex verbunden sein müssen. Francis und ich sind daher zu dem Schluss gekommen, dass die NCC-Neuronen direkt in den vorderen Teil des Cortex projizieren müssen. Beim Affen gibt es keine direkten Verbindungen von V1 zu einem frontalen Areal, was darauf schließen lässt, dass die NCC nicht in V1 zu finden sind (wie schon in Kapitel 6 betont).

Im Folgenden möchte ich das Reich der Spekulationen verlassen und mich wieder Konkreterem widmen. Ich werde nun die Mikrostruktur und die Dynamik des visuellen Bewusstseins untersuchen. Die Erforschung der Evolution eines individuellen Perzepts liefert entscheidende Hinweise auf die Schaltkreise, die dem Bewusstsein zugrunde liegen.

Kapitel 15

Über Zeit und Bewusstsein

„... Was ist denn die Zeit?" fragte Hans Castorp und bog seine Nasenspitze so gewaltsam zur Seite,
daß sie weiß und blutleer wurde. „Willst du mir das mal sagen?
Den Raum nehmen wir doch mit unseren Organen wahr, mit dem Gesichtssinn und dem Tastsinn.
Schön. Aber welches ist denn unser Zeitorgan? Willst du mir das mal eben angeben?
Siehst du, da sitzt du fest. Aber wie wollen wir denn etwas messen, wovon wir genaugenommen
rein gar nichts, nicht eine einzige Eigenschaft auszusagen wissen! Wir sagen: die Zeit läuft ab.
Schön, soll sie also mal ablaufen. Aber um sie messen zu können ... warte! Um meßbar zu sein,
müßte sie doch gleichmäßig ablaufen, und wo steht denn das geschrieben, daß sie das tut?
Für unser Bewußtsein tut sie es nicht, wir nehmen es nur der Ordnung halber an, daß sie es tut,
unsere Maße sind doch bloß Konvention, erlaube mir mal ..."

Aus *Der Zauberberg* von Thomas Mann

Nur ein totes Gehirn ist statisch und stumm. Ein lebendes Gehirn ist ein erstaunlich dynamisches Organ. Neuronen entladen sich spontan (eine andere Formulierung dafür, dass wir nicht wissen, warum sie gerade zu diesem Zeitpunkt feuern) in Abwesenheit jeglichen Inputs. Auch das EEG enthüllt seinen dynamischen Charakter mit unaufhörlichen Episoden intensiverer Aktivität, die einem stark fluktuierenden Hintergrund aufgelagert sind, den die Neurowissenschaft noch nicht ergründet hat. Dieses heftige Gewimmel aus chemischen und elektrischen Signalen tritt auch auf der phänomenalen Wahrnehmungsebene in Erscheinung. Aus der Introspektion wissen wir, wie schwierig es ist, seine Gedanken länger auf ein Thema zu konzentrieren. Der Inhalt unseres Bewusstseins verändert sich ständig: Sie blicken vom Computer auf und sehen, dass sich die Bäume draußen im Wind biegen, dann hören Sie die Hunde bellen, und plötzlich fällt Ihnen aus heiterem Himmel der Abgabetermin für das Projekt nächste Woche ein. Es bedarf gezielter Anstrengung, sich auf eine Sache zu konzentrieren.

Vor diesem Hintergrund möchte ich mich nun mit der Dynamik des Bewusstseins beschäftigen. Ein Perzept tritt nicht plötzlich auf. Die Prozesse im Gehirn, die dem NCC vorausgehen, entwickeln sich über eine gewisse Zeitspanne hinweg. Wie lange braucht ein Reiz, um bewusst wahrgenommen zu werden? Inwieweit hängt dies von den oben genannten Hintergrundabläufen ab? Entsteht das zugrunde liegende NCC allmählich oder plötzlich? Was geschieht, wenn zwei Bilder rasch aufeinander folgen? Wie kann es sein, dass das zweite Bild das erste verdrängt? Was verrät uns dies über die Natur der NCC? Entwickelt sich Wahrnehmung kontinuierlich oder in diskreten Intervallen ähnlich den Einzelbildern eines Filmes? Mit diesen Fragen befasst sich dieses Kapitel.

15.1 Wie schnell ist der Gesichtssinn?

Wie lange dauert es, etwas zu sehen? Eine Möglichkeit, diese Frage zu beantworten, ist die Messung von *Reaktionszeiten*: Dabei blitzt man einen Stimulus auf einen Bildschirm und lässt Versuchspersonen einen Knopf loslassen, sobald sie ihn sehen oder zuverlässig sagen können, ob sie einen vertikal oder einen horizontal ausgerichteten Balken gesehen haben. Das Problem bei solchen Experimenten ist, dass die Reaktionszeiten nicht nur das Verarbeitungsintervall umfassen, das nötig ist, um die relevante Information aus den Netzhautsignalen zu ziehen, sondern auch die Zeit, die gebraucht wird, um die motorische Reaktion zu erzeugen und die schnell zuckende Fingermuskulatur zu aktivieren.

Simon Thorpe und seine Mitarbeiter vom Centre de Recherche Cerveau et Cognition im französischen Toulouse maßen in einer Studie visuell evoziertes Potenzial direkt an der Kopfhaut (Abschnitt 2.3). Die Versuchspersonen mussten schnell entscheiden, ob in Farbaufnahmen einer natürlichen Szene (wie in Abb. 9.3), die kurz auf einen Bildschirm geblitzt wurden, ein Tier zu sehen war oder nicht. Die Aufgabe war nicht einfach, weil die Versuchspersonen im Vorfeld nicht darüber informiert wurden, was für ein Tier zu erwarten war (etwa ein Tiger im Dschungel, Papageien in einem Baum oder Elefanten in der Savanne). Wie sich herausstellte, fiel diese Aufgabe trainierten wie untrainierten Personen leicht, und die Reaktionszeiten lagen etwas unter einer halben Sekunde.

Die Psychologen zeichneten das durchschnittliche evozierte Potenzial bei Bildern mit Tieren auf und verglichen es mit dem Potenzial, das auf Bilder ohne Tiere folgte. Die beiden Wellenformen waren in den ersten Augenblicken nach Präsentieren der Bilder praktisch identisch, nahmen dann aber nach 150 ms deutlich unterschiedliche Verläufe. Irgendein Gehirnprozess codierte also die Antwort („Tier" oder „kein Tier") zu diesem erstaunlich frühen Zeitpunkt.[1]

Wenn die Netzwelle aus lichtinduzierter Aktivität die Retina verlässt, erreicht sie die magnozelluläre Inputschicht von V1 (dies ist die einfache, schnelle Bahn von der Retina) binnen 35 ms. Es bleiben also kaum mehr als 100 ms, um die Netzwerke im und um den inferotemporalen Cortex (IT) und jenseits davon zu aktivieren, die eine bestimmte Information aus jedem Bild ziehen müssen (nämlich „ist in diesem Bild ein Tier zu sehen?"). Da sich die neuro-

---

[1]Die Originalstudie wird von Thorpe, Fize und Marlot (1996) beschrieben. Die gemittelte Reaktionszeit bis zum Loslassen des Knopfes betrug 450 ms. Die Reaktionszeiten richten sich nach der Komplexität der sensorischen Verarbeitung und nach der Art der verlangten motorischen Reaktion (Luce, 1986), können aber auch nur 350 ms betragen (VanRullen und Thorpe, 2001). Kontrollversuche ergaben, dass es mit den Tieren nichts Besonderes auf sich hatte, denn es brauchte genausowenig Zeit festzustellen, ob in einer Stadt- oder Straßenszene ein Auto zu sehen war oder nicht.

nalen Reaktionszeiten auf synaptischen Input im Bereich von 5–10 ms bewegen, bleibt keine Zeit für viele wiederholte Verarbeitungsschritte.[2]

Nun, dass das Gehirn binnen 150 ms erkennt, dass ein Tier abgebildet ist, bedeutet nicht zwangsläufig, dass diese Information zu diesem Zeitpunkt auch bewusst zugänglich ist. Das könnte viel länger dauern. Wird das Bild nur kurz gezeigt und dann dem Blick sofort durch ein zweites Bild wieder entzogen, sinkt die Trefferquote der Versuchspersonen, was das Vorhandensein oder Fehlen eines Tieres angeht (im Vergleich zur Versuchsanordnung ohne das zweite, verdeckende Bild), allerdings nur geringfügig, selbst wenn sie sich oft kaum bewusst sind, überhaupt etwas gesehen zu haben, geschweige denn ein Tier.[3] Dieses Experiment zeigt also, dass Sehen sehr schnell erfolgt, gibt aber keine direkte Auskunft über den Zeitpunkt, zu dem Bewusstsein entsteht.

15.2 Der Alles-oder-Nichts-Charakter der Wahrnehmung

Wenn es bei einem Gewitter blitzt, zeigt sich die Welt grell kontrastiert. Auch wenn die elektrische Entladung nur kurz anhält, erreichen doch genügend Photonen die Netzhaut, um ein deutliches Bild zu liefern. Diese Tatsache und verwandte Experimente mit Blitzlichtern zeigen, dass wir relativ kurze Ereignisse wahrnehmen können, selbst wenn die begrenzte zeitliche Dynamik von Photorezeptoren und Neuronen die Reaktion des Gehirns darauf verzerrt.[4] Wie aber sieht der Zeitverlauf des Perzepts selbst aus? Wird es allmählich lebhafter, erreicht einen Gipfel und verblasst dann wieder? Oder wird ein Perzept voll entwickelt geboren, so wie Pallas Athene Zeus' Kopf entsprang, um dann ebenso abrupt zu enden? Wie auch immer, ich gehe davon aus, dass sich das Perzept in seinem jeweiligen neuronalen Korrelat widerspiegelt. Wenn also ein Gefühl plötzlich entsteht, sollte das NCC es ihm gleichtun.

---

[2]Ein bemerkenswerter Unterschied zwischen Gehirnen und Computern drückt sich darin aus, wie viel Zeit ein Organismus relativ zur „Schaltgeschwindigkeit" der zugrunde liegenden Prozessoren braucht, um eine Aufgabe zu bewältigen (Neuronen contra Transistoren). Dieses Verhältnis beträgt weniger als 100, wenn *Sie* ein Gesicht erkennen, bei einem Algorithmus für maschinelles Sehen, der auf einem hochmodernen Computer läuft, aber mehrere Milliarden. Dieser Unterschied ist eine Konsequenz der massiven Parallelverschaltung des Gehirns (Koch, 1999).

[3]Versuchspersonen reagieren ebenso schnell auf Abbildungen einfacher geometrischer Formen, ganz gleich, ob sie sich derer bewusst sind oder nicht. Das beweist, dass sich Reaktionszeiten von der Zeit, die für das Entstehen von Bewusstsein nötig ist, vollkommen abtrennen lassen (Taylor und McCloskey, 1990).

[4]Das *Bloch-Gesetz* besagt, dass sich bei einer Stimulusdauer von weniger als einer Zehntelsekunde die wahrgenommene Helligkeit aus dem Produkt der Reizintensität und seiner Dauer ableitet. Es entsteht also dasselbe Helligkeitsperzept, wenn der Stimulus nur halb so lang anhält, vorausgesetzt, seine Intensität wird verdoppelt.

Talis Bachmann von der Universität Estland ist ein entschiedener Verfechter des *mikrogenetischen* Herangehens an das Bewusstsein.[5] Diese betrachtet die Entstehung jedes bewussten Perzepts als allmählich, vergleichbar mit der Entwicklung einer Fotografie. Beteiligt ist eine Vielzahl unterschiedlicher kognitiver Ereignisse, die allesamt ihre eigene zeitliche Dynamik aufweisen und in der Etablierung eines Perzepts kulminieren. Das in der experimentellen Psychologie aufgekommene mikrogenetische Paradigma deckt sich ganz natürlich mit der Vielfalt unterschiedlicher neurobiologischer Mechanismen im Gehirn.

Die frühesten Experimente zum zeitlichen Verlauf der Wahrnehmung gehen ins 19. Jahrhundert zurück. Ein „Tachistoskop" genannter Projektor präsentierte über kurze Zeiträume Bilder. Die Versuchsperson verglich ihr Empfinden der Helligkeit eines Lichtblitzes unterschiedlicher Dauer mit der Helligkeit eines beständigen Lichts derselben Lichtstärke. Die daraus entstehende Kurve (Abb. 15.1 A) wird so interpretiert, dass der Beobachter flüchtig ein allmähliches Ansteigen der empfundenen Helligkeit erlebte, das von einer Grundlinie bis zu einem Gipfel verlief und sich dann bei lang anhaltenden Stimuli bei einer Art Gleichgewicht einpendelte.

Der Neuropsychologe Robert Efron vom Veterans Hospital im kalifornischen Martinez hat darauf hingewiesen, dass dies ein verbreiteter Irrtum ist. Abbildung 15.1 A zeigt nicht das Entstehen eines Perzepts über einen Zeitraum hinweg, sondern illustriert, welche Helligkeit bei Lichtblitzen unterschiedlicher Dauer empfunden wird: Ein kurzer Blitz wird dunkler empfunden als ein längerer derselben Intensität, der wiederum als heller empfunden wird als eine konstante Lichtquelle.[6] Es gibt keinerlei Belege dafür, dass die Helligkeit eines Blitzes von konstanter Intensität als zu- und abnehmend empfunden wird. Das stimmt mit unserer Alltagserfahrung überein, wenn wir ein Licht abrupt an- und ausgehen sehen.

In Abschnitt 15.3 stelle ich eines von Efrons Experimenten dar, bei dem auf einen 10 ms dauernden roten Lichtblitz sofort ein 10 ms dauernder grüner Lichtblitz folgt. Die Versuchspersonen berichten nie, dass das rote Licht grün wird, sondern sehen vielmehr ein konstantes gelbliches Licht.

Diese Beobachtungen passen zu der Vorstellung, dass die NCC abrupt entstehen und nicht allmählich. Abbildung 15.1 B zeigt das hypothetische Geschehen in einem essenziellen Knoten für Helligkeit, der sich wahrscheinlich irgendwo im extrastriären Cortex befindet. Die kritische Aktivität, beispielswei-

---

[5]Bachmann (1994, 2000). Beachten Sie, dass „mikrogenetisch" hier die differenzierte zeitliche Analyse vom Ursprung (*genesis*) der Wahrnehmung meint und nicht „genetisch" im Zusammenhang mit Vererbung. Ans Herz legen möchte ich Ihnen Bachmanns (2000) Buch besonders wegen seiner brillanten, offenen und recht lustigen Zusammenfassung der meisten gängigen psychologischen und biologischen Theorien zum Bewusstsein.

[6]Broca und Sulzer (1902). Einen Überblick zur Literatur über die zeitliche Entstehung von Wahrnehmung geben Efron (1967) und Bachmann (2000).

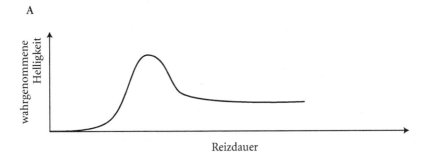

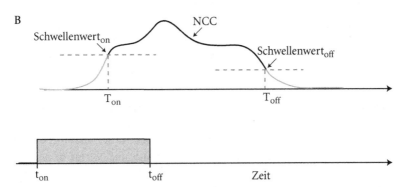

15.1 *Wahrnehmung eines Lichtblitzes.* A: Wahrgenommene Helligkeit eines Lichtblitzes unterschiedlicher Dauer im Vergleich zur Helligkeit einer konstanten Referenzlichtquelle. Bei kurzer Dauer des Lichtblitzes ist die empfundene Helligkeit größer als bei länger anhaltenden Stimuli. Diese Kurve impliziert *nicht*, dass der zeitliche Verlauf eines beliebigen Perzepts zu- und abnimmt. B: Hypothetischer zeitlicher Verlauf der „kritischen" Aktivität im essenziellen Knoten für das Helligkeitsperzept bei einer festen Stimulusdauer (t_{off}-t_{on}). Übersteigt die neuronale Aktivität den Schwellenwert$_{on}$, kann sie sich großräumig im Cortex ausbreiten; die Versuchsperson wird sich der Helligkeit bewusst. Bewusstsein wird so lange exprimiert, bis die NCC-Aktivität unter den Schwellenwert$_{off}$ fällt. Beachten Sie, dass die gesamte Kurve in B einem einzelnen Punkt in A entspricht.

se synchrones Feuern, nimmt zu, bis sie eine Art Schwellenwert erreicht. An diesem Punkt, der sich möglicherweise in einer schnellen Salve von Spikes manifestiert, hat die Aktivität genug Kraft, um eine Neuronenkoalition in entfernten Regionen der visuellen Hierarchie zu aktivieren, darunter auch frühere Areale und Areale im vorderen Bereich des Cortex. Diese breit gestreute Aktivität verstärkt ihrerseits über Feedback das örtliche Geschehen, bis ein stabiles Gleichgewicht erreicht ist. An diesem Punkt wird die explizite Information der Helligkeit allgemein zugänglich. Die Versuchsperson sieht das Licht. Dessen wahrgenommene Helligkeit richtet sich nach den Einzelheiten des Populationscodes, der unter den am NCC beteiligten Neuronen festgelegt wurde.[7]

Das Perzept wird mit ganz unterschiedlichen Mitteln ausgelöscht – vielleicht bewegen sich die Augen, der Input verschwindet, oder die synaptischen und neuronalen Reizantworten adaptieren und werden allmählich schwächer. Auch der Wettbewerb mit anderen entstehenden Perzepten trägt zum Verlöschen des NCC bei, denn das Gehirn muss sorgfältig darüber wachen, dass nicht eine Koalition zu lange dominiert.[8] Einige direkte oder indirekte Überbleibsel der vorangegangenen NCC bleiben wie Glutreste für einige Zeit bestehen. Diese Spuren lassen sich nicht selten durch empfindliche Verhaltenstests wie Priming (Abschnitt 11.3) nachweisen.

Um das Ausmaß an Bewusstsein einzuschätzen, kann man beispielsweise messen, wie hoch die Sicherheit für die perzeptuelle Einschätzung ist.[9] Nehmen wir etwa den Probanden aus dem oben beschriebenen Helligkeitsexperiment, der immer dann einen Knopf betätigt, wenn er das Licht sieht. Bitten Sie ihn nun zu beziffern, wie sicher er sich ist, indem er seiner Einschätzung jeweils eine Zahl zwischen 0 und 9 zuordnet. Wenn er sich seiner Sache sicher ist, müsste er eine 8 oder 9 geben, wenn er rät, eine 0 oder 1. Alle Versuchsdurchgänge werden nun nach dem Grad der empfundenen Sicherheit angeordnet. Wird Leistung beim Bewältigen der Aufgabe als Funktion der empfundenen Sicherheit aufgezeichnet, erhält man meist eine ansteigende Kurve: Wenn der Proband rät, ist die Leistung schlechter als wenn er sich seines Urteils sicher ist. Je sicherer sich der Proband ist, dass er bei genau diesem Durchlauf

---

[7]Bei genauem Hinsehen enthüllt die schematische NCC-Kurve in Abb. 15.1 B feine zeitliche Veränderungen in der Aktivität oberhalb des Schwellenwertes. Solche Schwankungen könnten durchaus von einem postsynaptischen Lesemechanismus aufgenommen werden und so letztlich das Verhalten beeinflussen. Ist der dem NCC zugrunde liegende Mechanismus allerdings unempfindlich gegen die zeitlichen Schwankungen in der Feueraktivität im essenziellen Knoten, hat die Versuchsperson weiterhin ein gleich bleibendes Perzept.

[8]Hier ein kleiner technischer Exkurs: Aufgrund eines von Physikern als *Hysteresis* bezeichneten Phänomens ist der Schwellenwert für das Verlöschen wahrscheinlich niedriger als der Schwellenwert für die Genesis (wie in Abb. 15.1 B). Die Hysteresis bezieht sich auf die „Vorgeschichte" eines Systems. Wird ein Input stärker, nimmt die Feueraktivität stetig zu, bis sie einen Schwellenwert erreicht, von dem aus sie dann sprunghaft stark ansteigt. Wird der Input nun wieder schwächer, erfolgt der Sprung zurück auf die geringere Aktivitätsstufe erst bei einem sehr viel niedrigeren Inputwert. Der On- wie der Off-Schwellenwert aus Abb. 15.1 B sind wahrscheinlich dynamisch und unterliegen der Regulation. Wird der Schwellenwert für ein bewusstes Perzept überschritten – ein neuronales Ereignis, das vielleicht durch eine Spikesalve gekennzeichnet ist –, braucht das neuronale Ensemble möglicherweise einen winzigen Augenblick, um unter den Off-Schwellenwert zu sinken. Die Lebensdauer von NCC könnte also eine untere Grenze haben. Manche Psychologen glauben sogar, dass es eine *minimale perzeptuelle Zeitspanne* (*minimal perceptual moment*) gibt (etwa Efron, 1970b und 1973a). Mathematisch gesehen könnte der Alles-oder-Nichts-Charakter der Wahrnehmung nicht durch einen echten Schwellenwert verursacht sein, sondern einem steilen und sich selbst verstärkenden Abschnitt der Reaktionskurve entsprechen.

[9]Siehe Kolb und Braun (1995) oder Kunimoto, Miller und Pashler (2001).

das Licht gesehen hat, desto wahrscheinlicher ist es, dass er tatsächlich richtig liegt. Wie aber passt diese stetige Beziehung zu der Alles-oder-Nichts-Haltung, die ich verfechte?

Zweierlei Dinge passieren hier. Aufgrund unkontrollierter Fluktuationen in der Aufmerksamkeit der Person und bei im Hintergrund ablaufenden Hirnprozessen wird der Schwellenwert für das Sehen des Lichtes bei manchen Durchgängen überschritten, bei anderen jedoch nicht. Die Person sieht ein Licht, oder sie sieht keines. Ihre Sicherheit leitet sich von einem anderen Aspekt des NCC ab, etwa der Lebensdauer der assoziierten Koalition. Je länger die Neuronenkoalition im essenziellen Knoten bei jedem Versuchsdurchgang oberhalb des Schwellenwertes bleibt, desto leichter ist es abzuleiten, dass das Licht aufgeleuchtet ist. Ich nehme hier den Idealfall an, nämlich dass die Wahrscheinlichkeit für das Überschreiten des Schwellenwertes nicht von der Lebensdauer der Koalition abhängig ist. Beide sind unabhängige, stochastische Prozesse (obwohl in der Praxis wahrscheinlich in gewissem Maße korreliert). Selbst wenn also der Schwellenwert im essenziellen Knoten für Helligkeit überschritten wird, tun sich andere Faktoren zusammen, damit das NCC kürzer oder länger bestehen bleibt (etwa ob im letzten Durchgang ein Licht zu sehen war oder nicht, ob die Versuchsperson an ihren Freund gedacht hat oder ob ihre Augen zitterten). Unter diesen Bedingungen wäre eine langsam immer enger werdende Beziehung zwischen Sicherheit und Leistung bei der Durchführung der Aufgabe zu erwarten. Kommt es nur zu einem flüchtigen Bewusstsein, wurde der Schwellenwert vielleicht nur so kurz überschritten, dass die Versuchsperson im Grunde rät.

Bisher bin ich ausschließlich auf ein Perzept mit nur einem Attribut – Helligkeit – eingegangen. Reale Objekte aber haben vielerlei Attribute. Ein Gesicht zeichnet sich durch einen Ort, eine Identität und ein Geschlecht aus, Haare, Hautfarbe, Stellung und Blickrichtung der Augen, kleine Makel wie Narben oder Akne und dergleichen mehr. Diese Aspekte werden explizit in den assoziierten essenziellen Knoten repräsentiert. Muss die Aktivität an all diesen verschiedenen Orten gleichzeitig den Schwellenwert überschreiten? Das würde eine enge Synchronisation voraussetzen, eine Anforderung, die ich in Abschnitt 9.4 im Zusammenhang mit dem Bindungsproblem diskutiert habe. Was aber, wenn eine solche Synchronisation nicht existiert? Wenn die NCC-Aktivitäten in den verschiedenen essenziellen Knoten zu unterschiedlichen Zeitpunkten eintreten, müssten dann nicht auch die entsprechenden Attribute zu unterschiedlichen Zeitpunkten wahrgenommen werden?

Gut möglich! Betrachten wir einmal die folgenden bemerkenswerten Beobachtungen von Semir Zeki, jenem unerschrockenen Erforscher des extrastriären Cortex, den wir in Kapitel 2 kennen gelernt haben. Zeki und seine Studenten untersuchten sorgfältig, in welchem Maße verschiedene Attribute eines sich verändernden Bildschirms gleichzeitig wahrgenommen werden. Sie fanden heraus, dass die Wahrnehmung einer Farbänderung um etwa 75 ms *früher* erfolgte als die Wahrnehmung einer Bewegungsänderung. Das ist überraschend, insbesondere weil magnozelluläre Neuronen, welche Bewegung übermitteln, rascher reagieren als Neuronen in der parvozellulären Bahn, die Wellenlängeninformationen übertragen (Tabelle 3.1).[10]

Diese Befunde brachten Zeki zu dem Schluss, dass die viel gerühmte Einheit des Bewusstseins, von Mystikern ebenso hervorgehoben wie von Philosophen, illusorisch sein könnte – zumindest für diese kurzen Zeitspannen. Wahrnehmung oder eine Veränderung der Wahrnehmung kann asynchron sein; verschiedene Regionen erzeugen vielleicht jeweils ein Mikrobewusstsein für Farbe, Bewegung, Form und dergleichen, und dies zu unterschiedlichen Zeitpunkten.

Müsste eine solch augenfällige Diskrepanz – in der zeitlichen Größenordnung von einigen Film-Einzelbildern – nicht wahrnehmbar sein? Wenn ich ein schnell fahrendes Auto betrachte, scheint seine Bewegung seiner Farbe nicht hinterherzuhinken. Vielleicht sollten wir lieber fragen: „Wie könnte das Gehirn eine solche Asynchronie wahrnehmen?" Das könnte es nicht, es sei denn, es besäße einen Mechanismus, der Unterschiede in Beginn, Ende und Dauer der NCC in unterschiedlichen Knoten registriert und diese Unterschiede wiederum in einem anderen Knoten explizit repräsentiert. Ohne solche Prozesse aber werden das Auto und all seine Attribute als gleichzeitig empfunden.

15.3 Maskierung verhindert bewusste Reizwahrnehmung

Bis hierher habe ich mich mit neuralen Ereignissen in Reaktion auf einen einzigen Stimulus befasst. Was aber geschieht, wenn ein Input rasch auf den anderen folgt? In meiner Beschreibung der Auswirkungen selektiver Aufmerksamkeit in Kapitel 9 habe ich am Beispiel Schmerz gezeigt, dass Stimuli miteinander konkurrieren, wenn ihre assoziierten Aktivitäten im Gehirn überlappen. Daher sollte es Sie nicht überraschen zu erfahren, dass das zweite Bild großen Einfluss darauf haben kann, wie man das erste sieht. Präsentiert man beide in geringem zeitlichem und räumlichem Abstand zueinander, können seltsame Dinge geschehen; Abstände können schrumpfen, Objekte können verzerrt erscheinen oder ganz verschwinden. Sie haben eine Zwielichtzone be-

---

[10]Siehe Moutoussis und Zeki (1997a, b) sowie Zeki und Moutoussis (1997). Ähnliche Ergebnisse verzeichneten Arnold, Clifford und Wenderoth (2001). Die Konsequenzen der asynchronen Wahrnehmung diskutierten Zeki (1998) sowie Zeki und Bartels (1999). Die Allgemeingültigkeit dieser Befunde wird in Frage gestellt (Nishida und Johnston, 2002). Bei der Interpretation dieser Daten muss man sehr darauf achten, was genau miteinander verglichen wird. Versuchspersonen zu fragen, ob Farbveränderungen gleichzeitig mit Richtungsveränderungen der Bewegung erfolgen, ist etwas anderes, als sie danach zu fragen, ob eine bestimmte Farbe immer mit einer bestimmten Bewegung gekoppelt auftritt. Wertvoll ist hier die Diskussion von Dennett und Kinsbourne (1992).

treten, in der gängige Vorstellungen von Raum, Zeit und Kausalität in der Abgeschlossenheit Ihres Kopfes außer Kraft gesetzt werden.

Bei kurzen Präsentationszeiten vermischen sich zwei Stimuli zu einem

Bei einem von Efrons Experimenten wurde auf einem Bildschirm 10 ms lang eine kleine rote Scheibe und sofort darauf an derselben Stelle 10 ms lang eine grüne Scheibe gezeigt. Anstatt zu sehen, dass aus einem roten Licht ein grünes wird, sahen die Versuchspersonen nur ein einziges, gelbliches Licht aufleuchten. Gleiches geschah, wenn auf ein 20 ms lange gezeigtes blaues Licht ein 20 ms währendes gelbes Licht folgte; hier nahmen die Versuchspersonen ein weißes Licht wahr, nicht aber eine Abfolge von zwei Lichtern, deren Farbe sich veränderte.[11] Diese Versuche belegen die Existenz einer *Integrationsperiode*. Stimuli, die in diese Periode fallen, werden zu einem einzigen, konstanten Perzept vermischt.

Die Länge der Integrationsperiode hängt von der Reizintensität, Salienz und anderen Parametern ab. Wie lange die Periode anhält, ist unklar. Lässt man auf ein 500 ms langes sichtbares grünes Licht ein 500 ms langes sichtbares rotes Licht folgen, sehen die Versuchspersonen ein grünes Licht, das zu einem roten wird.[12] Die kritische Dauer liegt wahrscheinlich unter einer Viertelsekunde.[13]

Die zeitliche Anordnung der zwei Ereignisse geht nicht verloren

All das soll nicht etwa heißen, dass das Gehirn keine Mittel besäße, diese beiden kurzen Sequenzen zu unterscheiden. Ein rot-grüner Lichtblitz erscheint grünlicher als ein grün-roter Lichtblitz. Das Gehirn kann außerdem unterscheiden, welcher von zwei ineinander übergehenden Lichtpunkten früher erscheint; folgt auf einen Lichtblitz 5 ms später daneben ein zweiter, sieht man, wie sich der Punkt von der ersten an die zweite Stelle bewegt. Wird die zeitliche Abfolge umgekehrt, ändert sich auch die Bewegungswahrnehmung.[14]

---

[11]Efron (1973b); Yund, Morgan und Efron (1983); siehe auch Herzog et al. (2003).

[12]Die Reizdauer, bei der die zeitliche Modulation verschwindet, ist umgekehrt proportional zur *chromatischen Flimmerverschmelzungsfrequenz* (*chromatic flicker fusion frequency*). Diese ermittelt man, indem man die Farbe eines konstanten Musters mit der Zeit kontinuierlich verändert. Während sich die einzelnen Farben bei langsamem Übergang deutlich unterscheiden lassen, verschwimmen sie bei einer bestimmten Veränderungsrate, und es wird nur noch eine einzige Mischfarbe wahrgenommen (Gur und Snodderly, 1997; Gowdy, Stromeyer und Kronauer, 1999). Beim Hören bildet das Unterscheiden aufeinander folgender Sprachlaute (Phoneme) die Bausteine der Sprachverarbeitung. Säuglinge oder Kinder mit Sprachlern- und Leseschwierigkeiten (etwa mit Dyslexie) haben große Probleme damit, aufeinander folgende kurze akustische Stimuli zu unterscheiden und zu trennen (Tallal et al., 1998; Nagarajan et al., 1999). Möglicherweise weisen diese Individuen allgemeine Defizite bei der Verarbeitung schnell aufeinander folgender Signale auf.

[13]Nicht immer tritt eine Vermischung auf. Bei der *feature inheritance* (wörtlich „Merkmalsvererbung") „erbt" das wahrgenommene Objekt Merkmale eines perzeptuell nicht wahrnehmbaren früheren Bildes (Herzog und Koch, 2001).

[14]Westheimer und McKee (1977); Fahle (1993).

Beim auditorischen System verhält es sich nicht anders. Hört man über Kopfhörer ein Klicken am linken Ohr und ein paar hundert *Mikrosekunden* später ein zweites Klicken am rechten Ohr, nimmt man einen einzelnen Ton wahr, der irgendwo im Schädel nahe dem linken Ohr entsteht. Lässt man es erst rechts und dann links klicken, verlagert sich der wahrgenommene Entstehungsort des Tones nach rechts.

In allen drei Fällen wird die zeitliche Anordnung der Ereignisse in eine perzeptuelle Dimension überführt. Die scheinbar paradoxe Koexistenz solcher sensitiver *order discrimination thresholds* („Anordnungs-Unterscheidungs-Schwellenwerten") mit Integrationsperioden in der Größenordnung von 100 ms wird plausibel, wenn man separate Mechanismen postuliert, die diesen unterschiedlichen Aufgaben zugrunde liegen. Die Moral der Geschichte ist, dass viele Tätigkeiten, ganz gleich wie geringfügig, von separaten neuronalen Prozessen ausgeführt werden. Jeder ist auf sein Gebiet beschränkt und erledigt nicht selten nur eine einzige Aufgabe – und nicht etwa zwei oberflächlich ähnlich erscheinende Aufgaben, wie man vielleicht annehmen könnte.

Maskierung kann einen Stimulus verstecken

Maskierung ist eine geläufige Methode, um die Wahrnehmung zu testen (siehe Abschnitte 6.2 und 11.3). Sie bedient sich der Fähigkeit eines Stimulus, nämlich der *Maske*, die Verarbeitung eines zweiten Stimulus, des *Zieles*, zu beeinflussen. Maskierung verdeutlicht, dass die Ähnlichkeit von Ereignissen in der physikalischen Welt und der Art, wie sie wahrgenommen werden, vom naiven Realismus ziemlich weit abweichen kann; dies macht sie zu einem guten Mittel, um das Bewusstsein zu erforschen.[15] Die geläufigste Form ist die *Rückwärts-Maskierung*, bei der die Maske auf das Ziel *folgt*. Die Wirkung der Maske kann so stark sein, dass das erste Bild vollkommen verdeckt, also nie gesehen wird. Bei der *Vorwärts-Maskierung* ist das Gegenteil der Fall, die Maske geht dem Ziel voraus.

Der französische Kognitionspsychologe Stanislas Dehaene und seine Kollegen in Paris benutzten die Maskierung, um die Wirkung sichtbarer und unsichtbarer Wörter auf das Gehirn zu vergleichen. Die Versuchspersonen lagen in einem Magnetscanner, während sie mit einem Strom von Bildern bombardiert wurden, darunter auch Dias mit einfachen Wörtern; jedes wurde 29 ms lang gezeigt. Unter einer bestimmten Versuchsbedingung (Abb. 15.2 links) waren die Wörter deutlich lesbar. Wurde aber vor und nach jedem Wort-Dia eine Maske (eine zufällige Abfolge von Buchstaben und Symbolen) gezeigt, sahen die Versuchspersonen gar keine Wörter (Abb. 15.2 rechts).

---

[15]Psychologen unterscheiden drei Hauptformen: die *Rückwärts*-, die *Vorwärts*- und die *Metakontrast-Maskierung* (Breitmeyer, 1984; Bachmann, 1994 und 2000; Enns und DiLollo, 2000). Philosophen (Dennett, 1991; Flanagan, 1992) widmeten sich bereits der Frage, wie sich Maskierung auf Theorien des Geistes auswirken könnte. In keinem dieser Fälle wird der Reiz von der Maske wirklich physikalisch verdeckt.

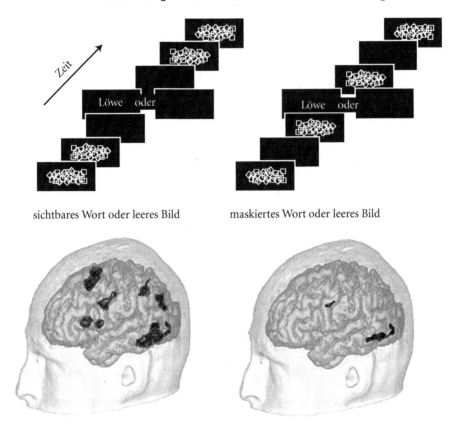

sichtbares Wort oder leeres Bild   maskiertes Wort oder leeres Bild

15.2 *Der Effekt visueller Maskierung.* Die Reaktionen des Gehirns auf gesehene und nicht gesehene Wörter. Freiwillige blickten auf einen Strom von Bildern; jedes Wort wurde 29 ms lang gezeigt (alle anderen Bilder 71 ms lang). Unter einer bestimmten Versuchsbedingung (rechte Seite) sahen die Versuchspersonen keine Wörter, denn vor und nach jedem Wortbild wurde ein Dia mit zufälligen Symbolen präsentiert, das die Buchstaben perzeptuell verschwinden ließ. Wurden diese Masken entfernt (linke Seite), sahen die Versuchspersonen die Wörter. Ihr Gehirn war weitaus aktiver, wie die MRI-Darstellung zeigte (dabei verglich man die Aktivität nach der Bildsequenz mit den Wörtern mit derjenigen nach Sequenzen mit leeren Bildern). Sowohl gesehene als auch maskierte Wörter aktivierten Regionen in der linken ventralen Bahn, aber in ganz unterschiedlichem Ausmaß. Die bewusste Wahrnehmung rief zudem zusätzliche, breit gestreute Aktivität im linken parietalen und präfrontalen Cortex hervor. Nach Dehaene et al. (2001), verändert.

Betrachten wir einmal den deutlichen Unterschied in der hämodynamischen Aktivität.[16] Während der nicht-bewusste Reiz eine gewisse Reaktion im rechten Gyrus fusiformis (Teil der ventralen Bahn) hervorrief, war die Reaktion viel

---

[16]Dehaene et al. (2001). In der rechten Hemisphäre gab es kaum Reaktionen, was zu der hemisphärischen Spezialisierung für Sprache passt.

stärker, wenn die Wörter bewusst wahrgenommen wurden. Die Wortwahrnehmung führte auch zu weiterer, breit gestreuter, multifokaler Aktivität in vielerlei parietalen und präfrontalen Regionen der linken Seite.

Maskierung lässt sich mit dem Wettbewerb von Stimuli erklären, die überlappende neuronale Netzwerke aktivieren. Maskierung hindert die durch Reize ausgelöste Netzwelle daran, so tief in den Cortex einzudringen, wie es die Netzwelle eines nicht maskierten Stimulus täte.[17]

Zu denken gibt bei der Rückwärts-Maskierung, dass ein Input das Perzept beeinflussen kann, das durch einen früheren Input ausgelöst wurde. Wie kann das sein? Wie kann die Maskenaktivität Einfluss auf das NCC eines Zieles nehmen, das der Maske stets 29 ms voraus ist? Müsste nicht in einem Netzwerk ganz ohne Feedbackverbindungen die von der Maske ausgelöste Netzwelle der vom Ziel ausgelösten Welle auf ewig hinterhereilen? Falls die NCC sich aber cortico-corticaler oder cortico-thalamischer Feedbackschleifen bedienen, könnte späterer Input durchaus die Verarbeitung eines früheren Reizes beeinträchtigen. Wie weit dieser Input zeitlich zurückreicht, wäre dann von der Verzögerung in dieser Rückkopplungsschleife abhängig.

Auf das Verhalten bezogen lässt sich die Zeitspanne, während derer die Maskierung erfolgreich ist, bis auf 100 ms ausdehnen. Auch eine Maske, die erst eine Zehntelsekunde *nach* dem ersten Erscheinen des Zieles gezeigt wird, kann also noch die Zielwahrnehmung beeinflussen.

Die Rückwärts-Maskierung mag wohl die Bildung eines Perzepts verhindern, aber vielleicht nicht eine subliminale Verarbeitung – etwa wenn die Versuchsperson zu raten glaubt, aber das Licht doch mit einer überdurchschnittlichen Trefferquote entdeckt. Unbewusste Verarbeitung in Versuchsdurchgängen mit Maskierung geht wahrscheinlich in erster Linie auf Feedforward-Aktivität zurück.[18]

Das Phänomen der *flash-lag illusion* („Blitz-Verzögerungs-Täuschung") liefert weitere Nahrung für die Hypothese, dass Bewusstsein zusätzliche Zeit beansprucht, was auf Rückkopplungsschleifen schließen lässt. Eine leuchtende Linie oder ein Lichtpunkt, die/der aufleuchtet, wenn eine andere, sich kontinuierlich bewegende Linie oder ein anderer beweglicher Punkt genau an dieser Stelle ankommt, scheint verzögert nach dem beweglichen Objekt aufzutreten. Obwohl sich also beide Objekte gleichzeitig an derselben Stelle befinden, er-

---

[17]Die neuronalen Korrelate der Maskierung im Affengehirn erforschten Rolls und Tovee (1994), Macknik und Livingstone (1998), Thompson und Schall (1999), Macknik, Martinez-Conde und Haglund (2000) sowie Keysers und Perrett (2002). Thompson und Schall (2000) benutzten Maskierung, um die NCC in frontalen Augenfeldneuronen zu beschreiben. Die Maskierung stört wahrscheinlich selektiv entweder die vorausgehenden oder die nachfolgenden Komponenten der reizinduzierten neuronalen Aktivität, welche Beginn und Verschwinden des Reizes signalisieren.

[18]Das legen VanRullen und Koch (2003b) für solche Versuchsdurchläufe plausibel dar, bei denen maskierte – und perzeptuell unsichtbare – Bilder von Buchstaben rasch und korrekt entdeckt werden.

scheint es so, als gehe der bewegliche Stimulus dem kurz aufblitzenden voraus. Aus diesem Effekt leitet man ab, dass sich das Bewusstsein einem Perzept erst 80 ms (oder länger) nach dem eigentlichen Ereignis zuwendet.[19]

Es braucht mindestens eine Viertelsekunde, um etwas zu sehen

Wenn wir dieses aus der Rückwärts-Maskierung abgeleitete Intervall von 100 ms zu den 150 ms addieren, welche die Netzwelle für ihren Weg von der Retina in die höheren optischen Regionen der ventralen Bahn braucht (Abschnitt 15.1), kommen wir ungefähr auf eine Viertelsekunde als minimale Zeitspanne, die wir brauchen, um etwas zu sehen.

In Abbildung 15.1 B sind 250 ms das Intervall zwischen Auftreten des Reizes und Etablierung des assoziierten NCC, t_{on}—T_{on}. Je nachdem, welche Eigenschaften der Stimulus hat, was man in der jüngsten Vergangenheit gesehen hat und welche Fluktuationen die Cortexaktivität aufweist, kann diese Zeitspanne länger, aber wahrscheinlich nicht kürzer ausfallen.[20] Die Wahrnehmung hinkt der Realität immer ein gutes Stück hinterher, und Ereignisse können sich so schnell verändern, dass die NCC nicht ganz Schritt halten können, was viele perzeptuelle Phänomene erklärt, die sonst verwirrend wären. Zombiesysteme dagegen können sehr viel schneller agieren.

Positiv betrachtet könnte die Integrationsperiode dafür sorgen, dass das NCC auf mehr als bloß dem unmittelbaren Input basiert. Die zusätzliche Verarbeitungszeit könnte dazu dienen, explizite Erinnerungen oder Inhalte aus dem Kurzzeitpuffer aufzurufen und sie in das endgültige Perzept einzufügen. Falls die weiteren, in den letzten 100 ms eingetroffenen sensorischen Informationen der Originalinformation zuwiderlaufen, könnte auch ein neues Mischperzept gebildet werden. Bei sich rasch verändernden Ereignissen ist es womöglich das Beste, eine Weile zu warten und zu beobachten, wie sich die Situation entwickelt, bevor man sich für eine bestimmte Interpretation dessen entscheidet, was dort draußen vor sich geht.

Feedforward- contra Feedback-Aktivität

Die Rückwärts-Maskierung stützt die Vorstellung, dass eine nicht-bewusste Verarbeitung auf einer vorübergehenden, vorwärts gerichteten Aktivität basiert, die zu flüchtig ist, um die Planungsmodule zu beschäftigen. Dieser Verarbeitungsmodus könnte Zombieverhalten ohne Bewusstseinsbeteiligung ver-

---

[19]Die *flash-lag-illusion*, erstmals von Gestaltpsychologen beschrieben, wurde von Nijhawan (1994, 1997) wiederentdeckt. Die heutige Forschungsarbeit an dieser Täuschung hat sich als wahre Goldmine für experimentelle Erkenntnisse erwiesen (Sheth, Nijhawan und Shimojo, 2000; Eagleman und Sejnowski, 2000; Krekelberg und Lappe, 2001; Schlag und Schlag-Rey, 2002).
[20]Das soll nicht heißen, dass die Dauer des Perzepts (T_{off}—T_{on}) mit der Dauer des Stimulus (t_{off}—t_{on}) identisch ist.

mitteln. Zu bewusster Verarbeitung gehört dagegen zwangsläufig Feedback von den vorderen Regionen des Cortex zu den hinteren.[21]

Betrachten wir zum Beispiel einen Baseballspieler, der darauf wartet, den kommenden Ball zu schlagen. Dessen sich nähernde Silhouette löst eine Netzwelle aus, welche die visuelle Hierarchie – über V1, MT und darüber hinaus – hinaufwandert. Irgendwo auf diesem Weg wird die Entscheidung getroffen, den Ball zu schlagen oder nicht, und an pyramidale Neurone aus Schicht 5 übermittelt, die hinunter zu den Basalganglien, ins Rückenmark und zu den entsprechenden Muskeln projizieren. All dies geschieht ohne Einbeziehung des Bewusstseins. Das Zombiesystem des Schlagmannes arbeitet schneller als seine bewusste Wahrnehmung (Abschnitt 12.3).

So sieht er den Ball erst, wenn Neurone im vorderen Abschnitt des Cortex, die Zugriff auf Arbeitsgedächtnis und Planung haben, die visuelle Information erhalten und ihrerseits Zellen in den oberen Ebenen der visuellen Hierarchie Feedback geben. Diese Spikes verstärken die Aktivität in den essenziellen Knoten der hinteren Cortexabschnitte, die wiederum die Aktivität in den vorderen Abschnitten weiter verstärkt. Diese sich selbst verstärkende Feedbackschleife arbeitet möglicherweise so schnell, dass sie im Grunde wie eine Schwelle fungiert. Durch ihre Aktivitäten versammelt und stabilisiert sie eine (wie in Abb. 15.2) ausgedehnte, quasi-stabile Koalition im posterioren parietalen, medialen temporalen, anterioren cingulären, präfrontalen und prämotorischen Cortex. Diese Koalition wird als sich schnell nähernder Ball *erlebt*.[22] Wenn Sie Physiker sind, stellen Sie sich diese nachhallende Aktivität einfach als stehende Welle in einem nicht linearen Medium vor.[23]

Es gibt auch intermediäre Situationen. Während der Schlagmann den Werfer fixiert und darauf wartet, dass dieser den Ball wirft, bewegen sich seine Mannschaftskollegen und die Zuschauer im Hintergrund. Diese sich konstant verändernden Bilder lassen sehr unbeständige Ensembles in V4, IT und andernorts entstehen (die in Kapitel 9 erwähnten Proto-Objekte). Wenn die Stärke dieser

---

[21]Sehr engagiert befassen sich mit diesem Thema Cauller und Kulics (1991); Lamme und Roelfsema (2000); DiLollo, Enns und Rensink (2000); Bullier (2001); Supèr, Sprekeijse und Lamme (2001) sowie Pollen (2003). Keiner von ihnen aber behauptet, dass eine beliebige Feedback-Aktivität allein schon Bewusstsein garantiert. Wenn die Hypothese der beiden visuellen Bahnen von Milner und Goodale (Abschnitt 12.2) zutrifft, stellt sich allerdings die Frage, warum Feedback in der dorsalen Bahn nicht ausreicht, um ein NCC entstehen zu lassen.

[22]Das biophysikalische Substrat solcher wegbereitender Feedback-Interaktionen findet sich möglicherweise im apikalen Schopf (*apical tuft*), dem obersten Abschnitt des Dendritenbaumes großer neocorticaler pyramidaler Neuronen aus Schicht 5. Ihre strategische Position – genau dort, wo die cortico-corticalen Feedbackschleifen enden – und das hier zu findende Komplement von spannungsabhängigen Strömen macht sie höchst empfindlich für gleichartigen synaptischen Input – empfindlicher als den Zellkörper (Williams und Stuart, 2002, 2003; siehe auch Rhodes und Llinás, 2001). Anders gesagt: Eine solche Pyramidenzelle, angesiedelt irgendwo im visuellen Cortex, wird auf synchronisierten Input von verschiedenen Stellen im vorderen Abschnitt des Cortex mit einer Salve von Spikes reagieren.

[23]Grossberg (1999) bringt ausführliche Argumente für eine solche Analogie.

Koalitionen nicht durch das Zuwenden von Aufmerksamkeit Auftrieb erhält, verebbt ihre Aktivität schnell wieder, und neue Koalitionen treten an ihre Stelle. Der Schlagmann wird sich des Hintergrundgeschehens also bestenfalls flüchtig bewusst werden.

Wie lassen sich diese Vorstellungen bewerten? Cortico-corticales und cortico-thalamisches Feedback ist exzitatorisch; als Neurotransmitter dient Glutamat. Als praktisch sicher gilt, dass der synaptische *Feedback*-Verkehr andere Glutamat-Subtypen benutzt als die *Feedforward*-Projektionen. Oder dass mit den Synapsen dieser unterschiedlichen Bahnen auch unterschiedliche Proteine assoziiert sind. Labors in aller Welt suchen fieberhaft nach solchen Proteinen – für molekulare Eingriffe, die Einfluss auf die Funktion eines spezifischen Subtypus des Glutamatrezeptors nehmen. Mäuse oder Affen ließen sich dann genetisch so manipulieren, dass Feedback-Verbindungen kurzzeitig zum Verstummen gebracht werden könnten, funktionsuntüchtig gemacht werden, ohne dabei vorwärts oder seitwärts gerichtete Verbindungen zu beeinflussen. Solche Zombietiere könnten durchaus noch erlernte oder instinktive Verhaltensweisen zeigen, nicht aber solche, die Bewusstsein erfordern.

15.4 Integration und direkte Stimulierung des Gehirns

Spekulationen über die Existenz eines Schwellenwertes und einer Integrationsperiode der Wahrnehmung finden durch neurochirurgische Experimente weitere Nahrung. In den 1960er Jahren führte der Neuropsychologe Benjamin Libet von der University of California School of Medicine in San Francisco ein Forschungsprogramm zum Timing des bewussten Erlebens durch.[24]

Die Versuche wurden bei Operationen von Parkinson-Patienten oder Patienten mit chronischen Schmerzen am eröffneten Schädel durchgeführt. Aus klinischen Gründen sondierte der Neurochirurg die frei liegende Oberfläche des somatosensorischen Cortex und verwandter Cortices mit einer Elektrode, die elektrische Ströme in die darunter liegende Graue Substanz entsandte. Libet zeichnete die minimale Stromstärke I_{min} auf, unterhalb derer keine Sinnesempfindung und kein Gefühl erzeugt wurde, ganz gleich, wie lange der elektrische Reiz anhielt. Die Art der Empfindungen, von den Patienten spontan beschrieben, variierte mit der Lokalisation der Elektrode und reichte von Kribbeln, Stechen, Vibrationen, Wärme- und Kältewahrnehmung bis zu Berührungs-, Bewegungs- und Druckempfinden.

Libet hob besonders den Alles-oder-Nichts-Charakter der bewussten Wahrnehmung hervor: „Eine Sinnesempfindung trat entweder nach einer ausrei-

---

[24]Libet (1966, 1973 und 1993). Weitere Versuchsreihen haben Libets Befunde differenziert und erweitert (Ray et al., 1999; Meador et al., 2000).

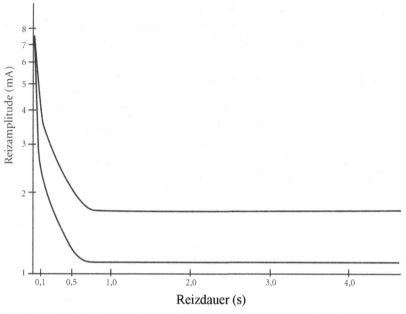

15.3 *Elektrische Stimulierung des somatosensorischen Cortex.* Libet stimulierte den frei liegenden Cortex neurochirurgischer Patienten direkt. Die minimale Reizamplitude, die bei den Versuchspersonen eine Empfindung erzeugte (meist Kribbeln, Berührung oder Vibration) ist hier als Funktion der Dauer des angelegten elektrischen Stromes darge-stellt (die Elektrode, die für die untere Kurve benutzt wurde, hatte die doppelte Puls-rate der Elektrode der oberen Kurve). Je niedriger die Intensität, desto länger musste der künstliche Stimulus appliziert werden, um eine Sinnesempfindung hervorzurufen. Nach Libet (1966), verändert.

chend langen Aktivierung auf, selbst wenn diese sehr schwach war, oder sie blieb bei kürzer dauernder Aktivierung völlig aus."[25] Außerdem entdeckte er, dass die Stromstärke umgekehrt zur Dauer verändert werden musste (Abb. 15.3), um eine minimale Sinnesempfindung zu erzeugen. Reize mit ge-ringer Stromstärke brauchten also längere Stimulationszeiten als solche mit größerer Amplitude.

Libet benutzte diese Beobachtungen als Eckpfeiler seiner *time-on*-Theorie. Damit aus einem nicht-bewussten ein bewusstes Ereignis wird, so Libet, müs-sen die entsprechenden neuronalen Aktivitäten ausreichend lang andauern. Halten diese länger als eine minimale Zeitspanne an, werden sie hinreichend für Bewusstsein.

Als Francis und ich die Kurven in Abbildung 15.3 betrachteten, spekulierten wir, dass sie sich gut in ein einfaches mathematisches Modell einpassen ließen,

---

[25]Libet (1993).

nach dem der elektrische Strom zur Ansammlung einer bestimmten Substanz führt, bis ein Schwellenwert erreicht wird und die NCC entstehen. Je höher die Stromstärke, desto schneller wird dieser Wert erreicht und desto schneller empfindet der Patient etwas.[26]

Die mechanistischen Implikationen dieser Übereinstimmung sind provozierend. Die Reizelektrode oben auf Schicht 1 erregt zahlreiche darunter liegende Neuronen. Da diese künstliche Situation zu unspezifischer Erregung führt, entladen sich sowohl exzitatorische als auch inhibitorische Neuronen, und der Gesamteffekt ist gering, weil sie sich zum Teil gegenseitig aufheben. Dabei adaptieren die Zellen unterhalb dieser Elektrode – die Feuerraten dieser Zellen gehen langsam zurück, beispielsweise aufgrund des Einströmens von Calciumionen in ihren Zellkörper. Falls die Feuerrate inhibitorischer Zellen schneller abnimmt als die von exzitatorischen, kann die Hemmung an einem bestimmten Punkt die Erregung möglicherweise nicht mehr in Schach halten. In diesem Falle übersteigt die Erregung rasch normale Werte und führt dazu, dass der Patient ein anomales Ereignis erlebt. Es ist, als hätte die Elektrode des Chirurgen einen „Mikrokrampfanfall" erzeugt, der das NCC entstehen ließ. Ob sich dieser Prozess auf einen eng umgrenzten Bereich beschränkt oder verstreute Aktivität in entfernt liegenden Lokalisationen auslöst, ist unklar.

15.5 Ist die Wahrnehmung diskret oder kontinuierlich?

Bis zu diesem Punkt sind wir stillschweigend davon ausgegangen, dass Sie und ich die Welt kontinuierlich erleben, dass sich die Nahtlosigkeit des perzeptuellen Erlebens im sanften Werden und Vergehen der NCC widerspiegelt und dass sich, wenn sich die Welt verändert, die NCC mit ihr verändern (zumindest innerhalb der Grenzen, die das Verwischen rascher Signale setzt).

Das ist jedoch nicht die einzige Möglichkeit. Wahrnehmung könnte ebenso gut in diskreten Verarbeitungsepochen stattfinden, *perzeptuellen Momenten*, *Einzelbildern* oder *Schnappschüssen*. Ihr subjektives Leben könnte eine unauf-

---

[26]Das Modell, an das wir dachten, war der *leaky integrate-and-fire process* („durchlässiger Integrations- und Feuer-Prozess"; Koch, 1999). Stellen Sie sich einen anhaltenden elektrischen Strom vor, der eine Membrankapazität auflädt und über dem kapazitierten Widerstand eine Spannung aufbaut. Dieser Spannungszunahme wirkt ein Abfließen von Strom durch einen Widerstand entgegen, was dazu führt, dass das Potenzial ohne jeden Input exponentiell abfällt. Erreicht die Spannung über dem kapazitierten Widerstand einen Schwellenwert, wird eine Aktivität ausgelöst, die Spannung fällt wieder auf den Ausgangswert zurück, und der Prozess beginnt erneut. Ist die Amplitude des Stromes oder die Kapazität auflädt, gering, wird der Schwellenwert später erreicht, ist der Strom stark, früher. Für einen bestimmten minimalen Inputwert entspricht der Aufbau der Spannung exakt dem Abbau, sodass der Schwellenwert nie erreicht wird. Mit einer Zeitkonstante von etwa 250 ms folgt dieses Modell im Verlauf eng den Kurven in Abb. 15.3. Eine Stimulationsstudie, bei der jungen Epilepsiepatienten intracraniale Elektroden in den Cortex gepflanzt wurden, bestätigt eine Voraussage dieses simplen Gedankenspiels – nämlich dass selbst sehr kurze Impulse phänomenale Empfindungen hervorrufen können (Ray et al., 1999).

15.4 *Diskrete Wahrnehmung von Bewegung.* Die Schnappschuss-Hypothese postuliert, dass die bewusste Wahrnehmung von Bewegung durch die (annähernd) konstante Aktivität einiger NCC in den essenziellen Knoten für Bewegung repräsentiert wird. Diese von Odile Crick gezeichnete Figur bietet eine hilfreiche Analogie. Sie zeigt, wie ein statisches Bild Bewegung andeuten kann, ähnlich einem Frank-Gehry-Gebäude.

hörliche Abfolge solcher Einzelbilder sein, nie endend, bis Sie in tiefen Schlaf fallen.[27]

Innerhalb eines solchen Moments wäre die Wahrnehmung von Helligkeit, Farbe, Tiefe und Bewegung konstant. Denken Sie an die in einem Schnappschuss festgehaltene Bewegung (Abb. 15.4). Bewegung wird nicht wahrgenommen, weil sich die Position zwischen zwei aufeinander folgenden Einzelbildern verändert hat – wie bei Filmen oder bei dem Patienten L. M. mit bewegungsinduzierter Blindheit (Abschnitt 8.3), sondern wird in einem einzigen Schnappschuss repräsentiert.

Trifft ein neuer Input ein, etwa weil sich die Augen gerade bewegt haben, löst dies eine Netzwelle aus, deren Spikes sich über die laufenden Hintergrundprozesse im Gehirn lagern. Die Aktivität am essenziellen Knoten für ein bestimmtes Attribut nimmt zu, bis sich eine dominante Koalition etabliert und das NCC entsteht. Schenkt die Versuchsperson dem Stimulus weiter ihre Aufmerksamkeit, müsste das System derart beschaffen sein, dass sich die NCC mit gewisser Regelmäßigkeit ab- und wieder anschalten, konstant innerhalb eines perzeptuellen Moments, aber sich von einem zum anderen verändernd, bevor sie wie-

---

[27]Diese Vorstellung ist nicht neu und kursiert in dieser oder jener Form mindestens seit dem 19. Jahrhundert (Stroud, 1956; White, 1963; Harter, 1967; Pöppel, 1978; Geissler, Schebera und Kompass, 1999).

der einen quasi konstanten Zustand erlangen. Da die Mehrheit neuronaler Prozesse höchstwahrscheinlich in kontinuierlicher Weise entstehen, wäre eine solche An-Aus-Verarbeitung ein starker Hinweis auf die NCC.

Viele psychologische Daten sprechen für diese diskrete Wahrnehmung, wobei die Dauer jedes Schnappschusses recht variabel ist und irgendwo zwischen 20 und 200 ms liegt. Ob diese große Schwankungsbreite (immerhin Faktor zehn) die Unzulänglichkeit der Werkzeuge widerspiegelt, mit denen das Gehirn sondiert wird, eine Vielfalt von Quantenprozessen mit einem Spektrum von Verarbeitungsperioden, einen einzelnen Prozess mit einem sehr flexiblen Integrationsintervall oder etwas anderes, wissen wir nicht. Die überzeugendsten Hinweise sind Periodizitäten bei den Reaktionszeiten[28] und eine erstaunliche Bewegungstäuschung, bei der Objekte mit gleichmäßigem Abstand zueinander gelegentlich als sich in die der tatsächlichen Bewegungsrichtung entgegengesetzte Richtung bewegend wahrgenommen werden.[29]

Eine entscheidende Eigenschaft der diskreten Verarbeitungsperioden ist, dass Ereignisse, die in eine Kategorie fallen, als gleichzeitig behandelt würden. Träten dagegen zwei Ereignisse in zwei aufeinander folgenden Einzelbildern auf, würde man sie als nacheinander stattfindend erleben. Es gibt eine Reihe einfallsreicher Tests, um diese Hypothese zu prüfen; dabei benutzt man zwei Lichtblitze, die bei manchen Versuchsdurchgängen als ein Blitz, bei anderen als zwei aufeinander folgende Blitze wahrgenommen werden.[30] Das minimale Interstimulus-Intervall, bei dem konstant zwei aufeinander folgende Ereignisse wahrgenommen wurden, variierte zwischen 20 und 120 ms.[31] Wie bereits dargelegt, lassen sich diese langen Zeitspannen mit der Existenz spezialisierter Schaltkreise vereinbaren, die winzige zeitliche Unterschiede auflösen können.

Perzeptuelle Momente werden oft mit Gehirnwellen im α-Band (8–12 Hz) in Verbindung gebracht, deren Rhythmus vermutlich der diskreten zeitlichen Verarbeitung zugrunde liegt. Zudem nimmt man an, dass die Phase der α-Welle

---

[28]Venables (1960); White und Harter (1969); Pöppel und Logothetis (1986); Dehaene (1993). VanRullen und Koch (2003c) geben einen Überblick über die relevanten Befunde und fassen diese zusammen.

[29]Diese Variante der *Wagenradtäuschung* (bei der sich die Speichen in die der Rollrichtung entgegengesetzte Richtung zu drehen scheinen) wird bei konstanter Beleuchtung wahrgenommen (Purves, Paydarfar und Andrews, 1996). Sie tritt nur vereinzelt auf und unterscheidet sich von der herkömmlichen Wagenradtäuschung, die durch die Film und Fernsehen inhärente zeitliche Quantelung bedingt ist.

[30]Bei einem bestimmten Wert für das Interstimulus-Intervall zwischen den beiden nacheinander aufblitzenden Lichtern *sieht* die Versuchsperson mit der gleichen Wahrscheinlichkeit ein einzelnes Licht als zwei aufeinander folgende (Wertheimer, 1912). Die These von Gho und Varela (1988), dass der bestimmende Faktor die Phase des α-Rhythmus relativ zum Auftreten der beiden Lichtblitze ist, versuchten Rufin VanRullen und David Eagleman (persönliche Mitteilungen) in unabhängigen Experimenten vergeblich zu untermauern.

[31]Kristofferson (1967); Hirsh und Sherrick (1961); Lichtenstein (1961); White und Harter (1969); Efron (1970a).

durch einen externen Input wieder auf den Ausgangswert rückgesetzt wird (Reset), der den Beginn einer neuen Integrationsperiode einläutet.[32]

Nachdem Francis und ich diese Beobachtungen veröffentlicht hatten, erhielten wir von dem Neurologen Oliver Sacks einen erstaunlichen Bericht über etwas, das er als *Film-Illusion* bezeichnet. Diese seltene neurologische Störung kann sich bei migränebedingten Sehstörungen manifestieren. Sacks hat einen solchen Anfall selbst erlebt, und mir bleibt an dieser Stelle nur, seine Schilderung zu zitieren:

> Ich bat sie, sich das Bild anzusehen, zu reden, zu gestikulieren, Gesichter zu schneiden – irgend etwas, solange sie sich nur bewegte. Und nun bemerkte ich mit einer Mischung aus Entzücken und Sorge, daß die Zeit ebenso gebrochen war wie der Raum, denn ich sah ihre Bewegungen nicht als Kontinuum, sondern als eine Folge von „Momentaufnahmen", als eine Folge verschiedener Konstellationen und Haltungen, die ohne eine verbindende Bewegung aneinandergereiht waren, so daß der Eindruck eines Films aus den Kintopp-Tagen entstand, der flackert, weil er zu langsam läuft. Sie schien in diesem seltsam mosaikartigen, filmartigen Zustand, der in hohem Maße zersplittert, unzusammenhängend, atomisiert war, erstarrt zu sein.

Angesichts seiner Vorkenntnisse hatte Sacks zu äußern gewagt: „Mit *,Film'-Illusion* bezeichnen wir eine visuelle Erfahrung, bei der der normale Bewegungsablauf verlorengeht." Ähnliche Episoden zeitlicher Wirrnis, radikale Ablösungen von der kontinuierlich verstreichenden Zeit des Physikers, können bei anderen pathologischen Leiden auftreten. Patienten vergleichen diese mit einem Film, der zu langsam läuft.[33] Die Migräne hatte möglicherweise die corticalen Bewegungsareale vorübergehend deaktiviert und damit Sacks und seine Patienten der Illusion von Bewegung beraubt. Was blieb, waren zeitlich unzusammenhängende Perzepte. Es wäre aufregend, wenn sich mithilfe von transcranieller Magnetstimulation (TMS) oder einer anderen harmlosen Technik ein solcher Zustand reversibel bei Freiwilligen induzieren ließe.

Wenn die bewusste Wahrnehmung in diskreten Momenten stattfindet, dann kann das Erleben des *Verstreichens der Zeit* durchaus mit der Rate zusammenhängen, in der die Schnappschüsse auftreten. Wird etwa die Dauer der einzelnen perzeptuellen Momente länger, treten weniger Schnappschüsse in der Sekunde auf. Jedes äußere Ereignis wird dann kürzer erscheinen; die Zeit verstreicht schneller. Werden die einzelnen perzeptuellen Momente kürzer, treten

---

[32]Moderne Methoden der Signalanalyse machten es Makeig et al. (2002; siehe auch Varela et al., 2001) möglich, konventionelle EEG-Daten jedes einzelnen Versuchsdurchganges auszuwerten. Diese Analyse enthüllte einen stimulus-induzierten Phasenreset des α-Rhythmus. Ausgehend von lokalen, intracranialen Elektrodenableitungen bei Patienten kamen auch Rizzuto et al. (2003) zu dem Schluss, dass die Oszillationsphasen im 7–16-Hz-Band im Anschluss an zeitlich zufällig auftretende Stimuli verschoben oder rückgesetzt wurden. Einen Überblick über die ältere Literatur zum Thema liefert Sanford (1971).

[33]Das frei gestellte Zitat ist aus Sacks (1984). Das Flackern bei derartigen Migräneattacken tritt mit einer Frequenz von 6–12 pro Sekunde auf. Das Zitat im laufenden Text stammt aus Sacks (1970). Siehe auch die Krankengeschichte von H. Y., einem Post-Encephalitis-Patienten in *Awakenings* (Sacks, 1973).

mehr davon pro Zeiteinheit auf, dasselbe Ein-Sekunden-Intervall wird nun in mehr Einzelbilder unterteilt; das wird dann empfunden, als sei es viel langsamer verstrichen.[34]

Dieses letztgenannte Phänomen ist auch als *protracted duration* („protrahierte Dauer, Zeitdehnung") bekannt; berichtet wird darüber häufig im Zusammenhang mit Unfällen, Naturkatastrophen und anderen gewaltigen Ereignissen, bei denen sich die Zeit deutlich zu verlangsamen scheint. Phrasen wie „als ich fiel, zog mein ganzes Leben blitzschnell an mir vorüber" oder „es dauerte eine Ewigkeit, dass er die Pistole hob und auf mich zielte" sind nicht selten. Tatsächlich bedienen sich Filme heute oft der Zeitlupe, um solche Szenen darzustellen; dabei benutzt man mehr Einzelbilder für bestimmte Ereignisse (wie den Abschuss einer Kugel) als für den übrigen Film und gibt so die Perspektive der ersten Person wieder. Reduziert die protrahierte Top-Down-Aufmerksamkeit, wie sie in solchen Situationen auftritt, die Dauer der einzelnen perzeptuellen Schnappschüsse?[35]

Wie beeinflusst die zeitliche Beziehung zwischen dem Einsetzen des Reizes und der Phase des Schnappschuss die Verarbeitung? Wenn beide in zufälligem Verhältnis zueinander auftreten, könnte dies die stets zu beobachtende Variabilität der Reaktionszeiten erklären. Wenn der Input zeitlich so abgestimmt ist, dass er gleichzeitig mit dem Beginn eines Schnappschusses einsetzt, kann dieses Schwanken dann reduziert werden?[36] Können periodische Töne oder Lichtblitze auf die perzeptuellen Momente „aufspringen"?[37]

Wenn die gequantelte Verarbeitung auf eine Minderheit von Neuronen beschränkt ist, die an den NCC beteiligt sind, dann wird sie mit EEG, MEG oder fMRI – allesamt Techniken, die größere Gewebebereiche in ihre Messungen einbeziehen – schwer zu entdecken. Auch Mikroelektroden, die von zahlreichen Neuronen ableiten, werden diese gequantelte Verarbeitung nicht aufspüren, es sei denn, sie werden gezielt auf die relevanten Koalitionen gerichtet und nicht einfach blindlings ins Gewebe versenkt. Was wir brauchen, sind zuverlässige optische oder elektrische Mittel, mit denen wir hunderte oder mehr cor-

---

[34]Vielleicht ist hier ein nummerisches Beispiel hilfreich. Angenommen, die Dauer eines Einzelbildes liegt normalerweise bei etwa 100 ms und das Verstreichen von zehn Einzelbildern wird als eine Sekunde erlebt. Steigt die Einzelbilddauer auf 200 ms, wird eine Sekunde Echtzeit, die sich dann auf fünf Einzelbilder beläuft, wie eine halbe Sekunde erlebt. Die wahrgenommene Zeitdauer halbiert sich; die Zeit verstreicht schneller. Sinkt dagegen das Einzelbildintervall auf 50 ms, treten 20 Einzelbilder in dieser Sekunde auf, die nun wie zwei Sekunden erlebt wird; die Zeit verstreicht langsamer.

[35]Zur Phänomenologie der wahrgenommenen Zeit gibt es reichlich Literatur (Dennett und Kinsbourne, 1992; Pastor und Artieda, 1996; Pöppel, 1978, 1997). Die größte Relevanz hat an dieser Stelle die Darstellung von Flaherty (1999).

[36]Fries et al. (2001a) beschreiben spontane, aber kohärente Fluktuationen in der Spikeaktivität angrenzender Zellen im visuellen Cortex, die möglicherweise die Leistung bei der Ausführung von Aufgaben beeinflussen.

[37]Burle und Bonnet (1997, 1999) berichten, dass sich durch eine Reihe irrelevanter hörbarer Klickgeräusche das Tempo für visuelle Reaktionszeiten vorgeben ließ.

ticale und thalamische Neuronen aus dem gesamten Gehirn identifizieren und gleichzeitig von ihnen ableiten, um jegliche periodische Feuermuster darzustellen.

15.6 Wiederholung

Das visuelle Gehirn arbeitet schnell. Es kann Bilder mit Tieren von solchen ohne Tiere binnen 150 ms unterscheiden und in weniger als einer halben Sekunde dieser Information entsprechend handeln. Es braucht allerdings länger, das Tier bewusst zu sehen – wahrscheinlich mindestens 250 ms.

Die bewusste Wahrnehmung folgt wahrscheinlich dem Alles-oder-Nichts-Prinzip. Das bedeutet, dass die NCC an jeder Lokalisation abrupt entstehen, indem sie eine Art Schwellenwert überschreiten.

Kurze Stimuli werden nicht als sich mit der Zeit entwickelnd wahrgenommen. Folgen zwei kurze Ereignisse aufeinander, kombiniert das Gehirn sie zu einem einzigen, konstanten Perzept. Bei der Rückwärts-Maskierung kann ein Bild auf ein anderes, vorangegangenes Bild komplett Einfluss nehmen und verhindern, dass dieses gesehen wird. Das lässt sich am einfachsten mit der Hypothese erklären, dass irgendeine kritische Aktivität in einem essenziellen Knoten nur mithilfe von Feedback aus den vorderen Regionen des Gehirns einen Schwellenwert überschreitet – und damit hinreichend für ein bewusstes Perzept wird. Die zusätzliche Verarbeitungszeit, etwa 100 ms, deutet darauf hin, dass die Wahrnehmung im Nachhinein erfolgt und der Realität hinterherhinkt.

Diese beiden entscheidenden Hinweise zu den NCC – dass ihre Genese *Feedback-Aktivität* benötigt, um einen *Schwellenwert* zu überschreiten – wurden von Libets Gehirnstimulations-Experimenten bestätigt.

Ich habe hier auch die verlockende Möglichkeit diskutiert, dass sich Wahrnehmung und NCC nicht kontinuierlich entwickeln, wie es die Welt tut, sondern diskontinuierlich. Jedes perzeptuelle Attribut ist konstant innerhalb einer Verarbeitungsperiode, innerhalb eines Einzelbildes oder Schnappschusses. Was wir zu einem beliebigen Zeitpunkt erleben, ist statisch (die Bewegung ist auf den Schnappschuss „gemalt"), auch wenn sich der Stimulus verändert. Einige Daten aus der psychologischen, klinischen und EEG-Literatur sprechen für diese Vermutung. Sie würde zudem zur Erklärung einiger verwirrender Beobachtungen hinsichtlich des empfundenen Verstreichens der Zeit beitragen.

Ich komme nun zu den Experimenten im Innersten der noch unvollkommenen Wissenschaft vom Bewusstsein. Diese helfen, die NCC-Neuronen für die objektive Wahrnehmung im inferotemporalen Cortex und darüber hinaus aufzuspüren.

Kapitel 16

Wenn der Geist umspringt:
Auf den Spuren des Bewusstseins

> Ein einzelner Gedanke reicht aus, uns zu beschäftigen;
> wir können nicht an zwei Dinge gleichzeitig denken.
>
> Aus den *Pensées sur la religion* von Blaise Pascal

Lassen Sie mich zu der direktesten Möglichkeit kommen, die neuronalen Korrelate des Bewusstseins, die NCC, zu lokalisieren. Angesichts der Natur des Organs, das Bewusstsein entstehen lässt, muss die Forschung, die sich um Lösung dieses Rätsels bemüht, die relevanten mikroskopischen Variablen befragen – die Spikeantworten individueller Neuronen. Im Mittelpunkt stehen physiologische und psychologische Experimente, in denen die Beziehung zwischen dem, was in der Welt ist, und dem, was im Kopf ist, nicht eins zu eins ist, sondern eins zu vielen. Da mir kein besserer Ausdruck einfällt, bezeichne ich diese Phänomene als *perzeptuelle Reize*.

Das entscheidende Merkmal eines perzeptuellen Reizes ist, dass ein und derselbe Input mit verschiedenen phänomenalen Zuständen einhergehen kann. Welcher Zustand erlebt wird, hängt von vielen Faktoren ab, beispielsweise von einer vorherigen Reizexposition, dem Aufmerksamkeitszustand des Probanden oder Fluktuationen verschiedener Hirnvariablen.

Schauen Sie sich die zwölf Linien an, die einen *Necker-Würfel* bilden (Abb. 16.1). Aufgrund der inhärenten Mehrdeutigkeit, seine dreidimensionale Gestalt aus einer zweidimensionalen Strichzeichnung abzuleiten, lassen sich die Linien des Würfels auf zwei Weisen interpretieren, die sich beide nur in ihrer räumlichen Orientierung unterscheiden. Ohne perspektivische Hinweise oder solche durch Schattierung ist die eine Sichtweise ebenso wahrscheinlich wie die andere. Der physikalische Reiz – die Strichzeichnung – verändert sich nicht, doch die bewusste Wahrnehmung springt zwischen diesen beiden Interpretationen hin und her, ein paradigmatisches Beispiel für ein *bistabiles Perzept*.[1]

Niemals sieht man den Würfel in einer Position auf halbem Wege zwischen der Innen- und der Außenkonfiguration oder einem Mischzustand aus beiden. Unser Gehirn kann sich nicht gleichzeitig beide Konfigurationen vorstellen. Vielmehr kämpft jede Konfiguration um *perzeptuelle Dominanz*. Das ist nur

---

[1]Gregory (1997) liefert eine allgemeinverständliche Darstellung der Psychologie bistabiler und mehrdeutiger Figuren. Eine Übersicht über diese und viele andere Täuschungen bietet Seckel (2000, 2002).

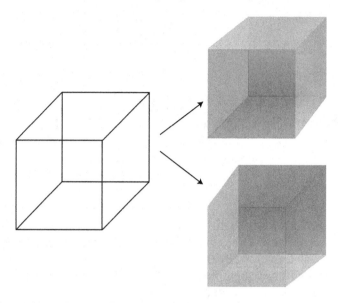

16.1 *Der bistabile Necker-Würfel.* Die Strichzeichnung links lässt sich, wie rechts zu sehen, auf zwei Weisen interpretieren. Ohne zusätzlichen Hinweis springt der Geist zwischen beiden hin und her. Niemals aber sieht man eine Kombination aus beiden Möglichkeiten.

eine Manifestation eines allgemeinen Phänomens, dem zufolge das Gehirn bei
Mehrdeutigkeit nicht etwa zahlreiche Lösungen liefert, sondern eine einzige
Lösung bevorzugt, die sich im Lauf der Zeit verändern kann. Dieser Erfah-
rungsaspekt wird manchmal als Einheit des Bewusstseins bezeichnet.[2]

Bewegungsinduzierte Blindheit (siehe S. 15) stellt einen anderen perzeptuellen Reiz dar, der die facettenreiche Natur des Bewusstseins unterstreicht.[3] Die
bei Hirnforschern beliebtesten perzeptuellen Reize sind jedoch *binokularer
Wettbewerb* und *Flash Suppression* („Blitzunterdrückung"). Beide erlauben
einem gewieften Beobachter mit den richtigen Werkzeugen, Neuronen, die
sklavisch dem physikalischen Input folgen, von solchen zu unterscheiden,
die mit dem subjektiven Perzept korreliert sind. Auf diese Weise kann man
den neuralen Spuren des Bewusstseins folgen.

Nach alledem, was man über die Retina weiß, ist es unwahrscheinlich, dass
sich ihre Aktivität verändert, wenn sich das bewusste Perzept ändert. Eine Ganglienzelle im Auge reagiert automatisch auf einen Lichtfleck oder eine Würfel-

---

[2]Siehe Bayne und Chalmers (2003) und das von Cleeremans (2003) herausgegebenen Buch zu diesem
Thema.
[3]Ein noch einfacherer Reiz mit einer Eins-zu-vielen-Beziehung ist die Folge von zwei Lichtblitzen, wie in
Fußnote 30 auf Seite 289 diskutiert. Manchmal sieht man den Reiz als einzelnen Lichtblitz, bei anderen
Gelegenheiten als zwei Lichtblitze.

ecke, ganz unabhängig davon, ob man sie in der einen oder anderen Orientierung wahrnimmt. Anders ausgedrückt: Derselbe retinale Zustand kann mit zwei verschiedenen phänomenalen Zuständen einhergehen. Irgendwo in den Korridoren unseres Vorderhirns sitzen jedoch Neuronen, deren Aktivität das Hin und Her unseres bewussten Perzept widerspiegelt. Diese Zellen – Kandidaten für die NCC – sind bei Affen und Menschen entdeckt worden, und sie sind das Thema dieses Kapitels.

16.1 Binokularer Wettbewerb: Wenn beide Augen streiten

Im Alltagsleben werden unseren beiden Augen ständig ähnliche, wenn auch nicht gleiche Ansichten der Welt präsentiert. Aus den kleinen Diskrepanzen zwischen diesen beiden Bildern kann das Gehirn genügend Hinweise für Tiefenwahrnehmung ziehen.

Aber was passiert, wenn korrespondierende Teile Ihres rechten und linken Auges zwei ganz unterschiedliche Bilder sehen, etwas, das sich leicht mit Spiegeln und einer Trennwand vor Ihrer Nase arrangieren lässt? Angenommen, Ihr linkes Auge sieht senkrechte, Ihr rechtes Augen hingegen waagerechte Streifen. Man könnte ganz folgerichtig erwarten, ein Karomuster zu sehen – eine Überlagerung der senkrechten und waagerechten Streifen. Unter den richtigen Umständen tritt jedoch ein viel erstaunlicheres Phänomen auf: Man sieht nur eines der beiden Muster, beispielsweise die senkrechten Streifen, die das linke Auge reizen. Nach ein paar Sekunden beginnt dieses Bild zu verblassen, und Flecken des Bildes vor dem rechten Auge tauchen auf, bis nach einer Übergangsperiode nur noch die waagerechten Streifen sichtbar sind (die senkrechten sind verschwunden). Die beiden Wahrnehmungen können ständig in dieser Weise alternieren, obwohl beide Augen die ganze Zeit offen sind. Psychologen bezeichnen dieses Phänomen als binokularen Wettbewerb, weil ein Bild das andere perzeptorisch unterdrückt und dominiert (Abb. 16.2).[4]

Das Maß, in dem Musterpaare – wie ein Gesicht und ein sich bewegendes Rasterfeld oder ein lächelndes Mädchen und ein Auto – wettstreiten, hängt von ihrem relativen Kontrast, ihrem räumlichen Frequenzgehalt und ihrer Vertrautheit ab. Sind beide Bilder gleich salient, dann ist jedes gewöhnlich etwa gleich lang sichtbar. Die Länge dieser *Dominanzperiode* schwankt bei verschiedenen

---

[4]Die phänomenologischen Aspekte des binokularen Wettbewerbs sind bei Yang, Rose und Blake (1992) schön beschrieben. Blake und Logothetis (2002) fassen die sachdienlichen psychologischen und physiologischen Beobachtungen zusammen. Lee und Blake (1999) untersuchen, ob binokulare Wahrnehmung aus dem Wettstreit zwischen Inputs von den beiden Augen oder aus dem zwischen zwei Mustern erwächst, die nur zufällig in getrennten Augen entstehen. Andrews und Purves (1997) argumentieren überzeugend, dass binokularer Wettbewerb im Alltag häufiger auftritt, als bisher angenommen.

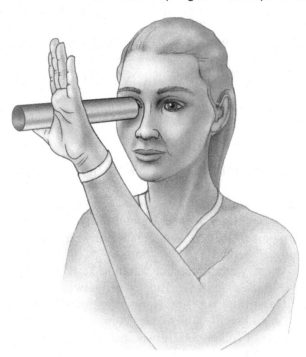

16.2 *Ein Loch in meiner Hand.* Mithilfe einer Papierrolle können Sie so etwas wie binokularen Wettbewerb erleben. Halten Sie die Papierrolle, wie in der Abbildung zu sehen, mit Ihrer linken Hand vor Ihr rechtes Auge. Dann sollten Sie ein Loch in Ihrer linken Hand sehen! Richten Sie den Zylinder auf einen dunklen Hintergrund und halten Sie ihn ruhig. Nach einer Weile sehen Sie den Rücken Ihrer linken Hand. Dieses Perzept alterniert mit der Ansicht des Loches und allem, auf das Sie den Zylinder richten. Wenn Ihr linkes Auge das dominante ist, vertauschen Sie bei dieser Anleitung „links" und „rechts".

Versuchspersonen und Versuchsdurchgängen beträchtlich.[5] Selbst wenn eines der beiden wettbewerbsinduzierenden Bilder schwächer oder weniger salient als das andere ist, dominiert das schwächere irgendwann das stärkere, wenn auch nur für kurze Zeit. Man kann sich binokularen Wettbewerb als ein reflektorisches Alternieren zwischen Perzepten vorstellen, das durch sensorische oder kognitive Faktoren beeinflusst, aber nicht völlig ausgeschaltet werden kann.

---

[5]Wird die Frequenz, mit der jede Dominanzperiode auftritt, in einem Histogramm dargestellt, so ergibt sich eine glatte Funktion (Levelt, 1965). Mit anderen Worten: Die Dominanzdauer lässt sich nicht von Fall zu Fall vorhersagen, sondern wird von einem Zufallsprozess gesteuert, der eine gewisse Regelmäßigkeit aufweist, wobei die Dauer einer Dominanzphase statistisch unabhängig von der Dauer des folgenden Musters ist. Stimmungsstörungen, wie Depressionen, gehen mit einer dramatischen Verlängerung der Dominanzphasen einher (Pettigrew und Miller, 1998). Die Dominanzdauer eines Musters lässt sich verlängern, indem man ihm selektiv Aufmerksamkeit schenkt.

Am leichtesten lässt sich binokularer Wettbewerb mit kleinen Bildern induzieren. Bei größeren Bildern kommt es, wenn sie nicht sehr sorgfältig konzipiert sind, zu einem „zerstückelten", mosaikartigen Perzept, bei dem die beiden Bilder in verschiedenen Bereichen des Sehfeldes dominieren. Lokal wird das Perzept dennoch aus dem einen oder dem anderen Bild konstruiert und nicht aus einer Überlagerung beider.

Auf neuronalem Niveau galt Wettbewerb lange als Folge einer wechselseitigen Hemmung (reziproken Inhibition) von Zellpopulationen, die jeweils Input vom rechten oder linken Auge repräsentieren. Eine Koalition feuert und hindert die andere an der Antwort. Wenn diese Hemmung ermüdet, kommt schließlich die andere Gruppe zum Zuge und dominiert das Geschehen. Es ist ein bisschen wie bei den Präsidentenwahlen in den USA, wo die Wähler ziemlich regelmäßig abwechselnd einen Demokraten und einen Republikaner ins Weiße Haus schicken.

Aktuelle psychologische und mithilfe bildgebender Verfahren gewonnene Befunde sprechen dafür, dass dieses automatische Umschalten von aktiven Prozessen ergänzt wird, die im Zusammenhang mit Aufmerksamkeit stehen. Mechanismen in präfrontalen und parietalen Arealen des Cortex können das System in Richtung auf die eine oder andere Koalition beeinflussen. Das stärkt die erkorene Koalition derart, dass sie ihre Konkurrenz dominieren und ihren Informationsgehalt weiträumig verteilen kann, sodass dieses Bild ins Bewusstsein rückt.[6]

16.2 Wo kommt es zur perzeptuellen Unterdrückung?

Wo im Gehirn findet dieser Kampf um die Vorherrschaft statt? Retinale Neuronen werden vom Perzept nicht beeinflusst; sie werden ausschließlich vom Input der Photorezeptoren angetrieben. Eine Modulation der Wahrnehmung könnte bereits im Corpus geniculatum laterale, auf halbem Wege zwischen Retina und primärem visuellem Cortex, stattfinden. Ableitungen von Geniculatum-Neuronen haben jedoch gezeigt, dass ihre Spikerate unabhängig davon ist, ob ein Affe einen konkurrierenden oder einen nicht-konkurrierenden Reiz sieht.[7] Das Wechselspiel zwischen dominantem und unterdrückten Reiz tritt daher erst im Cortex auf.

---

[6]Die Argumente für Wettbewerb als reziproke Hemmung zwischen Neuronen in den frühen visuellen Verarbeitungsstufen sind bei Blake (1989) zusammengefasst. Die Ansicht, dass dieser Wettbewerb Ausdruck eines Erkundungsverhaltens unter der Kontrolle hoch angesiedelter kognitiver Prozesse im Frontallappen ist, wird nachdrücklich von Leopold und Logothetis (1999) vertreten; siehe auch Lumer und Rees (1999). Die Vorstellungen hinsichtlich der Ursachen des Wettbewerbs – niedrig angesiedelte, sensorisch angetriebene im Gegensatz zu höher angesiedelten mentalen Operationen – und ihre Akzeptanz in der wissenschaftlichen Gemeinde haben im Verlauf der vergangenen 200 Jahre immer wieder gewechselt.
[7]Diese Experimente wurden mit wachen, fixierenden Affen durchgeführt (Lehky und Maunsell, 1996).

Frühe corticale Areale folgen meist dem Reiz

Die corticalen Bereiche, die dem binokularen Wettbewerb zugrunde liegen, sind von Nikos Logothetis in brillanten Untersuchungen über Jahrzehnte – von seinen frühen Studien mit Jeffrey Schall am MIT über seine Zusammenarbeit mit David Sheinberg und David Leopold am Baylor College of Medicine in Houston bis zu seinen aktuellen Arbeiten am Max-Planck-Institut für Biologische Kybernetik in Tübingen – erforscht worden.[8]

Spikeaktivität von wachen, agierenden Tieren abzuleiten, ist aus einer Vielzahl technischer Gründe immer schwierig. Eine zusätzliche Herausforderung bietet die Natur der bistabilen Wahrnehmung an sich, die es einem äußeren Beobachter verwehrt zu wissen, was das Versuchstier oder die Versuchsperson sieht. Bei einem Experiment zum binokularen Wettbewerb beschreiben Probanden, meist Studenten, ihre Wahrnehmung verbal oder signalisieren sie wegen der besseren Vergleichbarkeit mit Tierversuchen durch Knopfdruck. Elektrophysiologen können Affen für dieselbe Aufgabe trainieren und eine Vielzahl von Tests durchführen, um zu bestätigen, dass die Antwortprofile der Affen denjenigen von Menschen weitgehend entsprechen. Das bietet Skeptikern die Gewissheit, dass die Tiere ihre Wahrnehmung in ähnlicher Weise wie Menschen beschreiben.[9]

Das Prinzip hinter diesen Versuchen ist klar und direkt, die Praxis ist jedoch komplizierter, daher muss ich etwas vereinfachen. In einem Fall wurde der Affe darauf trainiert, einen Hebel immer dann niederzudrücken, wenn er ein Sonnenrad sah, einen anderen, wenn er ein anders Bild – Menschen, Gesichter, Schmetterlinge, Gegenstände und so fort – sah. Das Tier wurde dann in die Vorrichtung zur Untersuchung von binokularem Wettbewerb gesetzt, die das Sonnenrad in das eine und ein zweites Bild in das andere Auge projizierte. Der Affe zeigte dann durch Niederdrücken des entsprechenden Hebels an, welches Bild er sah (ihm war beigebracht worden, während der Übergangsperioden nicht zu reagieren). Nach Abschluss des Trainings wurde eine Elektrode ins Gehirn des Tieres neben einem spikenden Neuron eingepflanzt, und die Suche nach einem „bevorzugten" Reiz zur Erregung dieser Zelle begann. Die Neurowissenschaftler arbeiteten sich also durch eine Fotosammlung, um ein Bild zu finden, das zuverlässig eine starke Antwortreaktion hervorrief, wenn es dem Affen gezeigt wurde.

---

[8]Bei der Erforschung des binokularen Wettstreits bei Affen leisteten Myerson, Miezin und Allman (1981) Pionierarbeit. Der Umfang von Logothetis' Arbeiten über Neurophysiologie und Psychophysik bistabiler Perzepte bei Menschen und Affen ist beträchtlich und schließt Logothetis und Schall (1989), Logothetis, Leopold und Sheinberg (1996), Sheinberg und Logothetis (1997), Leopold und Logothetis (1999) sowie Leopold et al. (2002) ein. Übersichtsartikel finden sich bei Logothetis (1998) sowie Blake und Logothetis (2002).

[9]Affen und Menschen weisen beim binokularen Wettbewerb ähnliche Dominanzverteilungszeiten auf und reagieren auf Reizkontrast in derselben Weise (Leopold und Logothetis, 1996). Logothetis setzt zusätzliche Kontrollen ein, um sicherzustellen, dass die Affen ihre Wahrnehmung korrekt signalisieren.

In der Wettbewerbsphase des Experiments wurde der effektive Reiz in ein Auge projiziert, während das Sonnenradmuster, das bei dieser Zelle nur eine schwache Antwort hervorrief, ins andere Auge projiziert wurde. Während das Tier signalisierte, welchen der beiden Reize es sah, wurde die Aktivität des Neurons kontinuierlich registriert. Und nun die Eine-Million-Dollar-Frage:[10] Spiegelt die Entladungsrate der Zelle den konstanten retinalen Input oder das wechselnde bewusste Perzept wider?

Die Mehrheit der Zellen im primären und sekundären visuellen Cortex feuerten, ohne sich viel um das Auf- und Abflauen der Wahrnehmung zu scheren. Im Großen und Ganzen erhöhte ein Neuron seine Aktivität auf den Reiz in einem Auge hin, gleichgültig, was der Affe sah. Nur bei sechs von 33 Zellen wurde die Aktivität von der Wahrnehmung leicht moduliert; sah das Tier den bevorzugten Reiz nicht, sank die Spikeaktivität des Neurons im Vergleich zu den Episoden, in denen der bevorzugte Reiz sichtbar war.[11] Die meisten V1-Zellen feuern ohne Rücksicht darauf, ob der Affe den einen oder den anderen Reiz sieht. Diese Befunde unterstreichen einen wichtigen Punkt, den ich bereits angesprochen habe – nämlich, dass starke corticale Aktivität allein noch keine Garantie für ein bewusstes Perzept ist. Nicht jede corticale Aktivität trägt zum Bewusstsein bei.

Das Fehlen von signifikantem perzeptuellem Einfluss auf die Spikerate von V1-Neuronen erklärt, warum Nachwirkungen, die von diesen Neuronen abhängig sind, von perzeptueller Unterdrückung kaum beeinflusst werden. Wie in Abschnitt 6.2 erwähnt, lassen sich orientierungsabhängige Nachwirkungen mit unsichtbaren Reizen induzieren. Die Tatsache, dass ungesehene Dinge das Sehen beeinflussen können, wurde erstmals im Zusammenhang mit binokularem Wettbewerb demonstriert: Obwohl ein Muster in einem Auge unterdrückt wird, ruft es dennoch eine orientierungs- oder bewegungsabhängige

---

[10]Eine Million Dollar ist nicht weit entfernt von den tatsächlichen Kosten, die diese aufwändigen Experimente an mehreren Affen in Verlauf einiger Jahre mit sich bringen. Sie erfordern sehr gut ausgebildete Wissenschaftler und Mitarbeiter sowie eine Menge Spezialgeräte und -einrichtungen.

[11]Diese negativen Resultate passen zu dem Fehlen einer starken Hemmung zwischen den Augen in binokularen V1-Neuronen (Macknik und Martinez-Conde, 2004). Gail, Brinksmeyer und Eckhorn (2004) leiteten lokale Feldpotenziale (LFP) zusammen mit der gemeinsamen Spikeaktivität vieler V1-Neuronen von Affen ab, die darauf trainiert waren, während des binokularen Wettstreits ihr Perzept zu signalisieren. Wie Leopold und Logothetis (1996) fanden sie keine signifikante Veränderung in der Spikeentladung, ob das Tier nun das eine oder das andere Perzept signalisierte. Erstaunlicherweise wurde das LFP jedoch bei Frequenzen unter 30 Hz durch den perzeptuellen Zustand des Affen moduliert. Fries und seine Kollegen (Fries et al., 1997 und 2001c) berichteten, dass binokularer Wettbewerb bei schielenden Katzen die mittlere Entladungsrate von V1-Neuronen nicht beeinflusste. Vielmehr fanden sie, dass Dominanz durch den Grad der Spikesynchronie im Frequenzband von 30–70 Hz signalisiert wurde. Feline V1-Neuronen, die für den dominanten Reiz codierten, wiesen im Vergleich zu den Neuronen, die das unterdrückte Bild repräsentierten, eine höhere Spikekohärenz auf. Welchen Kausaleffekt, wenn überhaupt, die perzeptuellen Veränderungen in den verschiedenen Frequenzbändern auf den Cortex außerhalb von V1 haben, ist unklar.

Nachwirkung hervor.[12] Diese Ergebnisse sind mit unserer Hypothese vereinbar, dass die NCC nicht unter den V1-Zellen zu finden sind (Kapitel 6).

Zwei fMRI-Studien zum binokularen Wettbewerb bei V1-Zellen des Menschen stehen im Mittelpunkt einer laufenden Kontroverse. Ein Experiment ergab eine konsequente Modulation der V1-Hämodynamik durch binokularen Wettbewerb: Das mit dem sichtbaren Bild assoziierte hämodynamische Signal war stärker als das Signal des unterdrückten Bildes.[13] Das zweite Experiment bediente sich der einfallsreichen Strategie, die Antwort des Gehirns über die corticale Repräsentation des blinden Flecks (siehe Abb. 4.2) zu verfolgen. Diese Gruppe fand, dass das Signal in dieser Region durch binokularen Wettbewerb ebenso stark moduliert wurde wie durch einfaches An- und Abschalten des perzeptuell unterdrückten Reizes. Daraus zogen die Forscher den Schluss, der Wettbewerb sei in V1 entschieden.[14]

Die Schlussfolgerung, über Gewinner und Verlierer dieses Wettbewerbs werde in V1 entschieden, ist fragwürdig, weil dabei angenommen wird, das träge hämodynamische Signal sei direkt mit der sehr schnellen Spikeaktivität in Projektionsneuronen korreliert. Manchmal aber trifft genau das Gegenteil zu.[15]

Eine Steigerung der Durchblutung und der Oxygenierung, die dem fMRI-Signal zugrunde liegt, ist eng an die synaptische Aktivität gekoppelt – an die Ausschüttung und Wiederaufnahme von Neurotransmittern sowie an die elektrischen Verarbeitungsprozesse in lokalen Schaltkreisen. Synaptischer Input kann das Axon entlang laufende Aktionspotenziale auslösen oder auch nicht; das hängt vom Verhältnis von erregenden zu hemmenden Einflüssen ab. Diese biophysikalisch schlüssigere Lesart der fMRI-Daten spricht dafür, dass Feedback von höheren Arealen nach V1 zurückläuft und dort einen synaptischen Input auslöst, ohne dabei zwangsläufig die Feuerrate von Neuronen zu verändern, die aus V1 projizieren. Zukünftige Untersuchungen sollten diese Diskrepanz zwischen elektrophysiologischen Einzelzellableitungen und fMRI-Technik klären.

---

[12]Blake und Fox (1974); Blake (1998).
[13]Polonsky et al. (2000).
[14]Tong und Engel (2001).
[15]In einem spektakulären Experiment hemmte Logothetis (2004) Pyramidenzellen in V1 durch lokale Infusion einer chemischen Substanz. Anhand elektrischer Ableitungen stellte er sicher, dass diese Zellen stumm waren, während er gleichzeitig die hämodynamische Aktivität bei den narkotisierten Affen maß. Bemerkenswerterweise blieb die Amplitude des lokalen Feldpotenzials und des durch visuellen Input ausgelösten fMRI-Signals im Wesentlichen unbeeinflusst. Mit anderen Worten: Die sensorisch evozierte synaptische Transmitterfreisetzung erforderte Stoffwechselenergie, die von der fMRI-Technik registriert wurde, obwohl in den Zellen, die das Ergebnis an andere Hirnregionen übermitteln müssen, keine Aktionspotenziale generiert wurden. Weitere Information findet sich in Fußnote 2, Kapitel 8.

Sind Zwischenregionen der Sitz des Wettbewerbs?

Die neuronalen Antwortmuster in den Arealen V4 und MT sind variabler als diejenigen in V1.[16] Rund 40 Prozent aller V4-Zellen sind mit dem Verhalten des Tieres korreliert, mit seiner (vermuteten) Wahrnehmung. Erstaunlicherweise erhöht ein Drittel dieser modulierten Neuronen seine Feuerrate, wenn der Affe den bevorzugten Reiz sieht, während die übrigen Zellen dann am stärksten reagieren, wenn ihr bevorzugter Reiz unterdrückt wird. MT-Ableitungen mit sich bewegenden Rastern zeigen ein qualitativ ähnliches Bild. 40 Prozent der Neuronen modulieren ihre Feuerrate entsprechend der Wahrnehmung des Tieres. Die Hälfte davon feuert, wenn ihre bevorzugte Richtung perzeptuell unterdrückt wird. Also signalisieren in beiden Regionen einige Zellgruppen aktiv, wenn ihr bevorzugter Reiz eigentlich unsichtbar ist – eine Art unbewusste „freudianische" Repräsentation eines unterdrückten Reizes.

Das Feuerprofil vieler V4- und MT-Zellen zeigt, dass sie ihren Output primär während der Übergangsphase verändern, also dann, wenn das Perzept von einem Bild zum anderen wechselt. Eine plausible Schlussfolgerung daraus ist, dass die Koalitionen in diesen Zwischenregionen miteinander konkurrieren und versuchen, die Doppeldeutigkeit aufzulösen, die von den beiden ungleichen Bildern heraufbeschworen wird. Irgendwann setzt sich ein Sieger durch, und dessen Identität (wahrscheinlich auch die des Verlierers) wird den nächsten Stufen in der Hierarchie gemeldet.

16.3 Die Spuren des Bewusstseins führen in den inferotemporalen Cortex

Als Sheinberg und Logothetis von Zellen im inferotemporalen Cortex (IT) und im unteren Bereich des Sulcus temporalis superior (STS) ableiteten, der den IT oben begrenzt, fanden sie, dass der Wettbewerb zwischen den rivalisierenden Reizen aufgelöst war. Neun von zehn Zellen feuerten in Übereinstimmung mit dem Perzept des Affen. Wann immer der Affe den bevorzugten Reiz des Neurons sah, feuerte die Zelle; dominierte der andere Reiz, schwieg sie. Anders als im Falle von V4 und MT signalisierte keine IT-Zelle den unterdrückten und damit unsichtbaren Reiz.[17]

Lassen Sie mich diese Ergebnisse anhand des Neurons in Abbildung 16.3 illustrieren. Zunächst stellten die Experimentatoren fest, dass die Zelle beim Anblick eines Affengesichts stärker feuerte als bei einem Sonnenmuster. In dem grau unterlegten Zeitraum schaute das Tier beide Bilder unter binokularen Versuchsbedingungen an und signalisierte, welches Bild es sah. Als sich das

---

[16]Leopold und Logothetis (1996).
[17]Sheinberg und Logothetis (1997); Logothetis (1998).

Bild im Gehirn des Tieres veränderte, veränderte sich auch die Antwort des Neurons. Obwohl der retinale Input konstant blieb, war die Antwort des Neurons stärker, wenn der Affe das Gesicht sah, als beim Anblick der Sonne.

Die Echos dieses gewaltigen Aufeinanderprallens von Neuronenkoalitionen lassen sich mittels Abbildung der menschlichen Gehirnaktivität auffangen. Die Psychologin Nancy Kanwisher vom MIT hat kürzlich gezeigt, dass das fMRI-Signal im fusiformen Gesichtsareal (Abschnitt 8.5) stärker auf Gesichter reagiert als auf den Anblick von Häusern, Plätzen und charakteristischen Gebäuden. Das Umgekehrte gilt für das parahippocampale Ortsareal: Hier ist das fMRI-Signal bei Bildern von Häusern und Plätzen stärker als bei Gesichtern. Diese unterschiedliche Empfindlichkeit erlaubte ihr und ihren Mitarbeitern, die hämodynamische Aktivität in diesen beiden hoch in der visuellen Hierarchie angesiedelten Arealen zu vergleichen, während die Probanden in einem magnetischen Scanner lagen und einen Wettbewerb zwischen Bildern von Gesichtern und Häusern erlebten. In Übereinstimmung mit den Daten aus den Einzelzellableitungen spiegelten die hämodynamischen Signale in den beiden hoch in der visuellen Hierarchie stehenden Arealen das Perzept der Versuchsperson wider. Das Signal war sogar empfindlich genug, um vorherzusagen, ob die Versuchsperson gerade ein Gesicht oder ein Haus gesehen hatte – Gedankenlesen im Kleinen.[18]

Die Vermutung, dass die Neuronen in und rund um den inferotemporalen Cortex Mitglieder der Koalition sein könnten, die hinreichend für bewusste visuelle Erfahrungen ist, lässt sich anhand der *Flash Suppression* („Blitzunterdrückung") untermauern. Entdeckt von Jeremy Wolfe im Rahmen seiner Doktorarbeit am MIT, bedient sich Flash Suppression der binokularen Unterdrückung, wobei sich das Perzept leichter kontrollieren lässt als beim frei laufenden binokularen Wettbewerb. Stellen Sie sich vor, Sie fixierten mit einem Auge ein Bild. Nach einer Weile wird ein anderes Bild in Ihr zweites Auge geblitzt. Wenn die beiden Bilder auf korrespondiere Teile der beiden Netzhäute fallen, sehen Sie das neu aufgeblitzte Bild, aber nicht das alte, obwohl es noch immer da ist, direkt vor Ihnen. Das zweite Bild ist aufgrund seiner Neuartigkeit salienter als das ältere und löscht es aus der Sicht.[19]

Affen agieren, als erlebten sie etwas Ähnliches. Analog zu ihren Experimenten zum binokularen Wettbewerb trainierten Sheinberg und Logothetis Versuchstiere darauf, ihre Wahrnehmung durch Drücken eines von zwei Hebeln zu signalisieren, während Elektroden von einzelnen Neuronen ableiteten. Ein Foto vom Gesicht eines jungen Orang-Utans rief eine heftige Antwort her-

---

[18]Tong et al. (1998). Siehe auch Epstein und Kanwisher (1998).
[19]Wolfe (1984), der die Psychologie der Flash Suppression beim Menschen untersuchte, zeigte, dass dieser Effekt nicht auf einen Überlagerungseffekt (*forward masking*), Lichtadaptation oder andere Mechanismen zurückgeht, welche die Sichtbarkeit des ersten Bildes verringern. Zwischen die monokulare Präsentation und den Blitz (*flash*) konnte ein kurzer leerer Offset eingeschoben werden, ohne das Ergebnis zu verändern.

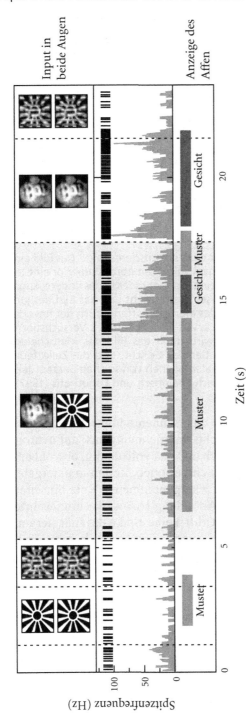

16.3 *Binokularer Wettbewerb in einem Neuron im inferotemporalen Cortex.* Etwa eine halbe Minute im Leben einer typischen IT-Zelle. Die obere Reihe zeigt den retinalen Input, wobei senkrechte gestrichelte Linien die Reizübergänge markieren. Die zweite Reihe zeigt die einzelnen Spikes eines Versuchsdurchgangs, die dritte die geglättete, aus vielen Durchgängen gemittelte Feuerrate, und die unterste Reihe das Perzept des Affen. Ihm war beigebracht worden, nur dann einen Hebel zu drücken, wenn er das eine oder das andere Bild sieht, aber nicht eine Überlagerung beider Bilder. Die Zelle reagierte schwach auf das Sonnenrad allein oder wenn dieses Muster auf das Bild eines Affengesichts aufgelagert wurde (etwa 5 s). Während des binokularen Wettbewerbs (graue Zone) schwankte die Wahrnehmung des Affen zwischen dem Sehen des Gesichts und dem Sehen des Sonnenrades hin und her. Die Gesichtswahrnehmung war stets von einer starken Zunahme der Feuerrate begleitet (diese ging der Wahrnehmung auch voraus). Nach Logothetis (persönliche Mitteilung).

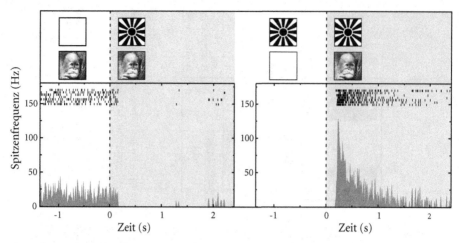

16.4 *Ein Neuron, das dem Perzept des Versuchstieres folgt.* Das Bild eines jungen Menschenaffen ruft bei diesem Neuron im Sulcus temporalis superior eine lebhafte Antwort hervor (ganz links). Wird das Bild eines Sonnenrades in das andere Auge geblitzt, signalisiert das Versuchstier, dass es dieses Muster sieht und das Bild des jungen Menschenaffen verschwunden ist. Obwohl das Menschenaffengesicht der bevorzugte Reiz dieser Zelle ist, fällt die Antwort der Zelle auf Null. Fixiert das Versuchstier umgekehrt eine Weile lang das Sonnenrad und wird dann das Bild des Menschenaffen ins andere Auge geblitzt, sieht das Versuchstier das Gesicht, und die Zelle feuert heftig (ganz rechts). Neuronen in früheren Arealen bleiben von solchen perzeptuellen Veränderungen weitgehend unbeeinflusst. Nach Sheinberg und Logothetis (1997), verändert.

vor (Abb. 16.4, links). Wurde das Sonnenradmuster in das andere Auge geblitzt, so löschte dies die Gesichtswahrnehmung aus; auf neuronaler Ebene erstarb die Antwort der Zelle rasch und fast vollständig, obwohl das von der Zelle bevorzugte Bild für ein Auge sichtbar blieb. Zellen in untergeordneten Regionen drosselten auf einen nicht wahrgenommenen Reiz hin ihren Output nicht ganz so dramatisch. Rechts in Abbildung 16.4 ist das umgekehrte Szenario dargestellt. Das Sonnenrad selbst ruft keine Spikeaktivität hervor. Als das Bild vom Affengesicht in das andere Auge projiziert wurde, erhöhte die Zelle abrupt ihre Feuerrate, und das Tier signalisierte, es sehe das Gesicht. Physikalisch war der Input in beiden Fällen derselbe. Das perzeptuelle Erleben war jedoch völlig unterschiedlich, und die Neuronen gaben dem Ausdruck.[20]

---

[20]Wenn man dem Geknatter eines IT- oder STS-Neurons lauscht, während seine verstärkten Spikes mit einem Lautsprecher hörbar gemacht werden, hat man deutlich das Gefühl, man könne vorhersagen, welchen Hebel der Affe drücken wird. Das ist durch ein strenges statistisches Verfahren bestätigt worden, das belegt, dass die zeitliche Modulation der Feuerrate fast aller IT- und STS-Zellen das Verhalten des Tieres zuverlässig voraussagt (Sheinberg und Logothetis, 1997). IT- und STS-Region sind weit von den Output-Regionen entfernt, was die Möglichkeit ausschließt, dass die Experimentatoren die motorischen Stufen hörten, welche sich darauf vorbereiteten, die eine oder die andere Hand zu bewegen.

Die Mehrheit aller IT- und STS-Zellen verhält sich so. Wenn der bevorzugte Reiz der Zelle vom Affen wahrgenommen wird, antwortet die Zelle. Wird das Bild perzeptuell unterdrückt, verstummt die Zelle, obwohl Legionen von V1-Neuronen bei dessen Anblick heftig feuern.[21] Nichts von dieser heftigen Aktivität trägt jedoch zur Wahrnehmung bei, was ein *prima-facie*-Beweis für unsere Hypothese ist, dass die NCC nicht in V1 zu finden sind.

Wie in Fußnote 14 in Kapitel 2 erwähnt, hat der Neurochirurg Itzhak Fried intracraniale Elektroden in den medialen Temporal- und Frontallappen epileptischer Patienten eingepflanzt, um den Anfallsherd zu lokalisieren. Gabriel Kreiman, ein Doktorand in meinem Labor, nutzte diese einzigartige Gelegenheit, um per Mikroelektroden abzuleiten, die huckepack auf den größeren intracranialen Sonden saßen, während die Patienten in ihren Klinikbetten an Experimenten zur Flash Suppression teilnahmen. Diese Experimente wurden möglich, weil Kreiman im medialen Temporallappen (MTL) Zellen entdeckte, die auf bestimmte Bildkategorien hin feuerten, wie auf Tiere oder bekannte Persönlichkeiten (siehe Abb. 2.2). Wir fanden, dass etwa zwei Drittel aller antwortenden MTL-Zellen dem Perzept folgten. Das heißt, die Zelle feuerte, wenn Patienten das Bild bewusst sahen, doch ihre Feuerrate sank auf die Grundaktivität ab, wenn das Bild unsichtbar, aber noch immer in einem Auge präsent war. Tatsächlich antwortete keine der Zellen auf einen perzeptuell unterdrückten Reiz, daher gab es in diesen Hirnbereichen keinen Hinweis auf eine nicht bewusste Repräsentation.[22] Es ist ermutigend, dass die Befunde aus Einzelzellableitungen beim Menschen, die keine vorherige Erfahrung mit derartigen Reizen hatten, den Ableitungen von hoch trainierten Affen gleichen.

16.4 Offene Fragen und weitere Experimente

Die Erforschung der neurophysiologischen Basis von perzeptuellen Reizen ist in vollem Gange. Jede verfügbare Technik wird angewandt, um tiefer in die Mechanismen einzudringen, die dem Umschalten im Inhalt des Bewusstseins zugrunde liegen. Wie jedes produktive Forschungsprogramm eröffnet die neuronale Erforschung bistabiler Perzepte die Möglichkeit, die Natur der NCC weiter zu sondieren.

Eine Frage, die bisher noch nicht beantwortet ist, betrifft die Bedeutung der Spikesynchronisation zwischen Neuronen, die für das perzeptuell dominante Muster codieren. Ist Spikesynchronie unter IT-Zellen ein charakteristisches Ereignis für die NCC? Anders gefragt: Ist ein hohes Maß an Synchronie notwen-

---

[21]D. Leopold und N. Logothetis, persönliche Mitteilung.
[22]Die Flash-Suppression-Experimente registrierten die Aktivität individueller Neuronen in Amygdala, entorhinalem Cortex, Hippocampus und parahippocampalem Gyrus untrainierter und wacher Patienten (Kreiman, Fried und Koch, 2002). Beim Makaken gibt es starke Verbindungen zwischen IT und MTL.

dig, um eine dominante Koalition zu bilden, die mit einem spezifischen Perzept korrespondiert?[23]

Eine andere Frage ist, in welchem Maß die Feueraktivität (einiger) dieser Zellen mit dem Perzept des Tieres lediglich im Gleichtakt variiert oder ob diese Zellen *tatsächlich* die NCC für dieses Perzept sind. Wie eng ist die Bindung zwischen dem exakten Einsetzen sowie der Feuerintensität und dem Verhalten des Tieres in den einzelnen Versuchen?[24]

Neurobiologie ist nicht nur eine beobachtende Wissenschaft, sondern zunehmend auch ein Fach, in dem das Nervensystem auf quantifizierbare Weise manipuliert werden kann, um das Verhalten des Tieres zu beeinflussen. Solche invasiven Experimente können dazu beitragen, die Lücke zwischen Korrelation und Kausalität zu überbrücken.

Die einfachste Eingriffsmöglichkeit besteht darin, Teile des Gehirns mit Mikroelektroden zu stimulieren. Lassen sich Dominanzperioden während binokularen Wettbewerbs beeinflussen, indem man Zellgruppen im IT oder im MTL erregt, die dem Perzept folgen? Wie in Abschnitt 8.5 erwähnt, ist die zelluläre Repräsentation für Gesichter im inferotemporalen Cortex konzentriert. Das Einspeisen von bipolaren Strompulsen per intracorticaler Elektrode in eine Gruppe IT-Zellen könnte die Dominanz erhöhen oder die Suppressionsperiode eines Gesichtperzepts verkürzen, wenn es mit einem anderen Bild konkurriert.

Andere Eingriffe, die schon bald möglich sein werden, bestehen beispielsweise darin, genetisch identifizierte Zellensembles – wie Neuronen in den oberflächennahen Schichten von IT (siehe unten), die in den Frontallappen projizieren – zum Schweigen zu bringen. Ist ein Tier ohne diese Zellen, die mit dem vorderen Cortexbereich kommunizieren, noch immer bei Bewusstsein? Signalisiert es immer noch perzeptuelle Übergänge?

Welche Zelltypen sind beteiligt?

Es ist unwahrscheinlich, dass IT- und STS-Neuronen, die dem Perzept folgen, dessen phänomenologische Eigenschaften direkt ausdrücken. Einige müssen an den zugrunde liegenden *winner-take-all*-Operationen beteiligt sein, andere müssen die Identität des Siegers an die motorischen Zentren übermitteln, um Verhalten auszulösen, oder für einen späteren Wiederabruf an das Kurzzeitgedächtnis melden. Wiederum andere müssen ein flüchtiges Signal übertragen,

---

[23]Singer und seine Kollegen vertreten die Meinung, dass die Aktionspotentiale von V1-Zellen, die für das perzeptuell dominante Bild codieren, stärker synchronisiert sind als jene, die mit dem unterdrückten Bild assoziiert sind (Engel et al., 1999, und Engel und Singer, 2001; siehe auch Fußnote 11 in diesem Kapitel). Multielektrodenableitungen beim wachen, agierenden Affen haben dieses Problem nicht klären können. Murayama, Leopold und Logothetis (2000) fanden, dass die Synchronie zwischen V1-, V2- und V4-Neuronen wesentlich höher ist, wenn beide Augen dasselbe Bild sehen, als bei verschiedenen Bildern.
[24]Gold und Shadlen (2002); Parker und Krug (2003).

das eine perzeptuelle Umschaltung anzeigt, und noch andere könnten dieselbe Information, aber mit einer gewissen Verzögerung, repräsentieren.

Wenn ich mir das zeitliche Profil zellulärer Antworten in diesen Arealen ansehe, bin ich immer wieder erstaunt, wie heterogen es doch ist. Man kann eine ganze Menagerie unterschiedlicher Muster beobachten. Einige Zellen feuern nur vorübergehend, andere hingegen weit anhaltender. Einige feuern in kurzen Salven (*bursts*), andere zeigen ein ausgeprägt rhythmisches Entladungsmuster im 4–6-Hz-Bereich, während wieder andere (wie rechts in Abb. 16.4) rasch ein Entladungsmaximum erreichen, bevor sie zu einer ruhigeren und ausdauernderen Gangart übergehen. Spiegeln sich darin verschiedene Zelltypen mit unterschiedlichen Funktionen und Verknüpfungsmustern wider? Das wäre eine wichtige Erkenntnis.[25]

Die Suche nach den NCC lässt sich verfeinern, wenn man die zeitliche Entwicklung von Sichtbarkeit, Helligkeit und anderen Attributen des Perzepts auf spezifischen Klassen von Spikemustern abbildet. Wird das Perzept durch die Amplitude der anhaltenden Entladung nach einem Sekundenbruchteil codiert, oder durch den Grad der Synchronie zwischen benachbarten Neuronen? Ein Experiment, das die Antwort darauf liefern könnte, besteht darin, im Rahmen eines Flash-Supression-Experiments Ableitungen vor und nach Verabreichung eines rasch wirkenden Narkosemittels durchzuführen. Wie wirkt es sich aus, wenn der Affe zum Einschlafen gebracht wird? Was auch immer die NCC sind, sie sollten nach diesem Eingriff verschwunden sein.

Um tiefer in das Geschehen im IT einzudringen, bedarf es gründlicher neuroanatomischer Studien. In einer Pionierarbeit machten John Morrison und seine Kollegen vom Salk Institute in La Jolla, Kalifornien, IT-Neuronen sichtbar, die in Regionen rund um den Sulcus principalis im präfrontalen Cortex projizieren (Abb. 16.5 oben).[26] Ihre Zellkörper fanden sich in der oberflächennahen Schicht 3 und in den tiefen Schichten 5 und 6. Aufgrund der Dendritenbaummorphologie und der laminaren Position der Zellen unterschieden die Anatomen acht Zelltypen (Abb. 16.5). In ihrer Gesamtheit zogen sich

---

[25]Einen Hinweis darauf, dass spezifische Zellklassen beteiligt sein könnten, liefert die Zufallsbeobachtung, dass fast alle MT-Zellen, die ihre Feuerrate mit dem Perzept des sich bewegenden Rasters veränderten, in den tiefen Schichten lagen (Logothetis und Schall, 1989).

[26]Siehe de Lima, Voigt und Morrison (1990). Diese Forscher injizierten vier Affen einen Tracer nahe dem Sulcus principalis in den präfrontalen Cortex. Der Tracer wurde von Axonen aufgenommen und gelangte durch retrograden Transport von den Synapsen in den Zellkörper. Nach einer Woche wurden die Tiere getötet und Schnitte des inferotemporalen Gyrus nach den verräterischen Zeichen des Tracers in den Neuronen untersucht. In diese schwach markierten Zellen wurden dann intrazellulär ein zweiter Farbstoff injiziert, der rasch den gesamten Dendritenbaum und das Soma füllte, sodass sich ihre Anatomie detailliert rekonstruieren ließ. Morrison und seine Studenten entdeckten auf diese Weise mehr als 400 Zellen, die allesamt mit Dornen bedeckt waren, was dafür spricht, dass es sich um exzitatorische Zellen handelt. Mithilfe photodynamischer Färbungen ließe sich diese sehr aufwändige Arbeit vielleicht beschleunigen (Dacey et al., 2003).

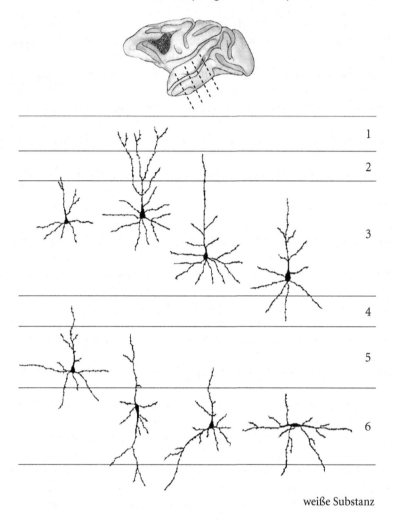

weiße Substanz

16.5 *Die zelluläre Basis der NCC*? Eine Zusammenstellung von Neuronen im inferotemporalen Cortex des Affen (aus den vier Schnitten, die durch die gestrichelten Linien angedeutet sind), die in einen umgrenzten Teil des präfrontalen Cortex projizieren (punktierter Bereich). Nach de Lima et al. (1990), verändert.

diese Pyramidenzellen und ihre Dendriten durch die gesamte Tiefe des Cortex, wenn jeder Zelltyp allein auch nur eine begrenzte vertikale Ausdehnung aufwies.

Einige dieser Projektionsneuronen könnten einen Teil der NCC bilden, aber welche? In welchen Schichten des präfrontalen Cortex enden ihre Axone? Verzweigen sie sich, um andere corticale Regionen zu innervieren? Welche Beziehung besteht zwischen diesen anatomisch definierten Klassen und den oben erwähnten unterschiedlichen Spikemustern? Erhalten irgendwelche dieser Zellen synaptischen Input von denselben Neuronen im präfrontalen Cortex, zu denen sie projizieren, sodass direkte Schleifen entstehen? Sind sie auf spezielle Weise mit ihren postsynaptischen Zielzellen verknüpft? Weisen sie eine einzigartige molekulare Signatur auf, die sich ausnutzen lässt, um sie rasch, vorsichtig und reversibel für kurze Zeit auszuschalten?

Kein Molekularbiologe wäre damit zufrieden zu wissen, dass sich *ein gewisser Teil* aller Kinasen oder aller Proteine, die mit den strukturellen Spezialisationen an der Synapse assoziiert sind, im Rahmen der synaptischen Plastizität verändert. Vielmehr wollen Biologen wissen, *welche* der vielen hundert Proteine, die nötig sind, damit eine Synapse arbeiten kann, hochreguliert und welche herunterreguliert werden, wie diese verbunden sind, welche in der Membran sitzen und welche im Cytosol liegen, und so fort. Warum sollten sich Hirnforscher bei der Wahrnehmung mit weniger zufrieden geben?

Perzeptuelle Dominanz und der präfrontale Cortex

Der inferotemporale Cortex und benachbarte Regionen projizieren nicht nur in den präfrontalen Cortex, sondern erhalten auch Input von dort. Welche Rolle spielt dieses Feedback bei binokularem Wettbewerb und verwandten Phänomenen? Ich habe in Kapitel 14 argumentiert, dass die NCC Kommunikation mit den Planungszentren im vorderen Gehirnbereich erfordern. Es muss sich um eine zweigleisige Straße handeln, mit Feedforward-Aktivität im IT, verstärkt durch Feedback aus frontalen Hirnregionen. Ohne diese Regionen (die beispielsweise durch starke Kühlung oder auf andere Weise ausgeschaltet werden können) ginge die bewusste Wahrnehmung verloren, selbst wenn es beim binokularen Wettbewerb noch zu einer Art automatischer periodischer Ablösung zwischen den beiden Reizen käme. Möglicherweise zeigten IT-Neuronen während dieser zyklischen Veränderungen ein gewisses Maß an Modulation, aber viel weniger ausgeprägt als bei einem neurologisch intakten Versuchstier. Solche Vorhersagen lassen sich bald direkt testen.

In einer innovativen fMRI-Studie verglichen Erik Lumer und Geraint Rees vom University College in London wettbewerbsinduzierte mit rein retinalen Umschaltungen (bei denen das eine oder andere Bild aus dem Sehfeld des Auges entfernt wurde). Sie kamen zu dem Schluss, dass frontoparietale Regionen immer dann aktiv waren, wenn die Dominanz vom einen zum anderen Perzept überwechselte.[27] Diese Hypothese wird von der klinischen Beobachtung unter-

---

[27]Lumer und Rees (1999); siehe auch Lumer, Friston und Rees (1998). Während der perzeptuellen Übergänge, die auftreten, wenn man eine Reihe bistabiler Figuren (wie den Necker-Würfel und Rubins Gesicht/Vase-Figur; siehe Kleinschmidt et al., 1998) anschaut, sind ähnliche parietale und frontale Regionen aktiv.

mauert, dass Patienten mit präfrontalen Läsionen in der Regel bei der bistabilen Wahrnehmung anomale Übergangsphasen aufweisen.[28]

Wenn diese Areale mitentscheiden, wann es Zeit ist umzuspringen, sollten sie Zugang zu Attributen des gerade unterdrückten Bildes haben. Wie in Abschnitt 11.3 dargestellt, agieren Zellen in und um den Sulcus principalis als Kurzzeitgedächtnis. Wie in Abbildung 16.5 zu sehen, projiziert der IT in diese Regionen. Sind diese präfrontalen Zellen, die das zuvor gesehene, aber nun unterdrückte Bild codieren, verantwortlich für sein Wieder-Ins-Bewusstsein-Treten beim nächsten Zyklus?[29]

16.5 Wiederholung

Wie der Rosettastein erlauben perzeptuelle Reize dem unerschrockenen Forscher, zwischen drei verschiedenen Sprachen zu übersetzen – das subjektive Idiom von Empfindung und phänomenaler Erfahrung, die objektive Sprache der behavioralen Psychologie und die mechanistische Sprache der Hirnforschung, die sich in Form von Spikes und Neuronengruppen ausdrückt. Sie bieten die größte Hoffnung, die NCC zu finden.

Binokularer Wettbewerb und Flash Suppression sind geläufige Beispiele für perzeptuelle Reize mit einer Eins-zu-vielen-Beziehung, die anschaulich und leicht zu kontrollieren sind. Zwei Bilder werden in die Augen projiziert, aber nur ein Bild wird gesehen, während das andere unterdrückt wird. Während dieses Wettstreits dringen die beiden Perzepte in einem nie endenden Tanz ins Bewusstsein vor und verschwinden wieder daraus. Was man sieht, ist keine Überlagerung der beiden Bilder, sondern nur ein Bild – das Ergebnis eines gnadenlosen Wettbewerbs, bei welchem dem Sieger alles zufällt. Flash Supression ähnelt dem binokularen Wettbewerb, ist aber besser vorhersagbar, da das neue Bild stets über das ältere triumphiert.

Neurophysiologische Befunde von trainierten Affen zeigen, dass nur eine kleine Minderheit von Zellen in V1 und V2 (und keine im CGL) ihre Feuerrate mit der Wahrnehmung verändern. Diese Modulationen sind im Vergleich zu den perzeptuellen Alles-oder-Nichts-Veränderungen, zu denen es beim binokularen Wettbewerb kommt, nur geringfügig. Fast alle V1-Zellen feuern unabhängig von der bewussten Wahrnehmung des Versuchstieres oder der Versuchsperson, was erklärt, warum sich einige Nachwirkungen zuverlässig von unterdrückten und daher unsichtbaren Reizen hervorrufen lassen.

---

[28]Patienten mit Läsionen im rechten Frontallappen fällt es bei bistabilen Reizen schwer, von einem Perzept zum anderen umzuschwenken (Wilkins, Shallice und McCarthy, 1987; Ricci und Blundo, 1990; Meenan und Miller, 1994).

[29]Wenn das der Fall ist, spricht dies dafür, dass Arbeitsgedächtnis und perzeptuelle Dominanz zusammenhängen. Könnte ein Teil der beträchtlichen Variabilität in den Dominanzperioden, die Individuen zeigen, auf die Variabilität ihres Arbeitsgedächtnisses zurückgehen?

Mehr als ein Drittel aller Neuronen in den Arealen V4 und MT sind mit dem Perzept korreliert. Viele codieren den dominanten Reiz, während ein signifikanter Anteil das unsichtbare Muster repräsentiert.

Die Mehrheit der IT- und STS-Neuronen folgen dem Verhalten des Tieres. Keines dieser Neuronen repräsentiert den unterdrückten Reiz. Einzelzellableitungen aus dem medialen Scheitellappen des Menschen führen zu demselben Ergebnis – die meisten selektiven Zellen folgen dem Perzept, und keine signalisiert das unsichtbare Bild. Dieser Effekt ist so stark, dass sich aus ihren Feuerraten mit hoher Sicherheit das Verhalten des Tieres ablesen lässt.

In diesem oberen Bereich der ventralen *vision-for-perception*-Bahn herrscht die siegreiche Neuronenkoalition uneingeschränkt. Einige ihrer Mitglieder gehören zu den vielversprechendsten Kandidaten für die NCC. Um diese These weiter zu untersuchen, wird es nötig sein, die Mikrostruktur der bewussten Wahrnehmung mit dem dynamischen Feuerverhalten dieser Neuronen zu korrelieren und eine Kausalverbindung zwischen beiden zu etablieren, indem man Neuronen in diesen Arealen in geeigneter Weise manipuliert.

Die neurophysiologische Erforschung perzeptueller Reize hat viele wertvolle Erkenntnisse über die Schnittstelle zwischen Körper und Geist zutage gefördert. Eine andere Informationsquelle über die Neurologie der NCC sind chirurgische Eingriffe in das menschliche Gehirn. Sie sollen im nächsten Kapitel vorgestellt werden.

Kapitel 17

Das Gehirn zu spalten, heißt das Bewusstsein zu spalten

> Es war, als würden zwei Geister in mir um den Wurf streiten. Die „Stimme" war klar und schneidend und gebieterisch. Sie hatte immer Recht, und ich hörte ihr zu, wenn sie sprach, und folgte ihren Entscheidungen. Der andere Geist stieß eine unzusammenhängende Reihe von Bildern, Erinnerungen und Hoffnungen hervor, die ich wie im Traum betrachtete, während ich mich anschickte, den Anordnungen der „Stimme" zu folgen: Ich musste zum Gletscher. Ich würde auf dem Gletscher kriechen, aber so weit dachte ich nicht. Wenn meine Perspektiven nun deutlicher waren, so waren sie auch beschränkter, bis ich nur noch an das Erreichen gesteckter Ziele dachte und nicht darüber hinaus. Den Gletscher zu erreichen, war mein Ziel. Die „Stimme" sagte mir genau, was ich zu tun hatte, und ich gehorchte, während mein anderer Geist wie losgelöst von einem Gedanken zum anderen sprang.
>
> Aus *Touching the Void* von Joe Simpson

Wenn Bewusstsein in einem Sektor des Gehirns residiert, könnte man es dann nicht teilen, indem man diesen Bereich in zwei Bereiche teilt? Auch wenn sich das verrückt anhört, etwas, das diesem Gedankenexperiment nicht unähnlich ist, wurde tatsächlich durchgeführt.

Das Gehirn ist hoch symmetrisch gebaut; es hat zwei Hemisphären, zwei Thalami, zwei Sätze Basalganglien und so fort. Diese Symmetrie ist eines seiner bemerkenswertesten Merkmale. Weil Bewusstsein beim normalen Menschen als Einheit erlebt wird, könnte man meinen, die neuronale Untermauerung müsste sich in einer einzigen physischen Struktur ausdrücken. Denn wenn die NCC in beiden, in der rechten und der linken Hälfte lokalisiert wären, woher käme dann das Erleben der Einheit? Diese Argumentationskette überzeugte Descartes im 17. Jahrhundert davon, dass die Epiphyse (Zirbeldrüse), eine der wenigen Strukturen, von denen es auf der Mittellinie des Gehirns nur eine Ausgabe gibt, der Sitz der Seele ist.[1]

Was passiert, wenn die beiden Großhirnhemisphären wie siamesische Zwillinge getrennt werden? Wenn man davon ausgeht, dass Tiere oder Menschen diese Prozedur überleben, wie schlecht geht es ihnen anschließend? Erleben sie eine Spaltung in ihrer Wahrnehmung der Welt?

---

[1] Siehe Artikel 32 in Descartes' *Les Passions de l'Ame*, veröffentlicht 1649. Descartes' Argumentation wurde von der irrigen Beobachtung gestützt, dass Menschen ohne Epiphyse nicht überleben. Die andere wichtige Struktur, die nicht in doppelter Ausführung vorliegt, ist die Hypophyse.

17.1 Über die Schwierigkeit, etwas zu finden, wenn man nicht weiß, wonach man sucht

Das *Corpus callosum* (Balken) ist bei weitem die größte Ansammlung von Nervenfasern, die eine Großhirnhemisphäre mit der anderen verbindet (Abb. 17.1). Eine kleineres Verbindungsbündel ist die *Commissura anterior*. Sie ist eine wichtige Orientierungsmarke, der Nullpunkt des populärsten dreidimensionalen Koordinatensystems, das bei Gehirnabbildungen verwendet wird.[2]

In gewissen Fällen unbehandelbarer epileptischer Anfälle werden als letztes Mittel ein Teil oder alle dieser interhemisphärischen Bahnen chirurgisch durchtrennt, um zu verhindern, dass sich anomale elektrische Aktivität von einer auf die andere Hemisphäre ausbreitet und zu generalisierten Krampfanfällen führt. Diese Operation, die erstmals Anfang der 1940er Jahre durchgeführt wurde und auch heute noch gelegentlich vorgenommen wird, wirkt wie beabsichtigt und lindert die Krampfanfälle. Besonders bemerkenswert an diesen *Split-Brain*-Patienten ist ihre Unauffälligkeit in täglichen Leben, sobald sie sich von der Ope-

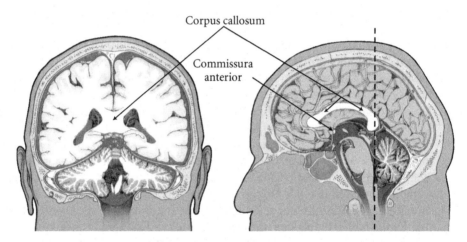

17.1 Das *Corpus callosum* (Balken). Diese Masse aus 200 Millionen Axonen verbindet zusammen mit der viel kleineren Commissura anterior die beiden Großhirnhemisphären. Sensorische oder symbolische Information wird von einer Seite an die andere übermittelt. Bei einer vollständigen Trennung beider Hemisphären werden beide Bündel durchtrennt. Nach Kretschmann und Weinrich (1992), verändert.

---

[2]Die Axone des Corpus callosum, von denen die meisten myelinisiert sind, nehmen ihren Ausgang zwischen Schicht-3- und Schicht-4- Pyramidenzellen und projizieren in Schicht 4 ihrer Zielregion in der gegenüberliegenden Hemisphäre (Aboitiz et al., 1992). Die beiden anderen interhemisphärischen Bahnen im Cortex sind die Commissura anterior und die hippocampale Commissura fornicis. Weiter unten liegt die intertektale Kommissur zwischen den beiden Colliculi, die Commissura posterior, die das Mittelhirn verbindet, sowie andere Verbindungen auf der Höhe des Hirnstamms.

ration erholt haben. Sie unterscheiden sich scheinbar überhaupt nicht von der Persönlichkeit vor der Operation. Sie sehen, hören und riechen wie zuvor, sie bewegen sich, reden und interagieren mit anderen Menschen wie gewohnt. Sie besitzen ihr gewohntes Selbstbewusstsein und berichten über keine offensichtlichen Veränderungen in ihrer Wahrnehmung der Welt (beispielsweise verschwindet nicht einfach ihr linkes Sehfeld). Die Kliniker waren sehr erstaunt über diesen Mangel an klaren Symptomen.

Neurowissenschaftler lernen daraus, dass das Gehirn sehr anpassungsfähig ist. Wenn es geschädigt wird, kompensiert es den Schaden und beschafft sich die Information, die es braucht, auf höchst einfallsreiche Weise, etwa durch „Cross-Cueing" (die unbewusste Nutzung aller möglichen Hinweisreize) oder andere Tricks. Wenn man nicht weiß, welche Defizite zu erwarten sind, kann man sie völlig übersehen. Das ist eine wichtige strategische Lehre, die man bei der Jagd auf die NCC beherzigen sollte.

Die Lage änderte sich dramatisch mit Roger Sperrys Pionierarbeiten in den 1950er und 1960er Jahren am California Institute of Technology; für diese Arbeiten erhielt er 1981 der Nobelpreis für Physiologie oder Medizin. Durch sorgfältige Beobachtung von Fröschen, Nagern, Katzen, Tier- und Menschenaffen, deren interhemisphärische Verbindungen im Cortex durchtrennt worden waren, konnten Sperry und seine Mitarbeiter zeigen, dass diese Tiere tatsächlich zwei „Geiste" (*minds*) besaßen.[3] Man kann der einen Hemisphäre eine Antwort beibringen, während die andere Hemisphäre eine andere – selbst eine widersprechende – Antwort auf dieselbe Situation lernt.

Der Neurochirurg Joe Bogen von der Loma Linda University Medical School in Los Angeles testete zusammen mit Sperry und seinem Schüler Michael Gazzaniga (inzwischen am Dartmouth College in New Hampshire und einer der Gründerväter der *Kognitiven Neurowissenschaften*) die Prognosen aus diesen Tierexperimenten an seinen Patienten.[4] Ironischerweise hat es sich – angesichts der zuvor aufgetretenen Schwierigkeiten herauszufinden, was mit diesen Patienten nicht stimmt – als recht einfach herausgestellt zu zeigen, dass etwas mit diesen Patienten gar nicht in Ordnung ist.

---

[3]Um den vollen Umfang von Split-Brain-Ausfällen auszulösen, ist eine vollständige Durchtrennung aller Verbindungen wichtig. Insbesondere muss auch die Commissura anterior durchtrennt werden, weil sie Fasern enthält, welche die temporalen und frontalen Cortexbereiche verbinden, die spezifische visuelle Information vermitteln. Weitere Details finden sich bei Sperry (1961).

[4]Bogen, Fisher und Vogel (1965), Bogen und Gazzaniga (1965). Einen maßgeblichen Überblick über die Neurologie von Split-Brain-Patienten, bietet Bogen (1993); die Geschichte des Verfahrens beschreiben Akelaitis (1941, 1944) und Bogen (1997b).

17.2 Die beiden Großhirnhemisphären erfüllen nicht dieselben Funktionen

Unser Wissen über hemisphärische Spezialisierung stammt nicht nur aus der Beobachtung von Split-Brain-Patienten, sondern auch aus Injektionen des rasch wirkenden Barbiturats Natriumamytal (der so genannten Wahrheitsdroge) in die rechte oder linke Halsschlagader. Der zirkulierende Wirkstoff lässt die Hemisphäre, die von der entsprechenden Schlagader versorgt wird, für einige Minuten einschlafen, sodass man das Verhalten der anderen, wachen Hemisphäre testen kann.

Der dramatischste Einzelbefund dieser Untersuchungen ist, dass die Fähigkeit zu sprechen und in einem geringeren Maße auch die Fähigkeit, Sprache zu verstehen, auf eine, die *dominante* Hemisphäre, beschränkt ist. Bei mehr als neun von zehn Patienten ist es die linke Großhirnhemisphäre, die spricht, über Schreiben kommuniziert und problemlos mit anderen Sprachaspekten umgeht. Die rechte Hemisphäre besitzt nur ein beschränktes Sprachverständnis und kann nicht sprechen (wohl aber singen).[5] Wenn ein Split-Brain-Patient redet, ist seine dominante Hemisphäre kontrollierend tätig. Die nichtdominante Hemisphäre ist stumm. Sie kann jedoch signalisieren, indem sie mit dem Kopf nickt oder bedeutungsvolle Zeichen mit den Fingern der gegenüberliegenden Hand macht.

Heute bieten funktionelle bildgebende Verfahren eine bequeme und sichere Möglichkeit, die hemisphärische Spezialisierung bei gesunden Versuchspersonen direkt sichtbar zu machen. Das bestätigt die Folgerungen, die aus den klinischen Fällen gezogen worden sind. Bei den meisten Menschen ist die linke Hemisphäre – mit dem Broca-Areal im präfrontalen Cortex und dem Wernicke-Areal im Schläfenlappen – für die linguistische Verarbeitung zuständig (Abb. 15.2). Für den Rest dieses Kapitels setze ich also voraus, dass die linke Hemisphäre die dominante ist.[6]

Die rechte Hemisphäre schneidet besser bei Aufgaben ab, die räumliches Vorstellungsvermögen, visuelle Aufmerksamkeit (erinnern Sie sich aus Abschnitt 10.3 daran, dass eine Schädigung der rechten Scheitellappens typischerweise zu räumlichem Neglect beziehungsweise Extinktion führt) und visuelle Wahrnehmung erfordern, wie beim Gesichtererkennen und bei der visuellen Vorstellung (*imagery*). Tatsächlich ist das fusiforme Gesichtsareal bei

---

[5]Bogen und Gordon (1970; Gordon und Bogen, 1974) berichten von singenden Split-Brain-Patienten. Gazzaniga (1995) liefert einen exzellenten Überblick über die Prinzipien der menschlichen Gehirnorganisation, abgeleitet aus Split-Brain-Studien. Geschwind und Galaburda (1987) diskutieren die biologischen Mechanismen der cerebralen Lateralisierung bei Mensch und Tier.
[6]Bei fast allen Rechtshändern ist die linke Hemisphäre die dominante, sprechende Hälfte. Bei Linkshändern liegen die Dinge etwas komplizierter. Die Palette reicht von vollständiger Linksdominanz zu vollständiger Rechtsdominanz, wobei eine Minderheit gar keine Lateralität zeigt.

normalen Versuchspersonen (wie durch funktionelle gehirnabbildende Verfahren beschrieben, Abschnitt 8.5) im rechten Gyrus fusiformis viel größer als im linken.

Unterschiede zwischen der rechten und der linken Hemisphäre sind zum Thema von Legenden und Cartoons geworden. Diese Befunde haben eine ganze Palette von Selbsthilfebüchern ins Leben gerufen, in denen behauptet wird, dass ein Trainieren der einen oder der anderen Hemisphäre Kreativität und Denkvermögen verbessern und ungenutzte Teile des Gehirns anzapfen kann – alles dies basierend auf einer äußert dünnen Datenlage.

17.3 Zwei Bewusstsein in einem Körper

Um das Folgende zu verstehen, erinnern Sie sich daran, dass sensorische Information aus dem linken Sehfeld oder der linken Körperseite in der rechten Hemisphäre repräsentiert wird und umgekehrt. Ein typischer Split-Brain-Patient ist durchaus in der Lage, ein Messer ein Messer zu nennen, wenn man es ihm außer Sicht (oder bei geschlossenen Augen) in die rechte Hand gibt – deren Tastrezeptoren in den linken somatosensorischen Cortex projizieren, eben auf die Seite, wo seine Sprachzentren lokalisiert sind. Ergreift er das Messer jedoch mit der linken Hand – deren taktile Information in die rechte, stumme Hemisphäre übermittelt wird –, weiß er nicht zu sagen, was er da in der Hand hält. Wenn man ihm nun eine Tafel mit Bildern zeigt, kann er mit seiner linken Hand auf das Bild des Messers zeigen, nicht aber mit seiner Rechten. Gefragt, warum er gerade auf dieses Bild gezeigt hat, kann er es nicht sagen, weil seine linke, sprechende Hälfte keine Information darüber besitzt, was er in der linken Hand hält (bei diesem Test darf der Patient den Gegenstand nicht sehen). Statt nichts zu sagen, beginnt der Patient jedoch häufig zu konfabulieren und erfindet irgendeine Erklärung, um die Tatsache zu vertuschen, dass er keine Ahnung hat, warum sich seine linke Hand so verhalten hat.

Die eine Hälfte des Gehirns weiß buchstäblich nicht, was die andere tut, was zu regelrecht tragikomischen Situationen führen kann. Victor Mark, ein Neurologe von der University of North Dakota, nahm ein Interview mit einer Patientin mit komplettem Split Brain auf Video auf. Auf die Frage, wie viel Krampfanfälle sie kürzlich erlebt habe, hielt ihre rechte Hand zwei Finger hoch. Dann griff ihre linke Hand ein und drückte die Finger der rechten Hand nieder. Nach mehreren Versuchen, die Zahl ihrer Anfälle anzugeben, machte sie eine Pause und zeigte dann gleichzeitig drei Finger mit ihrer rechten und einen mit ihrer linken Hand. Als Mark sie auf die Diskrepanz hinwies, meinte die Patientin, dass sich ihre linke Hand häufig verselbstständige. Zwischen beiden Händen entwickelte sich ein Streit, der wie eine Slapstickübung aussah. Erst als die Patientin frustriert in Tränen ausbrach, wurde man an ihre traurige Lage erinnert.[7]

Andere klinische Anekdoten berichten von Patienten, die ihr Hemd oder ihre Bluse mit der einen Hand zuknöpfen und mit der anderen aufknöpfen. Diese Beispiele für hemisphärische Rivalität verschwinden gewöhnlich einige Wochen nach der Operation.

Bei einer optischen Suchaufgabe (wie in Abb. 9.2) benutzen Split-Brain-Patienten offenbar zwei unabhängige Suchscheinwerfer, um einen Bereich zu scannen, einen für das rechte und einen für das linke Sehfeld.[8] Mit intaktem Balken verringert die Konkurrenz zwischen den beiden Hemisphären die effektive Suchrate und manifestiert sich in einem einzigen, räumlichen Fokus der Aufmerksamkeit.

Womöglich nach einer kompletten Durchtrennung des Corpus callosum und der Commissura anterior verbliebene Verbindungen sind nicht in der Lage, spezifische sensorische oder symbolische Information, wie „ein roter senkrechter Balken im oberen linken Sehfeld" zu übermitteln. Sie können jedoch diffusere emotionale Zustände, wie Ärger, Freude oder Verlegenheit mitteilen. Wenn man einer Hemisphäre beispielsweise Bilder mit sexuellem Inhalt zeigt, die den Patienten zum Erröten bringen, ist sich die andere Hemisphäre dieser Gemütsbewegung bewusst, ohne zu wissen, warum.

Die intellektuellen Fähigkeiten der linken Hemisphäre entsprechen in etwa denen der Durchschnittsbevölkerung. Oder anders ausgedrückt: Der Intellekt des normalen, vollständigen Gehirns unterscheidet sich nicht sehr von demjenigen einer seiner Hälften (der dominanten). Das erklärt das scheinbare Fehlen von Defiziten bei den meisten Split-Brain-Patienten, besonders wenn man sie danach fragt, wie sie sich fühlen (denn die linke Hemisphäre übernimmt das Sprechen).

Dennoch haben die kognitiven und motorischen Fähigkeiten beider Seiten, wenn sie auch nicht identisch sind, denselben Charakter. Die rechte Hemisphäre hat Zugang zum expliziten Gedächtnis und zu symbolischer Verarbeitung, etwas, das über die Fähigkeiten von Zombiesystemen hinausgeht. Sie besteht sicherlich den Verzögerungstest für Bewusstsein, der in Abschnitt 13.6 eingeführt worden ist.[9]

---

[7]Bei dieser ungewöhnlichen Patientin konnten beide Hemisphären sprechen. Das führte zu einem ständigen Hin und Her zwischen ihnen, wie in dem Fall, als Mark eine ihrer Aussagen wiederholte, sie habe kein Gefühl in ihrer linken Hand. Sie beharrte dann darauf, ihre Hand sei nicht taub, worauf ein Strom von abwechselnden Jas und Neins folgte, das im einem verzweifelten „Ich weiß es nicht!" endete. Einzelheiten finden sich bei Mark (1996).

[8]Die Reaktionszeiten von vier Split-Brain-Patienten zeigen, dass ihre Suchraten für Ziele, die in einem Feld von Distraktoren, das sich über das gesamte Gesichtsfeld erstreckt, verborgen sind, fast doppelt so hoch waren wie Suchraten, wenn das Ziel und die Distraktoren auf nur ein Halbfeld beschränkt waren. Diese ausgeprägten Unterschiede traten in einer Gruppe normaler Kontrollpersonen nicht auf (Luck et al., 1989 und 1994)

[9]Lässt man die linke Hand eines Split-Brain-Patient, dessen Augen verbunden sind, einen Moment lang einen sternförmigen Gegenstand betasten, kann die linke – aber nicht die rechte – Hand den Gegenstand in einem Säckchen unter anderen Gegenständen herausfinden (Bogen, 1997c).

Da *sowohl* die sprechende *als auch* die stumme Hemisphäre komplexe, geplante Verhalten ausführen können, haben beide Hemisphären bewusste Perzepte, auch wenn Typ und Inhalt ihrer Empfindungen nicht dieselben sein mögen. Die beiden Bewusstsein haben autonome, aber gemeinsam genutzte Erfahrungen in einem gemeinsamen Körper, wie Sperry betont:

> Obwohl sich einige Autoritäten gesträubt haben, der abgetrennten nicht-dominanten Hemisphäre Bewusstsein zuzusprechen, sind wir aufgrund einer großen Zahl und Bandbreite von nonverbalen Tests der Ansicht, dass die nicht-dominante Hemisphäre in der Tat über ein eigenständiges Bewusstsein verfügt, dass sie wahrnimmt, denkt, sich erinnert, Schlüsse zieht, einen eigenen Willen und Emotionen hat, all dies auf einem typisch menschlichem Niveau, und dass beide, die linke und die rechte Hemisphäre, gleichzeitig unterschiedliche, sogar widersprüchliche geistige Erfahrungen, die parallel laufen, bewusst erleben können.[10]

Diese Unabhängigkeit ist im Kontext des binokularen Wettbewerbs (Kapitel 16) bestätigt worden. Beide Hemisphären zeigen das Muster von Dominanz und Unterdrückung, das man von zwei (mehr oder weniger) unabhängigen Gehirnen erwarten würde.[11]

Wie *fühlt es sich an*, die stumme Hemisphäre zu sein, permanent in einem einzigen Schädel in Gesellschaft eines dominanten Zwillings eingeschlossen zu sein, der das ganze Reden übernimmt? Da die rechte Hemisphäre nicht sprechen kann, ist sie sich weniger ihrer selbst bewusst als ihr Zwilling? Steht ihr Bewusstseinsinhalt demjenigen von Menschen- und Tieraffen näher, die ja auch nicht sprechen können? Stellen Sie sich die lautlosen Stürme vor, die über die verbliebenen Verbindungen zwischen den Hemisphären toben und der einen oder der anderen Hemisphäre die Kontrolle über diesen oder jenen Körperteil geben.[12] Wird es in Zukunft Techniken geben, die einen direkten Zugang zur rechten Hemisphäre und ihrem Bewusstsein erlauben?

Bei Split-Brain-Patienten müssen die NCC zumindest halb-unabhängig in der rechten und der linken Hemisphäre existieren (ohne auszuschließen, dass einige Klassen von Perzepten möglicherweise auf die eine oder andere Hemisphäre beschränkt sind). Wie wird dann im intakten Gehirn eine Integra-

---

[10]Siehe Sperry (1974). Die Idee, dass sich eine bi-hemisphärische Gehirnorganisation in einer Dualität des Geistes widerspiegeln muss, geht zumindest bis in die Mitte des 19. Jahrhunderts zurück (Wigan, 1844).

[11]O'Shea und Corballis (2001) berichten über binokularen Wettbewerb bei Split-Brain-Betrachtern. Ihre Daten sprechen gegen die verlockende, aber unwahrscheinliche Hypothese, dass die beiden Hemisphären beim binokularen Wettbewerb miteinander konkurrieren, wobei die linke Hemisphäre das eine Perzept und die rechte das andere favorisiert (Pettigrew and Miller, 1998; Miller et al., 2000).

[12]Die Marchiafava-Bignami-Krankheit, eine seltene Komplikation bei chronischem Alkoholismus, ist gekennzeichnet durch Nekrose und darauffolgende Atrophie von Corpus callosum und Commissura anterior (Kohler et al., 2000). Der Philosoph Puccetti (1973) schrieb eine fiktionale Gerichtsverhandlung über einen derartigen Patienten, dessen rechte Hemisphäre in einem besonders klaren Moment seine Frau tötete. Die Jury sprach den Ehemann – genauer, seine sprachdominante Hemisphäre – frei. Soweit ich weiß, hat bisher niemand die Herausforderung angenommen, über das geistige Leben von Split-Brain-Patienten aus der Sicht der einen oder anderen Hemisphäre zu schreiben (siehe aber Schiffer, 2000).

tion erreicht? Die NCC müssen die Fasern des Balkens benutzen, um eine einzige, dominante Koalition im gesamten Vorderhirn zu etablieren, die für eine einzige bewusste Sinnesempfindung hinreichend ist statt für zwei.

Aber wird diese Integration wirklich immer erreicht? Lassen sich Echos der beiden Hemisphären, die miteinander streiten, im alltäglichen Leben wiederfinden? Lesen Sie noch einmal das Zitat am Kapitelanfang über den erschütternden Bericht von Simons Sturz in eine Spalte und darüber, wie er sich am Rande des Todes mit einem gebrochenen Bein über einen Gletscher schleppt. Es klingt so, als könne die „Stimme" von seiner linken Hemisphäre gekommen sein und ihn gedrängt haben, vom Berg abzusteigen, während die rechte Hemisphäre zu nichts mehr nütze ist, als ihn mit suggestiven Bildern abzulenken. Haben Sie schon einmal beim Training den stummen Konflikt in Ihrem Kopf zwischen dem „besseren" Selbst erlebt, das darauf besteht, noch einen Kilometer zu laufen oder ein noch schwereres Gewicht zu stemmen, und Ihrem „inneren Schweinehund", der alle möglichen Grunde anführt, warum genug nun wirklich genug ist? Sind dies die Überlegungen der beiden Hemisphären? Haben sie unterschiedliche Eigenschaften, die für die stärker sprachlich und die stärker visuell orientierte Hemisphäre typisch sind? Kommen solche widersprüchlichen Bewusstseinsströmungen bei Split-Brain-Patienten oder Menschen mit nur einer einzigen Hemisphäre nicht vor?[13]

17.14 Wiederholung

Auf makroskopischer Ebene ist das Gehirn – wie der übrige Körper – eine Struktur, die in hohem Maße bilateralsymmetrisch aufgebaut ist. Der Geist hat jedoch nur einen einzigen Bewusstseinsstrom, nicht etwa zwei. Unter normalen Bedingungen integrieren die 200 Millionen Balkenaxone mithilfe der Commissura anterior und anderer kleinerer Faserbündel die neuronale Aktivität in den beiden Hälften des Vorderhirns, sodass sich nur eine einzige dominante Koalition bildet, die für ein Perzept hinreichend ist.

Bei Split-Brain-Patienten sind diese Bahnen durchtrennt worden, um zu verhindern, dass epileptische Anfälle von einer Hemisphäre auf die andere überspringen. Bemerkenswerterweise agieren, sprechen und empfinden diese Patienten, nachdem sie sich erholt haben, nicht anders als zuvor. Sie klagen nicht über den Verlust einer Hälfte ihres Sehfeldes oder andere dramatische Ausfälle. Bei genauerer Untersuchung kann man jedoch ein anhaltendes und tief greifendes Diskonnektionssyndrom feststellen. Wenn eine Hemisphäre spezifische Information erhält, so wird diese nicht mit der jeweils anderen Hemisphäre geteilt.

---

[13]Bogen (1986).

Diese klinischen Befunde, die durch fMRI-Untersuchngen an Freiwilligen bestätigt wurden, belegen, dass bei den meisten Menschen Bereiche im linken Cortex auf Sprachverarbeitung (einschließlich Lesen und Schreiben) spezialisiert sind. Die rechte Hemisphäre ist stumm, kann aber durch Zeichen, Singen und Nicken kommunizieren. Wie zum Ausgleich spezialisiert sich die rechte Hemisphäre auf Aspekte der visuellen Aufmerksamkeit und Wahrnehmung, wie das Erkennen von Gesichtern.

Offenbar beherbergen Split-Brain-Patienten zwei Bewusstsein (*minds*) in ihren beiden Gehirnhälften. Bei diesen Patienten müssen die NCC unabhängig voneinander auf jeder Seite präsent sein. Im intakten Gehirn konkurriert die Aktivität in den beiden Hemisphären, und nur eine Koalition setzt sich durch, die für ein einziges bewusstes Perzept hinreichend ist.

Können die Mitglieder dieser dominanten Koalition, die dem Bewusstsein dienen, überall im vorderen Bereich des Gehirns, dem Sitz der höchsten geistigen Fähigkeiten, rekrutiert werden, oder sind einige dieser Regionen vom Bewusstsein und von subjektiven Empfindungen ausgeschlossen? Das ist das Thema des nächsten, wiederum eher spekulativen Kapitels.

Kapitel 18

Weitere Spekulationen über Gedanken und den nicht-bewussten Homunculus

> Ich weiß nicht, ob Sie so etwas schon jemals erlebt haben, aber aus eigener Erfahrung weiß ich, dass bei einem Problem, bei dem man im Augenblick einfach nicht weiterkommt, nach einem gründlichen Nachtschlaf oft am nächsten Morgen die Lösung da ist. Die Herren, die derlei Dinge wissenschaftlich ergründen, behaupten – so glaube ich –, das hätte etwas mit dem Unterbewusstsein zu tun, und damit haben sie höchstwahrscheinlich Recht. Ich hätte nie behauptet, ein Unterbewusstsein zu haben, aber es war wohl da, ohne dass ich davon wusste, und schaffte eifrig die alten Ansichten beiseite, während der Wooster aus Fleisch und Blut seine acht Stunden Schlaf bekam.
>
> Aus *Right Ho, Jeeves* von P. G. Wodehouse

Sind Sie sich Ihrer innersten Gedanken, Pläne und Absichten bewusst? Die meisten Menschen würden spontan mit „ja" antworten. Die meisten würden Bewusstsein an die Spitze der Verarbeitungspyramide stellen, die mit Augen, Ohren, Nase und anderen Sensoren beginnt und mit dem „bewussten Ich" als Kulminationspunkt allen Wahrnehmens und Erinnerns endet. Hier, auf dem Gipfel der Informationsverarbeitungshierarchie, sitzt der ultimative Entscheider, Herr über sämtliche exekutiven Funktionen und die gesamte Motorik.

Ich halte diese Sicht für falsch, für eine gehegte und gepflegte Chimäre. In diesem Kapitel gegen Ende des Buches erlaube ich mir wieder einmal den Luxus, über eine Sicht zu spekulieren, die Francis und ich lieb gewonnen haben, nämlich über eine corticale Architektur, in der die NCC zwischen einer Repräsentation der äußeren Welt physikalischer Objekte und Ereignisse und einer inneren, verborgenen Welt von Gedanken und Konzepten angesiedelt sind. Diese Sicht hat einige überraschende Konsequenzen.

18.1 Die Zwischenebenen-Theorie des Bewusstseins

Qualia sind die Elemente, die bewusstes Erleben ausmachen. Qualia sind das, dessen ich mir bewusst bin: der Anblick des Talbodens tief unter mir, die Wärme der Sonnenstrahlen auf meinem Rücken, die Spannung in meinen Händen, wenn ich in den Fels greife, und die Mischung aus Furcht und Euphorie in mir, die dem Klettern in offenen Wänden eigentümlich ist. All dies sind subjektive Empfindungen. Ich argumentiere in Abschnitt 14.1, dass deren Funktion darin besteht, den gegenwärtigen Zustand der Dinge in der Welt zusammenzufassen und diese exekutive Zusammenfassung den Planungsstufen zuzuleiten.

Nichts des gerade Gesagten impliziert, dass Bewusstsein Zugang zu diesem immersten Heiligtum hat, zu den Bereichen, wo verschiedene Handlungsabläufe erwogen, Entscheidungen getroffen und langfristige Ziele bewertet und aktualisiert werden.

Tatsächlich basiert eine alte Haltung in der Psychologie auf der scheinbar paradoxen Idee, dass Sie sich Ihrer Gedanken nicht direkt *bewusst* sind. Mit „Gedanken" meine ich alle Formen der von Manipulation sensorischer oder eher symbolischer Daten und Mustern. Ein Beispiel ist die Transformation, die nötig ist, um zu entscheiden, ob zwei Handschuhe auf dem Tisch die gleichen sind oder ein Links-Rechts-Paar bilden. Die Behauptung ist dann, dass man sich nur einer Repräsentation von Gedanken in sensorischen Begriffen bewusst ist. Die Gedanken selbst – hier die Operationen, die versuchen, einen Handschuh mit dem anderen in Übereinstimmung zu bringen – bleiben jenseits der engen Grenzen des Bewusstseins. Der große, ununterbrochene Strom des Bewusstseins, der Ihr geistiges Leben ausmacht, ist nur eine Widerspiegelung Ihrer Gedanken, nicht die Gedanken selbst.

Lassen Sie mich dies unter Rückgriff auf die Schriften des Kognitionswissenschaftlers Ray Jackendoff von der Brandeis University nahe Boston erklären. In seinem 1987 veröffentlichtem Buch *Consciousness and the Computational Mind* verteidigt Jackendoff die Zwischenebenen-Theorie des Bewusstseins (*intermediate-level theory of consciousness*). Seine Argumente basieren auf einem tiefen Verständnis für Linguistik und Musik, doch er stellt auch einige Vermutungen über visuelle Wahrnehmung auf.[1]

Jackendoffs Analyse basiert auf einer Dreiteilung des Leib-Seele-Komplexes. Er unterscheidet die Ebene des physischen Gehirns, die Ebene interner Informationsverarbeitung im Zentralnervensystem (*computational mind*) und die phänomenale Ebene. Das Gehirn umfasst das vertraute Territorium von Synapsen, Neuronen und ihren Aktivitäten. *Computational mind*, der „verrechnende Geist", nimmt den sensorischen Input, führt eine Reihe von Operationen damit durch, verändert den inneren Zustand des Organismus und generiert einen motorischen Output. Er agiert im Prinzip nicht anders, als es ein Roboter mit einfachen Input- und Output-Sensoren täte. Der phänomenologische Geist ist derjenige, der empfindet und Qualia erlebt. Jackendoff gibt zu, dass er keine Ahnung hat, wie dieses Erleben aus der internen Informationsverarbeitung erwächst, womit er Chalmers' Schwieriges Problem wiederaufgreift (Abschnitt 14.4). Zudem befasst sich Jackendoff nicht mit den NCC, sondern vielmehr damit, welche Form der Informationsverarbeitung mit Qualia assoziiert ist.

---

[1]Jackendoff (1987 und 1996).

Der gesunde Menschenverstand spricht dafür, dass Bewusstsein und Gedanken untrennbar sind und eine Introspektion den Inhalt des Geistes enthüllt. Jakkendoff begründet ausführlich, dass beide Überzeugungen unzutreffend sind. Denken, die Manipulation von Konzepten, sensorischen Daten oder abstrakteren Mustern, ist weitgehend unbewusst. Was im Hinblick auf Gedanken bewusst ist, sind Bilder, Töne, Silent Speech und in geringerem Maße körperliche Empfindungen, die mit sensorischen Repräsentationen auf Zwischenebenenniveau einhergehen.[2] Weder der Denkprozess noch sein Inhalt ist dem Bewusstsein zugänglich. Man ist sich seiner inneren Welt nicht direkt bewusst, wenn man auch die hartnäckige Illusion hat, dass dem so ist!

Ein Beispiel macht dies vielleicht klarer. Eine zweisprachige Person kann einen Gedanken in beiden Sprachen ausdrücken, doch der Gedanke, der den Worten zugrunde liegt, bleibt verborgen. Er manifestiert sich im Bewusstsein nur durch suggestive visuelle Vorstellung (*imagery*) oder unausgesprochene Sprache, oder aber durch Offenlegung. Wie heißt es doch so schön: „Wie soll ich wissen, was ich denke, bevor ich höre, was ich sage?"

Diese Vorstellung, die mindestens bis auf den Philosophen Immanuel Kant zurückreicht, spricht uns sehr an, auch wenn sie bei anderen Hirnforschern wenig Anklang findet. Freud schlug aufgrund seiner intensiven Studien an psychisch gestörten Patienten etwas Ähnliches vor. Er schrieb:

> In der Psychoanalyse bleibt uns keine Wahl als anzunehmen, dass geistige Prozesse in sich unbewusst sind und ihre Wahrnehmung mittels Bewusstsein mit der Wahrnehmung der äußeren Welt mittels Sinnesorganen zu vergleichen.[3]

Eine ähnliche Idee wurde von Karl Lashley, einem einflussreichen amerikanischen Neurowissenschaftler aus der Mitte des 20. Jahrhunderts, formuliert:

> *Keine Aktivität des Geistes ist jemals bewusst* [Kursivsetzung von Lashley]. Das klingt wie ein Paradox, ist aber nichtsdestoweniger wahr. Es gibt Ordnung und Anordnung, aber kein Erleben, wie diese Ordnung geschaffen wird. Ich könnte zahlreiche Beispiele aufzählen, denn von dieser Regel gibt es keine Ausnahme. Einige Illustrationen sollten genügen. Sehen Sie sich eine komplexe Szene an. Sie besteht aus einer Reihe von Objekten, die sich von einem undeutlichen Hintergrund abheben: ein Tisch, Stühle, Gesichter. Jedes Objekt setzt sich aus einer Reihe geringerer sensorischer Empfindungen zusammen, aber es gibt kein Erleben des Zusammensetzens dieser Objekte. Die Objekte sind sofort präsent. Wenn wir in Worten denken, kommen die Gedanken in grammatikalisch korrekter Form daher, mit Subjekt, Prädikat, Objekt, und modifizierende Bestimmungen fügen sich zusammen, ohne dass wir die leiseste Ahnung haben, wie die Satzstruktur entsteht ... Erleben bietet eindeutig keinen Aufschluss darüber, wie es organisiert wird.[4]

---

[2]Natürlich gibt es Meinungen, die von Jackendoffs (1987) Position abweichen, dass alle Gedanken in sensorischen Begriffen ausgedrückt werden (Strawson, 1996; Siewert, 1998 und viele der Kommentatoren in Crick und Koch, 2000).
[3]Aus seinem Artikel *Das Unbewusste* (Freud, 1915).
[4]Lashley (1956).

Beide Autoren kommen aus völlig verschiedenen Perspektiven und Forschungstraditionen zu annähernd denselben Schlussfolgerungen.[5]

Man ist sich demnach also nur der Repräsentationen externer Objekte (einschließlich des eigenen Körpers) oder interner Ereignisse durch Stellvertreter bewusst. Man ist sich eines Objekts in der Welt, etwa eines Stuhls, nicht direkt bewusst, sondern nur dessen visueller und taktiler Repräsentation im Cortex. Der Stuhl ist dort draußen; unsere einzige direkte Kenntnis über ihn stammt von expliziten, aber *auf einer Zwischenebene liegenden* Repräsentationen unserer Sinne in unserem Gehirn, bei denen viele feinere Details fehlen, beispielsweise das Hell-Dunkel-Muster wechselnder Helligkeit, die genaue Wellenlängenverteilung des einfallenden Lichtes und andere Einzelheiten, für die retinale Neuronen empfindlich sind. Gleiches gilt für wiederabgerufene oder vorgestellte Dinge. Im Großen und Ganzen sind diese auf visuellen, auditorischen, olfaktorischen, gustatorischen, vestibulären, taktilen und propriorezeptiven Repräsentationen abgebildet. Eine Untergruppe davon, die NCC, sind als Qualia repräsentiert. Diese gehen mit einer oder mehreren (Abschnitt 18.3) dominanten Koalitionen einher, die sich zwischen corticalen Regionen im hinteren Bereich und weiter vorn gelegenen Regionen erstrecken.

18.2 Der nicht-bewusste Homunculus

Die Zwischenebenen-Theorie des Bewusstseins trägt einem weit geteilten und anhaltenden Gefühl gut Rechnung: dass es in meinem Kopf einen kleinen Mann, einen *Homunculus* gibt, der die Welt durch die Sinne wahrnimmt, der denkt und plant und Willkürhandlungen vornimmt. In Naturwissenschaft und Philosophie oft belächelt, ist die Vorstellung vom Homunculus dennoch sehr reizvoll, weil sie mit jedermanns alltäglicher „Ich"-Erfahrung in Einklang steht.

Dieses überwältigende Empfinden der Art und Weise, wie die Dinge sind, könnte die Neuroanatomie des Vorderhirns widerspiegeln. Francis und ich glauben[6], dass irgendwo in den Grenzen des Stirnlappens neuronale Netzwerke liegen, die in jeder Hinsicht wie ein Homunculus arbeiten. Dies ist ein nicht-bewusster Homunculus, der massiven sensorischen Input aus dem hinteren Bereich des Cortex erhält (Riechen bildet eine Ausnahme von dieser Regel), Entscheidungen fällt und damit die maßgeblichen motorischen Stadien füttert. Einfach gesagt, „blickt" der Homunculus auf den hinteren Bereich des Cortex; neuroanatomisch heißt dies, dass er eine starke, treibende Projektion von dort in seine Input-Schichten erhält (Abschnitt 7.4), während die Verbindungen in die umgekehrte Richtung ganz anders aussehen.

---

[5]Stevens (1997) hat ähnliche Ideen in einem anderen Idiom formuliert. Zu einer philosophischen Sicht dieses Themas siehe Metzinger (1995).
[6]Crick und Koch (2000 und 2003).

Der Psychologe Fred Attneave führt zweierlei Einwände gegen einen Homunculus auf.[7] Der erste Einwand ist eine Aversion gegen den Dualismus, weil dieser möglicherweise „eine schwammige Art Nichtmaterie [voraussetzt] ..., die wissenschaftlicher Untersuchungen nicht zugänglich ist". Diese Kritik trifft hier nicht zu, weil sich der Homunculus mit der Aktivität eines realen physischen Systems deckt, das im Stirnlappen und in eng damit verknüpften Strukturen, wie den Basalganglien, sitzt. Die zweite Herausforderung hat mit der vermeintlich regressiven Natur des Konzepts zu tun. Wer blickt schließlich auf die Gehirnzustände des Homunculus? Würde das nicht einen anderen Homunculus im Inneren des ersten erfordern, und dessen Handlungen zu planen und zu steuern? Wie eine nicht endende Reihe ineinander verschachtelter Russischer Puppen, führt dies zu einem unendlichen Regress, wobei jeder Homunculus von einem anderen, noch kleineren kontrolliert wird. In unserem Fall gibt es jedoch keinen unendlichen Regress, weil der Homunculus nicht dazu dient, Qualia zu erklären (Abschnitt 14.6.). Unser Homunculus agiert eher wie eine Einheit der Informationsverarbeitung.

Das Konzept des nicht-bewussten Homunculus ist nicht trivial. Wie im vorangegangenen Abschnitt diskutiert, ist er für viele komplexe Operationen verantwortlich, wie Gedanken, Konzeptbildung, Absichten und dergleichen. Ich bin versucht, all solche Operationen angesichts ihrer Position in der Verarbeitungshierarchie des Geistes als *supramental* zu bezeichnen. Supramentale Verarbeitung liegt jenseits bewusster Wahrnehmung; dies steht im Gegensatz zu der *submentalen* Domäne, die sich mit primitiveren Verarbeitungsstadien beschäftigt, welche ebenfalls nicht bewusst zugänglich sind.

Die These vom nicht-bewussten Homunculus wirft ein neues Licht auf gewisse andere offene Fragen, wie die Frage von Kreativität, Problemlösung und Einsicht. Lange Zeit nahm man an, dass Kreativität größtenteils unbewusst ist. Der französische Mathematiker Jacques Hadamard fragte berühmte Wissenschaftler und Mathematikerkollegen nach dem Ursprung ihrer innovativen Ideen. Sie berichteten ihm, dass der einscheidenden Einsicht eine lange Periode intensiver Beschäftigung mit dem Problem – eine Art Inkubation – vorausging, gefolgt von einem guten Nachtschlaf oder ein paar Tagen Ablenkung, und dann sei ihnen die Einsicht einfach „in den Kopf gekommen". Die kognitive Unzugänglichkeit von Einsichten ist durch aktuelle Studien über Problemlösungsstrategien bestätigt worden.[8]

---

[7]Siehe Attneaves Essay (1961) *In Defense of Homunculi*. Er lokalisiert den Homunculus versuchsweise in einer subcorticalen Region, wie der Formatio reticularis. Attneave betrachtet ihn als bewusst. Seine Grundvorstellungen ähneln ansonsten den hier dargelegten.

[8]Siehe Hadamard (1945) wie auch Poincarés (1952) berühmte Darstellung. Die Kognitionswissenschaften haben die Hypothese untermauert, dass an Kreativität nicht bewusste Prozesse beteiligt sind (Schooler, Ohlsson und Brooks, 1993; Schooler und Melcher, 1995).

Ich habe ähnliche Erfahrungen gemacht. Lassen Sie mich Ihnen vor einer recht unheimlichen erzählen. Ich habe gewöhnlich einen festen Schlaf, aber vor ein paar Jahren wachte ich plötzlich mitten in der Nacht auf und wusste, dass ich sterben würde: nicht gleich hier und jetzt, aber eines Tages. Ich hatte keine Vorahnung von Unfällen, die bald geschehen würden, Krebs oder ähnlichem – nur die Bauch-Erkenntnis, dass mein Leben früher oder später zuende gehen würde. Ich habe keine Ahnung, warum ich aufwachte und warum ich plötzlich über die Ewigkeit nachgrübelte. Ich hatte zehn Jahre zuvor in meiner Familie einen Beinahe-Todesfall erlebt, aber seitdem kaum darüber nachgedacht. Nach diesem unheimlichen Erlebnis zu urteilen, an das ich mich bis heute erinnere, muss sich mein nicht-bewusster Homunculus seit geraumer Zeit mit den Thema Tod beschäftigt haben.

18.3 Das Wesen der Qualia

In Abschnitt 14.6 habe ich argumentiert, dass Qualia Symbole sind, eine eigenartige Eigenschaft stark parallel arbeitender Feedback-Netzwerke, die für eine enorme Menge expliziter und impliziter Information stehen. Die explizite Information wird durch die NCC an verschiedenen essenziellen Knoten ausgedrückt, während die implizite Information über eine große Population von Neuronen verteilt ist, welche die Penumbra der NCC ausmachen.

Genauso, wie es verschiedene Typen künstlicher Symbole gibt – Buchstaben, Zahlen, Hieroglyphen, Verkehrszeichen –, gibt es unterschiedliche neuronale Symbole mit ihren ganz typischen Qualia. Im Fall der Qualia unterscheiden sich diese Typen nicht nur in ihrem Gehalt, sondern auch in ihrem Zeitverlauf, ihrer Intensität und darin, ob sie elementar sind oder zusammengesetzt.

Ein helles rotes Licht löst ein einfaches Farbquale aus, während der Anblick eines Hundes oder eines Gesichts zu einem viel reicheren und detaillierteren Perzept führt. Alle drei tauchen rasch auf und können ebenso schnell verschwinden. Auf der anderen Seite braucht das Quale, das mit dem Gefühl eines *Dejà-vu* oder Wütend-Sein einhergeht, lange Zeit, um sich zu entwickeln und wieder abzuflauen und weist möglicherweise weniger Assoziationen auf.

Als Klasse sind die phänonemalen Empfindungen im Zusammenhang mit Vorstellung und Gedächtnis oft weniger lebhaft als jene, die von externen Stimuli hervorgerufen werden, wenn auch die Fähigkeit, geistige Bilder heraufzubeschwören (*imagery*), individuell beträchtlich variiert.[9] Betrachten Sie die

---

[9]Sacks (2003) diskutiert diese Variabilität beim visuellen Vorstellungsvermögen. Er erwähnt seine Mutter, eine Chirurgin und Anatomin, die ein Eidechsenskelett ein Minute lang intensiv anschaute, und dann, ohne nochmals zurückzuschauen, eine Reihe von Skizzen anfertigen konnte, bei der jede Skizze um 30 Grad gedreht war. Sacks vergleicht das mit seinen eigenen schwachen und vergeblichen Versuchen, sich etwas bildlich vorzustellen.

lohfarbene Husky-Schäferhund-Mischlingshündin, die zu meinen Füßen liegt, während ich schreibe. Ich kann ihre Schnauze, ihre gespitzten Ohren und ihre aufmerksamen Augen, die jede meiner Bewegungen verfolgen, und ihr wunderbar üppiges Fell deutlich sehen. Wenn ich meine Augen schließe und versuche, mich an sie zu erinnern, ist das Bild des Hundes verschleiert und vage. Die damit einhergehenden Qualia sind viel schwächer, weniger intensiv und weniger lebensecht, mit weniger Details.[10]

Meiner Meinung nach entspricht der Grad der Lebhaftigkeit auf der neuronalen Ebene dem Umfang der Koalitionen, welche die NCC repräsentieren. Je ausgedehnter die neuronale Mitgliedschaft der Siegerkoalition ist, desto mehr Details und Aspekte werden bewusst exprimiert und desto lebhafter ist die Wahrnehmung.

Wie in Abschnitt 5.4 gezeigt, belegen Einzelzellableitungen bei Patienten und funktionelle bildgebende Verfahren zur Gehirndarstellung bei Freiwilligen, dass die Antwort in den oberen Stadien der *vision-for-perception*-Verarbeitungshierarchie auf vorgestellte Bilder ebenso selektiv und fast ebenso stark wie auf gesehene Bilder ist.[11] Wahrscheinlich werden Zellen in den frühen Stadien der Sehrinde, in V1, V2 und V3, bei visueller Vorstellung weniger stark aktiviert als bei retinaler Stimulation. Mit anderen Worten, je weiter stromabwärts in der visuellen Hierarchie ein bestimmtes Areal liegt, desto weniger beteiligt es sich an visueller Vorstellung und desto weniger lebhaft ist das wahrgenommene Bild vor dem inneren Auge. Die Feedback-Bahnen aus dem vorderen Bereich des Cortex, die weit in den hinteren Bereich des Gehirns zurückreichen, weisen eventuell nicht die räumliche Selektivität auf, die notwendig ist, um die Feueraktivität dort präzise genug zu beeinflussen. Das Ergebnis ist ein weniger überzeugendes Gefühl, mit dem inneren Auge zu sehen. Das ist vielleicht ganz gut so, denn sonst könnte man nicht zwischen Wirklichkeit und Einbildung unterscheiden.

Eine Klasse bewusster Empfindungen hat einen ganz anderen Charakter als direkte sensorische Wahrnehmung. Dazu gehören beispielsweise das Gefühl von Vertrautheit oder Neuartigkeit oder auch das Gefühl, einen Namen auf der Zunge liegen haben, das plötzliche Verstehen eines Satzes oder eines Arguments, und die verschiedenen Emotionen. Das Gefühl, eine Handlung bewusst zu wollen, auch als Gefühl der *Urheberschaft* (*authorship*) bezeichnet, fällt

---

[10]Einige Klassen von Perzepten, besonders jene, die mit Geruch assoziiert sind (und glücklicherweise auch die Schmerz-Perzepte), sind nur schwer vorstellbar oder abrufbar. Das könnte an den fehlenden cortico-corticalen Feedback-Projektionen in den olfaktorischen und den insulären Cortex (Insel) liegen, die für diese Perzepte verantwortlich sind.

[11]Die Daten zur Einzelzellableitung beim bildlichen Vorstellen (*imagery*) sind bei Kreiman, Koch und Fried (2000b) beschrieben, die fMRI-Daten bei Kosslyn, Thompson und Alpert (1997), O'Craven und Kanwisher (2000) sowie Kosslyn, Ganis und Thompson (2001). Eine elegante Affenstudie, in der es um den präfrontalen Cortex als Quelle abgerufener Information geht, findet sich bei Tomita et al. (1999).

ebenfalls in diese Kategorie. Dieses Perzept vermittelt das Gefühl, der Handelnde zu sein, der willentlich eine motorische Handlung einleitet, wie eine Hand heben oder einen Hebel niederdrücken.[12] Ob die Qualia, die mit diesen Gefühlen einhergehen und diffuser sowie weniger detailliert sind als sensorische Perzepte, eigenständig existieren, oder Mischungen oder Modifikationen verschiedener körperlicher Sinnesempfindungen sind, ist unklar.

Kapitel 16 fasst die überzeugenden Belege dafür zusammen, dass die NCC für visuelle Perzepte Koalitionen involvieren, die in höheren Regionen der ventralen Bahn ihre Basis haben. Ich argumentiere in Kapitel 14 und 15, dass wahrscheinlich Feedback von den Stirnlappen nötig ist, um die Siegerkoalition zu festigen. Eine solche Koalition würde sich von den höheren visuellen Cortices bis zum präfrontalen Cortex erstrecken. Hätte eine Siegerkoalition, deren Mitglieder vorwiegend in den Stirnlappen rekrutiert werden, einen fundamental anderen Charakter, was die unterschiedlichen Klassen von Qualia erklären könnte? Könnte die Unterscheidung zwischen präzisen und raschen sensorischen Qualia einerseits und weniger lebhaften, diffuseren und nachklingenden abstrakten Qualia andererseits mit unterschiedlichen Typen von Koalitionen im hinteren und vorderen Bereich des Gehirns korrespondieren? Diese Fragen lassen sich ohne ein viel besseres Verständnis der Anatomie und Physiologie des präfrontalen Cortex und der anterioren cingulären Cortices nicht beantworten. Wir wissen noch nicht einmal, ob dieser Hirnsektor hierarchisch geordnet ist, wie es der sensorische Cortex ist.

18.4 Wiederholung

In diesem Kapitel habe ich Jackendoffs Zwischenebenen-Theorie des Bewusstseins eingeführt, die besagt, dass die innere Welt der Gedanken und Konzepte dem Bewusstsein für immer verborgen bleibt, wie es auch die äußere, physische Welt einschließlich des Körpers ist.

Eine Konsequenz dieser Hypothese ist, dass viele Aspekte der Kognition auf höherer Ebene, wie Entscheidungsfällung, Planung und Kreativität, jenseits der Grenzen des Bewusstseins liegen. Diese Operationen werden vom nicht-bewussten Homunculus ausgeführt, der vorn im Vorderhirn sitzt, Information

---

[12]Wegner (2002) liefert Beispiele aus dem Alltag und aus dem Labor, bei denen das Gefühl der Urheberschaft nicht mit dem tatsächlichen Verlauf der Ereignisse übereinstimmt. In manchen Fällen glaubt die Versuchsperson, sie sei Urheber einer Handlung gewesen, die in Wahrheit von einer anderen Person ausgelöst wurde; bei anderen trat die umgekehrte Situation ein, und die Versuchperson bestritt, für eine Handlung verantwortlich zu sein, die sie ohne Zweifel ausgelöst hatte. Offenbar ist irgendein Teil des Gehirns dafür verantwortlich, das Gefühl, das Perzept, zu erzeugen, der Auslösende einer motorischen Handlung zu sein. Ist das NCC für Urheberschaftsperzepte in den motorischen oder prämotorischen Regionen des Cortex zu finden?

von den sensorischen Regionen im hinteren Teil des Gehirns erhält und seinen Output an das motorische System übermittelt.

Eine weitere Konsequenz ist, dass man sich seiner Gedanken nicht direkt bewusst ist. Man ist sich nur der Re-Repräsentation dieser Gedanken in Form von sensorischen Qualitäten bewusst, insbesondere in Form von visueller Vorstellung (*imagery*) und innerer Sprache.

Lassen Sie es mich anders ausdrücken. Der Großteil des Nervengewebes dient der submentalen Verarbeitung, die sensorische Inputs in motorische Outputs verwandelt. Ein Teil von Neuronen, der auf explizite Repräsentationen der äußeren Welt zugreift, ist hinreichend für bestimmte bewusste Perzepte. Supramentale Verarbeitung – Gedanken und andere komplexe Manipulationen sensorischer oder abstrakter Daten und Muster – tritt in den oberen Stadien auf, dem Sitz des nicht-bewussten Homunculus. Ihr Inhalt ist dem Bewusstsein, das an der Schnittstelle zwischen den Repräsentationen der äußeren und der inneren Welt erwächst, nicht direkt zugänglich.

Reale, physikalische Reize erzeugen gewöhnlich sehr viel intensivere und komplexere Qualia als vorgestellte. Das ist wahrscheinlich so, weil die cortico-corticalen Feedback-Verbindungen aus dem vorderen Bereich des Cortex zurück in die relevanten sensorischen Regionen ohne die Hilfe eines sensorischen Inputs nicht in der Lage sind, die große Koalition zu rekrutieren, die nötig ist, um die diversen Aspekte eines Objekts oder Ereignisses voll zu exprimieren. Möglicherweise haben Qualia, die mit der Siegerkoalition im vorderen Bereich des Gehirns einhergehen, einen anderen Charakter als jene im hinteren Teil.

Das Bild, das sich aus all dem herauskristallisiert, ist recht elegant in seiner Symmetrie. Man kann die äußere Welt niemals direkt erkennen. Stattdessen ist man sich der Ergebnisse einiger Berechnungen bewusst, die das eigene Nervensystem an einer oder mehreren Repräsentationen der Welt durchführt. In ähnlicher Weise kann man seine innersten Gedanken nicht kennen. Vielmehr ist man sich lediglich der sensorischen Repräsentationen bewusst, die mit diesen mentalen Aktivitäten einhergehen. Wenn das stimmt, hat dies tief greifende Konsequenzen für das uralte Projekt der westlichen Philosophie: *Erkenne dich selbst.*

Was bleibt, ist die ernüchternde Erkenntnis, dass die subjektive Welt der Qualia – was Sie und mich von Zombies unterscheidet und unser Leben mit Farbe, Musik, Aromen, Geschmack und Lust erfüllt – entscheidend von den subtilen, flackernden Spikemustern eines Satzes Neuronen abhängig ist, der strategisch zwischen der Außen- und der Innenwelt angesiedelt ist.

Kapitel 19

Ein Entwurf des Bewusstseins

> Nur wer riskiert, zu weit zu gehen,
> kann vielleicht herausfinden, wie weit man gehen kann.
>
> T. S. Eliot

Die letzten siebzehn Kapitel haben sich ausführlich mit den biologischen und psychologischen Fundamenten des Bewusstseins beschäftigt. In diesem Kapitel fasse ich all diese Stränge zusammen und präsentiere sie in verknüpfter Form. Francis' und mein ultimatives Ziel ist gewesen, alle Konzepte im Umfeld von Bewusstsein an den Eigenschaften von Synapsen, Aktionspotenzialen, Neuronen und ihren Koalitionen festzumachen. Wir haben uns von vornherein auf die neuronalen Korrelate des Bewusstseins, die NCC, konzentriert. Wie in Kapitel 5 erklärt, beschäftigen wir uns weniger mit den ermöglichenden Faktoren, den *enabling factors*, die notwendig sind, damit es zu einem bewussten Zustand kommt, als vielmehr damit, die Kette der neuronalen Ereignisse zu identifizieren, die zu einer spezifischen Empfindung führt.

Unabhängig von ihren philosophischen oder religiösen Tendenzen stimmen Wissenschaftler, die über diese Dinge nachdenken, darin überein, dass es in Gehirn materielle Korrelate des Bewusstseins gibt und dass deren Eigenschaften mithilfe von wissenschaftlichen Methoden erforscht werden können. Und viele – wenn auch nicht alle – Hirnforscher sind sich einig, dass eine Identifizierung der NCC für jede endgültige Theorie des Bewusstseins von Vorteil sein würde. In einem Übersichtsartikel für den *Scientific American* im Jahre 1979 meinte Francis Crick dazu: „Was ganz offensichtlich fehlt, ist ein breites Rahmenwerk von Ideen, innerhalb dessen all diese verschiedenen Ansätze interpretiert werden könnten." In den dazwischenliegenden Jahren haben er und ich ein solches Rahmenwerk konstruiert, um über den bewussten Geist nachzudenken.

Wir entschlossen uns, unseren Ansatz in neun Arbeitshypothesen zusammenzufassen, die unsere Annahmen eindeutig artikulierten, und veröffentlichten diese 2003 in *Nature Neuroscience*.[1]

Es schein angemessen, dieses Buch mit einer Auflistung und Diskussion dieses breiten, verknüpften Satzes von Ideen zu beenden. Bei unserem Entwurf

---

[1] Crick und Koch (2003). In diesem Kapitel füge ich eine zehnte Annahme hinzu, die sich aus meiner Behandlung von Penumbra, Bedeutung und Qualia in Kapitel 14 natürlich ergibt.

handelt es sich nicht um eine Zusammenstellung griffiger Vorschläge, sondern eher um einen Standpunkt für die Inangriffnahme eines höchst schwierigen wissenschaftlichen Problems. Im Gegensatz zur Physik hat die Biologie keine ehernen Prinzipien und Gesetze. Die natürliche Selektion erzeugt eine Hierarchie von Mechanismen, daher gibt es wenig Regeln in der Biologie, die keine Ausnahmen haben. Ein guter Rahmen ist einer, der vernünftig und – relativ zu den vorliegenden wissenschaftlichen Daten – halbwegs plausibel ist und der sich als weitgehend richtig herausstellt. Dass er in allen Einzelheiten stimmt, ist eher unwahrscheinlich.

19.1 Zehn Arbeitshypothesen, um das Leib-Seele-Problem zu verstehen

Zunächst einige meiner Annahmen zum philosophischen Hintergrund.

Annahmen zum philosophischen Hintergrund

Ich habe sorgfältig darauf geachtet, keine rigide ideologische Position einzunehmen, was die genaue Beziehung zwischen objektiven Ereignissen im Gehirn und subjektiven, bewussten Ereignissen angeht. Angesichts von mehr als zwei Jahrtausenden gelehrten Disputs ist in diesem Stadium nicht genug bekannt, um irgendwelche kategorischen Behauptungen aufzustellen.

Unser Ansatz ist es, sich auf die empirisch am besten zugänglichen Aspekte des Leib-Seele-Problems zu stützen, perzeptuelle Bewusstheit oder Bewusstsein. Das macht das Problem besser handhabbar, da die neuronalen Mechanismen, die der Wahrnehmung zugrunde liegen, bei Tieren recht gut zugänglich sind. Wir vernachlässigen für den Moment jene Beiträge, die Emotionen, Stimmungen und Sprache zum perzeptuellen Bewusstsein liefern.

Wir nehmen an, dass jeder phänomenologische Zustand – einen Hund sehen, Schmerzen haben und so weiter – von einem Hirnzustand abhängig ist. Die neuronalen Korrelate des Bewusstseins sind der kleinste Satz neuronaler Ereignisse, die gemeinsam für einen spezifischen, bewussten phänomenalen Zustand hinreichend sind (Voraussetzung ist ein geeigneter Hintergrund ermöglichender Bedingungen; siehe Abschnitt 5.1). Jedes Perzept geht mit einem NCC einher.

Im Zentrum des Leib-Seele-Problems stehen die Qualia, die Elemente des Bewusstseins. Francis und ich versuchen zu erklären, wie sie aus der Tätigkeit des Nervensystems erwachsen.

Annahme 1: Der nicht-bewusste Homunculus

Man kann sich das Verhalten der Großhirnrinde insgesamt so vorstellen, als ob der vordere Bereich des Cortex den hinteren ansieht. Damit meine ich, dass die weit reichenden, vorwärts gerichteten Projektionen aus dem hinteren Bereich starke Verbindungen sind (Abschnitt 7.4), die hinreichen, um ihre postsynaptischen Ziele in Schicht 4 des empfangenden Frontalareals anzutreiben. Diese Sichtweise stimmt mit der Art und Weise überein, wie die meisten Menschen über sich selbst denken: als einen Homunculus, der im Kopf sitzt und nach draußen in die Welt schaut.

Die NCC gehen mit einer einzigen Koalition von Vorderhirnneuronen einher (möglicherweise auch mit ein paar Koalitionen; Abschnitte 2.1 und 11.3). Sie haben vielleicht keinen direkten Zugang zu Regionen des Vorderhirns, die an Entscheidungsfindung, Planen und anderen Aspekten einer Kognition auf hohem Niveau beteiligt sind. Das heißt, Bewusstsein ist möglicherweise auf die Zwischenniveaus des Gehirns beschränkt (Abschnitt 18.1). In diesem Sinne ist der sprichwörtliche Homunculus im Stirnlappen weitgehend nicht bewusst. Diese Arbeitsteilung führt nicht zu einem unendlichen Regress, da die Qualia nicht vom Homunculus selbst erzeugt werden (Abschnitt 18.2).

Gedanken sind ebenfalls nicht bewusst zugänglich (Kapitel 18). Nur auf ihre sensorische Widerspiegelung und Re-Repräsentation in innerer Sprache und Bildern hat man direkt Zugriff.

Annahme 2: Zombiesysteme und Bewusstsein

Viele, wenn nicht gar die meisten motorischen Handlungen, die als Reaktion auf äußere Reize ablaufen, sind rasch, kurzlebig, stereotyp und unbewusst. Sie werden von hoch spezialisierten und trainierten Zombiesystemen vermittelt, die an sich nicht mit Bewusstsein verknüpft sind. Man kann sie sich als allgemeine corticale Reflexe vorstellen (Kapitel 12 und 13).

Bewusstsein beschäftigt sich mit breiteren, weniger alltäglichen und stärker fordernden Aspekten der Welt oder einer Reflektion derselben in Form von Bildern (Kapitel 14). Bewusstsein ist notwendig für Planung und die Auswahl zwischen zahlreichen Handlungsmöglichkeiten. Sonst müsste eine riesige Armee von Zombies mit allen nur denkbaren Eventualitäten in der wirklichen Wert fertig werden. Die Aufgabe des Bewusstseins besteht darin, den aktuellen Zustand der Welt in einer kompakten Repräsentation zusammenzufassen und dieses „Abstract" (*executive summary*) den Planungsstadien zugänglich zu machen (Abschnitt 14.1), zu denen der nicht-bewusste Homunculus gehört. Der Inhalt dieser Zusammenfassung ist der Inhalt des Bewusstseins.

Das langsamere, bewusste System kann unter Umständen auf gleichzeitig aktive Zombiesysteme gewisse Auswirkungen haben. Mithilfe ausreichend häufiger Wiederholung können spezifische sensomotorische Verhaltensweisen, die anfangs Bewusstsein erfordern (wie eine Rückhand schlagen beim Tennis) schließlich mühelos durch einen automatischen Zombie ausgeführt werden (Abschnitt 14.2).

Wahrscheinlich kann eine Netzwelle von Aktionspotenzialen, die von der sensorischen Peripherie in Feedforward-Manier durch zentrale Strukturen und in Richtung Muskulatur hereinrauscht, Zombie-Verhalten auslösen, ohne hinreichend für Bewusstsein zu sein (Abschnitt 12.3 und 15.3).

Annahme 3: Neuronenkoalitionen

Das Vorderhirn ist ein hoch vernetztes und ungeheuer komplexes Gewebe aus Neuronen. Jedes Perzept, ob real oder imaginär, korrespondiert mit einer Koalition von Neuronen. Eine solche Koalition verstärkt – wahrscheinlich durch Synchronisation ihrer Spikeentladungen – die Feueraktivität ihrer Mitgliedsneuronen und unterdrückt konkurrierende Neuronenkoalitionen. Die Dynamik dieser Koalitionen wird wohl nicht leicht zu verstehen sein, auch wenn klar ist, dass ein Winner-take-all-Wettbewerb eine Schlüsselrolle spielt.

In jedem Augenblick wird die Siegerkoalition, die den aktuellen Gehalt des Bewusstseins ausdrückt, ein wenig gestärkt. Eine sehr kurzlebige Koalition entspricht einer flüchtigen Form von Bewusstsein (Abschnitt 9.3). Eine nützliche Metapher ist das geschäftige Treiben, das mit dem Wahlprozess in einer Demokratie einhergeht (Abschnitt 2.1).

Koalitionen unterscheiden sich hinsichtlich ihrer Größe und ihres Charakters. Denken Sie zum Beispiel an den Unterschied zwischen dem Sehen einer Szene und dem späteren Sich-Vorstellen dieser Szene mit geschlossenen Augen. Die Koalitionen, die für das Sich-Vorstellen – ein weniger lebhaftes Perzept, als es aus dem normalen Sehen erwächst – hinreichend sind, sind wahrscheinlich weniger weit verstreut als die Koalitionen, die von dem externen Input erzeugt werden, und sie reichen vielleicht nicht bis in die unteren Ebenen der corticalen Verarbeitungshierarchie (Abschnitt 18.3).

Angesichts des Alles-oder-Nichts-Charakters der bewussten Wahrnehmung (Abschnitt 15.2) muss die neuronale Aktivität, die ein Merkmal repräsentiert, eine Schwelle überschreiten (die von einem Attribut zum nächsten schwanken kann). Dass es dazu kommt, ist unwahrscheinlich, es sei denn, diese Aktivität ist oder wird Teil einer erfolgreichen Koalition. Die neuronale Aktivität, die für eine bewusste Wahrnehmung dieses Attributs ausreicht, das NCC, wird eine Weile oberhalb der Schwelle gehalten; wahrscheinlich geschieht dies mithilfe eines Feedbacks von frontalen Strukturen, wie dem anterioren cingulären und dem präfrontalen Cortex. Einige Aspekte des NCC könnten binär sein, beispielsweise könnten sie einen von zwei verschiedenen Spikeratenwerten annehmen – und sie zeigen möglicherweise auch Hysteresis, das heißt, die Aktivität bleibt dort länger erhalten, als ihre „Schützenhilfe" rechtfertigt. Unterschiedliche bewusste Aspekte eines Perzepts können die Schwelle möglicherweise zu etwas unterschiedlichen Zeiten überschreiten, was die Tatsache widerspiegelt, dass die Einheit des Bewusstseins in diesen kurzen Zeitspannen zusammenbricht.

Annahme 4: Explizite Repräsentation und essenzielle Knoten

Eine explizite Repräsentation eines Reizmerkmals ist ein Satz von Neuronen, die dieses Merkmal ohne viel weitere Verarbeitung „erkennen" (Abschnitt 2.2). Wenn es keine derartigen Neuronen gibt oder wenn sie zerstört worden sind, ist die Person nicht in der Lage, diesen Aspekt direkt bewusst wahrzunehmen. Jeder direkten und bewussten Wahrnehmung liegt eine explizite Repräsentation zugrunde (das „Aktivitätsprinzip", Abb. 2.5). Explizite Codierung ist eine Eigenschaft individueller Neuronen.

Man kann sich die Großhirnrinde – zumindest die sensorischen Regionen – so vorstellen, als hätte sie Knoten. Jeder Knoten drückt einen einzigen Aspekt eines bestimmten Perzepts aus. Ohne essenziellen Knoten kann ein Aspekt nicht bewusst werden (Abschnitt 2.2). Das ist eine notwendige, aber nicht hinreichende Bedingung für die NCC. Es gibt noch weitere notwendige Bedingungen, wie eine Projektion in den vorderen Bereich des Gehirns und den Empfang eines geeigneten Feedbacks, das eine gewisse Zeit lang eine gewisse Schwelle überschreitet (Abschnitte 12.3 und 15.3). Wenn der essenzielle Knoten für einen bestimmten Aspekt, zum Beispiel Farbe, zerstört ist, verliert die Person *diesen* Aspekt der bewussten Wahrnehmung, nicht aber andere.

Ein Knoten allein kann noch kein Bewusstsein schaffen. Selbst wenn die Neuronen in diesem Knoten aus allen Rohren feuern, würde das wenig Wirkung zeigen, wenn ihre Output-Synapsen inaktiv sind. Ein Knoten ist Teil eines Netzwerks. Jedes bewusste Perzept geht mit einer Koalition einher, die aus der multifokalen Aktivität in zahlreichen essenziellen Knoten besteht, von denen jeder ein bestimmtes Attribut repräsentiert.

Das neuronale Substrat des Doppelkonzepts der expliziten Codierung und der essenziellen Knoten ist wahrscheinlich die Säulenorganisation der Information im Cortex (Abschnitt 2.2). Eine Säule kann man als den kleinsten brauchbaren Knoten ansehen. Die Eigenschaft des rezeptiven Feldes, das den meisten Zellen in einer Säule eigen ist, wird dort explizit bewusst gemacht. Diese Säule ist vermutlich in der Regel Teil des essenziellen Knotens für diese Eigenschaft.

Annahme 5: Die höheren Ebenen zuerst

Nach einer Augenbewegung, die einen neuen Teil einer visuellen Szene ins Blickfeld rückt, bewegt sich die neuronale Aktivität – die Netzwelle – rasch die visuelle Hierarchie hinauf bis zum präfrontalen Cortex und weiter zu den relevanten motorischen Strukturen. Eine derartige vorwärts gerichtete Aktivität ist die Basis für zumindest einige nicht-bewusste Zombie-Verhalten (Abschnitte 12.3 und 15.3).

Nach Erreichen des präfrontalen Cortex wandern Signale die Hierarchie hinab, sodass die ersten Stadien, die zum Inhalt des Bewusstseins beitragen, die höheren Ebenen sind. Dieses Signal wird dann zurück zu den präfontalen Arealen geschickt, gefolgt von damit korrespondierender Aktivität auf immer niedrigeren Ebenen. Die neuronalen Repräsentationen für das Wesentliche (*gist*) einer Szene in höheren Ebenen vermitteln das lebhafte Gefühl, ein vollständiges Szenario auf einmal wahrzunehmen, das Gefühl, alles zu sehen – eine überzeugende Illusion (Abschnitt 9.3).

Wie weit die ursprüngliche Netzwelle die Hierarchie hinaufwandert, hängt von Erwartung und selektiver Aufmerksamkeit ab.

Die oberen Stadien der ventralen *vision-for-perception*-Bahn (Abb. 7.3) in und um den inferotemporalen Cortex und seine postsynaptischen Strukturen sind wohl die aussichtsreichsten Jagdgründe für Neuronen, die mit dem visuellen Bewusstsein korreliert sind (Abschnitt 16.3). Es ist unwahrscheinlich, dass man NCC-Zellen im primären visuellen Cortex (Kapitel 6) oder früher findet. Die dorsale Bahn ist nicht notwendig für die bewusste Wahrnehmung von Art, Form, Farbe und Objektidentität.

Annahme 6: Treibende und modulatorische Verbindungen

Wenn man die Dynamik von Koalitionen betrachtet, ist es entscheidend, die Natur neuronaler Verbindungen zu verstehen. Die systematische Ordnung von neuronalen (synaptischen) Inputs in diskrete Klassen steckt allerdings noch in den Anfängen.

Erregende (exzitatorische) Zellen können zunächst einmal danach klassifiziert werden, ob sie treibend oder modulatorisch auf ihre Zielstrukturen wirken (Abschnitt 7.4). Vorwärts-Projektionen sind treibend, weil sie eine heftige Spikeentladung auslösen können, während Feedback die zellulären Antworten moduliert. Die Mehrheit der Verbindungen vom hinteren Bereich des Cortex zum vorderen wirkt wahrscheinlich treibend. Darum scheint es, als blicke der vordere Bereich des Gehirns auf den hinteren. Umgekehrt wirken die in Gegenrichtung verlaufenden Verbindungen – vom vorderen Bereich nach hinten – überwiegend modulatorisch. Diese Einteilung in treibende und modulatorische Verbindungen gilt auch für den Thalamus (Abschnitt 7.3). *Starke Schleifen treibender Verbindungen treten innerhalb der cortico-corticalen oder cortico-thalamischen Netzwerke in der Regel nicht auf.*

Annahme 7: Schappschüsse

Perzeptuelles Bewusstsein könnte einer Reihe statischer Schnappschüsse entsprechen, auf die Bewegung „aufgemalt" ist (Abschnitt 15.5). Das heißt, Bewegung könnte in diskreten Zeitspannen unterschiedlicher Länge (zwischen 20 und 200 ms) auftreten. Das weist starke Ähnlichkeiten zu einem Film auf, in dem die Illusion von Bewegung und Leben durch das rasche Durchlaufen einer Reihe stehender Bilder entsteht.

Anders als die Taktdauer in Computern variiert die Dauer aufeinanderfolgender Schnappschüsse und hängt wahrscheinlich von der Salienz (aufmerksamkeitslenkenden Präsenz) des Inputs, Augenbewegungshabituation, Erwartungshaltung und dergleichen mehr ab. Zudem kann es sein, dass der Zeitpunkt eines Schnappschusses für ein Attribut nicht exakt mit dem für ein anderes Attribut übereinstimmt.

Die Herausforderung besteht darin zu verstehen, wie zeitlich diskontinuierliche Schnappschüsse aus metastabilen Neuronenkoalitionen erwachsen, deren Feueraktivität sich zeitlich kontinuierlich entwickelt.

Annahme 8: Aufmerksamkeit und Bindung

Selektive, gerichtete Aufmerksamkeit lässt sich in zwei Formen unterteilen – eine, die von unten nach oben (bottom-up) erfolgt und salienzgetrieben ist, und die andere, die von oben nach unten (top-down) erfolgt und willkürlich kontrolliert wird. Die Bottom-up-Aufmerksamkeit ist rasch und automatisch. Dominiert vom Input-Strom drückt sie die Salienz (Aufmerksamkeit leitende Präsenz) eines Merkmals oder Objekts im Vergleich zu Merkmalen in dessen Nachbarschaft aus. Top-down-Aufmerksamkeit ist von der aktuellen Aufgabe abhängig und kann auf einen bestimmten Punkt im Raum, ein bestimmtes Attribut im Gesichtsfeld oder auf einen Gegenstand gerichtet werden (Abschnitte 9.1 und 9.2).

Diese psychologischen Konzepte lassen sich alle in Form von relevanten neuronalen Netzwerken ausdrücken. Mehr als ein Objekt oder Ereignis kann gleichzeitig wahrgenommen werden, vorausgesetzt, dass ihre Repräsentation in den entscheidenden thalamischen oder corticalen Netzwerken nicht überlappen. Wenn sie doch überlappen, bevorzugt die Bottom-up-Aufmerksamkeit den salientesten. Ist ihre Salienz ähnlich, ist Top-down-Aufmerksamkeit nötig, um die neuronale Repräsentation des beachteten Stimulus auf Kosten des vernachlässigten Stimulus zu fördern. Aufmerksamkeit beeinflusst also den Wettbewerb unter rivalisierenden Koalitionen, insbesondere während ihrer Bildung (Abschnitte 10.1 und 10.2).

Ohne derartige Überlappung ist Top-down-Aufmerksamkeit unter Umständen nicht unbedingt nötig, um ein Objekt wahrzunehmen (Abschnitt 9.3). So kann ein einzelnes, vertrautes, isoliertes Objekt bewusst wahrgenommen werden, wenn die Top-down-Aufmerksamkeit anderswo beschäftigt ist. Die *gist*-Wahrnehmung umgeht wahrscheinlich Mechanismen zur Aufmerksamkeitsselektion.

Die verschiedenen Merkmale eines jeden Objekts – seine Farbe, Bewegung, die Geräusche, die es macht, und so weiter – sind explizit durch essenzielle Knoten im gesamten Cortex repräsentiert. Wie diese Information verknüpft wird, um ein einziges, einheitliches Perzept zu ergeben, ist eine Facette des Bindungsproblems (Abschnitt 9.4); eine andere ist, wie Information von mehreren Objekten getrennt gehalten wird.

Man muss drei Typen von Bindungsmechanismen unterscheiden. Zellgruppen können epigenetisch spezifiziert sein, um auf bestimmte Inputkombinationen zu antworten, wie Lage und Orientierung in V1. Neuronen können auch aufgrund von Erfahrungen so verschaltet sein, dass sie ein Objekt, wie ein Gesicht, eine Stimme und die Eigenheiten eines vertrauten oder berühmten Individuums codieren. Diese beiden Bindungsformen können unabhängig von der Top-down-Aufmerksamkeit sein. Ein dritter Bindungstyp beschäftigt sich mit neuartigen oder seltenen Objekten oder Ereignissen. In diesem Fall ist wahrscheinlich gerichtete Top-down-Aufmerksamkeit notwendig, um die Aktivität separater essenzieller Knoten (die die verschiedenen Attribute des wahrgenommenen Objekts codieren) miteinander zu verknüpfen.

Annahme 9: Feuerrhythmen

Synchronisierte und rhythmische Entladungen von Aktionspotenzialen (insbesondere auf dem 30- bis 60-Hz-Band) kann möglicherweise die postsynaptische Wirkung von Neuronen – ihre Schlagkraft – erhöhen, ohne dabei zwangsläufig ihre durchschnittliche Feuerrate zu erhöhen (Abschnitt 2.3). Wahrscheinlich dient dies dazu, eine im Entstehen begriffene Koalition in der Konkurrenz mit anderen sich neu bildenden Koalitionen zu unterstützen. Aufmerksamkeit könnte den Wettbewerb zwischen Koalitionen beeinflussen, indem sie den Grad der Synchronie zwischen Neuronen innerhalb einer Koalition moduliert und die postsynaptische Schlagkraft der Gruppe stärkt.

Sobald eine erfolgreiche Koalition bis ins Bewusstsein vorgedrungen ist, ist eine Synchronisation der Spikeaktivität vielleicht nicht mehr nötig, weil sie sich dann möglicherweise zumindest für eine Weile ohne die Hilfe der Synchronie selbst erhalten kann.

Feuerrhythmen in den 4- bis 12-Hz-Bändern könnten mit der diskreten Schnappschussverarbeitung korrespondieren.

Annahme 10: Penumbra, Bedeutung und Qualia

Die siegreiche Koalition rekrutiert ihre Mitglieder in Cortex, Thalamus, Basalganglien und anderen eng verbündeten Netzwerken. Diese Koalition beeinflusst eine große Zahl von Neuronen, die nicht zu den NCC gehören – ihre Penumbra (Halbschatten). Zur Penumbra gehören die neuronalen Substrate vergangener Zusammenschlüsse, die erwarteten Konsequenzen der NCC, den kognitiven Hintergrund sowie zukünftige Pläne. Die Penumbra liegt außerhalb der eigentlichen NCC, wenn auch einige ihrer Elemente Teil der NCC werden können, wenn die NCC sich verlagern. Sie liefert dem Gehirn die Bedeutung der relevanten essenziellen Knoten – ihren eigentlichen Inhalt (Abschnitt 14.5).

Es ist unklar, ob eine bloße synaptische Aktivierung der Penumbra für die Vermittlung von Bedeutung ausreicht, oder ob die NCC Aktionspotenziale in den Zellen, welche die Penumbra bilden, auslösen müssen. Die Antwort hängt wahrscheinlich von dem Ausmaß ab, in dem Projektionen von der Penumbra zurück zu den NCC die NCC unterstützen oder aufrechterhalten.

Qualia sind eine symbolische Form der Repräsentation dieses riesigen Ozeans aus expliziter und impliziter Information, die mit den NCC verknüpft ist. Sie stehen letztlich für die Penumbra. Qualia sind eine Eigenschaft von parallelen Feedback-Netzwerken im Gehirn, deren Aktivität nur ganz kurze Zeit anhält.

Warum sich Qualia so *anfühlen*, wie sie es tun, bleibt ein Rätsel.

19.2 Beziehungen zu den Arbeiten anderer

In den letzten 20 Jahren gab es einen ständigen Strom biologisch gefärbter Vorschläge hinsichtlich der NCC. Sie sind bemerkenswert wegen der erfrischenden Direktheit, mit der sie das Problem angehen, das noch wenige Jahre zuvor unter den Kognitionsforschern nichts als Gelächter hervorgerufen hätte.[2] Auf viele der einzelnen Ideen bin ich bereits in den vorangegangenen Kapiteln eingegangen. Einige dieser Forscher haben das Problem in einer Weise konzeptualisiert, die sich mit jener Art von neurobiologischem Ansatz auf zellulärer Ebene vereinbaren lässt, die ich befürworte. Wie lässt sich unsere Arbeit zu ihren Arbeiten in Bezug setzen?

Wie in Kapitel 5 betont, hat Edelman allein wie auch in Zusammenarbeit mit Tononi im Lauf der Jahre ein komplexes Gerüst zur Naturalisierung des Bewusstseins geschaffen.[3] Ausgehend von der Doppelbeobachtung, dass Bewusstsein als intergriert (die Einheit des Bewusstseins) und höchst differenziert (eine astronomisch hohe Zahl von phänomenalen Zuständen ist möglich) erfahren wird, haben Edelman und Tononi die Existenz eines großen Clusters von thalamocorticalen Neuronen gefolgert, organisiert als vereinheitlichter neuronaler Prozess von hoher Komplexität, dem *dynamischen Kern (dynamic core)*. Diese Neuronenkoalition liegt der bewussten Erfahrung zugrunde. Sie wird für einige hundert Millisekunden durch massives Feedback (von Edelmann *reentrant signaling loops* – wiedereintretende Signalschleifen – genannt) stabilisiert und ist durch die funktionale Erfordernis definiert, dass Kernmitglieder stärker miteinander interagieren als mit dem übrigen Gehirn.

---

[2]Neben den bereits früher oder im Haupttext zitierten Autoren möchte ich noch Greenfield (1995), Cotterill (1998), Calvin (1998), Llinas et al. (1998), Jaspers (1998) und Taylor (1998) erwähnen.
[3]Edelman (1989, 2003); Tononi und Edelman (1998); Edelman und Tononi (2000).

Der dynamische Kern unterscheidet sich nicht sehr von unserem Konzept des NCC als dominante Koalition von Neuronen, die sich über den halben Cortex erstreckt.

Edelman und Tononi bestreiten, dass lokale, intrinsische Eigenschaften von Neuronen, von definierten neuronalen Schaltkreisen oder von corticalen Arealen eine besondere Rolle für die neuronalen Wurzeln des Bewusstseins spielen. Sie betonen die Bedeutung globaler Merkmale des dynamischen Kerns, insbesondere die Fähigkeit von Neuronengruppen, eine schier unbegrenzte Zahl von Untergruppen hoher Netzwerkkomplexität zu bilden. Ein ernüchternder Nachteil einer jeden solchen holistischen Theorie ist die inhärente Schwierigkeit, sie einer empirischen Prüfung zu unterziehen und zu erklären, warum soviel Gehirnaktivität und Verhalten ohne bewusstes Empfinden auftreten kann.

Das Gebäude, das uns im Geiste am nächsten kommt, ist dasjenige von Dehaene (Abschnitt 15.3) und dem renommierten Molekularbiologen Jean-Pierre Changeaux am Institut Pasteur in Paris.[4] Ihrer Meinung nach – gestützt auf ein Computermodell der neuronalen Ereignisse, die mit visueller Aufmerksamkeitsselektion und –deselektion einhergehen – ist das primäre Korrelat des Bewusstseins eine plötzliche, selbstverstärkende Aktivitätswelle, genährt von Feedbackaktivität aus dem präfontalen, dem cingulären und dem parietalen Cortex. Sobald die Aktivität eine Schwelle überschreitet, ist sie stark genug, auf ein globales Netzwerk reziprok verknüpfter, weitreichender Projektionsneuronen zuzugreifen, das ihr Zugang zum Arbeitsgedächtnis und anderen kognitiven Ressourcen, wie Planung, ermöglicht. Das ist die neuronale Umschreibung von Baars' *global workspace* (siehe Fußnote 26, S. 107). Die Konkurrenz innerhalb dieses Netzwerks verhindert, dass zu jedem beliebigen Zeitpunkt mehr als eine einzige Neuronenkoalition überdauert. Bottom-up- und Top-down-Signale der Aufmerksamkeit beeinflussen den Zugang zum *global workspace*.

Es gibt offensichtlich viele Gemeinsamkeiten zwischen ihrer und unserer Theorie. Am stärksten unterscheiden wir uns in unseren Argumenten im Hinblick auf explizite Codierung, essenzielle Knoten und den Ausschluss der NCC aus bestimmten Regionen – wie dem primären visuellen Cortex und Teilen des präfrontalen Cortex, dem Sitz des nicht bewussten Homunculus.

Es ermutigt mich, dass – insgesamt gesehen – viele dieser Theorien auf Konzepte hinauslaufen, die nicht allzu unterschiedlich sind (wenn sie auch oft in andere Worte gefasst ausgedrückt werden).

Es gibt einem entscheidenden Unterschied zwischen den Ideen in diesem Buch und denen anderer Autoren. Viele Wissenschaftler betonen, dass die kol-

---

[4]Changeux (1983); Dehaene und Naccache (2001); Dehaene, Sergent und Changeux (2003); Dehaene und Changeux (2004).

lektiven, gestaltartigen Züge des Gehirns und seiner Netzwerke für das Verständnis von Bewusstsein entscheidend sind. Wenn es auch keinen Zweifel daran gibt, dass viele globale Aspekte absolut unverzichtbar für die Genese von Bewusstsein sind, sollte dies nicht um den Preis einer Vernachlässigung der Eigenschaften von Synapsen, Neuronen und ihrer besonderen Anordnung gehen. Wie die Molekularbiologie so überzeugend bewiesen hat, sind es die spezifischen Interaktionen zwischen individuellen Molekülen, die ihnen erlauben, Information im Verlauf des Lebens eines Organismus zu codieren und zu kopieren. Unser Ansatz versucht, sowohl lokale als auch holistische Aspekte des Bewusstseins zusammenzuführen, um zu einer neuen Sicht eines sehr alten Problems zu gelangen.

19.3 Wohin führt uns der Weg?

Ich möchte dieses Kapitel mit einigen Vermutungen über die Methoden und Experimente beschließen, die nötig sein werden, um die Suche nach der Natur des Bewusstseins zu einem erfolgreichen Abschluss zu bringen.

Es ist wesentlich, ein prinzipielles Verständnis für die Eigenschaften kleiner und großer Koalitionen von Vorderhirnneuronen zu entwickeln; dies ließe sich anhand elektrischer oder optischer Aufzeichnungen ihrer Spikefolgen bei entsprechend trainierten Tieren erreichen. Die Gigabytes von Daten auch aus nur einem einzigen derartigen Experiment zu entziffern, darzustellen und zu verstehen, wird neue Verarbeitungsmethoden und Algorithmen erfordern.

Inzwischen ist es möglich, die simultane Spikeaktivität vieler Neuronen in zahlreichen Verarbeitungsstadien in der visuellen Hierarchie und im frontalen Cortex abzuleiten, während ein Affe binokulare Konkurrenz, *Flash Suppression*, bewegungsinduzierte Blindheit oder andere perzeptuelle Reize erlebt, bei denen ein und derselbe physikalische Reiz zu unterschiedlichen Perzepten führen kann (Kapitel 16). Die moderne Narkosetechnik erlaubt es, den Affen rasch und wiederholt zum Schlafen zu bringen, während die Elektroden an Ort und Stelle verbleiben. Dies sollte einen direkten Vergleich zwischen bewussten und nicht bewussten Zuständen erlauben und könnte entscheidende Hinweise auf die NCC erbringen.

Gelegentlich werden wachen Patienten mehrere Elektroden dauerhaft eingepflanzt. Mit ihrem Einverständnis können daraus wenige, aber wichtige Daten über das Verhalten von Neuronen während bewusster Wahrnehmung oder Vorstellung resultieren. Es wäre von unschätzbarem Wert, wenn man corticales Gewebe mit solchen Elektroden so reizen könnte, dass bestimmte Perzepte, Gedanken oder Handlungen entstünden.[5]

---

[5]Fried et al. (1998); Graziano, Taylor und Moore (2002).

Die Kernspinresonanzverfahren (MRI) müssen weiter verfeinert werden. Wenn ihnen auch die hohe raumzeitliche Auflösung von Mikroelektroden fehlt, ermöglichen sie die Kontrolle von metabolischer, hämodynamischer oder neuronaler Aktivität überall im Gehirn. Die Verwendung raffinierter MR-Kontrastmittel, die steigende Konzentrationen von intrazellulärem Calcium oder von Genprodukten bei Tieren aufspüren, sind besonders zukunftsträchtig.[6] Invasive Methoden, die *early-immediate genes* (wie c-fos) – eine Art Zellaktivierungssignale, die vermutlich ein Marker für neuronale Aktivität sind – erkennen, sind höchst nützlich, weil sie gestatten, einzelne aktive Neuronen bei Nagern oder anderen Tieren mit kleinem Gehirn genau zu lokalisieren.[7]

Die entscheidende Rolle der Neuroanatomie als wesentlicher Hintergrund für diese Forschung kann gar nicht oft genug betont werden. Sie hat für die Kognitionswissenschaften dieselbe Bedeutung wie das Human Genome Project für die Molekularbiologie. Das Wissen um detaillierte Verknüpfungsmuster in der Großhirnrinde und im Thalamus muss stark erweitert werden, insbesondere, um die vielen verschiedenen Typen von Pyramidenzellen in allen corticalen Arealen zu charakterisieren. Wie sehen sie aus, wohin projizieren sie und nicht zuletzt: Hat jeder Typ einen Satz charakteristischer genetischer Marker? Gibt es Pyramidenzelltypen, die nicht in allen corticalen Arealen vorkommen? Beim Ableiten der Spikeaktivität von einem Neuron wäre es hilfreich zu wissen, um was für einen Zelltyp es sich handelt und wohin er projiziert. Wir brauchen dringend bessere Kenntnisse der Geographie des Stirnlappens, die heute noch in seinen Kinderschuhen steckt. Gibt es dort eine Hierarchie wie im visuellen System oder möglicherweise auch eine umgekehrte Hierarchie (Abschnitt 7.2)?

Wie ich im ganzen Buch betont habe, sind Neuronen nicht nur stereotype Maschinen, die synaptischen Input für ihren Output in Abfolgen von Aktionspotenzialen umwandeln. Sie haben einzigartige Identitäten; insbesondere projizieren ihre Axone an unterschiedliche Stellen und stehen mit unterschiedlichen Zellklassen in Verbindung. Sehr wahrscheinlich unterscheiden sich ihre Botschaften je nach Art der Empfänger ebenfalls. Wenn man den Output eines Neurons mithilfe einer nahegelegenen Elektrode ableitet, ist es unbedingt nötig, die den Zielort *dieser bestimmten Zelle* zu kennen. Anonyme Ableitungen, wie man sie heute weitgehend praktiziert, werden niemals ausreichen, um die Schaltkreise zu analysieren, die für irgendein Perzept verantwortlich sind. Relevante Techniken (beispielsweise antidrome Reizung, Fotoaktivierung) müssen weiterentwickelt und verbessert werden, sodass man sie bei Tieren, die bestimmte antrainierte Verhaltensweisen zeigen, routinemäßig anwenden kann.

---

[6]Li et al. (2002); Alauddin et al. (2003).
[7]Allerdings sind diese Methoden sehr aufwändig. Dragunow und Faull (1989); Han et al. (2003).

Das komplette Inventar von Projektionsneuronen in einer Region zu kennen, wäre bei dieser Aufgabe enorm hilfreich.

Wir beginnen gerade erst damit, das wahre Potenzial der Molekularbiologie, Hirnschaltkreise offen zu legen und zu analysieren. Gegenwärtig werden Methoden entwickelt, die gezielt, selektiv, vorübergehend und reversibel genetisch identifizierte Populationen von Säugerneuronen stilllegen.[8] Diese Werkzeuge erlauben es, viele der hier skizzierten Ideen durch eine Analyse der maßgeblichen Schaltkreise zu testen. Stellen Sie sich beispielsweise vor, dass irgendein Typ von cortico-corticalen Feedback-Verbindungen ab- und wieder angeschaltet werden könnte, indem man die geeigneten Synapsen unterbricht, ohne die vorwärts gerichteten Bahnen zu stören. Auf diese Weise ließe sich die Bedeutung von Top-down-Feedback-Signalen für die selektive Aufmerksamkeit direkt beurteilen. Um das immense Potenzial dieser molekularen Techniken ganz zu realisieren, gilt es, Tests für Aufmerksamkeit und Bewusstsein zu entwickeln, die bei Mäusen und einfacheren Organismen, wie Taufliegen, funktionieren. Diese Tests sollten so robust und praktisch sein, dass sie ein Screening nach Verhaltensmutanten im großem Maßstab erlauben.

19.4 Wiederholung

All die Vorarbeit, die Francis und ich im Lauf der Jahre geleistet haben, ist in diesem Kapitel in Form von zehn Arbeitshypothesen zusammengefasst. Dieses provisorische Gerüst ist eine Richtschnur für die Konstruktion detaillierterer Hypothesen, sodass sie gegen bereits existierende Befunde geprüft werden können. Überdies sollte der Entwurf neue Experimente anregen. In den kommenden Jahrzehnten wird ein strengeres theoretisches Gebäude unser provisorisches Gerüst ersetzen.

Francis und mir geht es darum, alle Aspekte der Bewusstseinsperspektive der ersten Person anhand der Aktivität von identifizierten Nervenzellen, ihren Verschaltungen und der Dynamik von Neuronenkoalitionen zu erklären. Das ist ein bisschen so, als ob man dreidimensionales Schach spielt: Man muss gleichzeitig die Phänomenologie des Bewusstseins, das Verhalten des Organismus und die zugrunde liegenden neuronalen Elemente im Auge behalten. Das wird nicht leicht sein, doch keine wirklich lohnenswerte Aufgabe ist je einfach gewesen.

Wir leben in einem einzigartigen Moment in der Geschichte der Wissenschaft. Die Technologie, die es uns erlaubt, herauszufinden und zu analysieren, wie der subjektive Geist aus dem objektiven Gehirn erwächst, ist greifbar nah. Die nächsten Jahre werden entscheidend sein.

---

[8]Lechner, Lein und Callaway (2002); Slimko et al. (2002); Yamamoto et al. (2003).

Kapitel 20

Ein Interview

> „Würden Sie bitte so gut sein und mir sagen", bat Alice, „was das heißt?"
>
> „So läßt sich schon eher mit dir reden", sagte Goggelmoggel mit sichtlicher Befriedigung. „Mit Ununterscheidbarkeit' meine ich, daß wir nunmehr lange genug über dieses Thema gesprochen haben und daß es nicht verfrüht wäre, wenn du dich langsam über deine weiteren Absichten äußern wolltest, da kaum anzunehmen ist, daß du hier herumstehen willst bis an dein seliges Ende."
>
> Aus *Alice hinter den Spiegeln* von Lewis Carroll

Auf welches Ergebnis läuft all dies hinaus, wenn man es in einem größeren Zusammenhang betrachtet? Wenn man über Bewusstsein nachdenkt, ergibt sich daraus natürlich ein ganzes Bündel von Fragen über Bedeutung, Tierexperimente, den freien Willen, die Möglichkeiten von Maschinenintelligenz und dergleichen. In diesem Anhang spreche ich einige dieser Themen in einem Rahmen an, der Spekulationen zuträglicher ist, in einem fiktiven Interview.

Interviewer: Beginnen wir ganz am Anfang. Welche Gesamtstrategie verfolgen Sie beim Herangehen an dieses Problem?

Christof: Erstens nehme ich Bewusstsein ernst, als harte Tatsache, die es zu erklären gilt. Die Ich-Perspektive, Gefühle, Qualia, Bewusstsein, phänomenale Erfahrungen – nennen Sie es, wie Sie wollen – sind reale Phänomene, die aus bestimmten privilegierten Hirnprozessen erwachsen. Sie bilden die Landschaft des bewussten Erlebens: das tiefe Rot des Sonnenuntergangs über dem Pazifik, den Duft einer Rose, den hochkochenden Zorn, wenn man einen misshandelten Hund sieht, die Erinnerung an die Explosion der *Challenger* live im Fernsehen. Das Vermögen der Wissenschaft, das Universum zu erklären, wird solange begrenzt sein, bis es ihr gelingt zu erklären, wie gewisse physische Systeme für solche subjektiven Zustände hinreichend sein können.

Zweitens schlage ich vor, zunächst einmal die schwierigen Probleme beiseite zu lassen, die von Philosophen diskutiert werden – insbesondere die Frage, warum es sich nach etwas anfühlt, zu sehen, zu hören oder man selbst zu sein – und sich auf die wissenschaftliche Erforschung der molekularen und neuronalen Korrelate des Bewusstseins (NCC) zu konzentrieren. Die Frage, mit der ich mich vorrangig beschäftige, lautet: *Welches sind die minimalen neuronalen Mechanismen, die gemeinsam für ein spezifisches be-*

wusstes Perzept hinreichend sind? Angesichts der erstaunlichen Techniken, die Hirnforschern zur Verfügung stehen – gentechnische Veränderung des Säugergenoms, Simultanableitungen von Hunderten von Neuronen bei Affen, Verfahren zur Abbildung des lebenden menschlichen Gehirns – ist die Suche nach den neuronalen Korrelaten des Bewusstseins, den NCC, durchführbar, klar definiert und wird zu einer konzertierten wissenschaftlichen Aktion führen.

I: Wollen Sie damit implizit sagen, dass die NCC das Rätsel des Bewusstseins lösen werden?

C: Nein, nein, nein! Letztendlich brauchen wir eine prinzipielle Erklärung dafür, warum und unter welchen Umständen gewisse Formen hoch komplexer biologischer Entitäten subjektive Erfahrungen haben und warum uns diese Erfahrungen so erscheinen, wie sie es tun. In den vergangenen zwei Jahrtausenden ist immer wieder versucht worden, diese Rätsel zu lösen; es handelt sich also wirklich um schwierige Probleme.

Erinnern Sie sich, wie viel die Entdeckung der Doppelhelixstruktur der DNA über die molekulare Replikation enthüllte? Die beiden komplementären Ketten aus Zucker, Phosphat und stickstoffhaltigen Basen, zusammengehalten durch schwache Wasserstoffbrückenbindungen, legten sofort einen Mechanismus nahe, durch den genetische Information repräsentiert, kopiert und an die nächste Generation weitergegeben werden konnte. Die Architektur des DNA-Moleküls führte zu einem Verständnis der Vererbung, das ganz einfach jenseits der Möglichkeiten früherer Generationen von Chemikern und Biologen lag. Analog könnte man sagen, dass zu wissen, wo die Neuronen sitzen, die ein bestimmtes bewusstes Perzept übermitteln, wohin sie projizieren und von wo sie Input erhalten, ihr Feuermuster, ihren Entwicklungsstammbaum von der Geburt bis ins Erwachsenenalter zu kennen und so fort, einen ähnlichen Durchbruch auf dem Weg zu einer vollständigen Theorie des Bewusstseins darstellen könnte.

I: Ein schöner Traum.

C: Vielleicht, aber es gibt keine vernünftige Alternative zum Verständnis des Bewusstseins als die Suche nach den NCC. Die Erfahrung hat gezeigt, dass logische Argumentation und Selbstbeobachtung, die bevorzugten Methoden der Gelehrten bis im 18. Jahrhundert, einfach nicht ausreichen, um dies Problem zu lösen. Man kann Bewusstsein allein durch Nachdenken nicht erklären. Das Gehirn ist zu kompliziert und von zu vielen zufälligen evolutionären Zufällen und Unfällen abhängig, als dass ein Sich-Zurücklehnen im Lehnstuhl allein erfolgreich die Wahrheit ans Licht bringen könnte. Stattdessen müssen wir Fakten sammeln. Wie spezifisch ist das Netz, das von Axonen zwischen Neuronen gesponnen wird? Spielt synchrones

Feuern eine entscheidende Rolle bei der Entstehung von Bewusstsein? Wie wichtig sind die Rückkopplungsbahnen, die zwischen Cortex und Thalamus hin- und herlaufen? Gibt es spezielle neuronale Zelltypen, die den NCC zugrunde liegen?

I: Welche Rolle spielen dann die Philosophen bei Ihrer Suche nach einer wissenschaftlichen Theorie des Bewusstseins?

C: Historisch gesehen haben Philosophen keine eindrucksvolle Erfolgsbilanz, was die *Beantwortung* von Fragen über die natürliche Welt in maßgeblicher Weise angeht, ob es um Ursprung und Entwicklung des Kosmos, den Ursprung des Lebens, das Wesen des Geistes oder die Anlage/Umwelt-Debatte geht. In höflicher akademischer Gesellschaft redet man selten über dieses Versagen. Philosophen zeichnen sich jedoch dadurch aus, konzeptuelle *Fragen* von einem Standpunkt aus zu stellen, den Naturwissenschaftler gewöhnlich nicht berücksichtigen. Probleme wie das Schwierige versus das Einfache Problem des Bewusstseins, phänomenales versus Zugriffsbewusstsein (*access consciousness*), Bewusstseinsinhalt versus Bewusstsein an sich, die Einheit des Bewusstseins, die kausalen Voraussetzungen, damit Bewusstsein auftreten kann und dergleichen, sind faszinierende Themen, über die Naturwissenschaftler häufiger nachdenken sollten. Daher sollte man hören, welche Fragen Philosophen stellen, aber sich nicht von deren Antworten ablenken lassen. Ein typisches Beispiel ist der Zombie der Philosophen.

I: Zombies? Verhexte Untote, die mit ausgestreckten Armen umherwandern?

C: Nun, nicht ganz. Menschen wie Sie und ich, aber völlig ohne bewusstes Empfinden. David Chalmers und andere Philosophen benutzen diese seelenlosen, fiktiven Wesen, um zu argumentieren, dass Bewusstsein nicht den physikalischen Gesetzen des Universums folgt, dass uns unser physikalisches, biologisches und psychologisches Wissen kein bisschen helfen wird zu verstehen, wie und warum das subjektive Erleben in die Welt gekommen ist. Dazu ist ihrer Meinung nach mehr erforderlich.

Dieser radikale imaginäre Zombie scheint mir kein besonders nützliches Konzept zu sein, doch es gibt eine bescheidenere, eingeschränkte Version. Daher haben Francis und ich diesen eingängigen Begriff für jenen Satz rascher, stereotyper sensomotorischer Verhaltensweisen gewählt, die allein für bewusste Empfindungen nicht hinreichend sind. Das klassische Beispiel ist die motorische Steuerung. Wenn Sie einen Pfad hinunterlaufen wollen, dann „tun" Sie es einfach. Propriorezeptoren, Neuronen und der Bewegungsapparat kümmern sich um das Übrige, und schon sind Sie unterwegs. Versuchen Sie es mit Selbstbeobachtung, und Sie werden sich einer leeren Wand gegenüber sehen. Bewusstsein hat keinen Zugang zu der erstaunlich komplexen Sequenz von Verarbeitungsprozessen und Handlungen, die einem derart scheinbar einfachen Verhalten zugrunde liegen.

I: Also sind Zombie-Verhalten Reflexe, nur komplexer?

C: Ja. Stellen Sie sie sich als corticale Reflexe vor. Den Arm nach einem Glas Wasser auszustrecken und automatisch die Hand zu öffnen, um es zu ergreifen, stellt eine Zombiehandlung dar, die visuellen Input erfordert, um Arm und Hand zu kontrollieren. Sie führen jeden Tag Tausende solcher Handlungen durch. Sie können das Glas natürlich „sehen", aber nur, weil neuronale Aktivität in einem anderen System für das bewusste Perzept verantwortlich ist.

I: Sie unterstellen, dass nicht bewusste Zombiesysteme bei normalen, gesunden Menschen mit bewussten Systemen koexistieren.

C: Genau. Ein beunruhigend großer Teil unseres Alltagsverhaltens ist zombieartig: Sie fahren mit Autopilot zur Arbeit, bewegen Ihre Augen, putzen Ihre Zähne, binden Ihre Schuhe zu, grüßen Ihre Kollegen auf dem Flur, und führen all die anderen unzähligen Tätigkeiten durch, aus denen der Alltag besteht. Jede genügend trainierte Tätigkeit, wie Klettern, Tanzen, Kampfsport oder Tennis wird am besten ohne bewusstes, gerichtetes Denken ausgeübt. Wenn man zu sehr über eine derartige Handlung nachdenkt, stört das ihre flüssige Ausführung.

I: Warum ist Bewusstsein dann überhaupt notwendig? Warum kann ich nicht ein Zombie sein?

C: Nun, ich weiß keinen logischen Grund, warum Sie das nicht sein könnten, wenn das Leben auch ohne jedes Empfinden ziemlich langweilig wäre (natürlich würden Sie als Zombie auch keine Langeweile verspüren). Die Evolution hat jedoch auf diesem Planeten einen anderen Lauf genommen.

Einige einfache Geschöpfe sind vielleicht nicht mehr als Bündel von Zombiesystemen. Vielleicht fühlt es sich daher einfach nach nichts an, eine Schnecke oder ein Rundwurm zu sein.

Wenn Sie jedoch zufällig ein Organismus mit zahlreichen Input-Sensoren und Output-Effektoren sind, beispielsweise ein Säuger, dann wurde es mit der Zeit zu kostspielig, für jede nur mögliche Input-Output-Kombination ein Zombiesystem zu verwenden. Das hätte zuviel Platz im Schädel in Anspruch genommen. Stattdessen wählte die Evolution einen anderen Weg und entwickelte ein mächtiges und flexibles System, dessen vornehmste Aufgabe darin besteht, sich mit dem Unerwarteten zu befassen und für die Zukunft zu planen. Die NCC repräsentieren ausgewählte Umweltaspekte – diejenigen, derer Sie sich laufend bewusst sind – in kompakter Weise. Diese Information wird den Planungsstadien des Gehirns mithilfe einiger Formen des Kurzzeitgedächtnisses zugänglich gemacht.

Im Computerjargon entspricht der gegenwärtige Inhalt des Bewusstseins dem Zustand des Cache-Speichers auf dem Rechner. Wenn Ihr Bewusstseinsstrom von einer visuellen Wahrnehmung zu einer Erinnerung zu einer Stimme in der Umgebung flattert, dann fluktuiert der Inhalt des Caches ebenfalls.

I: Ich verstehe. Die Aufgabe des Bewusstseins ist es also, mit den speziellen Situationen umzugehen, für die keine automatischen Verfahren zur Verfügung stehen. Klingt vernünftig. Aber warum sollte das Hand in Hand mit subjektiven Empfindungen gehen?

C: Ja, da liegt der Haken. Momentan gibt es darauf keine Antwort. Oder, um es präziser zu sagen, es gibt eine wahre Kakophonie von Antworten, aber keine von ihnen ist überzeugend oder allgemein akzeptiert. Francis und ich vermuten, dass Bedeutung (*meaning*) dabei eine entscheidende Rolle spielt.

I: Wie bei der Bedeutung eines Wortes?

C: Nein, nicht im linguistischen Sinne. Die Objekte, die ich dort draußen in der Welt fühle, sehe oder höre, sind keine bedeutungslosen Symbole, sondern gehen mit zahlreichen Assoziationen einher. Der bläuliche Schimmer einer dünnen Porzellantasse bringt Kindheitserinnerungen zurück. Ich weiß, dass ich die Tasse nehmen und Tee hineinschütten kann. Wenn sie auf den Boden fällt, wird sie zersplittern. Diese Assoziationen müssen nicht explizit gemacht werden. Sie sind im Verlauf eines Lebens voller subjektiver Erfahrungen aus zahllosen sensomotorischen Wechselbeziehungen mit der Welt aufgebaut worden Diese flüchtige Bedeutung deckt sich mit der Gesamtsumme aller synaptischen Wechselbeziehungen von Neuronen, welche die Porzellantasse repräsentieren, mit Neuronen, die andere Konzepte und Erinnerungen exprimieren. Diese riesige Informationsmenge wird in Kurzschrift durch die Qualia symbolisiert, die mit dem Perzept der Tasse assoziiert sind. Das ist es, was Sie erleben.

Wenn wir das jetzt einmal beiseite lassen – wichtig für dieses Gebiet, das unter vielen Jahrhunderten nicht fundierter Spekulationen gelitten hat, ist, dass unser Rahmenwerk zu Tests für Bewusstsein führt. Zombies agieren im Hier und Jetzt, daher brauchen sie kein Kurzzeitgedächtnis. Sie sehen eine ausgestreckte Hand, also strecken Sie Ihre eigene Hand aus und schütteln die Ihres Gegenübers. Ein Zombie könnte keine Verzögerung zwischen dem Anblick der Hand und der motorischen Aktion bewältigen; dafür ist er in der Evolution nicht entstanden. Das mächtigere, wenn auch langsamere Bewusstseinssystem müsste übernehmen.

Diese unterschiedlichen Verhaltensweisen können zum Entwurf eines einfachen, praktikablen Test für Bewusstsein bei Tieren, Babys oder Patienten führen, die ihr Erleben schlecht mitteilen können. Man zwinge den Organismus, eine Wahl zu treffen, beispielsweise ein instinktives Verhalten zu unterdrücken, und zwar nach einer Verzögerung von ein paar Sekunden. Wenn das Lebewesen dies ohne intensives Lernen kann, muss es sich eines Planungsmoduls bedienen, das zumindest beim Menschen eng mit Bewusstsein verbunden ist. Wenn das NCC, das dieser Handlung zugrunde liegt, durch äußere Einwirkung zerstört (oder zeitweilig unbenutzbar gemacht) wird, sollte die verzögerte Antwort ausbleiben.

I: Das ist nicht gerade streng.

C: An diesem Punkt ist es noch zu früh für eine formale Definition. Denken Sie zurück an die 1950er Jahre. Wie weit wären Molekularbiologen gekommen, wenn sie sich darum gekümmert hätten, was genau sie mit einem Gen meinten? Selbst heute lässt sich das nicht ohne Weiteres sagen. Stellen Sie sich das Ganze wie eine Art Turing-Test vor, außer dass es dabei nicht um Intelligenz, sondern um Bewusstsein geht. Der Test ist gut genug, um sich auf Schlafwandler, Tieraffen, Mäuse und Fliegen anwenden zu lassen, und das ist es, was momentan zählt.

I: Augenblick! Meinen Sie damit, dass Insekten möglicherweise Bewusstsein haben?

C: Viele Forscher glauben, dass Bewusstsein Sprache und eine Repräsentation des Selbst als Basis für Introspektion (Selbstbeobachtung) erfordert. Während es keinen Zweifel daran gibt, dass Menschen rekursiv über sich selbst nachdenken können, ist dies doch nur die jüngste Ausschmückung eines grundlegenderen biologischen Phänomens, das sich vor langer Zeit entwickelt hat.

Bewusstsein kann mit recht elementaren Gefühlen einhergehen. Sie sehen Purpurrot oder haben Schmerzen. Warum sollten diese Empfindungen Sprache erfordern oder eine hoch entwickelte Vorstellung von einem Selbst? Sogar schwer autistischen Kindern oder Patienten mit massiven Selbsttäuschungen und Depersonalisierungs-Syndromen mangelt es nicht an grundlegendem perzeptuellen Bewusstsein – der Fähigkeit, die Welt zu sehen, zu hören oder zu schmecken.

Der prälinguistische Ursprung des perzeptuellen Bewusstseins, also jener Form von Bewusstsein, die ich untersuche, wirft die Frage auf, wie weit sich dieses Bewusstsein die Evolutionsleiter hinunter erstreckt. Zu welchem Zeitpunkt trat zum ersten Mal ein Ur-NCC auf? Angesichts der engen evolutiven Verwandtschaft unter Säugern und der strukturellen Ähnlichkeit ihrer Gehirne nehme ich an, dass Tieraffen, Hunde und Katzen sich bewusst sein können, was sie sehen, hören und riechen.

I: Was ist mit Mäusen, den beliebtesten Säugern in biologischen und medizinischen Labors?

C: Angesichts dessen, dass es vergleichsweise einfach ist, das Mäusegenom zu manipulieren, neue Gene einzufügen oder existierende hinauszuwerfen, würde die Anwendung des Anti-Zombie-Verzögerungstests auf Mäuse molekularen Neurowissenschaftlern ein mächtiges Modell an die Hand geben, um die Basis der NCC zu untersuchen. Mein Labor und andere sind dabei, mithilfe klassischer Pawlowscher Konditionierung ein solches Mäusemodell der Aufmerksamkeit und Bewusstheit zu entwickeln.

I: Einen Augenblick! Warum haben Sie „Bewusstheit" (*awareness*) statt „Bewusstsein" (*consciousness*) gesagt? Sind das unterschiedliche Konzepte?

C: Nein, das ist eher eine soziale Konvention. Der Begriff „Bewusstsein" ruft bei einigen Kollegen starke Ablehnung hervor; wenn Sie Mittel beantragen oder einen Artikel bei einer wissenschaftlichen Zeitschrift unterbringen wollen, ist es daher besser, ein anderes Wort zu benutzen. „Bewusstheit" geht gewöhnlich unter dem Radar hindurch.

Was Bewusstsein bei Tieren angeht, warum bei Mäusen oder überhaupt bei Säugern einen Strich ziehen? Warum ein corticaler Chauvinist sein? Wissen wir tatsächlich, dass das Großhirn und seine Satelliten für ein perzeptuelles Bewusstsein nötig sind? Warum nicht Tintenfische? Oder Bienen? Ausgestattet mit einer Million Neuronen können Bienen komplexe Handlungen durchführen, darunter auch erstaunliche Leistungen bei der visuellen Musterfindung. Soviel ich weiß, können 100 000 Neuronen ausreichen, zu sehen, zu hören und Schmerzen zu empfinden! Vielleicht sind sogar Taufliegen in sehr begrenztem Maße bewusst. Im Augenblick wissen wir es einfach noch nicht.

I: Hört sich für mich wie unfundierte Spekulationen an.

C: Im Augenblick, ja. Doch verhaltensbiologische und physiologische Experimente tragen diese Spekulationen in das Reich des Empirischen. Und das ist neu. Wir sind erst seit kurzem in der Lage, über solche Nagelproben nachzudenken.

I: Könnte man diese Tests auch auf Maschinen anwenden, um zu beurteilen, ob sie Bewusstsein haben?

C: Ich bin nicht nur ein Mitglied der Biologischen Fakultät am California Institute of Technology, sondern auch Professor in der Division of Engineering and Applied Science (Abteilung für Technik und angewandte Wissenschaften), daher denke ich über künstliches Bewusstsein nach, das auf einer Analogie zur Neurobiologie basiert. Jeder Organismus, der in der Lage ist, Verhaltensweisen zu zeigen, die über das rein Instinktive hinausgehen, und der eine Möglichkeit hat, die Bedeutung von Symbolen auszudrücken, ist ein Kandidat für Empfindungsvermögen.

Das Internet, als Ganzes betrachtet, ist ein verlockendes Beispiel für ein emergentes System mit Millionen von Computern, die als Knoten in einem weit verteilten, aber stark verzweigten Netzwerk wirken. Auch wenn es Swap-Datei-Programme gibt, die eine große Zahl von Computern miteinander verbinden, oder Algorithmen, die mathematisch schwierige Probleme lösen, indem sie diese auf Tausende von Maschinen verteilen, weisen diese Zusammenschlüsse wenig Gemeinsames mit den Neuronenkoalitionen auf, die einander im Gehirn erregen und hemmen. Es gibt kein kollektives Verhalten des ganzen World Wide Web, das der Rede wert wäre. Ich habe noch nie erlebt, dass eine zielgerichtete Handlung in großem Maßstab zustande gekommen wäre, die nicht in der Software programmiert war. Es ergibt keinen Sinn, von dem bewussten Web zu sprechen, bis es ein derartiges Verhalten aus sich heraus zeigt – indem es die Verteilung elektrischer Energie lenkt, den Luftverkehr kontrolliert oder die Finanzmärkte in einer Weise manipuliert, die seine Schöpfer nicht vorgesehen haben. Mit dem Auftreten von autonomen Computerviren und – würmern könnte sich dies in Zukunft allerdings ändern.

I: Was ist mit einem Roboter, der zusätzlich zu einem allgemeinen Planungsmodul mit reflexartigen Verhaltensweisen ausgestattet ist – um zu vermeiden, dass er gegen Hindernisse läuft, um zu verhindern, dass seine Batterie sich leert, um mit anderen Robotern zu kommunizieren und so fort. Könnte er Bewusstsein haben?

C: Nun, nehmen wir an, der Planer war in der Lage, die aktuelle sensorische Umwelt dieser Maschine einschließlich ihres eigenen Körpers und eines Teils der Informationen aus deren Gedächtnisspeicher zu repräsentieren, die relevant für die aktuelle Situation ist, sodass die Maschine zu unabhängigen und zielgerichteten Verhalten fähig wäre. Nehmen wir weiterhin an, Ihr Roboter könnte lernen, sensorische Ereignisse mit positiven und negativen Zielsetzungen in Beziehung zu setzen, um sein Verhalten zu lenken. Eine hohe Umgebungstemperatur könnte zum Beispiel zu einem Absinken in der Versorgungsspannung der Maschine führen – etwas, das sie unter allen Umständen zu vermeiden suchen möchte. Eine erhöhte Temperatur wäre dann nicht mehr nur eine abstrakte Zahl, sondern werden aufs Engste verknüpft mit dem Wohlergehen des Organismus. Ein derartiger Roboter hätte *möglicherweise* ein gewisses Maß an Proto-Bewusstsein.

I: Das erscheint mir als recht primitive Vorstellung von Bedeutung.

C: Sicher, doch ich bezweifele, dass Sie sich bei Ihrer Geburt viel mehr als Schmerz und Lust bewusst waren. Es gibt jedoch andere Quellen für Bedeutung. Stellen Sie sich vor, der Roboter etablierte mithilfe irgendeines unbeaufsichtigten Lernalgorithmus sensomotorische Repräsentationen. Er würde in der Welt herumstolpern und torkeln und nach dem Prinzip von Versuch und Irrtum lernen, dass Handlungen zu vorhersagbaren Folgen führen. Gleichzeitig könnten durch Vergleichen von Information zweier oder mehr sensorischer Modalitäten abstraktere Repräsentationen aufgebaut werden (etwa dass Lippenbewegungen und bestimmte Stakkato-Lautmuster oft gemeinsam auftreten). *Je mehr explizite Repräsentationen es gibt, desto bedeutungsvoller ist jedes Konzept.*

Um diese Bedeutungen zu etablieren, wäre es am einfachsten, wenn die Maschinendesigner die Entwicklungsphase der Kindheit für Roboter replizieren könnten.

I: Wie bei HAL, dem paranoiden Computer in dem Film *2001 – Odyssee im Weltraum*! Doch Sie haben meine frühere Frage noch nicht beantwortet. Würde Ihr Verzögerungstest eine wirklich bewusste Maschine von einer falschen unterscheiden, die nur vorgibt, Bewusstsein zu haben?

C: Nur weil dieser Test bei biologischen Organismen Reflexsysteme von bewussten Systemen unterscheidet, bedeutet das nicht, dass er dasselbe bei Maschinen leistet.

Es ist sinnvoll, zumindest einigen Tierarten aufgrund ihrer evolutiven, verhaltensbiologischen und strukturellen Ähnlichkeit mit uns Menschen Empfindungsvermögen zuzusprechen, und zwar auf der Basis einer Argumentation wie: „Da ich Bewusstsein habe, gilt: Je ähnlicher mir andere Organismen sind, desto höher ist die Wahrscheinlichkeit, dass sie Gefühle haben." Diese Argumentation verliert jedoch angesichts des radikal anderen Designs, Ursprungs und Baues von Maschinen an Gewicht.

I: Verlassen wir dieses Thema und kommen wir zurück zu Ihren früheren Ideen über die neuronalen Korrelate des Bewusstseins. Was haben Sie und Francis vorgeschlagen?

C: In unserem ersten Artikel über dieses Thema im Jahre 1990 haben wir die These aufgestellt, dass für *eine* Form des Bewusstseins die dynamische Bindung neuronaler Aktivität über multiple corticale Areale eine Rolle spielt.

I: Halt, halt! Was bedeutet Bindung?

C: Denken Sie an einen roten Ferrari, der vorbeibraust. Das löst nervöse Aktivität in Myriaden Orten im ganzen Gehirn aus, doch Sie sehen ein einzelnes rotes Objekt im Form eines Autos, das sich in eine bestimmte Richtung bewegt und eine Menge Krach macht. Das integrierte Perzept muss die Aktivität von Neuronen, die diese Bewegung codieren, mit der von Neuronen kombinieren, die Rot repräsentieren, und mit anderen, die Form und Geräusch codieren. Gleichzeitig sehen Sie einen Fußgänger mit einem Hund vorbeigehen. Das muss ebenfalls neuronal ausgedrückt werden, ohne es mit der Repräsentation des Ferrari durcheinander zu bringen.

Als unser Artikel 1990 erschien, hatten zwei deutsche Gruppen unter Leitung von Wolf Singer und Reinhardt Eckhorn entdeckt, dass Neuronen in der Sehrinde der Katze ihre Entladungsmuster unter bestimmten Bedingungen synchronisierten. Oft geschah dies periodisch, und es kam zu den berühmten 40-Hz-Oszillationen. Wir argumentierten, dies sei eine der neuronalen Signaturen des Bewusstseins.

I: Wie sieht die Befundlage heute aus?

C: Die neurowissenschaftliche Gemeinde bleibt beim Thema Oszillationen und Synchronisation tief gespalten. Eine wissenschaftliche Zeitschrift publiziert unter Umständen Befunde, die für ihre funktionale Bedeutung sprechen, während ein Beitrag in der folgenden Ausgabe das ganze Konzept geringschätzig abtut. Anders als bei der kalten Fusion, für die es keine glaubwürdigen Belege gibt, ist die Grundtatsache, dass es eine neuronale Oszillation im Frequenzbereich von 20 bis 70 Hz und synchronisierte Entladungen gibt, allgemein akzeptiert. Vieles darüber hinaus bleibt jedoch umstritten. Wir lesen die Daten so, dass synchronisiertes und oszillatorisches Feuern einer Neuronenkoalition – die ein Perzept repräsentiert – hilft, andere Koalitionen beim Wettbewerb um die Vorherrschaft zu besiegen. Ein derartiger Mechanismus könnte besonders bei *attentional biasing* (etwa: voreingestellte oder „vorgespannte" Aufmerksamkeit) wichtig sein. Wir glauben nicht mehr, dass 40-Hz-Oszillationen *notwendig* sind, damit Bewusstsein entsteht.

Diese Ungewissheit ist symptomatisch für die Unzulänglichkeit der existierenden Werkzeuge zur Sondierung der neuronalen Netzwerke, die dem Geist zugrunde liegen. In einem Cortex mit Milliarden Zellen können die modernsten elektrophysiologischen Techniken die Pulse ableiten, die von rund 100 Neuronen ausstrahlen. Das ist eine Verdünnung von 1 zu 100 Millionen. Was wir brauchen, ist die Ableitung der simultanen Aktivität von 10 000 oder 100 000 Hirnzellen.

I: Wenn die NCC auf einer Koalition von Zellen basieren, könnte es also leicht passieren, dass man ihre Existenz aus den Lärm dieser Milliarden von Neuronen nicht heraushört.

C: Ganz genau. Es ist so, als versuche man, etwas Wichtiges über eine anstehende Präsidentenwahl zu erfahren, indem man die Alltagsgespräche von zwei oder drei zufällig ausgewählten Personen aufzeichnet.

I: Ich verstehe. Kommen wir zu Ihrem nächsten Schritt.

C: Der fand 1995 statt und betraf jene Funktion des Bewusstseins, die wir bis zu diesem Moment ignoriert hatten. Wir stellten die Hypothese auf, eine Hauptfunktion des Bewusstseins sei es, für die Zukunft zu planen, was dem Organismus erlaubt, rasch mit vielen Eventualitäten fertig zu werden. Das unterschied sich, allein betrachtet, nicht allzu sehr von dem, was andere Forscher schon vorgeschlagen hatten. Wir gingen in unserer Argumentation jedoch ein Stück weiter und fragten nach den neuroanatomischen Konsequenzen der These. Da die Planungsbereiche des Gehirns im Stirnlappen liegen, müssen die NCC direkten Zugang zu diesen Hirnregionen haben. Wie sich zeigt, senden bei Makaken keine der Neuronen im primären visuellen Cortex, V1 am rückwärtigen Pol des Gehirns, ihren Output in den vorderen Bereich des Gehirns. Daraus haben wir geschlossen, dass V1-Neuronen nicht hinreichend für die visuelle Wahrnehmung sind, dass visuelles Bewusstsein höhere corticale Regionen erfordert.

Das heißt nicht, dass man zum Sehen keine intakte V1-Region bräuchte. Genauso, wie die neuronale Aktivität in Ihren Augen nicht mit der visuellen Wahrnehmung übereinstimmt – denn sonst würden Sie eine graue Scheibe Nichts am blinden Fleck sehen, wo der Sehnerv das Auge verlässt und es keine Photorezeptoren gibt –, ist V1-Aktivität notwendig, aber nicht hinreichend fürs Sehen. V1 ist wahrscheinlich nicht notwendig für visuelle Vorstellungen oder bildhaftes Träumen.

I: Ich verstehe nicht ganz, warum Sie daraus eine so große Sache machen. Wenn die NCC nicht in V1 sitzen, was soll's?

C: Nun, wenn das stimmt – und die gegenwärtige Beweislage ist ganz ermutigend – stellt unsere Hypothese einen bescheidenen, aber messbaren Schritt vorwärts dar. Das ist ermutigend, weil es zeigt, dass die Wissenschaft mit dem richtigen Ansatz Fortschritte machen kann, die materielle Basis des Bewusstseins aufzudecken. Unsere Hypothese impliziert auch, dass sich nicht jede corticale Aktivität bewusst äußert.

I: Wo in den riesigen Cortexfeldern sind denn nun die NCC zu finden?

C: Wenn man sich mit visuellem Bewusstsein beschäftigt, sollte man sich die ventrale, so genannte „Was"-Bahn ansehen. Neuronenkoalitionen im inferotemporalen Cortex und um ihn herum spielen – unterstützt durch Feedback-Aktivität von Zellen im Gyrus cinguli und im frontalen Cortex – eine wesentliche Rolle. Mittels dieser zurückstrahlenden Feedback-Aktivität kann sich die Koalition gegenüber ihren Konkurrenten durchsetzen. Die Echos dieses Konflikts lassen sich mithilfe von EEGs oder funktionellen bildgebenden Verfahren zur Gehirndarstellung auffangen.

Die aktuelle elektrophysiologische Erforschung dieser Gehirnregionen schreitet rasch fort. Eine beliebte Strategie ist es, optische Täuschungen zu erforschen, bei denen die Beziehung zwischen einem Bild und dem damit verbundenen Perzept nicht eins zu eins ist. Obwohl der Input ständig präsent ist, sehen Sie das Bild manchmal auf die eine, manchmal auf die andere

Weise. Derart bistabile Perzepte – der Necker-Würfel ist ein klassisches Beispiel – werden eingesetzt, um die Spuren des Bewusstseins zwischen verschiedenen neuronalen Zelltypen im Vorderhirn zu verfolgen.

I: Warum eine Schleife von den sensorischen Regionen des Cortes zu den weiter frontal gelegenen Regionen ins Spiel bringen?

C: Wie gerade erwähnt, ist dies eine der Schlüsselrollen des Bewusstseins im Leben eines Organismus – für multieventuelle Situationen zu planen, mit denen nicht bewusste, sensomotorische Zombiesysteme nicht fertig werden. Wahrscheinlich sind es die Projektionen zu und von den Stirnlappen – die für Planung und logisches Denken verantwortlich und der Sitz des Selbst sind –, die das starke Gefühl schaffen, dass es in meinem Schädel einen Homunculus gibt, das wahre „Ich". Der kleine Mensch – das ist die ursprüngliche Bedeutung des Begriffs Homunculus – ist Teil des vorderen Cortexbereichs, der den hinten gelegenen beobachtet. Oder, anatomisch gesprochen, der vordere cinguläre, der präfrontale und der prämotorische Cortex erhalten einen starken, treibenden synaptischen Input aus dem hinteren Cortexbereich.

I: Aber wer hockt seinerseits im Kopf des Homunculus? Endet das Ganze nicht mit einer unendlichen Schleife?

C: Nicht, wenn der Homunculus selbst kein Bewusstsein hat oder im Vergleich zum bewussten Geist eine geringe funktionelle Rolle spielt.

I: Kann der Homunculus aus eigenem Entschluss Handlungen einleiten?

C: Man muss die Wahrnehmung von Willen scharf von der Willenskraft unterscheiden. Sehen Sie, ich kann meine Hand heben, und ich habe sicherlich das Gefühl, dass „ich" diese Handlung durchführen will. Niemand hat es mir befohlen, und ich habe bis vor ein paar Sekunden nicht einmal daran gedacht. Die Wahrnehmung von Kontrolle, von Urheberschaft – das Gefühl, dass ich am Hebel sitze – ist entscheidend für mein Überleben und versetzt mein Gehirn in die Lage, diese Handlungen als die Meinigen zu etikettieren (diese Wahrnehmung der Urheberschaft wird natürlich ihren eigenen NCC haben). Der Neuropsychologe Daniel Wegner weist darauf hin, dass der Glaube „ich kann Handlungen einleiten" eine Form von Optimismus ist. Er lässt mich Dinge mit Zuversicht und Überschwang meistern, die ein Pessimist niemals in Angriff nehmen würde.

I: Aber war das Heben Ihrer Hand vollständig von vorhergegangenen Ereignissen bestimmt oder geschah es aus freiem Willen?

C: Sie meinen: Lassen die Gesetze der Physik Raum für einen Willen, der im metaphysischen Sinne frei ist? Jeder hat eine Meinung zu diesem uralten

Problem, aber es gibt keine allgemein akzeptierte Antwort. Ich kenne viele Beispiele für eine Dissoziation der Handlung eines Individuums und seiner Absicht. Sie können diese Ausrutscher in Ihrem eigenen Leben beobachten. Wenn „Sie" beispielsweise über einen Felsvorsprung klettern „wollen", aber Ihr Körper Ihnen nicht folgt, weil er zuviel Angst hat. Oder wenn Sie im Gebirge laufen und Ihr Wille erlahmt, aber Ihre Beine einfach weitermachen. Es gibt viele extreme Formen der Dissoziation von Handlung und dem Erleben, eine Handlung ausführen zu wollen, darunter Hypnose, Tischrücken, automatisches Schreiben, unterstützte Kommunikation, Besessenheit, Entindividualisierung in Menschenmassen und klinische dissoziative Identitätsstörungen. Aber ob das Heben meiner Hand wirklich frei war, so frei wie Siegfrieds Zerstörung der göttlichen Weltordnung im Nibelungenlied, bezweifle ich.

I: Aus Ihren Antworten schließe ich jedenfalls, dass Sie glauben, Ihre Suche nach den NCC lasse sich von der Frage nach dem freien Willen trennen.

C: Ja. Ob ein freier Wille nun existiert oder nicht – Sie müssen immer noch das Rätsel des subjektiven Erlebens, des sensorischen Empfindens lösen.

I: Wenn man die NCC wirklich entdecken würde, was wären die Folgen?

C: Die offensichtlichsten Folgen werden praktischer Natur sein, beispielsweise Techniken, um den Zustand der NCC zu registrieren. Solche Bewusstseinsmesser werden medizinischem Personal die Möglichkeit geben, die Präsenz von Bewusstsein bei Frühgeborenen und kleinen Kindern, bei Patienten mit schwerem Autismus oder seniler Demenz oder bei Patienten, die zu schwer verletzt sind, um zu sprechen oder auch nur Zeichen zu geben, zu registrieren. Es wird Anästhesisten das Handwerk erleichtern. Die cerebrale Basis des Bewusstseins zu verstehen, wird Wissenschaftlern ermöglichen festzustellen, welche Arten empfindungsfähig sind. Erleben alle Primaten die Anblicke und Töne der Welt subjektiv? Alle Säuger? Alle mehrzelligen Organismen? Diese Entdeckung sollte die Debatte um Tierrechte tiefgreifend beeinflussen.

I: Wie das?

C: Arten ohne NCC kann man als Bündel stereotyper sensomotorischer Schleifen ohne subjektives Erleben ansehen, Zombies eben. Solchen Organismen könnte man weniger Schutz gewähren als Tieren, die unter bestimmten Bedingungen NCCs zeigen.

I: Sie würden also nicht mit Tieren experimentieren wollen, die Schmerz fühlen können?

C: In einer idealen Welt nicht. Eine meiner Töchter starb jedoch acht Wochen nach ihrer Geburt am plötzlichem Kindstod, mein Vater siechte über zwölf

Jahre hinweg an der Parkinson-Krankheit dahin, zu der am Ende Alzheimer hinzukam, und eine gute Freundin hat sich während eines akuten Schizophrenieschubs umgebracht. Um diese und andere neuronale Erkrankungen, welche die Menschheit plagen, zu eliminieren, bedarf es Tierexperimente – durchgeführt mit Sorgfalt und Mitgefühl und, wann immer möglich, mit der Kooperation des Tieres (wie beim größten Teil der Affenforschung, die in diesem Buch beschrieben wird).

I: Wie steht es mit den Folgen für Ethik und Religion?

C: Was vom metaphysischen Standpunkt her zählt, ist, ob die Neurowissenschaften erfolgreich über die Korrelation hinaus zur Kausalität fortschreiten können. Wissenschaft sucht eine kausale Ereigniskette, die von neuronaler Aktivität zum subjektiven Perzept führt, eine Theorie, die erklärt, *welche Organismen* unter *welchen Bedingungen* subjektive Gefühle entwickeln, *welchem Zweck* diese dienen und *wie* sie zustande kommen.

Falls sich eine solche Theorie formulieren lässt – und das ist ein großes „falls" –, ohne auf neue ontologische Entitäten zurückzugreifen, die sich nicht objektiv definieren und messen lassen, dann wird das wissenschaftliche Streben, das bis in die Renaissance zurückreicht, sich seiner letzten großen Herausforderung gestellt haben. Die Menschheit wird dann eine in sich geschlossene, quantitative Darstellung besitzen, wie Geist aus Materie erwächst. Das wird zwangsläufig gravierende Konsequenzen für die Ethik haben, einschließlich eines neuen Konzepts des Menschen, das den traditionellen Bildern, die sich Männer und Frauen durch all die Zeitalter und Kulturen hindurch von sich selbst gemacht haben, radikal widersprechen könnte.

I: Nicht jedermann wird davon begeistert sein. Viele werden einwenden, dass dieser Erfolg der Tiefpunkt des gnadenlosen, entmenschlichenden Triebes der Wissenschaft ist, dem Universum Sinn und Bedeutung zu nehmen.

C: Aber warum? Warum sollten Wissen und Erkenntnis meine Wertschätzung für die Welt um mich herum mindern? Ich staune darüber, dass alles, was ich sehe, rieche, schmecke oder fühle, aus 92 Elementen besteht – das gilt für Sie, für mich, für dieses Buch, für die Luft, die wir atmen, für die Erde, auf der wir stehen, für die Sterne am Himmel. Und diese Elemente lassen sich in einem Periodensystem anordnen. Dieses System ruht seinerseits auf einer noch fundamentaleren Triade von Protonen, Neutronen und Elektronen. Welche geheime Form kabbalistischen Wissens bietet größere Befriedigung? Und nichts von diesem intellektuellen Verständnis mindert meine Liebe zum Leben und den Menschen, für Hunde, Natur, Bücher und Musik um mich herum auch nur um ein Jota.

I: Was ist mit Religion? Die meisten Menschen auf der Erde glauben an eine Art unsterblicher Seele, die weiterlebt, wenn der Körper gestorben ist. Was haben Sie ihnen zu sagen?

C: Nun, viele dieser Glaubenvorstellungen lassen sich nicht mit unserer gegenwärtigen wissenschaftlichen Weltsicht in Einklang bringen. Klar ist, dass jede bewusste Handlung oder Absicht ein physisches Korrelat hat. Mit dem Lebensende endet auch das Bewusstsein, denn ohne Gehirn gibt es keinen Geist. Dennoch schließen diese unumstößlichen Tatsachen einige Glaubensvorstellungen über Seele, Wiederauferstehung und Gott nicht aus.

I: Nun, da Sie nach fünfjähriger Schinderei dieses Buch vollendet haben und Ihre Kinder aufs College gehen, was werden Sie in Zukunft machen?

C: Wie Maurice Herzog am Ende von *Annapurna*, seinem Bericht über die Erstbesteigung dieses Himalayagipfels, schreibt: „Es gibt noch andere Annapurnas im Leben des Menschen."

A

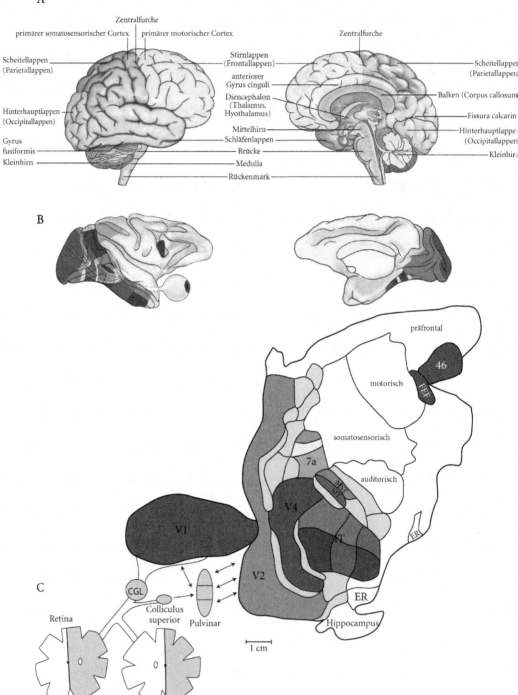

Zentralfurche

primärer somatosensorischer Cortex   primärer motorischer Cortex

Zentralfurche

Scheitellappen
(Parietallappen)

Stirnlappen
(Frontallappen)

Scheitellappen
(Parietallappen)

anteriorer
Gyrus cinguli

Diencephalon
(Thalamus,
Hyothalamus)

Balken (Corpus callosum)

Hinterhauptlappen
(Occipitallappen)

Fissura calcarina

Mittelhirn

Hinterhauptlappen
(Occipitallappen)

Schläfenlappen

Gyrus
fusiformis

Brücke

Kleinhirn

Kleinhirn

Medulla

Rückenmark

B

C

präfrontal

46

FEF

motorisch

somatosensorisch

7a

MST

MT

auditorisch

V4

MT

ER

V1

V2

CGL

ER

Retina

Colliculus
superior   Pulvinar

Hippocampus

1 cm

D

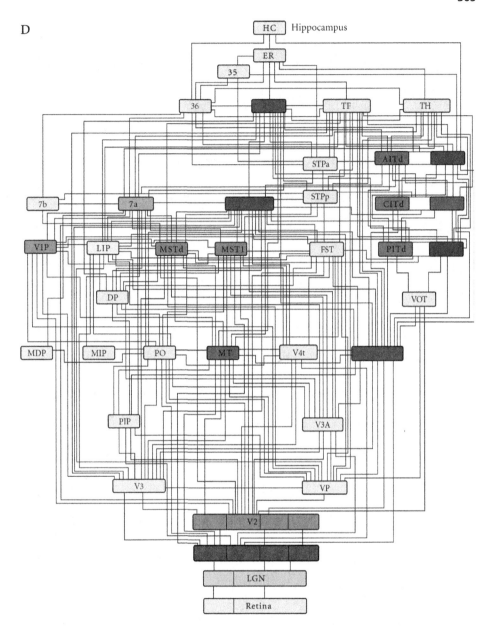

(**A**) Seitenansicht (links) und Innenansicht (rechts) des menschlichen Gehirns. (**B**) Zwei ähnliche Ansichten sowie (**C**) eine entfaltete und flach ausgebreitete Karte vom Gehirn eines Makaken. Alle farbigen Areale sind an der visuellen Verarbeitung beteiligt. Menschen- und Affengehirn sind in unterschiedlichem Maßstab dargestellt. (**D**) Organisationsdiagramm des Sehsystems beim Affen. Optische Information fließt von der Netzhaut (Retina) in quasi-hierarchischer Weise durch zahlreiche corticale Areale. Die meisten Verbindungen sind reziprok. Nur die Retina, CGL, V1 und V2 sind mit einigen ihrer Substrukturen eingezeichnet. (**B**)–(**D**) Nach Van Essen und Gallant (1994) sowie Felleman und Van Essen (1991), verändert. Weitere anatomische Informationen findet man unter http://brainmap.wustl.edu.

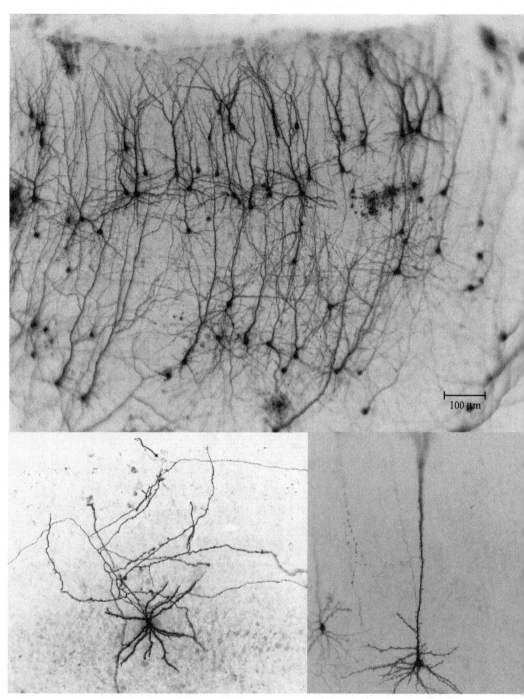

Oben: Aufnahmen von Neuronen im primären visuellen Cortex des Frettchens. Nur ein kleiner Bruchteil aller Neuronen, vorwiegend Pyramidenzellen, ist angefärbt. Eine inhibitorische Sternzelle (links) und eine Pyramidenzelle (rechts) sind bei stärkerer Vergrößerung abgebildet. Nach Borrel und Callawy (2002). Gegenüberliegende Seite: Aufnahmen aus einem Nissl-gefärbten Abschnitt des primären visuellen Cortex beim Affen. Alle Zellkörper sind gekennzeichnet. Der rechteckige Ausschnitt ist oben vergrößert wiedergegeben, fünf rekonstruierte Neuronen (Dendriten in Rot) sowie ein axonaler Input (links) sind eingezeichnet. Von E. Callaway, persönliche Mitteilung. Weitere Details finden sich bei Blasdel und Lund (1983). Callaway und Wiser (1996) sowie Yabuta, Sawatari und Callaway (2001).

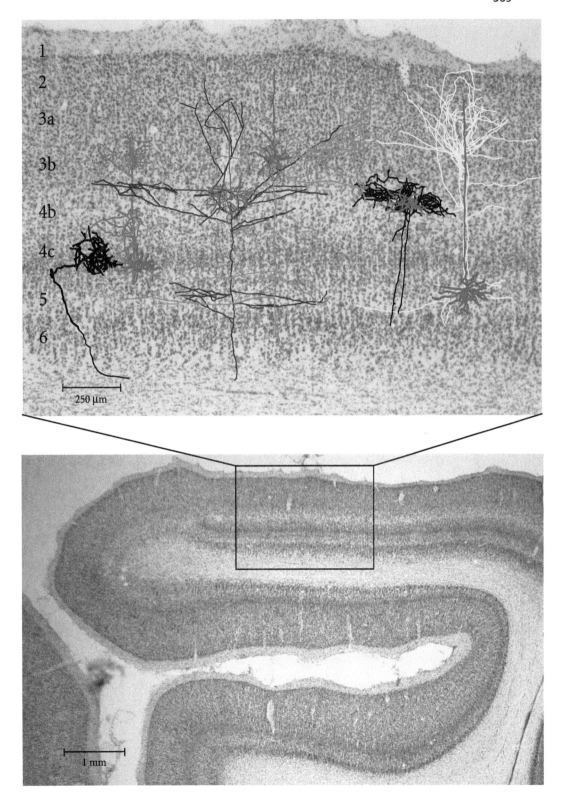

Glossar

40-Hz-Oszillationen: → Oszillationen

Acetylcholin: Sehr wichtiger Neurotransmitter, der von → Synapsen freigesetzt wird. Im peripheren Nervensystem wandelt er Aktionspotenziale in Motoneuronen in Muskelaktivität um. Im Gehirn wirkt die Freisetzung von Acetylcholin, die als cholinerge Transmission (Übertragung) bezeichnet wird, sowohl rasch, um postsynaptische Ziele direkt zu erregen, als auch langsamer, um ihre Erregbarkeit zu regulieren herauf- und herabzusetzen. Eine erhöhte Aktivität von cholinergen Neuronen geht mit einer erhöhten Wachheit (Arousal-Level, Abb. 5.1) einher.

Achromatopsie: Spezifisches Defizit bei der Farbwahrnehmung aufgrund einer lokalisierten Schädigung von Teilen des Gyrus fusiformis (Abschnitt 8.2).

Akinetopsie: Spezifisches Defizit bei der visuellen Bewegungswahrnehmung aufgrund einer corticalen Läsion in und um Areal MT (Abschnitt 8.3).

Aktionspotenzial: Pulsartige, Alles-oder-Nichts-Veränderung des elektrischen Potenzials über der Nervenmembran mit einer Amplitude von ca. 100 mV und einer Dauer von 0,5–1 ms. Aktionspotenziale oder Spikes (auch als Spikeentladung oder Feueraktivität bezeichnet) sind die Hauptwerkzeuge für eine rasche Weiterleitung spezifischer Informationen zwischen Neuronen und von Neuronen zu Muskelzellen (Abschnitt 2.3).

Aktivitätsprinzip: Hypothese, der zufolge es eine oder mehrere Gruppen von Neuronen gibt, die explizit unterschiedliche Merkmale jeder direkten Wahrnehmung repräsentieren – Rot sehen, feuchtes Moos riechen, das Gefühl haben, eine Handlung einzuleiten (→ explizite Codierung, Abb. 2.5).

Anteriorer Cingulärer Cortex (ACC): Teil der zentralen Exekutive im Frontallappen, der den Schlüssel zu den neuronalen Korrelaten des Bewusstseins (*neuronal correlates of conciousness*, NCC) bilden könnte (Abschnitt 7.6). Er besteht aus den Brodmann-Arealen 24, 25, 32 und 33 (Abb. 7.1). Der ACC überwacht komplexe Verhaltensweisen und ist bei kognitiven Konflikten und Irrtümern besonders aktiv.

Arbeitsgedächtnis: Gut erforschtes Gedächtnismodul, das über einen Zeitraum von einigen Dutzend Sekunden Informationen speichert, die für laufende Aufgaben benötigt werden (etwa eine Telefonnummer, Abschnitt 11.3).

Areal MT (Mittlerer Temporallappenbereich): Kleiner corticaler Bereich, der an der Bewegungswahrnehmung beteiligt ist; wird auch als V5 bezeichnet (Abb. 7.2 und 8.1). Nicht zu verwechseln mit dem → medialen Temporallappen (MTL).

Arousal- oder Gating-System („Wecksystem"): Gruppe von Strukturen im oberen Hirnstamm (mesencephalische retikuläre Formation; Abb. 5.1), im Hypothalamus und in im mittleren Bereich des Thalamus ($\rightarrow$ intralaminare Kerne und Nuclei reticularis), die Arousal-Zustände (Wachheit und Schlaf) beeinflussen. Eine beidseitige Schädigung dieser Strukturen führt zum $\rightarrow$ Koma. Ein funktionierendes Arousal-System ist eine notwendige Bedingung dafür, dass sich ein bewusster Gedächtnisinhalt bilden kann. Seine neuronalen Korrelate sind Teil des NCC_e (Abschnitt 5.1).

Aufmerksamkeit: Die Fähigkeit, sich auf einen bestimmten Reiz, ein bestimmtes Ereignis oder einen bestimmten Gedanken zu konzentrieren, während konkurrierende Einflüsse ausgeschaltet werden. Für die meisten Formen bewusster Wahrnehmung bedarf es selektiver Aufmerksamkeit. Grob kann man bei der selektiven Aufmerksamkeit zwischen $\rightarrow$ Top-down- (von oben nach unten) und $\rightarrow$ Bottom-up- (von unten nach oben gerichteter) $\rightarrow$ Aufmerksamkeit unterscheiden (Kapitel 9).

Balken: $\rightarrow$ Corpus callosum

Basalganglien: Gruppe von Kernen unterhalb der Großhirnrinde, die an der Regulierung von Willkürbewegungen, prozeduralem und sequenziellem Lernen und ähnlichen Verhaltensweisen beteiligt sind. Sie erhalten Input aus dem gesamten Cortex und den $\rightarrow$ intralaminaren Thalamuskernen – und projizieren über den $\rightarrow$ Thalamus zurück in die Frontallappen (Abschnitt 7.6). Viele neurodegenerative Erkrankungen, wie Chorea Huntington oder die Parkinson-Krankheit, greifen Neuronen in den Basalganglien an.

Bedeutung (*meaning*): Bewusste Zustände bedeuten etwas, bei ihnen geht es um etwas, sie gründen sich auf Vergangenheit, auf zukünftige Plänen und verwandten Assoziationen. Ich argumentiere in Abschnitt 14.5, dass Bedeutung von Myriaden synaptischer Verbindungen zwischen den relevanten essenziellen Knoten und Neuronen realisiert werden muss, der $\rightarrow$ Penumbra jeder bewussten Wahrnehmung.

Bewusstsein: Das, worum es in diesem Buch geht. An diesem frühen Punkt der wissenschaftlichen Erforschung dieses Phänomens fällt es schwer, den Begriff streng zu definieren. Bewusstsein erfordert im Allgemeinen selektive Aufmerksamkeit in irgendeiner Form sowie die Kurzzeitspeicherung von Information. Aus strategischen Gründen konzentriere ich mich auf die Hirnzustände, die für eine bewusste sensorische Wahrnehmung ausreichend sind, die $\rightarrow$ neuronalen Korrelate des Bewusstseins oder $\rightarrow$ NCC. Ich vermeide es, in der Debatte über die genaue Beziehung zwischen NCC und bewusster Erfahrung eine ideologische Position einzunehmen.

Bewusstseinsmesser: Gerät zur Messung des Bewusstseinszustands (oder seines Fehlens) bei Mensch oder Tier. Bis heute gibt es dazu noch keine zuverlässige Methode. Viele Philosophen halten sogar die ganze Idee für Unsinn. Eine Alternative wäre eine ganze Reihe von Experimenten (einschließlich des → Verzögerungstests) die Verhalten identifizieren, welche Bewusstsein erfordern.

Bindungsproblem: Die Frage, wie einzelne, diskrete Merkmale eines oder mehrerer Objekte in der Welt, die durch die neuronale Aktivität an vielen Stellen verstreut repräsentiert werden, zu einheitlichen Wahrnehmungen kombiniert werden, ist als Bindungsproblem bekannt (Abschnitt 9.4). Wie werden beispielsweise Farbe, Bewegung und Geräusche eines roten Ferrari, der mit hoher Geschwindigkeit vorbeizieht, zu einem einzigen Perzept verbunden, wenn die ihnen zugrunde liegende neuronale Aktivität über viele corticale Orte verteilt ist? Und wie wird diese Aktivität von der neuronalen Repräsentation eines gleichzeitig wahrgenommenen Motorrads getrennt gehalten?

Binokulare Disparität: Die relative Unterschiedlichkeit der Bilder eines Objekts in den beiden Augen. Mithilfe dieser Disparität lässt sich der Abstand dieses Objekts zum Kopf – seine Tiefe – bestimmen (Abschnitt 4.4).

Binokulare Neuronen: Visuelle Neuronen, die von einem Input des einen wie des anderen Auges aktiviert werden können. Solche Neuronen treten erstmals im primären visuellen Cortex auf (Abschnitt 4.4). Monokulare Neuronen reagieren nur auf den Input von einem der beiden Augen.

Binokularer Wettbewerb: Ein Beispiel für einen → perzeptuellen Reiz, bei dem ein Bild ins linke Auge projiziert wird und ein anderes an die entsprechende Stelle im rechten Auge. Diese Reize werden nicht verschmolzen, sondern abwechselnd wahrgenommen. Dies liefert einen lebhafte Illustration der → *winner-take-all*-Dynamik von → Neuronenkoalitionen, wobei eine konkurrierende Wahrnehmung völlig unterdrückt wird (Kapitel 16).

Bistabile Täuschungen: Konstanter sensorischer Input, der auf jeweils eine von zwei gewöhnlich unvereinbaren Weisen wahrgenommen werden kann. Zwei Beispiele sind der Necker-Würfel (Abb. 16.1) und der → binokulare Wettbewerb. → Perzeptueller Reiz.

Blindsehen: Verbliebenes visuell-motorisches Verhalten ohne bewusste Wahrnehmung des Gesehenen. Die Patienten erklären, in einem Teil ihres Sehfelds blind zu sein, können aber auf einfache visuelle Reize angemessen reagieren. Dies ist nur ein Beispiel für eine selektive Trennung zwischen Verhalten und Bewusstsein (Abschnitt 13.2).

Bold-Signal: → Funktionelle Kernspinresonanztomographie (fMRI)

Bottom-up-Aufmerksamkeit (von unten nach oben gerichtete Aufmerksamkeit): Rasche und automatische Form der selektiven, gerichteten Aufmerksamkeit, die nur von den intrinsischen Eigenschaften des Input abhängig ist (exogene Aufmerksamkeit). In der visuellen Domäne ist sie als auf Salienz basierende Aufmerksamkeit (*saliency-based attention; salicency* = das Herausragen, Hervorstechen; hier aufmerksamkeitslenkende Präsenz) bekannt. Je mehr ein Ort oder ein Gegenstand in einem Bild hervorsticht, desto eher wird er wahrgenommen (Tabelle 9.1).

Center-surround-**Organisation:** Das → rezeptive Feld eines retinalen Neurons, also die Region im visuellen Raum, aus der es visuellen Input empfangen kann (einfach gesagt: „was es sehen kann"), umfasst eine fast runde Region im Zentrum, die von einer ringförmigen Region umgeben ist. Deren Antwortprofil ist das Gegenstück zu demjenigen des Zentrums. So feuert eine On-Zelle heftig, wenn ein Lichtpunkt auf ihre zentrale Region fällt. Ihre Entladung wird hingegen gehemmt, wenn ein Lichtring ihr Umfeld stimuliert (Abb. 3.4).

CGL: → Corpus geniculatum laterale.

Change blindness **(Blindheit gegenüber Veränderungen):** Unfähigkeit, große Veränderungen auf Bildern oder Szenen zu bemerken (Abb. 9.1), obwohl die Betroffenen (fälschlicherweise) das Gefühl haben, alles auf einen Blick zu erfassen.

Cholinerge Transmission: → Acetylcholin.

Contralateral: Häufig gebrauchter neurowissenschaftlicher Begriff, der „auf der gegenüberliegenden Seite" bedeutet, wie in „Der linke primäre visuelle Cortex erhält Input vom rechten (kontralateralen) Sehfeld." Ipsilateral bedeutet „auf derselben Seite" (Abschnitt 4.4).

Core **(Kerngebiet) des Thalamus:** Eine von zwei grob gefassen Klassen thalamischer Projektionszellen (→ Matrix). *Core*-Neuronen übermitteln spezifische Informationen an die Input-Schichten ihres corticalen Zielgebiets (Abschnitt 7.3).

Corpus callosum (Balken): Rund 200 Millionen Fasern, welche die beiden Großhirnhemisphären miteinander verbinden. Dieser Balken ist bei Split-Brain-Patienten durchtrennt, sodass zwei bewusste Subjekte (*minds*) in ein- und demselben Schädel existieren (Abb. 17.1).

Corpus geniculatum laterale (CGL): Die meisten → retinalen Ganglienzellen senden ihre Axone, die den Sehnerv bilden, in das sechsschichtige Corpus geniculatum laterale, einen der vielen thalamischen Kerne. Die Geniculatum-Neuronen ihrerseits projizieren in den → primären visuellen Cortex. Wie alle thalamischen Kerne erhält das CGL massives Feedback vom Cortex, dessen Funktion unbekannt ist (Abb. 3.6 und die zweite Sprosse von unten in Abb. 7.2).

Cortex Cerebri (Großhirnrinde): Oft kurz Cortex genannt. Ein Paar großer gefalteter Nervengewebslagen von wenigen Millimetern Dicke und variabler Ausdehnung, welche die Gehirnoberfläche überziehen. Beim Menschen hat die Cortexfläche ausgebreitet die Größe einer großen Pizza, etwa 1 000 cm^2. Der Cortex ist stark geschichtet (→ laminare Position) und unterteilt in den Neocortex – typisch für Säuger – und ältere Regionen, wie den olfaktorischen Cortex und den Hippocampus (Abschnitt 4.2).

Corticale Verarbeitungshierarchie: → Hierarchie.

Das Einfache Problem (*easy problem*): Ausdruck, der von einigen Philosophen gebraucht wird, um das Projekt zu beschreiben, das den Kern dieses Buches ausmacht: die neuronale oder allgemeiner die materielle Basis des Bewusstseins zu identifizieren und zu beschreiben. Soweit Bewusstsein eine oder mehrere Funktionen hat, ist es konzeptuell und epistemologisch einfach, deren materielle Ursachen zu verstehen (wenn auch schwierig aus einer wissenschaftlichen und praktischen Perspektive). Dieser Sichtweise zufolge wird die Lösung des → Einfachen Problems nicht das Rätsel der subjektiven Erfahrung, des Erlebens erklären. Das ist das → Schwierige Problem. Ich vermute, dass das Schwierige Problem wie andere Fragen, welche die Philosophen in der Vergangenheit beschäftigt haben (etwa wie es dazu kommt, dass Menschen die Welt aufrecht sehen, wenn das Bild auf der Retina doch auf dem Kopf steht) verschwinden werden, sobald wir einmal das Einfache Problem gelöst haben.

Das Schwierige Problem (*hard problem*): Begriff, der von dem Philosophen David Chalmers populär gemacht wurde, um die großen konzeptuellen Schwierigkeiten zu beschreiben, auf gesetzmäßige und reduktionistische Weise zu erklären, wie aus einem physikalischen System phänomenale Empfindungen erwachsen können (Abschnitt 14.4). Warum geht ein Teil der Gehirnaktivität Hand in Hand mit subjektiven Gefühlen, mit → Qualia? Nach dieser Sicht stellen die Entdeckung und Charakterisierung der materiellen Korrelate des Bewusstseins im Gehirn, deren Suche oder *Quest* dieses Buch gewidmet ist, → das Einfache Problem dar.

Disparität: → binokulare Disparität.

Dorsale Bahn: Massiver anatomischer Strom, der im primären visuellen Cortex entspringt und durch die mittlere Schläfenregion in den dorsoventralen präfrontalen Cortex projiziert. Von dort sendet er Axone in den dorsolateralen präfrontalen Cortex. Auch als → *vision-for-action-* oder „Wo"-Bahn bezeichnet (Abb. 7.3).

Elektrode: Elektrischer Leiter, oft ein einfacher Draht, der überall bis auf die Spitze isoliert und mit einem Verstärker verbunden ist; er dient zur Ableitung elektrischer Potenzialänderungen innerhalb oder außerhalb von Nervenzellen und/oder zur direkten Stimulation (Reizung) von Neuronen. In der Regel werden zwei Typen elektrischer Signale aus extrazellulären Ableitungen gewonnen: Folgen von → Aktionspotenzialen aus einer oder mehreren nahegelegenen Zellen sowie das so genannte → lokale Feldpotenzial (*local field potential*), die kollektive elektrische Aktivität Tausender von Zellen in der Umgebung der Elektrode. Elektrodenbatterien können das simultane Feuern von 100 Neuronen ableiten. Elektrodenableitungen registrieren die Aktivität einzelner Neuronen mit einer sehr hohen zeitlichen Auflösung (unterhalb einer Millisekunde). Ihre prinzipielle Begrenzung liegt in einer mangelnden Abdeckung – nur ein winziger Bruchteil aller Neuronen in einem einzigen Gebiet wird aufgenommen – und der anonymen Art und Weise der Registrierung.

Elektroencephalogramm (EEG): Nicht invasive Ableitungen der elektrischen Hirnpotenziale durch Anbringen zahlreicher Elektroden auf der Kopfhaut. Die oszillatorische Aktivität in verschiedenen Frequenzbändern (Theta, Alpha, Beta, Gamma usw., Abschnitt 2.3) dient als Grobanzeige für bestimmte distinkte kognitive Zustände und als Werkzeug bei der klinischen Diagnose. Die hohe zeitliche (ms), aber schlechte räumliche (cm) Auflösung des EEG schränkt seine Fähigkeit zur Identifizierung diskreter neuronaler Populationen stark ein.

Ephaptische Interaktion: Elektrische Interaktion zwischen benachbarten neuronalen Prozessen (wie Dendriten oder Axone) aufgrund eines extrazellulären Potenzials statt durch spezifische chemische oder elektrische Synapsen. Die Biophysik der Neuronen schränkt die Amplitude und die Spezifität derartiger Wechselwirkungen stark ein. Das extrazelluläre Potenzial spielt wahrscheinlich nur eine geringe Rolle bei den Prozessen, die dem Bewusstsein zugrunde liegen (Abschnitt 2.3).

Ermöglichende Faktoren (*enabling factors*): Die biologischen Mechanismen, welche Voraussetzung für Bewusstsein sind (etwa → cholinerge und → glutaminerge synaptische Transmission sowie eine ausreichende Blutversorgung). Sie sind die NCC_e (Abschnitt 5.1).

Essenzieller Knoten (*essential node*): Corticale Region, deren Zerstörung zum Verlust eines spezifischen bewussten Attributs führt, wie Farben- oder Bewegungssehen. Semir Zeki argumentiert, die NCC für dieses Attribut müssten in einem essenziellen Knoten lokalisiert sein (Abschnitt 2.2).

Evozierte Potenziale: Veränderungen im elektrischen Potenzial auf der Kopfhaut nach Präsentation eines Bildes (visuell evoziertes Potenzial), eines Tones (auditorisch evoziertes Potenzial) oder nach einem internen kognitiven Ereignis (etwa bei einer Aufgabe einen Fehler begehen, ereigniskorreliertes Potenzial). Man erhält das evozierte Potenzial durch Mittelung des EEG aus Hunderten von Messungen (Abschnitt 2.3).

Executive summary hypothesis: Meine These, dass eine Schlüsselfunktion der neuronalen Korrelate des Bewusstseins darin besteht, den gegenwärtigen Stand der Dinge in der Welt zusammenzufassen und diese kurze Zusammenfassung (Abstract) den Planungsstufen des Gehirns zugänglich zu machen (ähnlich der Zusammenfassung, wie sie ein unter Zeitdruck stehender Geschäftsführer verlangt, der eine Entscheidung über ein schwieriges Thema zu treffen hat). Das steht im Gegensatz zu den vielen → Sensomotorischen Agenten oder Zombies, die keine derartige Zusammenfassung benötigen, weil sie sich nur mit sehr begrenzten Input- und Output-Domänen befassen (Abschnitt 14.1).

Explizite Codierung oder explizite Repräsentation: Repräsentation, die einen leichten Abruf des codierten Merkmals – Orientierung, Farbe oder Gesichtsidentität – erlaubt (siehe Fußnote 9, Kap. 2). Eine explizite Codierung weist eine größere → logische Verarbeitungstiefe auf als eine implizierte Codierung derselben Information (Abschnitt 2.2). Eine Population von Neuronen kann *ein* Attribut explizit repräsentieren, ein anderes hingegen implizit (so codieren V1-Zellen Orientierung explizit, Gesichtsidentität hingegen implizit). Ich argumentiere in Abschnitt 2.2 und im ganzen Buch, dass eine explizite Repräsentation eine notwendige, aber nicht hinreichende Bedingung für die NCC ist. Siehe auch → Aktivitätsprinzip.

Extinktion: → Neglect.

Extrastriärer Cortex: Eine Gruppe corticaler Areale rund um den → Primären Visuellen Cortex im Hinterhauptlappen, die dem Sehen dient (Abb. 8.1).

Exzentrizität: → visuelle Exzentrizität.

Feedback-Bahnen (Rückopplungsbahnen): Es gibt höhere und niedrigere Ebenen anatomischer Organisation im Vorderhirn (→ Hierarchie). Feedback- (von Gerald Edelman als „reentrant" bezeichnet) Bahnen bestehen aus den Axonen von Pyramidenzellen, die auf einem höheren Niveau entspringen und auf einem oder mehreren niedrigeren Niveaus synaptische Kontakte knüpfen (etwa von Areal MT zurück nach V1 oder von V1 zurück zum Corpus geniculatum laterale, CGL). Ich argumentiere, dass bewusste Wahrnehmung nicht aufträte, wenn die Feedback-Bahnen aus dem vorderen zum hinteren Bereich des Gehirns blockiert wären (Abschnitt 13.5 und Ende von Abschnitt 15.3).

Feldtheorien des Bewusstseins: Diese postulieren die Existenz einer Art Feld, das der physikalische Träger bewusster Empfindungen ist. Mich überzeugen diese Theorien nicht, da das elektromagnetische Feld im Gehirn zu schwach und bei weitem zu unspezifisch ist, um den spezifischen Inhalt des Bewusstseins übermitteln zu können (siehe auch → ephatische Interaktionen und Abschnitt 2.3).

Filling-In (**ausfüllen, ergänzen**): Eine Reihe von Prozessen, durch die ein nicht vorhandenes Merkmal aus dem direkten – räumlichen oder zeitlichen – Kontext abgeleitet wird, wie beim blinden Fleck (Fußnote 5, Kap. 2 und Abschnitt 3.3). Das kann manchmal in die Irre führen.

Flüchtige Erinnerungen: → ikonisches Gedächtnis.

Funktionelle Kernspinresonanztomographie (fMRI): Nicht invasives, sicheres und bequemes bildgebendes Verfahren zur Registrierung von Gehirnsignalen bei wachen Versuchspersonen auf der Basis der Kernspinresonanz. Die gängigste Technik benutzt zur Bildgebung das BOLD- (*blood-oxygenation level dependant*) Kontrastverfahren, bei dem als Reaktion auf den metabolischen Bedarf (aufgrund der synaptischen und der Spikeaktivität) lokalisierte Veränderungen in Blutvolumen und Blutfluss gemessen werden. Die fMRI basiert auf der Tatsache, dass desoxygeniertes Blut andere magnetische Eigenschaften hat als oxygeniertes Blut. fMRI registriert die raschen (ms) synaptischen Vorgänge und Spikeereignisse nicht direkt, sondern stellvertretend → hämodynanische Signale mit einem sehr langsamen Zeitverlauf im Sekundenbereich und einer räumlichen Auflösung im Millimeterbereich (siehe auch Fußnote 2, Kap. 8).

GABA: Hauptsächliche Form der schnellen synaptischen Hemmung im Vorderhirn, vermittelt durch die Ausschüttung des Neurotransmitters γ-Aminobuttersäure (GABA) aus präsynaptischen Endknöpfchen.

Gamma-Oszillationen: → Oszillationen.

Gedächtnis: Eine Reihe distinkter psychologischer Prozesse, die mit verschiedenen Repräsentationen und physiologischen Mechanismen arbeiten, um Informationen über längere Zeit hinaus zu speichern. Wichtige Kategorien sind dabei → Langzeitgedächtnis, → Kurzzeitgedächtnis und → ikonisches oder flüchtiges Gedächtnis (Kapitel 11).

GIST (**Quintessenz**): Sehr spärliche Beschreibung einer visuellen Szene auf einem hohen Niveau. Das macht → *change blindness* (Blindheit gegenüber Veränderungen) verständlich: Große Veränderungen im Szenario werden oft vollständig übersehen, weil ihre Qintessenz unverändert bleibt (Abschnitt 9.3).

Glutamat: Die hauptsächliche Form der schnellen synaptischen Erregung im Vorderhirn basiert auf dem Neurotransmitter Glutamat. Glutamat kann an einer ganzen Reihe postsynaptischer Rezeptoren wirken. Eine Form wirkt innerhalb weniger Millisekunden; ein Großteil des synaptischen Verkehrs zwischen Vorderhirnneuronen benutzt diese Glutamatrezeptoren. Bei einem anderen Typ sind N-Methyl-D-Aspartat (NMDA)-Rezeptoren beteiligt, die sich langsamer an- und ausschalten (50–100 Millisekunden). NMDA-Rezeptoren spielen eine wichtige Rolle bei der Induktion → synaptischer Plastizität (Abschnitte 5.1 und 5.3).

Gyrus fusiformis: Der Gyrus fusiformis liegt auf der Unterseite des Cortex und erstreckt sich vom Hinterhaupt- bis zum Schläfenlappen (→ Gyrus temporalis inferior, Deckelinnenseiten vorne und Abschnitt 8.5).

Hämodynamische Aktivität: Die Freisetzung von Transmitter an den Synapsen, die Erzeugung und Fortleitung von → Aktionspotenzialen und andere neuronale Prozesse benötigen Stoffwechselenergie. Eine Zunahme des metabolischen Bedarfs, ausgelöst durch synaptische Aktivität, erfordert eine rasche Bereitstellung von Sauerstoff durch Hämoglobinmoleküle, die im Blutstrom zirkulieren. Dies wird durch Veränderungen von Blutvolumen und Durchblutungsstärke – hämodynamische Aktivität – erreicht, die durch bildgebende Verfahren im Gehirn sichtbar gemacht werden können. Dazu gehören Optical Imaging, Positronenemissionstomographie (PET) und → funktionelle Kernspinresonanztomographie (fMRI). Ihr raumzeitliches Auflösungsvermögen liegt im Sub-Millimeter-Sekunden-Bereich.

Hemianopsie (Halbseitenblindheit): Vollständige Blindheit oder Verlust der visuellen Wahrnehmung in der Hälfte des Sehfelds aufgrund einer Läsion (Schädigung) der Bahn vom CGL zu V1 oder weiter aufwärts.

Hierarchie: Auf der Basis von anatomischen Kriterien lassen sich die rund 30 verarbeitenden Areale im visuellen Gehirn hierarchisch anordnen (Deckelinnenseiten vorn). Eine bestimmte Region erhält aufsteigenden Input von einem hierarchisch niedrigeren Areal und projiziert ihrerseits in ein übergeordnetes Areal oder eine seitliche Verbindung einer Region gleicher hierarchischer Stellung. → Feedback-Bahnen übermitteln Informationen von höheren zu niedrigeren Regionen. Diese Hierarchie ist weder streng noch einzigartig. Während man in somatosensorischen und auditorischen Regionen ähnliche hierarchische Organisationen gefunden hat, ist unklar, in welchem Maße Regionen im → vorderen Bereich des Cortex in dieser Weise geordnet werden können.

Hinterer Teil des Cortex: Kurzbezeichnung für alle corticalen Regionen, die hinter der Zentralfurche liegen, darunter alle rein sensorischen Regionen (mit der bemerkenswerten Ausnahme der Geruchswahrnehmung). Diese Definition ist das Gegenstück zum → vorderen Teil des Cortex.

Hirnstamm (Stammhirn): Hirnregion, zu der Mittelhirn, Brücke (Pons) und verlängertes Rückenmark (Medulla) zählen (siehe Deckelinnenseiten vorne).

Homunculus: Der kleine Mann im Kopf. → Trugschluss des Homunculus.

Hundsaffen: Gehören wie Menschen und Menschenaffen zu den Primaten (Fußnote 21, Kap. 1). Makaken sind nicht in ihrem Bestand gefährdet und lassen sich in Gefangenschaft leicht züchten und trainieren. Obwohl ihr Gehirn viel kleiner ist als das eines Menschen, sind allgemeine Organisation und verarbeitende Elemente sehr ähnlich, sodass Makaken die beliebtesten Modellorganismen zur Erforschung der neuronalen Basis von Wahrnehmung und Kognition sind (Abschnitt 4.1).

Ikonisches Gedächtnis: Form des visuellen Gedächtnisses mit hoher Kapazität, dessen Inhalt rasch (in rund einer Sekunde) verblasst. Ein derartiges Gedächtnis existiert auch für andere sensorische Modalitäten. Ich bezeichne dies alles als „flüchtige Gedächtnisinhalte" und gehe davon aus, dass sie zur perzeptuellen Wahrnehmung notwendig sind (Abschnitt 11.4).

Implizite Codierung oder implizite Repräsentation: Gegenteil von → expliziter Codierung.

***Inattentional blindness* (Blindheit durch Unaufmerksamkeit):** Überzeugende psychologische Demonstrationen, dass unerwartete Reize selbst dann, wenn die Versuchsperson direkt darauf blickt, unter Umständen nicht gesehen werden (Abschnitt 9.1 und Fußnote 9, Kap. 9). Blindheit durch Unaufmerksamkeit unterstreicht die entscheidende Rolle der Erwartung bei der Wahrnehmung.

Inferotemperaler Cortex (unterer Schläfenlappen, IT): Bei Affen die corticale Region, die direkt vor V4 beginnt und fast bis zum Schläfenlappenpol zieht. Dazu gehören die dorsalen und ventralen Bereiche von PIT, CIT und AIT (hinterer, zentraler und vorderer Bereich des unteren Schläfenlappens; siehe Deckelinnenseiten vorn und Abb. 7.3). Sein menschliches Homologon sind die Regionen vor dem occipito-temporalen Cortex auf der ventralen Oberfläche des Schläfenlappens (→ Gyrus fusiformis). Dieser Bereich des Neocortex spielt eine Schlüsselrolle bei der bewussten visuellen Wahrnehmung (Abschnitt 8.5).

Inhalt des Bewusstseins: Spezifische bewusste Wahrnehmung oder Erinnerung zu einem bestimmten Zeitpunkt, die einen Teil des Bewusstseinsstroms bildet (wie beim Sehen eines „roten Apfels"). Spezifische NCC sind für jeden spezifischen Inhalt hinreichend (Abschnitt 5.1).

Intralaminare Kerne des Thalamus (ILN): Eine Gruppe von kleinen Kernen, die sich durch beide Thalami ziehen. Sie senden einen starken Output zu den Basalganglien und einen diffuseren Output in einen Großteil des übrigen Cortex. Ihre beidseitige Zerstörung führt zu einem Verlust an unspezifischer Erregung (Arousal) und, wenn die Zerstörung weitgehend ist, zu einem → vegetativen Zustand. Teil der → NCC$_e$ (Abschnitt 5.1).

Ipsilateral: → contralateral.

Kausalität: Man kann sagen, dass ein Ereignis A ein anderes Ereignis B hervorruft, wenn 1. der Beginn von Ereignis A dem Beginn von Ereignis B vorausgeht und 2. ein Verhindern von A dazu führt, dass B nicht eintritt. Diese Definition muss entsprechend erweitert werden, falls *entweder* A *oder* C Ereignis B hervorrufen können. In Anbetracht der höchst verwobenen, redundanten und adaptiven Netzwerke in Molekular-, Zell- und Neurobiologie ist es nicht einfach, den Schritt von der Korrelation zur Kausalität zu tun.

Klassisches rezeptives Feld: → rezeptives Feld.

Koma: Klinisch definierter Zustand, in dem der Patient nicht aufgeweckt werden kann und keinen Hinweis auf bewusstes Empfinden oder nicht reflexgesteuertes Verhalten gibt (Abb. 5.1). Der komatöse Zustand kann sich innerhalb von Wochen in einen vegetativen Zustand mit zyklischer unspezifischer Erregung (Arousal; z. B. wechseln geöffnete Augen periodisch mit geschlossenen Augen ab) umwandeln, aber es gibt keine Anzeichen für Bewusstsein. Wenn diese Symptome länger als einen Monat unverändert bestehen bleiben, geht man davon aus, dass der Patient sich in einem dauerhaft vegetativen Zustand (*persistent vegetative state*, auch als Wachkoma bezeichnet) befindet.

Korreliertes Feuern: Ausmaß, in dem → Aktionspotenziale in einer Zelle mit dem Auftreten von Aktionspotenzialen in einem anderen Neuron verknüpft ist. Falls auf Spikes in einer Zelle gewöhnlich in einem festen Zeitabstand Spikes einer zweiten Zelle folgen, oder falls Spikes in der ersten Zelle mit Spikes in der zweiten Zellen zusammenfallen, ist ihr Feuern hoch korreliert (Abb. 2.7). Siehe auch → Synchronie.

Kurzzeitgedächtnis: Umfassender Begriff für de zeitweilige Speicherung von Information über einige Dutzend Sekunden. Das → Arbeitsgedächtnis ist eine Form eines solchen Kurzzeitgedächtnisses (Abschnitt 11.3).

Laminare Position: Schicht im Cortex, in welcher der Zellkörper eines Neurons liegt. Die laminare Position ist eine wichtige Determinante von Morphologie, Input, Output und Funktion der Zelle (Abb. 4 und Deckelinnenseiten hinten).

Langzeitgedächtnis: Eine Reihe von Prozessen, mit deren Hilfe Information über Tage, Monate und Jahre gespeichert werden kann. Zu Langzeiterinnerungen gehören sowohl implizite, sensomotorische Fähigkeiten als auch deklarative Erinnerungen an autobiographische Details und Fakten (Abschnitt 11.2).

Leib-Seele-Problem: Eine Reihe von Problemen im Zusammenhang mit Bewusstsein. Folgende Fragen bilden für mich die Leitlinie, mich dem „Rätsel Bewusstsein" zu nähern (Abschnitt 1.1): Zu verstehen, wie und warum die neuronale Basis einer spezifischen neuronalen Empfindung (Sensation) mit dieser Empfindung statt mit einer anderen oder einem → nichtbewussten Zustand verknüpft ist, warum Empfindungen so strukturiert sind, wie sie es sind, wie sie → Bedeutung erlangen, warum sie → privat sind, und schließlich, wie und warum so viele Verhaltensweisen unabhängig vom Bewusstsein auftreten (→ Zombies).

Logische Verarbeitungstiefe (*logical depth of computation*): Maß für die Zahl der Schritte, die für eine bestimmte Berechnung notwendig sind. Die logische Tiefe einer retinalen Ganglienzelle, die das Auftauchen eines Lichtflecks signalisiert, ist weitaus geringer als die einer Zelle im inferotemporalen Cortex, die ein Gesicht repräsentiert. Je geringer die logische Tiefe des Outputs eines Neurons ist, desto mehr Berechnungen müssen die postsynaptischen Schaltkreise durchführen, um an die relevante Information zu gelangen (Abschnitt 2.2).

Lokales Feldpotenzial (*local field potential*, LFP): Elektrisches Potenzial, das von einer Elektrodenspitze im Nervengewebe abgeleitet wird. Neuronale Prozesse im Umkreis von etwa einem Millimeter tragen zum LFP bei (Abschnitt 2.3).

Maskierung: Wenn ein Reiz das Perzept unterdrückt, das mit einem – räumlich und/oder zeitlich – nahe gelegenen Stimulus assoziiert ist, sagt man, er maskiert (verdeckt) ihn. Visuelle oder auditorische Reize zu maskieren, ist eine Kunst für sich (Abschnitt 15.3).

Matrix des Thalamus: Eine der beiden grob gefassten Klassen thalamischer Relaiszellen (siehe auch → *Core* und → Thalamus). Matrix-Neuronen projizieren breit gefächert in die oberflächlichen Schichten des Cortex (Abschnitt 7.3).

Medialer Temporallappen (MTL; mittlerer Schläfenlappen): Struktur im Vorderhirn, die an der Konsolidierung bewusster Erinnerungen und an der Verarbeitung von Emotionen beteiligt ist. Dazu zählen der Hippocampus und die umliegenden entorhinalen (Brodmann-Areal 28), perirhinalen (Brodmann-Areale 35 und 36) sowie parahippocampalen Cortexbereiche (Brodmann-Areal 37) und die Amygdala (siehe Deckelinnenseiten vorn, Abb. 7.1 und die oberen Ebenen von Abb. 7.2). Nicht zu verwechseln mit dem corticalen Areal MT.

Mikrobewusstsein: Von Semir Zeki eingeführter Begriff, um das Bewusstsein für individuelle Attribute einer jeden Wahrnehmung zu beschreiben, die assoziierten NCC. Das Mikrobewusstsein für die Bewegung eines Objekts kann sich zu einem etwas anderen Zeitpunkt als dasjenige für dessen Farbe einstellen. Damit würde es schwierig, die Vorstellung von der Einheit des Bewusstseins aufrecht zu erhalten (Abschnitte 5.4 und 15.2).

Mikroelektrode: → Elektrode.

Mikrometer (µm): Millionster Teil eines Meters oder tausendster Teil eines Millimeters. Eine corticale Synapse besitzt eine Ausdehnung von etwa 0,5 µm.

Mikrostimulation: Direkte elektrische Stimulation mithilfe einer in die relevante Gehirnregion eingepflanzten Elektrode. Im Cortex kann dies elementare oder gelegentlich auch komplexere Perzepte und motorische Handlungen hervorrufen (Abschnitt 8.3).

Millisekunden (ms): Tausendster Teil einer Sekunde. Schnelle erregende synaptische Inputs und die Auslösung eines Aktionspotenzial geschehen innerhalb 1 ms.

Modulatorische Verbindungen: Axone vom Thalamus oder aus einer corticalen Region, die in den oberflächlichen Schichten des Cortex oder auf den distalen Dendriten thalamischer Neuronen enden. Modulatorische Verbindungen können die Zielneuronen gewöhnlich allein nicht dazu bringen, stark zu feuern; allerdings können sie Spikeaktivität modifizieren, die von → treibenden Verbindungen produziert wird. → Feedback-Bahnen sind wahrscheinlich modulatorisch. Es ist nicht klar, in welchem Maße diese Unterschiede für den → vorderen Bereich des Cortex gelten.

MRI: → funktionelle Kernspinresonanztomographie.

MT: → Areal MT.

Nacheffekt: Längere Exposition gegenüber einem Reizattribut führt kurzfristig zu einem Verlust der Fähigkeit, dieses Merkmal wahrzunehmen (wie bei dem orientierungsabhängigen Nacheffekt, Abschnitt 6.2). In manchen Fällen wird das gegenteilige Merkmal gesehen, wie beim Bewegungsnacheffekt, wo der Beobachter eine Bewegung nach oben sieht, nachdem er sich an eine Bewegung nach unten gewöhnt hat (auch als „Wasserfalltäuschung" bekannt; Abschnitt 8.3) oder bei Farbnachbildern. Nacheffekte werden vermutlich durch Rekalibrierungen oder Anpassungen der zugrunde liegenden Neuronen hervorgerufen.

NCC: → neuronale Korrelate des Bewusstseins.

NCC$_e$: Neuronale Bedingungen, die es ermöglichen, dass überhaupt Bewusstsein entsteht (Abschnitt 5.1).

Neglect: Neurobiologisches Syndrom – oft im Zusammenhang mit einer Schädigung des rechten posterioren parietalen Cortex –, bei dem Patienten nicht auf Informationen im betroffenen Sehfeld reagieren. Ihre frühen visuellen Bahnen einschließlich der Netzhaut und V1 sind jedoch intakt. Korrekter als visuellräumlicher Hemineglect (Halbseitenneglect) bekannt. Bei dem verwandten Symptom der → Extinktion kann der Patient in dem betroffenen Feld ein isoliertes Objekt sehen, aber nicht, wenn es gleichzeitig mit einem Reiz im anderen, nicht betroffenen Halbfeld angeboten wird (Abschnitt 10.3).

Neocortex: → Cortex cerebri.

Netzwelle (*net-wave*): Wellenfront einer Spikeaktivität, ausgelöst durch sensorischen Input, die sich auf vorhersehbare Weise springend rasch von der Peripherie durch die verschiedenen Stationen der corticalen Verarbeitungshierarchie (→ Hierarchie) fortpflanzt (Abschnitt 7.2).

Neuronale Korrelate des Bewusstseins (NCC): Der Minimalsatz neuronaler Mechanismen oder Ereignisse, die gemeinsam für eine spezifische bewusste Wahrnehmung oder Erfahrung hinreichend sind (Abb. 1.1 und Kapitel 5). Um sie geht es in diesem Buch.

Neuronenkoalition: Gruppe von mono- oder polysynaptisch verknüpften Neuronen im → Vorderhirn, die für nur eine Wahrnehmung, ein einziges Ereignis oder ein Konzept codieren. Koalitionen bilden sich und zerfallen in einem zeitlichen Rahmen von Sekundenbruchteilen oder länger. Die Mitglieder einer Koalition verstärken einander und unterdrücken Mitglieder konkurrierender Koalitionen. Die Aufmerksamkeit beeinflusst diese konkurrenzbetonten Interaktionen. Synchronisiertes und oszillierendes Feuern spielt eine wichtige Rolle bei der Stärkung einer Koalition auf Kosten anderer, indem es ihre Bindung festigt. Jeder bewussten Wahrnehmung muss eine Koalition von Neuronen zugrunde liegen, welche die perzipierten Attribute *explizit* ausdrückt (exprimiert; Abschnitt 2.1).

Nicht bewusst: Operationen oder Berechnungen, die nicht direkt mit bewussten Empfindungen oder Erinnerungen einhergehen. Unterschwellige (subliminale) Wahrnehmung ist ein Beispiel für eine nicht bewusste Verarbeitung.

Nicht-bewusster Homunculus: Spekulation (Abschnitt 18.2), der zufolge Netzwerke in einem Teil des vorderen Cortexbereichs den hinteren Cortexbereich „ansehen", und diese verarbeitete sensorische Information dazu benutzen, zu planen, Entscheidungen zu treffen und diese in die relevanten motorischen Stufen einzugeben. Diese Netzwerke fungieren als nicht bewusster → Homunculus.

Nichtklassisches rezeptives Feld: → rezeptives Feld.

NMDA-Rezeptor: → Glutamat.

Nucleus (Mz. Nuclei; Kerne): Dreidimensionale Ansammlung von Neuronen mit einer vorherrschenden neurochemischen und/oder neuroanatomischen Identität (beispielsweise benutzen alle denselben Neurotransmitter oder alle projizieren auf einen gemeinsamen Zielort).

Obere Schichten: → oberflächliche Schichten.

Oberflächliche Schichten: Die Schichten 1, 2 und 3 des Neocortex (Abschnitt 4.2); auch als obere Schichten bezeichnet. Die vorwärts gerichtete Projektion von einer corticalen Region in eine hierarchisch höhere Region nimmt ihren Ursprung in den oberflächlichen Schichten. Diese Schichten erhalten einen massiven intracolumnaren (= innerhalb der Säulen) Input von Schicht-4-Neuronen, von corticalen Feedback-Bahnen und thalamischen Matrix-Neuronen. Die beiden letzteren stellen die hier durchgeführten Berechnungen in einen größeren Zusammenhang.

Optischer Fluss (*optical flow field*): Zweidimensionales Vektorfeld auf den Netzhäuten, das von wechselnden Bildintensitäten induziert wird. Dies geschieht entweder durch Augen- oder durch Kopfbewegungen oder wenn sich das externe Objekt bewegt.

Oszillationen (Schwingungen): Semireguläre Phasen periodischer Aktivität bei → EEG, → evoziertem Potenzial oder → lokalem Feldpotenzial in einer Reihe von Frequenzbändern (umgangssprachlich als „Gehirnwellen" bekannt). Periodische oszillatorische Spikeentladungen können auch mit Mikroelektroden abgeleitet werden, doch das ist schwieriger. Von besonderer Bedeutung sind Oszillationen in der 30–70 Hz-Domäne, die oft als 40-Hz- oder Gamma-Wellen (etwa in Abb. 2.6 und 2.7) bezeichnet werden. Sie spielen wahrscheinlich bei der → Aufmerksamkeit eine wichtige Rolle.

Penumbra (Halbschatten): Ein Begriff, den ich für die neuronalen Prozesse eingeführt habe, die synaptischen Input von den NCC erhalten, ohne ein Teil davon zu sein (Abschnitt 14.5). Die Penumbra umfasst das neuronale Substrat vergangener Assoziationen, die erwarteten Konsequenzen und den kognitiven Hintergrund des bewussten Perzepts. Die Penumbra liefert die Bedeutung des Perzepts, das, worum es dabei geht. → Qualia symbolisieren dann die riesige Menge an expliziter oder impliziter Information, die in der Penumbra enthalten ist.

Perspektive der dritten Person: Standpunkt eines externen Beobachters, der Zugang zum Verhalten und zu den Gehirnzuständen (etwa durch Beobachtung von Neuronen) einer bewussten Person hat, aber nicht zu deren subjektiven Erleben. In der Vergangenheit haben Biologie und Psychologie fast durchweg die Perspektive der dritten Person eingenommen (wie im Wiener Kreis oder im Behaviorismus) und dabei die Perspektive der ersten Person völlig vernachlässigt.

Perspektive der ersten Person: Die individuelle Sichtweise eines bewussten Lebewesens, das Ereignisse in der Welt erlebt und wahrnimmt. Das Rätsel, das ich anspreche, besteht darin, wie sich eine Perspektive der ersten Person mit einer → Perspektive der dritten Person vereinbaren lässt und aus deren Sicht erklärt werden kann. Während die Philosophen akzeptieren, dass Menschen *behaupten*, subjektive Erfahrungen zu haben, leugnen einige von ihnen die Realität subjektiver Zustände (S. 6f).

Perzeptuelle Momente: Hypothese, nach der Wahrnehmung in diskreten Verarbeitungsschritten erfolgt, die ich als → Einzelbilder oder → Schnappschüsse bezeichne. Der Bewusstseinsstrom besteht aus einer endlosen Folge solcher Bilder, ähnlich einem Film. Die Attribute *innerhalb* eines solchen Einzelbildes einschließlich der Bewegungswahrnehmung werden als konstant erlebt. Die NCC müssen eine solche quasi-periodische Dynamik widerspiegeln. Die Dauer derartiger Episoden ist recht unterschiedlich und beträgt 20–200 ms.

Perzeptuelle Reize: Sensorischer Input, wie ein Bild, das bewusst auf zwei oder mehr Weisen wahrgenommen werden kann. Dazu gehören bistabile Illusionen wie der Necker-Würfel (Abb. 16.1), → binokularer Wettbewerb, bewegungsinduzierte Blindheit und Flash Suppression. In jedem Fall kann derselbe retinale Input (derselbe physikalische Reiz) zu unterschiedlichen Wahrnehmungen führen. Die NCC ausfindig zu machen, die mit perzeptuellen Reizen assoziiert sind, bietet vielversprechende experimentelle Möglichkeiten, jene neuronalen Mechanismen zu identifizieren, die dem Bewusstsein zugrunde liegen (Kapitel 16).

Populationscodierung: Ein Codierungsschema, in dem Information über eine Population von Neuronen verteilt ist, von denen jedes relativ unspezifisch eingestellt ist. Durch Kombination verschiedener Untergruppen dieser Neuronen lässt sich Information auf robuste und effiziente Weise repräsentieren (Abb. 2.3 und Abschnitt 2.3). Eine alternative Strategie bedient sich der → *sparse representation*.

Primärer Visueller Cortex (primäre Sehrinde): Corticale Endstation im Hinterhauptlappen am hinteren Cortexpol für den visuellen Input von der Netzhaut über das → Corpus geniculatum laterale. Auch als V1, striärer Cortex (Area striata) oder Brodmann-Areal 17 bezeichnet (Kapitel 4 und Abb. 7.2 sowie 8.1).

Primaten (Herrentiere): Säugerordnung, zu der → Hundsaffen, Menschenaffen und Menschen gehören. Siehe Fußnote 21, Kap. 1.

Priming: Wenn die Verabreitung eines Reizes die Verarbeitung eines viel späteren Inputs beeinflusst, sprechen Psychologen von Priming. Dabei spielen wahrscheinlich Veränderungen in den Synapsen-Verbindungsstärken (Synapsengewichten) eine Rolle. Der erste Input muss noch nicht einmal bewusst wahrgenommen werden, um die Entdeckungswahrscheinlichkeit für einen späteren Reiz zu erhöhen (Abschnitt 11.3).

Privatheit des Bewusstseins: Bewusste Perzepte oder Erinnerungen sind privat. Der → Inhalt des Bewusstseins lässt sich nicht direkt mitteilen, es sei denn durch Beispiele oder Vergleiche („dieses Rot sieht so aus wie das Rot in der chinesischen Flagge"; Abschnitt 1.1).

Prosopagnosie: Spezifische visuelle Unfähigkeit, Gesichter zu erkennen. Bei einigen Patienten die Unfähigkeit, berühmte oder vertraute Gesichter zu erkennen (Abschnitt 8.5).

Qualia (Sing. **Quale**)**:** Elementare Gefühle und Empfindungen, die das bewusste Erleben ausmachen (ein Gesicht sehen, einen Ton hören und dergleichen). Qualia stehen im Zentrum des Leib-Seele-Problems. Ich argumentiere in Abschnitt 14.6, dass Qualia in kompakter Weise die riesige Menge an expliziter und impliziter Information symbolisieren, die in der → Penumbra der Gewinner-Koalition enthalten ist. Diese Koalition reicht aus für *ein* bestimmtes bewusstes Perzept.

Rapid-Eye-Movement-Schlaf (REM-Schlaf): Zusammen mit dem Tiefschlaf Teil des normalen Schlafzyklus. REM-Schlaf ist durch rasche Augenbewegungen, Lähmung der Willkürmuskulatur sowie häufige und lebhafte Traumaktivität charakterisiert.

Retinale Ganglienzellen: Mehr als eine Million Neuronen in der Retina (Netzhaut) fassen die gesamte optische Information zusammen, die von Photorezeptoren, Horizontal-, Bipolar- und Amakrinzellen gewonnen worden ist, und übermitteln diese in Form von Aktionspotenzialen an das übrige Gehirn. Ihre Axone bilden den Sehnerv. Ihre Aktivität ist für eine bewusste visuelle Wahrnehmung nicht hinreichend (Kap. 3).

Retinotope Organisation: Beispiel für eine → topographische Organisation. Benachbarte Punkte im visuellen Raum werden von benachbarten Neuronen verarbeitet, wobei die Repräsentation der Fovea im Vergleich zur visuellen Peripherie stark ausgedehnt ist (Abb. 4.2).

Rezeptives Feld: Das klassische rezeptive Feld eines visuellen Neurons ist durch Lage und Form des visuellen Feldes bestimmt, aus dem ein Reiz die Zelle aus eigener Kraft direkt erregen kann. Während die retinalen und die CGL-

Neuronen eine → *center-surround*-Organisation besitzen, bevorzugen Zellen im → Primären Visuellen Cortex langgestreckte Reize einer bestimmten Orientierung. Der viel größere Bereich, aus dem die Antwort der Zelle verstärkt oder geschwächt werden kann, ist ihr nichtklassisches rezeptives Feld. Wenn eine Menge von Balken in einem nichtklassischen rezeptiven Feld beispielsweise dieselbe visuelle Orientierung haben wie der Balken im Zentrum und eine homogene Textur schaffen, verringert die Zelle ihre Antwort, während Balken im rechten Winkel zum zentralen Balken ein wahres Spikegewitter hervorrufen (Abschnitt 4.4). Das nichtklassische rezeptive Feld stellt die primäre Antwort der Zelle in einen breiteren Zusammenhang.

Sakkade oder sakkadische Augenbewegungen: Sehr rasche, aber dennoch gerichtete Augenbewegung. Menschen und andere Primaten inspizieren und erforschen die Welt typischerweise dadurch, dass sie im Wachzustand jede Sekunde ein paar Sakkaden durchführen (Abschnitt 3.7).

Säulenorganisation: Fast universelles Strukturmerkmal des Cortex, wobei die meisten Neuronen unter einem Stückchen Cortex innerhalb einer Säule (die sich durch alle Schichten erstreckt) ein oder mehrere Merkmale codieren, die ihnen gemeinsam sind (z. B. vertikale Orientierung). Eine Säulenorganisation ist für die visuelle Orientierung in V1 (Abb. 4.4) und für die Bewegungsrichtung in MT (Abb. 8.3) nachgewiesen worden. Ich argumentiere in Abschnitt 2.2, dass das Merkmal, das in dieser Säulenorganisation repräsentiert wird, dort explizit gemacht wird (→ explizite Codierung).

Scheinwerfer: → Top-down-Aufmerksamkeit.

Schnappschüsse: → perzeptuelle Momente.

Sensomotorische Agenten: → Zombies.

Sparse representation **(karge Darstellung):** Codierungsschema, in dem Information durch eine kleine Zahl von recht fein diskriminierenden Neuronen repräsentiert wird. Der Vorteil im Vergleich zum → Populationscodierung besteht darin, dass die Information auf explizite Weise repräsentiert wird. Als Grenzfall einer sehr kargen Codierung kann eine Zelle möglicherweise nur ein einziges, bestimmtes Individuum oder eine einzige bestimmte Kategorie codieren (Abb. 2.2 und Abschnitt 2.2).

Sparse temporal coding **(karge zeitliche Codierung):** Code, bei dem Information durch eine Handvoll Spikes repräsentiert wird, die zu einem bestimmten Zeitpunkt ausgelöst werden (etwa bei einem einzelnen Ton), statt durch langsamere Veränderungen der Spikerate über einen Zeitraum von Sekundenbruchteilen oder länger (Abschnitt 2.3). Das spart Energie und verringert Interferenzen beim Lernen.

Spike: → Aktionspotenzial.

Spikecode (Impulsfrequenzcode)**:** Hypothese, nach der die gesamte Information, die ein Neuron trägt, in der (mittleren) Zahl der Spikes enthalten ist, die innerhalb eines geeigneten Intervalls (in der Größenordnung von 100 ms oder mehr, Abschnitt 2.3) ausgelöst werden.

Spikesynchronie: → Synchronie.

Starke oder treibende Verbindungen: Axone aus dem Thalamus oder einer corticalen Region, die vorwiegend in Schicht 4 des Cortex oder auf dem proximalen Teil der thalamischen Neuronen enden und aus eigener Kraft eine heftige Spikeaktivität in ihren Zielzellen auslösen können. Vorwärts gerichtete Verbindungen, die in der → visuellen Hierarchie vom CGL nach V1 oder von V1 nach MT aufsteigen, sind treibende Verbindungen (*driving connections*). Francis und ich nehmen an, dass das thalamo-corticale System Schleifen vermeidet, die vollständig aus starken Verbindungen bestehen (Abschnitt 7.4).

Striärer Cortex (Area striata): Anatomische Bezeichnung für den → primären visuellen Cortex.

(Such)-Scheinwerfer der Aufmerksamkeit: → Top-down-Aufmerksamkeit

Synapse: Hochspezialisierte Kontaktstelle zwischen einem präsynaptischen und einem postsynapischen Neuron. Eine chemische Synapse setzt aus ihrer präsynaptschen Endigung, dem Endknöpfchen, Neurotransmittermoleküle frei. Diese Moleküle binden an Rezeptoren in der Membran des postsynaptischen Neurons, um eine Kaskade rapider (erregender oder hemmender) elektrischer und langsamerer biochemischer Ereignisse auszulösen. Im Vorderhirn sind → Glutamat und → GABA die wichtigsten erregenden (exzitatorischen) und hemmenden (inhibitorischen) Neurotransmitter. In einem Kubikmillimeter Cortexgewebe drängen sich mehrere hundert Millionen Synapsen. Elektrische Synapsen (so genannte *gap junctions*) sind direkte Verbindungen mit niedrigem elektrischem Widerstand zwischen Zellen. Im Cortex dienen sie möglicherweise dazu, die Entladung von hemmenden Interneuronen zu synchronisieren (Fußnote 20, Kap. 2).

Synaptische Plastizität: Biophysikalische und biochemische Veräderungen, welche die effektive Verbindungsstärke einer Synapse erhöhen oder vermindern. Synaptische Plastizität wird als entscheidend für die langfristige Speicherung von Erinnerungen (→ Langzeitgedächtnis) angesehen (Abschnitt 11.1).

Synchronie (Gleichzeitigkeit) oder Spikesynchronie: Der Grad, in dem ein Spike in einem Neuron zum selben (oder annähernd demselben) Zeitpunkt wie der Spike in einem anderen Neuron auftritt (beispielsweise Abb. 2.7). Eine Gruppe von Neuronen, die sehr synchron feuert (→ korreliertes Feuern), kann ihre Zielzellen erfolgreicher antreiben (ihr synaptischer Input hat mehr Schlagkraft), als wenn das Feuern innerhalb der Gruppe desorganisiert ist. Spikesynchronie ist wahrscheinlich ein wichtiger Mechanismus, um den Wettbewerb zwischen Neuronen zu beeinflussen.

Thalamus: Paarige Struktur oben auf dem Mittelhirn (Mesencephalon), die alle Inputs in den Neocortex reguliert. Ohne Thalamus ist kein geistiges Leben möglich. Jeder Thalamus ist in zahlreiche Kerne unterteilt, die nicht direkt miteinander kommunizieren. Diese Kerne erhalten massives → Feedback vom Cortex. Ich halte den Thalamus für das Organ der Aufmerksamkeit (Abb. 5.1 und Abschnitt 7.3).

Tiefe Schichten: Schicht 5 und 6 des Neocortex (Abschnitt 4.2 und Deckelinnenseiten hinten), auch untere Schichten genannt. Pyramidenzellen, deren Zellkörper hier liegen, projizieren aus dem Cortex heraus in den Thalamus, den Colliculus superior hinunter und in jenseits gelegene Ziele (z. B. ins Rückenmark).

Top-down-Aufmerksamkeit (von oben nach unten gerichtete Aufmerksamkeit): Willkürlicher, konzentrierter, aufgabenabhängiger oder endogener Selektionsmechanismus, der beim Sehen und anderen sensorischen Modalitäten tätig ist (Tabelle 9.1). Eine populäre Metapher für von oben nach unten (top-down) gerichtete visuelle Aufmerksamkeit ist der → (Such)-Scheinwerfer der Aufmerksamkeit, der Objekte im Gesichtsfeld beleuchtet und ihre Verarbeitung unterstützt. Auf neuronaler Ebene besteht *eine* wichtige Funktion der Aufmerksamkeit darin, jene → Neuronenkoalitionen zu beeinflussen, die diese Objekte codieren. Aufmerksamkeit ist ein separater Prozess, der sich von bewusster Wahrnehmung unterscheidet (Abschnitt 9.3).

Topographische Organisation: Beobachtung, dass zwei benachbarte Punkte im Raum von benachbarten Neuronen repräsentiert werden. Das → CGL und die frühen visuellen, auditorischen und somatosensorischen Cortices sind topographisch organisiert. Eine derartige Organisation fehlt in den höheren Regionen der ventralen Bahn.

Träumen: Lebhafte und bewusste Halluzinationen, die so real wie das wirkliche Leben scheinen. Sie treten primär während des → Rapid-Eye-Movement-Schlafes auf.

Treibende Verbindungen: → starke Verbindungen.

Trugschluss des Homunculus: Die zwingende Illusion, dass im Zentrum meines Gehirns das bewusste Ich sitzt, das lenkt und in die Welt hinausschaut und sämtliche Handlungen auslöst. Ich spekuliere in Abschnitt 18.2, dass sich diese Illusion in der Neuroanatomie der Verbindungen zwischen dem → vorderen und dem → hinteren Bereich des Cortex widerspiegelt. Siehe auch → nicht-bewusster Homunculus.

Untere Schichten: → tiefe Schichten.

V1: → primärer visueller Cortex.

Vegetativer Zustand: → Koma.

Ventrale Bahn: Massiver anatomischer Strom, der im primären visuellen Cortex entspringt und in V4 und den inferotemporalen Cortex projiziert. Von dort sendet er Afferenzen in den ventrolateralen präfrontalen Cortex. Auch als *Vision-for-Perception-* oder Was-Bahn bezeichnet (Abb. 7.3).

Verarbeitungstiefe (depth of computation): → logische Verarbeitungstiefe.

Verzögerungstest (*delay test*, basiert auf der verzögerten Konditionierung)**:** Operationales Mittel, um durch das Trainieren von Probanden bzw. Versuchstieren darauf, zwischen Reiz und motorischer Reaktion eine Verzögerung (*delay*) einzulegen, Tiere, Babies oder Patienten, die nicht sprechen können, auf die Präsenz von bewussten Verhalten zu testen (Abschnitte 11.2 und 13.6). Siehe auch → Bewusstseinsmesser.

***Vision-for-action*-Bahn:** → dorsale Bahn.

***Vision-for-perception*-Bahn:** → ventrale Bahn.

Visuelle Exzentrizität: Der Winkel relativ zum Punkt des schärfsten Sehens, der Fovea, wird als Exzentrizität bezeichnet. Je exzentrischer ein Objekt, desto schwieriger ist es scharf zu sehen (Abb. 3.2).

Visuelle Hierarchie: Anatomische → Hierarchie, die man im visuellen Cortex (Sehrinde) findet.

Vorderer Bereich des Cortex: Kurzform für alle corticalen Regionen vor der Zentralfurche, einschließlich des motorischen, prämotorischen, präfrontalen und anterioren cingulären Cortex (Gyrus cinguli) (Stirnlappen auf der Deckelinnenseite vorn). Dazu gehören corticale Regionen, die über den Thalamus einen bedeutenden Input aus den → Basalganglien erhalten. Nicht zu verwechseln mit dem → Vorderhirn.

Vorderhirn: Abschnitt des Gehirns, der Cortex, Basalganglien, Amygdala, Bulbus olfactorius und Thalamus umfasst (siehe Deckelinnenseite vorne). Vorderhirnneuronen übermitteln den spezifischen → Inhalt des Bewusstseins. Nicht zu verwechseln mit dem → vorderen Bereich des Cortex.

Winner take all (Der Gewinner nimmt alles)**:** Ein Operationstyp, der in neuronalen Netzwerken einfach umzusetzen ist und bei dem sich nur Neuronen mit den stärksten und lebhaftesten Inputs durchsetzen. Aufgrund der wettbewerbsorientierten synaptischen Wechselwirkungen werden Neuronen mit weniger aktiven Inputs teilweise (weiche Version von „*winner take all*") oder vollständig (starke Version von „winner take all") unterdrückt. Die Koalitionen, die den → NCC zugrunde liegen, müssen *winner-take-all*-Merkmale aufweisen.

Zeitcode: Hypothese, der zufolge der Zeitpunkt des Auftretens von Aktionspotenzialen innerhalb eines Neurons und zwischen Zellgruppen wichtige Information enthält. Oszillatorische Entladungen im 40-Hz-Bereich und Synchronisation sind die beiden wichtigsten Beispiele für derartige Codes (Abschnitt 2.3, Abb. 2.6 und 2.7). Wahrscheinlich spielt eine solche Codierung als neuronale Expression selektiver Aufmerksamkeit eine wichtige Rolle.

Zombies: Sensomotorische Systeme, die ein spezialisiertes Verhalten rasch und mühelos ausführen, ohne dabei eine bewusste Empfindung auszulösen. Diese kann unter Umständen (durch Feedback) später eintreten oder gar nicht. Beispiele sind Augenbewegungen, Gehen, Laufen, Rad fahren, Tanzen, Auto fahren, Klettern und andere stark trainierte Aktivitäten (Kapitel 12 und 13).

Literatur

Abbott, L.F., Rolls, E.T., Tovee, M.J. „Representational capacity of face coding in monkeys," *Cerebral Cortex* **6**:498–505 (1996).

Abeles, M. *Corticonics: Neural Circuits of the Cerebral Cortex.* Cambridge, UK: Cambridge University Press (1991).

Abeles, M., Bergman, H., Margalit, E., Vaadia, E. „Spatiotemporal firing patternsin the frontal cortex of behaving monkeys," *J. Neurophysiol.* **70**:1629–1638 (1993).

Aboitiz, F., Scheibel,A.B., Fisher, R.S., Zaidel, E. „Fiber composition of the human corpus callosum," *Brain Res.* **598**:143–153 (1992).

Abrams, R.A. und Landgraf, J.Z. „Differential use of distance and location information for spatial localization," *Perception & Psychophysics* **47**:349–359 (1990).

Achenbach, J. *Captured by Aliens: The Search for Life and Truth in a Very Large Universe.* New York: Simon & Schuster (1999).

Adolphs, R., Tranel, D., Hamann, S., Young, A.W., Calder, A.J., Phelps, E.A., Anderson, A., Lee G.P., Damasio, A.R. „Recognition of facial emotion in nine individuals with bilateral amygdala damage," *Neuropsychologia* **37**:1111–1117 (1999).

Aglioto, S., DeSouza, J.F.X., Goodale, M.A. „Size-contrast illusions deceive the eye but not the hand," *Curr. Biol.* **5**:679–685 (1995).

Ahmed, B., Anderson, J., Douglas, R.,Martin, K., Nelson, C. „Polyneuronal innervation of spiny stellate neurons in cat visual cortex," *J. Comp. Neurol.* **341**:39–49 (1994).

Akelaitis, A.J. „Studies on corpus callosum: Higher visual functions in each homonymous field following complete section of corpus callosum," *Arch. Neurol. Psych. (Chicago)* **45**:788–798 (1941).

Akelaitis, A.J. „A study of gnosis, praxis and language following section of the corpus callosum and anterior commisure," *J. Neurosurg.* **1**:94–102 (1944).

Aksay, E., Gamkrelidze, G., Seung, H.S., Baker, R., Tank, D.W. *„In vivo* intracellular recording and perturbation of persistent activity in a neural integrator," *Nature Neurosci.* **4**:184–193 (2001).

Alauddin, M.M., Louie, A.Y., Shahinian, A., Meade, T.J., Conti, P.S. „Receptor mediated uptake of a radiolabeled contrast agent sensitive to beta-galactosidase activity,"*Nucl. Med. Biol.* **30**:261–265 (2003).

Albright, T.D. „Cortical processing of visual motion," *Rev. Oculomot. Res.* **51**:77–201 (1993).

Aldrich, M.S., Alessi, A.G., Beck, R.W., Gilman, S. „Cortical blindness: Etiology, diagnosis and prognosis," *Ann. Neurol.* **21**:149–158 (1987).

Alkire, M.T., Haier, R.J., Shah, N.K., Anderson, C.T. „Positron emission tomograpy study of regional cerebral metabolism in humans during isoflurane anesthesia," *Anesthesiology* **86**:549–557 (1997).

Alkire, M.T., Pomfrett, C.J.D., Haier, R.J., Gianzero, M.V., Chan, C.M., Jacobsen, B.P., Fallon, J.H. „Functional brain imaging during anesthesia in humans," *Anesthesiology* **90**:701–709 (1999).

Allen, W. *Getting Even.* New York: Random House (1978).

Allman, J.M. „Stimulus specific responses from beyond the classical receptive field: Neurophysiological mechanisms for local-global comparisons in visual neurons," *Ann. Rev. Neurosci.* **8**:407–430 (1985).

Allman, J.M. *Evolving Brains*. New York: Scientific American Library (1999).

Allman, J.M. und Kaas, J.H. „A representation of the visual field in the caudal third of the middle temporal gyrus of the owl monkey *(Aotus trivirgatus)*," *Brain Res.* **31**:85–105 (1971).

Anderson, M.C. und Green, C. „Suppressing unwanted memories by executive control," *Nature* **410**:366–369 (2001).

Andersen, R.A. „Neural mechanisms of visualmotion perception in primates," *Neuron* **18**:865–872 (1997).

Andersen, R.A. „Encoding of intention and spatial location in the posterior parietal cortex," *Cerebral Cortex* **5**:457–469 (1995).

Andersen, R.A., Asanuma, C., Essick, G., Siegel, R.M. „Cortico-cortical connections of anatomically and physiologically defined subdivisions within the inferior parietal lobule," *J. Comp. Neurol.* **296**:65–113 (1990).

Andersen, R.A, Essick, G., Siegel, R. „Encoding of spatial location by posterior parietal neurons," *Science* **230**:456–458 (1985).

Andersen, R.A., Snyder L.H., Bradley, D.C., Xing, J. „Multimodal representation of space in the posterior parietal cortex and its use in planning movements," *Ann. Rev. Neurosci.* **20**:303–330 (1997).

Andrews, T.J., Halpern, S.D., Purves, D. „Correlated size variations in human visual cortex, lateral geniculate nucleus and optic tract," *J. Neurosci.* **17**:2859–2868 (1997).

Andrews, T.J., Purves, D. „Similarities in normal and binocularly rivalrous viewing," *Proc. Natl. Acad. Sci. USA* **94**:9905–9908 (1997).

Antkowiak, B. „How do general anesthetics work," *Naturwissenschaften* **88**:201–213 (2001).

Arnold, D.H., Clifford, C.W.G., Wenderoth, P. „Asynchronous processing in vision: Color leads motion," *Curr. Biol.* **11**:596–600 (2001).

Asenjo, A.B., Rim, J., Oprian, D.D. „Molecular determinants of human red/green color discrimination," *Neuron* **12**:1131–1138 (1994).

Astafiev, S.V., Shulman, G.L., Stanley, C.M., Snyder, A.Z., Van Essen, D.C., Corbetta, M. „Functional Organization of Human Intraparietal and Frontal Cortex for Attending, Looking, Pointing," *J. Neurosci.* **23**:4689–4699 (2003).

Attneave, F. „In defense of homunculi." In: *Sensory Communication*. Rosenblith W.A., ed., pp. 777–782. New York: MIT Press (1961).

Baars, B.J. *A Cognitive Theory of Consciousness*. Cambridge, UK: Cambridge University Press (1988).

Baars, B.J. „Surprisingly small subcortical structures are needed for the *state* of waking consciousness, while cortical projection areas seem to provide perceptual *contents* of consciousness," *Consc. & Cognition* **4**:159–162 (1995).

Baars, B.J. *In the Theater of Consciousness*. New York: Oxford University Press (1997). [Deutsche Ausgabe: *Das Schauspiel des Denkens*. Klett-Cotta/J. G. Cotta'sche Buchhandlung Nachfolger (1998).]

Baars, B.J. „The conscious access hypothesis: Origins and recent evidence," *Trends Cogn. Sci.* **6**:47–52 (2002).

Bachmann, T. *Psychophysiology of Visual Masking*. Commack, NY: Nova Science Publishers (1994).

Bachmann T. *Microgenetic Approach to the Conscious Mind*. Amsterdam, Netherlands: Johns Benjamins (2000).

Baddeley, A. *Working Memory*. London, UK: Oxford University Press (1986).

Baddeley, A. *Human Memory: Theory and Practice*. Boston: Allyn & Bacon (1990).

Baddeley, A. „The episodic buffer: A new component of working memory?" *Trends Cogn. Sci.* **4**:417–423 (2000).

Baer, P.E., Fuhrer, M.J. „Cognitive processes in the differential trace conditioning of electrodermal and vasomotor activity," *J. Exp. Psychology* **84**:176–178 (1970).

Bair, W. „Spike timing in the mammalian visual system," *Curr. Opinion Neurobiol.* **9**:447–453 (1999).

Bair, W. und Koch, C. „Temporal precision of spike trains in extrastriate cortex of the behaving monkey," *Neural Comp.* **8**:1185–1202 (1996).

Baizer, J.A., Ungerleider, L.G., Desimone, R. „Organization of visual inputs to the inferior temporal and posterior parietal cortex in macaques," *J. Neurosci.* **11**:168–190 (1991).

Bar, M. und Biederman, I. „Subliminal visual priming," *Psychological Science* **9**:464–469 (1998).

Bar, M. und Biederman, I. „Localizing the cortical region mediating visual awareness of object identity," *Proc. Natl. Acad. Sci. USA* **96**:1790–1793 (1999).

Barbas, H. „Pattern in the laminar origin of corticocortical connections," *J. Comp.Neurol.* **252**:415–422 (1986).

Barcelo, F., Suwazono, S. Knight, R.T. „Prefrontal modulation of visual processing in humans," *Nature Neurosci.* **3**:399–403 (2000).

Bargmann, C.I. „Neurobiology of the *Caenorhabditis elegans* genome," *Science* **282**:2028–2033 (1998).

Barlow, H.B. „Single units and sensation: A neuron doctrine for perceptual psychology," *Perception* **1**:371–394 (1972).

Barlow, H.B. „The neuron doctrine in perception." In: *The Cognitive Neurosciences*. 1st ed., Gazzaniga, M., ed., pp. 415–435. Cambridge, MA: MIT Press (1995).

Barone, P., Batardiere, A., Knoblauch, K., Kennedy, H. „Laminar distribution of neurons in extrastriate areas projecting to visual areas V1 and V4 correlates with the hierarchical rank and indicates the operation of a distance rule," *J. Neurosci.* **20**:3263–3281 (2000).

Barrow, J.D., Tipler, F.J. *The Anthropic Cosmological Principle.* Oxford, UK: Oxford University Press (1986). [Deutsche Ausgabe: *Der kosmische Schnitt. Die Naturgesetze des Ästhetischen.* Spektrum Akadeischer Verlag (2002).]

Bateson, W. „Review of *The Mechanism of Mendelian Heredity* by T.H. Morgan, A.H. Sturtevant, H.J. Muller, C.B. Bridges," *Science* **44**:536–543 (1916).

Batista, A.P. und Andersen, R.A. „The parietal reach region codes the next planned movement in a sequential reach task," *J. Neurophysiol.* **85**:539–544 (2001).

Bauby, J.-D. *The Diving Bell and the Butterfly: A Memoir of Life in Death.* New York: Alfred A. Knopf (1997).

Bauer, R.M. und Demery, J.A. „Agnosia." In: *Clinical Neuropsychology.* 4th ed., Heilman, K.M., Valenstein, E., eds., pp. 236–295. New York: Oxford University Press (2003).

Bayne, T. und Chalmers, D.J. „What is the unity of consciousness?" In: *The Unity of Consciousness.* Cleeremans, A., ed., pp. 23–58. Oxford, UK: Oxford University Press (2003).

Beckermann, A., Flohr, H., Kim, J., eds. *Emergence or Reduction? Essays on the Prospects of Nonreductive Physicalism.* Berlin:Walter de Gruyter (1992).

Beierlein, M., Gibson, J.R., Connors, B.W. „A network of electrically coupled interneurons drives synchronized inhibition in neocortex," *Nature Neurosci.* **3**:904–910 (2000).

Bennett, C.H. „Logical depth and physical complexity." In: *The Universal Turing Machine. A Half-Century Survey.* Herken, R., ed., pp. 227–258. Oxford, UK: Oxford University Press (1988).

Benton, A. und Tranel, D. „Visuoperceptual, visuospatial, visuoconstructive disorders." In: *Clinical Neurosychology.* 3rd ed., Heilman, K.M. and Valenstein, E., eds., pp. 165–278. New York: Oxford University Press (1993).

Bergen, J.R. und Julesz, B. „Parallel versus serial processing in rapid pattern discrimination," *Nature* **303**:696–698 (1983).

Berns, G.S., Cohen, J.D., Mintun, M.A. „Brain regions responsive to novelty in the absence of awareness," *Science* **276**:1272–1275 (1997).

Berti, A. und Rizzolatti, G. „Visual processing without awareness: Evidence from unilateral neglect," *J. Cogn. Neurosci.* **4**:345–351 (1992).

Bhalla, M. und Proffitt, D.R. „Visual-motor recalibration in geographical slant perception," *J. Exp. Psychol.: Human Perception & Performance* **25**:1076–1096 (1999).

Bialek, W., Rieke, F., van Steveninck, R.R.D., Warland, D. „Reading a neural code," *Science* **252**:1854–1857 (1991).

Biederman, I. „Perceiving real-world scenes," *Science* **177**:77–80 (1972).

Billock, V.A. „Very short term visual memory via reverberation: A role for the corticothalamic excitatory circuit in temporal filling-in during blinks and saccades?" *Vision Res.* **37**:949–953 (1997).

Bisiach, E. und Luzzatti, C. „Unilateral neglect of representational space," *Cortex* **14**:129–133 (1978).

Bisley, J.W. und Goldberg, M.E. „Neuronal activity in the lateral intraparietal area and spatial attention," *Science* **299**:81–86 (2003).

Blackmore, S.J. *Beyond the Body: An Investigation of Out-Of-The-Body Experiences.* London: Heinemann (1982).

Blackmore, S., Brelstaff, G., Nelson, K., Tsoscianko, T. „Is the richness of our visual world an illusion? Transsaccadic memory for complex scenes," *Perception* **24**:1075– 1081 (1995).

Blake, R. „A neural theory of binocular rivalry," *Psychol. Rev.* **96**:145–167 (1989).

Blake, R. „What can be „perceived" in the absence of visual awareness?" *Curr. Direction Psychol. Sci.* **6**:157–162 (1998).

Blake, R. und Cormack, R.H. „On utrocular discrimination," *Perception & Psychophysics* **26**:53–68 (1979).

Blake, R. und Fox, R. „Adaptation to invisible gratings and the site of binocular rivalry suppression," *Nature* **249**:488–490 (1974).

Blake, R. und Logothetis, N.K. „Visual Competition," *Nature Rev. Neurosci.* **3**:13–21 (2002).

Blanke, O., Ortigue, S., Landis, T., Seeck, M. „Stimulating illusory own-body perceptions," *Nature* **419**:269–270 (2002).

Blasdel, G.G. „Orientation selectivity, preference, continuity inmonkey striate cortex," *J. Neurosci.* **12**:3139–3161 (1992).

Blasdel, G.G. und Lund, J.S. „Termination of afferent axons in macaque striate cortex," *J. Neurosci.* **3**:1389–1413 (1983).

Blaser, E., Sperling, G., Lu, Z.-L. „Measuring the amplification of attention," *Proc. Natl. Acad. Sci. USA* **96**:11681–11686 (1999).

Blatow, M., Rozov, A., Katona, I., Hormuzdi, S.G., Meyer, A.H., Whittington, M.A., Caputi, A., Monyer, H. „A novel network of multipolar bursting interneurons generates theta frequency oscillations in neocortex," *Neuron* **38**:805–817 (2003).

Block, N. „On a confusion about a function of consciousness," *Behav. Brain Sci.* **18**:227–247 (1995).

Block, N. „How can we find the neural correlate of consciousness?" *Trends Neurosci.* **19**:456–459 (1996).

Block, N., Flanagan, O., Güzeldere, G., eds. *Consciousness: Philosophical Debates.* Cambridge, MA: MIT Press (1997).

Bogen, J.E. „Mental duality in the intact brain," *Bull. Clinical Neurosci.* **51**:3–29 (1986).

Bogen, J.E. „The callosal syndromes." In: *Clinical Neurosychology.* 3rd ed., Heilman, K.M. and Valenstein, E., eds., pp. 337–407. New York: Oxford University Press (1993).

Bogen, J.E. „On the neurophysiology of consciousness: I. An overview," *Consc. & Cognition* **4**:52–62 (1995a).

Bogen, J.E. „On the neurophysiology of consciousness: II. Constraining the semantic problem," *Consc. & Cognition* **4**:137–158 (1995b).

Bogen, J.E. „Some neurophysiologic aspects of consciousness," *Sem. Neurobiol.* **17**:95– 103 (1997a).

Bogen, J.E. „The neurosurgeon's interest in the corpus callosum." In:*AHistory ofNeurosurgery in its Scientific and Professional Contexts.* Greenblatt S.H., ed., chapter 24.

Park Ridge, IL: American Association of Neurological Surgeons (1997b).

Bogen, J.E. „Does cognition in the disconnected right hemisphere require right hemisphere possession of language?" *Brain & Language* **57**:12–21 (1997c).

Bogen, J.E., Fisher, E.D., Vogel, P.J. „Cerebral commissurotomy: A second case report," *J. Am. Med. Assoc.* **194**:1328–1329 (1965).

Bogen, J.E. und Gazzaniga, M.S. „Cerebral commissurotomy in man: Minor hemisphere dominance for certain visuospatial functions," *J. Neurosurg.* **23**:394–399 (1965).

Bogen, J.E. und Gordon, H.W. „Musical tests for functional lateralization with intracarotid amobarbital," *Nature* **230**:524–525 (1970).

Bonneh, Y.S., Cooperman, A., Sagi, D. „Motion-induced blindness in normal observers," *Nature* **411**:798–801 (2001).

Booth, M.C.A. und Rolls, E.T. „View-invariant representations of familiar objects by neurons in the inferior temporal visual cortex," *Cerebral Cortex* **8**:510–523 (1998).

Borrell, V. und Callaway, E.M. „Reorganization of exuberant axonal arbors contributes to the development of laminar specificity in ferret visual cortex," *J. Neurosci.* **22**:6682–6695 (2002).

Bourassa, J. und Deschenes, M. „Corticothalamic projections from the primary visual cortex in rats: A single fiber study using biocytin as an anterograde tracer," *Neurosci.* **66**:253–263 (1995).

Braak, H. „On the striate area of the human isocortex. A Golgi and pigmentarchitectonic study," *J. Comp. Neurol.* **166**:341–364 (1976).

Braak, H. *Architectonics of the Human Telencephalic Cortex.* Berlin: Springer (1980).

Bradley, D.C., Chang, G.C., Andersen, R.A. „Encoding of three-dimensional structure-from-motion by primate area MT neurons," *Nature* **392**:714–717 (1998).

Braitenberg, V. und Schüz, A. *Anatomy of the Cortex.* Heidelberg: Springer (1991).

Braun, J. „Visual search among items of different salience: Removal of visual attention mimics a lesion in extrastriate area V4," *J. Neurosci.* **14**:554–567 (1994).

Braun, J. „Natural scenes upset the visual applecart," *Trends Cogn. Neurosci.* **7**:7–9 (2003).

Braun, A.R., Balkin, T.J.,Wesensten, N.J., Gwadry, F., Carson, R.E., Varga, M., Baldwin, P., Belenky, G., Herscovitch, P. „Dissociated pattern of activity in visual cortices and their projections during human rapid eye movement sleep," *Science* **279**:91–95 (1998).

Braun, J. und Julesz, B. „Withdrawing attention at little or no cost: Detection and discrimination tasks," *Perception & Psychophysics* **60**:1–23 (1998).

Braun, J., Koch, C., Davis, J.L., eds. *Visual Attention and Cortical Circuits*. Cambridge, MA: MIT Press (2001).

Braun, J. und Sagi, D. „Vision outside the focus of attention," *Perception & Psychophysics* **48**:277–294 (1990).

Brefczynski, J.A. und DeYoe, E.A. „A physiological correlate of the 'spotlight' of visual attention," *Nature Neurosci.* **2**:370–374 (1999).

Breitmeyer, B.G. *Visual Masking: An Integrative Approach*. Oxford, UK: Oxford University Press (1984).

Breitmeyer, B.G. und Ögmen, H. „Recent models and findings in backward visual masking: A comparison, review and update," *Percept.&Psychophysics* **62**:1572–1595 (2000).

Brewer, A.A., Press, W.A., Logothetis, N.K., Wandell, B.A. „Visual areas in macaque cortex measured using functional magnetic resonance imaging," *J. Neurosci.* **22**:10416–10426 (2002).

Brickner, R.M. *The Intellectual Functions of the Frontal Lobes*. New York: Macmillan (1936).

Bridgeman, B., Hendry, D., Stark, L. „Failure to detect displacement of the visual world during saccadic eye movements," *Vision Res.* **15**:719–722 (1975).

Bridgeman, B., Kirch, M., Sperling, A. „Segregation of cognitive and motor aspects of visual function using induced motion," *Percept. Psychophys.* **29**:336–342 (1981).

Bridgeman, B., Lewis, S., Heit, G., Nagle, M. „Relation between cognitive and motor-oriented systems of visual position perception," *J. Exp. Psychol. Hum. Percept.* **5**:692–700 (1979).

Bridgeman, B., Peery S., Anand, S. „Interaction of cognitive and sensorimotor maps of visual space," *Perception & Psychophysics* **59**:456–469 (1997).

Brindley, G.S., Gautier-Smith, P.C., Lewin, W. „Cortical blindness and the functions of the non-geniculate fibres of the optic tracts," *J.Neurol. Neurosurg. Psychiatry* **32**:259–264 (1969).

Britten, K.H., Newsome,W.T., Shadlen,M.N., Celebrini, S., andMovshon, J.A. „A relationship between behavioral choice and the visual responses of neurons inmacaque MT," *Visual Neurosci.* **13**:87–100 (1996).

Britten, K.H., Shadlen, M.N., Newsome,W.T., Movshon, A. „The analysis of visual motion: A comparison of neuronal and psychophysical performance," *J. Neurosci.* **12**:4745–4765 (1992).

Broca, A. und Sulzer, D. „La sensation lumineuse fonction du temps," *J. de Physiol. Taphol. Generale* **4**:632–640 (1902).

Brodmann, K. „Physiologie des Gehirns," *Neue Deutsche Chirurgie* **11**:85–426 (1914). Brooke, R.N., Downes, J., Powell, T.P. „Centrifugal fibres to the retina in the monkey and cat," *Nature* **207**:1365–1367 (1965).

Broughton, R., Billings, R., Cartwright, R., Doucette, D., Edmeads, J., Edwardh, M., Ervin, F., Orchard, B., Hill, R., Turrell, G. „Homicidal somnambulism: A case report," *Sleep* **17**:253–264 (1994).

Brown, E.N., Frank, L.M., Tang, D., Quirk, M.C., Wilson, M.A. „A statistical paradigm for neural spike train decoding applied to position prediction from ensemble firing patterns of rat hippocampal place cells," *J. Neurosci.* **18**:7411–7425 (1998).

Brown, W.S., Murphy, N., Malony, H.N., eds. *Whatever Happened to the Soul? Scientific and Theological Portraits of Human Nature*. Minneapolis, MN: Fortress Press (1998).

Bruce, C.J., Desimone, R., Gross, C.G. „Both striate cortex and superior colliculus contribute to visual properties of neurons in superior temporal polysensory area of the macaque monkey," *J. Neurophysiol.* **55**:1057–1075 (1986).

Budd, J.M. „Extrastriate feedback to primary visual cortex in primates: A quantitative analysis of connectivity," *Proc. R. Soc. Lond. B* **265**:1037–1044 (1998).

Bullier, J. „Feedback connections and conscious vision," *Trends Cogn. Sci.* **5**:369–370 (2001).

Bullier, J., Girard, P., Salin, P.-A. „The role of area 17 in the transfer of information to extrastriate visual cortex." In: *Cerebral Cortex Vol. 10.* Peters, A. and Rockland, K.S., eds., pp. 301–330. New York: Plenum Press (1994).

Burkhalter, A. und Van Essen, D.C. „Processing of color, form and disparity information in visual areas VP and V2 of ventral extrastiriate cortex in the macaque monkey," *J. Neurosci.* **6**:2327–2351 (1986).

Burle, B. und Bonnet, M. „Further argument for the existence of a pacemaker in the human information processing system," *Acta Psychol.* **97**:129–143 (1997).

Burle, B. und Bonnet, M. „What's an internal clock for? From temporal information processing to temporal processing of information," *Behavioural Processes* **45**:59–72 (1999).

Burr, D.C., Morrone, M.C., Ross, R. „Selective suppression of the magnocellular visual pathway during saccadic eye movements," *Nature* **371**:511–513 (1994).

Buxhoeveden, D.P. und Casanova, M.F. „The minicolumn hypothesis in neuroscience," *Brain* **125**:935–951 (2002).

Buzsáki, G. „Theta oscillations in the hippocampus," *Neuron* **33**:325–340 (2002). Byrne, A. and Hilbert, D.R., eds. *Readings on Color: The Science of Color.* Vol. 2. Cambridge, MA: MIT Press (1997).

Calkins, D.J. „Representation of cone signals in the primate retina," *J. Optical Soc. Am. A* **17**:597–606 (2000).

Callaway, E.M. und Wiser, A.K. „Contributions of individual layer 2–5 spiny neurons to local circuits in macaque primary visual cortex," *Vis. Neurosci.* **13**:907–922 (1996).

Calvin,W.H. „Competing for consciousness: A Darwinian mechanism of an appropriate level of explanation." *J. Consc. Studies* **5**:389–404 (1998).

Calvin, W.H. und Ojemann, G.A. *Conversations with Neil's Brain.* Reading, MA: Addison-Wesley (1994).

Campbell, K.K. *Body and Mind.* New York: Doubleday (1970).

Carey, D.P. „Do action systems resist visual illusions?" *Trends Cogn. Sci.* **5**:109–113 (2001).

Carmichael, S.T. und Price, J.L. „Architectonic subdivision of the orbital and medial prefrontal cortex in the macaque monkey," *J. Comp. Neurol.* **346**:366–402 (1994).

Carrillo, M.C., Gabrieli, J.D.E., Disterhoft, J.F. „Selective effects of division of attention on discrimination conditioning," *PsychoBiol.* **28**:293–302 (2000).

Carter, R.M., Hofstötter, C., Tsuchiya, N., Koch, C. „Working memory and fear conditoning," *Proc. Natl. Acad. Sci. USA* **100**:1399–1404 (2003).

Castet, E. und Masson, G.S. „Motion perception during saccadic eye movements," *Nature Neurosci.* **3**:177–183 (2000).

Castiello, U., Paulignan, Y., Jeannerod, M. „Temporal dissociation of motor responses and subjective awareness," *Brain* **114**:2639–2655 (1991).

Cauller, L.J. und Kulics, A.T. „The neural basis of the behaviorally relevant N1 component of the somatosensory-evoked potential in SI cortex of awake monkeys: Evidence that backward cortical projections signal conscious touch sensation," *Exp. Brain Res.* **84**:607–619 (1991).

Cave, K.R. und Bichot, N.P. „Visuospatial attention: Beyond a spotlight model," *Psychonomic Bull. Rev.* **6**:204–223 (1999).

Celesia, G.G. „Persistent vegetative state: Clinical and ethical issues," *Theor. Medicine* **18**:221–236 (1997).

Celesia, G.G., Bushnell, D., Cone-Toleikis, S., Brigell, M.G. „Cortical blindness and residual vision: Is the second visual system in humans capable of more than rudimentary visual perception?" *Neurol.* **41**:862–869 (1991).

Chalmers, D.J. *The Conscious Mind: In Search of a Fundamental Theory.* New York: Oxford University Press (1996).

Chalmers, D.J. „What is a neural correlate of consciousness?" In: *Neural Correlates of Consciousness: Empirical and Conceptual Questions.* Metzinger, T., ed., pp. 17–40. Cambridge, MA: MIT Press (2000). [Deutsche Ausgabe: *Der neuronale Mensch. Wie die Seele funktioniert - die Entdeckungen der neuen Gehirnforschung* Rowohlt (1984).]

Chalmers, D.J., ed. *Philosophy of Mind: Classical and Contemporary Readings.* Oxford, UK: Oxford University Press (2002).

Changeux, J.P. *L'homme neuronal.* Paris: Fayard (1983).

Chatterjee, S. und Callaway, E.M. „S cone contributions to the magnocellular visual pathway in macaque monkey," *Neuron* **35**:1135–1146 (2002).

Cheesman J. und Merikle, P.M. „Distinguishing conscious from unconscious perceptual processes," *Can. J. Psychol.* **40**:3433–367 (1986).

Chelazzi, L., Miller, E.K., Duncan, J., Desimone, R. „A neural basis for visual search in inferior temporal cortex," *Nature* **363**:345–347 (1993).

Cherniak, C. „Neural component placement," *Trends Neurosci.* **18**:522–527 (1995). Chun, M. M. and Wolfe, J. M. „Just say no: How are visual searches terminated when there is no target present?" *Cogn. Psychology* **30**:39–78 (1996).

Churchland, P.S. *Neurophilosophy.* Cambridge, MA: MIT Press (1986).

Churchland, P.S. *Die Seelenmaschine.* Spektrum Akademischer Verlag (2001).

Churchland, P.S. *Brain-Wise: Studies in Neurophilosophy.* Cambridge,MA:MIT Press (2002).

Churchland, P.S. und Ramachandran, V.S. „Filling in:Why Dennett is wrong." In: *Dennett and His Critics: Demystifying Mind.* Dahlbom, B., ed., pp. 28–52. Oxford, UK: Blackwell Scientific (1993).

Clark, R.E. und Squire, L.R. „Classical conditioning and brain systems: The role of awareness," *Science* **280**:77–81 (1998).

Clark, R.E. und Squire, L.R. „Human eyeblink classical conditioning: Effects of manipulating awareness of the stimulus contingencies," *Psychological Sci.* **10**:14–18 (1999).

Cleeremans, A., et al. „Implicit learning: News fromthe front," *Trends Cogn. Sci.* **2**:406–416 (1998).

Cleeremans, A., ed. *The Unity of Consciousness.* Oxford, UK: Oxford University Press (2003).

Clifford, C.W.G., Arnold, D.H., Pearson, J. „A paradox of temporal perception revealed by a stimulus oscillating in colour and orientation," *Vision Res.* **43**:2245–2253 (2003).

Colby, C.L. und Goldberg, M.E. „Space and attention in parietal cortex," *Ann. Rev. Neurosci.* **22**:319–349 (1999).

Cole, J. *Pride and a Daily Marathon.* Cambridge, MA: MIT Press (1995).

Coltheart, M. „Iconic memory," *Phil. Trans. R. Soc. Lond. B* **302**:283–294 (1983).

Coltheart, V., ed. *FleetingMemories: Cognition of Brief Visual Stimuli.* Cambridge,MA: MIT Press (1999).

Colvin, M.K., Dunbar, K., Grafman, J. „The effects of frontal lobe lesions on goal achievement in the water jug task," *J. Cogn. Neurosci.* **13**:1139–1147 (2001).

Compte, A., Brunel, N., Goldman-Rakic, P.S., Wang, X.J. „Synaptic mechanisms and network dynamics underlying spatial working memory in a cortical network model," *Cerebral Cortex* **10**:10–123 (2000).

Conway, B.R., Hubel, D.H., Livingstone, M.S. „Color contrast in macaque V1," *Cerebral Cortex* **12**:915–925 (2002).

Cook, E.P. und Maunsell, J.H.R. „Dynamics of neuronal responses inmacaque MT and VIP during motion detection," *Nature Neurosci.* **5**:985–994 (2002).

Coppola, D. und Purves, D. „The extraordinary rapid disappearance of entoptic images," *Proc. Natl. Acad. Sci. USA* **93**:8001–8004 (1996).

Corbetta, M. „Frontoparietal cortical networks for directing attention and the eye to visual locations: Identical, independent, or overlapping neural systems?" *Proc. Natl. Acad. Sci. USA* **95**:831–838 (1998).

Corkin, S., Amaral, D.G., Gonzalez, R.G., Johnson, K.A., Hyman, B.T. „H. M.'s medial temporal lobe lesion: Findings from magnetic resonance imaging," *J. Neurosci.* **17**:3964–3979 (1997).

Cornell-Bell, A.H., Finkbeiner, S.M., Cooper, M.S., Smith, S.J. „Glutamate induces calcium waves in cultured astrocytes: Long-range glial signaling," *Science* **247**:470–473 (1990).

Cotterill, R. *Enchanted Looms: Conscious Networks in Brains and Computers.* Cambridge, UK: Cambridge University Press (1998).

Courtney, S.M., Petit, L., Maisog, J.M., Ungerleider, L.G., Haxby, J.V. „An area specialized for spatial working memory in human frontal cortex," *Science* **279**:1347–1351 (1998).

Cowan, N. „The magical number 4 in short-term memory: A reconsideration of mental storage capacity," *Behav. Brain Sci.* **24**:87–185 (2001).

Cowey, A. und Heywood, C.A. „Cerebral achromatopsia: Color blindness despite wavelength processing," *Trends Cogn. Sci.* **1**:133–139 (1997).

Cowey, A. und Stoerig, P. „The neurobiology of blindsight," *Trends Neurosci.* **14**:140–145 (1991).

Cowey, A. und Stoerig, P. „Blindsight in monkeys," *Nature* **373**:247–249 (1995).

Cowey, A. und Walsh, V. „Tickling the brain: Studying visual sensation, perception and cognition by transcranial magnetic stimulation," *Prog. Brain Research* **134**:411–425 (2001).

Creutzfeldt, O.D. *Cortex Cerebri: Performance, Structural and Functional Organization of the Cortex.* Oxford, UK: Oxford University Press (1995).

Creutzfeldt, O.D. und Houchin, J. „Neuronal basis of EEG waves." In: *Handbook of Electroencephalography and Clinical Neurophysiology.* Vol. 2., Remond, A., ed., pp. 3–55. Amsterdam, Netherlands: Elsevier (1984).

Crick, F.C. „Thinking about the brain," *Scientific American* **241**:219–232 (1979).

Crick, F.C. „Function of the thalamic reticular complex: The searchlight hypothesis," *Proc. Natl. Acad. Sci. USA* **81**:4586–4590 (1984).

Crick, F.C. *The Astonishing Hypothesis.* New York: Charles Scribner's Sons (1994).

Crick, F.C. und Jones, E.G. „Backwardness of human neuroanatomy," *Nature* **361**:109–110 (1993).

Crick, F.C. und Koch, C. „Towards a neurobiological theory of consciousness," *Sem. Neurosci.* **2**:263–275 (1990a).

Crick, F.C. und Koch, C. „Some reflections on visual awareness," *Cold Spring Harbor Symp. Quant. Biol.* **55**:953–962 (1990b).

Crick, F.C. und Koch, C. „The problem of consciousness," *Sci. Am.* **267**:153–159 (1992).

Crick, F.C. und Koch, C. „Are we aware of neural activity in primary visual cortex?" *Nature* **375**:121–123 (1995a).

Crick, F.C. und Koch, C. „Why neuroscience may be able to explain consciousness," *Sci. Am.* **273**:84–85 (1995b).

Crick, F.C. und Koch, C. „Constraints on cortical and thalamic projections: The nostrong-loops hypothesis," *Nature* **391**:245–250 (1998a).

Crick, F.C. und Koch, C. „Consciousness and neuroscience," *Cerebral Cortex* **8**:97–107 (1998b).

Crick, F.C. und Koch, C. „The Unconscious Homunculus.With commentaries bymultiple authors," *Neuro-Psychoanalysis* **2**:3–59 (2000).

Crick, F.C. und Koch, C. „A framework for consciousness," *Nature Neurosci.* **6**:119–126 (2003).

Crunelli, V. und Leresche, N. „Childhood absence epilepsy: Genes, channels, neurons and networks," *Nature Rev. Neurosci.* **3**:371–382 (2002).

Culham, J.C., Brandt, S.A., Cavanagh, P., Kanwisher, N.G., Dale, A.M., Tootell, R.B. „Cortical fMRI activation produced by attentive tracking of moving targets," *J. Neurophysiol.* **80**:2657–2670 (1998).

Cumming, B.G. und DeAngelis, G.C. „The physiology of stereopsis," *Ann. Rev. Neurosci.* **24**:203–238 (2001).

Cumming, B.G. und Parker, A.J. „Responses of primary visual cortical neurons to binocular disparity without depth perception," *Nature* **389**:280–283 (1997).

Cumming, B.G. und Parker, A.J. „Binocular neurons in V1 of awakemonkeys are selective for absolute, not relative, disparity," *J. Neurosci.* **19**:5602–5618 (1999).

Cumming, B.G. und Parker, A.J. „Local disparity not perceived depth is signalled by binocular neurons in cortical area V1 of the macaque," *J. Neurosci.* **20**:4758–4767 (2000).

Curcio, C.A., Allen, K.A., Sloan, K.R., Lerea, C.L. Hurley, J.B., Klock, I.B., Milam, A.H. „Distribution and morphology of human cone photoreceptors stained with anti-blue opsin," *J. Comp. Neurol.* **312**:610–624 (1991).

Curran, T. „Implicit learning revealed by the method of opposition," *Trends Cogn. Sci.* **5**:503–504 (2001).

Cytowic, R.E. *The Man Who Tasted Shapes*. Cambridge, MA: MIT Press (1993). [Deutsche Ausgabe: *Farben hören, Töne schmecken. Die bizarre Welt der Sinne.* Byblos Verlag (1998).]

Dacey, D.M. „Circuitry for color coding in the primate retina," *Proc. Natl. Acad. Sci. USA* **93**:582–588 (1996).

Dacey, D.M., Peterson, B.B., Robinson, F.R., Gamlin, P.D. „Fireworks in the primate retina: In vitro photodynamics reveals diverse LGN-projecting ganglion cell types," *Neuron* **37**:15–27 (2003).

Damasio, A.R. *The Feeling of What Happens: Body and Emotion in the Making of Consciousness*. New York: Harcourt Brace (1999).

Damasio, A.R. „A neurobiology for consciousness." In: *Neural Correlates of Consciousness: Empirical and Conceptual Questions*. Metzinger, T., ed., pp. 111–120. Cambridge, MA: MIT Press (2000).

Damasio, A.R. und Anderson, S.W. „The frontal lobes." In: *Clinical Neuropsychology*. 4th ed., Heilman, K.M. and Valenstein, E. eds., pp. 404–446. New York: Oxford University Press (2003).

Damasio, A.R., Eslinger, P., Damasio, H., Van Hoesen, G.W., Cornell, S. „Multimodal amnesic syndrome following bilateral temporal and basal forebrain damage," *Arch. Neurol.* **42**:252–259 (1985).

Damasio, A.R., Tranel, D., Rizzo, M. „Disorders of complex visual processing." In: *Principles of Behavioral and Cognitive Neurology.*Mesulam,M.M., ed., pp. 332–372. Oxford, UK: Oxford University Press (2000).

Damasio, A.R., Yamada, T., Damasio, H., Corbet, J., McKee, J. „Central achromatopsia: Behavioral, anatomic and physiologic aspects," *Neurol.* **30**:1064–1071 (1980).

Dantzker, J.L. und Callaway, E.M. „Laminar sources of synaptic input to cortical inhibitory interneurons and pyramidal neurons," *Nature Neurosci.* **7**:701–707 (2000).

Das, A. und Gilbert, C.D. „Distortions of visuotopic map match orientation singularities in primary visual cortex," *Nature* **387**:594–598 (1997).

Davis, W. *Passage of Darkness: The Ethnobiology of the Haitian Zombie*. Chapel Hill, NC: University of North Carolina Press (1988).

Dawson M.E. und Furedy, J.J. „The role of awareness in human differential autonomic classical conditioning: The necessary gate hypothesis," *Psychophysiology* **13**:50–53 (1976).

Dayan P. und Abbott, L. *Theoretical Neuroscience*. Cambridge, MA: MIT Press (2001).

DeAngelis, G.C., Cumming, B.G., Newsome,W.T. „Cortical area MT and the perception of stereoscopic depth," *Nature* **394**:677–680 (1998).

DeAngelis, G.C. und Newsome, W.T. „Organization of disparity-selective neurons in macaque area MT," *J. Neurosci.* **19**:1398–1415 (1999).

de Fockert, J.W., Rees, G., Frith, C.D., Lavie, N. „The role of working memory in visual selective attention," *Science* **291**:1803–1806 (2001).

Dehaene, S. „Temporal oscillations in human perception," *Psychol. Sci.* **4**:264–270 (1993).

Dehaene, S. und Changeux, J.-P. „Neural mechanisms for access to consciousness." In: *The Cognitive Neurosciences*. 3rd ed., Gazzaniga, M., ed., in press. Cambridge, MA: MIT Press (2004).

Dehaene, S. und Naccache, L. „Towards a cognitive neuroscience of consciousness: Basic evidence and a workspace framework," *Cognition* **79**:1–37 (2001).

Dehaene, S., Naccache, L., Cohen, L., Le Bihan, D., Mangin J.-F., Poline J.-B., Rivère, D. „Cerebral mechanisms of word masking and unconscious repetition priming," *Nature Neurosci.* **4**:752–758 (2001).

Dehaene, S., Sergent, C., Changeux, J.P. „A neuronal model linking subjective report and objective neurophysiological data during conscious perception," *Proc. Natl. Acad. Sci. USA* **100**:8520–8525 (2003).

de Lima, A.D., Voigt, T., Morrison, J.H. „Morphology of the cells within the inferior temporal gyrus that project to the prefrontal cortex in the macaque monkey," *J. Comp. Neurol.* **296**:159–172 (1990).

Dennett, D. *Content and Consciousness*. Cambridge, MA: MIT Press (1969).

Dennett, D. *Brainstorms*. Cambridge, MA: MIT Press (1978).

Dennett, D. *Consciousness Explained*. Boston: Little & Brown (1991).

Dennett, D. „Are we explaining consciousness yet?" *Cognition* **79**:221–237 (2001).

Dennett, D. *Spielarten des Geistes*. Goldmann (2001).

Dennett, D. „The gift horse of philosophical instruction," *Trends Cogn. Sci.*, in press (2004).

Dennett, D. und Kinsbourne, M. „Time and the observer," *Behavioral & Brain Sci.* **15**:183–247 (1992).

Desimone, R. und Duncan, J. „Neural mechanisms of selective visual attention," *Ann. Rev. Neurosci.* **18**:193–222 (1995).

Desimone, R., Wessinger M., Thomas, L., Schneider, W. „Attentional control of visual perception: Cortical and subcortical mechanisms,“ *Cold Spring Harbor Symp. Quant. Biol.* **55**:963 – 971 (1990).

Destrebecqz, A. und Cleeremans, A. „Can sequence learning be implicit? New evidence with the process dissociation procedure,“ *Psychonomic Bull. Rev.* **8**:343 – 350 (2001). DeVries, S.H. and Baylor, D.A. „Mosaic arrangement of ganglion cell receptive fields in rabbit retina,“ *J. Neurophysiol.* **78**:2048 – 2060 (1997).

DeWeerd, P., Gattass, R., Desimone, R., Ungerleider, L.G. „Responses of cells in monkey visual cortex during perceptual filling-in of an artificial scotoma,“ *Nature* **377**:731 – 734 (1995).

DeWeerd, P., Peralta, III M.R., Desimone, R., Ungerleider, L.G. „Loss of attentional stimulus selection after extrastriate cortical lesions in macaques,“ *Nature Neurosci.* **2**:753 – 758 (1999).

DeYoe, E.A., Carman, G.J., Bandettini, P., Glickman, S., Wieser, J., Cox, R.,Miller, D., Neitz, J. „Mapping striate and extrastriate visual areas in human cerebral cortex,“ *Proc. Natl. Acad. Sci. USA* **93**:2382 – 2386 (1996).

DiCarlo, J.J. und Maunsell, J.H.R. „Form representation in monkey inferotemporal cortex is virtually unaltered by free viewing,“ *Nature Neurosci.* **3**:814 – 821 (2000).

DiLollo, V., Enns, J.T., Rensink, R.A. „Competition for consciousness among visual events: The psychophysics of reentrant visual processes,“ *J. Exp. Psychol. Gen.* **129**:481 – 507 (2000).

Ditterich, J., Mazurek, M.E., Shadlen, M.N. „Microstimulation of visual cortex affects the speed of perceptual decisions,“ *Nature Neurosci.* **6**:891 – 898 (2003).

Di Virgilio, G. und Clarke, S. „Direct interhemisphere visual input to human speech areas,“ *Human Brain Map.* **5**:347 – 354 (1997).

Dmytryk, E. *On Film Editing: An Introduction to the Art of Film Construction.* Boston: Focal Press (1984).

Dobelle, W.H. „Artificial vision for the blind by connecting a television camera to the visual cortex,“ *Am. Soc. Artificial Internal Organs J.* **46**:3 – 9 (2000).

Dolan, R.J. „Emotion, cognition, behavior,“ *Science* **298**:1191 – 1194 (2002).

Dosher, B. A. und Sperling, G. „A century of human information processing theory: Vision, attention, memory.“ In: *Perception and Cognition at Century's End.* Hochberg J., ed., pp. 201 – 254. New York: Academic Press (1998).

Douglas, R., Koch, C., Mahowald, M., Martin, K., Suarez, H. „Recurrent excitation in neocortical circuits,“ *Science* **269**:981 – 985 (1995).

Dow, B.M. „Orientation and color columns in monkey visual cortex,“ *Cerebral Cortex* **12**:1005 – 1015 (2002).

Dowling, J.E. *The Retina: An Approachable Part of the Brain.* Cambridge, MA: Harvard University Press (1987).

Doyle, D.A., Cabral, J.M., Pfuetzner, R.A., Kuo, A., Gulbis, J.M., Cohen, S.L., Chait, B.T., MaKKinnon, R. „The structure of the potassium channel: Molecular basis of K+ conduction and selectivity,“ *Science* **280**:69 – 77 (1998).

Dragoi, V., Sharma, J., Sur, M. „Adaptation-induced plasticity of orientation tuning in adult visual cortex,“ *Neuron* **28**:287 – 298 (2000).

Dragunow, M. und Faull, R. „The use of c-fos as a metabolic marker in neuronal pathway tracing,“ *J. Neurosci. Methods*, **29**:261 – 265 (1989).

Driver, J. und Baylis, G.C. „Attention and visual object segmentation.“ In: *The Attentive Brain.* Parasurama R., ed., pp. 299 – 325. Cambridge, MA: MIT Press (1998).

Driver, J. und Mattingley, J.B. „Parietal neglect and visual awareness," *Nature Neurosci.* **1**:17–22 (1998).

Drummond, J.C. „Monitoring depth of anesthesia: With emphasis on the application of the bispectral index and the middle latency auditory evoked response to the prevention of recall," *Anesthesiology* **93**:876–882 (2000).

Dudai, Y. *The Neurobiology of Memory: Concepts, Findings, Trends.* New York: Oxford University Press (1989).

Duncan, J. „Selective attention and the organization of visual information," *J. Exp. Psychology: General* **113**:501–517 (1984).

Duncan, J. „Converging levels of analysis in the cognitive neuroscience of visual attention," *Phil. Trans. R. Soc. Lond. B* **353**:1307–1317 (1998).

Duncan, J. „An adaptive coding model of neural function in prefrontal cortex," *Nature Rev. Neurosci.* **2**:820–829 (2001).

Eagleman, D.M. und Sejnowski, T.J. „Motion integration and postdiction in visual awareness," *Science* **287**:2036–2038 (2000).

Ebner, A., Dinner, D.S., Noachtar, S., Lüders, H. „Automatisms with preserved responsiveness: A lateralizing sign in psychomotor seizures," *Neurology* **45**:61–64 (1995).

Eccles, J.C. „Do mental events cause neural events analogously to the probability fields of quantum mechanics?" *Proc. Roy. Soc. Lond. B* **227**:411–428 (1986).

Eccles, J.C. *Evolution of the Brain: Creation of the Self.* London: Routledge (1988). [Deutsche Ausgabe: *Die Evolution des Gehirns – die Erschaffung des Selbst.* Piper (2002)]

Eckhorn, R., Bauer, R., Jordan,W., Brosch, M., Kruse,W., Munk, M., Reitböck, H.J. „Coherent oscillations: a mechanism of feature linking in the visual cortex?" *Biol. Cybern.* **60**:121–130 (1988).

Eckhorn, R., Frien, A., Bauer, R., Woelbern, T., Kehr, H. „High frequency (60–90 Hz) oscillations in primary visual cortex of awake monkey," *Neuroreport* **4**:243–246 (1993).

Edelman, G.M. *The Remembered Present: A Biological Theory of Consciousness.* New York: Basic Books (1989).

Edelman, G.M. „Naturalizing consciousness: A theoretical framework," *Proc. Natl. Acad. Sci. USA* **100**:5520–5524 (2003).

Edelman, G.M. und Tononi, G. *A Universe of Consciousness.* New York: Basic Books (2000).

Efron, R. „The duration of the present," *Annals New York Acad. Sci.* **138**:713–729 (1967).

Efron, R. „The minimum duration of a perception," *Neuropsychologia* **8**:57–63 (1970a).

Efron, R. „The relationship between the duration of a stimulus and the duration of a perception," *Neuropsychologia* **8**:37–55 (1970b).

Efron, R. „An invariant characteristic of perceptual systems in the time domain," *Attention and Performance* **4**:713–736 (1973a).

Efron, R. „Conservation of temporal information by perceptual systems," *Perception & Psychophysics* **14**:518–530 (1973b).

Egeth, H.E. und Yantis, S. „Visual attention: Control, representation, time course," *Ann. Rev. Psychol.* **48**:269–297 (1997).

Eichenbaum, H. *The Cognitive Neuroscience of Memory.* New York: Oxford University Press (2002).

Ekstrom, A.D., Kahana, M.J., Caplan, J.B., Fields, T.A., Isham, E.A., Newman, E.L., Fried, I. „Cellular networks underlying human spatial navigation," *Nature* **425**:184–188 (2003).

Elger, C.E. „Semeiology of temporal lobe seizures." In: *Intractable Focal Epilepsy.* Oxbury, J., Polkey, C.E., Duchowny, M., eds., pp. 63–68. Philadelphia: Saunders (2000).

Eliasmith, C. *How Neurons Mean: A Neurocomputational Theory of Representational Content.* Ph.D. Dissertation, Dept. of Philosophy,Washington University, St. Louis, MO (2000).

Ellenberger, H.F. *The Discovery of the Unconscious.* New York: Basic Books (1970).

Elston, G.N. „Pyramidal cells of the frontal lobe: All the more spinous to think with," *J. Neurosci.* **20**:RC95 (1–4) (2000).

Elston, G.N. und Rosa, M.G.P. „The occipitoparietal pathway of the macaque monkey: Comparison of pyramidal cell morphology in layer III of functionally related cortical visual areas," *Cerebral Cortex* **7**:432–452 (1997).

Elston, G.N. und Rosa, M.G.P. „Morphological variation of layer III pyramidal neurones in the occipitotemporal pathway of themacaquemonkey visual cortex," *Cerebral Cortex* **8**:278–294 (1998).

Elston, G.N., Tweedale, R., Rosa, M.G.P. „Cortical integration in the visual system of the macaque monkey: Large-scale morphological differences in the pyramidal neurons in the occipital, parietal and temporal lobes," *Proc. R. Soc. Lond.* B **266**:1367–1374 (1999).

Engel, A.K., Fries, P., König, P., Brecht, M., Singer, W. „Temporal binding, binocular rivalry, consciousness," *Consc. & Cognition* **8**:128–151 (1999).

Engel, S.A., Glover, G.H., Wandell, B.A. „Retinotopic organization in human visual cortex and the spatial precision of functional MRI," *Cerebral Cortex* **7**:181–192 (1997).

Engel, A.K., König, P., Gray, C.M., Singer,W. „Stimulus-dependent neuronal oscillations in cat visual cortex: Inter-columnar interaction as determined by crosscorrelation analysis," *Eur. J. Neurosci.* **2**:588–606 (1990).

Engel, A.K., König, P., Kreiter, A.K., Singer, W. „Interhemispheric synchronization of oscillatory neuronal responses in cat visual cortex," *Science* **252**:1177–1179 (1991).

Engel, A.K. und Singer, W. „Temporal binding and the neural correlates of sensory awareness," *Trends Cogn. Sci.* **5**:16–25 (2001).

Engel, S.A., Zhang, X., Wandell, B.A. „Colour tuning in human visual cortexmeasured with functional magnetic resonance imaging," *Nature* **388**:68–71 (1997).

Enns, J.T. und DiLollo, V. „What's new in visual masking," *Trends Cogn. Sci.* **4**:345–352 (2000).

Enroth-Cugell, C. und Robson, J.G. „Functional characteristics and diversity of cat retinal ganglion cells," *Inv. Ophthalmol. Vis. Sci.* **25**:250–267 (1984).

Epstein, R. und Kanwisher, N. „A cortical representation of the local visual environment," *Nature* **392**:598–601 (1998).

Ermentrout, B.G. und Kleinfeld, D. „Traveling electrical waves in cortex: Insights form phase dynamics and speculation on a computational role," *Neuron* **29**:33–44 (2001).

Fahle, M. „Figure-ground discrimination from temporal information," *Proc. R. Soc. Lond.* B **254**:199–203 (1993).

Farah, M.J. *Visual Agnosia.* Cambridge, MA: MIT Press (1990).

Farber, I. und Churchland, P.S. „Consciousness and the neurosciences: Philosophical and theoretical issues." In: *The Cognitive Neurosciences.* 1st ed., Gazzaniga,M.S., ed., pp. 1295–1306. Cambridge, MA: MIT Press (1995).

Fearing, F. *Reflex Action.* Cambridge, MA: MIT Press (1970).

Feldman, M.H. „Physiological observations in a chronic case of locked-in syndrome," *Neurol.* **21**:459–478 (1971).

Felleman, D.J. und Van Essen, D.C. „Distributed hierarchical processing in the primate cerebral cortex," *Cerebral Cortex* **1**:1–47 (1991).

Fendt, M. und Fanselow, M.S. „The neuroanatomical and neurochemical basis of conditioned fear," *Neurosci. & Biobehavioral Rev.* **23**:743–760 (1999).

Ffytche, D.H., Guy, C.N., Zeki, S. „Motion specific responses from a blind hemi-field," *Brain* **119**:1971–1982 (1996).

Ffytche,D.H., Howard, R.J., Brammer,M.J., David, A.,Woodruff, P., Williams, S. „The anatomy of conscious vision: An fMRI study of visual hallucinations," *Nature Neurosci.* **1**:738–742 (1998).

Finger, S. *Origins of Neuroscience.* New York: Oxford University Press (1994).

Fiorani, M. Jr., Rosa, M.G.P., Gattass, R., Rocha-Miranda, C.E. „Dynamic surrounds of receptive fields in primate striate cortex: A physiological basis for perceptual completion?" *Proc. Natl. Acad. Sci. USA* **89**:8547–8551 (1992).

Flaherty, M.G. *A Watched Pot: How We Experience Time.* New York: University Press (1999).

Flanagan, O. *Consciousness Reconsidered.* Cambridge, MA: MIT Press (1992).

Flanagan, O. *Dreaming Souls.* New York: Oxford University Press (2000).

Flanagan, O. *The Problem of the Soul.* New York: Basic Books (2002).

Flohr, H. „NMDA receptor-mediated computational processes and phenomenal consciousness." In: *Neural Correlates of Consciousness: Empirical and Conceptual Questions.* Metzinger, T., ed., pp. 245–258. Cambridge, MA: MIT Press (2000).

Flohr, H., Glade, U., Motzko, D. „The role of the NMDA synapse in general anesthesia," *Toxicology Lett.* **100**:23–29 (1998).

Foote, S.L., Aston-Jones, G., Bloom, F.E. „Impulse activity of locus coeruleus neurons in awake rats and monkeys is a function of sensory stimulation and arousal," *Proc. Natl. Acad. Sci. USA* **77**:3033–3037 (1980).

Foote, S.L. und Morrison, J.H. „Extrathalamic modulation of cortical function," *Ann. Rev. Neurosci.* **10**:67–95 (1987).

Forster, E.M. und Whinnery, J.E. „Recovery from Gz-induced loss of consciousness: Psychophysiologic considerations," *Aviation, Space, Env. Med.* **59**:517–522 (1988).

Frank, L.M., Brown, E.N., Wilson, M. „Trajectory encoding in the hippocampus and entorhinal cortex," *Neuron* **27**:169–178 (2000).

Franks, N.P. und Lieb, W.R. „Molecular and cellular mechanisms of general anesthesia," *Nature* **367**:607–614 (1994).

Franks, N.P. und Lieb,W.R. „The molecular basis of general anesthesia: Current ideas." In: *Toward a Science of Consciousness II.* Hameroff, S.R., Kasezniak, A.W., Scott, A.C., eds., pp.443–457. Cambridge, MA: MIT Press (1998).

Franks, N.P. und Lieb, W.R. „The role of NMDA receptors in consciounsess: What can we learn from anesthetic mechanisms?" In: *Neural Correlates of Consciousness: Empirical and Conceptual Questions.* Metzinger, T., ed., pp. 265–269. Cambridge, MA: MIT Press (2000).

Franz, V.H., Gegenfurtner, K.R., Bülthoff, H.H., Fahle, M. „Grasping visual illusions: No evidence for a dissociation between perception and action," *Psychol. Sci.* **11**:20–25 (2000).

Freedman, D.J., Riesenhuber, M., Poggio, T., Miller, E.K. „Categorical representation of visual stimuli in the primate prefrontal cortex," *Science* **291**:312–316 (2001).

Freedman, D.J., Riesenhuber, M., Poggio, T., Miller, E.K. „Visual categorization and the primate prefrontal cortex: Neurophysiology and behavior," *J. Neurophysiol.* **88**:929–941 (2002).

Freeman,W.J. *Mass Action in the Nervous System.* New York: Academic Press (1975).

Freud, S. *Gesammelte Werke, 18 Bände und Nachtragsbände.* Fischer (2001).

Freud, S. „Das Unbewusste," *Int. Zeitschrift Psychoanal.* **3(4)**:189–203 and **3(5)**:257–269 (1915).

Freund, T.F. und Buzsáki, G. „Interneurons in the hippocampus," *Hippocampus* **6**:347–470 (1996).

Fried, I. „Auras and experiental responses arising in the temporal lobe." In: *The Neuropsychiatry of Limbic and Subcortical Disorders*. Salloway S.,Malloy P., Cummings J.L., eds., pp. 113–122. Washington, DC: American Psychiatric Press (1997).

Fried, I.,Wilson, C.L., MacDonald, K.A., Behnke, E.J. „Electric current stimulates laughter," *Nature* **391**:650 (1998).

Friedman-Hill, S.,Maldonado, P.E., Gray, C.M. „Dynamics of striate cortical activity in the alert macaque: I. Incidence and stimulus-dependence of gamma-band neuronal oscillations," *Cerebral Cortex* **10**:1105–1116 (2000).

Fries, P., Neuenschwander, S., Engel, A.K., Goebel, R., Singer, W. „Rapid feature selective neuronal synchronization through correlated latency shifting," *Nature Neurosci.* **4**:194–200 (2001a).

Fries, P., Reynolds, J.H., Rorie, A.E., Desimone, R. „Modulation of oscillatory neuronal synchronization by selective visual attention," *Science* **291**:1560–1563 (2001b).

Fries, P., Schröder, J.-H., Singer, W., Engel, A.K. „Conditions of perceptual selection and suppression during interocular rivalry in strabismic and normal cats," *Vision Res.* **41**:771–783 (2001c).

Fries, W. „Pontine projection from striate and prestriate visual cortex in the macaque monkey: An anterograde study," *Vis. Neurosci.* **4**:205–216 (1990).

Fries, P., Roelfsema, P.R., Engel, A.K., König, P., Singer, W. „Synchronization of oscillatory responses in visual cortex correlates with perception in interocular rivalry," *Proc. Natl. Acad. Sci. USA* **94**:12699–12704 (1997).

Frith, C.D. „The role of prefrontal cortex in self-consciousness: The case of auditory hallucinations," *Phil. Trans. Roy. Soc. Lond. B* **351**:1505–1512 (1996).

Fuster, J.M. „Unit activity in prefrontal cortex during delayed-response performance: Neuronal correlates of transient memory," *J. Neurophysiol.* **36**:61–78 (1973).

Fuster, J.M. *Memory in the Cerebral Cortex*. Cambridge, MA: MIT Press (1995).

Fuster, J.M. *The Prefrontal Cortex: Anatomy, Physiology, and Neuropsychology of the Frontal Lobe*. 3rd ed. Philadelphia: Lippincott-Raven (1997).

Fuster, J.M. „Executive frontal functions," *Exp. Brain Res.* **133**:66–70 (2000).

Gail, A., Brinksmeyer, H.J., Eckhorn, R. „Perception-related modulations of local field potential power and coherence in primary visual cortex of awake monkey during binocular rivalry," *Cerebral Cortex*, in press (2004).

Galambos, R., Makeig, S., Talmachoff, P.J. „A 40-Hz auditory potential recorded from the human scalp," *Proc. Natl. Acad. Sci.* **78**:2643–2647 (1981).

Galin, D. „The structure of awareness: Contemporary applications of William James' forgotten concept of 'the fringe'," *J. Mind & Behavior* **15**:375–402 (1997).

Gallant, J.L., Connor, C.E., Van Essen, D.C. „Neural activity in areas V1, V2 and V4 during free viewing of natural scenes compared to controlled viewing," *Neuroreport* **9**:2153–2158 (1997).

Gallant, J.L., Shoup, R.E., Mazer, J.A. „A human extrastriate area functionally homologous to macaque V4," *Neuron* **27**:227–235 (2000).

Gallistel, C.R. *The Organization of Learning*. Cambridge, MA: MIT Press (1990).

Gandhi, S.P., Heeger, D.J., Boynton, G.M. „Spatial attention affects brain activity in human primary visual cortex," *Proc. Natl. Acad. Sci. USA* **96**:3314–3319 (1999).

Gangestad, S.W., Thornhill, R., Garver, C.E. „Changes in women's sexual interests and their partners' mate-retention tactics across the menstrual cycle: Evidence for shifting conflicts of interest," *Proc. Roy. Soc. Lond. B* **269**:975–982 (2002).

Gawne, T.J. und Martin, J.M. „Activity of primate V1 cortical neurons during blinks," *J. Neurophysiol.* **84**:2691–2694 (2000).

Gazzaniga, M.S. „Principles of human brain organization derived from split-brain studies," *Neuron* **14**:217–228 (1995).

Gegenfurtner, K. R. und Sperling, G. „Information transfer in iconic memory experiments," *J. Exp. Psychol.* **19**:845–866 (1993).

Geissler, H.G., Schebera, F.U., Kompass, R. „Ultra-precise quantal timing: evidence from simultaneity thresholds in long-range apparent movement," *Percept. Psychophys.* **61**:707–726 (1999).

Gershon, M.D. *The Second Brain: The Scientific Basis of Gut Instinct.* New York:Harper Collins (1998). [Deutsche Ausgabe: *Der kluge Buch.* Goldmann (2001).]

Geschwind, N. und Galaburda, A.M. *Cerebral Laterization.* Cambridge,MA:MITPress (1987).

Gho, M. und Varela, F.J. „A quantitative assessment of the dependency of the visual temporal frame upon the cortical rhythm," *J. Physiol. Paris* **83**:95–101 (1988).

Ghose, G.M. und Maunsell, J.H.R. „Attentional modulation in visual cortex depends on task timing," *Nature* **419**:616–620 (2002).

Giacino, J.T. „Disorders of consciousness: Differential diagnosis and neuropathologic features," *Seminars Neurol.* **17**:105–111 (1997).

Gibson, J.J. *The Senses Considered as a Perceptual System.* Boston: Houghton Mifflin (1966).

Gibson, J.R., Beierlein, M., Connors, B.W. „Two networks of electrically coupled inhibitory neurons in neocortex," *Nature* **402**:75–79 (1999).

Gladwell, M. „Wrong turn," *The New Yorker*, June 11, 50–61 (2001).

Glickstein, M. „How are visual areas of the brain connected to motor areas for the sensory guidance of movement?" *Trends Neurosci.* **23**:613–617 (2000).

Gloor, P. „Consciousness as a neurological concept in epileptology: A critical review," *Epilepsia* **27 (Suppl 2)**:S14–S26 (1986).

Gloor, P., Olivier A., Ives J. „Loss of consciousness in temporal lobe seizures: Observations obained with stereotaxic depth electrode recordings and stimulations." In: *Adv. in Epileptology: 11th Epilepsy Intl. Symposium.* Canger, R., Angeleri, F., Penry, J.K., eds., pp. 349–353. New York: Raven Press (1980).

Goebel, R., Khorram-Sefat, D., Muckli, L., Hacker, H., Singer, W. „The constructive nature of vision: Direct evidence from functional magnetic resonance imaging studies of apparent motion and motion imagery," *Eur. J. Neurosci.* **10**:1563–1573 (1998).

Gold, J.L. und Shadlen, M.N. „Banburismus and the brain: Decoding the relationship between sensory stimuli, decisions, and reward," *Neuron* **36**:299–308 (2002).

Goldberg, E. *The Executive Brain: Frontal Lobes and the Civilized Mind.* New York: Oxford University Press (2001). [Deutsche Ausgabe: *Die Regie im Gehirn.* VAK Verlags GmbH (2002)]

Goldman-Rakic, P.S. „Architecture of the prefrontal cortex and the central executive," *Annals New York Acad. Sci.* **769**:71–83 (1995).

Goldman-Rakic, P.S., Scalaidhe, S.P.O., Chafee, M.W. „Domain specificity in cognitive systems." In: *The New Cognitive Neurosciences.* 2nd ed., Gazzaniga, M.S., ed., pp. 733–742. Cambridge, MA: MIT Press (2000).

Goldstein, K. und Gelb, A. „Psychologische Analysen hirnpathologischer Fälle auf Grund von Untersuchungen Hirnverletzter. I Zur Psychologie des optische Wahrnehmungs- und Erkennungsvorganges," *Z. Neurologie & Psychiatrie* **41**:1–142 (1918).

Goodale, M.A. „Perception and action in the human visual system." In: *The New Cognitive Neurosciences*. 2nd ed., Gazzaniga, M.S., ed., pp. 365–377. Cambridge, MA: MIT Press (2000).

Goodale, M.A., Jakobson, L.S., Keillor, J.M. „Differences in the visual control of pantomimed and natural grasping movements," *Neuropsychologia* **32**:1159–1178 (1994).

Goodale, M.A. und Milner, A.D. *Sight Unseen*. Oxford, UK: Oxford University Press (2004).

Goodale, M.A., Pelisson, D., Prablanc, C. „Large adjustments in visually guided reaching do not depend on vision of the hand or perception of target displacement," *Nature* **320**:748–750 (1986).

Gordon, H.W. und Bogen, J.E. „Hemispheric lateralization of singing after intracarotid sodium amylobarbitone," *J.Neurol. Neurosurg. Psychiat.* **37**:727–738 (1974).

Gottlieb, J.P., Kusunoki, M., Goldberg, M.E. „The representation of visual salience in monkey parietal cortex," *Nature* **391**:481–484 (1998).

Gowdy, P.D., Stromeyer, C.F. III, Kronauer, R.E. „Detection of flickering edges: Absence of a red-green edge detector," *Vision Res.* **39**:4186–4191 (1999).

Grafman, J., Holyoak, K.J., Boller, F., eds. *Structure and Function of the Human Prefrontal Cortex. Annals New York Acad. Sci.* **769** (1995).

Granon, S., Faure, P., Changeux, J.P. „Executive and social behaviors under nicotinic receptor regulation," *Proc. Natl. Acad. Sci. USA* **100**:9596–9601 (2003).

Gray, C.M. „The temporal correlation hypothesis of visual feature integration: Still alive and well," *Neuron* **24**:31–47 (1999).

Gray, C.M., König, P., Engel, A.K., Singer, W. „Oscillatory responses in cat visual cortex exhibit inter-columnar synchronization which reflects global stimulus properties," *Nature* **338**:334–337 (1989).

Gray, C.M. und Singer, W. „Stimulus-specific neuronal oscillations in orientation columns of cat visual cortex," *Proc. Natl. Acad. Sci. USA* **86**:1698–1702 (1989).

Graziano, M.S.A., Taylor, C.R.S., Moore, T. „Complex movements evoked by microstimulation of precentral cortex," *Neuron* **34**:841–851 (2002).

Greenfield, S.A. *Journeys to the Centers of the Mind. Toward a Science of Consciousness*. New York: W.H. Freeman (1995). [Deutsche Ausgabe: *Reiseführer Gehirn*. Spektrum Akademischer Verlag (2003).]

Gregory, R.L. „Cognitive contours," *Nature* **238**:51–52 (1972).

Gregory, R.L. *Eye and Brain: The Psychology of Seeing*. 5th ed. Princeton,NJ: Princeton University Press (1997). [Deutsche Ausgabe: *Auge und Gehirn. Psychologie des Sehens*. Rowohlt Tb. (2001).]

Grieve, K.L., Acuna, C., Cudeiro, J. „The primate pulvinar nuclei: Vision and action," *Trends Neurosci.* **23**:35–38 (2000).

Griffin, D.R. *Animal Minds: Beyond Cognition to Consciousness*. Chicago, IL:University of Chicago Press (2001).

Griffin, D.R. und Speck, G.B. „New evidence of animal consciousness," *Animal Cognition*, in press (2004).

Grimes, J. „On the failure to detect changes in scenes across saccades." In: *Perception (Vancouver Studies in Cognitive Science, Vol. 2)*. Akins, K., ed., pp. 89–110. Oxford, UK: Oxford University Press (1996).

Gross, C.G. *Brain, Vision, Memory: Tales in the History of Neuroscience*. Cambridge, MA: MIT Press (1998).

Gross, C.G. „Genealogy of the 'Grandmother cell'," *Neuroscientist* **8**:512–518 (2002).

Gross, C.G., Bender, D.B., Rocha-Miranda, C.E. „Visual receptive fields of neurons in infero-temporal cortex of the monkey," *Science* **166**:1303–1306 (1969).

Gross, C.G. und Graziano, M.S.A. „Multiple representations of space in the brain," *Neuroscientist* **1**:43–50 (1995).

Gross, C.G., Rocha-Miranda C.E., Bender D.B. „Visual properties of neurons in inferotemporal cortex of the macaque," *J. Neurophysiol.* **35**:96–111 (1972).

Grossberg, S. „The link between brain learning, attention, and consciousness," *Conscious. Cogn.* **8**:1–44 (1999).

Grossenbacher, P.G. und Lovelace, C.T. „Mechanisms of synaesthesia: Cognitive and physiological constraints," *Trends Cogn. Sci.* **5**:36–41 (2001).

Grossmann, R.G. „Are current concepts and methods in neuroscience inadequate for studying the neural basis of consciousuness and mental activity?" In: *Information Processing in the Nervous System*, Pinsker, H.M. and Willis,W.D. Jr., eds. NewYork: Raven Press (1980).

Grunewald, A., Bradley, D.C., Andersen, R.A. „Neural correlates of structurefrom-motion perception in macaque V1 and MT," *J. Neurosci.* **22**:6195–6207 (2002).

Grush, R. und Churchland, P.S. „Gaps in Penrose's toiling," *J. Consc. Studies* **2**:10–29 (1995).

Grüser, O.J. und Landis, T. *Visual Agnosias and Other Disturbances of Visual Perception and Cognition*. Houndmills, UK: MacMillan Press (1991).

Guilleminault, C. „Cataplexy." In: *Narcolepsy*. Guilleminault, C., Dennet, W.C., Passouant, P. eds., pp. 125–143. New York: Spectrum (1976).

Gur, M. und Snodderly, D.M. „A dissociation between brain activity and perception: Chromatically opponent cortical neurons signal chromatic flicker that is not perceived," *Vision Res.* **37**:377–382 (1997).

Haarmeier, T., Thier, P., Repnow, M., Petersen, D. „False perception of motion in a patient who cannot compensate for eye movements," *Nature* **389**:849–852 (1997).

Hadamard, J. *The Mathematician's Mind*. Princeton, NJ: Princeton University Press (1945).

Hadjikhani, N., Liu, A.K., Dale, A.M., Cavanagh, P., Tootell, R.B. „Retinotopy and color sensitivity in human visual cortical area V8," *Nature Neurosci.* **1**:235–241 (1998).

Hahnloser, R.H.R., Kozhevnikov, A.A., Fee, M.S. „An ultra-sparse code underlies the generation of neural sequences in a songbird," *Nature* **419**:65–70 (2002).

Haines, R.F. „A breakdown in simultaneous information processing." In: *Presbyopia Research: From Molecular Biology to Visual Adaptation*. Obrecht, G. and Stark, L., eds., pp. 171–175. New York: Plenum Press (1991).

Hameroff, S.R. und Penrose, R. „Orchestrated reduction of quantum coherence in brain microtubules: A model for consciousness." In: *Toward a Science of Consciousness*. Hameroff, S.R., Kaszniak, A.W., Scott, A.C., eds., pp. 507–540. Cambridge, MA: MIT Press (1996).

Hamker, F.H. „A dynamic model of how feature cues guide spatial attention," *Vision Res.*, in press (2004).

Hamker, F.H. und Worcester, J. „Object detection in natural scenes by feedback." In: *Biologically Motivated Computer Vision. Lecture Notes in Computer Science*. Büelthoff, H.H., ed., pp. 398–407. Berlin: Springer (2002).

Han, C.J., O'Tuathaigh, C.M., van Trigt, L., Quinn, J.J., Fanselow, M.S., Mongeau, R., Koch, C., Anderson, D.J. „Trace but not delay fear conditioning requires attention and the anterior cingulate cortex," *Proc. Natl. Acad. Sci. USA*, **100**:13087–13092 (2003).

Hardcastle, V.G. „Attention versus consciousness." In: *Neural Basis of Consciousness*. Osaka N., ed., pp. 105–121. Amsterdam, Netherlands: John Benjamins (2003).

Hardin, C.L. *Color for Philosophers: Unweaving the Rainbow.* Indianapolis, IN: Hackett Publishing Company (1988).

Harris, K.D., Csicsvar, J., Hirase,H., Dragoi, G., Buzśaki, G. „Organization of cell assembles in the hippocampus," *Nature* **424**:552–556 (2003).

Harrison, R.V., Harel, N., Panesar, J., Mount, R.J. „Blood capillary distribution correlates with hemodynamic-based functional imaging in cerebral cortex," *Cerebral Cortex* **12**:225–233 (2002).

Harter, M.R., „Excitability cycles and cortical scanning: A review of two hypotheses of central intermittency in perception," *Psychol. Bull.* **68**:47–58 (1967).

Haxby, J.V., Gobbini, M.I., Furey, M.L., Ishai, A., Schouten, J.L., Pietrini, P. „Distributed and overlapping representations of faces and objects in ventral temporal cortex," *Science* **293**:2425–2430 (2001).

Haxby, J.V., Hoffman, E.A., Gobbini, M.I. „The distributed human neural system for face perception," *Trends Cogn. Sci.* **4**:223–233 (2000).

He, S., Cavanagh, P., Intrilligator, J. „Attentional resolution and the locus of visual awareness," *Nature* **383**:334–337 (1996).

He, S., Cohen, E.R., Hu, X. „Close correlation between activity in brain area MT/V5 and the perception of a visual motion aftereffect," *Curr. Biol.* **8**:1215–1218 (1998).

He, S. und MacLeod, D.I.A. „Orientation-selective adaptation and tilt aftereffect from invisible patterns," *Nature* **411**:473–476 (2001).

Hebb, D.O. *The Organization of Behavior: A Neuropsychological Theory.* New York: Wiley (1949).

Heeger, D.J., Boynton, G.M., Demb, J.B., Seideman, E., Newsome, W.T. „Motion opponency in visual cortex," *J. Neurosci.* **19**:7162–7174 (1999).

Heeger, D.J., Huk, A.C., Geisler, W.S., Albrecht, D.G. „Spikes versus BOLD: What does neuroimaging tell us about neuronal activity," *Nature Neurosci.* **3**:631–633 (2000).

Heilman, K.M., Watson, R.T., Valenstein, E. „Neglect and related disorders." In: *Clinical Neuropsychology.* 4th ed., Heilman, K.M. and Valenstein, E., eds., pp. 296–346. New York: Oxford University Press (2003).

Heinemann, S.H., Terlau, H., Stühmer, W., Imoto, K., Numa, S. „Calciumchannel characteristics conferred on the sodium-channel by single mutations," *Nature* **356**:441–443 (1992).

Heisenberg, M. und Wolf, R. *Vision in Drosophila: Genetics of Microbehavior. Studies in Brain Function, Vol. 12.* Heidelberg, Germany: Springer (1984).

Herrigel, E. *Zen in the Art of Archery.* New York: Pantheon Books (1953).

Herzog, M. und Koch, C. „Seeing properties of an invisible object: Feature inheritance and shinethrough," *Proc. Natl. Acad. Sci. USA* **98**:4271–4275 (2001).

Herzog, M., Parish, L., Koch, C., Fahle, M. „Fusion of competing features is not serial," *Vision Res.* **43**:1951–1960 (2003).

Hess, R.H., Baker, C.L., Zihl, J. „The motion-blind patient: Low-level spatial and temporal filters," *J. Neurosci.* **9**:1628–1640 (1989).

Heywood, C.A. und Zihl, J. „Motion blindness." In: *Case Studies in the Neuropsychology of Vision.* Humphreys, G.W., ed., pp. 1–16. Psychology Press (1999).

Hilgetag, C.-C., O'Neill, M.A., Young, M.P. „Indeterminate organization of the visual system," *Science* 271: 776–777 (1996).

Hille, B. *Ionic Channels of ExcitableMembranes.* 3rd ed. Sunderland, MA: SinauerAssociates: (2001).

Hirsh, I.J. und Sherrick, C.E. „Perceived order in different sense modalities," *J. Exp. Psychol.* **62**:423–432 (1961).

Hobson, J.A. *Sleep.* New York: Scientific American Library, Freeman (1989). [Deutsche Ausgabe: *Schlaf. Gehirnaktivität im Ruhezustand.* Spektrum Akademischer Verlag (2000).]

Hobson, J.A. *Consciousness.* New York: Scientific American Library, Freeman (1999).

Hobson, J.A., Stickgold, R., Pace-Schott, E.F. „The neurophysiology of REM sleep dreaming," *Neuroreport* **9**:R1–R14 (1998).

Hochstein, S. und Ahissar, M. „View from the top: Hierarchies and reverse hierarchies in the visual system," *Neuron* **36**:791–804 (2002).

Hofstötter, C., Koch, C., Kiper, D.C. „Absence of high-level contributions to the formation of afterimages," *Soc. Neurosci. Abstr.*, **819**:24 (2003).

Holender, D. „Semantic activation without conscious identification in dichotic listening, parafoveal vision, and visual masking: A survey and appraisal," *Behav. Brain Sci.* **9**:1–23 (1986).

Holt, G.R. und Koch, C. „Electrical interactions via the extracellular potential near cell bodies," *J. Computat. Neurosci.* **6**:169–184 (1999).

Holy, T.E., Dulac, C., Meister, M. „Responses of vomeronasal neurons to natural stimuli," *Science* **289**:1569–1572 (2000).

Horgan, J. *The End of Science.* Reading, MA: Addison-Wesley (1996).

Horton, J.C. und Hedley-Whyte, E.T. „Mapping of cytochrome oxidase patches and ocular dominance columns in human visual cortex," *Phil. Trans. Roy. Soc. Lond. B* **304**:255–272 (1984).

Horton, J.C. und Hoyt, W.F. „The representation of the visual field in human striate cortex," *Arch. Opthalmology* **109**:816–824 (1991a).

Horton, J.C. und Hoyt, W.F. „Quadratic visual field defects: A hallmark of lesions in extrastriate (V2/V3) cortex," *Brain* **114**:1703–1718 (1991b).

Hu, Y. und Goodale, M.A. „Grasping after a delay shifts size-scaling from absolute to relative metrics," *J. Cogn. Neurosci.* **12**:856–868 (2000).

Hubel, D.H. *Eye, Brain, and Vision.* New York: Scientific American Library (1988). [Deutsche Ausgabe: *Auge und Gehirn. Neurobiologie des Sehens.* Spektrum Akademischer Verlag (2000).]

Hubel, D.H. und Wiesel, T.N. „Receptive fields of single neurons in the cat's striate cortex," *J. Physiol.* **148**:574–591 (1959).

Hubel, D.H. und Wiesel, T.N. „Receptive fields, binocular interaction and functional architecture in the cat's visual cortex," *J. Physiol.* **160**:106–154 (1962).

Hubel, D.H. und Wiesel, T.N. „Receptive fields and functional architecture of monkey striate cortex," *J. Physiol.* **195**:215–243 (1968).

Hübener M., Shoham, D., Grinvald, A., Bonhoeffer, T. „Spatial relationships among three columnar systems in cat area 17," *J. Neurosci.* **17**:9270–9284 (1997).

Huerta, M.F., Krubitzer, L.A., Kaas, J.H. „Frontal eye field as defined by intracortical microstimulation in squirrel monkeys, owl monkeys and macaque monkeys: I. Subcortical connections," *J. Comp. Neurol.* **253**:415–439 (1986).

Huk, A.C., Ress, D., Heeger, D.J. „Neuronal basis of the motion aftereffect reconsidered," *Neuron* **32**:161–172 (2001).

Hunter, J. und Jasper, H.H. „Effects of thalamic stimulation in unanesthetized cats," *EEG Clin. Neurophysiol.* **1**:305–315 (1949).

Hupe, J.M., James, A.C., Payne, B.R., Lomber, S.G., Girard, P., Bullier, J. „Cortical feedback improves discrimination between figure and background by V1, V2, and V3 neurons," *Nature* **394**:784–787 (1998).

Husain, M. und Rorden, C. „Non-spatially lateralized mechanisms in hemispatial neglect," *Nature Rev. Neurosci.* **4**:26–36 (2003).

Huxley, T.H. *Animal Automatism, and Other Essays*. Humboldt Library of Popular Science Literature. New York: J. Fitzgerald (1884).

Ilg, U.J. und Thier, P. „Inability of rhesus monkey area V1 to discriminate between selfinduced and externally induced retinal image slip," *Eur. J. Neurosci.* **8**:1156–1166 (1996).

Inoue, Y. und Mihara, T. „Awareness and responsiveness during partial seizures," *Epilepsia* **39**:7–10 (1998).

Ishai, A., Ungerleider, L.G., Martin, A., Haxby, J.V. „The representation of objects in the human occipital and temporal cortex," *J. Cogn. Neurosci.* **12 (Suppl. 2)**:35–51 (2000).

Ito, M. und Gilbert, C.D. „Attention modulates contextual influences in the primary visual cortex of alert monkeys," *Neuron* **22**:593–604 (1999).

Ito, M., Tamura, H., Fujita, I., Tanaka, K. „Size and position invariance of neuronal responses in monkey inferotemporal cortex," *J. Neurophysiol.* **73**:218–226

(1995).

Itti, L. und Koch, C. „A saliency-based search mechanism for overt and covert shifts of visual attention," *Vision Res.* **40**:1489–1506 (2000).

Itti, L. und Koch, C. „Computational modeling of visual attention," *Nature Rev. Neurosci.* **2**:194–204 (2001).

Itti, L., Koch, C., Niebur, E. „A model of saliency-based visual attention for rapid scene analysis," *IEEE Trans. Pattern Analysis &Machine Intell. (PAMI)* **20**:1254–1259 (1998).

Jackendoff, R. *Consciousness and the Computational Mind*. Cambridge, MA:MIT Press (1987).

Jackendoff, R. „How language helps us think," *Pragmatics & Cognition* **4**:1–34 (1996).

Jacobson, A., Kales, A., Lehmann, D., Zweizig, J.R. „Somnambulism: All-night electroencephalographic studies," *Science* **148**:975–977 (1965).

Jacoby, L.L. „A process dissociation framework: Separating automatic from intentional uses of memory," *J. Memory Lang.* **30**:513–541 (1991).

James, W. *The Principles of Psychology*. New York: Dover Publications (1890).

James, W. *Psychology: Briefer Course*. New York: Collier Books (1962).

Jameson, K.A., Highnote, S.M., Wasserman, L.M. „Richer color experience in observers with multiple photopigment opsin genes," *Psychonomic Bulletin & Rev.* **8**:244–261 (2001).

Järvilehto, T. „The theory of the organism-environment system: IV. The problem of mental activity and consciousness," *Int. Physiol. Behav. Sci.* **35**:35–57 (2000).

Jasper, H.H. „Sensory information and conscious experience," *Adv. Neurol.* **77**:33–48 (1998).

Jaynes, J. *The Origin of Consciousness in the Breakdown of the Bicameral Mind*. Boston: Houghton Mifflin (1976).

Jeannerod, M. *The Cognitive Neuroscience of Action*. Oxford, UK: Blackwell (1997).

Johnson, R.R. und Burkhalter, A. „A polysynaptic feedback circuit in rat visual cortex,"

J. Neurosci. **17**:129–140 (1997).

Johnson-Laird, P.N. „A computational analysis of consciousness," *Cognition & Brain Theory* **6**:499–508 (1983).

Johnston, R.W. „Pheromones, the vomeronasal system, and communication." In: *Olfaction and Taste XII: An International Symposium*.Murphy, C., ed., pp. 333–348. *Annals New York Acad. Sci.* **855** (1998).

Jolicoeur, P., Ullman, S., MacKay, M. „Curve tracing: A possible basic operation in the perception of spatial relations," *Mem. Cognition* **14**:129–140 (1986).

Jones, E.G. *The Thalamus*. New York: Plenum Press (1985).

Jones, E.G. „Thalamic organization and function after Cajal," *Progress Brain Res.* **136**: 333–357 (2002).

Jordan, G. und Mollon, J.D. „A study of women heterozygous for color deficiences," *Vision Res.* **33**:1495–1508 (1993).

Jovicich, J., Peters, R.J., Koch, C., Braun, J., Chang, L., Ernst, T. „Brain areas specific for attentional load in a motion tracking task," *J. Cogn. Neurosci.* **13**:1048–1058 (2001).

Judson, H.J. *The Eighth Day of Creation*. London: Penguin Books (1979). [Deutsche Ausgabe: *Der achte Tag der Schöpfung. Sternstunde der neuen Biologie.* Meyster (1980/84).]

Julesz, B. *Foundations of Cyclopean Perception*. Chicago, IL:University ofChicago Press (1971).

Julesz, B. „Textons, the elements of texture perception, and their interactions," *Nature* **290**:91–97 (1981).

Kahana, M.K., Sekuler, R., Caplan, J.B., Kirschen, M., Madsen, J.R. „Human theta oscillations exhibit task dependence during virtual maze navigation," *Nature* **399**:781–784 (1999).

Kamitani, Y. und Shimojo, S. „Manifestation of scotomas created by transcranial magnetic stimulation of human visual cortex," *Nature Neurosci.* **2**:767–771 (1999).

Kandel, E.R. „A new intellectual framework for psychiatry," *Am. J. Psychiatry* **155**:457–469 (1998).

Kandel, E.R. „The molecular biology of memory storage: A dialogue between genes and synapses," *Science* **294**:1030–1038 (2001).

Kanizsa, G. *Organization in Vision: Essays in Gestalt Perception*. New York: Praeger (1979).

Kanwisher, N. und Driver, J. „Objects, attributes, and visual attention: Which, what and where," *Curr. Direct. Psychol. Sci.* **1**:26–31 (1997).

Kanwisher, N., McDermott, J., Chun, M.M. „The fusiform face area: A module in human extrastriate cortex specialized for face perception," *J. Neurosci.* **17**:4302–4311 (1997).

Kaplan, E. „The receptive field structure of retinal ganglion cells in cat and monkey." In: *The Neural Basis of Visual Function*. Leventhal, A.G., ed., pp. 10–40. Boca Raton, FL: CRC Press (1991).

Kaplan-Solms, K. und Solms M. *Clinical Studies in Neuro-Psychoanalysis*. London: Karnac Books (2000).

Karnath, H.-O. „New insights into the functions of the superior temporal cortex," *Nature Rev. Neurosci.* **2**:568–576 (2001).

Karnath, H.-O., Ferber, S., Himmelbach, M. „Spatial awareness is a function of the temporal, not the posterior parietal lobe," *Nature* **411**:950–954 (2001).

Kastner, S., De Weerd, P., Desimone, R., Ungerleider, L.G. „Mechanisms of directed attention in the human extrastriate cortex as revealed by functional MRI," *Science* **282**:108–111 (1998).

Kastner, S. und Ungerleider, L.G. „Mechanisms of visual attention in the human cortex," *Ann. Rev. Neurosci.* **23**:315–341 (2000).

Kavey, N.B.,Whyte, J., Resor, S.R. Jr., Gidro-Frank, S. „Somnambulism in adults," *Neurol.* **40**:749–752 (1990).

Keil, A., Müller, M.M., Ray, W.J., Gruber, T., Elbert, T. „Human gamma band activity and perception of a gestalt," *J. Neurosci.* **19**:7152–7161 (1999).

Keller, E.F. *The Century of the Gene.* Cambridge,MA: Harvard University Press (2000).

Kennedy, H. und Bullier, J. „A double-labelling investigation of the afferent connectivity to cortical areas V1 and V2," *J. Neurosci.* **5**:2815–2830 (1985).

Kentridge, R.W., Heywood, C.A., Weiskrantz, L. „Residual vision in multiple retinal locations within a scotoma: Implications for blindsight," *J. Cogn. Neurosci.* **9**:191–202 (1997).

Kentridge, R.W., Heywood, C.A., Weiskrantz, L. „Attention without awareness in blindsight," *Proc. Roy. Soc. Lond.* B **266**:1805–1811 (1999).

Kessel, R.G. und Kardon, R.H. *Tissues and Organs: A Text-Atlas of Scanning Electron Microscopy.* San Francisco, CA: Freeman (1979).

Keverne, E.B. „The vomeronasal organ," *Science* **286**:716–720 (1999).

Keysers, C. und Perrett, D.I. „Visual masking and RSVP reveal neural competition," *Trends Cogn. Sci.* **6**:120–125 (2002).

Keysers, C., Xiao, D.-K., Földiak, P., Perrett, D.I. „The speed of sight," *J. Cogn. Neurosci.* **13**:1–12 (2001).

Kinney, H.C., Korein, J., Panigrahy, A., Dikkes, P., Goode, R. „Neuropathological findings in the brain of Karen Ann Quinlan," *New England J. Med.* **330**:1469–1475 (1994).

Kinomura, S., Larsson, J., Gulyás, B., Roland, P.E. „Activation by attention of the human reticular formation and thalamic intralaminar nuclei," *Science* **271**:512–515 (1996).

Kirk, R. „Zombies versus materialists," *Aristotelian Society* **48 (suppl.)**:135–152 (1974). Kitcher, P. *Freud's Dream: A Complete Interdisciplinary Science of Mind.* Cambridge, MA: MIT Press (1992).

Kleinschmidt, A., Buchel, C., Zeki, S., Frackowiak, R.S.J. „Human brain activity during spontaneously reversing perception of ambiguous figures," *Proc. R. Soc. Lond.* B **265**:2427–2433 (1998).

Klemm, W.R., Li, T.H., Hernandez, J.L. „Coherent EEG indicators of cognitive binding during ambigious figure tasks," *Consc. & Cognition* **9**:66–85 (2000).

Klimesch, W. „EEG alpha and theta oscillations reflect cognitive and memory performance: A review and analysis," *Brain Res. Rev.* **29**:169–195 (1999).

Knuttinen, M.-G., Power, J.M., Preston, A.R., Disterhoft, J.F. „Awareness in classical differential eyeblink conditioning in young and aging humans," *Behav. Neurosci.* **115**:747–757 (2001).

Kobatake, E., Wang, G., Tanaka, K. „Effects of shape-discrimination training on the selectivity of inferotemporal cells in adult monkeys," *J. Neurophysiol.* **80**:324–330 (1998).

Koch, C. „The action of the corticofugal pathway on sensory thalamic nuclei: A hypothesis," *Neurosci.* **23**:399–406 (1987).

Koch, C. „Visual awareness and the thalamic intralaminar nuclei," *Consc. & Cognition* **4**:163–165 (1995).

Koch, C. *Biophysics of Computation.* New York: Oxford University Press (1999).

Koch, C. und Crick, F.C. „Some further ideas regarding the neuronal basis of awareness." In: *Large-Scale Neuronal Theories of the Brain.* Koch, C. and Davis, J., eds., pp. 93–110, Cambridge, MA: MIT Press (1994).

Koch, C. und Laurent, G. „Complexity and the nervous system," *Science* **284**:96–98 (1999).

Koch, C. und Tootell, R.B. „Stimulating brain but not mind," *Nature* **383**:301–303 (1996).

Koch, C. und Ullman, S. „Shifts in selective visual attention: Towards the underlying neural circuitry," *Human NeuroBiol.* **4**:219–227 (1985).

Koffka, K. *Principles of Gestalt Psychology.* New York: Hartcourt (1935).

Koffka, K. *Die Grundlagen der psychischen Entwicklung.* Zickfeldt (1921).

Kohler, C.G., Ances, B.M., Coleman, A.R., Ragland, J.D., Lazarev, M., Gur, R.C. „Marchiafava-Bignami disease: Literature review and case report," *Neuropsychiatry, Neuropsychol. Behav. Neurol.* **13**:67–76 (2000).

Köhler, W. *The Task of Gestalt Psychology.* Princeton, NJ: Princeton University Press (1969).

Kolb, F.C. und Braun, J. „Blindsight in normal observers," *Nature* **377**:336–338 (1995). Komatsu, H., Kinoshita, M., Murakami, I. „Neural responses in the retinotopic representation of the blind spot in the macaque V1 to stimuli for perceptual fillingin," *J. Neurosci.* **20**:9310–9319 (2000).

Komatsu, H. und Murakami, I. „Behavioral evidence of filling-in at the blind spot of the monkey," *Vis. Neurosci.* **11**:1103–1113 (1994).

Konorski, J. *Integrative Activity of the Brain.* Chicago, IL: University of Chicago Press (1967).

Kosslyn, S.M. „Visual Consciousness." In: *Finding Consciousness in the Brain.* Grossenbacher P.G., ed., pp. 79–103. Amsterdam, Netherlands: John Benjamins (2001).

Kosslyn, S.M., Ganis, G., Thompson, W.L. „Neural foundations of imagery," *Nature Rev. Neurosci.* **2**:635–642 (2001).

Kosslyn, S.M., Thompson, W.L., Alpert, N.M. „Neural systems shared by visual imagery and visual perception: A PET study," *Neuroimage* **6**:320–334 (1997).

Koulakov, A.A. und Chklovskii, D.B. „Orientation preference patterns in mammalian visual cortex: A wire length minimization approach," *Neuron* **29**:519–527 (2001). Krakauer, J. *Eiger Dreams.* New York: Lyons & Burford (1990).

Kreiman, G. *On the neuronal activity in the human brain during visual recognition, imagery and binocular rivalry.* Ph.D. Thesis. Pasadena: California Institute of Technology (2001).

Kreiman G., Fried, I., Koch, C. „Single-neuron correlates of subjective vision in the human medial temporal lobe," *Proc. Natl. Acad. Sci. USA* **99**:8378–8383 (2002).

Kreiman, G., Koch, C., Fried, I. „Category-specific visual responses of single neurons in the human medial temporal lobe," *Nature Neurosci.* **3**:946–953 (2000a).

Kreiman, G., Koch, C., Fried, I. „Imagery neurons in the human brain," *Nature* **408**:357–361 (2000b).

Kreiter, A.K. und Singer,W. „Oscillatory neuronal responses in the visual cortex of the awake macaque monkey," *Eur. J. Neurosci.* **4**:369–375 (1992).

Kreiter, A.K. und Singer, W. „Stimulus-dependent synchronization of neuronal responses in the visual cortex of the awake macaque monkey," *J. Neurosci.* **16**:2381–2396 (1996).

Krekelberg, B. und Lappe, M. „Neuronal latencies and the position of moving objects," *Trends Neurosci.* **24**:335–339 (2001).

Kretschmann, H.-J. und Weinrich, W. *Klinische Neuroanatomie und kranielle Bilddiagnostik.* Thieme (2002).

Kristofferson, A.B. „Successiveness discrimination as a two-state, quantal process," *Science* **158**:1337–1339 (1967).

Kuffler, S.W. „Neurons in the retina: Organization, inhibition and excitatory problems," *Cold Spring Harbor Symp. Quant. Biol.* **17**:281–292 (1952).

Kulli, J. und Koch, C. „Does anesthesia cause loss of consciousness?" *Trends Neurosci.* **14**:6–10 (1991).

Kunimoto, C., Miller, J., Pashler, H. „Confidence and accuracy of near-threshold discrimination responses," *Cons. & Cogn.* **10**:294–340 (2001).

Kustov, A.A. und Robinson, D.L. „Shared neural control of attentional shifts and eye movements," *Nature* **384**:74–77 (1996).

LaBerge, D. und Buchsbaum, M.S. „Positron emission tomographic measurements of pulvinar activity during an attention task. *J. Neurosci.* **10**:613–619 (1990).

Laming, P.R., Syková, E., Reichenbach, A., Hatton, G.I., Bauer, H., *Glia Cells: Their Role in Behavior.* Cambridge, UK: Cambridge University Press (1998).

Lamme, V.A.F. „Why visual attention and awareness are different," *Trends Cogn. Sci.* **7**:12–18 (2003).

Lamme, V.A.F. und Roelfsema, P.R. „The distinct modes of vision offered by feedforward and recurrent processing," *Trends Neurosci.* **23**:571–579 (2000).

Lamme, V.A.F. und Spekreijse, H. „Contextual modulation in primary visual cortex and scene perception." In: *The New Cognitive Neurosciences.* 2nd ed., Gazzaniga, M.S., ed., pp. 279–290. Cambridge, MA: MIT Press (2000).

Lamme, V.A.F., Zipser, K., Spekreijse, H. „Figure-ground activity in primary visual cortex is suppressed by anesthesia," *Proc. Natl. Acad. Sci. USA* **95**:3263–3268 (1998).

Langston, J.W. und Palfreman, J. *The Case of the Frozen Addicts.* New York: Vintage Books (1995).

Lashley, K.S. „Cerebral organization and behavior." In: *The Brain andHuman Behavior. Proc. Ass. Nervous & Mental Disease*, pp. 1–18. New York: Hafner (1956).

Laurent, G. „A systems perspective on early olfactory coding," *Science* **286**:723–728 (1999).

Laurent, G., Stopfer, M., Friedrich, R.W., Rabinovich, M.I., Volkovskii, A., Abarbanel, H.D. „Odor encoding as an active, dynamical process: Experiments, computation, and theory," *Ann. Rev. Neurosci.* **24**:263–297 (2001).

Laureys, S., Faymonville, M.E., Degueldre, C., Fiore, G.D., Damas, P, Lambermont, B., Janssens, N., Aerts, J., Franck, G., Luxen, A., Moonen, G., Lamy, M., Maquet, P. „Auditory processing in the vegetative state," *Brain* **123**:1589–1601 (2000).

Laureys, S., Faymonville, M.E., Peigneux, P.,Damas, P., Lambermont, B., Del Fiore,G., Degueldre, C., Aerts, J., Luxen, A., Franck, G., Lamy, M., Moonen, G., Maquet, P. „Cortical processing of noxious somatosensory stimuli in the persistent vegetative state," *Neuroimage* **17**:732–741 (2002).

Le Bihan, D., Mangin, J.F., Poupon, C., Clark, C.A., Pappata, S., Molko, N., Chabriat, H. „Diffusion tensor imaging: Concepts and applications," *J. Magnetic Resonance Imaging* **13**:534–546 (2001).

Lechner, H.A.E., Lein, E.S., Callaway, E.M. „A genetic method for selective and quickly reversible silencing of mammalian neurons," *J. Neurosci.* **22**:5287–5290 (2002).

LeDoux, J. *The Emotional Brain.* New York: Simon and Schuster (1996). [Deutsche Ausgabe: *Das Netz der Gefühle.* Hanser (1998).]

Lee, D.K., Itti, L., Koch, C., Braun, J. „Attention activates winner-take-all competition amongst visual filters," *Nature Neurosci.* **2**:375–381 (1999).

Lee, D.N. und Lishman, J.R. „Visual proprioceptive control of stance," *J. HumanMovement Studies* **1**:87–95 (1975).

Lee, S.-H. und Blake, R. „Rival ideas about binocular rivalry," *Vision Res.* **39**:1447–1454 (1999).

Lehky, S.R. und Maunsell, J.H.R. „No binocular rivalry in the LGN of alert macaque monkeys," *Vision Res.* **36**:1225–1234 (1996).

Lehky, S.R. und Sejnowski, T. J. „Network model of shape-from-shading: Neural function arises from both receptive and projective fields", *Nature* **333**:452–454 (1988).

Lennie, P. „Color vision." In: *Principles of Neural Science*. 4th ed., Kandel, E.R., Schwartz, J.H., Jessel, T.M. eds., pp. 583–599. New York: McGraw Hill (2000).

Lennie, P. „The cost of cortical computation," *Current Biol.* **13**:493–497 (2003).

Leopold, D.A. und Logothetis, N.K. „Activity changes in early visual cortex reflects monkeys' percepts during binocular rivalry," *Nature* **379**:549–553 (1996).

Leopold, D.A. und Logothetis, N.K. „Multistable phenomena: Changing views in perception," *Trends Cogn. Sci.* **3**:254–264 (1999).

Leopold, D.A., Wilke, M., Maier, A., Logothetis, N.K. „Stable perception of visually ambiguous patterns," *Nature Neurosci.* **5**:605–609 (2002).

LeVay, S., Connolly, M., Houde, J., Van Essen, D.C. „The complete pattern of ocular dominance stripes in the striate cortex and visual field of the macaque monkey," *J. Neurosci.* **5**:486–501 (1985).

LeVay, S. und Gilbert, C.D. „Laminar patterns of geniculocortical projection in the cat," *Brain Res.* **113**:1–19 (1976).

LeVay, S. und Nelson, S.B. „Columnar organization of the visual cortex." In: *The Neural Basis of Visual Function*. Leventhal, A.G., ed., pp. 266–314. Boca Raton, FL: CRC Press (1991).

Levelt, W. *On Binocular Rivalry*. Soesterberg, Netherlands: Institute for Perception RVO-TNO (1965).

Levick, W.R. und Zacks, J.L. „Responses of cat retinal ganglion cells to brief flashes of light," *J. Physiol.* **206**:677–700 (1970).

Levine, J. „Materialism and qualia: The explanatory gap." *Pacific Philos. Quart.* **64**:354–361 (1983).

Levitt, J.B., Kiper, D.C., Movshon, J.A. „Receptive fields and functional architecture of macaque V2," *J. Neurophysiol.* **71**:2517–2542 (1994).

Lewis, J.W. und Van Essen, D.C. „Mapping of architectonic subdivisions in the macaque monkey, with emphasis on parieto-occipital cortex," *J. Comp. Neurol.* **428**:79–111 (2000).

Li, F.F., VanRullen, R., Koch, C., Perona, P. „Rapid natural scene categorization in the near absence of attention," *Proc. Natl. Acad. Sci. USA* **99**:9596–9601 (2002).

Li,W.H., Parigi, G., Fragai, M., Luchinat, C., Meade, T.J. „Mechanistic studies of a calcium-dependent MRI contrast agent," *Inorg. Chem.* **41**:4018–4024 (2002).

Liang, J., Williams, D.R., Miller, D.T. „Supernormal vision and high-resolution retinal imaging through adaptive optics," *J. Opt. Soc. Am. A* **14**:2884–2892 (1997).

Libet, B. „Brain stimulation and the threshold of conscious experience." In: *Brain and Conscious Experience*. Eccles, J.C., ed., pp. 165–181. Berlin: Springer (1966).

Libet, B. „Electrical stimulation of cortex in human subjects and conscious sensory aspects." In: *Handbook of Sensory Physiology, Vol II: Somatosensory Systems*. Iggo, A. ed., pp. 743–790. Berlin: Springer (1973).

Libet, B. *Neurophysiology of Consciousness: Selected Papers and New Essays by Benjamin Libet*. Boston: Birkhäuser (1993).

Lichtenstein, M. „Phenomenal simultaneity with irregular timing of components of the visual stimulus," *Percept. Mot. Skills* **12**:47–60 (1961).

Lisman, J.E. „Bursts as a unit of neural information: Making unreliable synapses reliable," *Trends Neurosci.* **20**:38–43 (1997).

Lisman, J.E. und Idiart, M. A. „Storage of 7 ± 2 short-term memories in oscillatory subcycles," *Science* **267**:1512–1515 (1995).

Livingstone, M.S. „Mechanisms of direction selectivity in macaque V1," *Neuron* **20**:509–526 (1998).

Livingstone, M.S. und Hubel, D.H. „Effects of sleep and rousal on the processing of visual information in the cat," *Science* **291**:554–561 (1981).

Livingstone, M.S. und Hubel, D.H. „Anatomy and physiology of a color system in the primate visual system," *J. Neurosci.* **4**:309–356 (1984).

Livingstone, M.S. und Hubel, D.H. „Connections between layer 4B of area 17 and thick cytochrome oxidase stripes of area 18 in the squirrel monkey," *J. Neurosci.* **7**:3371–3377 (1987).

Llinás, R.R. und Paré, D. „Of dreaming and wakefulness," *Neurosci.* **44**:521–535 (1991).

Llinás, R.R., Ribary, U., Contreras, D., Pedroarena, C. „The neuronal basis for consciousness," *Phil. Trans. R. Soc. Lond. B. Biol. Sci.* **353**:1841–1849 (1998).

Loftus, G.R., Duncan, J., Gehrig, P. „On the time course of perceptual information that results from a brief visual presentation," *J. Exp. Psychol. Human Percept. & Perform.* **18**:530–549 (1992).

Logothetis, N.K. „Single units and conscious vision," *Phil. Trans. R. Soc. Lond. B* **353**:1801–1818 (1998).

Logothetis, N.K. „The neural basis of the blood-oxygen-level-dependent functional magnetic resonance imaging signal," *Phil. Trans. R. Soc. Lond. B* **357**:1003–1037 (2002).

Logothetis, N.K. „MR imaging in the non-human primate: Studies of function and dynamic connectivity," *Curr. Opinion Neurobiol.* in press (2004).

Logothetis, N.K., Guggenberger, H., Peled, S., Pauls, J. „Functional imaging of the monkey brain," *Nature Neurosci.* **2**:555–562 (1999).

Logothetis, N.K., Leopold, D.A., Sheinberg, D.L. „What is rivalling during binocular rivalry," *Nature* **380**:621–624 (1996).

Logothetis, N.K. und Pauls, J. „Psychophysical and physiological evidence for viewercentered object representations in the primate," *Cerebral Cortex* **5**:270–288 (1995).

Logothetis, N.K., Pauls, J., Augath, M., Trinath, T., Oeltermann, A. „Neurophysiological investigation of the basis of the fMRI signal," *Nature* **412**:150–157 (2001).

Logothetis, N.K., Pauls, J., Bülthoff, H.H., Poggio, T. „View-dependent object recognition by monkeys," *Curr. Biol.* **4**:401–414 (1994).

Logothetis, N.K. und Schall, J.D. „Neuronal correlates of subjective visual perception," *Science* **245**:761–763 (1989).

Logothetis, N.K. und Sheinberg, D.L. „Visual object recognition," *Ann. Rev. Neurosci.* **19**:577–621 (1996).

Louie, K. und Wilson, M.A. „Temporally structured replay of awake hippocampal ensemble activity during rapid eye movement sleep," *Neuron* **29**:145–156 (2001).

Lovibond, P.F. und Shanks, D.R. „The role of awareness in Pavlovian conditioning: Empirical evidence and theoretical implications," *J. Exp. Psychology: Animal Behavior Processes* **28**:3–26 (2002).

Lucas, J.R. „Minds, machines and Gödel," *Philosophy* **36**:112–127 (1961).

Luce, R.D. *Response Times.* Oxford, UK: Oxford University Press (1986).

Luck, S.J., Chelazzi, L., Hillyard, S.A., Desimone, R. „Neural mechanisms of spatial attention in areas V1, V2, and V4 of macaque visual cortex," *J. Neurophysiol.* **77**:24–42 (1997).

Luck, S.J., Hillyard, S.A., Mangun, G.R., Gazzaniga, M.S. „Independent hemispheric attentional systems mediate visual search in split-brain patients," *Nature* **342**:543–545 (1989).

Luck, S.J., Hillyard, S.A.,Mangun, G.R., Gazzaniga,M.S. „Independent attentional scanning in the separated hemispheres of split-brain patients," *J. Cogn. Neurosci.* **6**:84–91 (1994).

Lumer, E.D., Friston, K.J., Rees, G. „Neural correlates of perceptual rivalry in the human brain," *Science* **280**:1930–1934 (1998).

Lumer, E.D. und Rees, G. „Covariation of activity in visual and prefrontal cortex associated with subjective visual perception," *Proc. Natl. Acad. Sci. USA* **96**:1669–1673 (1999).

Lux, S., Kurthen, M., Helmstaedter C., Hartje, W., Reuber, M., Elger, C.E. „The localizing value of ictal consciousness and its constituent functions," *Brain* **125**:2691–2698 (2002).

Lyon, D.C. und Kaas, J.H. „Evidence for a modified V3 with dorsal and ventral halves in macaque monkeys," *Neuron* **33**:453–461 (2002).

Lytton, W.W. und Sejnowski, T.J. „Simulations of cortical pyramidal neurons synchronized by inhibitory interneurons," *J. Neurophysiol.* **66**:1059–1079 (1991).

Mack, A. und Rock, I. *Inattentional Blindness*. Cambridge, MA: MIT Press (1998).

Mackintosh, N.J. *Conditioning and Associative Learning*. Oxford, UK: Clarendon Press (1983).

Macknik, S.L. und Livingstone, M.S. „Neuronal correlates of visibility and invisibility in the primate visual system," *Nat Neurosci.* **1**:144–149 (1998).

Macknik, S.L. und Martinez-Conde, S. „Dichoptic visual masking in the geniculocortical system of awake primates," *J. Cogn. Neurosci.* in press (2004).

Macknik, S.L., Martinez-Conde, S., Haglund, M.M. „The role of spatiotemporal edges in visibility and visual masking," *Proc. Natl. Acad. Sci. USA.* **97**:7556–7560 (2000).

MacLeod, K., Backer, A., Laurent, G. „Who reads temporal information contained across synchronized and oscillatory spike trains?" *Nature* **395**:693–698 (1998).

MacNeil, M.A. und Masland, R.H. „Extreme diversity among amacrine cells: Implication for function," *Neuron* **20**:971–982 (1998).

Macphail, E.M. *The Evolution of Consciousness*. Oxford, UK: Oxford University Press (1998).

Madler, C. und Pöppel, E. „Auditory evoked potentials indicate the loss of neuronal oscillations during general anaesthesia," *Naturwissenschaften* **74**:42–43 (1987).

Magoun, H.W. „An ascending reticular activating systemin the brain stem," *Arch. Neurol. Psychiatry* **67**:145–154 (1952).

Makeig, S., Westerfield, M., Jung, T.P., Enghoff, S., Townsend, J., Courchesne, E., Sejnowski, T.J. „Dynamic brain sources of visual evoked responses," *Science* **295**:690–694 (2002).

Mandler, G. *Consciousness Recovered: Psychological Functions and Origins of Conscious Thought*. Amsterdam, Netherlands: John Benjamins (2002).

Manford, M. und Andermann, F. „Complex visual hallucinations: Clinical and neurobiological insights," *Brain* **121**:1819–1840 (1998).

Mark, V. „Conflicting communicative behavior in a split-brain patient: Support for dual consciousness." In: *Toward a Science of Consciousness: The First Tucson Discussions and Debates*. Hameroff, S.R., Kaszniak, A.W., Scott, A.C., eds., pp. 189–196. Cambridge, MA: MIT Press (1996).

Marr, D. *Vision*. San Francisco, CA: Freeman (1982).

Marsálek, P., Koch, C., Maunsell, J.H.R. „On the Relationship between Synaptic

Input and Spike Output Jitter in Individual Neurons," *Proc. Natl. Acad. Sci. USA* **94**:735–740 (1997).

Martinez, J.L. und Kesner, R.P., eds. *Neurobiology of Learning and Memory*. New York: Academic Press (1998).

Masand P., Popli, A.P., Weilburg, J.B. „Sleepwalking," *Am. Fam. Physician* **51**:649–654 (1995).

Masland, R.H. „Neuronal diversity in the retina," *Curr. Opinion Neurobiol.* **11**:431–436 (2001).

Mather, G., Verstraten, F., Anstis, S. *The Motion Aftereffect: A Modern Perspective*. Cambridge, MA: MIT Press (1998).

Mathiesen, C., Caesar, K., Ören, N.A., Lauritzen, M. „Modification of activitydependent increases of cerebral blood flow by excitatory synaptic activity and spikes in rat cerebellar cortex," *J. Physiology* **512**:555–566 (1998).

Mattingley, J.B., Husain, M., Rorden, C., Kennard, C., Driver, J. „Motor role of human inferior parietal lobe revealed in unilateral neglect patients," *Nature* **392**:179–182 (1998).

Maunsell, J.H.R. und Van Essen, D.C. „Functional properties of neurons in middle temporal visual area of the macaque monkey. II. Binocular interactions and sensitivity to binocular disparity," *J. Neurophysiol.* **49**:1148–1167 (1983).

McAdams, C.J. und Maunsell, J.H.R. „Effects of attention on orientation-tuning functions of single neurons in macaque cortical area V4," *J. Neurosci.* **19**:431–441 (1999).

McAdams, C.J. und Maunsell, J.H.R. „Attention to both space and feature modulates neuronal responses in macaque area V4," *J. Neurophysiol.* **83**:1751–1755 (2000).

McBain, C.J. und Fisahn, A. „Interneurons unbound," *Nature Rev. Neurosci.* **2**:11–23 (2001).

McClintock, M.K. „Whither menstrual synchrony?" *Ann. Rev. Sex Res.* **9**:77–95 (1998).

McComas, A.J. und Cupido, C.M. „The RULER model. Is this how somatosensory cortex works?" *Clinical Neurophysiol.* **110**:1987–1994 (1999).

McConkie, G.W. und Currie, C.B. „Visual stability across saccades while viewing complex pictures," *J. Exp. Psych.: Human Perception & Performance* **22**:563–581 (1996).

McCullough, J.N., Zhang, N., Reich, D.L., Juvonen, T.S., Klein, J.J., Spielvogel, D., Ergin, M.A., Griepp, R.B. „Cerebral metabolic suppression during hypothermic circulatory arrest in humans," *Ann. Thorac. Surg.* **67**:1895–1899 (1999).

McGinn, C. *The Problem of Consciousness.* Oxford, UK: Blackwell (1991).

McGinn, C. *Wie kommt der Geist in die Materie?* Piper (2003).

McMullin, E. „Biology and the theology of the human." In: *Controlling Our Destinies.* Sloan, P.R., ed., pp. 367–400. Notre Dame, IN: University of Notre Dame Press (2000).

Meador, K.J., Ray, P.G., Day, L.J., Loring, D.W. „Train duration effects on perception: Sensory deficit, neglect and cerebral lateralization," *J. Clinical Neurophysiol.* **17**:406–413 (2000).

Meadows, J.C. „Disturbed perception of colours associated with localized cerebral lesions," *Brain* **97**:615–632 (1974).

Medina, J.F., Repa, J.C., Mauk, M.D., LeDoux, J.E. „Parallels between cerebellumand amygdala-dependent conditioning," *Nature Rev. Neurosci.* **3**:122–131 (2002).

Meenan, J.P. und Miller, L.A. „Perceptual flexibility after frontal or temporal lobectomy," *Neuropsychologia* **32**:1145–1149 (1994).

Meister, M. „Multineuronal codes in retinal signaling," *Proc. Natl. Acad. Sci. USA* **93**:609–614 (1996).

Merigan, W.H. und Maunsell, J.H.R. „How parallel are the primate visual pathways?" *Ann. Rev. Neurosci.* **16**:369–402 (1993).

Merigan, W.H., Nealey, T.A., Maunsell, J.H.R. „Visual effects of lesions of cortical area V2 in macaques," *J. Neurosci.* **13**:3180–3191 (1993).

Merikle, P.M. „Perception without awareness. Critical issues," *Am. Psychol.* **47**:792–795 (1992).

Merikle, P.M. und Daneman, M. „Psychological investigations of unconscious perception," *J. Consc. Studies* **5**:5–18 (1998).

Merikle, P.M., Smilek, D., Eastwood, J.D. „Perception without awareness: Perspectives from cognitive psychology," *Cognition* **79**:115–134 (2001).

Merleau-Ponty, M. *Phänomenologie der Wahrnehmung.* Gruyter (1974).

Metzinger, T. *Bewußtsein*. Mentis Verlag (2001).

Metzinger, T., ed. *Conscious Experience*. Exeter, UK: Imprint Academic (1995).

Metzinger, T., ed. *Neural Correlates of Consciousness: Empirical and Conceptual Questions*. Cambridge, MA: MIT Press (2000).

Michael, C.R. „Color vision mechanisms in monkey striate cortex: Dual-opponent cells with concentric receptive fields," *J. Neurophysiol.* **41**:572–588 (1978).

Michael, C.R. „Columnar organization of color cells inmonkey's striate cortex," *J.Neurophysiol.* **46**:587–604 (1981).

Miller, E.K. „The prefrontal cortex: Complex neural properties for complex behavior," *Neuron* **22**:15–17 (1999).

Miller, E.K. und Cohen, J.D. „An integrative theory of prefrontal cortex function," *Ann. Rev. Neurosci.* **24**:167–202 (2001).

Miller, E.K., Gochin, P.M., Gross, C.G. „Suppression of visual responses of neurons in inferior temporal cortex of the awakemacaque by addition of a second stimulus," *Brain Res.* **616**:25–29 (1993).

Miller, E.K., Erickson, C.A., Desimone, R. „Neural mechanisms of visual working memory in prefrontal cortex of the macaque," *J. Neurosci.* **16**:5154–5167 (1996).

Miller, G.A. „Themagical number seven, plus or minus two: Some limits on our capacity for processing information," *Psychol. Rev.* **63**:81–97 (1956).

Miller, K.D., Chapman, B., Stryker, M.P. „Visual responses in adult cat visual cortex depend on *N*-methyl-D-aspartate receptors," *Proc. Natl. Acad. Sci. USA* **86**:5183–5187 (1989).

Miller, S.M., Liu, G.B., Ngo, T.T., Hooper, G., Riek, S., Carson, R.G., Pettigrew, J.D. „Interhemispheric switching mediates perceptual rivalry," *Curr. Biol.* **10**:383–392 (2000).

Millican, P. und Clark, A., eds. *Machines and Thought: The Legacy of Alan Turing*. Oxford, UK: Oxford University Press (1999).

Milner, A.D. und Dyde, R. „Why do some perceptual illusions affect visually guided action, when others don't?" *Trends Cogn. Sci.* **7**:10–11 (2003).

Milner, A.D. und Goodale, M.A. *The Visual Brain in Action*. Oxford, UK: Oxford University Press (1995).

Milner,A.D., Perrett,D.I., Johnston, R.S., Benson, P.J., Jordan, T.R., Heeley, D.W., Bettucci, D.,Mortara, F.,Mutani, R., Terazzi, E., Davidson, D.L.W. „Perception and action in form agnosia," *Brain* **114**:405–428 (1991).

Milner, B. „Disorders of learning and memory after temporal lobe lesions in man," *Clin. Neurosurg.* **19**:421–446 (1972).

Milner, B., Squire, L.R., Kandel, E.R. „Cognitive neuroscience and the study of memory," *Neuron* **20**:445–468 (1998).

Milner, P. „A model for visual shape recognition," *Psychol. Rev.* **81**:521–535 (1974).

Minamimoto, T. und Kimura, M. „Participation of the thalamic CM-Pf complex in attentional orienting," *J. Neurophysiol.* **87**:3090–3101 (2002).

Minsky, M. *The Society of Mind*. New York: Simon and Schuster (1985).

Mitchell, J.P.,Macrae, C.N., Gilchrist, I.D. „Working memory and the suppression of reflexive saccades," *J. Cogn. Neurosci.* **14**:95–103 (2002).

Miyashita, Y., Okuno, H., Tokuyama,W., Ihara, T., Nakajima, K. „Feedback signal from medial temporal lobe mediates visual associative mnemonic codes of inferotemporal neurons," *Brain Res. Cogn. Brain Res.* **5**:81–86 (1996).

Moldofsky, H., Gilbert, R., Lue, F.A., MacLean, A.W. „Sleep-related violence,“ *Sleep* **18**:731–739 (1995).

Montaser-Kouhsari, L., Moradi, F., Zand-Vakili, A., Esteky, H. „Orientation selective adaptation during motion-induced blindness,“ *Perception*, in press (2004).

Moore, G.E. *Philosophical Studies*. London: Routledge & Kegan Paul (1922).

Moran, J. und Desimone, R. „Selective attention gates visual processing in extrastriate cortex,“ *Science* **229**:782–784 (1985).

Morris, J.S., Ohman, A., Dolan, R.J. „A subcortical pathway to the right amygdala mediating 'unseen' fear,“ *Proc. Natl. Acad. Sci. USA* **96**:1680–1685 (1999).

Moruzzi, G. und Magoun, H.W. „Brain stemreticular formation and activation of the EEG,“ *EEG Clin. Neurophysiol.* **1**:455–473 (1949).

Motter, B.C. „Focal attention produces spatially selective processing in visual cortical areas V1, V2, and V4 in the presence of competing stimuli,“ *J. Neurophysiol.* **70**:909–919 (1993).

Mountcastle, V.B. „Modality and topographic properties of single neurons of cat's somatic sensory cortex,“ *J. Neurophysiol.* **20**:408–434 (1957).

Mountcastle, V.B. *Perceptual Neuroscience*. Cambridge, MA: Harvard University Press (1998).

Mountcastle, V.B., Andersen, R.A., Motter, B.C. „The influence of attentive fixation upon the excitability of light-sensitive neurons of the posterior parietal cortex,“ *J. Neurosci.* **1**:1218–1235 (1981).

Moutoussis, K. und Zeki, S. „Functional segregation and temporal hierarchy of the visual perceptive systems,“ *Proc. R. Soc. Lond. B* **264**:1407–1415 (1997a).

Moutoussis, K. und Zeki, S. „A direct demonstration of perceptual asynchrony in vision,“ *Proc. R. Soc. Lond. B* **264**:393–399 (1997b).

Mumford, D. „On the computational architecture of the neocortex. I. The role of the thalamo-cortical loop,“ *Biol. Cybernetics* **65**:135–145 (1991).

Mumford, D. „Neuronal architectures for pattern-theoretic problems.“ In: *Large Scale Neuronal Theories of the Brain*. Koch, C., Davis, J.L., eds, pp. 125–152. Cambridge, MA: MIT Press (1994).

Murakami, I., Komatsu, H., Kinoshita, M. „Perceptual filling-in at the scotoma following a monocular retinal lesion in the monkey,“ *Visual Neurosci.* **14**:89–101 (1997).

Murayama, Y., Leopold, D.A., Logothetis, N.K. „Neural activity during binocular rivalry in the anesthetized monkey,“ *Soc. Neurosci. Abstr.* 448.11 (2000).

Murphy, N. „Human nature: Historical, scientific, and religious issues.“ In: *Whatever Happened to the Soul? Scientific and Theological Portraits of Human Nature*. Brown, W.S., Murphy, N., Malony H.N., eds., pp. 1–30. Minneapolis, MN: Fortress Press (1998).

Myerson, J., Miezin, F., Allman, J.M. „Binocular rivalry in macaque monkeys and humans: A comparative study in perception,“ *Behav. Anal. Lett.* **1**:149–159 (1981).

Naccache, L., Blandin, E., Dehaene, S. „Unconscious masked priming depends on temporal attention,“ *Psychol. Sci.* **13**:416–424 (2002).

Nadel, L. und Eichenbaum, H. „Introduction to the special issue on place cells,“ *Hippocampus* **9**:341–345 (1999).

Nagarajan, S., Mahncke, H., Salz, T., Tallal, P., Roberts, T., Merzenich, M.M. „Cortical auditory signal processing in poor readers,“ *Proc. Natl. Acad. Sci. USA* **96**:6483–6488 (1999).

Nagel, T. „What is it like to be a bat?“ *Philosophical Rev.* **83**:435–450 (1974).

Nagel, T. „Panpsychism.“ In: *Mortal Questions*. Nagel, T., ed., pp. 181–195. Cambridge, UK: Cambridge University Press (1988).

Nakamura, R.K. und Mishkin, M. „Blindness in monkeys following non-visual cortical lesions," *Brain Res.* **188**:572–577 (1980).

Nakamura, R.K. und Mishkin, M. „Chronic 'blindness' following lesions of nonvisual cortex in the monkey," *Exp. Brain Res.* **63**:173–184 (1986).

Nakayama, K. und Mackeben, M. „Sustained and transient components of focal visual attention," *Vision Res.* **29**:1631–1647 (1989).

Nathans, J. „The evolution and physiology of human color vision: Insights frommolecular genetic studies of visual pigments," *Neuron* **24**:299–312 (1999).

Naya, Y., Yoshida, M., Miyashita, Y. „Backward spreading of memory-retrieval signal in the primate temporal cortex," *Science* **291**:661–664 (2001).

Newman, J.B. „Putting the puzzle together: Toward a general theory of the neural correlates of consciousness," *J. Consc. Studies* **4**:47–66 (1997).

Newsome, W.T., Britten, K.H.; Movshon, J.A. „Neuronal correlates of a perceptual decision," *Nature* **341**:52–54 (1989).

Newsome, W.T., Maunsell, J.H.R., Van Essen, D.C. „Ventral posterior visual area of the macaque: Visual topography and areal boundaries," *J. Comp. Neurol.* **252**:139–153 (1986).

Newsome, W.T. und Pare, E.B. „A selective impairment ofmotion perception following lesions of the Middle Temporal visual area (MT)," *J. Neurosci.* **8**:2201–2211 (1988).

Niebur, E. und Erdős, P. „Theory of the locomotion of nematodes: Control of the somatic motor neurons by interneurons," *Math. Biosci.* **118**:51–82 (1993).

Niebur, E., Hsiao, S.S., Johnson, K.O. „Synchrony: A neuronal mechanism for attentional selection?" *Curr. Opinion Neurobiol.* **12**:190–194 (2002).

Niebur, E. und Koch, C. „A model for the neuronal implementation of selective visual attention based on temporal correlation among neurons," *J. Computational Neurosci.* **1**:141–158 (1994).

Niebur, E., Koch, C., Rosin, C. „An oscillation-based model for the neuronal basis of attention," *Vision Research* **33**:2789–2802 (1993).

Nijhawan, R. „Motion extrapolation in catching," *Nature* **370**:256–257 (1994).

Nijhawan, R. „Visual decomposition of colour through motion extrapolation," *Nature* **386**:66–69 (1997).

Nimchinsky, E.A., Gilissen, E., Allman, J.M., Perl, D.P., Erwin J.M., Hof, P.R. „A neuronal morphologic type unique to humans and great apes," *Proc. Natl. Acad. Sci. USA* **96**:5268–5273 (1999).

Nirenberg, S., Carcieri, S.M., Jacobs, A.L., Latham, P.E. „Retinal ganglion cells act largely as independent encoders," *Nature* **411**:698–701 (2001).

Nishida, S. und Johnston, A. „Marker correspondence, not processing latency, determines temporal binding of visual attributes," *Curr. Biol.* **12**:359–368 (2002).

Noe, A. *Action in Perception.* Cambridge, MA: MIT Press (2004).

Noesselt, T., Hillyard, S.A., Woldorff, M.G., Schoenfeld, A., Hagner, T., Jancke, L., Tempelmann, C., Hinrichs, H., Heinze, H.J. „Delayed striate cortical activation during spatial attention," *Neuron* **35**:575–587 (2002).

Nordby, K. „Vision in a complete achromat: A personal account." In: *Night Vision: Basic, Clinical and Applied Aspects.* Hess, R.F., Sharpe, L.T., Nordby, K., eds., pp. 290–315. Cambridge, UK: Cambridge University Press (1990).

Noerretranders, T. *The User Illusion.* New York: Penguin (1998).

Noerretranders, T. *Spüre die Welt.* Rowohlt (1994/97).

Norman, R.A., Maynard, E.M., Guillory, K.S., Warren, D.J. „Cortical implants for the blind," *IEEE Spectrum* **33**:54–59 (1996).

Nowak, L.G. und Bullier, J. „The timing of information transfer in the visual system." In: *Extrastriate Cortex in Primates, Vol. 12*. Rockland, K.S., Kaas, J.H., Peters, A., eds., pp. 205–241. New York: Plenum (1997).

Nunn, J.A., Gregory, L.J., Brammer, M.,Williams, S.C.R., Parslow, D.M.,Morgan,M.J., Morris, R.G., Bullmore, E.T., Baron-Cohen, S., Gray, J.A. „Functionalmagnetic resonance imaging of synesthesia: Activation of V4/V8 by spoken words," *Nature Neurosci.* **5**:371–375 (2002).

O'Connor, D.H., Fukui, M.M., Pinsk, M.A., Kastner, S. „Attention modulates responses in the human lateral geniculate nucleus," *Nature Neurosci.* **5**:1203–1209 (2002).

O'Craven, K. und Kanwisher, N. „Mental imagery of faces and places activates corresponding stimulus-specific brain regions," *J. Cogn. Neursci.* **12**:1013–1023 (2000).

Ohman, A. und Soares, J.J. „Emotional conditioning to masked stimuli: Expectancies for aversive outcomes following nonrecognized fear-relevant stimuli," *J. Exp. Psychol. Gen.* **127**:69–82 (1998).

Ojemann, G.A., Ojemann, S.G., Fried, I. „Lessons from the human brain: Neuronal activity related to cognition," *Neuroscientist* **4**:285–300 (1998).

Ojima, H. „Terminal morphology and distribution of corticothalamic fibers originating from layers 5 and 6 of cat primary auditory cortex," *Cerebral Cortex* **4**:646–663 (1994).

O'Keefe, J. und Nadel, L. *The Hippocampus as a CognitiveMap*. Oxford, UK: Clarendon (1978).

O'Keefe, J. und Recce, M.L. „Phase relationship btecwen hippocampal place units and the EEG theta rhythm," *Hippocampus* **3**:317–330 (1993).

Ono, H. und Barbeito, R. „Ultocular discrimination is not sufficient for utrocular identification," *Vision Res.* **25**:289–299 (1985).

O'Regan, J.K. „Solving the 'real'mysteries of visual perception: The world as an outside memory," *Canadian J. Psychol.* **46**:461–488 (1992).

O'Regan, J.K. und Noë, A. „A sensorimotor account of vision and visual consciousness," *Behav. Brain Sci.* **24**:939–1001 (2001).

O'Regan, J.K., Rensink, R.A., Clark, J.J. „Change-blindness as a result of mudsplashes," *Nature* **398**:34 (1999).

O'Shea, R.P. und Corballis, P.M. „Binocular rivalry between complex stimuli in splitbrain observers," *Brain & Mind* **2**:151–160 (2001).

Oxbury, J., Polkey, C.E., Duchowny, M., eds. *Intractable Focal Epilepsy*. Philadelphia: Saunders (2000).

Pagels, H. *The Dreams of Reason*. New York: Simon and Schuster (1988).

Palm, G. *Neural Assemblies: An Alternative Approach to Artificial Intelligence*. Berlin: Springer (1982).

Palm, G. „Cell assemblies as a guideline for brain research," *Concepts Neurosci.* **1**:133–147 (1990).

Palmer, L.A., Jones, J.P., Stepnoski, R.A. „Striate receptive fields as linear filters: Characterization in two dimensions of space." In: *The Neural Basis of Visual Function*. Leventhal, A.G., ed., pp. 246–265. Boca Raton, FL: CRC Press (1991).

Palmer, S. *Vision Science: Photons to Phenomenology*. Cambridge, MA: MIT Press (1999).

Pantages, E. und Dulac, C. „A novel family of candidate pheromone receptors in mammals," *Neuron* **28**:835–845 (2000).

Parasuraman, R., ed. *The Attentive Brain*. Cambridge, MA: MIT Press (1998).

Parker, A.J. und Krug, K. „Neuronal mechanisms for the perception of ambiguous stimuli," *Curr. Opinion Neurobiol.* **13**:433–439 (2003).

Parker, A.J. und Newsome, W.T. „Sense and the single neuron: Probing the physiology of perception," *Ann. Rev. Neurosci.* **21**:227–277 (1998).

Parra, G., Gulyas, A.I., Miles, R. „How many subtypes of inhibitory cells in the hippocampus?" *Neuron* **20**:983–993 (1998).

Parvizi, J. und Damasio, A.R. „Consciousness and the brainstem," *Cognition* **79**:135–159 (2001).

Pashler, H.E. *The Psychology of Attention.* Cambridge, MA: MIT Press (1998).

Passingham, R. *The Frontal Lobes and Voluntary Action.* Oxford, UK:Oxford University Press (1993).

Pastor, M.A. und Artieda, J., eds. *Time, Internal Clocks, and Movement.* Amsterdam, Netherlands: Elsevier (1996).

Paulesu, E., Harrison, J., Baron-Cohen, S., Watson, J.D., Goldstein, L., Heather, J., Frackowiak, R.S.J., Frith, C.D. „The physiology of coloured hearing. A PET activation study of colourword synaesthesia," *Brain* **118**:661–676 (1995).

Payne, B.R., Lomber, S.G., Villa, A.E., Bullier, J. „Reversible deactivationof cerebral network components," *Trends Neurosci.* **19**:535–542 (1996).

Pedley, T.A. und Guilleminault, C. „Episodic nocturnal wanderings responsive to anticonvulsant drug therapy," *Ann. Neurol.* **2**:30–35 (1977).

Penfield, W. *The Mystery of the Mind.* Princeton, NJ: Princeton University Press (1975).

Penfield, W. und Jasper, H. *Epilepsy and the Functional Anatomy of the Human Brain.* Boston: Little & Brown (1954).

Penfield,W. und Perot, P. „The brain's record of auditory and visual experience: A final summary and discussion," *Brain* **86**:595–696 (1963).

Penrose, R. *The Emperor's New Mind.* Oxford, UK: Oxford University Press (1989). [Deutsche Ausgabe: *Computerdenken.* Spektrum Akademischer Verlag (2002).]

Penrose, R. *Shadows of the Mind.* Oxford, UK: Oxford University Press (1994). [Deutsche Ausgabe: *Schatten des Geistes.* Spektrum Akademischer Verlag (1995).]

Perenin, M.T. und Rossetti, Y. „Grasping without form discrimination in a hemianopic field," *Neuroreport* **7**:793–797 (1996).

Perez-Orive, J., Mazor, O., Turner, G.C., Cassenaer, S., Wilson, R.I., Laurent, G. „Oscillations and sparsening of odor representation in themushroombody," *Science* **297**:359–365 (2002).

Perrett, D.I., Hietanen, J.K., Oram, M.W., Benson, P.J. „Organization and functions of cells responsive to faces in the temporal cortex," *Phil. Trans. Roy. Soc. Lond. B* **335**:23–30 (1992).

Perry, E., Ashton, H., Young, A., eds. *Neurochemistry of Consciousness.* Amsterdam, Netherlands: John Benjamins (2002).

Perry, E., Walker, M., Grace, J., Perry, R. „Acetylcholine inmind: A neurotransmitter correlate of consciousness," *Trends Neurosci.* **22**:273–280 (1999).

Perry, E. und Young, A. „Neurotransmitter networks." In: *Neurochemistry of Consciousness.* Perry, E., Ashton, H., Young, A., eds., pp. 3–23. Amsterdam, Netherlands: John Benjamins (2002).

Pessoa, L. und DeWeerd, P., eds. *Filling-In: From Perceptual Completion to Cortical Reorganization.* New York: Oxford University Press (2003).

Pessoa, L., Thompson, E., Noë, A. „Finding out about filling in: A guide to perceptual completion for visual science and the philosophy of perception," *Behavioral and Brain Sci.* **21**:723–802 (1998).

Peterhans, E. „Functional organization of area V2 in the awake monkey." In: *Cerebral Cortex, Vol 12*. Rockland, K.S., Kaas, J.H., Peters, A., eds., pp. 335–358. New York: Plenum Press (1997).

Peterhans, E. und von der Heydt, R. „Subjective contours: Bridging the gap between psychophysics and physiology," *Trends Neurosci.* **14**:112–119 (1991).

Peters, A. und Rockland, K.S., eds. *Cerebral Cortex. Vol. 10*. New York: Plenum Press (1994).

Pettigrew, J.D. und Miller, S.M. „A 'sticky' interhemishperic switch in bipolar disorder?" *Proc. R. Soc. Lond. B Biol. Sci.* **265**:2141–2148 (1998).

Philbeck, J.W. und Loomis, J.M. „Comparisons of two indicators of perceived egocentric distance under full-cue and reduced-cue conditions," *J. Exp. Psychology: Human Perception & Performance* **23**:72–85 (1997).

Pickersgill, M.J. „On knowing with which eye one is seeing," *Quart. J. Exp. Psychol.* **13**:168–172 (1961).

Pitts, W. und McCulloch, W.S. „How we know universals: The perception of auditory and visual forms," *Bull. Math. Biophysics* **9**:127–147 (1947).

Plum, F. und Posner, J.B. *The Diagnosis of Stupor and Coma*. 3rd ed. Philadelphia: FA Davis (1983).

Pochon, J.-B., Levy, R., Poline, J.-B., Crozier, S., Lehericy, S., Pillon, B., Deweer, B., Le Bihan, D., Dubois, B. „The role of dorsolateral prefrontal cortex in the preparation of forthcoming actions: An fMRI study," *Cerebral Cortex* **11**:260–266 (2001).

Poggio, G.F. und Poggio, T. „The analysis of stereopsis," *Ann. Rev. Neurosci.* **7**:379–412 (1984).

Poggio, T. „A theory of how the brain might work," *Cold Spring Harbor Symp. Quant. Biol.* **55**:899–910 (1990).

Poggio, T., Torre, V., Koch, C. „Computational vision and regularization theory," *Nature* **317**:314–319 (1985).

Poincaŕe, H. „Mathematical discovery." In: *Science and Method*. pp. 46–63. New York: Dover Books (1952).

Pollen, D.A. „Cortical areas in visual awareness," *Nature* **377**:293–294 (1995).

Pollen, D.A. „On the neural correlates of visual perception," *Cerebral Cortex* **9**:4–19 (1999).

Pollen, D.A. „Explicit neural representations, recursive neural networks and conscious visual perception," *Cerebral Cortex* **13**:807–814 (2003).

Polonsky, A., Blake, R., Braun, J., Heeger, D. „Neuronal activity in human primary visual cortex correlates with perception during binocular rivalry," *Nature Neurosci.* **3**:1153–1159 (2000).

Polyak, S.L. *The Retina*. Chicago, IL: University of Chicago Press (1941).

Pöppel, E. „Time perception." In: *Handbook of Sensory Physiology. Vol. 8: Perception*. Held, R., Leibowitz, H.W., Teuber, H.-L. eds., pp. 713–729. Berlin: Springer (1978).

Pöppel, E. „A hierarchical model of temporal perception," *Trends Cogn. Sci.* **1**:56–61 (1997).

Pöppel, E., Held, R.; Frost, D. „Residual visual function after brainwounds involving the central visual pathways in man," *Nature* **243**:295–296 (1973).

Pöppel, E. und Logothetis, N.K. „Neural oscillations in the brain. Discontinuous initiations of pursuit eye movements indicate a 30-Hz temporal framework for visual information processing," *Naturwissenschaften* **73**:267–268 (1986).

Pöppel, E. *Grenzen des Bewußtseins*. Insel (2000)

Popper, K.R. und Eccles, J.C. *The Self and its Brain*. Berlin: Springer (1977). [Deutsche Ausgabe: *Das Ich und sein Gehirn*. Piper (2000).]

Porac, C. und Coren, S. „Sighting dominance and utrocular discrimination," *Percept. Psychophys.* **39**:449–41 (1986).

Posner, M.I. und Gilbert, C.D. „Attention and primary visual cortex," *Proc. Natl. Acad. Sci. USA* **16**:2585–2587 (1999).

Posner,M.I., Snyder, C.R.R.; Davidson, B.J. „Attention and the detection of signals," *J. Exp. Psychol.: General* **109**:160–174 (1980).

Potter, M.C. „Very short-term conceptual memory," *Memory & Cognition* **21**:156–161 (1993).

Potter, M.C. und Levy, E.I. „Recognition memory for a rapid sequence of pictures," *J. Exp. Psychol.* **81**:10–15 (1969).

Pouget, A. und Sejnowski, T.J. „Spatial transformations in the parietal cortex using basis functions," *J. Cogn. Neurosci.* **9**:222–237 (1997).

Preuss, T.M. „What's human about the human brain?" In: *The New Cognitive Neurosciences*. 2nd ed., Gazzaniga, M.S., ed., pp. 1219–1234. Cambridge, MA: MIT Press (2000).

Preuss, T.M., Qi, H., Kaas, J.H. „Distinctive compartmental organization of human primary visual cortex," *Proc. Natl. Acad. Sci. USA* **96**:11601–11606 (1999).

Pritchard, R.M., Heron, W., Hebb, D.O. „Visual perception approached by the method of stabilized images," *Canad. J. Psychol.* **14**:67–77 (1960).

Proffitt, D.R., Bhalla, M., Gossweiler, R., Midgett, J. „Perceiving geographical slant," *Psychonomic Bulletin & Rev.* **2**:409–428 (1995).

Przybyszewski, A.W., Gaska, J.P., Foote,W., Pollen, D.A. „Striate cortex increases contrast gain of macaque LGN neurons," *Visual Neurosci.* **17**:485–494 (2000).

Puccetti, R. *The Trial of John and Henry Norton*. London: Hutchinson (1973).

Purpura, K.P. und Schiff, N.D. „The thalamic intralaminar nuclei: Role in visual awareness," *Neuroscientist* **3**:8–14 (1997).

Purves, D., Paydarfar, J.A., Andrews, T.J. „The wagon wheel illusion in movies and reality," *Proc. Natl. Acad. Sci. USA* **93**:3693–3697 (1996).

Quinn, J.J., Oommen, S.S., Morrison, G.E., Fanselow, M.S. „Post-training excitotoxic lesions of the dorsal hippocampus attenuate forward trace, backward trace, and delay fear conditioning in a temporally-specificmanner,"*Hippocampus* **12**:495–504 (2002).

Rafal, R.D. „Hemispatial neglect: Cognitive neuropsychological aspects." In: *Behavioral Neurology and Neuropsychology*. Feinberg, T.E. and Farah, M.J., eds., pp. 319–336. New York: McGraw-Hill (1997a).

Rafal, R.D. „Balint syndrome." In: *Behavioral Neurology and Neuropsychology*. Feinberg, T.E. and Farah, M.J., eds., pp. 337–356. New York: McGraw-Hill (1997b).

Rafal, R.D. und Posner, M. „Deficits in human visual spatial attention following thalamic lesions," *Proc. Natl. Acad. Sci. USA* **84**:7349–7353 (1987).

Rakic, P. „A small step for the cell, a giant leap for mankind: A hypothesis of neocortical expansion during evolution," *Trends Neurosci.* **18**:383–388 (1995).

Ramachandran, V.S. „Blind spots," *Sci. Am.* **266**:86–91 (1992).

Ramachandran, V.S. und Gregory, R.L. „Perceptual filling in of artificially induced scotomas in human vision," *Nature* **350**:699–702 (1991).

Ramachandram, V.S. und Hubbard, E.M. „Psychophysical investigations into the neural basis of synaesthesia," *Proc. R. Soc. Lond. B* **268**:979–983 (2001).

Ramón y Cajal, S. „New ideas on the structure of the nervous system of man and vertebrates." Translated by Swanson, N. and Swanson, L.M. from *Les nouvelles idées sur la structure du syst'eme nerveux chez l'homme et chez les vertébrés*. Cambridge, MA: MIT Press (1991).

Rao, R.P.N. und Ballard, D.H. „Predictive coding in the visual cortex: A functional interpretation of some extra-classical receptive-field effects,“ *Nature Neurosci.* **2**:79–87 (1999).

Rao, R.P.N, Olshausen, B.A., Lewicki, M.S., eds. *Probabilistic Models of the Brain.* Cambridge, MA: MIT Press (2002).

Rao, S.C., Rainer, G., Miller, E.K. „Integration of what and where in the primate prefrontal cortex,“ *Science* **276**:821–824 (1997).

Ratliff, F. und Hartline, H.K. „The responses of Limulus optic nerve fibers to patterns of illumination on the receptor mosaic,“ *J. Gen. Physiol.* **42**:1241–1255 (1959).

Ray, P.G., Meador, K.J., Smith, J.R., Wheless, J.W., Sittenfeld, M., Clifton, G.L. „Cortical stimulation and recording in humans,“ *Neurology* **52**:1044–1049 (1999).

Reddy, L.,Wilken, P., Koch, C. „Face-gender discrimination in the near-absence of attention,“ *J. Vision*, in press (2004).

Rees, G., Friston, K., Koch, C. „A direct quantitative relationship between the functional properties of human and macaque V5,“ *Nature Neurosci.* **3**:716–723 (2000).

Rees, G., Wojciulik, E., Clarke, K., Husain, M., Frith, C., Driver, J. „Unconscious activation of visual cortex in the damaged right hemisphere of a parietal patient with extinction,“ *Brain* **123**:1624–1633 (2000).

Reeves, A.G., ed. *Epilepsy and the Corpus Callosum.* New York: Plenum Press (1985).

Reingold, E.M. und Merikle, P.M. „On the inter-relatedness of theory and measurement in the study of unconscious processes,“ *Mind Lang.* **5**:9–28 (1990).

Rempel-Clower, N.L. und Barbas, H. „The laminar pattern of connections between prefrontal and anterior temporal cortices in the rhesus monkey is related to cortical structure and function,“ *Cerebral Cortex* **10**:851–865 (2000).

Rensink, R.A. „Seeing, sensing, and scrutinizing,“ *Vision Res.* **40**:1469–1487 (2000a). Rensink, R.A. „The dynamic representation of scenes,“ *Visual Cognition* **7**:17–42 (2000b).

Rensink, R.A., O'Regan, J.K., Clark, J.J. „To see or not to see: The need for attention to perceive changes in scenes,“ *Psychological Sci.* **8**:368–373 (1997).

Revonsuo, A. „The reinterpretation of dreams: An evolutionary hypothesis of the function of dreaming,“ *Behav. Brain Sci.* **23**:877–901 (2000).

Revonsuo, A., Johanson, M., Wedlund, J.-E., Chaplin, J. „The zombie among us.“ In: *Beyond Dissociation.* Rossetti, Y. and Revonsuo, A., eds., pp. 331–351. Amsterdam, Netherlands: John Benjamins (2000).

Revonsuo, A., Wilenius-Emet, M., Kuusela, J., Lehto, M. „The neural generation of a unified illusion in human vision,“ *Neuroreport* **8**:3867–3870 (1997).

Reynolds, J.H., Chelazzi, L., Desimone, R. „Competitive mechanisms subserve attention in macaque areas V2 and V4,“ *J. Neurosci.* **19**:1736–1753 (1999).

Reynolds, J.H. und Desimone, R. „The role of neural mechanisms of attention in solving the binding problem,“ *Neuron* **24**:19–29 (1999).

Rhodes P.A. und Llinás, R.R. „Apical tuft input efficacy in layer 5 pyramidal cells from rat visual cortex,“ *J. Physiol.* **536**:167–187 (2001).

Ricci, C. und Blundo, C. „Perception of ambiguous figures after focal brain lesions,“ *Neuropsychologia* **28**:1163–73 (1990).

Riddoch, M.J. und Humphreys, G.W. „17 + 14 = 41? Three cases of working memory impairment.“ In: *BrokenMemories: Case Studies in Memory Impairment.* Campbell, R. and Conway, M.A., eds., pp. 253–266. Oxford, UK: Blackwell (1995).

Ridley, M. *Nature Via Nurture.* New York: Harper Collins (2003).

Rieke, F., Warland, D., van Steveninck, R.R.D., Bialek, W. *Spikes: Exploring the Neural Code.* Cambridge, MA: MIT Press (1996).

Ritz, R. und Sejnowski, T.J. „Synchronous oscillatory activity in sensory systems: New vistas on mechanisms," *Curr. Opinion Neurobiol.* **7**:536–546 (1997).

Rizzuto, D.S., Madsen, J.R., Bromfield, E.B., Schulze-Bonhage, A., Seelig, D., Aschenbrenner-Scheibe, R., Kahana, M.J. „Reset of human neocortical oscillations during a working memory task," *Proc. Natl. Acad. Sci. USA* **100**:7931–7936 (2003).

Robertson, L. „Binding, spatial attention, and perceptual awareness," *Nature Rev. Neurosci.* **4**:93–102 (2003).

Robertson, I.H. und Marshall, J.C., eds. *Unilateral Neglect: Clinical and Experimental Studies.* Hove, UK: Lawrence Erlbaum (1993).

Robertson, L., Treisman, A., Friedman-Hill, S., Grabowecky, M. „The interaction of spatial and object pathways: Evidence from Balint's syndrome," *J. Cogn. Neurosci.* **9**:295–317 (1997).

Robinson, D.L. und Cowie, R.J. „The primate pulvinar: Stuctural, functional, and behavioral components of visual salience." In: *The Thalamus.* Jones, E.G., Steriade, M., McCormick, D.A., eds., pp. 53–92. Amsterdam: Elsevier (1997).

Robinson, D.L. und Petersen, S.E. „The pulvinar and visual salience," *Trends Neurosci.* **15**:127–132 (1992).

Rock, I. und Gutman, D. „The effect of inattention on formperception," *J. Exp. Psychol. Hum. Perception & Performance* **7**:275–285 (1981).

Rockel, A.J., Hiorns, R.W., Powell, T.P.S. „The basic uniformity in structure of the neocortex," *Brain* **103**:221–244 (1980).

Rockland, K.S. „Further evidence for two types of corticopulvinar neurons," *Neuroreport* **5**:1865–1868 (1994).

Rockland, K.S. „Two types of corticopulvinar terminations: Round (type 2) and elongate (type 1)," *J. Comp. Neurol.* **368**:57–87 (1996).

Rockland, K.S. „Elements of cortical architecture: Hierarchy revisited." In: *Cerebral Cortex, Vol. 12.* Rockland, K.S., Kaas, J.H., Peters, A., eds., pp. 243–293. New York: Plenum Press (1997).

Rockland, K.S. und Pandya, D.N. „Laminar origins and terminations of cortical connections of the occipital lobe in the rhesus monkey," *Brain Res.* **179**:3–20 (1979).

Rockland, K.S. und Van Hoesen, G.W. „Direct temporal-occipital feedback connections to striate cortex (V1) in the macaque monkey," *Cerebral Cortex* **4**:300–313 (1994).

Rodieck, R.W. *The First Steps in Seeing.* Sunderland, MA: Sinauer Associates (1998).

Rodieck, R.W., Binmoeller, K.F., Dineen, J.T. „Parasol and midget ganglion cells of the human retina," *J. Comp. Neurol.* **233**:115–132 (1985).

Rodriguez, E., George, N., Lachaux, J.-P., Martinerie, J., Renault, B., Varela, F.J. „Perception's shadow: Long-distance synchronziation of human brain activity," *Nature* **397**:430–433 (1999).

Roe, A.W. und Ts'o, D.Y. „The functional architecture of area V2 in the macaque monkey: Physiology, topography, and connectivity." In *Cerebral Cortex, Vol 12: Extrastriate Cortex in Primates*, Rockland, K.S., Kaas, J.H., Peters, A., eds., pp. 295–334. New York: Plenum Press (1997).

Roelfsema, P.R., Lamme, V.A.F., Spekreijse, H. „Oject-based attention in the primary visual cortex of the macaque monkey," *Nature* **395**:376–381 (1998).

Rolls, E.T. „Spatial view cells and the representation of place in the primate hippocampus," *Hippocampus* **9**:467–480 (1999).

Rolls, E.T., Aggelopoulos, N.C., Zheng, F. „The receptive fields of inferior temporal cortex neurons in natural scenes," *J. Neurosci.* **23**:339–348 (2003).

Rolls, E.T. und Deco, G. *Computational Neuroscience of Vision.* Oxford, UK: Oxford University Press (2002).

Rolls, E.T. und Tovee, M.J. „Processing speed in the cerebral cortex and the neurophysiology of visual masking," *Proc. R. Soc. Lond. B* **257**:9–15 (1994).

Rolls, E.T. und Tovee, M.J. „The responses of single neurons in the temporal visual cortical areas of the macaque when more than one stimulus is present in the receptive field," *Exp. Brain Res.* **103**:409–420 (1995).

Romo, R., Brody, C.D., Hernández, A., Lemus, L. „Neuronal correlates of parametric working memory in the prefrontal cortex," *Nature* **399**:470–473 (1999).

Roorda, A. und Williams, D.R. „The arrangement of the three cone classes in the living human eye," *Nature* **397**:520–522 (1999).

Rosen, M. und Lunn, J.N., eds. *Consciousness, Awareness, and Pain in General Anaesthesia.* London: Butterworths (1987).

Rossen, R., Kabat, H., Anderson, J.P. „Acute arrest of cerebral circulation in man," *Arch. Neurol. Psychiatry* **50**:510–528 (1943).

Rossetti, Y. „Implicit short-lived motor representations of space in brain damaged and healthy subjects," *Consc. & Cognition* **7**:520–558 (1998).

Rousselet, G., Fabre-Thorpe, M., Thorpe, S. „Parallel processing in high-level visual scene categorization," *Nature Neurosci.* **5**:629–630 (2002).

Ryle, G. *The Concept of the Mind* London: Hutchinson (1949). [Deutsche Ausgabe: *Der Begriff des Geistes.* Reclam (1969).]

Sacks, O. *Migraine.* Rev. ed. Berkeley, CA: University of California Press (1970). [Deutsche Ausgabe: *Migräne.* Rowohlt Tb. (1998).]

Sacks, O. *Awakenings.* New York: E.P. Dutton (1973). [Deutsche Ausgabe: *Awakenings. Zeit des Erwachens.* Rowohlt Tb. (1997)]

Sacks, O. *A Leg to Stand On.* New York: Summit Books (1984). [Deutsche Ausgabe: *Der Tag, an dem mein Bein fortging.* Rowohlt Tb. (2004).]

Sacks, O. *The Man Who Mistook His Wife for a Hat.* New York: Harper & Row (1985). [Deutsche Ausgabe: *Der Mann der seine Frau mit einem Hut verwechselte.* Rowohlt Tb. (1990).]

Sacks, O. „The mind's eye: What the blind see." *The New Yorker*, July 28, pp. 48–59 (2003).

Saenz, M., Buracas, G.T., Boynton, G.M. „Global effects of feature-based attention in human visual cortex," *Nature Neurosci.* **5**:631–632 (2002).

Saint-Cyr, J.A., Ungerleider, L.G., Desimone, R. „Organization of visual cortical inputs to the striatum and subsequent outputs to the pallido-nigral complex in the monkey," *J. Compa. Neurol.* **298**:129–156 (1990).

Sakai, K., Watanabe, E., Onodera, Y., Uchida, I., Kato, H., Yamamoto, E., Koizumi, H., Miyashita, Y. „Functional mapping of the human colour centre with echoplanar magnetic resonance imaging," *Proc. R. Soc. Lond. B* **261**:89–98 (1995).

Saleem, K.S., Suzuki, W., Tanaka, K., Hashikawa, T. „Connections between anterior inferotemporal cortex and superior temporal sulcus regions in the macaque monkey," *J. Neurosci.* **20**:5083–5101 (2000).

Salin, P.-A. und Bullier, J. „Corticocortical connections in the visual system: Structure and Function," *Physiol. Rev.* **75**:107–154 (1995).

Salinas, E. und Abbott, L.F. „Transfer of coded information from sensory to motor networks," *J. Neurosci.* **15**:6461–6474 (1995).

Salinas, E. und Sejnowski, T.J. „Correlated neuronal activity and the flow of neural information," *Nature Rev. Neurosci.* **2**:539–550 (2001).

Salzman, C.D., Murasugi, C.M., Britten, K.H., Newsome, W.T. „Microstimulation in visual area MT: Effects on direction discrimination performance," *J. Neurosci.* **12**:2331–2355 (1992).

Salzman, C.D. und Newsome,W.T. „Neural mechanisms for forming a perceptual decision," *Science* **264**:231–237 (1994).

Sammon, P.M. *Future Noir: The Making of Blade Runner.* New York, HarperPrims (1996).

Sanderson, M.J. „Intercellular waves of communication," *New Physiol. Sci.* **11**:262–269 (1996).

Sanford, A.J. „A periodic basis for perception and action." In: *Biological Rhythms and Human Performance.* Colquhuon, W., ed., pp. 179–209. New York: Academic Press (1971).

Savic, I. „Imaging of brain activation by odorants in humans," *Curr. Opinion Neurobiol.* **12**:455–461 (2002).

Savic, I., Berglund, H., Gulyas, B., Roland, P. „Smelling of odorous sex hormonelike compounds causes sex-differentiated hypothalamic activations in humans," *Neuron* **31**:661–668 (2001).

Sawatari, A. und Callaway, E.M. „Diversity and cell type specificity of local excitatory connections to neurons in layer 3B of monkey primary visual cortex," *Neuron* **25**:459–471 (2000).

Scalaidhe, S.P., Wilson, F.A., Goldman-Rakic, P.S. „Areal segregation of faceprocessing neurons in prefrontal cortex," *Science* **278**:1135–1138 (1997).

Schall, J.D. „Neural basis of saccadic eye movements in primates." In: *The Neural Basis of Visual Function.* Leventhal, A.G., ed., pp. 388–441. Boca Raton, FL: CRC Press (1991).

Schall, J.D. „Visuomotor areas of the frontal lobe. In: *Cerebral Cortex. Vol. 12.* Rockland, K.S., Kaas, J.H., Peters, A., eds., pp. 527–638. New York: Plenum Press (1997).

Schall, J.D. „Neural basis of deciding, choosing and acting," *Nature Rev. Neurosci.* **2**:33–42 (2001).

Schank, J.C. „Menstrual-cycle synchrony: Problems and new directions for research," *J. Comp. Psychology* **115**:3–15 (2001).

Schenck, C.H. und Mahowald, M.W. „An analysis of a recent criminal trial involving sexual misconduct with a child, alcohol abuse and a successful sleepwalking defence: Arguments supporting two proposed new forensic categories," *Med. Sci. Law* **38**:147–152 (1998).

Schiff, N.D. „The neurology of impaired consciousness: Challenges for cognitive neuroscience." In: *The New Cognitive Neurosciences.* Gazzaniga, M., ed. Cambridge, MA: MIT Press (2004).

Schiff, N.D. und Plum, F. „The role of arousal and 'gating' systems in the neurology of impaired consciousness," *J. Clinical Neurophysiol.* **17**:438–452 (2000).

Schiffer, F. „Can the different cerebral hemispheres have distinct personalities? Evidence and its implications for theory and treatment of PTSD and other disorders?" *J. Traum. Dissoc.* **1**:83–104 (2000).

Schiller, P.H. und Chou, I.H. „The effects of frontal eye field and dorsomedial frontalcortex lesions on visually guided eye-movements," *Nature Neurosci.* **1**:248–253 (1998).

Schiller, P.H. und Logothetis, N.K. „The color-opponent and broad-based channels of the primate visual system," *Trends Neurosci.* **13**:392–398 (1990).

Schiller, P.H., True, S.D., Conway, J.L. „Effects of frontal eye field and superior colliculus ablations on eye movements," *Science* **206**:590–592 (1979).

Schlag, J. und Schlag-Rey, M. „Visuomotor functions of central thalamus in monkey. II. Unit activity related to visual events, targeting, and fixation," *J. Neurophysiol.* **51**:1175–1195 (1984).

Schlag, J. und Schlag-Rey, M. „Through the eye, slowly: Delays and localization errors in the visual system," *Nature Rev. Neurosci.* **3**:191–215 (2002).

Schmidt, E.M., Bak, M.J., Hambrecht, F.T., Kufta, C.V., O'Rourke, D.K., Vallabhanath, P. „Feasibility of a visual prosthesis for the blind based on intracortical microstimulation of the visual cortex," *Brain* **119**:507–522 (1996).

Schmolesky, M.T., Wang, Y., Hanes, D.P., Leutgeb, S., Schall, J.B., Leventhal, A.G. „Signal timing across the macaque visual system," *J. Neurophysiol.* **79**:3272–3280 (1998).

Schooler, J.W. und Melcher, J. „The ineffability of insight." In: *The Creative Cognition Approach.* Smith, S.M., Ward, T.B., Finke, R.A., eds., pp. 97–133. Cambridge, MA: MIT Press (1995).

Schooler, J.W., Ohlsson, S., Brooks, K. „Thoughts beyond words: When language overshadows insight," *J. Exp. Psychol. Gen.* **122**:166–183 (1993).

Schrödinger, E. *What Is Life?* Cambridge, UK: Cambridge University Press (1944). [Deutsche Ausgabe: *Was ist Leben?* Piper (1999).]

Scoville, W.B. und Milner, B. „Loss of recent memory after bilateral hippocampal lesions," *J. Neurochem.* **20**:11–21 (1957).

Searle, J.R. *The Mystery of Consciousness.* New York: The New York Review of Books (1997).

Searle, J.R. „Consciousness," *Ann. Rev. Neurosci.* **23**:557–578 (2000).

Seckel, A. *The Art of Optical Illusions.* Carlton Books (2000).

Seckel, A. *More Optical Illusions.* Carlton Books (2002).

Sennholz, G. „Bispectral analysis technology and equipment," *Minerva Anestesiol.* **66**:386–388 (2000).

Shadlen, M.N., Britten, K.H., Newsome, W.T., Movshon, J.A. „A computational analysis of the relationship between neuronal and behavioral responses to visual motion," *J. Neurosci.* **16**:1486–1510 (1996).

Shadlen, M.N. und Movshon, J.A. „Synchrony unbound: A critical evaluation of the temporal binding hypothesis," *Neuron* **24**:67–77 (1999).

Shallice, T. *From Neuropsychology to Mental Structure.* Cambridge, UK: Cambridge University Press (1988).

Shapley, R. und Ringach, D. „Dynamics of responses in visual cortex." In: *The New Cognitive Neurosciences.* 2nd ed., Gazzaniga, M.S., ed., pp. 253–261. Cambridge, MA: MIT Press (2000).

Shear, J., ed. *Explaining Consciousness: The Hard Problem.* Cambridge, MA:MIT Press (1997).

Sheinberg, D.L. und Logothetis, N.K. „The role of temporal cortical areas in perceptual organization," *Proc. Natl. Acad. Sci. USA* **94**:3408–3413 (1997).

Sheinberg, D.L. und Logothetis, N.K. „Noticing familiar objects in real world scenes: The role of temporal cortical neurons in natural vision," *J. Neurosci.* **15**:1340–1350 (2001).

Sheliga, B.M., Riggio, L., Rizzolatti, G. „Orienting of attention and eye movements," *Exp. Brain Res.* **98**:507–522 (1994).

Shepherd, G.M. *Foundations of the Neuron Doctrine.* New York: Oxford University Press (1991).

Shepherd, M., Findlay, J.M., Hockey, R.J. „The relationship between eye movements and spatial attention," *Quart. J. Exp. Psychol.* **38**:475–491 (1986).

Sherk, H. „The claustrum." In: *Cerebral Cortex Vol. 5.* Jones, E.G. and Peters, A., eds., pp. 467–499. New York: Plenum (1986).

Sherman, S.M. und Guillery, R. *Exploring the Thalamus.* San Diego, CA: Academic Press (2001).

Sherman, S.M. und Koch, C. „Thalamus." In: *The Synaptic Organization of the Brain.* 4th ed., Shepherd, G. ed., pp. 289–328. New York: Oxford University Press (1998).

Sheth, B.R., Nijhawan, R., Shimojo, S. „Changing objects lead briefly flashed ones," *Nature Neurosci.* **3**:489–495 (2000).

Shimojo, S., Tanaka, Y., Watanabe, K. „Stimulus-driven facilitation and inhibition of visual information processing in environmental and retinotopic representations of space," *Brain Res. Cogn. Brain Res.* **5**:11–21 (1996).

Siegel, J.M. „Nacrolepsy," *Scientific American* **282**:76–81 (2000).

Siewert, C.P. *The Significance of Consciousness.* Princeton, NJ: Princeton University Press (1998).

Simons, D.J. und Chabris, C.F. „Gorillas in our midst: Sustained inattentional blindness for dynamic events," *Perception* **28**:1059–1074 (1999).

Simons, D.J. und Levin, D.T. „Change blindness," *Trends Cogn. Sci.* **1**:261–267 (1997).

Simons, D.J. und Levin, D.T. „Failure to detect changes to people during a real-world interaction," *Psychonomic Bull. & Rev.* **5**:644–649 (1998).

Simpson, J. *Touching the Void.* New York: HarperPerennial (1988).

Singer,W. „Neuronal synchrony: A versatile code for the definition of relations?" *Neuron* **24**:49–65 (1999).

Skoyles, J.R. „Another variety of vision," *Trends Neurosci.* **20**:22–23 (1997).

Slimko, E.M., McKinney, S., Anderson, D.J., Davidson, N., Lester, H.A. „Selective electrical silencing ofmammalian neurons in vitro by the use of invertebrate ligandgated chloride channels," *J. Neurosci.* **22**:7373–7379 (2002).

Smith, S. „Utrocular, or 'which eye' discrimination," *J. Exp. Psychology* **35**:1–14 (1945).

Snyder, L.H., Batista, A.P., Andersen, R.A. „Intention-related activity in the posterior parietal cortex: A review," *Vis. Res.* **40**:1433–1441 (2000).

Sobel, E.S. und Tank, D.W. „In vivo Ca2+ dynamics in a cricket auditory neuron: An example of chemical computation," *Science* **263**:823–826 (1994).

Sobel, N., Prabhakaran, V., Hartely, C.A., Desmond, J.E., Glover, G.H., Sullivan, E.V., Gabrieli, D.E. „Blindsmell: Brain activation induced by an undetected air-borne chemical," *Brain* **122**:209–217 (1999).

Softky,W.R. „Simple codes versus efficient codes," *Curr. Opinion Neurobiol.* **5**:239–247 (1995).

Solms, M. *The Neuropsychology of Dreams.* Mahwah, NJ: Lawrence Erlbaum (1997).

Somers, D.C., Dale, A.M., Seiffert, A.E., Tootell, R.B. „Functional MRI reveals spatially specific attentional modulation in human primary visual cortex," *Proc. Natl. Acad. Sci. USA* **96**:1663–1668 (1999).

Sperling, G. „The information available in brief presentation," *Psychological Monographs* **74**.Whole No. 498 (1960).

Sperling, G. und Dosher, B. „Strategy and optimization in human information processing." In: *Handbook of Perception and Performance* Vol. 1. Boff, K., Kaufman, L., Thomas, J., eds., pp. 1–65. New York:Wiley (1986).

Sperling, G. und Weichselgartner, E. „Episodic theory of the dynamics of spatial attention," *Psych. Rev.* **102**:503–532 (1995).

Sperry, R.W. „Cerebral organization and behavior," *Science* **133**:1749–1757 (1961).

Sperry, R.W. „Lateral specialization in the surgically separated hemispheres." In: *Neuroscience 3rd Study Program.* Schmitt, F.O. and Worden, F.G., eds. Cambridge, MA: MIT Press (1974).

Spinelli, D.W., Pribram, K.H., Weingarten, M. „Centrifugal optic nerve responses evoked by auditory and somatic stimulation,“ *Exp. Neurol.* **12**:303–318 (1965).

Sprague, J.M. „Interaction of cortex and superior colliculus in mediation of visually guided behavior in the cat,“ *Science* **153**:1544–1547 (1966).

Squire, L.R. und Kandel, E.R. *Memory: From Mind to Molecules*. New York: Scientific American Library, Freeman (1999). [Deutsche Ausgabe: *Gedächtnis*. Spektrum Akademischer Verlag (1999).]

Standing, L. „Learning 10,000 pictures,“ *Quart. J. Exp. Psychol.* **25**:207–222 (1973).

Stapledon, O. *Star Maker*. New York: Dover Publications (1937).

Steinmetz, P.N., Roy, A., Fitzgerald, P.J., Hsiao, S.S., Johnson, K.O., Niebur, E. „Attention modulates synchronized neuronal firing in primary somatosensory cortex,“ *Nature* **404**:187–190 (2000).

Steriade, M. und McCarley, R.W. *Brainstem Control of Wakefullness and Sleep*. New York: Plenum Press (1990).

Stern, K. und McClintock, M.K. „Regulation of ovulation by human pheromones,“ *Nature* **392**:177–179 (1998).

Sternberg, E.M. „Piercing together a puzzling world: Memento,“ *Science* **292**:1661–1662 (2001).

Sternberg, S. „High-speed scanning in human memory,“ *Science* **153**:652–654 (1966).

Stevens, C.F. „Neuronal diversity: Too many cell types for comfort?“ *Curr. Biol.* **8**:R708–R710 (1998).

Stevens, R. „Western phenomenological approaches to the study of conscious experience and their implications.“ In:*Methodologies for the Study of Consciousness: A New Synthesis*. Richardson, J. and Velmans,M., eds., pp. 100–123. Kalamazoo, MI: Fetzer Institute (1997).

Stoerig, P. und Barth, E. „Low-level phenomenal vision despite unilateral destruction of primary visual cortex,“ *Consc. & Cognition* **10**:574–587 (2001).

Stoerig, P., Zontanou, A., Cowey, A. „Aware or unaware: Assessment of cortical blindness in four men and a monkey,“ *Cerebral Cortex* **12**:565–574 (2002).

Stopfer, M., Bhagavan, S., Smith, B.H., Laurent, G. „Impaired odour discrimination on desynchronization of odour-encoding neural assemblies,“ *Nature* **390**:70–74 (1997).

Stowers, L., Holy, T.E., Meister, M., Dulac, C., Koentges, G. „Loss of sex discrimination and male-male aggression in mice deficient for TRP2,“ *Science* **295**:1493–1500 (2002).

Strayer, D.L. und Johnston,W.A. „Driven to distraction: Dual-task studies of simulated driving and conversing on a cellular phone,“ *Psychol. Sci.* **12**:462–466 (2001).

Stroud, J.M. „The fine structure of psychological time.“ In: *Information Theory in Psychology*. Quastler, H., ed., pp. 174–205. Glencoe, IL: Free Press (1956).

Strawson, G. *Mental Reality*. Cambridge, MA: MIT Press (1996).

Supèr, H., Spekreijse, H., Lamme, V.A.F. „Two distinct modes of sensory processing observed in monkey primary visual cortex,“ *Nature Neurosci.* **4**:304–310 (2001).

Swick, D. und Knight, R.T. „Cortical lesions and attention.“ In: *The Attentive Brain*. Parasurama R., ed., pp. 143–161. Cambridge, MA: MIT Press (1998).

Swindale, N.V. „How many maps are there in visual cortex,“ *Cerebral Cortex* **10**:633–643 (2000).

Tallal, P., Merzenich, M., Miller, S., Jenkins, W. „Language learning impairment: Integrating basic science, technology and remediation,“ *Exp. Brain Res.* **123**:210–219 (1998).

Tallon-Baudry, C. und Bertrand, O. „Oscillatory gamma activity in humans and its role in object representation,“ *Trends Cogn. Sci.* **3**:151–161 (1999).

Tamura, H. und Tanaka, K. „Visual response properties of cells in the ventral and dorsal parts of the macque inferotemporal cortex," *Cerebral Cortex* **11**:384–399 (2001).

Tanaka, K. „Inferotemporal cortex and object vision," *Ann. Rev. Neurosci.* **19**:109–139 (1996).

Tanaka, K. „Columnar organization in the inferotemporal cortex." In: *Cerebral Cortex. Vol. 12.* Rockland, K.S., Kaas, J.H., Peters, A., eds., pp. 469–498. New York: Plenum Press (1997).

Tanaka, K. „Columns for complex visual object features in the inferotemporal cortex: Clustering of cells with similar but slightly different stimulus selectivities," *Cerebral Cortex* **13**:90–99 (2003).

Tang, S. und Guo, A. „Choice behavior of Drosophila facing contradictory visual cues," *Science* **294**:1543–1547 (2001).

Tang, Y.-P., Shimizu, E., Dube, G.R., Rampon, C., Kerchner, G.A., Zhuo, M., Liu, G., Tsien, J.Z. „Genetic enhancement of learning and memory in mice," *Nature* **401**:63–69 (1999).

Taylor, J.G. *The Race for Consciousness.* Cambridge, UK: MIT Press (1998).

Taylor, J.L. und McCloskey, D.I. „Triggering of preprogrammed movements as reactions to masked stimuli," *J. Neurophysiol.* **63**:439–444 (1990).

Teller, D.Y. „Linking propositions," *Vision Res.* **24**:1233–1246 (1984).

Teller, D.Y. und Pugh, E.N. Jr. „Linking propositions in color vision." In: *Color Vision: Physiology and Psychophysics.* Mollon, J.D. and Sharpe, L.T., eds., London: Academic Press (1983).

Thiele, A., Henning, P., Kubschik, M., Hoffmann, K.-P. „Neural mechanisms of saccadic suppression," *Science* **295**:2460–2462 (2002).

Thiele, A. und Stoner, G. „Neuronal synchrony does not correlate with motion coherence in cortical area MT," *Nature* **23**:366–370 (2003).

Thier P., Haarmeier, T., Treue, S., Barash, S. „Absence of a common functional denominator of visual disturbance in cerebellar disease," *Brain* **122**:2133–2146 (1999).

Thomas, O.M., Cumming, B.G., Parker, A.J. „A specialization for relative disparity in V2," *Nature Neurosci.* **5**:472–478 (2002).

Thompson, K.G. und Schall, J.D. „The detection of visual signals by macaque frontal eye field during masking," *Nature Neurosci.* **2**:283–288 (1999).

Thompson, K.G., Schall, J.D. „Antecedents and correlates of visual detection and awareness in macaque prefrontal cortex," *Vision Res.* **40**:1523–1538 (2000).

Thorpe, S., Fize, D., Marlot, C. „Speed of processing in the human visual system," *Nature* **381**:520–522 (1996).

Tolias, A.S., Smirnakis, S.M., Augath, M.A., Trinath, T., Logothetis, N.K. „Motion processing in themacaque: Revisited with functional magnetic resonance imaging," *J. Neurosci.* **21**:8594–8601 (2001).

Tomita, H., Ohbayashi, M., Nakahara, K., Hasegawa, I., Miyashita, Y. „Top-down signal from prefrontal cortex in executive control of memory retrieval," *Nature* **401**:699–703 (1999).

Tong, F. und Engel, S.A. „Interocular rivalry revealed in the human cortical blind-spot representation," *Nature* **411**:195–199 (2001).

Tong, F., Nakayama, K., Vaughan, J.T., Kanwisher, N. „Binocular rivalry and visual awareness in human extrastriate cortex," *Neuron* **21**:753–759 (1998).

Tong, F., Nakayama, K., Moscovitch, M., Weinrib, O., Kanwisher, N. „Response properties of the human fusiform face area," *Cogn. Neuropsychol.* **17**:257–279 (2000).

Tononi, G. and Edelman, G.M. „Consciousness and complexity," *Science* **282**:1846–1851 (1998). [Deutsche Ausgabe: *Gehirn und Geist. Wie aus Materie Bewusstsein entsteht.* C.H. Beck (2002).]

Tootell, R.B. und Hadjikhani, N. „Where is 'dorsal V4' in human visual cortex? Retinotopic, topographic, and functional evidence," *Cerebral Cortex* **11**:298–311 (2001).

Tootell, R.B., Hadjikhani, N., Mendola, J.D., Marrett, S., Dale, A.M. „Fromretinotopy to recognition: Functional MRI in human visual cortex," *Trends Cogn. Sci.* **2**:174–183 (1998).

Tootell, R.B., Mendola, J.D., Hadjikhani, N., Ledden, P.J., Liu, A.K., Reppas, J.B., Sereno, M.I., Dale, A.M. „Functional analysis of V3A and related areas in human visual cortex," *J. Neurosci.* **17**:7060–7078 (1997).

Tootell, R.B., Reppas, J.B., Dale, A.M., Look, R.B., Sereno, M.I., Malach, R., Brady, T.J., Rosen, B.R. „Visual motion aftereffect in human cortical area MT revealed by functional magnetic resonance imaging," *Nature* **375**:139–141 (1995).

Tootell, R.B. und Taylor, J.B. „Anatomical evidence for MT and additional cortical visual areas in humans," *Cerebral Cortex* **5**:39–55 (1995).

Tranel, D. und Damasio, A.R. „Knowledge without awareness: An autonomic index of facial recognition by prosopagnosics," *Science* **228**:1453–1454 (1985).

Treisman, A. „Features and Objects: The Fourteenth Bartlett Memorial Lecture," *Quart. J. Exp. Psychology* **40A**:201–237 (1988).

Treisman, A. „The binding problem," *Curr. Opinion Neurobiol.* **6**:171–178 (1996).

Treisman, A. „Feature binding, attention and object perception," *Proc. R. Soc. Lond. B* **353**:1295–1306 (1998).

Treisman, A. und Gelade, G. „A feature-integration theory of attention," *Cogn. Psychol.* **12**:97–136 (1980).

Treisman, A. und Schmidt, H. „Illusory conjunctions in the perception of objects," *Cogn. Psychol.* **14**:107–141 (1982).

Treue, S. und Martinez-Trujillo, J.C. „Feature-based attention influences motion processing gain in macaque visual cortex," *Nature* **399**:575–578 (1999).

Treue, S. und Maunsell, J.H.R. „Attentional modulation of visual motion processing in cortical areas MT and MST," *Nature* **382**:539–541 (1996).

Tsal, Y. „Do illusory conjunctions support feature integration theory? A critical review of theory and findings," *J. Exp. Psychol. Hum. Percept. Perform.* **15**:394–400 (1989).

Tsotsos, J.K. „Analyzing vision at the complexity level," *Behav. Brain Sci.* **13**:423–469 (1990).

Tsunoda, K., Yamane, Y., Nishizaki,M., Tanifuji, M. „Complex objects represented in macaque inferotemporal cortex by the combination of feature columns," *Nature Neurosci.* **4**:832–838 (2001).

Tully, T. „Toward a molecular biology of memory: The light's coming on!," *Nature Neurosci.* **1**:543–545 (1998).

Tully, T. und Quinn,W.G. „Classical conditioning and retention in normal and mutant Drosophila melanogaster," *J. Comp. Physiol. A* **157**:263–277 (1985).

Tulunay-Keesey, Ü. „Fading of stabilized retina images," *J. Opt. Soc. Am.* **72**:440–447 (1982).

Tulving, E. „Memory and consciousness," *Canadian Psychology* **26**:1–26 (1985).

Tulving, E. „Varieties of consciousness and levels of awareness in memory." In: *Attention: Selection, Awareness and Control. A Tribute to Donald Broadbent.* Baddeley, A. and Weiskrantz, L., eds., pp. 283–299. Oxford, UK: Oxford University Press (1993).

Turing, A. „Computing machinery and intelligence," *Mind* **59**:433–460 (1950).

Ullman, S. „Visual routines," *Cognition* **18**:97–159 (1984).

Ungerleider, L.G. und Mishkin, M. „Two cortical visual systems." In: *Analysis of Visual Behavior*. Ingle, D.J., Goodale, M.A., andMansfield, R.J.W., eds., pp. 549–586. Cambridge, MA: MIT Press (1982).

Vallar, G. und Shallice, T., eds. *Neuropsychological Impairments of Short-Term Memory*. Cambridge, UK: Cambridge University Press (1990).

Vanduffel, W., Fize, D., Peuskens, H., Denys, K., Sunaert, S., Todd, J.T., Orban, G.A. „Extracting 3D from motion: Differences in human and monkey intraparietal cortex," *Science* **298**:413–415 (2002).

Van Essen, D.C. und Gallant, J.L. „Neural mechanisms of form and motion processing in the primate visual system," *Neuron* **13**:1–10 (1994).

Van Essen, D.C., Lewis, J.W., Drury, H.A., Hadjikhani, N., Tootell, R.B., Bakircioglu, M., Miller, M.I. „Mapping visual cortex inmonkeys and humans using surfacebased atlases," *Vision Res.* **41**:1359–1378 (2001).

VanRullen, R. und Koch, C. „Competition and selection during visual processing of natural scenes and objects," *J. Vision* **3**:75–85 (2003a).

VanRullen, R. und Koch, C. „Visual selective behavior can be triggered by a feedforward process," *J. Cogn. Neurosci.* **15**:209–217 (2003b).

VanRullen, R. und Koch, C. „Is perception discrete or continuous?" *Trends Cogn. Sci.* **7**:207–213 (2003c).

VanRullen, R., Reddy L., Koch, C. „Parallel and preattentive processing are not equivalent," *J. Cogn. Neurosci.*, in press (2004).

VanRullen, R. und Thorpe, S. „The time course of visual processing: From early perception to decision making," *J. Cogn. Neurosci.* **13**:454–461 (2001).

van Swinderen, B. und Greenspan, R.J. „Salience modulates 20–30 Hz brain activity in *Drosophila*," *Nature Neurosci.* **6**:579–586 (2003).

Varela, F. „Neurophenomenology: A methodological remedy to the hard problem," *J. Consc. Studies* **3**:330–350 (1996).

Varela, F., Lachaux, J.-P., Rodriguez, E., Martinerie, J. „The brainweb: Phase synchronization and large-scale integration," *Nature Rev. Neurosci.* **2**:229–239 (2001).

Velmans, M. „Is human information processing conscious?" *Behav. Brain Sci.* **14**:651–726 (1991).

Venables, P.H. „Periodicity in reaction time," *Br. J. Psychol.* **51**:37–43 (1960).

Vgontzas, A.N. und Kales, A. „Sleep and its disorders," *Ann. Rev. Med.* **50**:387–400 (1999).

Vogeley, K. „Hallucinations emerge from an imbalance of self-monitoring and reality modeling," *Monist* **82**:626–644 (1999).

Volkmann, F.C., Riggs, L.A., Moore, R.K. „Eyeblinks and visual suppression," *Science* **207**:900–902 (1980).

von der Heydt, R., Peterhans, E., Baumgartner, G. „Illusory contours and cortical neuron responses," *Science* **224**:1260–1262 (1984).

von der Heydt, R., Zhou, H., Friedman, H.S. „Representation of stereoscopic edges in monkey visual cortex," *Vision Res.* **40**:1955–1967 (2000).

von der Malsburg, C. „The correlation theory of brain function." MPI Biophysical Chemistry, Internal Report 81–2 (1981). Reprinted in *Models of Neural Networks II*, Domany, E., van Hemmen, J.L., Schulten, K., eds. Berlin: Springer (1994).

von der Malsburg, C. „Binding in models of perception and brain function," *Curr. Opin. Neurobiol.* **5**:520–526 (1995).

von derMalsburg, C. „The what and why of binding: The modeler's perspective," *Neuron* **24**:95–104 (1999).

von Economo, C. und Koskinas, G.N. *Die Cytoarchitektonik der Hirnrinde des erwachsenen Menschen.*Wien, Austria: Julius Springer (1925).

von Helmholtz, H. *Handbook of Physiological Optics.* New York: Dover. (1962). *Handbuch der physiologischen Optik.* 3 volumes, ed. Hamburg, Voss, 1856, 1860, 1988.

von Senden, M. *Space and Sight: The Perception of Space and Shape in the Congenitally Blind Before and After Operation.* Glencoe, IL: Free Press (1960).

Vuilleumier, P., Armony, J.L., Clarke, K., Husain,M., Driver, J., Dolan, R.J. „Neural response to emotional faces with and without awareness: Event-related fMRI in a parietal patient with visual extinction and spatial neglect," *Neuropsychologia* **40**:156–166 (2002).

Vuilleumier, P., Armony, J.L., Driver, J., Dolan, R.J. „Effects of attention and emotion on face processing in the human brain: An event-related fMRI study," *Neuron* **30**:829–841 (2001).

Vuilleumier, P., Hester, D., Assal, G., Regli, F. „Unilateral spatial neglect recovery after sequential strokes," *Neurol.* **46**:184–189 (1996).

Wachtler, T., Sejnowski, T.J., Albright, T.D. „Representation of color stimuli in awake macaque primary visual cortex," *Neuron* **37**:681–691 (2003).

Wada, Y. und Yamamoto, T. „Selective impairment of facial recognition due to a haematoma restricted to the right fusiform and lateral occipital region," *J. Neurol. Neurosurg. Psychiatry* **71**:254–257 (2001).

Wade, A.R., Brewer, A.A., Rieger, J.W., Wandell, B.A. „Functional measurements of human ventral occipital cortex: Retinotopy and colour," *Phil. Trans. R. Soc. Lond. B* **357**:963–973 (2002).

Walther, D., Itti, L., Riesenhuber, M., Poggio, T., Koch, C. „Attentional selection for object recognition—A gentle way." In: *Biologically Motivated Computer Vision.* Bülthoff, H.H., Lee, S.-W., Poggio, T., Wallraven, C., eds., pp. 472–479. Berlin: Springer (2002).

Wandell, B.A. *Foundations of Vision.* Sunderland, MA: Sinauer (1995).

Wang, G., Tanaka, K., Tanifuji, M. „Optical imaging of functional organization in the monkey inferotemporal cortex," *Science* **272**:1665–1668 (1996).

Warland, D.K., Reinagel, P., Meister, M. „Decoding visual information from a population of retinal ganglion cells," *J. Neurophysiol.* **78**:2336–2350 (1997).

Watanabe, T., Harner, A.M., Miyauchi, S., Sasaki, Y., Nielsen, M., Palomo, D., Mukai, I. „Task-dependent influences of attention on the activation of human primary visual cortex," *Proc. Natl. Acad. Sci. USA* **95**:11489–11492 (1998).

Watanabe, M. und Rodieck, R.W. „Parasol and midget ganglion cells of the primate retina," *J. Comp. Neurol.* **289**:434–454 (1989).

Watkins, J.C. und Collingridge, G.L., eds. *The NMDA Receptor.* Oxford,UK: IRL Press (1989).

Watson, L. *Jacobson's Organ and the Remarkable Nature of Smell.* New York: Plume Books (2001).

Webster, M.J., Bachevalier, J., Ungerleider, L.G. „Connections of inferior temporal areas TEO and TE with parietal and frontal cortex in macaque monkeys," *Cerebral Cortex* **4**:470–483 (1994).

Wegner, D.M. *Die Spirale im Kopf.* Lübbe (1995).

Wegner, D.M. *The Illusion of Conscious Will.* Cambridge, MA: MIT Press (2002).

Weiskrantz, L. „Blindsight revisited," *Curr. Opinion Neurobiol.* **6**:215–220 (1996).

Weiskrantz, L. *Consciousness Lost and Found.* Oxford, UK: Oxford University Press (1997).

Weller, L., Weller, A., Koresh-Kamin, H., Ben-Shoshan, R. „Menstrual synchrony in a sample of working women,“ *Psychoneuroendocrinology* **24**:449–459 (1999).

Wen, J., Koch, C., Braun, J. „Spatial vision thresholds in the near absence of attention,“ *Vision Res.* **37**:2409–2418 (1997).

Wertheimer, M. „Experimentelle Studien über das Sehen von Bewegung,“ *Z. Psychologie* **61**:161–265 (1912).

Wessinger, C.M., Fendrich, R., Gazzaniga,M.S. „Islands of residual vision in hemianopic patients,“ *J. Cogn. Neurosci.* **9**:203–211 (1997).

Westheimer, G. und McKee, S.P. „Perception of temporal order in adjacent visual stimuli,“ *Vision Res.* **17**:887–892 (1977).

Whinnery, J.E. und Whinnery, A.M. „Acceleration-induced loss of consciousness,“ *Archive Neurol.* **47**:764–776 (1990).

White, C. „Temporal numerosity and the psychological unit of duration,“ *Psychol. Monographs: General & Appl.* **77**:1–37 (1963).

White, C. und Harter, M.R. „Intermittency in reaction time and perception, and evoked response correlates of image quality,“ *Acta Psychol.* **30**:368–377 (1969).

White, E.L. *Cortical Circuits.* Boston: Birkhäuser (1989).

Wigan, A.L. „Duality of the mind, proved by the structure, functions, and diseases of the brain,“ *Lancet 1*:39–41 (1844).

Wilken, P.C. „Capacity limits for the detection and identification of change: Implications for models of visual short-term memory.“ Ph.D. Thesis. University of Melbourne, Australia (2001).

Wilkins, A.J., Shallice, T., McCarthy, R. „Frontal lesions and sustained attention,“ *Neuropsychologia* **25**:359–65 (1987).

Williams, D.R., MacLeod, D.E.A., Hayhoe, M.M. „Foveal tritanopia,“ *Vision Res.* **21**:1341–1356 (1981).

Williams, D.R., Sekiguchi, N., Haake, W., Brainard, D., Packer, O. „The cost of trichromacy for spatial vision.“ In: *Pigments to Perception.* Lee, B. and Valberg, A., eds., pp. 11–22. New York: Plenum Press (1991).

Williams, S.R. und Stuart, G.J. „Dependence of EPSP efficacy on synapse location in neocortical pyramidal neurons,“ *Science* **295**:1907–1910 (2002).

Williams, S.R. und Stuart, G.J. „Role of dendritic synapse location in the control of action potential output,“ *Trends Neurosci.* **26**:147–154 (2003).

Williams, T. *TheMilk Train Doesn't Stop Here Anymore.* Norfolk, CT: A New Directions Book (1964).

Williams, Z.M., Elfar, J.C., Eskandar, E.N., Toth, L.J., Assad, J.A. „Parietal activity and the perceived direction of ambiguous apparent motion,“ *Nature Neurosci.* **6**:616–623 (2003).

Wilson, B.A. und Wearing, D. „Prisoner of consciousness: A state of just awakening following Herpes Simplex Encephalitis.“ In: *Broken Memories: Neuropsychological Case Studies.* Campbell, R. and Conway, M., eds., pp. 15–30. Oxford, UK: Blackwell (1995).

Wilson, H.R., Levi, D., Maffei, L., Rovamo, J., DeValois, R. „The Perception of Form: Retina to Striate Cortex.“ In: *Visual Perception: The Neurophysiological Foundations.* Spillman, L. and Werner, J.S., eds., pp. 231–272. San Diego, CA: Academic Press (1990).

Wilson, M.A. und McNaughton, B.L. „Dynamics of the hippocampal ensemble code for space,“ *Science* **261**:1055–1058 (1993).

Wittenberg, G.M. und Tsien, J.Z. „An emerging molecular and cellular framework for memory processing by the hippocampus,“ *Trends Neurosci.* **25**:501–505 (2002).

Wojciulik, E. und Kanwisher, N. „Implicit but not explicit feature binding in a Balint's patient," *Visual Cognition* **5**:157–181 (1998).

Wolfe, J.M. „Reversing ocular dominance and suppression in a single flash," *Vision Res.* **24**:471–478 (1984).

Wolfe, J.M. „'Effortless' texture segmentation and 'parallel' visual search are not the same thing," *Vision Res.* **32**:757–763 (1992).

Wolfe, J.M. „Guided search 2.0: A revised model of visual search," *Psychon. Bull. Rev.* **1**:202–238 (1994).

Wolfe, J.M. „Visual Search." In: *The Psychology of Attention*. Pashler, H., ed., pp. 13–73. Cambridge, MA: MIT Press (1998a).

Wolfe, J.M. „Visual Memory: What do you know about what you saw?" *Curr. Biol.* **8**:R303–R304 (1998b).

Wolfe, J.M. „Inattentional amnesia." In: *Fleeting Memories*. Coltheart, V., ed., pp. 71–94. Cambridge, MA: MIT Press (1999).

Wolfe, J.M. und Bennett, S.C. „Preattentive object files: Shapeless bundles of basic features," *Vision Res.* **37**:25–44 (1997).

Wolfe, J.M. und Cave, K.R. „The psychophysical evidence for a binding problem in human vision," *Neuron* **24**:11–17 (1999).

Wong, E. und Mack, A. „Saccadic programming and perceived location," *Acta Psychologica* **48**:123–131 (1981).

Wong-Riley, M.T.T. „Primate visual cortex: Dynamicmetabolic organization and plasticity revealed by cytochrome oxidase." In: *Cerebral Cortex. Vol. 10*. Peters, A. and Rockland, K.S., eds., pp. 141–200. New York: Plenum Press (1994).

Woolf, N.J. „Cholinergic transmission: Novel signal transduction." In: *Neurochemistry of Consciousness*. Perry, E., Ashton, H., Young, A., eds., pp. 25–41. Amsterdam: John Benjamins (2002).

Wu, M.-F., Gulyani, S.A., Yau, E., Mignot, E., Phan, B., Siegel, J.M. „Locus coeruleus neurons: Cessation of activity during cataplexy," *Neurosci.* **91**:1389–1399 (1999).

Wurtz, R.H., Goldberg, M.E., Robinson, D.L. „Brain mechanisms of visual attention," *Sci. Am.* **246**:124–135 (1982).

Yabuta, N.H., Sawatari, A., Callaway, E.M. „Two functional channels fromprimary visual cortex to dorsal visual cortical areas," *Science* **292**:297–300 (2001).

Yamagishi, N., Anderson, S.J., Ashida H. „Evidence for dissociation between the perceptual and visuomotor systems in humans," *Proc. R. Soc. Lond. B* **268**:973–977 (2001).

Yamamoto, M., Wada, N., Kitabatake, Y., Watanabe, D., Anzai, M., Yokoyama, M., Teranishi, Y., Nakanishi, S. „Reversible suppression of glutamatergic neurotransmission of cerebellar granule cells *in vivo* by genetically manipulated expression of tetanus neurotoxin light chain," *J. Neurosci.* **23**:6759–6767 (2003).

Yang, Y., Rose, D., Blake, R. „On the variety of percepts associated with dichoptic viewing of dissimilar monocular stimuli," *Perception* **21**:47–62 (1992).

Young, M.P. „Connectional organisation and function in the macaque cerebral cortex. In: *Cortical Areas: Unity and Diversity*, Schüz, A. and Miller, R., eds., pp. 351–375. London: Taylor and Francis (2002).

Young, M.P. und Yamane, S. „Sparse population coding of faces in the inferotemporal cortex," *Science* **256**:1327–1331 (1992).

Yund, E.W., Morgan, H., Efron, R. „The micropattern effect and visible persistence," *Perception & Psychophysics* **34**:209–213 (1983).

Zafonte, R.D. und Zasler, N.D. „The minimally conscious state: Definition and diagnostic criteria," *Neurology* **58**:349–353 (2002).

Zeki, S. „Color coding in rhesus monkey prestriate cortex," *Brain Res.* **27**:422–427 (1973).

Zeki, S. „Functional organization of a visual area in the posterior bank of the superior temporal sulcus of the rhesus monkey," *J. Physiol.* **236**:549–573 (1974).

Zeki, S. „Colour coding in the cerebral cortex: The responses of wavelength-selective and color-coded cells in monkey visual cortex to changes in wavelength composition," *Neurosci.* **9**:767–781 (1983).

Zeki, S. „A century of cerebral achromatopsia," *Brain* **113**:1721–1777 (1990).

Zeki, S. „Cerebral akinetopsia (Visual motion blindness)," *Brain* **114**:811–824 (1991).

Zeki, S. *A Vision of the Brain.* Oxford, UK: Oxford University Press (1993).

Zeki, S. „The motion vision of the blind," *Neuroimage* **2**:231–235 (1995).

Zeki, S. „Parallel processing, asynchronous perception, and a distributed system of consciousness in vision," *Neuroscientist* **4**:365–372 (1998).

Zeki, S. „Localization and globalization in conscious vision," *Ann. Rev.Neurosci.* **24**:57–86 (2001).

Zeki, S. „Improbable areas in the visual brain," *Trends Neurosci.* **26**:23–26 (2003).

Zeki, S. und Bartels, A. „Toward a theory of visual consciousness," *Consc. & Cognition* **8**:225–259 (1999).

Zeki, S., McKeefry, D.J., Bartels, A., Frackowiak, R.S.J. „Has a new color area been discovered?" *Nature Neurosci.* **1**:335–336 (1998).

Zeki, S. und Moutoussis, K. „Temporal hierarchy of the visual perceptive systems in the Mondrian world," *Proc. R. Soc. Lond. B* **264**:1415–1419 (1997).

Zeki, S. und Shipp, S. „The functional logic of cortical connections," *Nature* **335**:311–317 (1988).

Zeki, S.,Watson, J.D., Lueck, C.J., Friston, K.J., Kennard, C., Frackowiak, R.S.J. „A direct demonstration of functional specialization in human visual cortex," *J. Neurosci.* **11**:641–649 (1991).

Zeki, S., Watson, J.D., Frackowiak, R.S.J. „Going beyond the information given: The relation of illusory motion to brain activity," *Proc. Roy. Soc. Lond. B* **252**:215–222 (1993).

Zeman, A. „Consciousness," *Brain* **124**:1263–1289 (2001).

Zhang, K., Ginzburg, I.,McNaughton, B.L., Sejnowski, T.J. „Interpreting neuronal population activity by reconstruction: Unified framework with application to hippocampal place cells," *J. Neurophysiol.* **79**:1017–1044 (1998).

Zihl J., von Cramon, D., Mai, N. „Selective disturbance of movement vision after bilateral brain-damage," *Brain* **106**:313–340 (1983).

Zipser, D. und Andersen, R.A. „A back-propagation programmed network that simulates response properties of a subset of posterior parietal neurons," *Nature* **331**:679–684 (1988).

Zrenner, E. *Neurophysiological Aspects of Color Vision in Primates: Comparative Studies on Simian Retinal Ganglion Cells and the Human Visual System.* Berlin: Springer (1983).

Index

Printed in the United States
By Bookmasters